T0291850

CAMBRIDGE LIBRARY COLLECTION

Books of enduring scholarly value

History of Medicine

It is sobering to realise that as recently as the year in which On the Origin of Species was published, learned opinion was that diseases such as typhus and cholera were spread by a 'miasma', and suggestions that doctors should wash their hands before examining patients were greeted with mockery by the profession. The Cambridge Library Collection reissues milestone publications in the history of Western medicine as well as studies of other medical traditions. Its coverage ranges from Galen on anatomical procedures to Florence Nightingale's common-sense advice to nurses, and includes early research into genetics and mental health, colonial reports on tropical diseases, documents on public health and military medicine, and publications on spa culture and medicinal plants.

Histoire naturelle des drogues simples

The French pharmacist Nicolas Jean-Baptiste Gaston Guibourt (1790–1867) first published this work in two volumes in 1820. It provided methodical descriptions of mineral, plant and animal substances. In the following years, Guibourt became a member of the Académie nationale de médecine and a professor at the École de pharmacie in Paris. Pharmaceutical knowledge also progressed considerably as new methods and classifications emerged. For this revised and enlarged four-volume fourth edition, published between 1849 and 1851, Guibourt followed the principles of modern scientific classification. For each substance, he describes the general properties as well as their medicinal or poisonous effects. Illustrated throughout, Volume 2 (1849) draws on systems pioneered by three renowned scientists for the classification of plants: Linnaeus, who laid the foundations of modern taxonomy; Jussieu, the first to publish a classification of flowering plants; and de Candolle, whose work influenced Darwin.

Histoire naturelle des drogues simples

Ou, cours d'histoire naturelle
professé à l'École de Pharmacie de Paris

VOLUME 2

N.J.-B.G. GUIBOURT

CAMBRIDGE
UNIVERSITY PRESS

CAMBRIDGE
UNIVERSITY PRESS

University Printing House, Cambridge, CB2 8BS, United Kingdom

Cambridge University Press is part of the University of Cambridge.
It furthers the University's mission by disseminating knowledge in the pursuit of
education, learning and research at the highest international levels of excellence.

www.cambridge.org
Information on this title: www.cambridge.org/9781108069175

© in this compilation Cambridge University Press 2014

This edition first published 1849
This digitally printed version 2014

ISBN 978-1-108-06917-5 Paperback

HISTOIRE NATURELLE

DES

DROGUES SIMPLES.

———

TOME DEUXIÈME.

On trouve chez le même Libraire.

PHARMACOPÉE RAISONNÉE, ou Traité de pharmacie pratique et théorique, par N.-E. HENRY et N. J.-B. G. GUIBOURT ; *troisième édition*, revue et considérablement augmentée, par N. J.-B. G. GUIBOURT, professeur à l'École de pharmacie, membre de l'Académie nationale de médecine. Paris, 1847, in-8 de 800 pages à deux colonnes, avec 22 planches.   8 fr.

Paris. — Imprimerie de L. MARTINET, rue Mignon, 2.
Quartier de l'École-de-Médecine.

HISTOIRE NATURELLE

DES

DROGUES SIMPLES

OU

COURS D'HISTOIRE NATURELLE

Professé à l'École de Pharmacie de Paris

PAR

N. J.-B. G. GUIBOURT,

Professeur titulaire de l'École de pharmacie de Paris, membre de l'Académie nationale de médecine, de l'Académie nationale des sciences et belles lettres de Rouen, etc.

QUATRIÈME ÉDITION,

CORRIGÉE ET CONSIDÉRABLEMENT AUGMENTÉE,

ACCOMPAGNÉE

De plus de 600 figures intercalées dans le texte.

———————

TOME DEUXIÈME.

———————

PARIS,

CHEZ J.-B. BAILLIÈRE,

LIBRAIRE DE L'ACADÉMIE NATIONALE DE MÉDECINE,
Rue de l'École-de-Médecine, 17.

A Londres, chez H. BAILLIÈRE, 219, Regent-Street.

A MADRID, CHEZ CH. BAILLY-BAILLIÈRE, LIBRAIRE.

—

1849.

ORDRE DES MATIÈRES

DU TOME DEUXIÈME.

HISTOIRE NATURELLE

DES

DROGUES SIMPLES.

DEUXIÈME PARTIE.

VÉGÉTAUX.

Les végétaux sont des êtres vivants, dépourvus de sensibilité et incapables d'aucun mouvement volontaire. Ce peu de mots les définit; car le défaut de sensibilité et de locomobilité les distingue des animaux, et l'épithète de *vivants* indique qu'ils jouissent des autres facultés de la vie, qui sont la nourriture par intus-susception, la croissance, le développement et la reproduction de l'espèce au moyen d'organes appropriés à ces différentes fonctions.

Les végétaux, de même que les animaux, sont tantôt composés d'un nombre considérable de parties distinctes à la simple vue, qui naissent ou se développent successivement, et d'autres fois ils ne paraissent formés que d'une masse sans appendices, dans laquelle on a peine à découvrir des traces d'organisation. Dans tous les cas, cependant, si l'on soumet au microscope une petite partie quelconque d'un végétal, on la trouve composée, en dernière analyse, d'un nombre considérable de petits sacs ou cavités dont la forme varie, et qui sont la base des différents *tissus végétaux.* Ces petits organes élémentaires portent les noms de *cellules* ou *utricules*, de *clostres* et de *vaisseaux.*

La *cellule*, ou mieux l'*utricule* (fig. 1), est le point de départ de toute l'organisation végétale. C'est un petit sac à paroi propre, de forme sphérique ou ellipsoïde lorsqu'il se développe librement, et qui forme, par sa réunion avec d'autres sacs semblables, le tissu végétal le plus simple nommé *tissu utriculaire* ou

Fig. 1.

II.   1

parenchyme. Lorsque les utricules sont peu serrés les uns contre les autres (fig. 2), ils conservent leur forme arrondie, et laissent nécessairement entre eux des intervalles nommés *méats inter-utriculaires ;* mais lorsqu'ils se trouvent comprimés les uns par les autres, en raison

Fig. 2.   Fig. 3.   Fig. 4.

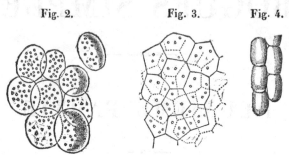

du peu d'espace qui leur est accordé, les méats disparaissent et les utricules prennent une forme polyédrique (fig. 3), qui est souvent celle d'un dodécaèdre pentagonal dont la coupe représente un hexagone ; mais qui peut être aussi cubique, rectangulaire ou cylindrique arrondie (fig. 4).

Le *clostre* (de κλωστήρ, fuseau) est une cellule qui s'est allongée au point de devenir beaucoup plus longue que large, et qui se termine en pointe à ses deux extrémités (fig. 5, 6). Ces cellules, en se serrant les unes contre les autres et en se joignant par leurs extrémités amincies, de manière à remplir les vides qu'elles laisseraient sans cette disposition (fig. 7), forment un tissu résistant qui paraît composé ; à la simple vue, de parties solides, minces, longues et parallèles, auxquelles on donne le nom de *fibres*, et le tissu prend également le nom de *tissu fibreux*. Ce tissu forme la partie solide et résistante des végétaux, ou le *bois*.

Fig. 5, 6.   Fig. 7.

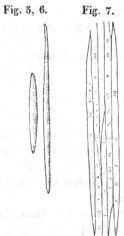

La cellule, au moment où elle commence à paraître, comme organe distinct, est un petit sac formé par une membrane simple, continue et homogène (fig. 1) ; elle peut persister à cet état en changeant seulement de volume et de forme (fig. 4, 5, 6) ; mais d'autres fois, à une certaine époque ultérieure, il se forme à l'intérieur une seconde membrane, une troisième, etc.

Lorsque ces nouvelles membranes s'étendent uniformément à l'intérieur de la première, la cellule ne change pas d'aspect au microscope, si ce n'est qu'elle réfracte plus fortement la lumière; mais, le plus souvent, les nouvelles couches présentent des solutions de continuité en s'épaissis-

Fig. 8. Fig. 9. Fig. 10. Fig. 11.

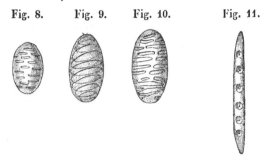

sant à certains endroits plus qu'à d'autres, ce qui donne aux cellules différentes apparences telles que celles représentées fig. 8, 9, 10, 11.

Les cellules peuvent aussi se remplir de matière étrangère à leur propre nature ; tels sont des granules d'amidon, de la chlorophylle, des cristaux de sels calcaires, etc.

Les *vaisseaux* sont des tubes ou canaux ouverts d'une extrémité à l'autre, et propres par conséquent à la transmission des fluides végétaux, liquides ou aériformes. On peut en concevoir la formation en

Fig. 12. Fig. 13. Fig. 14. Fig. 15.

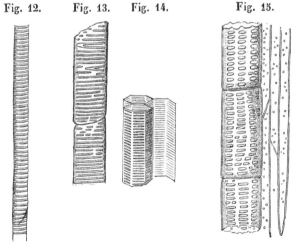

supposant que des cellules cylindriques (fig. 4) ou des clostres (fig. 7), s'étant joints bout à bout, le plan de séparation a été résorbé ou détruit par l'effort du fluide. Cette hypothèse est appuyée par cette circonstance que les vaisseaux, examinés au microscope, présentent à leur surface les mêmes apparences de points, de raies, de bandes ou de spirales que les cellules (fig. 12, 13, 14 et 15).

Vaisseaux en spirale ou *trachées.* Ces vaisseaux sont formés d'une membrane cylindrique dans l'intérieur de laquelle s'enroule un fil d'un blanc nacré, disposé en spires serrées comme le fil de laiton d'une bretelle (fig. 16 et 17), et pouvant se dérouler comme lui lorsqu'on le soumet à une traction longitudinale. On a donné à ces vaisseaux le nom

Fig. 18.

Fig. 19.

Fig. 16.   Fig. 17.

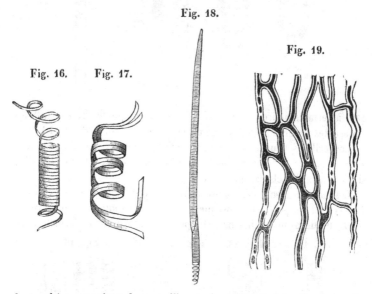

de *trachées*, en raison de ce qu'ils paraissent servir à la circulation de l'air dans les végétaux, et on a supposé pendant longtemps qu'ils étaient formés du fil spiral seul rapproché et serré, sans membrane extérieure ; parce que celle-ci se déchire ordinairement à l'effort de traction que l'on fait éprouver à la trachée. Mais, en examinant ces organes dans une longueur suffisante, on a reconnu qu'ils se terminaient en fuseau aux extrémités et qu'ils se continuaient avec d'autres semblables (fig. 18), exactement comme le font les clostres du tissu ligneux (fig. 7), de sorte qu'il faut les regarder comme une simple modification de cette espèce de cellule.

Vaisseaux laticifères. Ces vaisseaux diffèrent assez des précédents pour qu'on hésite à les regarder comme le résultat d'une modification. Ils sont cylindriques ou inégalement renflés, formés d'une membrane homogène et transparente, et anastomosés entre eux par des branches transversales (fig. 19). Ils servent au transport de la sève élaborée qui doit servir à la nutrition du végétal et que M. Schultz a plus particulièrement désignée sous le nom de *latex*.

Indépendamment des cellules ou vaisseaux dont il vient d'être question, les végétaux présentent encore deux sortes de cavités qui sont les *lacunes* et les *réservoirs de sucs propres*. Les premières sont des cavités pleines d'air, qui se forment dans l'intérieur des plantes par la rupture du tissu cellulaire ; elles occupent souvent une grande partie des tiges herbacées, de manière que tous les tissus en paraissent rejetés à la circonférence (par exemple, les tiges creuses des graminées et des ombellifères). Les secondes sont des cavités formées cà et là dans le tissu cellulaire, par l'accumulation de sucs spéciaux, gommeux, résineux, gommo-résineux, huileux, etc., et probablement d'abord par l'expansion des méats inter-cellulaires.

Épiderme. Dans les végétaux, l'épiderme est un organe qui, sous la forme d'une membrane incolore et transparente, recouvre toutes les parties exposées à l'action de l'air. Cette membrane est formée de deux parties : d'abord d'une pellicule extérieure très mince, nommée *cuticule*, n'offrant presque aucune trace d'organisation, si ce n'est qu'elle présente souvent, cà et là, des petites fentes en forme de boutonnières, qui correspondent aux stomates ; ensuite de une ou, plus rarement, de plusieurs couches de cellules desséchées, généralement plus grandes que celles du tissu cellulaire sous jacent. L'épiderme des végétaux cellulaires ou acotylédonés, et celui des racines de végétaux vasculaires, non exposées à l'air, n'offrent pas d'autres parties ; mais celui des parties de plantes vasculaires exposées à l'air présente, de distance

Fig. 20.   Fig. 21.

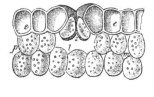

en distance, des organes particuliers nommés *stomates* ou *pores corticaux*, qui sont formés d'un double bourrelet séparé par une fente, et qui paraissent destinés, soit à une sorte de respiration au moyen de l'introduction de l'air dans leur intérieur, soit à l'exhalation de vapeurs ou à la transpiration. La figure 20 représente un lambeau d'épiderme pris sur la face supérieure d'une feuille de renoncule aquatique : *e,e* sont les cellules épidermiques et *s,s* représentent les stomates. La figure 21 représente la coupe verticale de l'épiderme d'une feuille de garance ; *e,e* sont les cellules transparentes et incolores de l'épiderme, *p* représente les cellules du parenchyme vert sous-jacent, *s* représente un sto-

mate, et la figure fait voir que les deux cellules qui le forment sont de
même nature que celles du parenchyme; *l* est une lacune, et *m* répond
aux méats inter-cellulaires.

Nous avons dit en commençant que beaucoup de végétaux étaient
formés, à la simple vue, d'un grand nombre de parties qui naissaient
les unes des autres. Les principales de ces parties, qui en comprennent
elles-mêmes beaucoup d'autres, sont la *racine*, la *tige*, le *bourgeon*, la
feuille, la *fleur* et le *fruit*. Nous allons les examiner successivement.

Racine.

La racine est cette partie du végétal qui s'enfonce dans la terre et
l'y tient attaché. Quelquefois elle s'étend dans l'eau : d'autres fois aussi
elle s'implante sur d'autres végétaux ; dans ce cas, on nomme *parasite*
la plante qui la produit.

Parties principales. On distingue deux parties dans la plupart des
racines : le *corps*, qui en est la partie la plus apparente, et qui peut
être simple ou divisé ; les *radicules*, qui sont les divisions extrêmes du
premier, et qui servent de suçoirs pour transmettre les sucs de la terre
au reste de la plante. Quelques auteurs admettent une troisième partie
dans la racine, c'est le *collet ;* mais la plupart du temps ce collet n'est
qu'une tige, ou extrêmement raccourcie, comme dans beaucoup de
plantes herbacées, ou modifiée dans son aspect et quelques unes de
ses fonctions par son séjour dans la terre, comme dans les fougères.
Dans les végétaux ligneux qui ont une racine et une tige bien distinctes,
le collet n'est qu'un plan imaginaire entre l'un et l'autre organe.

Durée. Les racines, eu égard à leur durée, sont dites : *annuelles*,
lorsqu'elles naissent et meurent dans la même année ; *bisannuelles*,
lorsqu'elles meurent à la fin de la seconde année ; *vivaces*, quand elles
vivent plus de deux ans (1).

(1) Les plantes, de même que les racines, sont distinguées en *annuelles*,
bisannuelles et *vivaces*. Les plantes annuelles naissent, fructifient et meurent dans le cours d'une année; *exemple*, le coquelicot (*papaver rhœas*).
Les plantes bisannuelles accomplissent leur végétation dans le cours de
deux années, c'est-à-dire que la commençant à l'époque de la dispersion des
semences de leur espèce, vers l'arrière-saison, elles poussent au printemps
suivant des feuilles et une faible tige dont elles se dépouillent à l'automne ;
la racine reste l'hiver dans une sorte d'engourdissement dont elle sort au
printemps, pour repousser avec plus de force, fleurir et fructifier; la plante
entière meurt à la fin de la saison : telle est l'angélique (*angelica archangeli-
ca*). Les plantes vivaces sont celles qui vivent plus de deux ans, et qui peuvent fructifier un certain nombre de fois avant que de périr. On les distingue
en vivaces *herbacées* et en vivaces *ligneuses*. Dans les premières les racines

Direction. Les racines sont perpendiculaires (pivotantes), obliques ou horizontales : ces mots ne demandent pas d'explication.

Division. Les racines sont *simples*, *rameuses*, *fasciculées* ou *chevelues*. Dans le premier cas le corps de la racine est unique ou non divisé ; *exemple*, la carotte. Dans le second, il se divise en rameaux distincts peu nombreux, et d'un diamètre encore considérable ; *exemple*, la rhubarbe. Dans les suivants, la petitesse et le nombre des divisions augmentent de manière à représenter, ou des fibres encore distinctes et nombreuses comme dans l'angélique, ou une sorte de chevelure, comme dans le fraisier.

Forme. Les formes des racines sont tellement variées, qu'il est difficile de donner une grande exactitude aux termes qu'on emploie pour les décrire. On distingue cependant les racines :

Fusiformes, qui vont en s'amincissant du collet à la partie inférieure ; *exemple*, la betterave.

Tortueuses, *contournées ;* diversement contournées sur elles-mêmes ; *exemples*, le polygala, la bistorte.

Articulées, ayant de distance en distance des articulations ; *exemple*, la racine de la gratiole.

Tuberculeuses et grenues, formées de tubercules ou de grains arrondis, séparés par les parties fibreuses ; *exemple*, la filipendule.

Tubérifères, Rich. ; présentant sur différents points de leur étendue des tubérosités volumineuses et d'une forme arrondie. Ces tubérosités sont des espèces de bourgeons souterrains et non de véritables racines (1). Elles sont presque entièrement composées de fécule amyla-

---

seules sont vivaces et les tiges meurent chaque année ; ces plantes peuvent vivre une dizaine d'années ; exemple, la rhubarbe (*rheum palmatum*).

Les plantes vivaces ligneuses, qui sont les sous-arbrisseaux, les arbrisseaux et les arbres, conservent leur tige et peuvent vivre un grand nombre d'années. Il en est même beaucoup dont il est impossible de fixer le terme, tant il surpasse de fois la plus longue durée de la vie humaine ; *exemples*, le châtaignier, le chêne, le baobab (*adansonia digitata*). On indique qu'une plante est annuelle par le signe ⊙, symbole de l'année ou d'une révolution de la terre autour du SOLEIL. Les plantes bisannuelles sont marquées par ♂, signe caractéristique de MARS, qui achève sa révolution en près de deux années terrestres ; mais comme le même signe est également employé pour désigner les plantes mâles ou les fleurs mâles, on indique à présent qu'une plante est bisannuelle par le signe ②. Les plantes vivaces herbacées prennent le signe ♃ du Ζευς grec, ou de JUPITER, qui fait sa révolution en onze ans et quelques jours. Les plantes vivaces ligneuses se marquent ainsi ♄, figure de la faux de SATURNE et symbole du temps.

(1) Quelle que soit la justesse de cette observation et de plusieurs autres analogues, que l'on pourrait faire sur la partie souterraine d'un grand nombre de végétaux, je continuerai souvent à désigner ces parties, sous le nom

8 VÉGÉTAUX.

cée, et fournissent aux premiers développements de la jeune tige qui s'y trouve renfermée ; *exemples*, la pomme de terre, les orchis, etc.

Bulbifères ; terminées supérieurement par un plateau (tige raccourcie) qui porte un bulbe. Ce bulbe ne constitue pas la racine ; c'est un véritable bourgeon.

Organisation. L'organisation des racines ressemble beaucoup à celle des tiges, dont je parlerai bientôt : il y a cependant ces différences remarquables que les vraies racines n'offrent pas de canal médullaire ; qu'elles sont privées de trachées déroulables à l'intérieur, de stomates sous l'épiderme, et qu'elles ne croissent que par leurs extrémités. Une autre différence non moins grande entre ces deux genres d'organes, et qui paraît être une suite des premières, c'est que les racines tendent toujours vers le centre de la terre, tandis que les tiges cherchent à s'en éloigner. Les racines des plantes parasites qui s'étendent en tous sens sous l'écorce du végétal qui les supporte, ne forment qu'une exception apparente à cette règle ; le centre vers lequel elles tendent est le centre de l'arbre, et c'est la résistance que leur oppose le bois qui les force à s'étendre sous l'écorce.

Tige.

La tige est la partie du végétal qui naît de la racine, s'élève dans l'air, et supporte les rameaux, les feuilles et les organes de la fructification.

Espèces. On a distingué plusieurs espèces de tiges par les noms particuliers de :

Collet ou *plateau ;* tige extrêmement courte de beaucoup de plantes herbacées et des plantes bulbifères.

Souche ou *rhizome ;* tige souterraine ou superficielle qui émet des radicules de différents points de sa surface ; comme dans la fougère et l'iris.

Stipe ; tige cylindrique des palmiers qui se trouve composée des débris de leurs pétioles.

Chaume ; tige creuse, et entrecoupée de nœuds, des plantes graminées.

Tronc ; tige ligneuse des arbres en général.

En outre, beaucoup d'auteurs ont mis au nombre des tiges la *hampe*,

commun de *racines*, parce qu'une des premières conditions, dans l'application médicale des substances, est la stabilité du langage : mais j'aurai soin d'indiquer la nature particulière de celles que l'on doit regarder plutôt comme des tiges souterraines, que comme de véritables racines.

qui est le support florifère et privé de feuilles de quelques plantes herbacées; mais cette hampe n'est qu'un pédoncule, et la vraie tige de ces plantes est le collet qui se trouve à la partie supérieure de la racine.

Nature et durée. Les tiges sont herbacées, ligneuses, arborescentes, frutescentes, ou suffrutescentes (1).

Consistance. Succulentes, charnues, spongieuses, creuses ou fistuleuses, roides, faibles, fragiles, flexibles.

Forme. Cylindriques, comprimées, trigones, tétragones, anguleuses, cannelées, noueuses, articulées, effilées.

Composition. Simples, dichotomes, trichotomes, rameuses, branchues.

Direction. Rampantes, couchées, obliques, redressées, verticales, penchées, arquées, flexueuses, volubiles, sarmenteuses.

Organisation. Les végétaux présentent pour leurs tiges deux modes d'organisation bien distincts, qui peuvent servir à les diviser en deux grandes classes très naturelles: Les uns offrent des tiges droites, élancées, rarement ramifiées, formées de fibres ligneuses, droites et parallèles ; ces fibres sont disséminées au milieu d'une substance médullaire, et on remarque qu'elles sont plus rapprochées et plus consistantes à la circonférence qu'au centre, effet dû à ce que les végétaux qui les offrent s'accroissant par le centre ou tout au moins par un bourgeon central, les fibres nouvelles qui s'y forment refoulent les anciennes vers la circonférence. On nomme ces végétaux *endogènes*, c'est-à-dire *formés par le dedans.* Dans ceux de la seconde classe, qui offrent souvent des tiges ramifiées et des bourgeons latéraux, les fibres ligneuses sont disposées autour d'un canal médullaire unique et central, et forment des couches superposées, dont les plus jeunes sont à la circonférence et les plus âgées vers le centre. On nomme ces végétaux *exogènes*, c'est-à-dire *formés par le dehors.* Leurs tiges, lorsqu'elles sont ligneuses, sont composées de trois parties principales, qui sont l'*écorce*, le *bois* et la *moelle*.

L'écorce est elle-même formée de l'*épiderme*, du *tissu cellulaire* et du *liber* L'épiderme est la partie la plus extérieure ; c'est, comme je l'ai déjà dit, une membrane mince, comparable à du vélin, qui recouvre toutes les parties de la plante. Le tissu cellulaire est la matière tendre, verte et succulente, qui se trouve immédiatement sous l'épiderme et

(1) Les ouvrages élémentaires qui traitent de la signification des termes organographiques des plantes, se trouvant entre les mains de tous les élèves, je me dispenserai d'expliquer tous les mots que je vais citer. Je renvoie également d'avance aux mêmes ouvrages, pour l'explication des termes presque infinis employés dans la description des feuilles, et pour tous les autres détails que je ne puis comprendre dans celui-ci.

remplit les mailles du liber. Le liber est la partie fibreuse de l'écorce ; ses fibres sont parallèles à l'axe du tronc ; mais, en se jetant à droite et à gauche et en se réunissant aux sinuosités, elles composent des mailles dont la forme varie suivant les végétaux.

Le bois est la partie la plus solide du végétal. On y distingue encore l'*aubier* et le *cœur :* celui-ci, qui occupe le centre, est parvenu à son dernier degré de dureté et de développement ; le premier, plus extérieur, est encore imparfait et ne doit devenir vrai bois que par les progrès de la végétation.

La moelle est une substance spongieuse, renfermée dans un canal intérieur nommé *canal médullaire*, qui s'étend depuis la racine exclusivement, jusqu'aux extrémités du végétal. Elle paraît être de même nature que le tissu cellulaire de l'écorce, avec lequel elle communique au moyen d'irradiations ou de conduits qui traversent le bois.

Bourgeons.

En général on désigne sous ce nom toutes les parties des plantes qui servent à envelopper les jeunes pousses, pour les mettre à l'abri de l'hiver, et qui sont ordinairement formées de feuilles ou de stipules avortées. On distingue parmi les bourgeons :

1° Le *bulbe*, qui est le bourgeon permanent des plantes liliacées. On l'a mis pendant longtemps au rang des racines ; mais la vraie racine de ces plantes se compose du faisceau de fibres qui se trouve à l'extrémité inférieure : au-dessus se trouve la tige raccourcie ou le collet, et enfin le bulbe ou bourgeon.

On distingue quatre genres de bulbe : dans l'un, que l'on nomme bulbe *à écailles*, les écailles, ou feuilles avortées dont il se compose, sont peu serrées, peu étendues et ne forment qu'une petite partie de la circonférence : *ex.*, le lis.

Dans le second, que l'on nomme bulbe *à tuniques*, les enveloppes plus serrées et beaucoup plus étendues se recouvrent presque entièrement, quelquefois même font plus que la circonférence du bulbe, mais ne sont pas soudées ; *ex.*, la scille et la jacinthe.

Dans le troisième, que l'on pourrait nommer bulbe *robé*, les tuniques forment toute la circonférence de l'oignon, sont entièrement soudées, et ressemblent alors à des sphéroïdes qui se recouvrent entièrement les uns les autres : *ex.*, l'oignon ordinaire, que l'on désigne communément comme bulbe à tuniques, et la tulipe, que l'on qualifie de bulbe solide ; il n'y a aucune différence entre eux.

Dans le quatrième, que l'on nomme bulbe *solide* ou *tubéreux*, les tuniques qui la formaient primitivement se sont entièrement soudées, et n'offrent qu'une substance homogène qui présente alors beaucoup d'analogie avec les racines tubéreuses. *Ex.*, le safran et le colchique.

2° Le *turion :* c'est le bourgeon des plantes vivaces, situé à leur collet et se confondant quelquefois avec lui.

3° Le *bouton*, ou *bourgeon* proprement dit; c'est celui qui naît sur la tige et sur ses ramifications.

Feuilles.

Il est impossible de donner une définition exacte et en même temps générale des feuilles. Je me restreindrai donc à dire que ce sont ordinairement des parties larges, peu épaisses, vertes, mobiles, qui ornent la tige des plantes herbacées comme celle des arbres, et qui leur servent d'organes inspiratoires et expiratoires.

Les feuilles sont portées sur une queue, ou *pétiole*, plus ou moins longue, quelquefois très courte ou même sensiblement nulle; alors la feuille adhère immédiatement à la tige et prend l'épithète de *sessile :* dans le premier cas on la nomme feuille *pétiolée.*

On distingue encore les feuilles en *simples* et en *composées.* Elles sont simples lorsque le *limbe*, ou la partie large de la feuille', est continu dans toutes ses parties, comme dans le tilleul; composées, quand il se divise en plusieurs parties distinctes et séparées jusqu'au pétiole, quelquefois même portées chacune sur un pétiole partiel, comme dans le rosier : chaque petite feuille se nomme alors *foliole.*

Le contour des feuilles est anguleux, ou en cône arrondi, ou ovale; entier, ou découpé. Leur surface est lisse ou velue; leur épaisseur est souvent celle d'une feuille de papier, mais elle peut être plus considérable. Elle est quelquefois telle, comme dans certains *çactus*, que la feuille ressemble à un large gâteau charnu.

La couleur des feuilles est ordinairement verte; lorsqu'elle est tout autre, même blanche, les feuilles sont dites *colorées.* Quand les feuilles ne sont colorées qu'accidentellement et partiellement, on dit qu'elles sont *panachées.*

Structure. Le limbe de la feuille est l'épanouissement du pétiole, et celui-ci est composé des mêmes parties que la tige. On retrouve donc dans la feuille, de l'épiderme, du tissu cellulaire ou du parenchyme, et du tissu vasculaire ou des fibres. Ces dernières se divisent de plus en plus à partir du pétiole : elles sont d'abord en faisceaux distincts et proéminents, que l'on nomme *nervures;* ensuite elles forment de simples *veines;* enfin elles disparaissent et se mêlent au parenchyme.

Usage. Les feuilles sont les organes inspiratoires et expiratoires des végétaux : elle leur servent à absorber dans l'air les fluides nécessaires à leur accroissement, et à rejeter ceux qui leur sont inutiles; elles font aussi fonction d'organes excrétoires, car elles laissent passer le superflu des humeurs qui nuirait à la vie du végétal. Les feuilles transpirent principalement par leur surface supérieure, qui est lisse, serrée et comme vernissée : elles absorbent surtout par leur surface inférieure, qui est ordinairement recouverte d'un tendre duvet.

Fleur.

La fleur est la partie du'végétal qui renferme les organes de la fructification. Elle est ordinairement formée de quatre parties, qui sont : le *calice*, la *corolle*, l'*étamine* et le *pistil*. Elle est *complète* lorsqu'elle comprend ces quatre parties, et *incomplète* lorsqu'une ou plusieurs lui manquent.

Le *calice* est l'enveloppe la plus extérieure de la fleur. Il sert comme de rempart aux autres parties; aussi est-il d'une texture plus solide et plus durable. Il est ordinairement vert, et manque quelquefois. Il peut être formé de plusieurs pièces distinctes nommées *sépales*. Lorsque ces pièces sont adhérentes ou soudées dans une partie plus ou moins grande de leur étendue, le calice est dit *gamosépale*, *monosépale* ou *monophylle*.

La *corolle* est une enveloppe moins extérieure que le calice, et qui entoure immédiatement les organes reproducteurs. C'est la partie de la fleur qui est susceptible de prendre le plus d'éclat en raison des brillantes couleurs dont il plaît souvent à la nature de l'orner. C'est aussi celle qui a communément le plus d'odeur. Elle manque plus souvent que le calice.

La corolle peut être d'une ou plusieurs pièces, dont chacune porte le nom de *pétale*. Une corolle d'une seule pièce est dite *monopétale* ou *gamopétale*, et celle de plusieurs, *polypétale*. Lorsqu'une fleur manque de corolle, on la nomme *apétale*.

L'*étamine* est l'organe mâle de la fleur. Elle est le plus souvent formée d'un *filet* plus ou moins long, qui porte à son extrémité une petite boîte ou *anthère*, contenant la poussière fécondante ou le *pollen*. Quelquefois le filet manque, et alors l'anthère, qui n'en constitue pas moins une étamine, prend l'épithète de *sessile*. Le pollen fournit au stigmate, par contact ou sans contact, la substance qui doit féconder l'ovaire.

Le *pistil* est l'organe femelle de la fleur. Il est tout à fait au centre et comme défendu par les autres parties. On y distingue l'*ovaire*, le *style* et le *stigmate*. L'*ovaire* est la partie la plus inférieure; il est presque toujours renflé, et contient le germe du fruit. Il est tantôt libre de toute adhérence avec les autres organes de la fleur, et tantôt plus ou moins soudé avec le calice, ce qu'on exprime en disant que l'ovaire est *libre, adhérent* ou *demi-adhérent.* Le *style* est un prolongement rétréci de l'ovaire, placé entre lui et le stigmate. Le *stigmate* est l'extrémité entière ou divisée du style. Quelquefois le style manque : alors le stigmate est sessile.

On se fait aujourd'hui, sur l'origine et la véritable nature des différentes parties qui composent une fleur, une idée bien différente de celle qu'en avaient autrefois les botanistes, et Linné en particulier. Ce grand naturaliste supposait que la tige ou le rameau, à l'endroit de la fleur, se dilatait et s'élargissait en un plateau, et que les différentes parties de la fleur étaient une continuation de celles de la tige. Ainsi, d'après Linné, le calice était *l'écorce de la plante présente dans la fructification;* la corolle en était le liber; les étamines dérivaient des couches ligneuses, et le pistil répondait au canal médullaire. Mais des observations nombreuses tendent plutôt à nous faire considérer la fleur comme un rameau atrophié, dans lequel les espaces d'insertion ont presque complétement disparu ; de telle manière que les feuilles, de plus en plus amoindries et dénaturées, paraissent former des verticilles concentriques dont le premier, resté le plus extérieur, constitue le calice; un second la corolle; un troisième les étamines, et un quatrième le pistil. Voici quelques unes des observations sur lesquelles cette manière de voir est fondée.

1° Dans un grand nombre de plantes, on peut voir les feuilles diminuer et se modifier insensiblement à mesure qu'elles se rapprochent des fleurs, tellement qu'entre les plus proches et les divisions du calice, on ne trouve presque aucune différence ; et, réciproquement, les divisions du calice, en se développant, acquièrent quelquefois une si grande ressemblance avec les feuilles, qu'il devient évident que ce sont de véritables feuilles (ex. la rose).

2° Il y a des fleurs, telles que celles des tulipiers, des magnoliers et des nénuphars, qui offrent un passage manifeste des folioles du calice aux pétales, et les fleurs de nénuphar présentent un grand nombre de verticilles de pétales qui prennent peu à peu la forme et font fonctions d'étamines, en s'approchant du pistil. Réciproquement, la culture des végétaux, en produisant des *fleurs doubles,* ne fait que convertir les étamines en pétales, par une surabondance de nourriture qui augmente l'ampleur et la beauté de la fleur, mais s'oppose à la reproduction de l'espèce. Toutes ces transformations montrent que les étamines et les pétales ne sont pas d'une nature autre que le calice, et que les feuilles par conséquent.

3° Beaucoup d'ovaires et même de péricarpes des fruits, présentent si

14 VÉGÉTAUX.

manifestement la structure et l'apparence d'une feuille pliée et soudée, ou de plusieurs feuilles rapprochées et soudées, qu'il est encore certain que les uns et les autres ne sont que des feuilles modifiées; par exemple, les ovaires et les péricarpes de haricots, de baguenaudiers, de séné, etc.

Fruit.

Le fruit est l'ovaire développé et accru par suite de la fécondation. On y distingue toujours deux parties essentielles, le *péricarpe* et la *graine*. Mais on y comprend souvent des parties accessoires que leur position rapprochée de l'ovaire et leur développement simultané rattachent à cet organe. Tel est le calice quand il est adhérent, ou lorsque, sans être adhérent, il persiste en devenant membraneux ou charnu. Enfin on considère souvent comme un seul fruit un assemblage de plusieurs fruits réunis sur un rapport commun, comme on le voit dans le *cône* des pins et des sapins, dans la figue, la mûre, etc.

Péricarpe.

Le péricarpe répond aux parois de l'ovaire fécondé et détermine la forme du fruit. On y distingue toujours trois parties : l'*épicarpe*, l'*endocarpe* et le *sarcocarpe* ou *mésocarpe*.

L'*épicarpe* est la membrane extérieure qui recouvre le fruit. Il répond à l'épiderme de la surface inférieure de la feuille ou des feuilles carpellaires lorsque le fruit est isolé du calice, ou à l'épiderme de la feuille ou des feuilles calicinales, lorsque le calice était soudé avec l'ovaire.

L'*endocarpe* est la membrane pariétale interne du péricarpe; il répond à l'épiderme de la surface supérieure de la feuille ou des feuilles qui formaient les carpelles de l'ovaire.

Le *sarcocarpe* ou *mésocarpe* est une partie parenchymateuse comprise entre l'épicarpe et l'endocarpe, et qui répond au parenchyme des feuilles carpellaires. Il est très développé dans les fruits charnus; peu apparent, au contraire, dans les fruits secs; mais il existe toujours.

La cavité intérieure du péricarpe porte le nom de *loge* et peut être simple ou multiple. Un péricarpe à une seule loge est dit *uniloculaire ;* celui à plusieurs loges prend l'épithète de *biloculaire, triloculaire, quadriloculaire,... multiloculaire,* suivant qu'il présente 2, 3, 4, ou un plus grand nombre de loges. Un péricarpe uniloculaire est généralement formé par une seule feuille carpellaire dont les bords se replient et se soudent du côté de l'axe du végétal; mais il peut aussi provenir de plusieurs feuilles non repliées, réunies par l'accolement de leurs bords. Un péricarpe pluriloculaire est toujours formé d'autant de feuilles carpellaires repliées jusqu'au centre qu'il y a de loges.

D'après ce qui précède, les *cloisons* qui forment la séparation des loges, résultent de la juxtaposition des replis de deux feuilles contiguës, et sont composées de deux lames d'endocarpe réunies par une couche plus ou moins mince de mésocarpe. Il faut ajouter qu'elles alternent toujours avec les divisions du stigmate. Ces caractères distinguent les *cloisons vraies* de certaines divisions incomplètes observées dans quelques fruits, et qui sont formées par une extension des trophospermes.

On donne le nom de *trophosperme* ou de *placentaire* à un corps placé le plus ordinairement à la jonction des feuilles carpellaires, mais quelquefois aussi sur leur nervure médiane, et auquel sont attachées les graines. La place occupée par le trophosperme fournit des caractères assez importants. Cet organe est dit :

Central, lorsqu'il occupe le centre d'un péricarpe uniloculaire, sans aucune adhérence avec les parois latérales. *Ex.* dans les primulacées et les santalacées ;

Axillaire, lorsqu'il occupe l'angle central des loges d'un fruit multiloculaire, ou, ce qui est la même chose, le bord replié jusqu'au centre des feuilles carpellaires formant les loges : *ex.*, les amomées ;

Sutural, quand il occupe la suture ou le point de jonction de la feuille ou des feuilles carpellaires qui forment un péricarpe uniloculaire : *ex.*, le haricot ;

Pariétal, quand il est placé sur la paroi même du péricarpe, par exemple, dans les cucurbitacées, les loasées, les caricées.

Le nombre des graines contenues dans un péricarpe peut varier considérablement. Lorsqu'il n'y en a qu'une seule, soit que cela dérive de la présence d'un seul ovule dans l'ovaire, ou de l'avortement des autres, lorsqu'il y en a plusieurs, le péricarpe ou le fruit est dit *monosperme*. Quand il y a plusieurs semences dans le fruit, on le dit *disperme, tétrasperme, oligosperme, polysperme*, suivant le nombre qui correspond à ces appellations.

Pour que les graines puissent sortir du péricarpe à leur maturité, il paraît nécessaire que celui-ci s'ouvre d'une manière quelconque ; cependant il y a des péricarpes qui ne s'ouvrent pas et auxquels on donne le surnom d'*indéhiscents;* ceux qui s'ouvrent naturellement sont nommés *déhiscents*.

Les péricarpes déhiscents peuvent s'ouvrir par des dents qui s'écartent à leur sommet, ou par des *opercules* d'une étendue limitée, qui se détachent du fruit ; ou bien ils se partagent en un nombre déterminé de pièces ou de panneaux de dimensions à peu près égales, auxquels on donne le nom de *valves*. Alors on dit que le fruit est *bivalve*, *trivalve*, *quadrivalve*, *multivalve*, suivant le nombre de parties. Généralement le nombre des valves est égal à celui des loges, parce que leur rupture s'opère à l'endroit de la suture marginale des carpelles, par le décollement des cloisons. Dans ce cas, la déhiscence est dite *septicide*. D'autres fois le nombre des valves restant le même, la déhiscence, au lieu de s'opérer par le bord des carpelles, a lieu par la nervure médiane de la feuille, ou par le milieu des carpelles, auquel cas chaque valve emporte avec elle une cloison et la moitié de deux loges contiguës. On nomme cette déhiscence *loculicide*. Enfin la séparation des valves peut avoir lieu à la fois par les sutures marginales et par la ligne médiane des carpelles : alors le nombre des valves est double de celui des loges.

D'après le peu que j'ai dit jusqu'ici, on peut comprendre combien la forme et la disposition des péricarpes, et celles des fruits par conséquent, sont susceptibles de varier, et l'on ne sera pas étonné d'entendre dire que toutes les classifications de fruits qui ont été proposées n'embrassent que la plus petite partie des modifications que ces organes peuvent présenter. Je vais essayer d'étendre un peu cette classification, tout en donnant plus de précision aux termes déjà employés par les botanistes.

Je remarque d'abord qu'il y a des fruits qui proviennent d'une seule fleur, et d'autres qui résultent de la connexion de pistils fécondés appartenant à plusieurs fleurs. Ces derniers portent le nom de *fruits agrégés*.

Quant aux fruits qui proviennent de la fécondation d'une seule fleur, je fais l'observation que les uns dérivent d'un seul pistil (qu'il soit simple en réalité, ou qu'il résulte de la soudure plus ou moins complète de plusieurs), et que les autres proviennent de pistils distincts et forment, la plupart du temps, autant de fruits séparés ; on les nomme *fruits multiples*, ou mieux *fruits séparés*.

Enfin, parmi les fruits qui succèdent à la fécondation d'un pistil simple en apparence, mais qui peut être en réalité composé, il y en a qui n'éprouvent pas de division bien manifeste en mûrissant, je leur conserve le nom de *fruits simples* ou de *fruits indivis*; mais les autres se séparent en parties tellement distinctes, que beaucoup de personnes considèrent chacune d'elles comme un fruit complet; je les nomme *fruits divisés* ou *partagés*. Voici le tableau abrégé de cette classification :

FRUITS.

A. — Provenant d'une seule fleur.   EXEMPLES.

/ Drupe...... *Prunus, Amyris, Zizyphus.*
| Nuculaine.... *Rhamnus, Ilex, Icica.*
| Caryone..... { *Juglans, Agathophyllum, Ter-* / *minalia.*
Charnus et indéhiscents { Mélonide..... *Pyrus, Mespilus, Eugenia.*
| Baie supère... *Myristica, Solanum, Citrus.*
| -- infère... *Viscum, Ribes, Cucumis.*
\ Amphisarque.. *Adansonia, Theobroma.*

/ Cariopse..... *Triticum, Secale, Zea.*
| Askose...... *Eleusine, Cyperus, Salicornia.*
Indéhis- / (Sphalérocarpe). *Taxus, Cannabis, Coccoloba.*
cents.. Achaîne..... *Carduus, Helianthus, Dipsacus.*
| Balanc...... *Quercus, Carpinus, Corylus.*
| Carcérule.... *Calamus, Tilia, Guajacum.*
\ Samare..... *Ulmus, Fraxinus, Acer.*

/ Follicule..... *Embrothium, Stenocarpus.*
| Coque...... *Macaranga, Hakea, Rhopala.*
| Légume..... *Pisum, Cassia, Hymenœa.*
Déhis- Silique...... *Brassica, Raphanus, Thlaspi.*
cents.. Capsule supère. *Papaver, Gentiana, Hibiscus.*
| — polycoque. *Mercurialis, Ricinus, Diosma.*
\ — infère... *Orchis, Cinchona, Lecythis.*

Drupaire..... *Nephelium, Sapindus.*
Baccaire...... *Gomphia, Ochna.*
Askosaire.... *Salvia, Borago.*
PARTAGÉS OU CARPOMÉRIZES. Achainaire.... *Ferula, Conium, Coriandrum.*
Samaraire.... *Urvillea, Triopterys, Janusia.*
Follicaire.... *Nerium, Hippocratea, Sterculia.*
Coccaire..... *Tropœolum, Dictamnus.*

Entièrement { Mons.. / Sarcochorize .. *Quassia, Brucea, Phœnix.*
séparés..{ Secs... | Xérochorize .. *Geum, Spirœa, Ranunculus,*
Portés sur un carpo-
phore charnu .... Amphicarpide.. *Fragaria.*
Portés sur un axe et
soudés........ | Sincarpide.... *Rubus, Anona.*
Renfermés dans le ca-
lice ....\ Calicarpide ... *Rosa, Calycanthus, Monimia.*

(Left margin labels:)
Dérivant d'un pistil simple ou composé.
SIMPLES OU INDIVIS.
Secs.....
Succédant à plusieurs pistils distincts.
SÉPARÉS ou CARPOCHORIZES.

B. — Provenant de plusieurs fleurs.

/ Endlophéride .. *Ficus.*
| Epiphéride ... *Dorstenia, Ambora.*
| Périphéride... *Rima, Platanus, Casuarina.*
AGRÉGÉS ou CARPOPLÈSES...... Sorose...... *Morus, Jaca, Ananassa.*
| Balanide..... *Fagus, Castanea.*
| Cône...... *Pinus, Alnus, Banksia.*
| Galbule..... *Cupressus, Thuya.*
\ Malaccône.... *Juniperus.*

FRUITS SIMPLES OU INDIVIS.

Fruits charnus.

DRUPE. Fruit provenant d'un ovaire libre ou non soudé avec le calice, et formé d'un péricarpe charnu et indéhiscent, dont l'endocarpe
est endurci en forme de noyau. Le noyau peut être à une ou plusieurs
loges, et il peut être osseux, ligneux ou cartilagineux. Lorsque l'endo-

carpe, par sa consistance molle, cesse d'être facilement distingué du sarcocarpe, le fruit devient une baie.

Exemples de *drupes à noyau uniloculaire osseux* ou *ligneux :* Toutes les rosacées drupacées des genres *amygdalus*, *prunus*, *cerasus;* les térébinthacées des genres *schinus*, *rhus*, *pistacia*, *mangifera;* les genres *andira*, *dipterix*, *commilobium* de la famille des papilionacées.

Drupes à noyau uniloculaire cartilagineux : genre *amyris*.

Drupes à noyau pluriloculaire, pouvant devenir *uniloculaire* par avortement : genres *spondias*, *elæocarpus*, *zizyphus*, *olea*, *cocos*.

NUCULAINE. Fruit provenant d'un ovaire libre, à péricarpe charnu et dont l'endocarpe durci forme des loges distinctes auxquelles on donne le nom d'*osselets* ou de *nucules*. La nuculaine ne diffère du drupe que parce qu'elle contient plusieurs noyaux distincts. *Ex.*, les genres *rhamnus*, *ilex*, *balsamodendron*, *icica*, *bursera*, *hedwigia*, etc.

CARYONE (noix). Fruit provenant d'un ovaire soudé avec le calice et à péricarpe charnu, dont l'endocarpe endurci forme un noyau uniloculaire, comme dans les genres *juglans*, *pterocarya*, *agathophyllum;* ou biloculaire devenant uniloculaire par avortement, comme dans le genre *Cornus*.

MÉLONIDE (pomme). Fruit provenant de plusieurs ovaires infères, soudés entre eux et avec le calice. Il est formé d'un péricarpe charnu dont l'endocarpe est partagé en plusieurs loges, disposées en rayons autour du centre du fruit. Il présente à l'extrémité opposée au pédoncule une rosette ou une couronne formée par les dents du calice qui ont persisté.

On distingue deux variétés de mélonide : l'une dont les loges de l'endocarpe sont cartilagineuses, comme dans les genres *malus*, *pyrus*, *cydonia*, *coffea*, *rubia*, *chiococca*, *hedera*, *panax;* l'autre dans laquelle les loges sont osseuses, comme dans les genres *mespilus*, *amelanchier*, *cotoneaster*, *cratægus*, *myrtus*, *eugenia*, et genres analogues; *cephælis*, *psychotria*, etc.

BAIE. On donne communément ce nom à tout fruit d'un petit volume, assez succulent pour s'écraser facilement dans les doigts. A ce titre, les fruits de l'if, du sureau, du nerprun, du groseiller, de la bryone, de la belladone, de la morelle, de l'asperge, du berberis, du sorbier, du rosier, de la fraise, de la framboise, du genévrier, du mûrier, du figuier et beaucoup d'autres, sont des *baies*. Mais, pour donner à ce mot une valeur plus scientifique, il faut d'abord faire abstraction du volume, ce qui pourra faire donner le nom de *baie* à de très gros fruits, tels que le melon et le potiron; ensuite il faut retrancher du genre tous les fruits qui ne sont pas simples, c'est-à-dire tous ceux qui proviennent de plusieurs ovaires distincts, soit qu'ils appartiennent à une seule fleur ou à plusieurs. De cette manière, parmi les fruits nommés ci-dessus, nous éliminons déjà les sept derniers, à commencer par le fruit du rosier; ensuite nous remarquerons que la baie, comme le drupe et la mélonide, peut présenter des loges; mais comme il est de son essence d'être molle et parenchymateuse, il faut que la matière des loges, ou l'endocarpe, soit peu distincte de la pulpe, autrement le fruit deviendrait une *nuculaine* comme le fruit des nerpruns, ou une *mélonide* comme celui des sorbiers. Souvent même, en raison de sa faiblesse, l'endocarpe disparaîtra dans la pulpe, et la baie ne paraîtra formée que de parenchyme et de semences. Enfin, pour qu'une baie soit complète, il faut que, même en conservant des loges, celles-ci soient peu apparentes ou remplies de vésicules succulentes; car si les loges étaient vides et d'une certaine capacité, la baie, réduite à un péricarpe de peu d'épaisseur, deviendrait plutôt une *capsule charnue*. Tout en faisant les restrictions qui précèdent, il reste encore un nombre considérable de fruits mous auxquels on ne peut refuser le nom de *baie*, et dont voici un certain nombre d'exemples :

Baies nues.

1° *Baie nue à une loge monosperme.* Genres *piper, laurus, cinnamomum, persea, myristica.* Les fruits qui appartiennent à cette section seraient des drupes, si la membrane endocarpienne avait plus d'épaisseur et de consistance. Les baies de laurier et de cannellier sont entourées, à leur partie inférieure, par le calice persistant. Celle du muscadier est déhiscente à maturité.

2° *Baie nue à plusieurs loges monospermes.* Le fruit peut devenir monosperme par avortement. *Ex.*, les genres *achras, chrysophyllum, sideroxylon, bumelia, lucuma* et autres de la famille des sapotées.

3° *Baie nue à une loge polysperme.* Genres *berberis, passiflora, carica.* Dans les deux derniers genres, la baie, pourvue de trophospermes pariétaux, ressemble beaucoup à celle des cucurbitacées (péponide) ; mais celle-ci est infère ou soudée avec le calice.

4° *Baie nue à deux loges polyspermes*, ou *uniloculaire* par avortement. Genres *vitis, strychnos, atropa, mandragora, solanum, lycium, physalis.* Dans ce dernier genre (*alkekenge*) la baie est entourée par le calice persistant et accru, sous forme d'une vessie rouge, d'un volume beaucoup plus considérable que celui du fruit.

5° *Baie nue, triloculaire :* genres *smilax, aspargus, ruscus,* etc.

6° *Baie nue, pluriloculaire, polysperme :* genres *phytolacca, nymphœa, citrus.* Le fruit des *citrus* (orange, citron, bigarade, etc.) a reçu le nom particulier d'*hespéridie.* C'est une baie dont le péricarpe, plus

VÉGÉTAUX.

ou moins épais et pulpeux, contient, au centre, de 8 à 12 loges séparées par des cloisons membraneuses qui peuvent se dédoubler sans déchirement. L'intérieur des loges est occupé par des utricules remplies de suc, qui sont une extension cellulaire des parois de l'endocarpe. Les semences sont pourvues d'un épisperme cartilagineux, et sont fixées à l'angle interne de chaque loge.

Baies inferes ou soudées avec le calice.

7° *Baie infère à une loge monosperme :* genres *antidaphne*, *viscum*, *loranthus* et autres de la famille des loranthées.

8° *Baie infère à 2 loges monospermes :* genre *symphoricarpos.*

9° *Baie infère à 3-5 loges monospermes,* dont les loges disparaissent par la destruction des cloisons. Exemples : les genres *sambucus* et *viburnum.*

10° *Baie infère à 3 loges polyspermes et à placentation axile :* genres *musa*, *lonicera.*

11° *Baie infère uniloculaire polysperme, à placentation pariétale :* genres *ribes*, *cactus*, *opuntia.*

12° *Baie infère triloculaire à placentation pariétale.* Ce fruit peut devenir complétement charnu par l'oblitération des loges, et peut offrir, d'un autre côté, une vaste cavité irrégulière provenant de la déchirure du parenchyme et des trophospermes. Exemples : la plupart des fruits cucurbitacés, et notamment ceux des genres *bryonia*, *citrullus*, *cucumis*, *cucurbita*, *lagenaria.* Cette espèce de baie a reçu le nom particulier de *péponide*, dérivé du nom spécifique du potiron, *cucurbita pepo*, ou du nom grec du melon (πίπω).

13° *Baie infere multiloculaire, à placentation pariétale :* exemple la grenade. On a donné à ce fruit, remarquable par son épicarpe coriacé, ses deux rangs superposés de loges, et ses graines renfermées dans une utricule pleine d'une pulpe succulente, le nom particulier de *balauste*, qui est celui par lequel les anciens désignaient la fleur et non le fruit du grenadier.

AMPHISARQUE. Fruit polysperme, indéhiscent, dur et comme ligneux à l'extérieur, charnu ou rempli d'une pulpe fibreuse à l'intérieur. Exemple : le fruit du baobab (*adansonia*), qu'on peut aussi considérer comme une baie nue et pluriloculaire, à épicarpe solide, et le fruit du calebassier (*crescentia*) qui paraît être uniloculaire.

Fruits secs et indéhiscents.

CARIOPSE. Fruit monosperme et généralement nu, dont le péricarpe très mince est intimement soudé avec la graine et ne peut en être séparé. Exemples : la plupart des fruits de plantes graminées, tels que le blé, le seigle et le maïs. Dans l'avoine et dans l'ivraie, le cariopse adhère à la glume supérieure, et dans l'orge il est adhérent aux deux glumes. Le fruit des polygonées est souvent aussi un cariopse ; mais il est presque toujours entouré par le périgone persistant, et quelquefois plus ou moins soudé avec lui.

ASKOSE (de ἀσκὸς, outre). Fruit *supère* et nu, sec, monosperme et indéhiscent, dont le péricarpe est distinct du tégument propre de la graine et peut en être séparé. Ce fruit se rencontre surtout dans la famille des cypéracées et dans une partie des polygonées, des chénopodées et des amaranthacées. Dans ces deux dernières familles, où l'askose se montre pourvu d'un péricarpe très mince et membraneux, il a reçu le nom d'*utricule ;* mais ce mot peut être difficilement employé en ce sens, étant déjà usité pour exprimer la cellule la plus simple du règne végétal. C'est pour cette raison que je propose le nom d'*askose*, auquel je donne un sens qui le distingue à la fois du cariopse et de l'achaîne.

ACHAINE (prononcez *akène*). Fruit infère, sec, monosperme et indéhiscent, dont le péricarpe, confondu avec le tube du calice, est distinct de la graine. Ce fruit appartient à la famille des synanthérées dont il forme un des caractères les plus essentiels. Il est souvent couronné par une aigrette ou par un anneau membraneux qui représente la partie libre du calice.

BALANE (de βαλανος, gland). Fruit indéhiscent, provenant d'un ovaire infère et pluriloculaire, mais presque toujours réduit à une loge et à une graine par l'avortement des autres. Il offre toujours à son sommet les dents excessivement petites du calice soudé avec le péricarpe, et tous deux réunis sont à peine distincts du tégument propre à la graine. Le fruit est en outre renfermé, en tout ou en partie, dans un involucre écailleux ou foliacé. Exemple : les fruits des genres *carpinus*, *corylus*, *quercus*, *lithocarpus*, de la famille des cupulifères.

CARCÉRULE. Fruit sec ou presque sec, uni ou pluriloculaire, polysperme, mais pouvant devenir monosperme par avortement. Ce fruit est toujours indéhiscent, et les loges, par conséquent, lorsqu'il y en a plusieurs, ne se séparent pas et ne s'ouvrent pas à maturité. On peut citer comme exemple de carcérules les fruits des genres *calamus*, *sagus*, *tilia*, *apeiba*, *lawsonia*, *guajacum*, etc.

SAMARE. Fruit non adhérent au calîce, uni ou pluriloculaire et indéhiscent, dont le péricarpe est prolongé en ailes membraneuses. Exemples : les fruits de l'orme champêtre, de l'ailante, des *ptelea*, des frênes et des érables. A la rigueur, ces fruits ne forment pas une espèce particulière, et ne sont qu'un askose ou un carcérule dont le péricarpe retourne à la forme foliacée. Ainsi le fruit de l'orme champêtre est un askose qui occupe le centre d'une membrane à peu près circulaire. Le fruit du *ptelea trifoliata* est tout à fait semblable pour la forme, mais c'est un carcérule à deux loges. Celui du frêne est encore un carcérule dont une des deux loges avorte, et qui se prolonge, suivant l'axe du fruit, en une large feuille membraneuse. Le fruit des érables est un carcérule à deux loges presque distinctes, terminées chacune par une aile.

Fruits secs déhiscents.

FOLLICULE. Fruit sec, supère, uniloculaire, polysperme, déhiscent, formé par une seule feuille carpellaire repliée du côté de l'axe végétal. Il ne présente qu'une suture ventrale suivant laquelle s'opère la déhiscence et un trophosperme simple ou bipartible qui devient quelquefois libre par le décollement des bords du péricarpe. Le follicule est très répandu à l'état de fruit composé, divisé ou multiple ; mais il est très rare comme fruit simple, et on ne peut guère en citer pour exemples que les genres *knightia*, *embothri m*, *oreocallis*, *telopea*, *lomatia* et *stenocarpus* de la famille des protéacées.

COQUE. Fruit sec, supère, formé par une seule feuille carpellaire repliée du côté de l'axe végétal. C'est également de ce côté que s'opere la principale déhiscence du fruit et que sont fixées les graines. Ce fruit offre donc de très grands rapports avec le follicule, dont il n'est peut-être qu'une variété. Voici cependant ce qui l'en distingue le plus ordinairement : il ne contient qu'une graine, et quand il en renferme deux, elles sont fixées collatéralement à la suture ventrale, au lieu d'être placées l'une au-dessus de l'autre. Le péricarpe est plus épais, surtout du côté externe ; de sorte que la loge est excentrique et rapprochée du bord interne. L'endocarpe est solide, quelquefois ligneux, et se rompt avec élasticité par la dessiccation ; et la rupture se fait non seulement par la suture ventrale, mais souvent aussi par la suture dorsale ; alors la coque est bivalve, et non univalve comme le follicule. Enfin, la coque est souvent indéhiscente et se rapproche alors de l'askose. Cependant il y a toujours entre eux cette différence que l'askose est un fruit axien, concentrique et régulier, tandis que la coque est excentrique et irrégulière.

La coque est très rare à l'état simple, et ne se rencontre guère que dans les genres *maracanga* et *crotonopsis* de la famille des euphorbiacées, dans le genre *blackburnia* des zanthoxylées, et dans quelques genres de la famille des protéacées. Elle est plus commune parmi les fruits composés, partagés ou multiples.

LÉGUME ou GOUSSE. Fruit non adhérent au calice, sec, généralement bivalve, ou, tout au moins, portant deux sutures apparentes, l'une ventrale , l'autre dorsale. Les graines sont portées sur un seul trophosperme qui suit la suture ventrale ; mais ce trophosperme se partage en deux branches, et, lorsqu'on ouvre le péricarpe , les graines restent attachées alternativement à l'une et à l'autre valve. Exemple : les fruits de la grande famille des légumineuses.

La gousse est , en général , uniloculaire, polysperme et à péricarpe mince et foliacé, par exemple dans les genres *pisum* , *robinia*, *colutea* , *cytisus*, *cæsalpinia* , etc. ; mais elle présente , sous ces différents rapports , des variations très considérables. Ainsi , il peut arriver que les bords de la feuille carpellaire, qui forment la suture ou sont attachées les graines , se prolongent dans l'intérieur de la gousse , et atteignent même la suture dorsale, ainsi que cela a lieu dans le genre *astragalus* ; alors le fruit est véritablement biloculaire. D'autres fois l'endosperme donne naissance à un parenchyme qui remplit l'intervalle des semences et les isole les unes des autres dans autant de cavités particulières ; alors la gousse paraît transversalement pluriloculaire, comme dans les genres *adenanthera* , *poinciana* , *mucuna* , *dolichos*, etc. , et surtout dans les casses fistuleuses , dont l'intérieur est divisé en un grand nombre de loges par des diaphragmes transversaux presque ligneux , qui ne sont cependant encore que des exubérances de l'endocarpe , ou des *fausses cloisons*. Souvent encore , lorsque la gousse est ainsi partagée en plusieurs cavités monospermes , il arrive qu'elle se rétrécit fortement dans l'intervalle des graines , de manière à paraître formée de petites gousses monospermes ajoutées les unes au bout des autres , comme dans l'*acacia vera*, le *sophora tomentosa* , l'*hedysarum alpinum* , etc. ; on dit alors qu'elle est *moniliforme* ou *lomentacée*. On la dit *articulée*, lorsque les pièces se séparent facilement par une sorte d'articulation, comme dans les *coronilla*, *ornithopus*, *hedysarum* , *mimosa*, *entada*, etc. Quant à la déhiscence , indépendamment de tous les légumes dont le péricarpe est solide , charnu ou pulpeux , tels que les *cassia* , *ceratonia* , *algarobia* , *hymenœa* , *tamarindus* , etc. , qui ne s'ouvrent pas , plusieurs gousses ordinaires , telles que celles du *pisum sativum* , sont indéhiscentes. D'autres légumes sont monospermes , et , parmi ceux-ci , les uns sont entourés ou prolongés par une aile membraneuse qui les fait ressembler à une samare (genre *pterocarpus* et *myrospermum*); les autres sont épais et charnus et ressemblent à un drupe : tels sont les fruits des *cynometra*, *copahifera*, *geoffroya* , *andira*, *dipterix* , *commilobium* , etc. ; seulement , la déhiscence en deux valves des trois premiers rappelle encore l'origine légumineuse du fruit. Les autres sont indéhiscents comme de véritables drupes.

SILIQUE. Fruit sec , déhiscent , polysperme , formé de deux feuilles carpellaires à soudure pariétale, et qui , par suite , présente deux trophospermes suturaux opposés aux stigmates, et auxquels sont attachées les graines. Les deux trophospermes sont réunis par un prolongement membraneux formant cloison, et qui sépare le fruit en deux loges. La déhiscence se fait par la rupture du péricarpe, et ordinairement de bas en haut, tout le long des sutures qui portent les trophospermes; de telle sorte que le fruit ouvert présente trois pièces, à savoir deux valves et une troisième pièce mitoyenne formée par les deux sutures, les trophospermes, la fausse cloison et les graines.

La silique appartient à toutes les plantes de la famille des crucifères. Cependant on est convenu de n'accorder ce nom qu'aux fruits dont la longueur dépasse manifestement la largeur. On donne le nom de *silicule* à la silique qui est à peu près aussi large que longue; le nombre de celles-ci est aux premières environ comme 3 est à 2.

Ajoutons que la silique peut devenir *lomentacée*, *articulée* ou *indéhiscente*, dans les mêmes circonstances que la gousse, et qu'un assez grand nombre de silicules se trouvent réduites par avortement à l'état d'un fruit indéhiscent, uniloculaire et monosperme.

Quelques plantes étrangères à la famille des crucifères, comme la *chélidoine*, le *glaucium* et l'*hypecoum* de la famille des papavéracées, ont pour fruit une silique qui diffère de celle des crucifères par la situation des trophospermes qui sont alternes, et non opposés aux lobes du stigmate.

CAPSULE. On donne ce nom, en général, à tous les fruits secs et déhiscents qui ne sont ni des légumes ni des siliques. Il en résulte qu'on l'applique à des fruits très variables, non seulement en raison de l'ovaire libre ou adhérent qui les a formés, mais encore par le nombre des loges, leur soudure plus ou moins intime, ou leur séparation presque complète, leur mode de déhiscence, etc. Il y a des capsules qui s'ouvrent par des trous qui se forment à la partie supérieure (*papaver nigrum, antirrhinum majus*), ou à leur partie moyenne (*campanula persicæfolia*); d'autres qui s'ouvrent par une solution de continuité circulaire qui les sépare en deux parties : une supérieure formant couvercle ou opercule, et une inférieure très souvent soudée avec le calice. On donne à cette espèce de capsule le nom particulier de *pixide* et vulgairement celui de *boîte à savonnette*. La pixide la plus simple appartient aux genres *amaranthus* et *chamissoa* (amaranthacées). Elle est uniloculaire et monosperme, à péricarpe nu, et s'ouvre par une fissure circulaire. Dans le genre *anagallis* (primulacées) la pixide est uniloculaire, polysperme, et le calice adhère à la partie inférieure; la même adhérence se montre dans la pixide biloculaire des jusquiames, dans celle triloculaire des *fevillea* et dans quelques autres.

Les autres espèces de capsules ont une déhiscence valvaire, et cette déhiscence est *septicide*, *septifère* ou *septifrage*. Mais, la déhiscence peut difficilement servir à la classification des capsules, qu'il vaut mieux diviser par leur situation supère ou infère et par le nombre de leurs loges.

FRUITS PARTAGÉS OU CARPOMÉRIZES.

On nomme ainsi les fruits qui, étant parfaitement distincts les uns des autres, proviennent cependant d'un seul ovaire; mais cet ovaire était nécessairement composé et formé de carpelles qui se sont séparées pendant leur développement. Les carpomérizes ne peuvent d'ailleurs être formés que des fruits les plus simples, parmi ceux précédemment étudiés, tels que le *drupe* et la *baie monospermes*, l'*askose*, l'*achaine*, la *samare*, le *follicule* et la *coque*, et ils en prennent le nom auquel on ajoute la déhiscence *aire* ou *arium*. Les fruits partagés retournent d'ailleurs facilement à l'état de fruit simple par l'avortement d'une partie plus ou moins considérable des carpelles de l'ovaire; mais ils n'en doivent pas moins être compris dans cette division, en raison de ce qu'ils ne représentent qu'une partie et non la totalité de l'ovaire. Voici des exemples de fruits partagés :

DRUPAIRE. Exemple, le fruit des *sapindus* qui provient d'un ovaire central, sessile, triloculaire, et qui se trouve souvent réduit à 2 ou à 1 lobe drupacé, indéhiscent, monosperme : les autres lobes se montrent avortés, à la base du lobe développé.

BACCAIRE. Dans les genres *ochna* et *gomphia* qui ont un ovaire multiloculaire surmonté d'un seul style, le fruit consiste en un certain nombre de baies monospermes implantées sur un gynophore accru (sarcobase de quelques auteurs).

ASKOSAIRE. Fruit des labiées et des vraies boraginées, formé de 4 askoses nus au fond du calice persistant.

ACHAINAIRE. La famille des ombellifères, indépendamment de la disposition de ses fleurs en ombelles, est caractérisée par un fruit composé de deux achaînes qui se séparent à maturité, en restant suspendus à la partie supérieure d'une colonne centrale ou *carpophore*, et en emportant avec eux la moitié du calice qui était soudé avec l'ovaire. M. Mirbel avait donné à ce fruit le nom très expressif de *crémocarpe* (fruit suspendu); mais on le nomme plus ordinairement *di-achaîne*. De Candolle, de son côté, a proposé de donner, à chaque partie du fruit, le nom de *méricarpe* (part de fruit). Il arrive quelquefois que l'une des deux parties avorte ou que le fruit ne se sépare pas à maturité.

FOLLICAIRE. Deux follicules parfaitement distincts, mais quelquefois solitaires par avortement, constituent le fruit de la plupart des apocynées et des asclépiadées.

COCCAIRE. Fruit composé de plusieurs coques séparées à maturité ; tel est celui des *tropœolum* qui est formé de trois coques, et celui de la fraxinelle qui en a cinq.

FRUITS MULTIPLES OU SÉPARÉS (CARPOCHORIZES).

Ces fruits proviennent d'ovaires distincts contenus dans une même fleur. Il n'est pas toujours facile de les distinguer des fruits partagés, en raison du passage insensible que l'on observe entre les ovaires distincts qui produisent les premiers, et les ovaires soudés qui donnent naissance aux seconds. Dans les cas douteux, l'unité ou la pluralité des styles sert à décider la question. Ainsi, quelle que soit la séparation des loges de l'ovaire dans les labiées, les boraginées et les ochnacées, comme ces loges ne portent qu'un seul style qui part de leur centre déprimé, on les considère comme un seul ovaire, et l'on regarde les askoses ou les baies qui en proviennent comme formant un fruit partagé. Par contre, dans les simaroubées, et dans les genres *brucea, brunellia, zanthoxylon, ailanthus*, des zanthoxylées, où les ovaires sont libres ou presque libres, et pourvus chacun d'un style, on les considère comme distincts, et les fruits qui en proviennent, comme des fruits séparés.

Les fruits séparés, de même que les fruits partagés, sont formés des espèces les plus simples parmi les fruits indivis ; mais leur association variable avec différentes parties de la fleur persistantes et accrues, et leur état de séparation complète ou de soudure plus ou moins avancée, sont autant de raisons pour en distinguer plusieurs genres qu'il a fallu désigner par des noms particuliers.

SARCOCHORIZE, c'est-à-dire *fruits* (sous-entendu) *charnus* et *separes*. Fruit multiple composé de carpelles charnues et libres, portées sur un torus peu développé. *Ex.*, les genres *quassia, simaruba, brucea, anamirta, xylopia, uvaria, drymis, phœnix*. On remarquera que la datte et la coque du Levant sont comprises dans les sarcochorizes. C'est que, en effet, l'une et l'autre proviennent d'une fleur qui contenait trois ovaires distincts, et qu'on trouve quelquefois les trois carpelles développées et formant un fruit multiple ; mais elles sont le plus souvent réduites à 2 ou à 1 par avortement.

XÉROCHORIZE, c'est-à-dire *fruits* (sous-entendu) *secs* et *séparés*. Je nomme ainsi les fruits multiples, secs et non soudés, qui sont portés sur un torus ou sur un axe peu développé. On en distingue de plusieurs espèces, tels que :

Xérochorize askosaire : genres *connarus, heritieria, dryas, geum, clematis, hepatica, ranunculus, anemone*, etc. ;

Xérochorize samaridaire : *liriodendron, ailanthus*.

Xérochorize follicaire : hibbertia, tetracera, caltha, helleborus, nigella, delphinium, aconitum, pæonia, etc.

Xérochorize capsulaire : zanthoxylon, brunellia, magnolia, illicium.

AMPHICARPIDE. Fruit multiple composé d'un grand nombre d'askoses ou de coques indéhiscentes fixées à la surface d'un carpophore charnu très développé. *Ex.*, la *fraise.* Ce fruit diffère du *xérochorise askosaire* par l'ampleur et la succulence de son carpophore qui en devient la partie principale et utile, et par la petitesse relative de ses askoses. Il diffère du *syncarpide* qui le suit, par les mêmes caractères et par la sécheresse de ses carpelles.

SYNCARPIDE. Fruit multiple composé d'un grand nombre de baies portées sur un axe, et soudées ensemble. *Ex.*, les genres *rubus* et *anona.*

CALICARPIDE. Fruits multiples renfermés dans le calice de la fleur accru et devenu bacciforme; comme dans les genres *rosa*, *calycanthus*, *monimia.*

FRUITS AGRÉGÉS OU CARPOPLÈSES.

Je rappelle que ce sont des fruits qui proviennent d'ovaires appartenant à des fleurs distinctes, mais qui sont soudés ou fixés sur un support commun, de manière à former un corps dense, à forme déterminée, que le vulgaire considère comme un seul fruit. Dans ce genre de fructification, le mode d'agrégation et la forme des parties accessoires ont plus d'importance, pour déterminer les espèces, que la nature même des fruits. On peut y distinguer les formes suivantes :

ENDOPHÉRIDE, c'est à-dire *fruits* (sous-entendus) *portés en dedans.* Telle est la figue, qui n'est d'abord qu'un réceptacle presque fermé, contenant un grand nombre de fleurs mâles et femelles entremêlées, et qui devient, après la fécondation opérée dans son intérieur, un réceptacle de fruits indéhiscents, soudés avec leur périgone devenu succulent.

EPIPHÉRIDE (fruits portés en dessus). Cet assemblage de fruits, qui appartient au genre *dorstenia*, ne diffère du précédent que parce que le réceptacle, au lieu d'être relevé en forme d'outre et de contenir les fruits dans son intérieur, est étalé en forme de plateau et porte les fruits à sa surface. M. Mirbel a donné à ces deux assemblages de fruits réunis le nom de *syncône.*

PÉRIPHÉRIDE. Fruits fixés tout autour d'un réceptacle charnu, sphérique ou ovoïde. Tels sont ceux de l'*artocarpus incisa*, du platane et des *casuarina.*

SOROSE. Assemblage de fruits portés sur un axe peu développé, et soudés, ou au moins très rapprochés. Ce nom a été proposé par M. Mirbel pour les fruits charnus du mûrier et de l'ananas; mais il convient à plusieurs autres, tels que les fruits agrégés de l'*artocarpus integrifolia*, des *morinda*, du *piper longum*, etc.

BALANIDE. Fruit agrégé formé de un à trois balanes contenus dans un involucre épineux; ex. : le hêtre et le châtaignier.

CÔNE ou STROBILE. Fruit composé d'un grand nombre d'askoses, d'achaînes, de samares ou même de semences nues, cachés à l'aisselle de bractées membraneuses ou ligneuses, rapprochées en forme de cône ou de cylindre arrondis. Tels sont les fruits de la plupart des arbres conifères (pins, sapins, cèdre, mélèze); ceux de l'aune et du bouleau, celui du houblon, etc.

On a donné le nom particulier de *galbule* à des cônes à peu près sphériques, composés d'un petit nombre d'écailles un peu charnues, vertes et soudées avant leur maturité; ex. : le cyprès et le thuya. Enfin, d'autres ont employé le même nom de *galbule*, ou ont proposé celui de *pseudocarpe* pour le fruit du genévrier qui porte vulgairement le nom de *baie de genièvre*. Je pense que le nom de *malaccône*, qui signifie proprement *cône mou*, conviendra mieux pour exprimer un carpoplèze de conifère composé seulement de trois fruits avec leurs enveloppes, renfermés sous trois écailles devenues tout à fait succulentes et complétement soudées.

Graine.

La graine est véritablement ce qui constitue le fruit, de même que les étamines et le pistil constituent la fleur. Le péricarpe, le calice et la corolle sont des parties accessoires dont, à la vérité, nous tirons souvent un grand parti, mais qui ne servent que d'enveloppes aux parties essentielles.

La graine renferme les rudiments d'une nouvelle plante; c'est un œuf fécondé qui doit, après avoir passé quelque temps dans le sein de la terre, reproduire un être semblable à celui d'où il est sorti.

La graine est recouverte d'une pellicule plus ou moins épaisse, que l'on nomme *robe* ou *spermoderme*. Sur un point quelconque de sa surface se trouve une cicatrice nommée *hile* ou *ombilic*, à laquelle aboutit un prolongement du trophosperme qui peut être comparé au cordon ombilical des animaux. On lui donne le nom de *funicule* ou de *podosperme* (1).

(1) Indépendamment de leur tégument propre ou *robe*, un certain nombre de graines présentent à l'extérieur une expansion membraneuse du podosperme, qui enveloppe plus ou moins la graine; on donne à cet organe particulier le nom d'*arille*. Par exemple la muscade, dont l'arille est connu sous le nom de *macis*.

La graine est composée intérieurement de deux sortes de parties : le *périsperme* et l'*embryon*.

Le périsperme (*endosperme*, Rich. ; *albumen*, Gærtner) est une substance analogue à l'albumen de l'œuf, et qui sert à nourrir l'embryon, jusqu'à ce que les parties dont se compose celui-ci aient acquis assez de force pour tirer leur nourriture de la terre et de l'air. Il est sec et farineux dans les graminées, huileux dans le ricin, corné dans le café et le dattier, etc. Il semble manquer quelquefois. L'embryon est l'abrégé de la plante : il est composé de la *radicule* ou jeune racine, de la *plumule* ou *gemmule* qui est le premier bourgeon d'où doit sortir la tige, et des *cotylédons*.

Les cotylédons peuvent être définis *une ou plusieurs feuilles présentes dans la graine*. En effet, ce sont de véritables feuilles, et s'il arrive souvent qu'ils en diffèrent en apparence, cela tient à ce que leur développement a été arrêté par l'accroissement des autres parties de la graine, ou altéré par l'absorption du périsperme, comme cela a lieu dans le haricot, dans l'amandier, etc., dont les graines ne paraissent entièrement composées que des deux cotylédons.

Il y a des graines qui ont deux cotylédons, et il y en a d'autres qui n'en ont qu'un ; et cette différence, qui semble si peu de chose à la première vue, sert à diviser les plantes en deux grandes classes très naturelles, ou en *dicotylédones* et *monocotylédones*. Ce qu'il y a de plus remarquable, c'est que cette division répond exactement à celle dont j'ai parlé précédemment (p. 9), fondée sur la manière différente dont les végétaux s'accroissent. En effet, une observation qui ne s'est pas encore démentie montre que tous les végétaux dicotylédonés sont *exogènes*, et les monocotylédonés *endogènes*.

L'usage des cotylédons, dans la graine, est d'élaborer la substance nutritive du périsperme, lorsqu'elle a été gonflée par l'humidité de la terre, et de la transmettre à l'embryon. Lorsque les parties dont se compose celui-ci ont acquis assez de force pour se passer de leur secours, les cotylédons deviennent inutiles, et périssent.

Méthodes.

Les botanistes des différents siècles ont imaginé un grand nombre de méthodes pour faciliter l'étude des plantes. Les premières, comme on peut le penser, étaient très imparfaites. Elles reposaient, ou sur l'usage auquel on destinait les végétaux, en raison de leurs propriétés médicinales ou alimentaires, ou sur l'habitude de ces mêmes végétaux, dont les uns vivent sur les eaux, et les autres dans les bois, au milieu des plaines ou sur les montagnes. D'autres botanistes encore

classaient les plantes d'après la saison de l'épanouissement de leurs
fleurs.

On comprend facilement combien des descriptions fondées sur des
bases aussi sujettes à varier devaient être, sinon peu fidèles, au
moins peu intelligibles pour tout autre que celui-qui les faisait. Aussi
a-t-on peine à reconnaitre maintenant les plantes dont les anciens auteurs ont voulu parler.

Parmi les méthodes modernes, on en distingue trois surtout, qui
sont, la méthode de Tournefort, le système sexuel de Linné et la méthode de Jussieu.

Dans la méthode de Tournefort, qui parut en 1694, les végétaux
sont d'abord divisés en herbes et sous-arbrisseaux, et en arbrisseaux
et arbres; ensuite les vingt-deux classes dont elle se compose, sont fondées sur l'absence, la présence et la forme de la corolle : cette méthode, recommandable par sa simplicité, ne serait plus suffisante aujourd'hui.

Le système de Linné, plus ingénieux et bien plus étendu que la méthode de Tournefort, parut en 1736. Il est fondé sur le nombre, la position, la proportion et la connexion des étamines. On peut lui reprocher
de disperser, dans différentes classes, des végétaux qui ont entre eux
un très grand nombre de rapports naturels; mais la facilité qu'il présente pour parvenir à la connaissance des végétaux, jointe à la nomenclature dionymique dont Linné est le créateur, a opéré une véritable
révolution dans la science, et a procuré à son système, tout artificiel,
une prééminence que les méthodes naturelles ont eu peine à surmon-
ter. Pour les esprits justes et non prévenus, une bonne méthode naturelle paraissait bien être préférable à la meilleure artificielle, et, ce
qu'il y a de remarquable, c'est que c'était le propre sentiment de
Linné, qui avait proclamé la méthode naturelle *le but le plus élevé des
efforts des botanistes.* Il a fallu cependant, pour contrebalancer la
puissance du système de Linné, que *la méthode des familles naturelles,*
tentée par Magnol en 1689, accrue par Adanson en 1763, lentement
perfectionnée par Bernard de Jussieu, ait reçu la vie des mains d'Antoine Laurent de Jussieu, dans son célèbre ouvrage le *Genera plantarum,* publié en 1789.

Système de Linné.

Ce système est fondé sur le nombre, la position, la proportion,
et la connexion des étamines. Joignons-y les différents cas ou les étamines et les pistils se trouvent sur des fleurs séparées, et celui où ces
organes se dérobent à l'observation, et nous compléterons les bases

dont Linné s'est servi pour diviser tous les végétaux connus en 24 classes.

Les onze premières classes sont uniquement fondées sur le nombre des étamines, depuis 1 jusqu'à 12, mais considérées seulement sur des fleurs qui réunissent les deux sexes, et que, par cette raison, on a nommées *hermaphrodites*. Ainsi, tous les végétaux à fleurs hermaphrodites qui n'ont qu'une seule étamine, sont rangées dans la 1re classe. Linné a nommé cette classe *monandrie*, du grec *monos*, un, et *aner*, *andros*, mari ; l'étamine étant l'organe mâle de la fleur. *Exemple*, le gingembre.

La 2e cl. se nomme *Diandrie*, c'est-à-dire 2 maris ou 2 étamines ; *cx.* la véronique.

La 3^e	—	*Triandrie*	—	3 étamines, *exemple* le blé.
La 4^e	—	*Tétrandrie*,	—	4 —	le plantain.
La 5^e	—	*Pentandrie*,	—	5 —	la bourrache.
La 6^e	—	*Hexandrie*,	—	6 —	le lis.
La 7^e	—	*Heptandrie*,	—	7 —	le marronn. d'Inde.
La 8^e	—	*Octandrie*,	—	8 —	le garou.
La 9^e	—	*Ennéandrie*,	—	9 —	la rhubarbe.
La 10^e	—	*Décandrie*,	—	10 —	l'œillet.
La 11^e	—	*Dodécandrie*, de 12 à 20	—	la joubarbe.

La 12e et la 13e classes sont fondées sur le nombre et la position des étamines. La 12e renferme les plantes hermaphrodites qui ont environ 20 étamines insérées sur le calice ; *exemple*, le rosier. Cette classe se nomme *icosandrie*.

La 13e classe comprend les plantes hermaphrodites qui ont 20 étamines, ou plus, adhérentes au réceptacle de la fleur ; *exemple*, la renoncule. On nomme cette classe *polyandrie*.

La 14e et la 15e classes sont fondées sur la grandeur respective des étamines. Ainsi dans la 14e, nommée *didynamie*, se trouvent encore des plantes à quatre étamines, mais dont deux plus courtes et deux plus grandes. *Didynamie* veut dire 2 *puissances*, c'est-à-dire, que deux étamines paraissent avoir une sorte de supériorité sur les autres ; exemple, la menthe.

La 15e classe renferme des plantes à 6 étamines qui en ont 2 petites et 4 grandes ; ex., le chou. On nomme cette classe *tétradynamie*, ce qui veut dire 4 *puissances*.

Les 16e, 17e, 18e, 19e, et 20e classes, sont fondées sur l'adhérence des étamines, soit entre elles, soit avec le pistil.

La 16e classe se nomme *monadelphie*, c'est-à-dire, un *frère*. Elle a lieu lorsque toutes les étamines sont réunies en un seul faisceau par leurs filets, les anthères restant libres ; ex., la mauve.

La 17e classe, ou la *diadelphie*, renferme les plantes dont les étamincs, réunies par les filets, forment deux faisceaux; exemple, le haricot.

La 18e classe, qui est la *polyadelphie*, a lieu lorsque les étamines, réunies par leurs filets, forment plus de deux faisceaux; ex., l'oranger.

Dans la 19e classe, les étamines, au lieu d'être réunies par leurs filets, le sont par les anthères, et forment ainsi comme une petite voûte traversée par le style; ex., la chicorée. On nomme cette classe *syngénésie*, ce qui signifie *engendrant ensemble*.

Dans la 20e classe les étamines sont adhérentes au pistil, ou sont immédiatement posées dessus; ex., l'aristoloche. On nomme cette classe *gynandrie*, de *gunè*, femme, et *aner*, mari; voulant ainsi exprimer, par un seul mot, la réunion des sexes de la fleur.

Les 21e,.22e et 23e classes renferment des plantes dont les sexes sont séparés sur des fleurs différentes; ce que Linné a exprimé, en les nommant *diclines*, c'est-à-dire, *deux lits*. Dans la 21e classe, les fleurs mâles et les fleurs femelles sont portées sur un même individu; ex., le ricin. Cette classe se nomme *monoécie*, de *monos oïkos, une seule maison*.

Dans la 22e classe, les fleurs mâles et les fleurs femelles sont portées sur des pieds différents; ex., le genévrier. Cette classe se nomme *diœcie, deux maisons*.

La 23e classe, nommée *polygamie*, comprend des végétaux dont la même espèce présente, sur le même pied ou sur des pieds différents, des fleurs hermaphrodites et des fleurs mâles ou femelles; ex, le figuier.

La 24e et dernière classe renferme tous les végétaux dont la fructification n'est pas visible à l'œil nu. Linné l'a nommée *cryptogamie*, ce qui veut dire *mariage caché*.

Linné a sous-divisé ses classes en ordres, ses ordres en genres, et ceux-ci en espèces. Voici sur quelles considérations il a fondé les ordres.

Dans les 13 premières classes dont le caractère classique est tiré du nombre des étamines, le caractère ordinal est pris du nombre des pistils ou des styles. Ainsi nous avons pour noms d'ordres.

La *Monogynie*.	1 style ou une femme.
Digynie	2
Trigynie	3
Tétragynie	4
Pentagynie	5
Hexagynie	6
Heptagynie.	7
Octogynie.	8
Ennéagynie.	9

Décagynie   10
Dodécagynie . . . . de 11 à 19
Polygynie . . . .   20 ou plus.

Mais chaque classe ne renferme pas un si grand nombre d'ordres ; par exemple, la monandrie n'en a que deux, qui sont la monogynie et la digynie. La diandrie et la triandrie n'en ont que trois, et ainsi des autres.

Dans la 14ᵉ classe, qui est la didynamie, Linné a formé deux ordres fondés sur la forme du fruit : tantôt ce fruit semble être composé de quatre graines nues au fond du calice ; ex., la bétoine ; tantôt il est enveloppé dans un seul péricarpe ; ex., la digitale. Le premier cas se nomme *gymnospermie*, c'est-à-dire *semences nues*, et le second *angiospermie*, c'est-à-dire *semences recouvertes*.

La 13ᵉ classe, qui est la tétradynamie, se divise pareillement en deux ordres. Dans le premier le fruit est court, ou n'est pas quatre fois aussi long que large ; on le nomme *silicule*, et l'ordre, tétradynamie *siliculeuse* ; ex., la moutarde. Dans le second ordre, le fruit, qui est au moins quatre fois aussi long que large, se nomme *silique*, et l'ordre est appelé tétradynamie *siliqueuse* ; ex., le chou.

Dans la monadelphie, la diadelphie, la polyadelphie, la gynandrie, la monœcie et la diœcie, qui sont fondées sur l'adhérence des étamines par leurs filets, soit entre elles, soit avec l'ovaire, ou sur leur position dans des fleurs différentes, les ordres sont déduits du nombre des étamines, et portent les noms des premières classes. Ainsi l'on dit : *monadelphie triandrie*, *monadelphie pentandrie*, etc. Il est évident que la *monadelphie monandrie* est un cas absurde.

Dans la syngénésie les ordres sont très compliqués, et fondés sur les rapports qui existent dans la disposition des deux sexes, et sur celle des fleurs elles-mêmes. La classe est d'abord divisée en deux ordres, savoir, la syngénésie *polygamie*, où les fleurs sont réunies plusieurs ensemble dans un calice commun (alors on les nomme *fleurons*, c'est-à-dire, petites fleurs), et la syngénésie *monogamie*, où les fleurs sont séparées. Ce dernier ordre ne se sous-divise pas, mais le premier se partage en cinq autres, savoir :

1° La syngénésie polygamie *égale*, dont tous les fleurons sont hermaphrodites ;

2° La syngénésie polygamie *superflue*, dont les fleurs centrales sont hermaphrodites fertiles, et celles de la circonférence femelles également fertiles ; de sorte qu'elles semblent superflues ;

3° La syngénésie polygamie *frustranée*, où les fleurs centrales sont hermaphrodites fertiles, et les fleurs marginales femelles stériles ; de

II.   3

sorte que, dans le style figuré de Linné, on ne voit pas trop pourquoi on les a fait venir là ;

4° La syngénésie polygamie *nécessaire*, où les fleurs du centre sont hermaphrodites stériles, et celles de la circonférence femelles fécondes, de manière qu'elles sont nécessaires à la propagation de l'espèce;

5° La syngénésie polygamie *séparée*, ou les fleurs, quoique renfermées dans un calice commun, ont encore chacune un calice propre.

La 23e classe, ou la polygamie, se divise en trois ordres : dans le premier, nommé polygamie *monœcie*, un même individu porte des fleurs hermaphrodites et des fleurs mâles ou femelles. Dans le second, nommé polygamie *diœcie*, on trouve dans la même espèce des individus qui ont toutes leurs fleurs hermaphrodites, et d'autres qui ont des fleurs seulement mâles ou femelles. Dans le troisième ordre, nommé polygamie *triœcie*, la même espèce offre des individus hermaphrodites, d'autres mâles et des troisièmes femelles.

Enfin la cryptogamie se divise en quatre ordres, déduits simplement du port des plantes. Ce sont les *fougères*, les *mousses*, les *algues* et les *champignons*.

Pour mieux faciliter l'intelligence de ce système, il n'est pas inutile d'en joindre ici le tableau.

SYSTÈME SEXUEL DE LINNÉ.

CLASSES.

Une étamine.	I. Monandrie.
Deux étamines.	II. Diandrie.
Trois	III. Triandrie.
Quatre	IV. Tétrandrie.
Cinq.	V. Pentandrie.
Six.	VI. Hexandrie.
Sept.	VII. Heptandrie.
Huit.	VIII. Octandrie.
Neuf.	IX. Ennéandrie.
Dix	X. Décandrie.
De onze à dix-neuf	XI. Dodécandrie.
Vingt etamines ou plus... Adhérentes au calice	XII. Icosandrie.
Adhérentes au récep tacle.	XIII. Polyandrie.
Deux étamines plus courtes que les autres... Quatre étamines dont deux plus longues.	XIV. Didynamie.
Six etamines dont quatre plus longues	XV. Tétradynamie.
Étamines non adhérentes au pistil, mais adhérentes entre elles. Par les filets. Toutes en un faisceau	XVI. Monadelphie.
En deux faisceaux.	XVII. Diadelphie.
En plusieurs faisceaux	XVIII. Polyadelphie.
Par les anthères.	XIX. Syngénésie.
Étamines adhérentes au pistil, ou posées sur lui.	XX. Gynandrie.
Fleurs mâles et femelles sur le même individu.	XXI. Monœcie.
Fleurs mâles et femelles sur deux individus différents	XXII. Diœcie.
Fleurs tantôt mâles, femelles ou hermaphrodites, sur 1, 2 ou 3 individus	XXIII. Polygamie.
INVISIBLES A L'OEIL NU	XXIV. Cryptogamie.

Left-side bracket labels: PLANTES A ORGANES SEXUELS. VISIBLES. TOUJOURS RÉUNIS DANS LA MÊME FLEUR. non adhérents entre eux. Étamines égales entre elles ou sans proportion déterminée. Moins de vingt étamines. Adhér entre eux. NON RÉUNIES DANS LA MÊME FLEUR.

Méthode naturelle de Jussieu.

Cette méthode est établie sur l'absence ou la présence, et sur la forme de l'embryon ; sur la position des étamines par rapport au pistil, et sur l'absence, la présence et la forme de la corolle.

La plante est dépourvue de véritable graine, d'embryon, et par conséquent de cotylédon ; ou bien elle possède une graine et un embryon pourvu de un ou de deux cotylédons. De là trois grandes divisions : les *acotylédones*, les *monocotylédones* et les *dicotylédones*.

Les étamines sont portées sur l'ovaire, ou sont placées dessous ou enfin prennent naissance sur le calice qui l'environne ; de la trois divisions secondaires : l'*épigynie*, l'*hypogynie* et la *périgynie*.

Cette insertion des étamines peut avoir lieu, soit immédiatement, soit par l'intermède de la corolle ; et elle est *médiate*, ou *simplement immédiate*, ou *immédiate nécessaire*.

Elle est médiate toutes les fois que la fleur ayant une corolle, cette corolle est monopétale, c'est-à-dire que, dans ce cas, les étamines sont toujours portées sur la corolle, qui est elle-même insérée sur l'ovaire, ou sous l'ovaire ou sur le calice.

Elle est simplement immédiate, lorsque la fleur ayant une corolle, mais cette corolle étant polypétale, les étamines n'y sont pas attachées et s'implantent immédiatement, soit sur l'ovaire, soit dessous, soit sur le calice. On peut remarquer cependant que, même dans ce cas, l'insertion des pétales suit celle des étamines, et réciproquement.

Enfin, l'insertion des étamines est nécessairement immédiate, toutes les fois que la fleur n'a pas de corolle, parce qu'alors il faut nécessairement que les étamines soient insérées sur l'ovaire, ou à sa base, ou sur le calice.

Les plantes de la première grande division, qui comprend les acotylédones, n'ayant pas d'organes sexuels apparents, la loi des insertions est nulle pour elles. Aussi ne forment-elles qu'une seule classe, l'*Acotylédonie*, que l'auteur a partagée en un certain nombre d'ordres ou de familles. Cette classe répond à la cryptogamie de Linné.

Les monocotylédones, ou les plantes de la seconde division, n'ont qu'une seule enveloppe florale, que Jussieu regarde comme un calice. Il s'ensuit qu'il ne leur reconnaît qu'un seul mode d'insertion, qui est l'immédiate nécessaire ; mais comme cette insertion peut être hypogyne, périgyne ou épigyne, il en résulte trois nouvelles classes qui ont reçu, par contraction des mots qui précèdent, les noms de *monohypogynie*, *monopérigynie*, *monoépigynie*.

Les dicotylédones, beaucoup plus nombreuses que les acotylédones et les monocotylédones ensemble, ont exigé un plus grand nombre de

classes qui ont été fournies par l'absence ou la présence et la forme de
la corolle ; caractère très secondaire en lui-même , mais qui devient
essentiel par sa combinaison avec un caractère principal.

Les dicotylédones sont *apétales*, *monopétales* ou *polypétales*. Quand
la fleur est apétale, c'est-à-dire lorsqu'elle n'a qu'une enveloppe florale
que Jussieu a considérée comme un calice, l'insertion des étamines
est nécessairement immédiate , de même que dans les monocotylédones,
et elle est épigyne, périgyne ou hypogyne ; il en résulte encore trois
nouvelles classes qui ont été nommées *épistaminie* , *péristaminie* , *hypostaminie :* ce sont les 5ᵉ , 6ᵉ et 7ᵉ de la méthode.

Viennent ensuite les dicotylédones monopétales, chez lesquelles, suivant ce qui a été dit plus haut, les étamines sont toujours portées sur la
corolle., qui est elle-même hypogyne, périgyne ou épigyne ; de là ont
été formés les noms de *hypocorollie* , *péricorollie* , *épicorollie*, qui
appartiennent aux classes suivantes.

Comme on peut s'en apercevoir, on place toujours en tête de chaque
division la classe dans laquelle l'insertion est la même que celle de la
classe qui a fini la division précédente, afin de conserver le plus de rapports possible entre les classes voisines.

La huitième classe de la méthode, ou l'hypocorollie, comprend donc
les dicotylédones monopétales à corolle hypogyne; la neuvième , ou la
péricorollie , comprend les dicotylédones monopétales à corolle périgyne; quant à l'épicorollie, elle a été divisée en deux classes qui se
distinguent en ce que , dans la 1ʳᵉ, les étamines sont réunies par leurs
anthères, et que dans l'autre elles sont libres. De là les noms de *épi-
corollie-synanthérie* et de *épicorollie-chorisantérie* , affectés à la 10ᵉ
et à la 11ᵉ classe de la méthode. La première répond à la syngénésie de Linné, et aux flosculeuses, demi-flosculeuses et radiées de
Tournefort.

Nous arrivons aux dicotylédones polypétales. Dans ces plantes , l'insertion des étamines suit celle des pétales., et elles forment trois classes ,
qui sont les 12ᵉ, 13ᵉ et 14ᵉ de la méthode. On nomme ces classes *épi-
pétalie* , *hypopétalie* , *péripétalie*.

Voici dix classes de dicotylédones dont un des caractères essentiels a
été pris de la diverse situation des étamines ou de la corolle., par rapport au pistil ; mais il y a des plantes de la même division qui ont les
organes sexuels séparés sur différentes fleurs, et qui n'ont pu être comprises dans ces classes, puisque les règles de l'insertion sont nulles pour
elles. On les a réunies dans un seul groupe , nommé *diclinie*, qui forme
la 15ᵉ et dernière classe de la méthode, et qui répond à la monœcie, à
la diœcie et à la polygamie de Linné.

TABLEAU DE LA MÉTHODE DE JUSSIEU.

CLASSES.

ACOTYLÉDONES.

Pas de cotylédon visible; fructification peu connue. . . . . Acotylédonie.

MONOCOTYLÉDONES.

Un seul cotylédon ; nervures longitudinales.
Une seule enveloppe florale., *calice* J.
Insertion des étamines nécessairement immédiate, et. . . . .
Hypogyne . . . . . Monohypogynie
Périgyne. . . . . . Monopérigynie.
Épigyne . . . . . . Monoépigynie.

DICOTYLÉDONS.

A fleurs hermaphrodites, ou unisexuelles, non par l'absence, mais par l'avortement des étamines ou du pistil. Leurs fleurs sont . . . . . .

Apétales. Une seule enveloppe florale dite *calice*. Insertion des étamines nécessairement immédiates, et. . . . .
Épigyne . . . . . . Épistaminie.
Périgyne. . . . . . Péristaminie.
Hypogyne . . . . . Hypostaminie.

Monopétales. Deux enveloppes florales; corolle d'une seule pièce ; insertion des étamines médiate; corolle . . . . . .
Hypogyne . . . . . Hypocorollie.
Périgyne. . . . . . Péricorollie.
Épigyne. Et. réunies. . Epicorollie-synanthérie.
Ét. distinctes Epicorollie-chorisanthérie.

Polypétales. Deux enveloppes florales ; rarement une seule qui est alors presque toujours une *corolle*. Corolle de plusieurs pièces. Insertion des étamines simplement immédiate, et. . . . . .
Épigyne . . . . . . Epipétalie.
Hypogyne . . . . . Hypopétalie.
Périgyne. . . . . . Péripétalie.

A fleurs unisexuelles vraies, dites diclines irrégulières. . . . . . Diclinie.

Ant.-Laurent de Jussieu aurait peu fait pour la science s'il se fût borné à former le tableau précédent, qui n'est encore, à plusieurs égards, qu'un cadre artificiel dont certaines divisions peuvent contenir des végétaux très dissemblables. Ce qui rendra son nom impérissable, c'est d'avoir partagé chacune de ses classes en groupes plus nombreux et incomparablement mieux définis qu'on ne l'avait fait jusqu'à lui; groupes fondés sur l'ensemble des caractères fournis par toutes les parties du végétal , de manière à rapprocher les uns des autres et à comprendre dans un même groupe tous ceux qui se touchent par un grand nombre de points de ressemblance, ainsi que les membres d'une même famille. Ces groupes, ainsi formés , ont donc conservé le nom de *familles* que leur avait donné Magnol ; quel que soit l'ordre suivant lequel on les dispose à l'avenir, il est certain qu'ils resteront la base de l'étude de la botanique.

La division des végétaux par familles naturelles offre des avantages incontestables sous le rapport des applications, et véritablement ce qu'il faut s'efforcer de voir dans les sciences et d'en tirer, ce sont des appli-

cations utiles au bien-être de l'homme. Or, on a remarqué depuis longtemps, et Aug. Pyr. De Candolle a mis cette vérité dans tout son jour,
qu'une grande ressemblance de forme générale réunie à la ressemblance
des caractères tirés des organes sexuels et du fruit, en un mot, que la
réunion des végétaux dans une même famille indiquait presque toujours
une grande conformité dans leurs qualités alimentaires, médicales ou
vénéneuses. L'observation de ce fait a souvent permis à des naviga-
teurs pris au dépourvu de nourriture dans des pays non encore explorés,
de reconnaître dans des végétaux qu'ils voyaient pour la première fois,
ceux qui pouvaient leur être utiles comme aliments ou comme médicaments, et ceux qu'il fallait fuir comme dangereux.

C'est ainsi que la famille des *graminées*, si bien caractérisée par son
fruit monosperme et indéhiscent, portant un embryon monocotylé à la
base de son côté convexe ; par ses tiges fistuleuses, entrecoupées de
nœuds pleins et proéminents; par ses feuilles longues, pointues et rubanées; par ses fleurs disposées en épis ou en panicules, etc., nous
présente des tiges sucrées, des feuilles non amères et des fruits amylacés,
qui servent à la nourriture de l'homme et des animaux dans toutes les
contrées de terre.

La famille des *amomacées*, très bien caractérisée aussi par l'organisation de ses racines, de ses feuilles, de ses fleurs et de ses fruits, nous
fournit un grand nombre de rhizomes et de fruits aromatiques, et pas
une plante vénéneuse.

Les labiées sont généralement aromatiques, stimulantes, et fournissent de l'huile volatile à la distillation.

Les *apocynées*, les *renonculacées*, les *euphorbiacées*, sont âcres et
souvent très vénéneuses.

Les *crucifères* doivent leur âcreté et leur qualité stimulante à un
principe volatil sulfuré.

Les *malvacées* sont émollientes, les *myrtacées* aromatiques.

Les *térébinthacées* et les *conifères* sont riches en principes résineux.

Enfin il est vrai de dire que, très souvent, les groupes qui ont reçu
le nom de *familles naturelles*, offrent des végétaux de propriétés analogues.

Il ne faut pas cependant exagérer la portée de ce principe et s'ima-
giner qu'il ne souffre pas d'exception. Loin de là, il en offre d'assez
nombreuses, non seulement entre les genres d'une même famille, mais
encore entre les espèces d'un même genre, et quelquefois entre les
variétés d'une même espèce. Je citerai en exemple le genre *strychnos*,
dont plusieurs espèces offrent des semences très amères et riches en
alcaloïdes vénéneux, telles que la noix vomique et la fève de Saint-

Ignace ; tandis que d'autres espèces sont dépourvues d'amertume et servent à différents usages économiques.

Je citerai encore le genre *convolvulus* qui produit plusieurs racines fortement purgatives, telles que celles des *C. officinalis, Scammonia, Turpethum;* une racine purement alimentaire comme celle du *C. Batatas*, et une autre pourvue d'une huile volatile analogue à celle de la rose (*C. scoparius*). Enfin, je nommerai l'amandier à fruit doux et l'amandier à fruit amer, qui diffèrent à peine par la longueur respective du style et des étamines, et dont les semences offrent une très grande différence par certains produits que l'analyse chimique peut en retirer, et par la qualité très délétère de l'essence chargée d'acide cyanhydrique, obtenue par la distillation de la seconde variété.

J'ai dit plus haut que le mérite de Laurent de Jussieu consistait encore plus dans la délimitation de ses familles naturelles que dans la disposition de ses classes. On lui a reproché en effet d'avoir rejeté à la fin des dicotylédones, dans sa diclinie, des végétaux qui, par leurs rapports avec les acotylédones et les monocotylédones, semblent plutôt intermédiaires entre les uns et les autres. Les cicas, par exemple, présentent des rapports évidents de forme et d'organisation avec les fougères, de même que les conifères avec les prèles et les lycopodes, et les conifères entraînent avec eux le groupe si puissant des végétaux à châtons ou des amentacées (1) ; secondement, l'insertion épigynique, périgynique et hypogynique des étamines, qui a servi de base à la distinction de la plupart des classes, présente beaucoup d'anomalies et d'exceptions, surtout dans ce qui regarde les deux premiers modes qui passent de l'un à l'autre sans séparation bien tranchée. Aussi les botanistes se sont-ils accordés depuis pour n'admettre, comme base secondaire de classification, que deux modes d'insertion, l'hypogynique et le périgynique. Mais ici recommencent, pour la disposition des familles, des divergences peu importantes sans doute, mais qui n'en sont pas moins embarrassantes lorsqu'il faut se décider entre des méthodes nouvelles que recommandent des noms tels que ceux d'Aug. Pyr. De Candolle et de MM. Lindley, Endlicher, Adrien de Jussieu, Adolphe Brongniart et Achille Richard. Obligé de choisir entre toutes, pour l'ordre à suivre dans l'étude des familles qui fournissent de leurs parties ou des produits utiles à l'art de guérir, je donnerai la préférence à la méthode la plus simple, qui est celle d'Aug. Pyram. De Candolle, me réservant cependant

(1) On peut dire que l'étude des végétaux fossiles vient à l'appui de ces rapprochements et ne permet pas de ne pas y avoir égard. Les premiers végetaux fossiles qui paraissent après les fougères, les prèles et les lycopodes, sont les cicadées et les conifères. Ensuite sont venus les palmiers, les amentacées, les juglandées et successivement tous les autres.

d'emprunter quelquefois à ceux qui l'ont suivi une plus exacte détermination des familles.

De Candolle établit d'abord entre tous les végétaux une grande division fondée sur des caractères tirés, tout à la fois, de leurs organes de nutrition et de leurs organes de reproduction.

Ainsi, en examinant d'abord les organes de nutrition, on trouve que les végétaux sont pourvus, tantôt de vaisseaux séveux et de stomates ou de pores corticaux ; ou bien qu'ils sont privés des uns et des autres, et qu'ils sont uniquement formés de tissu cellulaire. Ces derniers se nomment, en conséquence, *végétaux cellulaires* et les premiers *végétaux vasculaires*.

En examinant ensuite les organes de la reproduction, on observe des végétaux qui produisent des fruits et des graines, dans lesquelles on trouve un embryon pourvu de un ou de plusieurs cotylédons; ou bien on voit des végétaux dépourvus de semences et par conséquent de cotylédons, et qui se multiplient par de petits corpuscules très simples qui se détachent de la plante mère, comme le feraient des bulbilles, et qui ont reçu le nom de *Gongyles* ou de *Spores*. Les végétaux compris dans la première division sont dits *cotylédonés*, et ceux de la seconde *acotylédonés*, ainsi que les avait nommés de Jussieu.

En comparant alors ces deux modes de division, on voit qu'ils se correspondent parfaitement et qu'ils ne forment qu'une seule et même division entre tous les végétaux. Ainsi les végétaux vasculaires sont à la fois cotylédonés, et les cellulaires sont tous acotylédonés, ce qui montre combien cette double distinction est bonne et naturelle.

Les végétaux cellulaires, étant formés d'organes peu apparents, ne comprennent que deux classes, fondées sur l'absence ou la présence d'expansions foliacées. Cette même distinction se retrouve dans toutes les classifications modernes; seulement on l'exprime autrement.

Les végétaux vasculaires ou cotylédonés ont été divisés, de même que les précédents, à l'aide de caractères tirés de leurs organes de végétation et de reproduction. Tantôt, en effet, ils offrent des tiges presque toujours cylindriques, élancées, non ramifiées, formées de fibres droites et parallèles, disséminées au milieu d'une substance médullaire. Ces fibres sont plus rapprochées et plus consistantes vers la circonférence qu'au centre, ce qui tient à ce que les plus nouvelles et les plus succulentes se forment au centre, en écartant et refoulant les autres vers la périphérie. Ainsi que je l'ai déjà dit (page 9) on nomme ces végétaux *endogènes*, c'est-à-dire croissant au dedans; ou bien, les végétaux vasculaires présentent des tiges coniques, très souvent ramifiées, formées de fibres ligneuses disposées autour d'un canal médullaire central, en couches concentriques superposées, dont les plus

dures et les plus âgées sont au centre , et les plus jeunes à la circonférence. Ces végétaux sont nommés *exogènes*, c'est-à-dire *croissant en
dehors*. Ainsi que j'ai déjà eu occasion de le dire (page 29), cette division des végétaux en *endogènes* et *exogènes* répond exactement à celle
des végétaux monocotylédonés et dicotylédonés.

Les végétaux endogènes ou monocotylédonés se divisent en deux
classes , fondées sur ce que les uns ont des fleurs et des sexes distincts,
tandis que les autres en sont privés. Ces derniers , très rapprochés des
végétaux cellulaires foliacés, se nomment *Monocotylédones cryptogames;*
ils faisaient partie de la cryptogamie de Linné et des acotylédones de
Jussieu. Les autres forment la classe des monocotylédones phanérogames, parmi lesquels nous trouvons les graminées, les palmiers, les
iridées , les orchidées, etc.

Les végétaux exogènes ou dicotylédonés ont toujours des fleurs distinctes ; mais tantôt ces fleurs n'ont qu'une seule enveloppe, tantôt
elles en ont deux. Lorsqu'elles n'en ont qu'une , on considère généralement celle-ci comme un calice et non comme une corolle ; ce sont les
dicotylédones apétales de Jussieu. M. De Candolle, se bornant à constater l'existence d'une seule enveloppe florale, nomme ces végétaux *monochlamydés*, c'est-à-dire *n'ayant qu'un manteau*. Dans sa méthode ils
ne forment qu'une classe , dans laquelle on trouve les conifères, la
grande famille des amentacées , les euphorbiacées.

Les dicotylédones à périgone double , ou à calice et corolle distincts ,
forment trois classes qui se distinguent par le nombre des divisions de la
corolle et par son insertion. Lorsque la corolle est d'une seule pièce et
qu'elle est *hypogyne*, c'est-à-dire insérée sous l'ovaire ou sur le réceptacle , elle constitue la classe des *Corolliores* (Labiées , Solanacées , Boraginées , Apocynées , etc).

Quand la corolle est formée de plusieurs pétales libres ou quelquefois
soudés , mais toujours *périgynes*, c'est-à-dire insérées autour de
l'ovaire ou *sur le calice*, elle forme la classe des *caliciflores*, où
se trouve la grande famille des plantes à fleurs composées ou synanthérées, les rubiacées , les ombellifères, etc.

Enfin quand la corolle est polypétale , ou formée de plusieurs pétales
distincts et que ces pétales sont insérés *sur le réceptacle* avec les étamines, on entre dans la classe des *thalamiflores* qui comprend les rutacées, les malvacées, les crucifères, etc.

DISTRIBUTION DES VÉGÉTAUX EN HUIT CLASSES,

Par De CANDOLLE.

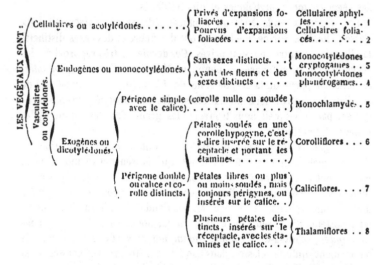

Telle est la méthode de De-Candolle ; seulement je l'ai prise à rebours, parce que ce grand botaniste commençait sa classification par les végétaux les plus-complets, composés du plus grand nombre de parties ou d'organes distincts, tandis qu'à l'exemple de Jussieu, d'Endlicher et du plus grand nombre des botanistes modernes, il me paraît plus naturel de commencer par les végétaux les plus simples, ou qui n'ont ni feuilles ni organes distincts; puis par ceux qui nous offrent des feuilles, sans fleurs ni fruits, etc. Ensuite je fais subir dès le commencement à la méthode de De Candolle une modification qui, sans changer la série des végétaux, fait mieux cadrer la méthode avec celle de Jussieu, et d'autres plus modernes. Cette modification consiste à retirer des monocotylédones, les cryptogames de l'ordre le plus élevé, que De Candolle y avait comprises, à cause de leur tissu en partie vasculaire et, sans doute aussi, parce que quelques observateurs ont annoncé avoir observé la présence ou la formation d'un cotylédon pendant la germination de leurs corpuscules reproducteurs. Mais comme, en réalité, ces corpuscules n'offrent aucun des caractères des véritables semences, et qu'ils sont en eux-mêmes dépourvus de tout organe cotylédonaire, il paraît plus régulier de réunir tous les végétaux qui les présentent dans une seule division, sous la dénomination d'*acotylédonés.* Enfin je joins encore aux acotylédonés un petit nombre de plantes d'une organisation plus élevée, puisqu'elles sont pourvues de fleurs et d'organes sexuels bien déterminés, et qu'elles font partie des phanérogames dans la plupart des méthodes : mais ces plantes ne contenant dans leur graine, au lieu d'endosperme et d'embryon cotylédoné, qu'un amas de granules reproducteurs analogues aux spores des acotylédonés, doivent encore faire partie de ceux-ci. Voici donc, en définitive, l'ordre que je suivrai dans la classification des familles.

Végétaux.

	aphylles, s'accrois. par toute leur périphérie.	AMPHIGÈNES.
Acotylédonés. .	foliacés, s'accroissant par l'extrémité des axes.	ACROGÈNES.
	anthosés, ou	RHIZANTHÉS.
Monocotylédonés.		MONOCOTYLÉDONÉS.
	apétalés, ou à périanthe simple.	MONOCHLAMIDÉS.
Dicotylédonés.	gamopétalés, étamines portées sur la corolle.	COROLLIFLORES.
	étamines attachées au calice. .	CALICIFLORES.
	dialypétalés étamines portées sur le réceptacle	THALAMIFLORES.

Indication des principaux groupes (1) ou des principales familles naturelles comprises dans les classes ci-dessus.

1re CLASSE. *Acotylédones aphylles* ou *Amphigènes :* Algues, lichens, champignons.

(1) Depuis plusieurs années, les botanistes ont senti l'utilité d'introduire entre la division par *classes* et celle par *familles*, une division intermédiaire qui indiquât entre certaines familles une affinité plus grande que celles qu'elles montrent pour les autres. Cette alliance particulière devient surtout évidente pour plusieurs des grandes familles de Jussieu, dans lesquelles on a établi des divisions ultérieures qui les ont converties en *groupes de familles ;* tels sont les *algues*, les *lichens*, les *champignons*, les *conifères*, les *amentacées*, les *térébenthacées*, les *légumineuses*, les *malvacées*, etc. M. Endlicher a étendu cette disposition à tout le règne végétal, et dans son *Genera plantarum*, publié de 1836 à 1840, 277 familles, comprenant 6838 genres, sont réparties en 62 groupes auxquels l'auteur donne le nom de *Classes*. Mais alorsil donne aux divisions qui répondent aux classes de Jussieu, de De Candolle et de Richard, le nom de *Cohortes*, et aux divisions supérieures les noms de *sections*, de *régions* ou d'*embranchements*. Je pense qu'en conservant le nom de *classes* aux divisions moyennes des diverses méthodes (22 dans Tournefort, 24 dans Linné, 15 dans Jussieu, 8 dans De Candolle, 10 dans Endlicher, 20 chez M. Richard), on pourrait appliquer aux groupes immédiatement inférieurs le nom d'*ordres ;* alors la classification végétale comprendrait les subdivisions suivantes: *embranchements*, *classes*, *ordres*, FAMILLES, *tribus*, GENRES, *sous-genres*, ESPÈCES, *variétés ;* dont les principales et les plus essentielles à bien définir seraient toujours les FAMILLES, les GENRES et les ESPÈCES.

2ᵉ CLASSE. *Acotylédones foliacés* ou *Acrogènes :* Hépatiques, mousses, fougères, marsiléacées, lycopodiacées, équisétacées, characées.

3ᵉ CLASSE. *Acotylédones anthosés* ou *Rhizanthés :* Balanophorées, cytinées, raflésiacées.

4ᵉ CLASSE. *Monocotylédones :* Aroïdées, cypéracées, graminées, palmiers, mélanthacées, liliacées, asparaginées, iridées, amomées, orchidées.

5ᵃ CLASSE. *Dicotylédones monochlamydées :* Cicadées, conifères, amentacées, urticées, euphorbiacées, protéacées, santalacées, elæagnées, daphnacées, laurinées, polygonées, chénopodées, amaranthacées, nyctaginées, phytolaccacées.

6ᵉ CLASSE. *Dicotylédones corolliflores :* Plantaginées, plumbaginées, globulariées, myoporacées, labiées, verbénacées, acanthacées, scrophulariacées, solanacées, boraginées, convolvulacées, sésamées, bignoniacées, gentianées, loganiacées, asclépiadées, apocynées, oléacées, ébénacées, sapotacées.

7ᵉ CLASSE. *Dicotylédones caliciflores :* Ericacées, vacciniées, cam panulacées, lobéliacées, synanthérées, dipsacées, valérianées, rubiacées, caprifoliacées, araliacées, ombellifères, grossulariées, cactées, cucurbitacées, myrtacées, rosacées, légumineuses, térébinthacées, rhamnées.

8ᵉ CLASSE. *Dicotylédones thalamiflores :* Ochnacées, simaroubées, rutacées, zygophyllées, oxalidées, géraniacées, ampélidées, méliacées, sapindacées, acérinées, guttifères, hypéricinées, aurantiacées, tiliacées, byttnériacées, bombacées, malvacées, caryophyllées, polygalées, violariées, cistinées, capparidées, crucifères, fumariacées, papaveracées, ménispermées, anonacées, magnoliacées, renonculacées.

PREMIÈRE CLASSE.

Végétaux acotylédonés aphylles ou Ampigènes.

—

ORDRE DES ALGUES.

Végétaux très simples, vivant dans l'eau douce ou salée, et quelquefois dans l'air très humide; quelques uns (genre *protococcus*) se composent de vésicules isolées qui, chacune, forment un individu. D'autres fois, les utricules sont réunies en chapelets et engagées dans une membrane gélatiniforme (*nostoch*). Plus souvent ce sont des filaments simples ou rameux, continus ou articulés, des lanières ou des expansions, de forme et de consistance variées. Les uns flottent dans l'eau sans tenir au sol ; mais les autres se fixent aux rochers au moyen d'un empâtement ou d'une *griffe* qui ressemble à une racine, mais qui est dépourvue de tout pouvoir d'absorption. Les organes de reproduction sont assez variés : tantôt ils sont formés par la matière même de la plante qui, dans certains points, se condense en corpuscules reproducteurs ; tantôt les spores sont contenues dans des utricules (*sporidies*) réunies en grand nombre dans des conceptacles sur la paroi desquels elles sont fixées, entremêlées de filaments que l'on regarde comme des organes mâles (*anthéridies*).

M. Decaisne divise les algues en quatre sous-ordres :

1° Les *zoosporées*, caractérisées par des spores vertes, développées dans les cellules du tissu même de la plante. Ces spores exécutent des mouvements spontanés, immédiatement après leur sortie, au moyen de cils vibratoires dont elles sont pourvues. Elles sont donc, à ce moment de leur existence, tout à fait comparables à des animaux infusoires ; mais bientôt le mouvement s'arrête et la spore se développe en un végétal immobile.

Familles : *Oscillatoriées*, *nostochinées*, *confervacées*, *ulvacées*, *caulerpées*.

2° Les *synsporées* ou *conjuguées ;* elles ont les spores formées dans l'intérieur d'un article, par la concentration de la matière verte résultant de la conjugaison de deux articles distincts.

3° Les *aplosporées :* Spores vertes ou brunes développées *isolément* dans des utricules, dépourvues de mouvements spontanés, et générale- ment accompagnées de filaments à la base desquels elles s'insèrent.

Familles : *Vauchériées*, *spongoïdées*, *laminariées*, *fucacées*.

4° Les *choristoporées* (c'est-à-dire spores se formant ensemble). Spores rouges privées de mouvements spontanés, développées 4 par 4 dans des cellules spéciales faisant partie du tissu général de la plante ; souvent aussi renfermées dans des conceptacles.

Familles : *Céramiées*, *rytiphlées*, *corallinées*, *chondriées*, *sphæro- eoccoïdées*, *gastérocarpées*.

Les algues sont généralement composées d'une matière gélatineuse amylacée qui les rend propres à la nourriture de l'homme, toutes les fois qu'elle n'est pas accompagnée d'une huile odorante qui en rend l'usage désagréable. Presque toutes celles qui vivent dans la mer renfer- ment un certain nombre de sels qui en ont été soutirés et qu'elles se sont appropriés. Un assez grand nombre contiennent de l'iode, qui s'y trouve, soit à l'état d'iodure alcalin, soit en combinaison directe avec leur propre substance. Nous ne mentionnerons que les algues qui sont utilisées comme médicament, comme aliment, ou pour l'extrac- tion de l'iode.

Varec vésiculeux.

Fucus vesiculosus, L. Sous-ordre des aplosporées, famille des fucacées. Cette plante abonde sur les côtes de France, dans l'Océan et dans la Méditerranée. Elle adhère aux rochers par un court pédicule qui s'élargit en une fronde membraneuse, étroite et rubanée, plusieurs fois ramifiée, entière sur les bords, pourvue d'une nervure médiane proéminente et de vésicules aériennes, sphériques ou ovales, formées çà et

Fig. 22.

Fig. 23.

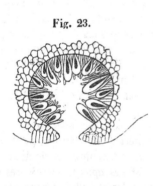

là par le dédoublement de la lame du fucus. La fructification est renfermée dans des renflements tuberculeux portés à l'extrémité des divisions de la fronde (fig. 22) ; chaque point tuberculeux étant percé d'une ouverture qui répond à une cavité intérieure ou *conceptacle* (fig. 23) rempli de spores renfermées chacune isolément dans un tégument propre (périspore), et entremêlées de filaments stériles (anthéridies).

Le varec vésiculeux est long de 30 à 50 centimètres; il est d'un vert brunâtre foncé et exhale une odeur forte et désagréable. En le distillant avec de l'eau et en traitant le produit distillé par l'éther, on en extrait une huile blanche, demi-solide, qui en est le principe odorant. Le fucus bouilli avec de l'eau donne une liqueur tout à fait neutre, qui contient du chlorure de sodium, du sulfate de soude, du sulfate de chaux et une substance mucilagineuse qui jouit de toutes les propriétés de la *grossuline* ou *pectine.* Cette liqueur n'offre que des indices d'iode par l'amidon et le chlore ; mais l'essai est trompeur : pour y trouver l'iode, il faut précipiter la pectine et une partie des sulfates par l'alcool, évaporer l'alcool, y ajouter de la potasse et calciner. Le résidu exhale une forte odeur d'acide sulfhydrique; on dégage cet acide par l'acide chlorhy-

drique, on chauffe, on filtre et on y ajoute de l'amidon et du chlore :
alors on obtient une coloration bleue assez foncee, preuve de la présence
de l'iode.

Le varec vésiculeux, réduit en charbon dans un creuset fermé, forme
ce qu'on nomme l'*Ethiops végétal*. Ce charbon exhale une forte odeur
hépatique, et ne doit pas être sans action dans les maladies du système
lymphatique, contre lesquelles il a été conseillé ; mais il agit d'une manière différente du charbon d'éponge, qui doit sa propriété à l'iodure
de calcium qu'il contient.

On trouve sur les côtes de France un grand nombre d'especes de

Fig. 24

Fig. 25.

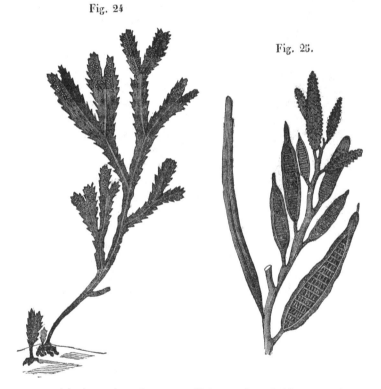

varecs qui jouissent des mêmes propriétés que le précédent et qui servent concurremment aux mêmes usages ; tels sont entre autres le *fucus
serratus* (fig. 24) et le *fucus siliquosus* (fig. 25).

Laminaire saccharine (fig. 26).

Laminaria saccharina, Lamx. Sous-ordre des aplosporées, famille des laminariées. Cette plante adhère fortement aux rochers par une griffe rameuse qui donne naissance à un ou plusieurs stipes arrondis,

Fig. 26.

longs de·15 à 25 centimètres, terminés chacun par une fronde plane, entière, longue et étroite, qui peut acquérir 2 ou 3 mètres de longueur sur 20 à 30 centimètres de largeur. Cette fronde est mince, jaunâtre, transparente et ondulée sur les bords, tandis que la partie moyenne est sensiblement plus épaisse, plus consistante, presque opaque et d'une teinte verdâtre foncée. Cette différence tient à ce que la fructification se trouve étendue par plaques sur toute la surface mitoyenne de la fronde. Cette fructification se compose d'ailleurs de sporidies à une seule spore incluse, accompagnées de filaments stériles, élargis au sommet, plus ou moins soudés.

La laminaire, préalablement lavée pour enlever l'eau salée qui la mouille, et séchée, présente une couleur rousse ou verdâtre, une odeur peu marquée et une saveur douceâtre et nauséabonde. Elle se recouvre, quelque temps après sa dessiccation, d'une efflorescence blanche qui offre un goût sucré et qui paraît être du sucre cristallisable (Leman, *Dict. sciences natur.*) ; mais ce caractère n'est pas particulier à la laminaire saccharine, et beaucoup d'autres varecs le présentent également ; tels sont entre autres les *laminaria digitata* et *bulbosa*, les *fucus siliquosus, vesiculosus*, etc. D'après M. Gaultier de Claubry, de toutes les plantes qui viennent d'être nommées, la laminaire est celle qui contient le plus d'iode et elle le contient à l'état d'iodure alcalin.

Polysiphonie brune-noirâtre.

Polysiphonia atro-rubescens, Greville ; *hutchinsia atro-rubescens*, Agardh ; sous-ordre des choristosporées, famille des rytiphlées. Cette petite algue desséchée paraît formée de filaments noirs, assez fins et un peu feutrés, d'une structure articulée ou cloisonnée. Elle a une très forte odeur de varec, une couleur brune presque noire et une saveur salée. Traitée par l'alcool, elle lui cède une matière grasse, verte et odorante, une substance rouge soluble dans l'eau, et des sels dans lesquels l'amidon et le chlore n'indiquent pas la présence de l'iode. Le fucus traité ensuite par l'eau lui cède encore de la matière colorante rouge, de la gomme, un sel calcaire très abondant et quelques autres sels qui prennent une teinte à peine violacée par l'amidon et le chlore.

Il semblerait d'après cela que l'hutchinsie noirâtre ne devrait pas contenir d'iode; mais si on la prend après l'avoir épuisée par l'eau et l'alcool, si on l'humecte de potasse et si on la chauffe au rouge, alors on obtient une masse charbonneuse qui devient pyrophorique et ammoniacale par son exposition à l'air humide, et qui cependant ne contient pas de cyanure de potassium (la production de l'ammoniaque est due à la décomposition simultanée de l'air et de l'eau par le charbon) (1); mais cette masse charbonneuse ayant été traitée par l'eau, la liqueur filtrée a pris une couleur bleue très intense et a produit un abondant précipité bleu avec l'amidon et le chlore.

Ces essais m'ont prouvé que l'hutchinsie noirâtre contient, comme l'éponge, une assez forte proportion d'iode combiné à sa propre substance, et non à l'état d'iodure alcalin; mais elle diffère de l'eponge en ce qu'elle ne contient pas d'azote au nombre de ses éléments. Cette substance si riche en iode fait partie de la *Poudre de Sency* contre le goître; et il est remarquable que les auteurs de cette poudre aient su la choisir au milieu des autres fucus préconisés contre cette maladie.

Sur l'iode. L'iode a été découvert en 1812, dans les eaux-mères des soudes de varécs, par Courtois, salpêtrier à Paris. Il a été étudié d'abord par MM. Clément, Gay Lussac et Davy, mais c'est à M. Gay-Lussac surtout qu'on doit la connaissance de ses propriétés (*Ann. de Chim.*, XCI). Il résulte des expériences de ce chimiste célèbre, que l'iode est un corps simple, analogue au chlore et au soufre, et qui, dans l'ordre naturel, doit se trouver placé entre eux, mais beaucoup plus près du premier que du second. Aussi fait-il partie du genre des *bromoïdes*, avec le *brôme*, le *chlore* et le *phthore* ou *fluore*.

Extraction. On obtient en Normandie, par la combustion et l'incinération des varecs, une sorte de soude de fort mauvaise qualité, et qui, avant la découverte de Courtois, n'était guère employée que pour la fabrication du verre. Aujourd'hui on lessive cette soude, on épuise la liqueur, par des cristallisations successives, de tout le carbo-

---

(1) Ce fait, anciennement observé par moi, a été publié en 1836 dans la troisième édition de cet ouvrage.

nate alcalin et de la plupart des autres sels qu'elle contient. L'eau-mère retient l'iodure de sodium mêlé à du sulfure, du bromure et du chlorure ; on y ajoute du bi-oxide de manganèse en poudre fine et on évapore à siccité. Le sulfure ayant été décomposé par ce moyen, on introduit le mélange dans des cornues à col très court ; on y ajoute une quantité déterminée d'acide sulfurique concentré dont l'action se porte sur l'iodure de sodium, de préférence au bromure et au chlorure, et l'on chauffe dans des fourneaux à réverbère. L'iode mis à nu et volatilisé vient se condenser dans le récipient.

On peut également retirer l'iode des eaux-mères de soude de varec, en les traitant d'abord par l'oxide de manganèse, pour se débarrasser des sulfures ; faisant dissoudre le résidu, assez fortement chauffé, au moyen de l'eau, et faisant passer dans la liqueur filtrée un courant de chlore jusqu'à ce que tout l'iode ait été précipité. On le sépare de la liqueur surnageante, et on le distille pour l'obtenir plus pur.

Propriétés. L'iode se présente sous la forme de paillettes ou de tables quadrangulaires aplaties et obliques ; il jouit de l'éclat métallique et de la couleur grise foncée du carbure de fer (plombagine). Il a une odeur forte et fatigante analogue à celle du chlore, mais plus faible ; il possède une saveur très âcre, et forme sur la peau une tache jaune brune foncée, qui finit par se dissiper à l'air ; sa pesanteur spécifique est de 4,948 à la température de 17 degrés centigr.

L'iode entre en fusion à 107 degrés et bout à 175 ou 180 degrés ; cependant il se volatilise dans l'eau bouillante en raison du mélange de sa vapeur avec celle de l'eau. De quelque manière qu'on le volatilise, avec l'eau ou dans l'air, sa vapeur offre une couleur violette magnifique qui lui a valu son nom d'*iode*, tiré de ιωδης, violet.

L'iode est à peine soluble dans l'eau, qui en acquiert cependant une couleur jaune très marquée et des propriétés énergiques ; il est soluble en grande proportion dans l'alcool et dans l'éther, et leur communique une couleur rouge très foncée. Il est inattaquable par l'oxigène et par les acides qui en sont saturés ; mais avec l'intermède de l'eau, qu'il décompose, il exerce une action puissante sur les acides qui sont au *minimum* d'oxigénation et il les fait passer à l'état d'acides très oxigénés, en devenant lui-même *acide iodhydrique* (iodide hydrique). Cet effet a particulièrement lieu avec l'acide sulfureux, et néanmoins, à l'aide de la chaleur, l'acide sulfurique concentré décompose l'acide iodhydrique et reforme de l'eau, de l'acide sulfureux et de l'iode ; c'est même par ce procédé qu'on obtenait d'abord l'iode des eaux-mères de varec.

Usages. En 1819, M. Coindet, de Genève, ayant constaté l'efficacité de l'iode contre le goître, depuis cette époque ce corps n'a pas cessé d'être employé comme médicament, sous toutes les formes, et principalement depuis l'heureuse application que le docteur Lugol en a faite au traitement des maladies scrofuleuses. L'iode est encore employé comme réactif pour découvrir l'amidon dans les substances végétales. Il suffit en effet de verser quelques gouttes de teinture d'iode dans une liqueur contenant de l'amidon, ou même de plonger dans cette teinture, étendue d'eau, une racine ou une partie végétale quelconque amylacée pour y développer une belle couleur bleue due à la combinaison de l'iode avec l'amidon.

Falsification. L'iode est quelquefois falsifié dans le commerce avec de l'eau, différents sels, ou de la houille. L'iode pur ne doit pas mouiller le papier dans lequel on le presse ; après avoir été traité par l'eau, l'eau évaporée à siccité ne doit laisser aucun résidu ; enfin il doit être complétement soluble dans l'alcool, et entièrement volatil au feu.

Coralline blanche ou officinale.

Corallina officinalis L., production marine très commune sur toutes les côtes d'Europe, sur la nature de laquelle les naturalistes ont été en grand désaccord; les uns, tels que Ellis, Linné, Lamarck, Lamouroux, l'ayant regardée comme un polypier, tandis que Pallas et Spallanzani, l'ont considérée comme une plante. Aujourd'hui cette dernière opinion paraît devoir l'emporter sur la première, et dans la classification de

Fig. 27.   Fig. 28.

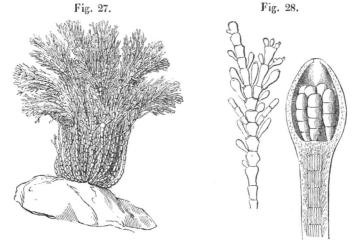

M. Decaisne, les corallinées forment une famille dans le sous-ordre des algues choristosporées.

La coralline officinale se présente sous la forme de petites touffes d'un blanc verdâtre, composées d'un très grand nombre de tiges fines, articulées et ramifiées (fig. 27). Conservée sèche, dans un lieu exposé à la

lumière, elle devient tout à fait blanche; elle est de plus complètement opaque et très cassante, propriétés qu'elle doit à la grande quantité de carbonate de chaux qu'elle contient. On ne peut cependant la
comparer au corail qui est un axe calcaire continu, entouré d'une
écorce charnue, dans laquelle sont logés des animaux à huit tentacules
rayonnés : d'abord parce qu'on n'a jamais pu découvrir d'animaux dans
la coralline, ensuite parce que la matière calcaire est uniformément répandue dans toute sa masse et entre les mailles d'un réseau cartilagineux,
qu il est facile de mettre en évidence en dissolvant le carbonate de
chaux par un acide faible. Enfin la coralline blanche est pourvue d'organes de fructification tout à fait comparables à ceux des algues
choristosporées. Ce sont des conceptacles pédicellés, ovoïdes, ouverts à l'extrémité, qui naissent à l'aisselle des articles de la tige ou des
ramifications, et qui contiennent un certain nombre de sacs nommés
périspores ou *sporidies*, dont chacun contient 4 spores superposés
(fig. 28).

L'analyse de la coralline faite anciennement par Bouvier a donné :

Carbonate de chaux	61,6
— de magnésie	7,4
Sulfate de chaux	1,9
Chlorure de sodium	1;0
Silice	0,7
Phosphate de chaux	0,3
Oxide de fer	0,2
Gélatine	6,6
Albumine	6,4
Eau	14,1
	100,0

Cette analyse a été regardée comme une preuve de la nature animale
de la coralline; mais, dans l'analyse de Bouvier, rien ne prouve que les
deux corps nommés par lui *gélatine et albumine*, soient réellement de
la gélatine et de l'albumine animales. (Voir *Annales de chimie*, t. VIII,
p. 308.)

On attribue à la coralline blanche des propriétés anthelmintiques.

Mousse de Corse.

Nommée aussi *coralline de Corse* ou *helminthocorton*.

La mousse de Corse est un mélange de plusieurs petites algues qui
croissent sur les rivages de l'île de Corse, qu'on ramasse sur les rochers et qu'on nous envoie telles qu'on les ramasse, c'est-à-dire mé-

langées en outre d'impuretés et de beaucoup de gravier. Les botanistes ont compté dans la mousse de Corse jusqu'à vingt-deux espèces d'algues, qui n'ont pu être comprises dans les seuls genres de Linné, ce qui a forcé à en faire de nouveaux. Les principales sont : le *Gigartina helminthocorton*, Lamx., qui a reçu son nom de la mousse de Corse, et qui en fait la partie essentielle et principale ; les *Fucus purpureus* et *plumosus* ; le *corallina officinalis* ; le *conferva fasciculata*, etc. Sans entrer dans le détail des caractères de ces différentes substances, voici ceux qui appartiennent au *gigartina helminthocorton*.

Cette plante appartient au sous-ordre des choristosporées et à la famille des sphæroccoïdées. Elle est composée d'un nombre infini de petites fibres réunies par leur base à des parcelles du gravier sur lequel elles végétaient (fig. 29). Chaque fibre doit être considérée comme une petite tige qui se bifurque en deux rameaux bifurqués deux fois eux-mêmes, c'est-à-dire, qu'elle est *dichotome*. Ces fibres sont d'un gris-

Fig. 29.

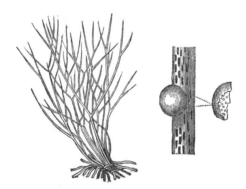

rougeâtre sale à l'extérieur, ce qui forme également la couleur de la masse ; mais elles sont blanches en dedans. Elles sont sèches et assez dures à casser lorsqu'on conserve la mousse de Corse dans un lieu sec ; elles deviennent souples et humides lorsqu'on la garde dans un lieu humide ; enfin la mousse de Corse a une odeur marine forte et désagréable et une saveur fortement salée. On doit la choisir légère et contenant le moins de gravier possible. Elle est estimée comme vermifuge. On l'emploie en poudre, en infusion, en gelée ou en sirop.

On trouve dans le neuvième volume des *Annales de chimie* une analyse de la mousse de Corse faite par Bouvier, et dont voici les résultats : 100 parties de cette substance ont fourni : gélatine végétale 60,2 ; squelette végétal 11,0 ; sulfate de chaux 11,2 : sel marin 9,2 ; carbonate de chaux 7,5; fer magnésie, silice, phosphate de chaux 1,7 : total 100,8.

D'après cette analyse, la mousse de Corse contiendrait plus de la moitié de son poids d'une matière propre à former gelée avec l'eau ; et cependant cette substance, prise dans le commerce, ne produit pas de gelée. Je pense que l'analyse de Bouvier est exacte, mais que la mauvaise habitude qu'ont les commerçants de placer la mousse de Corse dans des lieux tres humides est la cause de la destruction du principe gélatineux. La mousse de Corse ne contient qu'une très petite quantité d'iode.

Carrageen ou Mousse perlée.

Nommée aussi *mousse d'Irlande* ; *fuscus crispus* de Linné, *chondrus polymorphus* de Lamouroux, sous-ordre des choristosporées, famille des sphærococcoïdées. Cette substance sert de nourriture au peuple dans les pays pauvres qui avoisinent les mers du Nord, et même en Irlande, ou elle est commune. Il y a quelques années, elle a été proposée en Angleterre comme un aliment médicamenteux analogue au salep ou à l'arrow-root ; et en effet aucun autre fucus ne peut lui être comparé pour cet usage, à cause de sa blancheur parfaite, et de l'absence complète de l'iode et de l'huile fétide qui rendent si désagréables les autres espèces.

Le carrageen est formé d'un pédicule aplati qui se développe en une fronde plane, dichotome, à segments linéaires-cunéiformes, sur lesquels on observe quelquefois des capsules hémisphériques, sessiles et concaves en dessous. Il est long de 2 à 3 pouces, et varie beaucoup dans sa forme, qui est tantôt plane ou toute crispée, élargie ou filiforme, obtuse ou pointue. Tel que le commerce nous l'offre, il est sec, crispé, d'un blanc jaunâtre, d'une odeur faible et d'une saveur mucilagineuse non désagréable. Lorsqu'on le plonge dans l'eau, il s'y gonfle presque aussitôt considérablement, devient blanc, gélatineux et paraît même se dissoudre en partie. A la chaleur de l'ébullition, il se dissout presque complétement et forme 5 ou 6 fois son poids d'une gelée tres consistante et insipide. (*Journ. de Chim. med.*, t. VIII, p. 662.)

Autres algues alimentaires.

Dans nos pays civilisés, où la culture est ordinairement abondante et variée, les algues ne formeront jamais un aliment important et seront restreintes à l'usage de la médecine: mais dans beaucoup de contrées du globe où l'agriculture est peu avancée et ou les animaux manquent ou sont proscrits pour la nourriture par des motifs religieux, les algues forment une partie importante de la nourriture du peuple, comme à Ceylan, aux îles de la Sonde et aux îles Moluques. Au nombre de ces algues qui nous parviennent quelquefois par la voie du commerce, je dois citer la *mousse de Jafna* ou *mousse de Ceylan* sur laquelle j'ai publié une notice en 1842, dans le 8ᵉ volume du *Journal de chimie médicale*.

Cette substance est le *gracilaria lichenoïdes* de Greville, appartenant à la famille des chondriées de M. Decaisne et au sous-ordre des choristosporées. Elle est en filaments presque blancs, ramifiés, longs de 8 à 11 centimètres lorsque la plante est entière, et de l'épaisseur d'un gros fil à coudre. Elle paraît cylindrique à la vue simple, mais à la loupe elle offre une surface inégale et comme nerveuse ou réticulée. La disposition des rameaux est quelquefois dichotome, quelquefois pédalée, le plus souvent simplement alterne. La terminaison des rameaux est semblable à leur subdivision; c'est-à-dire que l'extrémité en est rarement bifurquée ou formée de deux parties également écartées de l'axe commun. Le plus souvent les rameaux se terminent par un prolongement unique et effilé, beaucoup plus fort et plus développé que leur dernière ramification.

La mousse de Ceylan présente une saveur légèrement salée avec un goût peu prononcé d'algue marine. Elle croque sous la dent. Elle se gonfle fort peu dans l'eau froide, et n'y devient ni gluante ni transparente, comme le fait le *carrageen*, qui s'y dissout d'ailleurs en partie. Elle reste parfaitement sèche et cassante à l'air, ce qui montre qu'elle a été privée par des lavages à l'eau douce des sels hygroscopiques de l'eau marine. L'iode la colore en bleu noirâtre, mêlé d'une teinte rouge. Elle renferme donc une certaine quantité de matière amylacée. Elle contient de plus à l'intérieur une sorte de squelette calcaire qui produit une grande quantité de bulles d'acide carbonique, lorsqu'on la plonge dans de l'eau aiguisée d'acide chlorhydrique.

30 grammes de mousse de Ceylan ont été bouillis avec 1000 gram. d'eau, jusqu'à réduction d'un quart. Il en est résulté 750 gram. d'un mélange qui ressemble à un épais potage au vermicelle. La décoction ayant été continuée encore quelque temps et le liquide exprimé, j'en ai obtenu une liqueur épaisse, opaque et blanchâtre qui, additionnée de 30 gram. de sucre et d'une petite quantité d'hydrolat de cannelle, a formé 150 gram. d'une gelée très consistante, demi-opaque et comme cassante, qualités qu'elle doit sans doute au sel calcaire qui s'y trouve interposé.

Cette gelée est d'un goût fort agréable, en raison de l'aromate que j'y ai joint, et je pense qu'elle doit former un aliment médicamenteux fort nourrissant; mais le marc de la décoction pourrait lui-même être utilisé comme aliment. En effet, ce résidu, quoique fortement exprimé, est sous forme de filaments demi-transparents, qui occupent assez de

volume pour remplir deux assiettes ordinaires, et susceptible d'être ac-
commodé comme des choux ou des graines de légumineuses : tel est,
en effet, l'usage principal de cette algue dans les contrées où elle croît.

100 parties de mousse de Ceylan produisent par la calcination 11 parties d'un résidu grisâtre qui conserve la forme du végétal, comme le
phosphate de chaux garde celle des os de mammifères. Ce résidu, traité
par l'eau, se dissout en partie La liqueur est complétement neutre, ce
qui exclut la présence dans le végétal d'un sel à acide organique. Cette
liqueur se trouble à peine par le nitrate d'argent, mais précipite très
fortement par le nitrate de baryte et l'oxalate d'ammoniaque Le *carrageen* se conduit de même, et il est remarquable de voir deux plantes,
qui vivent au sein de l'eau salée, ne pas contenir sensiblement de chlorure de sodium, mais se charger en abondance des sulfates qui l'accompagnent. Pour le carrageen, ces sulfates sont principalement ceux
de soude ou de chaux, et pour la mousse de Ceylan les sulfates de chaux
et de magnésie, que l'on sépare en traitant le produit de l'évaporation
des deux sels par de l'eau alcoolisée, qui dissout seulement le sulfate
de magnésie. On le reconnaît alors facilement à son amertume propre,
et à la propriété de former du phosphate ammoniaco magnésien par
l'addition du phosphate d'ammoniaque.

La portion de cendre que l'eau ne dissout pas est formée de carbonate
de chaux, que l'on peut décomposer et dissoudre par un acide, et d'un
résidu insoluble qui offre un mélange de petits grains de quarz roulé et
d'une sorte d'argile rougeâtre.

En opérant de cette manière, les onze parties de cendre produites
par cent parties de mousse de Ceylan, ont été trouvées composées de

Sulfate de magnésie.	1,3
— de chaux.	2,6
Carbonate de chaux.	4,6
Quarz et argile.	2,5
	11,0

Enfin, je me suis assuré que la mousse de Ceylan ne contient pas
d'iode, en l'humectant de potasse et la calcinant. Le produit de la calcination, traité par l'eau, fournit une liqueur alcaline qui, neutralisée
d'abord par un acide, n'éprouve pas ensuite la moindre coloration bleue
par une addition d'amidon et d'acide sulfurique.

A l'occasion de la mousse de Jafna, que plusieurs auteurs ont regardée
comme la matière première des célèbres nids d'hirondelles salanganes,
je dirai quelques mots de ces nids eux-mêmes. Beaucoup d'opinions ont
été émises sur la substance qui les compose. Suivant l'une, la salangane

tire de son jabot ou de son estomac, par des efforts analogues à ceux du vomissement, tous les matériaux dont elle compose son nid; et Everard Home a cru reconnaître dans le jabot de cette hirondelle l'organe sécréteur de cette sorte de mucus. Mais cette opinion ne s'accorde pas avec le fait bien avéré que les salanganes qui habitent au milieu des terres, volent incessamment par troupes, vers le rivage de la mer, dans la saison ou elles construisent leurs nids, et y recherchent une matière muqueuse sous forme de filaments, qu'elles rapportent à leur habitation. Cette matière doit donc entrer dans la fabrication du nid; mais quelle peut en être la nature? Suivant les uns, elle est d'origine végétale et se compose de fucus abandonnés sur la plage par la marée descendante, et au nombre desquels on a compté le *spongodium bursa* Lmx, le *gelidium corneum* Lmx, l'*alga coralloides* de Rumphius, ou *fucus edulis* de Gmelin, et le *gracilaria lichenoides* ou mousse de Ceylan. Suivant les autres, elle est de nature animale et se compose de parties molles de mollusques ou polypes, auxquelles les salanganes font subir un commencement de deglutition. Cette dernière opinion est conforme à l'examen chimique qui a été fait par Doebereiner de la matière gélatineuse de ces nids; cette substance lui ayant paru être-de nature complétement animale, et très analogue au mucus. Mais la première opinion peut être également vraie, parce que les nids de salangane varient beaucoup dans leur contexture et par la nature des matériaux dont ils sont formés. On en trouve, en effet, qui sont presque uniquement formés d'une matière gélatineuse demi-transparente dure, compacte et continue, comme une membrane desséchée; ce sont les plus estimés, et c'est à cette sorte de nid que se rapporte l'analyse de Doebereiner. D'autres offrent une sorte de réseau formé de cette même matière gélatineuse, d'algues marines et même de lichens terrestres, auxquels la première substance sert de ciment; d'autres enfin paraissent privés de matière gélatineuse et sont complétement rejetés comme aliment. M. Delessert possède un nid de la première espèce, et l'École de pharmacie un de la seconde, qui lui a été donné par M. O. Henry. Ce dernier nid, en forme de coquille ou de bénitier, se compose de quatre couches assez distinctes : la plus inférieure ou la première, qui a été appliquée sur le plan incliné en avant qui supportait le nid, est brune, terne, dure, rugueuse, non compacte ni continue, mais formée plutôt de filaments gélatineux agglutinés. Au-dessus de cette matière brune, et en suivant la direction inclinée du support, se présente peu à peu une couche d'une substance plus pure, blanche, transparente, d'apparence gommeuse ou gélatineuse, en partie compacte et membraneuse comme celle qui forme le nid de la collection de M. Delessert; mais en partie aussi sous forme d'un réseau incolore et transparent, qui ressemble à une matière muqueuse *élaborée* et *non organisée.* Au-dessus de cette couche gélatineuse on trouve, surtout du côté externe du nid, une couche assez épaisse d'un fucus rouge-rosé, à rameaux dichotomes, *nerveux*, comprimés, représentant assez bien le *gracilaria compressa* de Greville, représenté par lui sous le nom de *sphærococcus lichenoides*, dans le *Scottish cryptogamic flora*, vol. VI, tab. 341.

Enfin la partie supérieure et interne du nid est formée par un lichen terrestre, blanc, cylindrique, très fin, qui est, d'après la détermination de M. Montagne, l'*alectoria crinalis* d'Acharius. Le tout est entremêlé çà et là d'une *bave* muqueuse, qui en maintient les différentes parties. Telle est la description exacte du nid de salangane de l'École de pharmacie, qui m'a suggéré une explication de la différence peu commune de texture et de composition que l'on observe dans les nids d'une même espèce d'oiseau. Je pense que les salanganes sont d'autant plus portées à composer leur nid d'une matière gélatineuse *continue* qui, une fois desséchée à l'air, devient complétement imperméable, qu'elles habitent plus près des bords de la mer ; parce qu'elles sentent la nécessité de mettre leurs œufs et leurs petits à l'abri de l'air froid et chargé de vésicules salées, qui s'élève des rochers battus par les vagues ; tandis que celles qui construisent leurs nids dans des lieux éloignés du rivage, ou dans des cavernes abritées du vent de mer, éprouvent un moins grand besoin d'employer cette même substance, et se contentent d'en former un réseau ou un ciment non continu. Au surplus ces nids si vantés, formés principalement d'une matière azotée, en partie digérée et dégorgée par des oiseaux, ne peuvent avoir de prix, ainsi que je l'ai dit en commençant, que pour des peuples auxquels des idées religieuses prescrivent de ne pas se nourrir de chair, ou qui vivent dans une grande pénurie de substances alimentaires.

ORDRE DES CHAMPIGNONS.

Les champignons sont des végétaux terrestres nés dans des lieux humides et ombragés, sur des corps organisés languissants ou morts, et en état de décomposition. Ils se composent en général de deux parties distinctes, l'une végétative, l'autre de reproduction. La première, nommée *mycelium*, qui paraît être l'état primitif de tout champignon, est formée de filaments grêles, simples ou ramifiés, nus ou engagés dans la substance même du corps sur lequel le champignon vit en parasite. La seconde partie, qui naît de la première, se compose de spores quelquefois nues, mais plus souvent contenues dans un réceptacle de forme et de grandeur très variées, qui porte le nom de *péridium* dans les champignons de forme arrondie, et qui est communément regardé comme le champignon proprement dit.

On divise les champignons en cinq sous-ordres, qui sont :

1° Les *gymnomycètes* ou *coniomycètes* (ce qui veut dire *champignons nus* ou *champignons pulvérulents*. Ces champignons nous offrent des sporidies simples ou à plusieurs loges qui, à une certaine époque de leur existence, paraissent composer toute la plante. Tels sont les *uredo*, champignons parasites qui semblent uniquement composés de sporidies uniloculaires, développées en quantités innombrables sous l'épiderme des tiges, des fleurs ou des fruits, qu'elles font périr et détruisent quelquefois complétement. Les plus nuisibles à l'agriculture sont, sans contredit, ceux qui attaquent le blé, et qui sont connus sous le nom de *charbon*, de *carie* et de *rouille des blés* (*uredo segetum*, *uredo caries*, *uredo rubigo*.

2° Les *hyphomycètes*, champignons composés d'un mycélium filamenteux, libre et distinct, dont une partie des filaments dressés portent des sporidies, tantôt nues, tantôt renfermées dans le sommet des tubes qui se déchire pour les laisser à nu. Telles sont les *mucédinées*, les *byssées* et les *mucorées*.

3° Les *gastéromycètes*, champignons consistant en un péridium charnu, membraneux ou floconneux, d'abord clos, puis se déchirant irrégulièrement, dont la substance intérieure se convertit en sporidies répandues sur les fibres ou contenues dans des réceptacles (sporanges ou thèques).

On en forme trois familles, les *tubéracées*, les *lycoperdacées* et les *clathracées*. Dans la première se trouvent les *truffes*, champignons souterrains, très recherchés pour la table, à cause de leur parfum et de leurs propriétés excitantes. Ces champignons, privés de racines, sont formés de tubérosités arrondies ou lobées, lisses ou hérissées de rugosi-

Fig. 30.   Fig. 31.

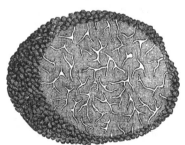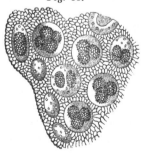

tés. Leur substance intérieure est charnue, entièrement formée d'utricules pressées, rondes, oblongues ou allongées, dont un certain nombre se développent et donnent naissance intérieurement à de petites truffes qui se dispersent dans la terre après la destruction de la truffe mère (voir les figures 30 et 31, qui représentent la truffe noire comestible

---

(*tuber cibarium*) de grandeur naturelle et fortement grossie). Dans la seconde famille se trouvent les *lycoperdon* ou *vesses-de-loup* (fig. 32), champignons formés d'un mycélium radiciforme, duquel s'élève un ou plusieurs péridiums arrondis et souvent très volumineux, dont la chair,

Fig. 32.

ferme et blanchâtre dans la jeunesse, se convertit en une poussière (sporidies) de couleur fauve ou verdâtre, portée sur des filaments d'une apparence *feutrée*. Arrivé à maturité, le péridium s'ouvre irrégulièrement au sommet pour laisser échapper la poussière reproductrice. Cette poussière peut être employée comme dessiccative, à l'instar de celle de lycopode, et comme hémostatique, propriété qu'elle possède à un haut degré. Les clathracées sont des champignons produits par un mycélium radiciforme duquel s'élève un corps sphérique ou ovoïde dont l'enveloppe se déchire pour laisser passer un péridium treillagé et percé à jour, remarquable par la beauté et la régularité de ses dessins, et contenant un réceptacle muqueux rempli de sporidies, qui s'écoulent avec la matière diffluente du réceptacle. Tels sont entre autres les *phallus*, les clathres et les lanternes.

4° Les *scléromycètes* ou *pyrénomycètes* : mycélium produisant des excroissances fongueuses, la plupart noirâtres, endurcies, d'une texture obscurément celluleuse, solitaires, agrégées ou soudées, d'abord fermées, puis s'ouvrant par le sommet; à noyau distinct, mou, sous-déliquescent. Sporidies entourées par la mucosité ou renfermées dans des thèques. Exemples, les *sphæria* et les *hypoxylons*.

5° Les *hyménomycètes* : mycélium produisant des excroissances fongueuses, dont une partie de la surface (*hymenium*) est formée par les utricules productrices des spores. On peut y former quatre familles, qui sont les *trémellinées*, les *clavariées*, les *helvellacées* et les *piléatées*. Ce sont ces familles qui fournissent le plus grand nombre des champignons tant comestibles que vénéneux. Parmi les premiers, je citerai :

La trémelle mésentère,	*tremella mesenteriformis.*
La clavaire corail,	*clavaria coralloides.*
La morille comestible,	*Morchella esculenta.*

Les hydnes,	presque toutes comestibles.
Le mérule chanterelle,	*merulius cantharellus.*
Le bolet comestible,	*boletus edulis* (fig. 37).
L'agaric comestible,	*agaricus campestris* (fig. 33).

Ce dernier est le seul usité à Paris. Cultivé sur des couches, il est formé d'un stipe court, épais, cylindrique, formant une sorte de collet à la partie supérieure, et d'un chapeau arrondi, presque hémisphérique, blanc en dessus, à lames rougeâtres en dessous, d'une consistance ferme, d'un goût et d'une odeur agréables.

Parmi les champignons vénéneux, je citerai, comme ceux qui le sont le plus,

Les agarics meurtrier,	*agaricus necator.*
— à verrues,	— *verrucosus.*
— fausse-oronge,	— *muscarius.*
— bulbeux,	— *bulbosus.*

Les meilleurs remèdes à employer dans les cas d'empoisonnement par les champignons sont l'éther et l'émétique : l'éther pour calmer les accidents déjà déclarés ; l'émétique pour évacuer ce qui reste de poison dans le canal alimentaire.

Il n'y a pas de végétaux qui se jouent plus que les champignons, ou que les *agarics* de Linné, de la loi que l'on a voulu trop généraliser, que des organes semblables dans les végétaux répondent à une composition chimique et à des propriétés médicinales analogues. La composition chimique est cependant assez régulière dans ces végétaux, et se fait remarquer dans tous par une grande prédominance de principes azotés, qui les met presque sur le même rang que les substances animales, et qui est cause que, parmi les animaux, ce sont principalement les carnivores qui les mangent ; mais à côté de ces principes nourrissants, il

Fig. 33.

s'en trouve d'autres qui sont éminemment vénéneux dans quelques espèces, et qui manquent dans les espèces les plus voisines, de sorte que la plus grande habitude ne met pas toujours à l'abri des accidents les plus funestes.

Un des exemples les plus frappants de cette discordance de la forme avec les propriétés médicinales ou alimentaires, est fourni par les deux champignons qui portent les noms d'*oronge vraie* et de *fausse oronge*. Tous deux appartiennent aux *amanites* ou aux agarics à *volva*, c'est-à-dire qu'ils sont enfermés, pendant leur jeune âge, dans une poche que le champignon perce en grandissant. Leur principale différence consiste en ce que, dans l'oronge vraie (*agaricus aurantiacus*, Bull., fig. 34), aucune partie du volva n'est retenue par le chapeau qui s'élève, tandis que dans la fausse oronge (*agaricus muscarius*, L., fig. 35) le volva laisse sur le chapeau des débris sous forme de tubercules anguleux,

Fig. 34.   Fig. 35.

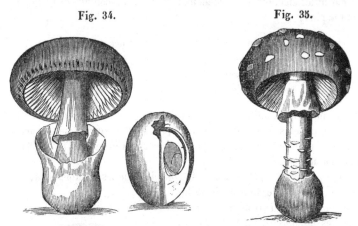

dont la couleur blanche tranche avec la belle teinte orangée du chapeau. Or, cette différence assez légère en dénote une bien grande dans la qualité ; car l'oronge vraie est un des champignons les plus recherchés comme aliment, et l'agaric moucheté est un des plus vénéneux.

On demandera sans doute pourquoi, quand il est si difficile de distinguer les bons champignons des mauvais, on ne se met pas pour toujours à l'abri de leurs effets nuisibles en les bannissant tous du nombre de nos aliments. Cette question est aisée à faire dans les villes ou dans les pays abondants en blé et en pâturages, où les champignons sont une nourriture de luxe ; mais il y a beaucoup de contrées moins favorisées où le peuple trouve dans les champignons des bois un supplément d'autant plus utile à sa nourriture, que leur nature animalisée les rend très nutritifs sous un petit volume.

Vauquelin et M. Braconnot ont fait sur les champignons des recherches chimiques qui confirment pleinement ce que je viens de dire. Ainsi Vauquelin a retiré du champignon comestible (*agaricus campestris*) : 1° de l'adipocire ou graisse cristallisable ; 2° de l'huile grasse ;

3° une matière sucrée; 4° de l'albumine; 5° de l'osmazome ou matière animale soluble; 6° une autre substance animale insoluble dans l'alcool; 7° de la fongine ou partie fibreuse des champignons; 8° de l'acétate de potasse. Il est vraiment remarquable qu'un champignon, dont la structure paraît si simple et si homogène, contienne tant de principes différents; il l'est encore plus de voir que sur ces huit principes cinq appartiennent au règne animal. (*Ann. de chim.*, t. LXXXV, p. 5.)

Polypore du mélèze ou Agaric blanc.

Linné a défini les *agarics* des champignons à chapeau horizontal, lamelleux en dessous, et les *bolets* des champignons horizontaux, poreux en dessous. Suivant cette division, le champignon comestible s'est trouvé compris dans les agarics, et d'autres champignons, qui avaient porté de tout temps le nom d'*agarics*, ont été rangés dans les *bolets*. Aujourd'hui ce dernier genre est partagé en trois.

1° *Boletus*, champignons à stipe central, à chapeau hémisphérique et charnu, dont la partie inférieure est formée de tubes tapissés intérieurement par la membrane fructifère (*hymenium*). Ces tubes sont indépendants les uns des autres ou séparables, et non continus avec la substance du chapeau.

Exemples : le bolet du bouleau,   *boletus betulinus* (fig. 36).
— comestible,   — *edulis* (fig. 37).
— indigotier,   — *cyanescens*.

2° *Polyporus*, champignons à chapeau charnu ou subéreux, dont

Fig. 37.

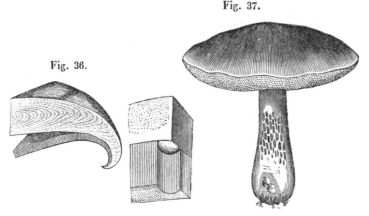

Fig. 36.

les tubes sont séparés par une cloison simple, et font corps avec la substance même du chapeau.

Exemples : le polypore du mélèze,   *polyporus officinalis.*
—   amadouvier,   --   *igniarius.*
—   ongulé,   —   *fomentarius.*

3° *Dædalea*, champignons à chapeau sessile présentant inférieurement des lames anastomosées qui forment des cellules irrégulières d'une substance homogène à celle du chapeau.

Exemple : l'agaric labyrinthiforme, *dædalea betulina.*

Ce dernier genre nous intéresse peu ; mais le polypore du mélèze et les polypores ongulé et amadouvier doivent être examinés spécialement.

Polypore du mélèze.

Le polypore du mélèze ou *agaric blanc* croît sur le tronc des vieux mélèzes, dans la Circassie en Asie, dans la Carinthie en Europe, et sur les Alpes du Trentin et du Dauphiné. Il se présente sous la forme d'un

Fig. 38.

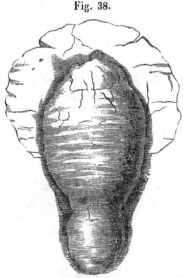

cône arrondi, recouvert d'une écorce rude, dure, ligneuse, et marquée en dessus de sillons circulaires qui indiquent son âge (fig. 38) : sa substance intérieure est blanche, légère, spongieuse. Il varie en bonté, suivant le pays d'où il vient : celui d'Asie et de la Carinthie est le plus estimé ; celui du Dauphiné, qui est petit, pesant et jaunâtre, est le moins bon.

L'agaric blanc se trouve dans le commerce privé de son écorce et mondé au vif. On doit le choisir bien blanc, léger, sec, non ligneux, spongieux et pulvérulent ; il est pourvu d'une saveur douceâtre, devenant bientôt, et tout à la fois, amère, sucrée, et d'une âcreté considérable ; il irrite fortement la gorge lorsqu'on le pulvérise ; il est inodore.

L'agaric blanc est un purgatif drastique et hydragogue. M. Braconnot en a fait l'analyse, et en a retiré, sur 100 parties : 72 d'une matière résineuse particulière, 2 d'un extrait amer, et 26 de matière fongueuse insoluble. La matière résineuse jouit de propriétés bien singulières : elle est blanche, opaque, granuleuse dans sa cassure et peu sapide ;

elle se fond et brûle comme les résines. Elle est plus soluble à chaud qu'à froid dans l'alcool, et s'en précipite en tubercules allongés par le refroidissement ; elle est insoluble dans l'eau froide, qui cependant la divise avec beaucoup de facilité ; une petite quantité d'eau bouillante la dissout et en forme un liquide épais, visqueux, filant comme du blanc d'œuf, moussant très fortement par l'ébullition, coagulable par l'eau froide. L'éther, les huiles fixes et volatiles, les alcalis, la dissolvent ; elle rougit la teinture de tournesol ; l'acide nitrique paraît avoir peu d'action sur elle. (*Bull. de pharm.*, 1812, p. 304.)

Agaric de chêne.

Deux polypores servent à préparer la substance connue sous le nom d'*agaric de chêne :* l'un est le POLYPORE ONGULÉ, *polyporus fomentarius*, Fries et Pers. (*boletus fomentarius*, L. ; *boletus ungulatus*, Bull.) ; l'autre est le POLYPORE AMADOUVIER (*polyporus igniarius*, Fries et Pers. ; *boletus igniarius*, L., Bull.)

Le polypore ongulé (fig. 39) est un champignon sans tige, fixé par le côté et par la partie supérieure au tronc des vieux arbres, et surtout des chênes, des hêtres et des til-

Fig. 39.

leuls. Il présente à peu près la forme d'un sabot de cheval et peut acquérir jusqu'à 2 pieds de diamètre. Il est formé d'une écorce brune, très dure, marquée d'impressions circulaires qui indiquent son âge ; l'intérieur est plus ou moins rouge, fibreux et un p u ligneux. Pour le préparer, on le prive de son écorce, on le fait tremper dans l'eau et on le bat avec des maillets, afin de rompre les fibres ligneuses. On le fait sécher et on le bat de nouveau jusqu'à ce qu'il soit devenu peu épais, très souple et moelleux au toucher. On doit choisir celui qui réunit ces qualités au plus haut degré. Il est employé principalement pour arrêter le sang des sangsues ou des vaisseaux rompus.

Le bolet amadouvier est moins ligneux que le précédent, presque mou et élastique dans sa jeunesse, ce qui est cause qu'il se gerce en vieillissant. On le prépare comme le précédent et il sert aux mêmes usages ; mais c'est lui surtout qui sert à faire l'*amadou*. A cet effet, on l'étend, en le battant toujours, en lames très minces dont on augmente encore souvent la combustibilité en le trempant dans une solution de nitrate de potasse ou de poudre à canon.

Ni l'un ni l'autre des polypores précédents ne paraît avoir été examiné chimiquement : celui dont M. Braconnot a publié l'analyse paraît être le *polyporus dryadeus* de Fries et Persoon (*boletus pseudo-igniarius*, Bull.), qui diffère des premiers par sa consistance plus molle, sa couleur plus pâle, sa largeur qui ne dépasse pas 3 ou 4 pouces, et surtout par sa composition chimique; car M. Braconnot n'y signale pas de principe astringent, et il est connu que les *polyporus fomentarius* et *igniarius* servent à la teinture en noir. Quoi qu'il en soit, M. Braconnot a retiré du polypore faux-amadouvier récent : de l'eau, de la fongine, un sucre incristallisable, une matière adipeuse jaune, de l'albumine, de l'acide acétique, un autre acide végétal particulier nommé *acide bolétique* (ayant beaucoup de rapports avec l'acide succinique), de l'acide phosphorique, de la potasse et de la chaux saturant en partie les acides précédents. (*Ann. de chim.*, t. LXXX, p. 272.)

La fongine forme la partie solide des champignons et joue chez eux le même rôle que le *ligneux* dans les végétaux phanérogames. Mais elle diffère beaucoup du ligneux par sa constitution chimique; car elle contient de l'azote, donne de l'ammoniaque à la distillation, et se putréfie à la manière du gluten.

Ergot du seigle ou Seigle ergoté.

Dans les années pluvieuses, plusieurs graines céréales, mais principalement le seigle, présentent une altération singulière : on trouve à la place d'un certain nombre de grains, dans les épis, un corps solide, brunâtre, allongé, recourbé, ayant quelque ressemblance de forme avec l'ergot d'un coq, d'où lui est venu le nom de *seigle ergoté* ou d'*ergot* (fig. 40)

L'ERGOT est un corps brun-violet, souvent recouvert d'une efflorescence grisâtre, long de 1 à 3 centimètres, mais pouvant en acquérir le double en conservant une épaisseur de 2 à 3 millimètres, rarement 4 (fig. 41). Il est d'une forme irrégulièrement carrée ou triangulaire, aminci aux extrémités, souvent marqué de une ou de plusieurs crevasses longitudinales, et quelquefois aussi de crevasses transversales. On observe à l'extrémité supérieure un petit paquet blanchâtre d'une matière molle et cérébriforme, dont la substance coule en partie le long de l'ergot (voyez fig. 42, qui représente deux ergots fortement grossis; le premier très jeune et à l'état récent; le second plus âgé et desséché). Cette substance diminue beaucoup de volume par la dessiccation et manque presque toujours dans l'ergot du commerce, en ayant été détaché par le choc ou par le frottement. L'ergot médicinal se compose donc presque exclusivement du corps allongé brun–violet décrit d'abord.

Fig. 40.   Fig. 41.

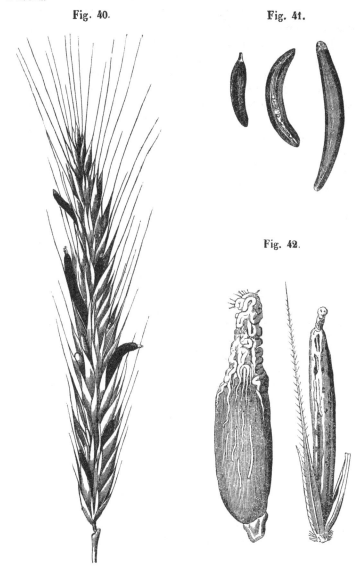

Fig. 42.

L'ergot est ferme, solide et casse net lorsqu'on veut le ployer. La cassure en est compacte, homogène, blanche au centre, se colorant d'une teinte vineuse près de la surface ; d'une saveur peu marquée d'abord , suivie d'une astriction persistante vers l'arrière-bouche.

L'odeur de l'ergot récent rappelle celle des champignons ; desséché et respiré en masse , il présente une odeur plus forte et désagréable ; conservé dans un air humide, il éprouve une altération putride, dégage une odeur de poisson pourri et devient la proie d'un sarcopte semblable à celui du fromage. Il est donc important pour les pharmaciens d'avoir l'ergot récemment séché et de le conserver dans un lieu bien sec.

L'analyse de l'ergot a été faite par plusieurs chimistes. Vauquelin en a retiré : 1° une matière colorante jaune fauve , soluble dans l'alcool , d'une saveur d'huile de poisson ; 2° une huile grasse, abondante, d'une saveur douce ; 3° une matière colorante violette , soluble dans l'eau et dans l'alcool , applicable sur la laine et la soie alunées, ayant beaucoup d'analogie avec celle de l'orseille ; 4° un acide libre (phosphorique ?) ; 5° une matière azotée abondante, très putrescible, fournissant une huile épaisse et de l'ammoniaque à la distillation ; 6° de l'ammoniaque libre ou du moins qu'on peut obtenir à la température de l'eau bouillante. Il n'y a trouvé ni amidon ni gluten.

Tels sont les résultats obtenus par Vauquelin. Ce grand chimiste ayant examiné comparativement un *sclerotium* , y trouva des différences notables, et crut pouvoir regarder comme probable que l'ergot n'était pas un *sclerotium* , ainsi que l'admettait De Candolle (*Ann. de chim. et de phys.*, t. III, p. 202 et 337). Mais si l'on fait attention, au contraire, que cette analyse offre une grande analogie avec celle des champignons comestibles , il paraîtra bien plus probable que l'ergot est en effet un champignon. Je reviendrai plus loin sur cette opinion.

On doit à M. Wiggers une analyse plus récente et plus complète de l'ergot (*Journ. pharm.*, t. XVIII, p. 525). Ce chimiste ayant traité d'abord 100 parties d'ergot pulvérisé par l'éther, en a retiré 36 parties d'une huile brune-verdâtre , d'où l'alcool a extrait une petite quantité d'une huile grasse , rouge-brune, d'une odeur fort désagréable , et un peu de cérine cristallisable ; le reste se composait d'une huile douce , blanche , très soluble dans l'éther (35 pour 100).

Le seigle ergoté   traité ensuite par l'alcool , lui cède 10,56 d'un extrait rouge , d'une odeur de viande rôtie , grenu , déliquescent, que l'eau sépare en deux parties : l'une est insoluble, pulvérulente, d'un rouge brun , d'une saveur amère un peu âcre , ni acide ni alcaline , insoluble dans l'eau et dans l'éther, soluble dans l'alcool. M. Wiggers lui donne le nom d'*ergotine* L'autre substance est soluble dans l'eau , et contient un extrait azoté semblable à l'osmazome , du sucre cristallisable , et des sels inorganiques.

Le seigle ergoté épuisé par l'alcool , ayant été traité par l'eau , lui a

cédé un extrait contenant du phosphate acide de potasse , de la gomme
et un principe azoté d'une couleur rouge de sang. Le résidu était composé de fongine , d'albumine , de silice et de phosphate de chaux. Voici
les résultats de cette analyse :

Huile grasse non saponifiable.	35
Matière grasse cristallisable.	1,05
Cérine.	0,76
Ergotine.	1,25
Osmazome.	7,76
Sucre cristallisable.	1,55
Gomme et principe colorant-rouge.	2,33
Albumine végétale	1,46
Fongine.	46,19
Phosphate acide de potasse	4,42
— de chaux	0,29
Silice	0,14
	102,20

L'ergotine de M. Wiggers est probablement une matière colorante
résinoïde. Elle est différente de la préparation qui porte aujourd'hui le
nom d'*ergotine*, et bien à tort , parce qu'il ne faudrait pas donner un
nom qui doit être réservé pour un principe *sui generis*, à un produit
aussi complexe que l'est la préparation inventée par M. Bonjean.

Pour préparer son *ergotine*, M. Bonjean épuise de la poudre de seigle
ergoté par de l'eau. Il évapore les liqueurs jusqu'en consistance de sirop
et y ajoute un grand excès d'alcool qui en précipite toutes les parties
gommeuses et les sels insolubles dans l'alcool.

Mais ce liquide retient évidemment en dissolution les sels déliquescents, l'ergotine de M. Wiggers , l'osmazome , le sucre et d'autres
substances encore. C'est ce mélange, obtenu par l'évaporation de l'alcool et nommé *ergotine* par M. Bonjean , que ce pharmacien propose
comme un spécifique contre les hémorrhagies de toutes natures, et
auquel il attribue aussi la propriété obstétricale, bien qu'il ne l'applique
pas à cet usage.

Maintenant que nous connaissons l'ergot par ses caractères physiques
et par sa composition chimique , examinons les opinions qui ont été
émises sur sa nature.

Pendant longtemps, l'ergot a été regardé comme un grain altéré et
développé d'une manière anormale ; mais en 1802 , De Candolle le considéra comme un champignon du genre des *sclerotium*, lequel, en
s'implantant sur l'ovaire, le faisait périr et se développait à sa place : il

lui donna le nom de *sclerotium clavus*. Les caractères physiques des
sclerotium s'accordaient en effet avec ceux de l'ergot; cependant ces
champignons n'étaient pas très bien définis, et récemment M. le docteur Léveillé, s'appuyant sur ce que la plupart des botanistes n'ont pu
observer dans ces végétaux ni hyménium ni spores, a regardé les sclérotium comme des champignons arrêtés dans leur développement, ou
comme un mycélium condensé qui, placé dans des circonstances favo-
rables, se transforme en agarics, en clavaires ou en divers autres
champignons. (*Annales des sciences naturelles*, 1843, BOTANIQUE,
t. XXIX.)

En 1823, M. Fries composa de l'ergot du seigle et d'une autre espèce
observée sur un *paspalum*, un genre particulier de champignons auquel il
donna le nom de *spermœdia*, mais en mettant lui-même en question si
ce n'était pas une *maladie du grain*. Cette dernière opinion, qui est
aussi la plus ancienne, est aujourd'hui la plus généralement adoptée;
je ne crois pas cependant qu'elle soit conforme à la vérité.

Tous les observateurs ont constaté que l'apparition de l'ergot est pré-
cédée dans la fleur de celle d'une substance mielleuse qui colle ensemble
les étamines et le style et s'oppose à la fécondation, et la plupart ont
admis que l'ovaire non fécondé se développe alors d'une manière anormale, en formant une sorte de môle souvent recouverte par les débris
de la substance mielleuse desséchée.

D'après M. Léveillé, ce suc mielleux qui précède l'ergot constitue
un nouveau champignon de l'ordre des gymnomycètes, auquel il a
donné le nom de *sphacelia segetum*. Il prend naissance au sommet de
l'ovaire, dont il détache l'épiderme garni de poils, et il forme un corps
mou, visqueux, difforme, d'un blanc jaunâtre, au-dessous duquel
apparaît un point noir qui est l'ovaire non fécondé et altéré. Celui-ci
croît bientôt d'une manière anormale et sort de l'épi en poussant
devant lui la sphacélie. M. Léveillé pense que cette sphacélie constitue la partie active de l'ergot et que celui-ci est inerte lorsqu'il
en est privé. (*Mémoires de la Société linnéenne de Paris*, t. V,
p. 565.)

Il ne faut pas confondre la sphacélie de M. Léveillé avec le *spermœdia*
de M. Fries. La sphacélie est la partie blanchâtre qui surmonte l'ergot
et qui manque presque complétement dans celui des pharmacies, ce qui
n'est pas favorable à l'opinion de M. Léveillé sur l'innocuité de celui-ci.
Le *spermœdia* de M. Fries est l'ergot lui même.

Plusieurs autres observateurs, tels que MM. Phillipar, Phœbus, et
Quekett, dont je n'ai pu consulter les mémoires en original, paraissent avoir adopté l'opinion que l'ergot est une maladie du seigle
causée par la présence d'un champignon de la nature de celui décrit

par M. Léveillé; seulement M. Quekett lui a donné le nom d'*ergotœtia abortifaciens*, et en a présenté une figure qui ne me paraît pas exacte, ou qui se rapporte à quelque autre coniomycète étranger à la production de l'ergot.

M. Fée est le dernier botaniste qui se soit occupé de l'ergot (1). On peut lui reprocher d'avoir admis plusieurs opinions inconciliables sur la nature de ce singulier corps ; mais la description exacte qu'il a donnée des différentes parties de l'ergot, me permettront, je crois, de formuler une opinion plus précise que celles qui ont précédé, sur la nature de l'ergot.

D'après mon honorable et savant collègue, la sphacélie se développe dans la fleur des graminées entre l'ovule, fécondé ou non, et la feuille carpellaire qui doit former le péricarpe; il détache complétement celle-ci et la soulève sous la forme d'une coiffe à laquelle l'auteur donne le nom de *sacculus*. L'ovule mis à nu, recevant toujours les sucs nourriciers de la plante, se développe d'une manière anormale, s'hypertrophie et forme l'ergot, auquel M. Fée donne le nom de *nosocarya* (grain malade). Ainsi l'auteur, après avoir commencé par dire qu'il regardait, avec De Candolle, l'ergot comme un champignon, finit par conclure que c'est une production pathologique ou une hypertrophie du périsperme. Il faut cependant opter entre ces deux opinions qui ne peuvent pas être vraies toutes les deux; pour moi, je préfère la première, et pour l'établir d'une manière plus nette, je sépare d'abord la sphacélie de l'ergot et je dis que la sphacélie est un champignon gymnomycète, que j'ai trouvé uniquement formé de deux espèces de parties (2) : 1° d'une masse de sporidies ovoïdes-allongées, appliquées les unes contre les autres, très

Fig. 43.　　　　　　　　　　Fig. 44.

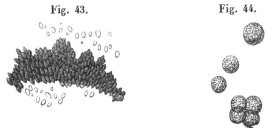

faciles à séparer par l'eau, et dont quelques unes offrent des spores très petites dans leur intérieur ; 2° de kystes sphériques ou peut-être seulement d'amas circulaires composés d'une quantité considérable de spores très petits. J'emprunte à M. Fée les deux figures qui les représentent (fig. 43, 44).

(1) *Mémoire sur l'ergot du seigle, etc.*, Strasbourg, 1843.

(2) J'avais préalablement traité la sphacélie par l'éther et l'alcool afin de la priver de matière grasse.

J'ai pris ensuite l'ergot lui-même ou le nosocarya de M. Fée; je l'ai coupé en tranches minces et l'ai traité plusieurs fois par l'éther et par l'alcool pour le priver de l'huile qu'il contient; mais il est d'une substance tellement compacte que ces menstrues y pénètrent à peine, et que la plus grande partie du corps gras y reste enfermée. J'ai traité ensuite cet ergot par l'eau et je l'ai écrasé par petites parties sous le microscope; je n'y ai trouvé que deux sortes de substances :

1° Des gouttelettes d'huile (fig. 45) reconnaissables à leur forme exactement sphérique, à leur transparence et à leur pesanteur spécifique inférieure à celle de l'eau.

2° Des cellules polymorphes isolées, soit telles que M. Fée les a représentées (fig. 46), soit telles que je les ai vues (fig. 47). Je ne puis décider si les petits corps sphériques qui paraissent contenus dans ces cellules, sont de l'huile ou des spores. Si ce sont des spores, il n'y a pas

Fig. 46.   Fig. 47.

Fig. 45.

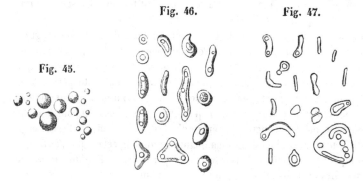

le moindre doute que l'ergot lui-même ne soit un champignon ; si c'est de l'huile, la question est plus difficile à résoudre : cependant je remarquerai que les cellules polymorphes de l'ergot ont la plus grande analogie avec les cellules stériles des truffes, et que l'absence (même supposée constatée) des spores dans l'ergot, serait une ressemblance de plus entre l'ergot et les sclérotium, que M. Léveillé regarde comme des champignons arrêtés dans leur développement, et privés de spores. De Candolle avait donc eu raison de faire de l'ergot une espèce de sclérotium. Comment d'ailleurs soutenir l'opinion que l'ergot est un ovaire ou un grain devenu malade *par l'application extérieure d'un champignon* (la sphacélie), n'offrant jamais rien cependant de l'organisation primitive, ni de la nature chimique du grain; présentant au contraire toute la composition d'un champignon et que ce ne soit pas un champignon !

En résumé l'ergot n'est pas un ovaire ou un grain altéré. L'ergot est un champignon qui, *après la destruction de l'ovaire*, s'est greffé à sa place sur le pédoncule. Quant à la production de l'ergot par la sphacélie, je l'admets sans l'expliquer (1). Je crois d'ailleurs qu'on est loin de connaître tout ce qui se rapporte à la filiation, aux développements successifs ou aux *métamorphoses* des champignons. Enfin, si l'on veut admettre une ressemblance de plus entre l'ergot du seigle et les sclérotiums, je dirai que je conserve plusieurs ergots recueillis par M. Gendrot, pharmacien à Rennes, et que ces ergots ont donné naissance, sur un grand nombre de points de leur surface, à des champignons composés d'un stipe grêle et cylindrique, terminé par un corps charnu sphérique ou quelquefois didyme, finement tuberculeux sur toute sa surface. Ce champignon (fig. 48) paraît bien se former dans l'intérieur de l'ergot, car il en soulève la surface, lorsqu'il commence à paraître à

Fig. 48.

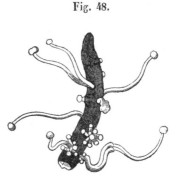

l'extérieur, sous la forme d'un bouton jaunâtre. Un peu plus avancé, ce bouton, devenu sphérique, est porté sur un second tubercule qui en s'allongeant forme le stipe. Ce champignon ressemble beaucoup, quant à la forme, au *sphœropus fungorum* de Paulet. (Pl. 183 bis, fig. 6.) Conclusion dernière : l'ergot est un champignon analogue aux *sclérotium*, et devra suivre ceux-ci partout où il plaira aux mycologistes de les placer.

ORDRE DES LICHENS.

Les lichens sont de petites plantes agames qui croissent sur les murs, sur la terre, les écorces d'arbres, les bois en décomposition, et qui, de même que les autres végétaux cellulaires, ne peuvent se développer que

---

(1) La masse intérieure de la sphacélie m'a paru se continuer d'une manière non interrompue avec celle de l'ergot, et on ne peut dire où l'une finit et où l'autre commence. L'ergot, au contraire, est *articulé* sur le pédoncule (fig. 42) et présente une terminaison nette de ce côté. Cependant, de même que cela a lieu dans une greffe ordinaire, on peut suivre des lignes fibreuses qui, tout en changeant de nature, se continuent du pédoncule dans la base de l'ergot. Cette observation paraît favorable à ceux qui regardent l'ergot comme un grain altéré et toujours nourri par le végétal qui l'a produit. Mais je la crois peu importante en ce sens, parce que la même continuité de fibres se remarque entre l'écorce des arbres qui portent les polypores et la substance de ceux-ci ; et je ne pense pas que l'on veuille prétendre que les polypores ne soient qu'une écorce modifiée.

dans un milieu humide. Lorsque la sécheresse arrive, ils meurent ou se sèchent seulement, en conservant leur force vitale qui leur permet de croître de nouveau, lorsque la condition d'humidité qui leur est nécessaire est revenue. Les lichens sont formés d'une expansion cellulaire très variable dans sa forme et sa consistance, nommée *thallus*, et d'organes reproducteurs dispersés sur le thallus ou fixés à ses extrémités. Ces organes reproducteurs consistent dans des conceptacles ou *apothécions* tantôt ouverts, tantôt fermés, contenant des noyaux ou *thèques*, dans l'intérieur desquels sont contenues les spores.

Autrefois on classait les lichens d'après la consistance et la forme de leur thallus en lichens *pulvérulents, crustacés, foliacés* et *filamenteux.* Maintenant on les divise en quatre familles d'après les caractères de leurs organes reproducteurs.

1° *Coniothalamées.* Apothécions ouverts, à noyau se dissolvant en spores nues; thallus fugace ou pulvérulent.

2° *Idiothalamées.* Apothécions d'abord clos, puis déhiscents, laissant échapper un noyau gélatineux composé de spores nues. Genres *opegrapha, graphis, urceolaria,* etc.

3° *Gasterothalamées.* Apothécions toujours clos, ou s'ouvrant irrégulièrement par la rupture de leur base; noyau intérieur déliquescent ou sans consistance. Genres *verrucaria, endocarpon,* etc.

4° *Hyménothalamées.* Apothécions ouverts, scutelliformes, à noyau discoïde persistant. Genres *lecidea, patellaria, cladonia, stereocaulon, parmelia, sticta, cetraria, roccella,* etc. Tous les lichens alimentaires, médicamenteux ou tinctoriaux, appartiennent à cette dernière famille.

Lichen d'Islande (fig. 49).

Cetraria islandica, Ach.; *physcia islandica,* DC. ; *lichen islandicus,* L. Ce lichen croît très abondamment dans le nord de l'Europe,

Fig. 49.

et surtout en Islande. Mais on le trouve aussi dans presque toute l'Europe; notamment en France, dans les Vosges et sur les montagnes de l'Auvergne. Il croît sur l'écorce des arbres et sur la terre. Il est formé d'un thallus blanc-grisâtre, lacinié et souvent cilié sur le bord, offrant sur une de ses faces des taches blanches que l'on pourrait prendre pour un organe fructifère; mais elles sont dues à des interruptions de la membrane extérieure du thallus, qui est de nature amylacée, toujours plus ou moins colorée, et qui laisse voir la partie interne, formée principalement de sels calcaires et d'un blanc de craie.

La fructification consiste dans des conceptacles orbiculaires et planes, fixés obliquement à la marge du thallus, mais elle manque souvent. Le lichen d'Islande sec est coriace, sans odeur marquée, d'une saveur amère désagréable ; mis à tremper dans l'eau froide, il se gonfle, devient membraneux, et cède au liquide une partie de son principe amer et un peu de mucilage. Si on y ajoute une dissolution d'iode, toute la membrane externe du thallus se colorera en bleu noirâtre, et la partie centrale calcaire paraîtra alors, dans les parties interrompues, avec toute sa couleur blanche. Le lichen, soumis à l'ébullition dans l'eau, se dissout en grande partie, et le liquide se prend en gelée par le refroidissement.

M. Berzélius a retiré de 100 parties de lichen d'Islande :

Sucre incristallisable.	3,6
Principe amer.	3
Cire et chlorophylle.	1,6
Gomme.	3,7
Matière extractive colorée (apothème)..	7
Fécule..	44,6
Squelette féculacé.	36,6
Surtartrate de potasse. } Tartrate et phosphate de chaux.... }	1,9
	102,0

Le principal but de M. Berzélius, en s'occupant de cette analyse, était de trouver un moyen de priver le lichen d'Islande de son amertume, qui, seule, empêche que le peuple en fasse sa nourriture habituelle dans les pays pauvres en substances alimentaires ; car on ne parvient que très imparfaitement à lui ôter cette amertume par la décoction dans l'eau, et d'ailleurs la décoction dissout également la partie nutritive du lichen. Le procédé qui a le mieux réussi à M. Berzélius consiste à faire macérer le lichen, une ou deux fois, dans une faible dissolution alcaline ; à l'exprimer, à le laver exactement et à le faire sécher, si l'on n'aime mieux l'employer humide, pour en préparer toutes sortes de mets. (*Ann. de chim.*, t. XC, p. 277.)

On a proposé d'appliquer le même procédé aux préparations pharmaceutiques du lichen ; mais indépendamment de ce que la présence d'une petite quantité de principe amer peut être utile à l'action médicatrice du lichen, il serait à craindre que le lavage n'enlevât pas tout le sel alcalin. Je pense qu'il vaut mieux, dans les pharmacies, faire chauffer

le lichen une ou deux fois avec de l'eau, presque jusqu'au point d'ébullition
(à 80 degrés environ) Ce procédé suffit pour priver le lichen de la plus
grande partie de son amertume; ce qui en reste alors n'est nullement
désagréable.

Pour retirer le principe amer du lichen, auquel on a donné le nom
de *cétrarin*, le docteur Herberger a indiqué le procédé suivant : on traite
le lichen pulvérisé par de l'alcool à 0,883 de pesanteur spécifique, on
fait bouillir, on filtre et on ajoute à la liqueur 12 grammes d'acide
chlorhydrique liquide par 500 grammes de lichen employé. On addi-
tionne le mélange de quatre fois et demie autant d'eau en volume, et on
abandonne le tout pendant vingt-quatre heures.

Il se forme un précipité que l'on sépare au moyen d'un filtre et qu'on
exprime. On traite ce précipité à froid par de l'alcool ou de l'éther pour
le priver des matières grasses qu'il contient. On le traite enfin par deux
cents fois son poids d'alcool bouillant, on filtre et on laisse refroidir.
Le cétrarin se précipite. On distille l'alcool pour avoir le reste.

Le cétrarin se présente sous la forme d'une poudre très blanche, légère,
inodore, inaltérable à l'air, décomposable au feu. Il a une saveur très
amère, surtout lorsqu'il est dissous dans l'alcool. 100 parties d'alcool
absolu n'en dissolvent cependant que 0,28 à froid et 1,70 lorsqu'il est
bouillant. Il est moins soluble dans l'éther et encore moins soluble dans
l'eau. Il est tout à fait neutre par rapport aux couleurs végétales; les
alcalis le dissolvent facilement et le laissent précipiter par les acides.
L'acide sulfurique concentré le dissout et le colore en brun ; l'acide nitrique le transforme en acide oxalique et en corps résinoïde ; l'acide
chlorhydrique concentré le colore en bleu foncé et le dissout en partie, etc.

Lichen pulmonaire.

Pulmonaire de chêne. *Lichen pulmonarius*, L. ; *Lobaria pulmonaria*,
DC. ; *Sticta pulmonaria*, Ach. Ce lichen croît au pied des vieux troncs,
dans les forêts ombragées ; son thallus est cartilagineux, très grand,
étalé, divisé en lobes profonds et sinueux. Il est marqué en dessus de
concavités séparées par des arêtes saillantes, réticulées, d'un vert
fauve ou roussâtre. La surface inférieure est bosselée, blanche et glabre
sur les convexités, brune et velue dans les concavités. Enfin ce thallus,
à l'état récent, présente une certaine analogie d'aspect avec un poumon
coupé; de là le nom de la plante, et probablement aussi l'idée que l'on
a eue de l'employer contre les maladies du poumon. Elle est inusitée
aujourd'hui pour cet usage; mais on l'emploie pour la teinture.

Lichen pixidé.

Lichen pixidatus et *lichen cocciferus*, L.; *Scyphophorus pixidatus* et *Scyphophorus cocciferus*, DC.; *Cenomyce*, Ach. Ces deux espèces diffèrent en ce que le *lichen cocciferus* est moins denté à son bord supérieur, et porte des tubercules d'un rouge vif, tandis que le *lichen pixidatus* est plus profondément denté et porte des tubercules bruns. Du reste, tous deux sont formés d'un thallus membraneux duquel s'élèvent des pédicules (*podétions*) droits, fistuleux, cylindriques, s'élargissant par le haut, et terminés par une coupe hémisphérique qui leur donne à peu près la forme d'un bilboquet. Ces podétions produisent sur leurs bords des conceptacles ou *apothécions* convexes, privés de rebord, bruns ou rouges, recouverts d'une lame prolifère gélatineuse. Ce lichen est moins gélatineux que celui d'Islande, moins amer et cependant plus désagréable. Il est peu usité

La petite plante que l'on nommait autrefois *usnée du crâne humain*, qui a été si vantée contre l'épilepsie, et que l'on avait, dit on, la folie de payer jusqu'à mille francs l'once, est le *lichen saxatilis* de Linné (*parmelia saxatilis*, Ach.). Ce qui la rendait si rare était la condition imposée de n'employer seulement que celle qui croissait sur les crânes humains exposés à l'air. On lui substituait souvent un autre petit lichen filamenteux, *lichen plicatus* de Linné (*usnea plicata*, DC.). Tous deux sont entièrement oubliés.

Lichens tinctoriaux.

Les lichens fournissent à la teinture quatre couleurs principales : la brune, la jaune, la pourpre et la bleue. Les teintes brunes sont fournies par le lichen pustuleux (*gyrophora pustulata*) et par le lichen pulmonaire (*sticta pulmonaria*). Ce dernier produit sur la soie, en employant comme mordant le bitartrate de potasse et le chlorure d'étain, une couleur carmélite fort belle et très solide. On le récolte principalement pour cet usage en France, dans les Vosges; mais il est peu abondant.

Les couleurs jaunes sont produites par les deux espèces suivantes :

Lichen des murailles. *Lichen parietinus*, L.; *parmelia parietina*, Ach Ce lichen, le plus commun de ceux qui se montrent chez nous sur les vieux murs et sur le tronc des arbres, est formé d'un thallus orbiculaire et lobé, vert, jaune doré ou gris, suivant son âge. Schrader en a retiré une matière colorante jaune, soluble dans l'alcool et l'éther, cristallisable, très fusible, devenant rouge par les alcalis. Il a une odeur

semblable à celle du quinquina, et donne à la distillation une huile volatile butyreuse et verdâtre. Il a été employé comme fébrifuge et est
usité dans la teinture.

LICHEN VULPIN. *Lichen vulpinus*, L.; *Evernia vulpina*, Ach. Ce lichen
est d'un beau jaune; il est composé d'expansions filamenteuses qui se
dépriment diversement par la dessiccation. Lorsqu'on l'agite avec la
main, il s'en sépare une poussière jaune très irritante. Le principe
colorant réside uniquement dans la croûte ou membrane extérieure,
car l'intérieur est parfaitement blanc. M. Bébert, pharmacien à Chambéry, a extrait de ce lichen un principe colorant jaune, très facilement
cristallisable, peu soluble dans l'eau, très soluble dans l'alcool, l'éther
et les alcalis, qui n'en altèrent pas la couleur. Il jouit de caractères
acides et a été nommé *acide vulpinique* (*Journ. de pharm.*, t. XVII,
p. 696). Ce lichen pourrait être très utile à la teinture ; il croît en abondance dans les forêts de l'Ausbourg, au pied du mont Cenis et au petit
Saint-Bernard.

Les lichens qui produisent la couleur rouge-violette ou bleue portent
le nom d'ORSEILLE, qui est aussi le nom de la pâte d'un rouge-violacé qui
en est préparée. Il y en a de deux genres bien différents, ceux *de mer*
et ceux *de terre*. Les *orseilles de mer* croissent sur les rochers, au bord
de la mer, dans un grand nombre de lieux ; elles appartiennent au genre
roccella, et portent dans le commerce le nom d'*herbe* de tel ou tel
pays. La plus estimée est l'*orseille des Canaries*, dite *herbe des Canaries*, *roccella tinctoria*, L. (fig. 50). Elle a la forme d'un petit arbrisseau
dépourvu de feuilles, long de 3 à 8 centimètres, à rameaux presque cylindriques, d'un blanc grisâtre, devenant quelquefois brunâtre.

Viennent ensuite les *herbes du cap Vert*, *de Madère de Mogador*, *de
Sardaigne*, etc. L'herbe du cap Vert diffère peu de celle des Canaries
et appartient, comme elle, au *roccella tinctoria*. L'herbe de Madère
est mélangée de *roccella fuciformis*, très pauvre en principe colorant,
toujours blanche, à thallus plane, rubané, dichotome, long de 5 à
10 centimètres. L'herbe de Mogador appartient au *roccella tinctoria*
ou à une espèce voisine, le *roccella phycopsis*. L'herbe de Valparaiso
est le *roccella flascida* (Bory Saint-Vincent); celle de l'île de la Réunion (Bourbon), *roccella Montagni* de Bellanger, est très blanche,
plate, rubanée, analogue au *roccella fuciformis* et d'aussi mauvaise
qualité.

Les orseilles de terre végètent sur les rochers dénudés des Pyrénées,
des Alpes et de la Scandinavie. Elles affectent la forme de petites
croûtes irrégulières, d'une couleur blanchâtre ou grisâtre, qui adhèrent
fortement aux rochers; elles portent dans le commerce le nom de
lichen de tel ou tel pays. Le lichen blanc des Pyrénées est le *variolaria*

dealbata, de Cand. Le lichen d'Auvergne, ou *parelle d'Auvergne*, est le *variolaria orcina* ou *oreina* d'Achard; et tous deux ne forment qu'une espèce, *variolaria corallina* d'Achard, qu'il ne faut confondre ni avec le *lichen parellus* L. (*Lecanora parella*, Ach.), ni avec le *lichen corallinus*, L. (*isidium corallinum*, Ach.).

Le lichen tartareux de Suède est le *lichen tartareus*, L., ou *lecanora tartarea*, Ach., etc.

Aucun de ces lichens ne contient de matière colorante toute formée. Pour leur faire produire une couleur rouge-violette, il faut les mettre

Fig. 50.

en pâte et les laisser pourrir avec de l'urine, et au contact de l'air. Après quelque temps on y ajoute de la chaux, qui met à nu l'ammoniaque produite, et on y ajoute de temps en temps, s'il est nécessaire, de nouvelle urine : c'est cette pâte qui porte dans le commerce le nom d'*orseille*. En voici les caractères physiques : elle est d'une, consistance solide, d'une couleur rouge-violette très foncée, d'une odeur forte et désagréable; elle offre à la vue beaucoup de débris presque entiers de la plante, et elle est parsemée d'un grand nombre de points blancs, paraissant être un sel ammoniacal. Elle communique à l'eau une cou--

leur rouge foncée, et fournit aux tissus des teintes très vives, mais peu durables.

Les travaux de Robiquet ont jeté un grand jour sur la production de cette matière colorante. Cet habile chimiste a opéré sur le *variolaria deal-bata* des Pyrénées et l'a traité par l'alcool bouillant. Pour ne plus revenir sur la partie du lichen insoluble dans l'alcool, je dirai qu'elle ne cède à l'eau qu'un peu de gomme accompagnée d'un sel calcaire soluble, et que le nouveau résidu insoluble est formé de tissu cellulaire contenant une grande quantité d'oxalate de chaux.

La teinture alcoolique, faite à chaud, dépose, en se refroidissant, une matière blanche (variolarine), cristalline, insoluble dans l'eau, non fusible au feu qui la décompose, peu soluble dans l'éther. Par aucun moyen on ne peut faire prendre à cette matière une couleur violette.

La teinture alcoolique a été évaporée à siccité, et l'extrait a été traité par l'eau froide. Le résidu insoluble était formé de chlorophylle, d'une matière grasse, blanche, cristallisable, fusible, volatile, toutes deux solubles dans l'é-ther, et d'une matière résinoïde, d'un brun-rougeâtre, soluble dans l'alcool. Aucune de ces trois substances ne pouvait produire la couleur de 'orseille.

Il ne restait plus à examiner que la partie de l'extrait alcoolique qui avait été dissoute par l'eau. La liqueur évaporée était sirupeuse, très sucrée, et a laissé cristalliser une matière sucrée, ayant la forme de longs prismes opaques et jaunâtres. L'analyse arrivée à ce point, tout espoir d'obtenir la matière colorigène de l'orseille semblait perdu; mais bientôt la dernière substance, qui semblait n'être qu'une sorte de sucre, a présenté des diffé-rences essentielles avec ce principe immédiat.

Le sucre ordinaire, exposé au feu, se fond, se boursoufle, dégage une odeur de caramel, et laisse enfin un charbon très volumineux.

Le sucre de variolaire se fond en un liquide transparent qui entre facile-ment en ébullition et qui se volatilise entièrement. Enfin ce sucre de vario-laire, qui a reçu le nom d'*orcine*, étant mis en contact avec du gaz am-moniac et de l'oxigène absorbe les éléments du premier, un certain nombre de molécules du second, et se convertit en une belle couleur violette nommée *orcéine*, qui est celle même de l'orseille.

$$\text{L'orcine cristallisée} = C^{18}H^{12}O^8 = C^{18}H^7O^3 + 5HO \text{ (1).}$$
$$\text{L'orcéine} = C^{18}H^{10}O^8Az,$$

La réaction s'exprime ainsi:

$$C^{18}H^7O^3 + O^5 + AzH^3 = C^{18}H^{10}O^8Az.$$

Analyse du variolaria lactea, *par Schunck.* Cette variolaire ayant été traitée par l'éther dans un appareil à déplacement, l'éther évaporé a fourni une masse cristalline qui, lavée avec un peu d'éther froid et dissoute dans l'alcool bouillant, cristallise de nouveau, et constitue un corps nommé *lécanorine.* Ce corps est très soluble dans les alcalis; les solutés, additionnés

(1) D'après les formules de M. R. Kane.

immédiatement d'un acide, laissent précipiter de la lécanorine non altérée; mais si on attend quelques heures, ou si l'on fait bouillir le soluté alcalin, les acides en dégagent de l'acide carbonique, et la liqueur contient alors de l'orcine. Pareillement, lorsqu'on fait bouillir un soluté saturé de lécanorine dans de l'eau de baryte, l'alcali se précipite à l'état de carbonate, et l'orcine reste pure dans la liqueur.

La lécanorine $= C^{20} \underline{H}^9 O^9$; l'orcine cristallisée $= C^{18} \underline{H}^{12} O^8$; la réaction peut être ainsi représentée :

$$C^{20} \underline{H}9 O^9 + 3\underline{H}O - C^2 O^4 = C^{18} \underline{H}^{12} O^8 \text{ (Kane)}.$$

Analyse du roccella tinctoria. Ce lichen a été analysé par deux chimistes, M. Heeren et M. R. Kane. Ce dernier en a retiré cinq matières organiques différentes, mais qui peuvent être des modifications les unes des autres.

1. *Érythriline.* Matière amorphe, jaune pâle, soluble dans l'alcool, l'éther et les solutés alcalins d'où elle est précipitée par les acides. Elle se combine aux oxides métalliques par voie de double décomposition. Elle est insoluble dans l'eau froide ou chaude; mais, soumise à l'ébullition dans l'eau, elle se convertit en une substance brunâtre, très soluble et amère, nommée *amarythrine*. L'érythriline $= C^{22} H^{16} O^6$.

2. *Roccelline* ou *acide roccellique*. Matière blanche, cristalline, insoluble dans l'eau, très soluble dans l'alcool, soluble dans l'éther, fusible à 130 degrés, analogue aux acides gras, $= C^{17} H^{16} O^4$.

3. *Érythrine.* Matière blanche, cristallisable, à peine soluble dans l'eau froide, très soluble dans l'eau bouillante, et formant un soluté incolore qui brunit rapidement à l'air. Elle est très soluble dans l'alcool, l'éther et les solutés alcalins, d'où les acides la précipitent. Le soluté alcalin brunit à l'air. Celui formé par l'ammoniaque passe au rouge vineux. L'érythrine est formée de $C^{22} H^{13} O^9 =$ l'érythriline $- H^3 + O^3$.

4. *Amarythrine.* Substance brune, très soluble dans l'eau, peu soluble dans l'alcool, insoluble dans l'éther; d'une saveur douce et amère, et d'une odeur de caramel. Elle est liquide et ne peut être desséchée sans décomposition. Elle est formée de $C^{22} H^{13} O^{14} =$ érythrine $+ O^5$.

5. *Télérythrine.* Une forte solution d'amarythrine, exposée pendant longtemps à l'air, se convertit graduellement en cristaux blancs, granulaires, auxquels M. Kane a donné le nom de *teterythrine*. Ce nouvau composé est très soluble dans l'eau, moins soluble dans l'alcool, insoluble dans l'éther. Il a une saveur douce et amère; il contient $C^{22}, H^9 O^{18} =$ amarythrine $- H^4 + O^4$.

Analyse de l'orseille en pâte, par M. R. Kane. D'après cette analyse, pour laquelle je renvoie au mémoire de l'auteur (*Ann. chim. phys.*, 1841, t. II, p. 21), l'orseille en pâte contient au moins trois principes colorants rouges, qui s'y trouvent combinés à l'ammoniaque. Le premier, nommé *orcéine*, est une belle matière rouge, peu soluble dans l'eau, très peu soluble dans l'alcool, à peine soluble dans l'éther; elle est très soluble dans les alcalis, avec lesquels elle forme des combinaisons d'un pourpre magnifique. Elle est formée par le mélange de deux matières oxidées à deux degrés différents, jouissant des mêmes propriétés, et ne pouvant être distinguées que par l'analyse.

La première, nommée *alpha-orcéine*, $= C^{18} H^{10} Az O^5$.
La seconde, dite *bêta-orcéine*, $= C^{18} H^{10} Az O^8$.

Elle paraît être identique avec l'*orcéine* de Robiquet.

Si l'on représente l'orcine anhydre par $C^{18} H^7 O^3$ et qu'on ajoute $H^3 Az + O^2$, on formera l'alpha-orcéine. Si on admet que celle-ci absorbe en plus O^3, on aura la bêta-orcéine, ou orcéine de Robiquet.

Le second principe colorant de l'orseille préparée est nommé *azoerythrine*. Il est solide d'un rouge vineux, insoluble dans l'eau, l'alcool et l'éther, soluble dans les alcalis ; il est composé de $C^{22} H^{19} Az O^{22}$.

Le troisième, dit *acide érythroléique*, est demi-liquide, oléagineux, soluble dans l'éther et l'alcool, presque insoluble dans l'eau, insoluble dans l'essence de térébenthine, soluble dans les alcalis. Composition : $C^{26} H^{22} O^8$.

Tournesol en pains.

On nomme ainsi de petits pains carrés formés principalement de carbonate de chaux et d une matière colorante bleue, très soluble dans l'eau et dans l'alcool, et très sensible à l'action des acides qui la rougissent, ce qui est cause qu'on l'emploie très fréquemment comme réactif. Les alcalis la ramènent au bleu, sans la verdir, ce qui la distingue des couleurs de la mauve et de la violette.

Pendant longtemps, sur la foi de plusieurs auteurs et notamment de Valmont de Bomare, on a cru que le tournesol en pain était obtenu, en Hollande, avec le *tournesol en drapeaux*, que l'on prépare dans le midi de la France, et surtout au village de Grand-Gallargues (Gard) avec une plante euphorbiacée nommée maurelle (*crozophora tinctoria*, J.). Ce qui pouvait autoriser à soutenir cette opinion, c'est que, en effet, presque tout le tournesol en drapeaux était transporte en Hollande ou à Hambourg, et que c'était de Hollande que nous venait le tournesol en pains J'ai partagé pendant quelque temps cette opinion ; mais j'ai dû l'abandonner lorsque, ayant fait venir du Midi du tournesol en drapeaux, je n'ai pu en retirer qu'une teinture vineuse que les alcalis ne faisaient pas virer au bleu.

Déjà, anciennement, Bouvier, Chaptal et Morelot, avaient annoncé que le tournesol en pains pouvait être préparé avec la parelle d'Auvergne (*variolaria orcina*), par un procédé un peu différent de celui qui sert à préparer l'orseille.

On ramasse cette plante (dit Morelot), on la fait sécher, on la pulvérise, et on la mêle dans une auge avec la moitié de son poids de cendres gravelees, également pulvérisées. On arrose le mélange d'urine humaine, de manière à en former une pâte, et on y ajoute de l'urine de temps en temps pour remplacer celle qui s'évapore.

On laisse ce mélange se putréfier pendant quarante jours, durant lesquels il passe peu à peu au pourpre. Alors on le met dans une seconde auge parallèle à la première, et on y mêle encore de l'urine; quelques jours après, la pâte devient bleue. A cette époque, on la divise dans des baquets on y ajoute encore de l'urine et on y incorpore de la chaux. Enfin on ajoute à la pâte, qui est devenue d'une belle couleur bleue, assez de carbonate de chaux pour lui donner une consistance ferme ; on la divise en petits parallélipipèdes droits, que l'on fait sécher.

Plus récemment, différents auteurs ont annoncé que le tournesol était fabriqué avec le *lichen tartareus*, L. (*lecanora tartarea*, Ach.), lequel sert, en Allemagne et en Angleterre, à la fabrication de pâtes tinctoriales, connues sous les noms de *persio* et de *cutbear*. Enfin M. Gélis a montré que le *roccella tinctoria* lui-même pouvait servir à la fabrication du tournesol, en faisant voir, par des expériences directes, que cette plante, exposée à l'action réunie de l'air, de l'urine putréfiée et de la chaux, ne produit que de l'orseille; tandis que par l'addition du carbonate de potasse ou de soude, il se produit une belle couleur bleue, qui est celle du tournesol.

Analyse du tournesol en pain, par *M. R. Kane.* Il résulte de cette analyse que les matières colorantes du tournesol sont rouges et non bleues (on le savait déjà), et que la couleur bleue est due à la combinaison de trois principes colorants nommés *azolitmine*, *erythrolitmine*, et *érythroléine*, avec les alcalis du tournesol, qui sont la potasse ou la soude, la chaux et l'ammoniaque. Quand on rougit le tournesol par un acide, on ne fait que mettre en liberté ses trois matières colorantes.

L'*érytroléine* est demi-fluide, soluble dans l'éther et dans l'alcool avec une belle couleur rouge; elle est faiblement soluble dans l'eau ; soluble dans l'ammoniaque avec une magnifique couleur pourpre sans nuance de bleu; elle forme avec les oxides métalliques blancs des laques violettes. Elle n est pas volatile. Elle est formée de $C^{26}H^{22}O^4$. C'est de l'acide érythroléique (page 82) avec moitié moins d'oxigène.

L'*érythrolitmine* est d'un rouge pur. Elle est un peu soluble dans l'eau, très soluble dans l'alcool. Le soluté saturé à chaud cristallise par refroidissement. Elle forme avec la potasse un soluté bleu, et avec l'ammoniaque un composé bleu insoluble dans l'eau. Elle forme avec plusieurs oxides métalliques des laques d'une belle couleur pourpre. Elle est composée de $C^{26}\underline{H}^{23}O^{13}$ ou $C^{26}\underline{H}^{22}O^{12} + \underline{H}O$. C'est le troisième degré d'oxidation d'un radical $C^{26}\underline{H}^{22}$, dont les deux premiers sont :

L'érythroléine. . . . . . $C^{26}\underline{H}^{22}O^4$

L'acide érythroléique.. . $C^{26}\underline{H}^{22}O^8$

L'érythrolitmine. . . . . $= C^{26}\underline{H}^{22}O^{12}$

Tous trois paraissent dérivés de la *roccelline* de Kane ($C^{26}H^{21}G^6$) qui, en perdant H^2O^2, se convertit en érythroléine, laquelle ensuite forme les deux autres en se combinant avec l'oxigène.

L'*azolitmine* est d'un rouge brun foncé et insoluble dans l'eau. Dissoute dans la potasse ou l'ammoniaque, c'est elle surtout qui forme le bleu particulier du tournesol. Elle ne diffère des deux orcéines de l'orseille que par une oxigénation plus avancée, ainsi qu'on le voit dans le tableau suivant.

Alpha-orcéine. . . . $C^{18} \underline{H^{10} Az} O^5$

Béta orcéine. . . . $C^{18} \underline{H^{10} Az} O^8$

Azolitmine. . . . . $C^{18} \underline{H^{10} Az} O^{10}$

FAMILLE DES FOUGÈRES.

Plantes herbacées et vivaces, pouvant devenir ligneuses et arborescentes sous les tropiques; elles présentent alors le port d'un palmier. Leurs feuilles sont quelquefois entières; le plus souvent, elles sont profondément découpées, pinnatifides ou décomposées; toujours elles sont roulées en crosse ou en volute au moment où elles naissent de la tige. Les organes de la fructification sont généralement situés à la face inférieure des feuilles, le long des nervures ou à l'extrémité du limbe; dans un certain nombre, la fructification est disposée en épis ou en grappes isolées des feuilles. Dans le premier cas, c'est-à-dire lorsque la fructification est dispersée sur les feuilles, généralement elle est groupée en petits amas de formes variées, nommés *sores*, tantôt nus, tantôt recouverts d'une membrane ou *indusium*, dont l'origine et le mode de déhiscence varient beaucoup également, et servent à caractériser les nombreux genres de cette famille. Ces amas sont formés par des capsules celluleuses, souvent pédicellées, nommées *thèques* ou *sporanges*, et qui paraissent entièrement composées de spores libres, retenues par un anneau circulaire qui se rompt avec élasticité pour leur permettre de se disperser (fig. 51) Lorsque la fructification est isolée des feuilles, elle se présente sous la forme de capsules bien différentes de celles ci-dessus décrites, et qui paraissent provenir du limbe des folioles supérieures qui aurait avorté, et qui se serait replié de manière à former chacun une coque à parois épaisses, pleine de spores libres. Par exemple l'*osmonde commune*.

Les fougères fournissent à la pharmacie leurs stipes souterrains ou rampants, qui portent improprement le nom de *racines*, et leurs feuilles. Ces deux parties sont douées de propriétés généralement assez différentes, les feuilles étant souvent pourvues d'un arome agréable qui permet de les employer en infusion béchique et adoucissante, tandis que la souche contient ordinairement un principe amer ou astringent, et un autre de nature huileuse et d'une odeur forte et désagréable, qui jouit d'une propriété vermifuge très marquée. Cette souche contient aussi de l'amidon; mais il n'y a que les peuples les plus malheureux de l'Australie et de la Nouvelle-Zélande qui aient pu en faire leur nourriture habituelle. En Europe, ce n'est que dans les temps de grande disette que les habitants des campagnes y ont eu recours.

Fougère mâle.

Nephrodium filix mas, Rich.; *Polypodium filix mas*, L. *car. gen.* Sporanges ou thèques pédicellées, à anneau vertical, fixées sur une veine gonflée au milieu du réceptacle; sores arrondis, disposés par séries sur la face inférieure des feuilles. Indusium réniforme fixé à la feuille à l'endroit du sinus. *Car. spéc.*, feuillage bipinné; pinnules oblongues, obtuses, dentées; sores rapprochées de la côte du milieu; stipe garni de paillettes (fig. 51).

Fig. 51.

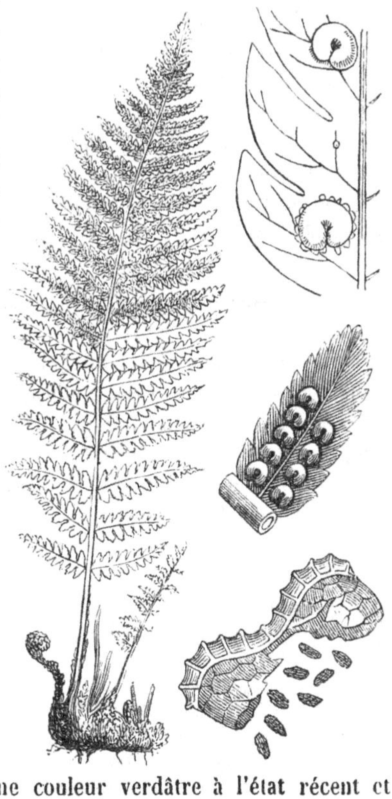

La partie de la plante qui est employée en médecine porte communément le nom de *racine;* mais c'est plutôt une *tige souterraine*, une *souche*, enfin ce que Linné nommait *stipes*. Cette souche est composée d'un grand nombre de tubercules oblongs, rangés tout autour et le long d'un axe commun; recouverts d'une enveloppe brune, coriace et foliacée, et séparés les uns des autres par des écailles très fines, soyeuses et d'une couleur dorée. La vraie racine de la plante consiste dans les petites fibres dures et ligneuses qui sortent d'entre les tubercules que je viens de décrire. L'intérieur de la souche est d'une consistance solide; d'une couleur verdâtre à l'état récent et jaunâtre à l'état sec; d'une saveur astringente un peu amère et désagréable; d'une odeur nauséeuse.

La souche de fougère mâle a été analysée par M. Morin, de Rouen, qui en a retiré, par le moyen de l'éther, une substance grasse d'un jaune brunâtre, d'une odeur nauséabonde et d'une saveur très désagréable. Cette substance, indépendamment de sa matière colorante (*chlorophylle* altérée?), était formée d'*huile volatile* odorante, d'*élaïne* et de *stéarine*. L'alcool appliqué au résidu épuisé par l'éther, en a extrait de l'*acide gallique*, du *tannin* et du *sucre* incristallisable; l'eau a dissous ensuite de la *gomme* et de l'*amidon;* le résidu était formé de *ligneux*. Les cendres obtenues de la souche non traitée par les menstrues, étaient formées de carbonate et sulfate de potasse, chlorure de potassium, carbonate et phosphate de chaux, alumine, silice et oxide de fer. (*Journ. de pharm.*, t. X, p. 223.)

L'huile de fougère mâle paraît jouir d'une propriété anthelmintique et tænifuge très marquée; aussi a-t-on proposé plusieurs procédés pour l'obtenir; le plus simple consiste dans l'emploi de l'éther appliqué à la racine pulvérisée, par la méthode de déplacement (1).

On employait autrefois, concurremment avec la racine de fougère mâle, celle de deux autres plantes de la même famille, qui portaient l'une et l'autre le nom de *fougère femelle;* l'une est la petite fougère femelle (*polypodium filix fœmina*, L.; *athyrium filix fœmina*, R.); l'autre est la grande fougère femelle (*pteris aquilina*, L.). Ces espèces ne sont plus usitées.

Polypode commun, vulgairement Polypode de chêne.

Polypodium vulgare, L. *Car gén.* Fructification réunie en groupes distincts, épars sur le dos des feuilles, non couverts d'un tégument.— *Car. spéc.* Feuillage pinnatifide; ailes oblongues, sous-dentées, obtuses; racine squameuse (fig. 52).

Ce que nous désignons sous le nom de racine polypode n'est, de même que dans la fougère, qu'une tige radiciforme, ou une souche. Cette souche récente est couverte d'écailles jaunâtres, dont quelques unes subsistent après la dessiccation; séchée, elle est grosse comme un tuyau de plume, cassante, aplatie, offrant deux surfaces bien distinctes : l'une tuberculeuse, qui donnait naissance aux feuilles; l'autre

---

(1) Cette huile varie en couleur et en consistance suivant la partie de la souche d'où elle provient. La partie inférieure de la souche, celle qui est la plus ancienne et la plus éloignée de la pousse de l'année, fournit une huile brune, très épaisse et d'une odeur fort désagréable. La partie supérieure de la souche donne une huile liquide, d'une belle couleur verte et d'une odeur bien moins désagréable. Je ne sais quelle peut être la plus active. J'ai reçu de Genève, où l'huile de fougère mâle est très usitée contre le ver solitaire, quelquefois de l'huile brune, le plus souvent de l'huile verte.

unie, est garnie de quelques épines provenant des radicules; du reste elle
est brune ou jaunâtre à l'exté-
rieur, verte à l'intérieur, d'une
saveur douceâtre et sucrée, mêlée d'âcreté, et d'un goût nauséeux; son odeur est désagréable
et analogue à celle de la fougère.
La souche de polypode passe
pour être laxative et apéritive.
Elle contient, d'après l'analyse
faite par M. Desfosses, de Be-
sançon, de la *glu* ou plutôt un
corps complexe moitié résineux
et moitié huileux, du sucre
fermentescible, un corps analogue à la sarcocolle, une matière astringente, de la gomme,
de l'amidon, de l'albumine,
des sels calcaires et magné-
siens, etc.

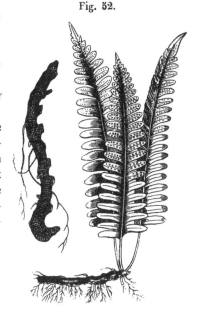

Fig. 52.

Souche de Calaguala.

D'après Ruiz, l'un des auteurs de la *Flore péruvienne*, le véritable
calaguala est le stipe d'une fougère du Pérou, qu'il a décrite sous le
nom de *polypodium calaguala;* mais, même dans cette contrée, on lui
substitue la souche de deux autres fougères, qui sont le *polypodium
crassifolium*, L., et l'*acrosticum huacsaro*, Ruiz. Suivant Ruiz, également, le vrai calaguala, dans son état naturel, est une souche cylindrique un peu comprimée, mince, horizontale, rampante et flexueuse,
couverte sur sa surface inférieure par de longues fibres branchues, d'un
gris foncé, et portant sur la face supérieure des feuilles disposées par
rangs alternatifs. Elle est d'une couleur cendrée à l'extérieur, et couverte sur toute sa longueur par de larges écailles; à l'intérieur elle est
d'un vert clair, et remplie de beaucoup de petites fibres. Après sa dessiccation, et lorsque les écailles ont été enlevées, elle est, à l'extérieur,
d'un gris foncé; tandis que l'intérieur est jaunâtre, compacte et offre
une certaine ressemblance avec la canne à sucre. Le goût, qui est d'a-
bord doux, est suivi d'une amertume forte et désagréable, jointe à une
légère viscosité. Enfin, la racine, entièrement mâchée, offre une sorte
d'odeur d'huile rance.

D'après cette description de Ruiz, je puis dire que je n'ai jamais vu le véritable calaguala, et je suppose que cette substance a dû être apportée bien rarement en France. D'ailleurs, on s'accorde généralement à penser que le calaguala venu en Europe est produit par l'*aspidium coriaceum* de Swartz, avec lequel on confond le *polypodium adiantiforme* de Forster, et que l'on suppose, d'après cela, venir également dans les Antilles, à l'île Bourbon, à la Nouvelle-Hollande et à la Nouvelle-Zélande. Quoi qu'il en soit de cette opinion, voici la description des racines de calaguala que j'ai en ma possession, et auxquelles je m'abstiendrai d'assigner aucune origine.

Première espèce. Souche brune rougeâtre à l'extérieur, et d'une grosseur variable depuis celle d'une petite plume jusqu'à celle du doigt : elle est flexueuse, ou contournée par la dessiccation ; aplatie et marquée de rides profondes, longitudinales ; la surface en est unie et luisante sur toutes les parties proéminentes exposées au frottement, tandis que les sillons sont remplis par des écailles fines et rougeâtres. La face inférieure se reconnaît à des pointes piquantes peu apparentes, qui proviennent des radicules, et la face supérieure à des chicots assez forts, durs et ligneux, qui sont formés par la partie inférieure du pétiole des feuilles. Ces chicots ne partent pas du milieu de la face supérieure, mais

Fig. 53.

sont disposés alternativement d'un côté et de l'autre, sans suivre cependant une régularité constante. L'intérieur de la souche est d'un rouge pâle et rosé comme la racine de bistorte. Sa saveur est douce, sans aucune astringence ni amertume; sa consistance est assez molle, et elle s'écrase facilement sous la dent. Les insectes la piquent assez promptement, et l'iode y démontre la présence de l'amidon. Au total, cette espèce de calaguala, représentée figure 53, a la forme d'une grosse racine de polypode commun.

Deuxième espèce (fig. 54). Souche brune à l'extérieur, grosse comme une forte plume, longue, droite ou un peu arquée ; cylindrique et offrant sur un côté une nervure longitudinale qui donne naissance à de nombreuses radicules, dont il ne reste que des pointes ligneuses et

piquantes. Tout le reste de la surface est couvert de longues fibres
ligneuses, cylindriques, roides, dures et piquantes, couchées ou dressées le long de la souche commune : ces fibres sont évidemment la partie
inférieure du pétiole des feuilles. L'intérieur de la souche est rougeâtre,

Fig. 54.

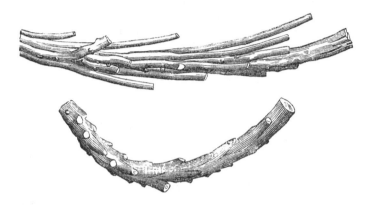

très dur et très difficile à broyer sous la dent ; la coupe en est compacte, luisante et comme gorgée d'un suc desséché. La saveur est
astringente, sans aucune amertume.

Je regarde comme appartenant à la même espèce une souche
qui offre la même forme cylindrique, la même nervure saillante inférieure chargée de radicules, et la même disposition des pétioles sur tout
le reste de la surface du rhizome. Cependant cette sorte est encore plus
dure et plus compacte, et les pétioles sont réduits à l'état de tubercules allongés non isolés du rhizome ; même saveur astringente, dépourvue d'amertume.

Troisième espèce (fig. 55). Souche petite, de la grosseur d'une

Fig. 55.

plume, d'un gris rougeâtre à l'extérieur, offrant une surface inférieure plane, inégale ou creusée en gouttière, et couverte de pointes radiculaires. La surface supérieure est bombée, demi-cylindrique, toute hérissée de tubercules courts, recourbés, couchés contre le rhizome, ou formant le plus souvent avec lui un angle très marqué; l'intérieur est compacte, brunâtre, dur sous la dent, et d'une saveur très astringente. L'amertume manque dans toutes ces racines.

Vauquelin a soumis à l'analyse chimique la souche de calaguala (probablement la première espèce), et en a retiré les principes suivants, que j'énonce d'après l'ordre de leur plus grande quantité : matière ligneuse, matière gommeuse, résine rouge, âcre et amère; matière sucrée, matière amylacée, matière colorante particulière, acide malique, chlorure de potassium, chaux et silice. (*Ann. chim.*, t. LV, p. 22.)

FAUX-CALAGUALA, CHAMPIGNON DE MALTE. J'ai trouvé une fois dans du calaguala venu de Marseille une substance fort différente et qui était formée par une plante très singulière nommée *champignon de Malte*, laquelle croît en plusieurs lieux du littoral de la Méditerranée. Cette plante naît sur les racines de plusieurs arbres ou arbrisseaux, à la manière des hypocistes et des orobranches. Elle est formée d'une simple

Fig. 56.

tige charnue, couverte d'écailles et terminée supérieurement par un chaton en massue, de couleur écarlate, tout couvert de fleurs mâles à une étamine, entremêlées de fleurs femelles composées d'un ovaire uniloculaire, d'un style et d'un stigmate. Le fruit est formé d'un péricarpe sec, uniloculaire, renfermant un noyau sans embryon et dont l'amande est remplacée par une agglomération de spores. Cette plante appartient donc à la division des acotylédones phanérogames ou anthosées, qui portent aussi le nom de *rhizanthées*. Le champignon de Malte desséché et privé de ses écailles, est formé par un stipe souvent contourné, ridé, d'une couleur brune, terminé par son chaton non développé (fig. 56). Il possède une saveur astringente et légèrement acide. Il se ramollit dans l'air humide, s'altère et devient la proie des insectes. Linné le regardait comme utile contre les hemorrhagies, le flux de sang, la dyssenterie, etc. On le prenait en poudre dans du vin ou du bouillon.

Capillaires.

On a donné ce nom à des plantes appartenant primitivement aux genres *adiantum* et *asplenium*, telles sont le *capillaire du Canada*, le *capillaire de Montpellier*, le *capillaire commun*, le *polytric*, la *sauve-vie*, le *cétérach* et la *scolopendre*.

CAPILLAIRE DU CANADA. *Adiantum pedatum*, L. *Car. gén.* Sporanges disposées en sores marginaux, oblongs ou arrondis, pourvus d'un indusium continu avec le bord de la feuille et libre du côté inté-

Fig. 57.

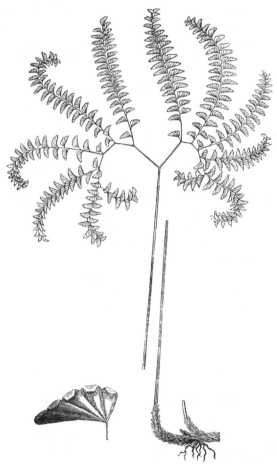

rieur. — *Car. spéc.* Feuillage pédalé; rameaux à folioles pinnées, oblongues, incisées seulement sur la marge interne et représentant comme une moitié de feuille. Pétioles très glabres (fig. 57).

Ce capillaire nous vient du Canada. Ses pétioles sont fort longs, rouges ou bruns et très lisses. Ils se divisent à la partie supérieure en deux branches égales qui portent des ramifications du côté interne seulement ; c'est ce qui constitue le feuillage pédalé. Les folioles sont touffues, douces au toucher, d'un beau vert, d'une odeur agréable, d'une saveur douce un peu styptique : on en fait par infusion un sirop très agréable et très usité. Il entre également dans la composition de l'élixir de Garus.

CAPILLAIRE DU MEXIQUE. Il y a quelques années que, pendant un temps assez long, le capillaire du Canada avait complétement disparu du commerce. Alors on a tenté de lui substituer une autre espèce apportée du Mexique, l'*adiantum trapeziforme*, L. Ce capillaire est pourvu de pétioles ligneux longs de 60 à 100 centimètres, *branchus*, très ramifiés, lisses et d'une couleur *noire ;* les folioles sont alternes, rhomboïdales ou trapéziformes, incisées et pourvues de sores sur les deux côtés opposés au pétiole ; elles sont d'un vert foncé et comme noirâtre, d'une consistance ferme et très faciles à se détacher de la tige, ce qui présente un grand inconvénient pour le commerce. Mais à l'usage, ce capillaire m'a paru être aussi aromatique et fournir des médicaments aussi agréables que celui du Canada.

CAPILLAIRE DE MONTPELLIER. *Adiantum capillus-Veneris*, L. *Car. spéc.* Feuillage décomposé ; folioles alternes, cunéiformes, pédicellées. Ce capillaire diffère des précédents par ses pétioles grêles, longs au plus de 20 à 30 centimètres, portant de petits rameaux alternes, écartés, subdivisés eux-mêmes et munis de folioles cunéiformes, à deux ou trois lobes terminaux ou opposés au pétiole (fig. 58). Il croît surtout aux environs de Montpellier, dans les lieux humides et pierreux. Il a une odeur peu marquée et moins agréable que celle des deux précédents, et peut difficilement leur être substitué.

CAPILLAIRE COMMUN ou CAPILLAIRE NOIR, *Asplenium adiantum nigrum*, L. *Car. gén.* Sporanges fixées sur des veines transversales et rassemblées en sores linéaires. Indusium membraneux né latéralement d'une veine et libre du côté de la côte médiane. — *Car. spéc.* Fronde sous-tripinnée, folioles alternes ; foliolules lancéolées, incisées, dentées.

Ce capillaire croît sur les murailles, et dans les lieux humides, au pied des arbres ; il pousse des pétioles longs de 10 à 20 centimètres, garnis à leur partie supérieure de folioles profondément incisées, diminuant graduellement de grandeur jusqu'au sommet, et d'un vert très foncé. Il est peu usité.

POLYTRIC DES OFFICINES, *Asplenium trichomanes*, L. *Car. spéc.* Feuillage pinné ; folioles obovées crénelées, les inférieures plus petites.

Ce capillaire se distingue des autres par la petitesse de ses folioles, qui, sans être opposées, sont rangées comme par paire le long du pétiole, et qui sont presque rondes, légèrement crénelées, et très

Fig. 58.

chargées sur l'une de leurs faces d'écailles fauves qui couvrent la fructification. Il est peu employé dans la ville; mais les hôpitaux en consomment une assez grande quantité, comme succédané des espèces précédentes. Il a peu d'odeur.

SAUVE-VIE, ou RUE DES MURAILLES, *Asplenium ruta-muraria*, L. *Car. spéc.* Feuillage alternativement décomposé; folioles cunéiformes crénelées.

CÉTÉRACH, DAURADE ou DAURADILLE. *Ceterach officinarum*, D C.; *Asplenium ceterach*, L. *Car gén.* Sporanges rassemblées en sores linéaires ou oblongs, dépourvus de véritable tégument, mais recouverts d'écailles qui en tiennent lieu. — *Car. spéc.* Feuillage pinnatifide : lobes alternes, confluents, obtus.

Cette plante pousse des pétioles courts, qui forment, à leur partie supérieure, comme une seule feuille découpée alternativement d'un

côté et de l'autre, jusqu'à la côte du milieu (fig. 59) cette feuille est
chargée sur le dos d'un nombre infini d'écailles qui en couvrent entiè-

Fig. 59.

rement la fructification, et qui, lorsque la plante est sur la terre et
que le soleil frappe dessus, la font paraître dorée, d'où lui sont venus ses deux derniers noms. Séchée, elle a une odeur agréable et une saveur astringente semblable à celle de la racine de fougère, par conséquent assez désagréable. Le cétérach est fort vanté contre les maladies du poumon et les affections calculeuses de la vessie.

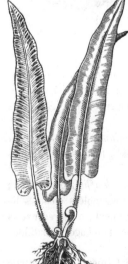

Fig. 60.

SCOLOPENDRE, *scolopendrium officinale* Smith; *asplenium scolopendrium*, L. — *Car. gén.* Sporanges réunies en sores géminés, placés sur deux veines contiguës, et couverts de deux indusium connivents, s'ouvrant enfin par une ligne longitudinale. —*Car. spéc.* Fronde simple, cordée, ligulée, très entière; stipe velu (fig. 60).

Cette plante pousse, de sa souche, des feuilles pétiolées, très entières, longues, vertes, luisantes. Ces feuilles présentent sur le dos deux rangs de lignes parallèles, formées par la fructification. Elles ont une saveur douce et une odeur de capillaire assez agréable.

La scolopendre se nomme aussi *langue de cerf*, à cause de la forme de ses feuilles, qui a été comparée à celle de la langue d'un cerf. On l'emploie en infusion ; elle entre dans la composition du sirop de rhubarbe composé, et des électuaires lénitif et catholicum composés.

FAMILLE DES LYCOPODIACÉES.

Les lycopodiacées sont des plantes très rameuses, souvent étalées ou rampantes, toutes couvertes de petites feuilles verticillées ou disposées en spirales, et portant en outre deux sortes d'organes, dont la nature et les fonctions sont encore incertaines. Tantôt ce sont des capsules globuleuses ou réniformes, uniloculaires, s'ouvrant par une fente transversale, et renfermant un grand nombre de granules très petits, d'abord réunis quatre par quatre, puis devenus libres par la destruction des cellules qui les avaient engendrés. Tantôt ce sont des capsules plus grosses, à 3 ou 4 valves, à 3 ou 4 loges, contenant seulement 3 ou 4 spores volumineuses. Ces deux espèces de capsules sont quelquefois réunies sur le même individu, et semblent jouer dans ces plantes le même rôle que les fleurs mâles et femelles, dans les végétaux monoïques et dioïques, et beaucoup de botanistes pensent que les petites capsules remplies d'une poussière jaune très fine, sont des anthères avec leur pollen, et les autres des fleurs femelles.

Cette opinion très probable est corroborée par la nature chimique de la poussière jaune que nous nommons *lycopode*, qui est semblable à celle du pollen des plantes phanérogammes.

Les lycopodiacées paraissent douées de propriétés très actives ; l'herbe même de *lycopodium clavatum* est vomitive, et l'on rapporte que des paysans du Tyrol, ayant mangé des légumes cuits dans l'eau où avait macéré du *lycopodium selago*, éprouvèrent des symptômes d'ivresse et des vomissements.

Le lycopode officinal (*lycopodium clavatum*, fig. 61) croît surtout en Allemagne et en Suisse. Il se plaît dans les bois et à l'ombre; il pousse des tiges très longues, rampantes, qui se ramifient prodigieusement en s'étendant toujours davantage sur la terre. Il s'élève d'entre ces ramifications des pédoncules longs comme la main, ronds et déliés, portant à leur extrémité deux petits épis cylindriques géminés, qui sont composés de capsules réniformes, sessiles, à deux valves. C'est dans ces capsules que se trouve contenue la poussière que nous nommons *lycopode*.

Le lycopode est une poussière d'un jaune tendre, très fine, très légère, sans odeur ni saveur, et prenant feu avec la rapidité de la poudre, lorsqu'on la jette à travers la flamme d'une bougie; de là lui est aussi venu le nom de *soufre végétal*, et l'usage qu'on en fait sur les théâtres pour produire des feux effrayants mais peu dangereux.

Le lycopode est employé en pharmacie pour rouler les pilules, et, par suite, empêcher qu'elles n'adhèrent entre elles; on l'emploie aussi avec succès pour dessécher les écorchures qui surviennent entre les cuisses des enfants.

Le lycopode, jeté sur l'eau, reste à sa surface; par l'agitation, une partie tombe au fond; par l'action du calorique, tout se précipite, et l'eau acquiert une saveur cireuse, et contient une assez grande quantité

Fig. 61.

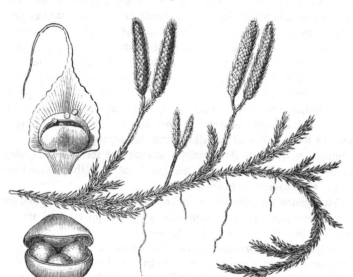

de mucilage susceptible de se prendre en gelée par la concentration, comme celui du lichen.

L'alcool pénètre sur-le-champ le lycopode, et la poudre tombe au fond. A l'aide de la chaleur, on obtient une teinture légère que l'eau blanchit. La teinture alcoolique, rapprochée et précipitée par l'eau, donne ensuite un extrait dans lequel la saveur et la fermentation, à l'aide de la levure, indiquent la présence du sucre. L'éther, versé sur du lycopode, se colore en jaune-verdâtre; cette teinture, mêlée d'alcool et d'eau, laisse précipiter de la cire. Enfin la partie du lycopode insoluble dans ces différents menstrues, et qui équivaut aux 0,89 de la poudre primitive, est jaune, pulvérulente, combustible, presque semblable au lycopode lui-même. Ce résidu constitue un principe organique azoté nommé *pollénine*, dégageant de l'ammoniaque par la potasse caustique, susceptible de se putréfier lorsqu'il est humide, et de se convertir en une sorte de fromage.

Le lycopode est souvent falsifié, dans le commerce, par du talc (craie de Briançon) ou par de l'amidon. Pour reconnaître le premier, on peut battre dans une fiole, avec de l'eau, la substance falsifiée; par le repos, le lycopode vient surnager en très grande partie, tandis que le talc se précipite. L'amidon se connaît, soit en traitant directement le mélange par de l'eau iodée, soit en faisant bouillir le lycopode falsifié avec de l'eau, et versant dans la liqueur filtrée un soluté d'iode, qui la colore en bleu foncé dans le cas de la présence de l'amidon.

Le lycopode paraît aussi avoir été falsifié avec le pollen de plusieurs végétaux; et notamment avec celui des pins et des sapins, du cèdre ou des *typha*. Je ne pense pas que cette falsification, qui serait au reste peu importante, soit aussi commune qu'on l'a supposé. Quant à moi, je ne l'ai jamais rencontrée. Dans tous les cas, il est facile de la reconnaître à l'aide du microscope, de même que les deux falsifications précédentes, à cause des caractères physiques très tranchés et très uniformes du lycopode.

Le lycopode mouillé avec de l'alcool, et vu au microscope, est essentiellement formé de granules isolés qui sont à peu près des sections de sphères formées par trois plans dirigés vers le centre (fig. 62). Il est très rare qu'on trouve ces grains réunis, mais ils affectent différentes

Fig. 62.

formes, suivant la manière dont ils se présentent. Tous ces grains sont très imparfaitement transparents, formés d'un tissu cellulaire dense, granuleux à leur surface, et de plus munis dans l'intervalle des cellules de très petits poils ou appendices terminés en massue.

Le pollen des conifères est plus jaune que le lycopode et en particules moins fines. Celui du pin, vu au microscope, affecte un grand nombre de formes bizarres (fig. 63), qui me paraissent résulter de la soudure de trois granules, dont un mitoyen, généralement plus volumineux, et deux autres plus petits, placés comme en aile aux extrémités du premier; de plus, le grain du milieu offre presque toujours une tache opaque, à bords irréguliers, que je considère comme le vestige d'un

quatrième granule avorté. Tous ces granules sont formés de tissu cellulaire, et sont dépourvus d'appendices superficiels.

Fig. 63.

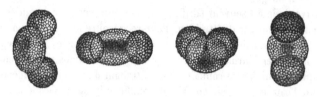

Le pollen de cèdre m'a paru être formé quelquefois de trois granules
distincts accolés (fig. 64); mais le plus souvent les granules sont telle-

Fig. 64.

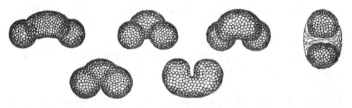

ment soudés ou continus, que les grains paraissent formés d'une seule
masse de tissu cellulaire, de forme elliptique, et renflée aux deux extrémités.

Le pollen de typha est d'un jaune foncé, en poudre assez grossière,

Fig. 65.

non mobile, comme celle du lycopode, et à peine inflammable. Il paraît toujours formé, au microscope, de quatre granules soudés, tantôt
nus, tantôt recouverts d'une enveloppe membraneuse, transparente
(fig. 65).

FAMILLE DES EQUISÉTACÉES.

Les seules plantes qui nous restent à mentionner, parmi les cryptogames foliacées (acotylédones acrogènes), et qui, à mesure que nous
approchons davantage des phanérogames, montrent des organes de
fructification plus distincts, sont les *prêles*, végétaux d'un port tout par-

ticulier, que Linné avait compris dans la famille des fougères; mais qui forment aujourd'hui un groupe séparé, et dont le nom latin *equisetum* (crin de cheval) leur a été donné à cause d'une certaine ressemblance de forme avec la queue d'un cheval.

Ce sont des plantes d'une organisation semblable (les *calamites*) qui ont paru des premières à la surface du globe, lorsque le refroidissement et la solidification des couches superficielles permirent aux êtres organisés de s'y développer. Ce sont elles qui, par leur profusion et leur taille gigantesque, ont formé, après leur enfouissement, ces amas considérables que la chaleur centrale, jointe à une forte pression, a dans la suite convertis en houille. Les prêles d'aujourd'hui, faibles restes de cette végétation primitive, n'offrent guère plus de 2,5 à 3,5 mètres de hauteur sous la zone torride, et de 0,66 à 1 mètre ou 1^m,20 dans nos climats Elles se plaisent dans les marécages, sur le bord des rivières et dans les prairies humides, où elles nuisent aux bestiaux par leur qualité fortement diurétique.

Les prêles sont des plantes herbacées, vivaces, à tiges simples ou rameuses, creuses, striées longitudinalement, très rudes au toucher. Elles sont entrecoupées de nœuds, dont chacun est entouré par une gaîne fendue en un grand nombre de lanières, et donne souvent naissance à

Fig. 66.   Fig. 67.   Fig. 68.

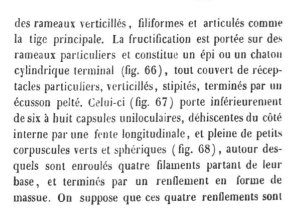

des rameaux verticillés, filiformes et articulés comme la tige principale. La fructification est portée sur des rameaux particuliers et constitue un épi ou un chaton cylindrique terminal (fig. 66), tout couvert de réceptacles particuliers, verticillés, stipités, terminés par un écusson pelté. Celui-ci (fig. 67) porte inférieurement de six à huit capsules uniloculaires, déhiscentes du côté interne par une fente longitudinale, et pleine de petits corpuscules verts et sphériques (fig. 68), autour desquels sont enroulés quatre filaments partant de leur base, et terminés par un renflement en forme de massue. On suppose que ces quatre renflements sont des anthères.

La principale espèce de prêle d'Europe est la prêle d'hiver (*equise-tum hiemale*), qui s'élève à la hauteur de 1 mètre à 1 mètre 1/2, et qui a la tige dure et les articulations très écartées, ce qui permet que l'on s'en serve pour polir les ouvrages d'ébénisterie et même les métaux. Cette dureté de la prêle est due à ce que son épiderme est incrusté de silice. Davy, en poussant au chalumeau un fragment de prêle d'hiver, en a obtenu un globule de verre transparent. Plus récemment, M. Braconnot a extrait de la prêle fluviatile un acide particulier, auquel il a donné le nom d'acide équisétique. Mais, d'après M. Victor Regnault, cet acide est identique avec l'acide pyromalique de M. Braconnot (acide maléique de Pelouze), obtenu en distillant de l'acide malique pur à une température de 180 à 200 degrés (*Ann. de chim. et phys.*, 2ᵉ série, t. LXII, p. 208).

La prêle a été conseillée comme diurétique et emménagogue : elle doit être employée avec une certaine réserve.

GROUPE DES RHIZANTHÉS.

Ce groupe ne renferme que des plantes très extraordinaires, vivant sur la souche d'autres végétaux, composées de tissu cellulaire, avec quelques vaisseaux en spirale imparfaite. Elles sont généralement pourvues de feuilles squamiformes, imbriquées, privées de vaisseaux et de stomates ; les fleurs sont hermaphrodites ou unisexuelles ; le fruit est à une ou plusieurs loges, et renferme un grand nombre de semences dépourvues d'embryon et uniquement formées d'un tissu cellulaire rempli de spores. Ce groupe comprend trois familles, dont la première, celle des balanophorées a été précédemment citée à l'occasion d'une de ses espèces, le *cynomorium coccineum*, qui est quelquefois substituée par fraude au calaguala.

La seconde famille, celle des rafflésiacées, renferme des plantes qui sont presque uniquement formées d'une fleur colossale, entourée de larges écailles. La troisième, celle des cytinées, contient l'hypociste (*cytinus hypocistis*), petite plante parasite, épaisse et charnue, qui croît dans le midi de la France, en Espagne, en Italie, en Turquie et dans l'Asie-Mineure, sur la racine des cistes, ainsi que l'indique son nom. On en obtient un extrait astringent, dit *suc d'hypociste*, qui n'est plus guère employé que pour la thériaque.

Suc hypociste. — Pour obtenir ce suc, selon les uns, on pile les baies de la plante ; selon d'autres, la plante entière, et on en exprime le suc, que l'on fait épaissir au soleil jusqu'à ce qu'il soit tout à fait solide. Suivant d'autres encore, on préparerait cet extrait par macération et décoction dans l'eau, et par évaporation de la liqueur au moyen du feu.

Le vrai suc d'hypociste a une forme toute particulière; il est en masses de 2 à 3 kilogrammes, formées par la réunion de petits pains orbiculaires du poids de 30 grammes environ, qui sont devenus diversement anguleux en se soudant les uns avec les autres, et qui se distinguent encore dans la masse par leur surface propre, qui est grisâtre; du reste, cet extrait a une cassure noire et luisante, et une saveur aigrelette et astringente. Il est souvent altéré dans le commerce avec du suc de réglisse, qui lui communique sa saveur douceâtre particulière.

QUATRIEME CLASSE.

Végétaux monocotylédonés.

FAMILLE DES AROÏDÉES.

Plantes vivaces, herbacées, dont les fleurs, le plus souvent unisexuées, sont réunies sur un spadice unique et ordinairement enveloppées par une spathe. On les divise en deux tribus principales (1) :

1° Les *aracées* ou *coloeasiées*, dont les fleurs sont dépourvues d'écailles et séparées sur le spadice, de manière que les fleurs femelles ou les pistils en occupent la partie inférieure, les fleurs mâles ou les étamines la partie moyenne, la partie supérieure restant nue. Genres *arisarum*, *biarum*, *arum*, *dracunculus*, *colocasia*, *caladium*, etc.

2° Les *callacées* ou *orontiacées*, dont les étamines sont disposées autour des pistils, de manière à former des fleurs hermaphrodites qui peuvent être nues, comme dans le genre *calla*, ou munies d'un périgone régulier, comme dans les genres *pothos*, *dracontium*, *orontium*, *acorus*.

Racine d'Arum.

(Nom vulgaire : *Gouet*. ou *Pied-de-veau*.)

Arum vulgare, Lamarck ; *A. maculatum*, L. (fig. 69). Cette plante croît en France dans les lieux ombragés; la racine est formée d'un tubercule ovoïde de la grosseur d'un marron, garnie de radicules à la naissance

(1) Les pistiacées, que beaucoup de botanistes réunissent aux aroïdées, doivent plutôt en être séparées, pour former une famille distincte plus rapprochée des lemnacées ; je ne parlerai d'ailleurs ni des unes ni des autres.

des tiges, qui partent de différents points de la surface, et qui produisent
d'autres tubercules succédant au premier, l'année d'après. Ces tubercules sont jaunâtres au dehors, d'un blanc d'amidon en dedans, d'une
saveur âcre et caustique; les feuilles sont toutes radicales, longuement

Fig. 69.

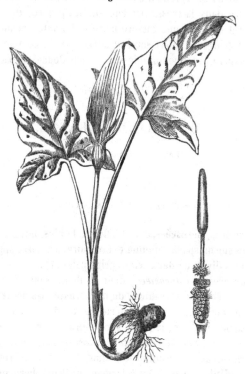

pétiolées, hastées, entières, offrant, contrairement à celles des autres
monocotylédones, des nervures latérales diversement anastomosées. Ces
feuilles sont tantôt entièrement vertes, tantôt veinées de blanc ou de
violet foncé, ou tachetées de noir. La fleur est composée d'une *spathe* en
forme d'oreille d'âne, verdâtre en dehors, blanche en dedans, du centre
de laquelle s'élève un support ou *spadice*, pourpre, nu et renflé en
forme de massue dans sa partie supérieure, couvert d'étamines au milieu, et pistilifère inférieurement. On remarque, comme un phénomène
intéressant de physiologie végétale, que ce spadice s'échauffe d'une manière très sensible au moment de la fécondation. (Le même phénomène
s'observe sur l'*arum italicum*, qui est plus grand dans toutes ses parties que l'arum vulgaire, et dont le spadice est jaunâtre.) Les fruits

sont des baies globuleuses, rapprochées en une grappe serrée, uniloculaires et polyspermes.

La racine d'arum, telle que le commerce la fournit, est assez généralement ovoïde comme dans l'état récent, ayant depuis la grosseur d'une aveline jusqu'à celle d'une petite noix. Elle est mondée de son épiderme, blanche à l'intérieur, jaunâtre par places au dehors, d'une odeur presque nulle.

Cette racine, lorsqu'elle n'est pas trop ancienne, jouit encore d'une âcreté brûlante, et cependant le principe caustique de la racine d'arum, de même que ceux du manihot et d'autres végétaux à la fois amylacés et vénéneux, peut se détruire par la torréfaction et la fermentation : il ne faut donc pas s'étonner si Lemery annonce qu'on a essayé d'en faire du pain dans les temps de disette.

D'après Murray la racine d'arum contient deux sucs différents ; un laiteux, et l'autre aqueux beaucoup plus âcre que le premier. Murray ajoute également, d'après Gessner, que le suc exprimé de la racine récente verdit le sirop de violettes et est coagulé par les acides. M. Dulong, pharmacien à Astafort, ayant voulu vérifier ces faits, n'a obtenu de la racine d'arum pilée dans un mortier, qu'un suc blanchâtre, très épais, tenant beaucoup d'amidon en suspension, presque entièrement dépourvu d'âcreté. Ce suc filtré n'était pas coagulé par les acides et ne verdissait pas le sirop de violettes ; il rougissait au contraire le papier de tournesol (*Journ. de pharm.*, XII, 157).

Racine d'Arum-Serpentaire ou de Serpentaire commune.

Arum dracunculus, L. *Dracunculus vulgaris*, Schott. Cette plante croît surtout dans le midi de la France ; elle est plus grande dans toutes ses parties que la précédente et s'en distingue par ses feuilles pédalées et à folioles lancéolées, par sa hampe tachetée de noir comme la peau d'un serpent. La spathe est fort grande, blanchâtre au dehors, d'un rouge foncé en dedans, et le spadice est brun. La racine est sous la forme d'un pain orbiculaire, de 5 à 8 centimètres de diamètre, portant à la surface supérieure un collet écailleux et des radicules. On nous envoie cette racine sèche du Midi, et elle est presque la seule que l'on débite aujourd'hui comme la *racine d'arum*. Elle en diffère, cependant, en ce qu'elle est bien moins âcre et moins active ; que son volume est beaucoup plus considérable ; qu'elle a la forme de rondelles plates, ou de pains orbiculaires, sur la face supérieure desquels on observe encore des vestiges concentriques d'écailles foliacées ; l'intérieur est d'un blanc d'amidon.

Arum triphyllum, ou *arum à trois feuilles* (*arisœma triphyllum*,

Schott). Cette espèce croît dans la Virginie et au Brésil. L'École de pharmacie en possède la racine envoyée par M. E. Durand, de Philadelphie. Elle a la forme de rondelles droites ou obliques, larges de 25 à 40 millimètres, épaisses de 15 à 20; elle possède du reste tous les caractères de la racine d'arum vulgaire.

Plusieurs autres aroïdées sont à citer pour leurs propriétés nutritives ou vénéneuses. Parmi les premières, il faut compter la *colocase d'É-gypte* (*arum colocasia*, L.; *colocasia antiquorum*, Schott), et le *chou caraïbe* (*orum esculentum*, L.; *caladium esculentum*, Vent.), dont les feuilles et les racines sont également employées comme aliment. Parmi les secondes, je nommerai l'*arum seguinum* des Antilles (*dieffenbachia seguina*, Schott), qui a l'aspect d'un bananier, mais dont l'odeur est repoussante, et dont le suc brûle et corrode la peau. La fleur de l'*arum muscivorum*, L., répand également une odeur cadavéreuse qui attire les mouches; mais elle est garnie à l'intérieur de longs poils plongeant vers le fond du cornet, qui retiennent l'insecte imprudent qui s'y est précipité. Dans le nord de l'Europe, on mange les feuilles du *calla palustris*; le *dracontium pertusum* (*monstera pertusa*, Schott), au contraire, est employé comme vésicatoire par les Indiens de Démérari.

Racine d'Acore vrai.

Acorus calamus, L. L'acore (fig. 70) est une plante vivace qui croît dans les lieux humides et marécageux, en Europe, dans la Tartarie et dans les Indes; on la cultive aussi dans les jardins. Ses feuilles ressemblent à celle de l'iris, mais sont plus étroites, plus droites et à deux tranchants; elles sortent immédiatement de la partie supérieure de la racine, et parmi elles s'élève une *hampe*, de laquelle sort un long épi serré de fleurs hermaphrodites, au-delà duquel s'élève la feuille étroite de la hampe prolongée. Chaque petite fleur est munie d'un périgone unique composé de six écailles, de six étamines attachées au périgone, et d'un ovaire surmonté d'un stigmate sessile. Le fruit devient une capsule en pyramide trigone renversée.

La racine d'acore est grosse comme le doigt, articulée et couchée obliquement à la superficie de la terre. Telle que le commerce nous la donne, elle est spongieuse, et d'une sécheresse variable, suivant l'état hygrométrique de l'air; elle est d'un fauve clair à l'extérieur, d'un blanc rosé à l'intérieur, d'une odeur très suave. Elle offre deux surfaces bien distinctes: l'une, inférieure, garnie de points noirs d'où partaient les radicules; l'autre, marquée de vestiges transversaux d'où s'élevaient les feuilles. Il faut la choisir nouvelle et non piquée des vers.

Trommsdorff a soumis cette racine fraîche à l'analyse et en a retiré

sur 64 onces : 15 grains d'une huile volatile plus légère que l'eau,
1 once d'inuline, 9 gros de matière extractive, 3 onces 1/2 de gomme,
1 once 1/2 de résine visqueuse,
13 onces 6 gros de matière ligneuse, 42 onces d'eau (*Ann. de
chim.*, t. LXXXI, p. 332).

Il est douteux que la racine
d'acore contienne de l'*inuline*,
principe qui paraît n'appartenir
jusqu'ici qu'aux plantes synanthérées. D'ailleurs la racine d'a-
core noircit par le contact d'une
dissolution d'iode, et ce fait seul
prouve qu'elle contient de l'amidon.

La racine d'acore vrai est ordinairement demandée et livrée
dans les officines sous le nom de
calamus aromaticus; mais elle
est bien différente du *calamus
aromaticus* des anciens : celui-ci
était la tige odorante et amère
d'une plante des Indes, de la
famille des gentianées. Enfin il
convient de toujours désigner la
racine qui fait le sujet de cet
article sous le nom d'*acore vrai*,
pour la distinguer de la racine
d'une espèce d'iris, que la ressemblance de ses feuilles avec
l'acore a fait nommer *iris pseudo-
acorus*, c'est-à-dire *iris faux-
acore*.

Fig. 70.

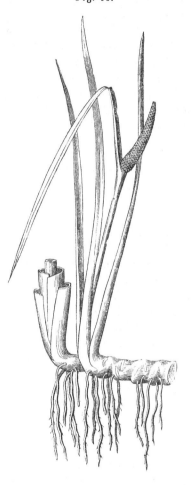

FAMILLE DES CYPÉRACÉES.

Végétaux herbacés croissant en général dans les lieux humides et sur
le bord des rivières. Leur tige est souvent triangulaire, munie de feuilles
engaînantes, longues, rubanées, et dont la gaîne est entière et non
fendue, caractère qui les distingue des graminées. Les fleurs sont hermaphrodites ou unisexuées, disposées en épis courts, composées cha-

cune d'une écaille à l'aisselle de laquelle on trouve généralement trois étamines et un pistil composé d'un ovaire uniloculaire et d'un style à trois stigmates filiformes et velus. On trouve souvent autour de l'ovaire des soies hypogynes qui tiennent lieu d'un périanthe, ou une glumelle en forme d'urcéole et persistante. Le fruit est un *askose*, c'est-à-dire qu'il est supère, monosperme, indéhiscent, pourvu d'un péricarpe distinct du tégument propre de la graine. Il est nu ou entouré par l'urcéole. L'endosperme est farineux.

Les cypéracées forment une famille très naturelle et très voisine des graminées ; elle ne comprend aucune plante dangereuse. Ses fruits farineux pourraient servir à la nourriture de l'homme s'ils étaient plus abondants. L'herbe verte contient peu de matière nutritive et les animaux en font peu de cas. Plusieurs espèces ont été employées comme diurétiques et diaphorétiques. Trois espèces, surtout, ont été considérées comme médicinales, et une comme alimentaire.

Racine de Souchet long.

Cyperus longus, L. *Car. gén.* Épillets multiflores, à glumes distiques imbriquées, les inférieures vides et quelquefois plus petites. Périgone nul, 3 étamines, ovaire surmonté d'un style à 3 stigmates.— *Car. spéc.* Chaume feuillu ; ombelle feuillue, surdécomposée ; épillets fasciculés, alternes, linéaires.

Le souchet long croît en France et en Italie, dans les lieux marécageux. Sa racine est composée de jets tracants, de la grósseur d'une plume de cygne, marqués d'anneaux circulaires et pourvus, de distance en distance, de renflements oblongs qui donnent naissance aux tiges. L'épiderme est d'un brun noirâtre ; l'intérieur est rougeâtre, d'apparence ligneuse ; la saveur est amère, astringente et aromatique. La racine respirée en masse présente une faible odeur de violette. On en préparait autrefois une eau distillée aromatique ; elle n'est plus usitée.

Racine de Souchet rond.

Cyperus rotundus, L. Cette plante vient dans le midi de la France et en Orient. Elle se distingue de la précédente, surtout par sa racine, qui est formée de tubercules ovoïdes gros comme de petites noix, quelquefois très rapprochés, mais le plus souvent séparés par une radicule longue, ligneuse, tracante et déliée. Les tubercules, qui donnent naissance aux tiges, sont marqués d'anneaux circula res et parallèles, et sont pourvus d'une écorce presque noire, fibreuse et foliacée ; l'intérieur est blanchâtre, spongieux, aussi désagréable à mâcher que du liège ; la saveur est légèrement aromatique ; l'odeur assez douce, mais faible.

Cyperus esculentus, L. Cette espèce est originaire d'Afrique ; on la cultive dans le midi de l'Europe. Sa racine se compose de radicules déliées qui portent à l'extrémité un tubercule ovoïde, de la grosseur d'une olive. Ce tubercule est marqué d'anneaux circulaires et présente à la partie inférieure un petit plateau couvert de fibrilles. Il est jaune en dehors, blanc en dedans, d'un goût doux, sucré et huileux, comme celui de la noisette. Il contient de l'huile et forme une émulsion lorsqu'on le pile avec de l'eau. C'est une véritable amande souterraine, ainsi que l'exprime son nom allemand (erdmandel). Le souchet comestible est nourrissant, restaurant et propre, dit-on, à exciter l'appétit vénérien. Lemery l'a décrit sous le nom de *trasi* ou *souchet sultan*. Lobel l'a figuré dans ses *Observations*, page 41, figure 2. Il porte dans le nord de l'Afrique le nom de *habel-assis*.

M. Busseuil a rapporté en 1822, du fort de la Mine, sur la côte de Guinée, une variété de souchet comestible qui est en tubercules plus gros que le précédent, arrondis, à épiderme noirâtre, d'un goût assez doux, mais un peu spongieux sous la dent. M. Lesant, pharmacien à Nantes, qui en a fait l'analyse, en a retiré un sixième d'huile fixe, de la fécule, du sucre, de la gomme, de l'albumine, etc. (*Journ. pharm.*, t. VIII, p. 497.)

C'est aux souchets qu'appartient la plante nommée *papyrus* (*cyperus papyrus*, L.), avec laquelle les anciens peuples d'Égypte et de Syrie, et par suite les Grecs et les Romains, fabriquaient leur papier. Cette plante est remarquable par sa tige, qui est au moins de la grosseur du bras, triangulaire au sommet, et haute de 2 mètres 1/2 à 3 mètres. On divisait cette tige en feuillets très minces que l'on appliquait à angle droit, les uns sur les autres, comme on le pratique encore en Chine. Aujourd'hui même en Europe, c'est principalement avec la tige des cypéracées que l'on prépare, mais par un procédé différent, le papier dit *de Chine*, qui sert à l'impression des gravures de prix.

Racine de Carex des Sables (fig. 71).

Carex arenaria, L. *Car. gén.* Épis diclines, androgynes ou dioïques. Épillets uniflores. *Fl. mâles :* 1 glume, 2 ou 3 étamines. *Fl. femelles :* 2 glumes dont l'extérieure est semblable à celle de la fleur mâle ; l'intérieure forme une urcéole qui enveloppe l'ovaire. Le fruit est un askose trigone renfermé dans l'urcéole. — *Car. spéc.* Épis androgynes composés ; épillets alternes, entassés ; les supérieurs mâles, les inférieurs femelles ; 2 stigmates ; capsules ovales, marginées, bifides, dentées, ciliées ; chaume courbé en arc.

Le *carex arenaria* ou *laiche des sables*, croît principalement dans les sables, sur le bord de la mer, en France, en Hollande et en Allemagne. Il pousse des rhizomes traçants et fort longs qui sont utiles,

Fig. 71.

surtout en Hollande, pour donner de la solidité aux dunes. Ces rhizomes ayant été usités en Allemagne, comme succédanés de la salsepareille, ont reçu le nom de *salsepareille d'Allemagne*. Ils sont de la grosseur du gros chiendent, articulés, mais à nœuds non proéminents, et couverts de fibres déliées qui sont un débris des écailles foliacées qui entourent chaque nœud. Ils sont rougeâtres au dehors, blanchâtres et fibreux en dedans, d'une saveur douceâtre, un peu désagréable et analogue à celle de la fougère. On leur substitue souvent les rhizomes d'autres carex, et spécialement celui du *C. hirta*, L.

FAMILLE DES GRAMINÉES.

Plantes herbacées, plus rarement ligneuses, dont la tige, nommée *chaume*, est fistuleuse à l'intérieur, entrecoupée de nœuds pleins et proéminents, d'où naissent des feuilles alternes et distiques à pétioles engaînants. La gaîne, qui se prolonge d'un nœud à l'autre, est fendue dans toute sa longueur ; le limbe est étroit, rubané, à fibres longitudinales et parallèles ; à la réunion de la gaîne et du limbe se trouve un bord saillant sous la forme d'une lame membraneuse ou d'une rangée de poils, auquel on donne le nom de *ligule*.

Les fleurs sont disposées en épis et en panicules plus ou moins rameuses. Elles sont solitaires ou réunies plusieurs ensemble en petits groupes qui portent le nom d'*épillets*. A la base des épillets ou des fleurs solitaires, on trouve deux *bractées écailleuses* (*squamœ*) presque de niveau, l'une externe, l'autre interne, formant ensemble ce qu'on appelle la *glume*. La bractée interne manque quelquefois, comme dans l'ivraie. Chaque fleur est pourvue en outre d'une enveloppe particulière nommée *bâle* ou *glumelle*, formée de deux *paillettes* (*paleœ*) dont une inférieure et externe, plus grande, carénée, est souvent munie d'une arête dorsale et terminale, et dont l'autre, interne, porte deux nervures dorsales et représente deux *sépales* soudés par leurs bords contigus ; car ces deux paillettes, dont une double, formant ensemble la *glumelle*, répondent au périanthe externe de la fleur des autres monocotylédones. Plus à l'intérieur encore, et tout auprès des organes sexuels, se trouve une dernière enveloppe ou périanthe interne, nommée *glumellule*, formée par un verticille de trois écailles courtes nommées *paléoles*, mais dont l'interne manque le plus ordinairement. Les étamines sont hypogynes, le plus souvent au nombre de trois, rarement de deux (flouve), quelquefois de six (riz), très rarement plus. Les anthères sont linéaires, à deux loges séparées par les extrémités. L'ovaire est uniloculaire, uniovulé, marqué sur le côté interne d'un sillon longitudinal et surmonté par deux styles distincts ou plus ou moins soudés, terminés chacun par un stigmate plumeux. Le fruit est un cariopse nu ou enveloppé par la glumelle. L'embryon est placé à la face inférieure et externe d'un gros endosperme amylacé.

La famille des graminées compose le groupe le plus naturel, le plus nombreux et le plus répandu du règne végétal. Elle ne renferme qu'un petit nombre de plantes dangereuses ou douées de propriétés actives, telles que l'ivraie (*lolium temulentum*), dont les fruits mêlés aux céréales causent des vomissements, l'ivresse et des vertiges. La mélique bleue (*molinia cœrulea*, Mœnch.), qui croît aussi en Europe, dans les prés humides et dans les forêts, devient dangereuse pour les bestiaux vers l'époque de sa floraison. Le *festuca quadridentata*, Kunth, fréquent à Quito, est très vénéneux. Le rhizome du *bromus purgans*, L., qui croît dans l'Amérique septentrionale, et celui du *bromus catharticus*, très connu au Chili sous le nom de *quilno*, sont fortement purgatifs. Plusieurs espèces d'*andropogon* sont très aromatiques et riches en huile volatile. Mais le nombre de ces plantes est très borné, et presque toutes les graminées sont éminemment nutritives et salubres. Ces propriétés sont surtout remarquables dans les fruits, qui sont principalement formés d'amidon, d'albumine, de glutine, de sucre, etc., et qui servent à la nourriture de l'homme et des animaux dans toute l'étendue du monde.

Si des fruits nous descendons aux tiges, nous y trouverons une semblable uniformité de principes, et principalement du sucre, qui abonde non seulement dans la canne à sucre, mais encore dans les tiges du bambou, du sorgho, du maïs, dans les rhizomes du chiendent et dans la plupart des autres.

Racine de chiendent.

On emploie sous ce nom les rhizomes traçants de deux plantes différentes : l'une est le *chiendent pied-de-poule* (*cynodon dactylon*, Rich. ; *paspalum dactylon*, D C. ; *panicum dactylon*, L.) ; l'autre est le *chiendent commun* ou *petit chiendent* (*triticum repens*, L.).

Car. gén. du *cynodon dactylon*. Épillet contenant une fleur inférieure hermaphrodite sessile, et une fleur supérieure réduite à l'état d'un pédoncule tubulé qui manque même quelquefois. Glume à 2 écailles carénées dépourvues d'arête, la supérieure embrassant l'inférieure. Glumelle formée de 2 écailles, l'inférieure carénée, pointue, dépourvue d'arête ou mucronée ; la supérieure à 2 nervures dorsales. Glumellule à 2 paléoles charnues, souvent soudées. 3 étamines ; ovaire sessile ; 2 styles terminaux ; stigmates plumeux ; cariopse libre. — *Car. spéc.* Épis digités ouverts, garnis de poils à la base intérieure ; jets traçants.

Cette plante croît à la hauteur de 30 à 40 centimètres ; ses jets traçants sont très longs, de la grosseur d'une plume de corbeau, cylindriques et entrecoupés d'un grand nombre de nœuds. De chacun de ces nœuds naissent ordinairement 3 écailles embrassantes qui recouvrent l'intervalle de 2 nœuds. Sous ces écailles se trouve un épiderme dur, jaune, vernissé, et à l'intérieur une substance blanche, farineuse et sucrée.

Car. gén. du *triticum repens*. Épillets multiflores, à fleurs distiques ; glume à 2 écailles sous-égales, nues ou pourvues d'arête ; glumelle à 2 paillettes, dont l'inférieure nuée, mucronée ou pourvue d'arête ; la supérieure bi-carénée, à carènes aiguillonnées-ciliées ; glumellule formée de 2 paléoles entières, souvent ciliées. 3 étamines ; ovaire sessile poilu au sommet ; 2 stigmates terminaux, plumeux. Cariopse libre ou soudé aux paillettes de la glumelle. — *Car. spéc.* Glumes quadriflores, subulés, armés d'une arête ; feuilles planes.

Ce chiendent s'élève à la hauteur de 60 à 100 centimètres; ses jets trançants sont très longs, moins gros que ceux du précédent, plus droits, moins noueux et plus rarement entourés d'écailles foliacées. Par la dessiccation, ils deviennent anguleux et presque carrés. Ils sont moins farineux à l'intérieur et ont une saveur sucrée un peu plus prononcée.

Les rhizomes de chiendent sont adoucissants et apéritifs étant employés en tisane ou en extrait. La tisane se prépare par décoction avec le rhizome mondé de ses radicules et de ses écailles et contusé; l'extrait est obtenu par infusion.

Racine de canne de Provence ou de grand roseau.

Arundo donax, L. Épillets contenant de 2 à 5 fleurs distiques, hermaphrodites, celle du sommet languissante. Glume à 2 écailles carénées, aiguës; glumelle à 2 paillettes, l'inférieure bifide au sommet, pourvue d'une arête courte, soyeuse à la base; la supérieure plus courte, bicarénée. Glumellule formée de 2 paléoles charnues; 3 étamines; ovaire sessile, glabre; 2 styles terminaux allongés; stigmates plumeux. Cariopse libre.

Ce roseau s'élève à la hauteur de $2^m,5$ à $3^m,5$. Ses tiges, noueuses et creuses, servent à faire des instruments à vent; ses feuilles sont larges de 5 centimètres, longues de 60 centimètres, lisses, un peu rudes sur les bords; ses fleurs forment une belle panicule, purpurine et un peu dense; sa racine est longue, forte, charnue, d'une saveur légèrement sucrée. On nous l'apporte sèche du midi de la France, et surtout de la Provence; ce qui est cause qu'on la prescrit ordinairement sous le nom de racine de *canne de Provence*. Elle est coupée par tranches ou en tronçons de diverses grosseurs; inodore, d'un blanc jaunâtre à l'intérieur, spongieuse et cependant assez dure. Elle est recouverte d'un épiderme jaune, luisant, coriace, ridé longitudinalement, et marqué transversalement d'un grand nombre d'anneaux. Elle n'a presque pas de saveur.

M. Chevallier, ayant analysé la racine de canne, en a retiré, entre autres produits, une matière résineuse qui a une saveur aromatique analogue à celle de la vanille, et avec laquelle il a aromatisé des pastilles qui se sont trouvées très agréables au goût (*Journ. de pharm.*, t. III, p. 244).

Le même chimiste a analysé les cendres de la racine de canne et en a retiré de la silice, mais sans aucune mention particulière. Avant lui, le célèbre Davy avait remarqué qu'un grand nombre de végétaux de la famille des joncs et des graminées contenaient de la silice, et que cette terre existait surtout dans l'épiderme, lisse et si dur, qui recouvre ces plantes. Elle y est jointe, dans les cendres, à une certaine quantité de potasse, de sorte que ces cendres, poussées à la fusion sans aucune autre addition, donnent un verre transparent (*Annales de chimie*, t. XXXII, p. 169). On sait, d'un autre côté, que les tiges du bambou, graminée gigantesque de l'Inde (*bambusa arundinacea*, Retz) offrent assez fréquemment, dans l'intérieur de leurs articulations, des concrétions blanches nommées *tabasheer* ou *tabaxir*, composées, d'après Vauquelin, de silice 70, potasse et chaux 30 (*Ann. du Muséum*, t. IV, p. 478. Voir également *Ann. chim.*, t. XI, p. 64).

La racine de canne est employée comme *antilaiteuse*.

Les médecins ont quelquefois prescrit, comme dépurative et anti-syphilitique, la tige du *roseau commun* ou *roseau à balai* (*arundo phragmites*, L.), plante plus petite que la précédente, à panicule plus lâche et tournée d'un seul côté. Les épillets portent de 3 à 6 fleurs, dont l'inférieure est mâle et les autres hermaphrodites. Ce roseau croît en France et dans presque toute l'Europe, dans les étangs, les ruisseaux et les rivières. Sa tige est herbacée, creuse, entrecoupée de nœuds pleins; sa racine est longue et rampante. Les panicules, coupées avant la floraison, servent à faire des balais d'appartement. Avec les tiges, coupées et aplaties, on fabrique des nattes et des tapis à mettre sous les pieds. La partie inférieure de la tige est séchée pour l'usage de l'herboristerie. Elle a la forme de tronçons creux, flexibles, celluleux, fermés souvent par une cloison transversale répondant à un nœud, et ce nœud présente à l'extérieur des restes d'écailles et des radicules. Cette tige est inodore et presque insipide.

Schœnanthe officinal.

Le schœnanthe est le *jonc aromatique* ou le σχοῖνος ἀρωματικός de Dioscorides, qu'il dit croître en Afrique, en Arabie, et surtout au pays de Nabathée (Arabie déserte). Suivant Lemery, le schœnanthe est tellement abondant dans cette dernière contrée et au pied du mont Liban, qu'on le fait servir de fourrage et de litière aux chameaux, ce qui est confirmé par les noms de *fœnum* ou de *stramen camelorum*, qu'il porte également. A la première vue, il est formé d'une touffe de feuilles paléacées, longue de 14 à 16 centimètres, terminée en pointe par le bas, qui offre un petit nombre de radicules blanches, renflée au milieu, et se terminant à la partie supérieure par des débris de tiges graminées. Examinée plus en détail, cette substance offre à la partie inférieure un rhizome unique, oblique, très court, ligneux, cylindrique, marqué de nœuds circulaires très rapprochés, et de la grosseur d'un brin de chiendent. Chaque nœud donne naissance à une ramification qui se ramifie souvent de la même manière, et le tout se termine par un assez grand nombre de chaumes très déliés, entourés chacun à la base de feuilles serrées, assez larges et engaînantes, et pourvus chacun d'une radicule blanche, longue de 5 à 8 centimètres. Les chaumes, dont il ne reste que les débris à la partie supérieure, sont un peu plus gros qu'un fil, hauts de 30 à 45 centimètres, et terminés par une panicule munie d'involucres rougeâtres, d'où sort un amas de fleurs très petites, longuement pédicellées, et dont le calice propre est entièrement couvert par de longs poils soyeux qui partent de la base. L'ancienneté des échantillons ne permet guère de s'assurer de la nature des organes sexuels ; mais il n'est pas douteux que les fleurs ne soient en partie mâles et en partie hermaphrodites comme dans les *andropogon*, dont cette plante est une espèce.

Les feuilles de schœnanthe sont pourvues d'une odeur persistante, analogue à celle du bois de Rhodes ; cette odeur devient plus forte, mais moins agréable, lorsqu'on les froisse entre les doigts ; leur saveur est âcre, aromatique, résineuse, très amère et très désagréable. La racine offre les mêmes propriétés, mais dans un degré inférieur ; enfin les fleurs, qui sont la partie de la plante que l'on devrait faire entrer dans la thériaque, doivent avoir, au dire de Lemery, une odeur et une saveur encore plus prononcées que les feuilles ; mais celles que j'ai ont peu d'odeur, et n'ont qu'une saveur faible, peut-être en raison de leur vétusté ; aussi leur substitue-t-on la touffe radicale des feuilles, qui, comme je viens de le dire, jouit encore de propriétés assez énergiques.

Schœnanthe des Indes et de Bourbon. On lit dans la 3ᵉ édition du *Dictionnaire* de Lemery, qu'on apporte de l'île Bourbon et de Madagascar un *gramen* qui a l'odeur et le goût du schœnanthe, mais qui est plus vert et à panicules plus petites et moins chargées de fleurs. J'ai reçu anciennement cette plante de l'île de la Réunion, où elle est connue sous le nom d'*esquine*. Un botaniste anglais, M. Royle, m'a dit qu'elle ressemblait beaucoup à une plante commune dans l'intérieur de l'Inde, regardée par les médecins comme le ὀχοῖνος de Dioscorides, et servant à l'extraction d'une huile volatile nommée *grass oil of Namur*. Elle diffère du schœnanthe officinal en ce que, au lieu d'offrir une touffe de feuilles radicales courte et épaisse, partant d'un rhizome unique, elle est formée d'un petit nombre de bourgeons ou de tubercules se développant les uns à côté des autres, pourvus d'assez fortes radicules, et portant chacun une tige haute de 60 à 100 centimètres, grosse comme une plume et munie de nœuds très espacés qui donnent naissance à des feuilles très longues et très étroites. Cette tige est terminée par une panicule dont les involucres, au lieu de renfermer un amas de fleurons pédicellés et soyeux , donnent naissance à des épillets verdâtres qui portent des fleurons sessiles et presque dépourvus de poils. Enfin, toute la plante est moins aromatique que le schœnanthe officinal.

Origine du schœnanthe. La description des deux plantes précédentes était indispensable pour établir nettement quelle espèce botanique peut produire le schœnanthe officinal. Linné l'a attribué à un *andropogon* de l'Inde et de Ceylan qu'il a nommé, à cause de cela, *andropogon schœnanthus*, *spicis conjugatis, ovato-oblongis, rachi pubescente , flosculis sessilibus, arista tortuosa;* et il a été suivi par tous les botanistes sans exception ; mais cette plante, qui est bien aussi l'*andropogon schœnanthus* de Roxburgh et de Wallich, ne produit que le schœnanthe de l'Inde, qui est bien inférieur à celui d'Arabie. Tous les échantillons d'*andropogon schœnanthus* qui se trouvent dans l'herbier de M. Delessert se rapportent à la plante de l'Inde et sont identiques avec l'*esquine de Bourbon.* Un seul échantillon , trouvé par M. Bové dans les déserts qui avoisinent le Caire, en Egypte, se rapporte au schœnanthe d'Arabie , ce qui s'accorde avec les lieux d'origine indiqués par Dioscorides. M. Decaisne y a reconnu l'*andropogon lanigerum* de Desfontaine (*Flora atlantica*, t. II , p. 379), qui est également l'*andropogon eriophorus* de Willdenow. C'est donc bien cette espèce seule qui produit le schœnanthe officinal.

Andropogon à odeur de citron de la Martinique.

D'après le docteur Fleming, cité par Wallich (*Plant. asiat. rar.*, t. III, p. 48), le schœnanthe de l'Inde y porte le nom de *lemon-grass*, ou de chiendent-citron. M. Petroz, ancien pharmacien en chef de la Charité , a reçu de la Martinique , sous le nom de *citronnelle* , un *andropogon* que les médecins du pays confondent aussi avec le schœnanthe et qui y passe pour vénéneux, ou au moins comme propre à faire avorter les femmes et les bestiaux ; cette plante se rapproche beaucoup en effet du schœnanthe , mais elle est bien plus grande dans toutes ses parties. Elle commence, à la partie inférieure, par un rhizome unique, court , ligneux et cylindrique , semblable à du gros chiendent. Ce rhizome s'est accru successivement chaque année, par la partie supérieure, de manière à former une souche grosse comme le doigt , courbée, ramifiée, longue de 13 à 16 centimètres, garnie dans toute sa longueur de radicules blanches semblables à celles du schœnanthe ; à l'extrémité supérieure se trouvent 5 à 6 bourgeons foliacés, formés par les pétioles embrassants et comme imbriqués des feuilles ; ces pétioles sont longs de 13 à 16 centimètres, et offrent une articulation avec le limbe de la feuille, qui est étroit et long de 65 à 80 centimètres. Il n'y a pas d'apparence de tige. La plante entière a une odeur de rose fort agréable, quoiqu'elle ait beaucoup souffert de l'humidité et qu'elle ait perdu presque toute saveur.

Racine de vétiver.

Depuis une trentaine d'années déjà, on trouve dans le commerce, sous le nom de *vétiver*, ou mieux de *vittie-vayr*, une racine qui sert dans l'Inde à parfumer les appartements, étant humectée d'eau, ou à préserver les hardes et les tissus de l'attaque des insectes. Cette racine ressemble à celle du chiendent à balai (*andropogon ischœmum*, L.); aussi la nomme-t-on vulgairement *chiendent des Indes*; elle est chevelue, d'un blanc jaunâtre, tortueuse, longue tantôt de quelques pouces, tantôt de près d'un pied; douée d'une odeur forte et tenace analogue à celle de la myrrhe, et offrant une saveur amère et aromatique. Cette racine, ou plutot ces radicules sortent en grand nombre d'une souche qu'on y trouve quelquefois réunie, et qui est tantôt oblique et traçante, munie de bourgeons foliacés à la partie supérieure, tantôt formée de tubercules qui naissent les uns à côté des autres; la tige, lorsqu'elle existe, est moins grosse que le petit doigt, aplatie, presque à deux tranchants, couverte de pétioles embrassants, lisse et d'une couleur jaune; les autres parties manquent complètement.

Le vétiver est produit par une plante très commune dans l'Inde, qui est l'*andropogon muricatus*, de Retz. Ses tiges sont nombreuses, unies, très droites, hautes de 1,3 à 2 mètres; ses feuilles sont étroites, longues de 0,6 à 1 mètre, inodores; les fleurs sont nombreuses, petites, épineuses sur une des deux feuilles de la glume, ciliées sur l'autre. Suivant quelques botanistes, qui font de cette plante un genre particulier sous le nom de *vetiveria*, elle serait dioïque; mais cette observation est loin d'être prouvée.

La racine de vétiver a été analysée par Vauquelin, qui en a retiré : 1° une matière résineuse d'un rouge brun foncé, ayant une saveur âcre et une odeur semblable à celle de la myrrhe; 2° une matière colorante soluble dans l'eau; 3° un acide libre; 4° un sel calcaire; 5° de l'oxide de fer en assez grande quantité; 6° une grande quantité de matière ligneuse (*Ann. chim.*, t. LXXII, p. 302).

On emploie dans l'Inde, aux mêmes usages que le schœnanthe et le vétiver, les racines ou les feuilles de plusieurs autres *andropogon* peu connus, et qui se confondent peut-être en partie les uns avec les autres : tels sont les *A. nardus*, L. (*ginger-grass*, Engl.); — *iwarancusa*, Roxb.; — *parancura*, Blanc; — *citratus*, DC. C'est à l'une de ces espèces, probablement à l'iwarancusa, qu'il faut attribuer une racine

d'origine indienne que l'on substitue souvent dans le commerce au
véritable vétiver, et qui s'en distingue par des radicules longues de 25
30 centimètres, blanchâtres, peu tortueuses, faciles à réunir en faisceaux réguliers, d'une odeur assez faible et fugace ; tandis que le
vétiver est formé de radicules jaunes, courtes, fortement tortueuses,
formant des amas très emmêlés et pourvus d'une odeur plus forte et bien
plus tenace.

Canne à sucre.

Saccharum officinarum, L. (fig. 72). Epillets biflores, poilus à la
base, à fleur inférieure neutre, à une seule paillette ; la supérieure

Fig. 72.

hermaphrodite ; 3 étami-
nes; ovaire sessile glabre;
2 styles terminaux, allongés ; stigmates plumeux.

Très belle plante gra-
minée qui, jusque dans
ces derniers temps, a
fourni la presque totalité
du sucre consommé dans
le monde entier ; et, bien
qu'aujourd'hui elle par-
tage cette production avec
la betterave, la grande
importance qu'elle con-
serve encore pour les
pays qui la cultivent,
m'engage à en parler avec
quelque détail.

Le sucre paraît avoir
été connu, à une époque
très reculée, des habitants
de l'Inde et de la Chine ;
mais il ne l'a été en Eu-
rope que par les conquêtes
d'Alexandre. Le mot *Sac-
charon* se trouve dans
Dioscorides et dans Pline ; cependant, d'après leurs descriptions, on
peut croire que le produit qu'ils nommaient ainsi différait un peu du
nôtre.

Pendant plusieurs siècles, son usage dans l'Occident a été restreint à la médecine ; mais la consommation s'en augmentait peu à peu ; et, après le temps des Croisades, les Vénitiens, qui l'apportèrent de l'Orient et le distribuèrent aux parties septentrionales de l'Europe, en firent un commerce très lucratif.

Pendant ce temps également, la culture de la canne à sucre, originaire de l'Inde, se rapprochait de l'Europe, comme en Arabie, en Syrie et en Égypte ; enfin, on la planta en Sicile, en Italie, et même dans la Provence ; mais la rigueur de certains hivers, dans cette dernière contrée, força d'en abandonner la culture. En 1420, Henri, régent du Portugal, fit planter la canne à sucre dans l'île de Madère, qui venait d'être découverte ; elle y réussit parfaitement, et passa de là aux Canaries et à l'île de Saint-Thomas.

Enfin, Christophe Colomb ayant découvert le nouveau monde, en 1506 un nommé Pierre d'Arranca porta la canne à Hispaniola, aujourd'hui Saint-Domingue, et elle s'y multiplia avec une si prodigieuse vitesse, qu'en 1518 il y avait déjà dans cette île vingt-huit sucreries, et qu'on a dit que les magnifiques palais de Madrid et de Tolède, bâtis par Charles-Quint, avaient été payés avec le seul produit des droits imposés sur les sucres de l'île espagnole.

La canne est donc étrangère non seulement à l'Amérique, mais encore à l'Europe, à l'Afrique et à toute la partie de l'Asie située en deçà du Gange. Quelques historiens ont prétendu qu'elle était naturelle à l'Amérique ; mais, outre qu'on ne l'y trouve pas à l'état sauvage, elle y est stérile la plupart du temps, et ne s'y reproduit que par boutures.

La culture de la canne à sucre varie suivant les climats et les contrées. Dans l'Indostan on la plante par boutures vers la fin de mai, lorsque le terrain est réduit à l'état de limon très doux par les pluies ou par des arrosements artificiels ; on la coupe en janvier et février, c'est-à-dire neuf mois après sa plantation, et avant sa floraison qui diminuerait beaucoup sa richesse en sucre.

En Amérique, où le terrain lui est moins convenable, la canne ne mûrit que douze à vingt mois après sa plantation. On reconnaît qu'elle est bonne à récolter à la couleur jaune qu'elle prend ; alors on la coupe, et on laisse pousser les rejetons, qui sont bons à couper au bout d'un an environ. Lorsque le même plant a poussé ainsi quatre ou cinq fois, on le détruit pour le replanter tout à fait.

La tige de la canne est un chaume comme celle des autres graminées, et elle présente dans sa hauteur, qui est de 3 à 4 mètres ou davantage, quarante, soixante ou même quatre-vingts nœuds. Cette tige n'est pas également sucrée dans toute sa longueur ; le sommet l'est bien moins que le reste, et c'est pour cette raison qu'on le retranche avant la récolte pour servir de bouture. Cette première opération faite, on coupe le reste des cannes très près de la terre, et on en forme des bottes que l'on porte au moulin.

Ce moulin est composé de trois gros cylindres de fer, élevés verticalement sur un plan horizontal, lequel est entouré d'une rainure destinée à l'écoulement du suc. Ces cylindres sont traversés par un axe de bois terminé en pivot aux deux extrémités : celui du milieu est mu par une force quelconque, et, au moyen d'engrenages, communique son mouvement en sens contraire aux deux autres. On présente un paquet de cannes entre deux de ces cylindres dont le mouvement tend à les y faire entrer ; elles y passent, s'écrasent, et le suc en découle. Pour mieux les épuiser, une autre personne, placée derrière le moulin, les reçoit, et les présente de l'autre côté du cylindre du milieu : elles y entrent de nouveau, sont encore écrasées, et repassent du premier côté.

La canne ainsi exprimée se nomme *bagasse* : on la fait sécher, et on l'emploie comme combustible.

Le suc exprimé se nomme *vesou* : on le fait couler, au moyen d'une rigole, jusque dans deux grands réservoirs placés proche du fourneau : il s'y dépure un peu ; mais on ne l'y laisse que le temps strictement nécessaire pour cela, car il fermente de suite, et le sucre se détruit.

Le fourneau sur lequel s'opèrent la clarification et l'évaporation du vesou a la forme allongée d'une galère, et porte quatre ou cinq chaudières, dont la plus grande est placée à côté des réservoirs, et la plus petite à l'extrémité où est le foyer. Par cette disposition, c'est cette dernière chaudière qui chauffe le plus, et la première le moins. Toutes ces chaudières sont d'abord remplies d'eau que l'on vide à mesure que le sirop y arrive : leur capacité est calculée de manière que la dernière peut recevoir le produit concentré des deux réservoirs remplis chacun deux fois.

On remplit la première chaudière de vesou, et on l'y mêle avec une petite quantité de lait de chaux, qui donne de la consistance à l'écume qui se forme, et en facilite la séparation ; dans cette chaudière le liquide ne s'élève pas à plus de 60 degrés, et ne bout pas par conséquent. Lorsque l'écume est bien rassemblée à la surface, on l'enlève avec une large écumoire, et on fait passer la liqueur dans la seconde chaudière. Le liquide commence à bouillir dans cette chaudière et se clarifie mieux. A un point déterminé de cuisson et de clarification, on le fait passer dans la troisième : dans toutes les deux, on ajoute une nouvelle quantité d'eau de chaux, si cela paraît nécessaire pour hâter la clarification.

Lorsque le sirop est parfaitement transparent et cuit comme un sirop ordinaire, on le fait passer dans la dernière chaudière, où l'ébullition et l'évaporation sont extrêmement rapides, et dans laquelle on le rapproche jusqu'à ce qu'il puisse cristalliser par le refroidissement.

Les opérations que je viens d'indiquer sont assez généralement suivies dans toute l'Amérique; il n'en est pas de même de celles qui suivent.

Dans les possessions anglaises, par exemple, on se contente de faire couler le sirop cuit dans une grande chaudière isolée du fourneau, et nommée *rafraîchissoir*; il s'y refroidit et cristallise en partie; on l'agite pour rendre le grain plus fin et plus uniforme, et on le distribue dans des tonneaux percés au fond de quelques trous que l'on tient bouchés avec la queue d'une feuille de palmier.

Lorsque la cristallisation est achevée dans ces tonneaux, on débouche en partie les trous, afin de faire écouler la portion restée liquide, que l'on nomme *mélasse*; on laisse égoutter entièrement le sucre solide, et on l'envoie en Europe sous le nom de *sucre brut, cassonade* ou *moscouade*.

Dans les possessions françaises, on fait de même en partie refroidir et cristalliser le sirop dans un rafraîchissoir; mais ensuite en le distribue dans des formes coniques en terre cuite, renversées sur des pots de même matière. Ces formes sont percées au sommet d'un trou que l'on tient bouché jusqu'à ce que la cristallisation soit achevée; alors on les débouche pour laisser écouler le sirop, et on laisse égoutter les pains pendant un mois: après ce temps on procède au *terrage*.

Cette opération consiste à recouvrir uniformément la surface des pains de sucre avec une couche d'argile détrempée; cette argile cède peu à peu son eau, qui traverse également toute la masse du sucre et en dissout le sirop On rafraîchit cette terre trois fois en quatre jours; le cinquième on la remplace tout à fait par de nouvelle, et on continue ainsi jusqu'à ce qu'on ait fait trois terrages ou neuf rafraîchis: alors, le sucre étant autant que possible privé de sirop, on le retire des formes, on le renverse sur sa base pour y répandre uniformément l'humidité accumulée au sommet, et on le laisse sécher à l'air pendant six semaines; en dernier lieu, on le met en poudre grossière, et on l'envoie en Europe sous le nom de *sucre terré* ou de *cassonade*.

Pendant longtemps la cassonade, arrivée en France, a été en partie employée à l'état brut par les confiseurs et les pharmaciens, et n'était guère raffinée que pour l'usage de la table ou pour les sucreries délicates; mais aujourd'hui elle est presque entièrement amenée à l'état de sucre en pains.

Dans les raffineries on se sert d'une grande chaudière placée isolément sur son fourneau en maconnerie, et de deux autres chaudières plus petites, placées sur un même fourneau, et dont une seule, de

même que dans les sucreries, se trouve immédiatement au-dessus du
feu.

On met dans la grande chaudière des quantités déterminées de sucre
et d'eau de chaux claire, et on chauffe le tout lentement. Lorsque l'é-
cume est formée, on l'enlève très exactement, et on ajoute à la liqueur
du sang de bœuf délayé dans de l'eau ; alors on la chauffe jusqu'à la
faire bouillir, on l'écume et on continue d'y ajouter du sang de bœuf
et d'écumer jusqu'à ce que la clarification soit parfaite. On fait passer
le sirop clarifié dans la première bassine du second fourneau ; on l'écume
et on le cuit encore ; enfin on le passe dans la chaudière où l'on doit
en achever la cuite. On agit pour la cristallisation et pour le terrage de
la même manière que dans les sucreries.

Lorsqu'on veut avoir du sucre encore plus beau, on lui fait subir
de nouveau les mêmes opérations, et alors on l'obtient en pains sonores,
très durs, translucides et d'un blanc parfait.

Depuis plusieurs années, les procédés qui viennent d'être exposés ont
reçu de grandes améliorations, mais en attendent encore de plus considérables. M. Avequin, pharmacien français, qui a dirigé l'exploitation
de grandes sucreries en Amérique, a d'abord montré que les anciens
moulins ne retirent guère que 50 pour cent de suc de la canne, tandis que celle-ci en renferme en réalité 90 centièmes. Jusqu'à présent,
les perfectionnements apportés aux appareils de pressage n'ont pu en
faire obtenir que de 60 à 68.

Le vesou contient de 15 à 20 centièmes de sucre, et, par l'ancien
procédé d'extraction, on n'en obtient que 7 à 9 tout au plus. Le surplus se trouve détruit par la fermentation, ou par la conversion du sucre
cristallisable en sucre incristallisable pendant l'action continuée du calorique, ou enfin reste dans la mélasse mélangé à des sels qui s'opposent
à sa cristallisation.

Pour parer à ces divers inconvénients, on procède le plus tôt possible
à la défécation du vesou par le moyen de la chaux, et on le porte immédiatement à l'ébullition, au lieu de le chauffer lentement dans une chaudière très éloignée du feu, comme on le faisait auparavant.

On filtre deux fois le sirop au noir animal en grains : une première
fois, lorsqu'il vient d'être déféqué ; une seconde, lorsqu'il est concentré
à 25 degrés du pèse-sirop.

On évapore le sirop clarifié, par très petites parties, dans des chaudières en cuivre placées sur un feu vif, de manière à ce que chaque
portion de liquide ne supporte la température de l'ébullition que pendant quelques minutes ; ou bien on le concentre dans le vide, et, par
conséquent, à une température bien inférieure à 100 degrés.

Divers végétaux qui contiennent du sucre. — La canne n'est pas le seul végétal qui contienne du sucre cristallisable, quoique aucun autre ne puisse soutenir la concurrence avec elle pour la quantité. Indépendamment des tiges des autres graminées précédemment citées, le tronc de plusieurs érables en contient, et surtout celui de l'*acer saccharinum*, arbre indigène aux forêts de l'Amérique septentrionale. La racine de betterave en renferme également et en fournit une certaine quantité au commerce. On pourrait également en extraire des navets, des carottes, des batates douces (*batatas edulis*), des fruits sucrés non acides, tels que les melons, les châtaignes, les baies de genièvre. Quant aux fruits acides, ils ne peuvent contenir que du glucose, en raison de la transformation que les acides font éprouver au sucre cristallisable. Tels sont les raisins, les groseilles et autres fruits rouges de nos climats, les oranges, etc.

Propriétés. Le sucre est soluble dans la moitié de son poids d'eau froide, et dans toute proportion d'eau bouillante. Il cristallise facilement, surtout par évaporation lente dans une étuve. On le nomme alors *sucre candi*.

Il est insoluble à froid dans l'alcool pur ; mais il s'y dissout à chaud, et cristallise par le refroidissement. Il se dissout facilement à froid dans l'eau-de-vie, ce qui offre un moyen de reconnaître lorsqu'il est mêlé de sucre de lait, lequel y est insoluble ; mais cette fraude serait sans objet, au prix où est le sucre aujourd'hui. Une autre falsification qu'on lui fait subir, consiste à le mélanger de glucose, ou sucre d'amidon. On reconnaît cette falsification par le moyen de la potasse qui se combine avec le sucre de canne sans le colorer sensiblement, tandis qu'elle décompose le glucose en lui communiquant une couleur brune foncée. Pour faire cet essai, on introduit dans un petit matras de verre 10 grammes de sucre, 30 grammes d'eau, 5 décigrammes de potasse pure, et on fait bouillir pendant quelques minutes. La coloration brune indique le mélange de glucose.

Le sucre, exposé au feu, se fond, se boursoufle, brunit et exhale une odeur particulière assez agréable. A cet état, il porte le nom de *caramel* ; exposé à une plus forte chaleur, il brûle avec une belle flamme blanche, et laisse un charbon volumineux. Celui-ci, incinéré, laisse un peu de cendre blanche, principalement composée de carbonate et de phosphate de chaux. L'acide nitrique dissout le sucre et le transforme, à l'aide du calorique, en une série d'acides dont les termes principaux sont l'acide saccharique ($C^{12}H^{10}O^{16}$), l'acide oxalique (C^2HO^4) et l'acide carbonique (C^2O^4). Le sucre pur, cristallisé, a pour formule $C^{12}H^{11}O^{11}$. On suppose qu'il contient deux molécules d'eau, et que sa composition à l'état anhydre $= C^{12}H^9O^9$. Ce qu'il y a de certain, c'est que le sucre cristallisé, en se combinant avec les bases, perd 1 ou 2 molécules d'eau, qui se trouvent remplacées par 1 ou 2 molécules de base. Le saccharate de chaux a pour formule $C^{12}H^9O^9 + CaO, HO$; le saccharate de plomb $= C^{12}H^9O^9 + 2PbO$.

Le sucre, dissous dans l'eau et additionné de levure ou d'un ferment azoté, se convertit en *alcool* et en *acide carbonique*, avec des phénomènes de chaleur et d'effervescence qui ont été désignés sous le nom de *fermentation vineuse* ou *alcoolique*. Il paraît que le premier effet de la levure ou du ferment est de convertir le sucre cristallisable de la canne en un sucre incristallisable de la formule $C^{12}H^{12}O^{12}$, et que c'est celui-ci qui, par un dédoublement de principes, se convertit en alcool et en acide carbonique :

$$\text{Sucre liquide} = \text{alcool} + \text{acide carbonique}$$
$$C^{12}H^{12}O^{12} = C^8H^{12}O^4 + C^4O^8$$

Cire de la canne à sucre, ou *cérosie*. Un grand nombre de végétaux laissent exsuder sur leurs tiges, leurs feuilles ou leurs fruits, une substance qui a été désignée généralement sous le nom de *cire végétale*, mais qui est loin d'être la même pour tous. La canne à sucre, particulièrement, présente sur toute sa tige et à la base amplexicaule des feuilles, un poussière blanchâtre qu'on peut en séparer en la grattant avec un couteau, et qui abonde sur la *canne violette* plus que sur les autres variétés. 153 cannes grattées ont fourni 170 gram. de cire ; la *canne à rubans* en fournit un peu moins ; la *canne d'Otahiti* en contient à peine le tiers de la canne à rubans ; la *canne créole*, originaire de l'Inde, n'en donne presque pas.

On pourrait obtenir la cérosie par le grattage des tiges ; on la traiterait ensuite par l'alcool froid pour la priver de chlorophylle ; on la dissoudrait dans l'alcool bouillant, et on l'obtiendrait par la distillation de l'alcool. Mais, comme cette substance est entraînée, en grande partie, par le suc qui sort des cannes pendant leur expression, et qu'elle y reste suspendue ou vient nager à sa surface, il est préférable de porter le vesou à l'ébullition sans addition de chaux, afin d'obtenir la cérosie mélangée à l'albumine et à la chlorophylle sous forme d'écume. On lave cette écume à l'eau d'abord, puis à l'alcool froid, et on la traite enfin par l'alcool bouillant. Bien que, par ces procédés, on perde une grande partie de la cérosie qui existe sur les cannes, cependant M. Avequin a calculé qu'un arpent de cannes, qui produit environ 18,000 cannes, fournirait 36 kilogrammes de cérosie, et qu'une *habitation* cultivant par an 300 arpents de cannes, en produirait 10000 kilogrammes. Ce produit peut donc devenir très important pour le commerce.

La cérosie est insoluble dans l'eau et à froid dans l'alcool rectifié.

Elle se dissout dans l'alcool bouillant et le fait prendre en masse par le refroidissement. Elle est peu soluble dans l'éther; elle est très dure et peut se pulvériser dans un mortier; elle fond entre 80 et 82 degrés, brûle avec une belle flamme blanche et serait d'un emploi très avantageux dans la fabrication des bougies. Elle est très difficilement saponifiable. M. Dumas l'a trouvée formée de $C^{48}H^{50}O^2$, composition très remarquable qui fait entrer la cérosie dans la série des *alcools*, ainsi que le montre le tableau suivant :

Esprit de bois.	=	$C^2\ H^2$
Alcool de vin.	=	$C^4\ H^4$
Glycérine	=	$C^6\ H^6$
Essence de pommes de terre . .	=	$C^{10}H^{10}$
Éthal	=	$C^{32}H^{32}$
Cérosie	=	$C^{48}H^{48}$

$$\left.\vphantom{\begin{matrix}a\\a\\a\\a\\a\\a\end{matrix}}\right\} + H^2O^2$$

Fruits alimentaires de graminées.

Tous les fruits des plantes graminées peuvent être considérés comme alimentaires, à l'exception de celui de l'ivraie, qui possède une qualité malfaisante; mais on ne cultive que ceux qui produisent le plus ou que leur volume rend plus faciles à récolter; tels sont, dans presque toutes les contrées du monde, le blé ou froment, l'épeautre, le seigle, l'orge, le riz, le maïs, l'avoine; et particulièrement à quelques pays, les millets, les sorghos, les éleusines, les poas, etc.

FROMENT. *Triticum sativum*, Lamk., comprenant comme sous-espèces les *triticum œstivum*, *hybernum* et *turgidum*, de Linné. Tiges hautes de 100 à 130 centimètres, garnies de 4 ou 5 feuilles, et terminées par un épi long de 8 à 12 centimètres; ceux-ci sont composés de 15 à 24 épillets sessiles, ventrus, imbriqués, glabres ou velus selon les variétés; mutiques ou garnis de barbe. Chaque glume renferme ordinairement 4 fleurs fertiles et une cinquième imparfaite. Le fruit est un cariopse ovale, mousse par les deux bouts, convexe d'un côté, creusé d'un sillon longitudinal de l'autre; le battage le privant de sa glume, il ne conserve que son tégument propre, mince, dur, transparent, qui, séparé de la farine par le blutoir, constitue le *son*.

La farine de froment contient sur 100 parties :

Amidon	70 à 74
Gluten.	10 à 14
Gomme soluble. . . .	3 à 5
Sucre	5 à 7
Eau	10 à 12

100 parties de froment ne fournissent que 0,15 de cendre composée principalement de phosphates de soude, de chaux et de magnésie. Cette cendre ne renferme pas de sulfate ou n'en présente que des traces, ce qui permet de reconnaître la farine pure de celle qui a été falsifiée avec du sulfate de chaux.

Pour faire l'analyse de la farine de froment, on la met en pâte avec de l'eau, on la renferme dans un nouet de linge et on la malaxe sous un filet d'eau. L'eau dissout la gomme et le sucre et entraîne l'amidon qui se dépose au fond. La liqueur filtrée et concentrée fournit une petite quantité d'albumine coagulée que l'on sépare par le filtre. On évapore à siccité et on traite par de l'alcool bouillant qui dissout le sucre ; la gomme reste.

La partie de la farine qui reste dans le linge est sous forme d'une masse molle, très collante et élastique qui porte le nom de *gluten ;* mais comme elle retient toujours une grande quantité d'amidon, il faut la retirer du linge et la malaxer à nu sous un filet d'eau et au-dessus d'un tamis de soie, jusqu'à ce que l'eau cesse d'être laiteuse. La masse qui reste alors, et qui constitue le *gluten de Beccaria*, pèse sèche de 0,10 à 0,14 du poids de la farine. Cette substance a d'abord été considérée comme un principe immédiat particulier ; mais Einhoff a montré qu'elle était formée au moins de deux principes azotés, dont l'un est de l'*albumine végétale* naturellement soluble, mais qui reste unie au second principe par une adhérence moléculaire. Ce second principe, nommé *glutine*, est insoluble dans l'eau, soluble dans l'alcool bouillant et peut être obtenu par ce moyen. C'est à la présence de ces deux principes réunis que la farine de froment doit de former un pain très nourrissant et de facile digestion : nourrissant en raison de l'azote qu'ils contiennent ; facile à digérer parce que le gluten communique à la pâte une ténacité qui retient l'acide carbonique produit pendant la fermentation et la rend poreuse et légère. La farine de blé est donc d'autant plus estimée qu'elle fournit plus de gluten par le procédé qui vient d'être indiqué.

SEIGLE. *Secale cereale*, L. Le seigle s'élève à la hauteur de 130 à 160 centimètres. Les fleurs sont disposées, au haut de la tige, en un épi simple, comprimé, long de 11 à 15 centimètres ; les épillets sont composés de 2 fleurs hermaphrodites, avec un rudiment linéaire d'une troisième fleur terminale. Le fruit est un cariopse long de 5 millimètres, poilu au sommet, d'une forme un peu conique, convexe d'un côté, creusé de l'autre d'un sillon longitudinal, d'un jaune grisâtre, à surface légèrement plissée lorsqu'il est sec.

Le seigle vient facilement dans des terrains où le blé ne pourrait croître avec avantage, et il résiste mieux à la gelée, ce qui permet de le cultiver dans les pays du Nord ; il mûrit aussi plus tôt. Il fournit une farine un peu bise, pourvue d'une odeur et d'une saveur qui lui sont propres. Il forme un pain lourd, mais nutritif, d'une saveur douceâtre particulière, et qui se conserve frais pendant longtemps. On l'emploie ordinairement mêlé au froment, sous le nom de *méteil*. D'après Einhof, la farine de seigle contient :

Amidon	61,1
Glutine	9,5
Albumine	3,3
Sucre	3,3
Gomme	11,1
Fibre végétale	6,4
Perte ou eau	5,3
	100,0

La farine de seigle ne peut être analysée comme celle de froment ; car si on veut la malaxer sous l'eau, dans un nouet de linge serré, rien n'en est séparé, et si l'on veut s'affranchir du linge, toute la farine se délaie dans l'eau et passe même, sauf quelques impuretés, à travers un tamis de soie. Par le repos l'amidon se précipite, mais coloré et mélangé de glutine. La liqueur décantée et filtrée contient le restant de la glutine unie à la gomme, au sucre et à l'albumine. On la soumet à l'ébullition pour faire coaguler l'albumine ; on la fait évaporer en consistance de sirop et on l'étend d'alcool qui dissout le sucre et la glutine. On ajoute de l'eau et on distille pour retirer l'alcool : le sucre reste dissous et la glutine se sépare.

ORGE. *Hordeum vulgare*, L. Tige droite, haute de 50 à 70 centimètres ; fleurs en épi ; épillets biflores, mais dont la fleur supérieure est réduite à l'état d'un rudiment subulé. Fleurs toutes hermaphrodites, imbriquées sur six rangs, dont deux plus proéminents. Glume à 3 écailles linéaires-lancéolées ; glumelle à 2 paillettes persistantes, embrassant le fruit et dont l'extérieure est terminée par une arête très longue ; dans une variété, nommée *orge céleste*, les paillettes s'écartent du grain qui s'en sépare avec facilité.

Autres espèces : orge à 6 rangs (*H. hexastichon*) dont l'épi est court, renflé, à 6 rangs de fleurs égaux ; orge distique (*H. distichon*), à épi comprimé, formé seulement de 2 rangs de fleurs hermaphrodites pourvues d'arêtes.

L'orge, à cause de la nature particulière de son amidon, ne produit qu'un pain dur et indigeste : aussi est-il principalement réservé pour la

nourriture des animaux herbivores et pour la fabrication de l'*orge mondé*
et *perlé* qui sont d'un usage assez fréquent en médecine.

Ces deux préparations de l'orge s'obtiennent de la même manière,
en faisant passer le grain entre deux meules placées horizontalement à
distance. Pour l'orge mondé, la distance est telle que le grain roulé
entre les meules perd seulement sa glume et sa glumelle et conserve
sont tégument propre. Pour l'orge perlé, un travail plus long et une
distance diminuée graduellement font que l'orge se trouve réduit à sa
partie blanche et farineuse.

La farine d'orge se conduit avec l'eau comme celle de seigle, c'est-à-
dire que si on la malaxe à l'état de pâte, dans un linge serré, rien ne
passe au travers du linge, à cause de l'adhérence du gluten à l'amidon,
et que si le linge est d'un tissu clair, presque tout passe au travers.
Cependant, en opérant dans un linge médiocrement serré, Einhof a pu
conserver dans le linge un résidu composé de fibre végétale, de glutine
et d'amidon, 7,3 pour 100, et la liqueur trouble a déposé 67 parties
d'amidon recouvert de glutine. L'eau qui surnage retient en dissolution
de l'albumine, du sucre, de la gomme, encore une certaine quantité
de glutine. On les sépare ainsi qu'il a été dit pour le seigle. Cette analyse a fourni :

Amidon et glutine.	67,18
Fibre végétale, glutine et amidon. . .	7,29
Albumine.	1,15
Glutine.	3,52
Sucre.	5,21
Gomme.	4,62
Phosphate de chaux.	0,24
Eau.	9,37
Perte.	1,42
	100,00

AVOINE. *Avena sativa*. Cette plante pousse plusieurs tiges hautes de
6 à 10 décimètres, munies de 4 à 5 nœuds d'où sortent des feuilles
assez larges et aiguës. Les fleurs sont disposées en panicules lâches et
réunies dans des épillets pédicellés et pendants. Chaque épillet contient
3 fleurs pédonculées, dont la première est seule fertile ; la deuxième,
mal conformée, est stérile ; la troisième est rudimentaire. Les écailles
de la glume sont courtes, mutiques, carénées ; la paillette extérieure
de la glumelle est pourvue d'une arête tortue. Le cariopse est presque

cylindrique, aminci en pointe aux deux bouts, adhérent à la paillette supérieure de la glumelle, et enveloppé dans la glume, dont on le sépare par le battage. L'avoine, ainsi obtenue, sert à la nourriture des chevaux et des animaux de basse cour; on l'emploie aussi pour la nourriture de l'homme et pour en faire des tisanes adoucissantes et nourrissantes, mais après l'avoir préparée sous des meules, à la manière de l'orge perlé. Sous cet état, on lui donne le nom de *gruau;* mais ce n'est pas elle qui sert à la fabrication du pain de luxe auquel on donne le nom de *pain de gruau.* Celui-ci se prépare avec la plus belle et la plus fine farine de froment.

La farine d'avoine dépouillée de ses enveloppes, ou la farine de gruau, présente quelques particularités dans sa composition. Elle contient 2 centièmes d'une huile grasse, jaune verdâtre et odorante à laquelle le gruau doit sa saveur particulière et sa demi-transparence. On y trouve ensuite 8,25 d'un extrait amer, sucré et déliquescent qui est cause que l'avoine renferme de 20 à 24 pour 100 d'eau, tandis que les autres céréales n'en contiennent guère que la moitié. Elle contient enfin 2,5 de gomme, 4,3 d'albumine et 59 d'amidon.

Riz. *Oriza sativa.* Le riz est originaire de l'Inde et de la Chine, où il occupe de vastes terrains inondés, et où il sert, de toute antiquité, à la nourriture des habitants. Il était peu connu en Europe du temps de Dioscoride et de Pline. Ce n'est que plus tard que la culture s'en est répandue en Égypte, en Italie, en Espagne et en Amérique. On a voulu à plusieurs fois en introduire la culture dans le midi de la France; mais comme on ne peut le placer que dans des terrains marécageux qui exercent une influence très délétère sur la santé des habitants, il a fallu y renoncer. Le riz pousse plusieurs tiges hautes de 100 à 130 centimètres, munies de feuilles larges, fermes, très longues, semblables à celles de nos roseaux. Les fleurs forment une longue et belle panicule terminale, composée d'épillets courtement pédicellés et uniflores. Les fleurs sont hermaphrodites, à 6 étamines, et appartiennent à l'hexandrie de Linné. Le fruit est un cariopse comprimé, étroitement serré dans les pailles de la glumelle. On le trouve dans le commerce privé de toutes ses enveloppes et même de son tégument propre. Celui que l'on consomme en France vient principalement de la Caroline et du Piémont. Le premier est le plus estimé; il est tout à fait blanc, transparent, anguleux, allongé, sans odeur, et a une saveur farineuse franche. Le second est jaunâtre, moins allongé, arrondi, opaque, a une légère odeur qui lui est propre, et une saveur un peu âcre. Tous deux sont fort nourrissants, et donnent du ton aux intestins.

On doit à M. Braconnot une excellente analyse du riz, dont voici les résultats :

	R.z de Caroline.	Riz de Piémont.
Eau.	5,00	7,
Amidon.	85,07	83,80
Parenchyme.	4,80	4,80
Matière azotée.	3,60	3,60
Sucre incristallisable.	0,29	0,05
Matière gommeuse.	1,71	0,10
Huile.	0,13	0,25
Phosphate de chaux.	0,40	0,40
Chlorure de potassium.	0,00	0,00
Phosphate de potasse.	0,00	0,00
Acide acétique.	0,00	0,00
Sel végétal calcaire.	0,00	0,00
— à base de potasse	0,00	0,00
Soufre.	0,00	0,00

Les colonnes 0,00 sont regroupées par l'indication « indices. »

(*Ann. de chim. et de phys.*, t. IV, p. 370).

MAïS. *Zea maïs*, L.; monœcie triandrie. Cette belle graminée paraît originaire de l'Amérique; mais elle s'est bien acclimatée dans les contrées chaudes et tempérées de l'ancien continent. On en cultive beaucoup en France, où elle porte vulgairement le nom de *blé de Turquie*. Elle s'élève à la hauteur de 2 mètres et plus. Sa tige est roide, noueuse, remplie d'une moelle sucrée; ses feuilles sont très longues, larges, semblables à celles du roseau. Les fleurs mâles sont disposées en une panicule terminale composée d'épillets biflores, à fleurs sessiles, triandres. Les fleurs femelles naissent au-dessous et sont enveloppées de plusieurs feuilles roulées, d'où pendent les styles sous forme d'un faisceau de soie verte; l'épi, qui succède à ces fleurs, croît par degré jusqu'à une grosseur considérable; les grains sessiles dont il est entièrement recouvert, sont gros comme des pois, lisses, arrondis à l'extérieur, terminés en pointe à la partie qui tient à l'axe. Ils sont le plus souvent jaunes, mais quelquefois rouges, violets ou blancs, suivant les variétés.

Le maïs est après le froment et le riz la plus utile des graminées; aussi est-elle une des plus généralement cultivées. Une partie des peuples d'Asie, d'Afrique et d'Amérique en font leur nourriture. Son usage est également très répandu en Italie, en Espagne et dans le midi de la France, non seulement pour l'homme, mais principalement pour les bestiaux et volatiles de toutes sortes, qu'il engraisse promptement. Il est composé de :

	Gorham.	Bizio.
Amidon	77	80,92
Zéine (gluten de maïs). .	3	3,25
Albumine	2,50	2,50
Sucre	1,45	0,90
Extractif.	0,80	1,09
Gomme	1,75	2,28
Phosphate ⎰ de chaux. . Sulfate ⎱	1,50	»
Fibre végétale	3	8,71
Eau	9 Sels , etc.	0,35
	100,00	100,00

Le gluten de maïs paraît différer de celui des autres graminées par une moindre proportion d'azote; sa faible quantité empêche d'ailleurs que la farine de maïs soit propre à la fabrication du pain, à moins qu'on n'y ajoute un tiers au moins de farine de froment. Mais on en fait des bouillies et des espèces de gâteaux qu'on prépare de beaucoup de manières différentes, suivant les pays, et qui forment un aliment sain et nourrissant.

Sur l'amidon (1).

Pendant longtemps l'amidon a été considéré comme un produit inorganisé, ou comme un principe immédiat analogue au sucre ou à la gomme, mais complétement insoluble dans l'eau froide, et soluble, au contraire, dans l'eau bouillante, avec laquelle il était susceptible de former, par le refroidissement, une masse gélatineuse. Cependant, dès l'année 1716, Leeuwenhoeck avait déterminé, à l'aide du microscope, que l'amidon était un corps organisé, de forme globuleuse, et formé d'une enveloppe extérieure, résistant à l'eau et quelquefois aux forces digestives des animaux, et d'une-manière intérieure facilement soluble dans l'eau et très facile à digérer; mais ces observations étaient complétement oubliées lorsque, en 1825, M. Raspail (2) annonça de nouveau

(1) Dans le langage chimique, les mots *amidon, fécule, fécule amylacée*, peuvent être considérés comme synonymes; dans les usages économiques, on donne plus spécialement le nom d'*amidon* à la fécule des graines céréales, et celui de *fécule* à celle retirée d'autres parties des plantes, et principalement des racines. Il m'arrivera souvent de me servir indifféremment de ces deux expressions.

(2) Voyez l'ouvrage de M. Raspail, *Nouveau système de chimie organique*, 2 édition, Paris, 1838, t. I, p. 429.

que chaque granule d'amidon est un corps organisé formé d'une enveloppe ou tégument inattaquable par l'eau froide, susceptible d'une
coloration durable par l'iode, et d'une matière intérieure soluble dans
l'eau froide, pouvant également se colorer en bleu par l'iode, mais perdant facilement çette propriété par l'action de la chaleur ou de l'air ;
d'où M. Raspail concluait que la propriété possédée par la fécule de se
colorer en bleu par l'iode, était due à une substance volatile.

Un mémoire de M. Caventou, où ce chimiste se montrait peu disposé
à admettre les résultats obtenus par M. Raspail, m'ayant engagé à m'occuper de ce sujet, je fis un certain nombre d'expériences qui, tout en
confirmant l'organisation des grains de fécule, démentait presque toutes
les autres assertions de M. Raspail. Ainsi, tandis que la fécule de
pomme de terre entière, examinée sous l'eau, au microscope, se présente sous forme de grains transparents, tous finis et d'une épaisseur·
évidente, la fécule broyée, mise dans l'eau, y forme des courants d'une
vitesse extrême, dus à l'émission et à la dissolution de la matière soluble intérieure des grains déchirés. Une partie de cette matière disparaît entièrement ; une autre reste attachée aux grains sous forme de
gelée, et disparaît aussi par l'application d'une légère chaleur. Alors on
aperçoit facilement les téguments déchirés qui servaient d'enveloppe
aux grains de fécule.

Mais, excepté cette expérience qui confirmait l'état organisé des
grains de fécule, toutes les autres tendaient à prouver que les trois
parties observées, à savoir, le *tégument*, la *matière gélatiniforme* et
la *matière soluble*, ne sont qu'une seule et même substance qui se
comporte de même avec l'iode, les acides, les alcalis, la noix de galle,
les dissolutions métalliques, et que ces trois parties ne diffèrent que par
la *forme* que l'organisation leur a donnée. Telle est la conclusion posi-
tive de mon mémoire, à laquelle je suis arrivé par plusieurs ordres de
considérations qui ont été confirmées depuis. (Voir *Journal de chimie*
médicale de 1829, t. V, p. 97 et 158.)

M. Guérin-Varry, cependant, après avoir distingué comme moi trois
parties dans l'amidon, a regardé ces trois parties comme trois matières
distinctes et de composition-élémentaire différente ; mais ces résultats
ont été contredits par MM. Payen et Persoz, qui après avoir distingué
trois principes différents dans la seule matière soluble, ont ensuite admis
que, à part un tégument excessivement mince, non colorable par l'iode,
tout le reste était formé d'un seul et même principe, auquel ils ont
donné le nom d'*amidone*. Enfin, M. Payen, dans un dernier mémoire
publié en 1838 (*Annales des sciences naturelles*, *Botanique*, t. X,
p. 5, 65 et 161), où l'on trouve réunis et résumés tous les travaux
entrepris sur l'amidon, et dont une grande partie lui appartient, a défi-

nitivement fixé l'opinion des chimistes sur la constitution de l'amidon, en le regardant comme une substance organisée, mais d'une seule nature et d'une composition constante, qui peut être représentée par $C^{12}H^{10}O^{10}$; composition proportionnellement semblable à celle de la cellulose, de la gomme arabique et du sucre anhydre. Cette conclusion, moins la composition élémentaire dont je ne m'étais pas occupé, est bien celle que j'avais émise en 1829; mais il existe cependant une différence essentielle entre nos résultats. J'avais admis que la fécule de pommes de terre était formée d'une substance tégumentaire insoluble et d'une matière intérieure soluble, toutes deux colorables par l'iode; M. Payen pense aujourd'hui que cette fécule est organisée et solide jusqu'au centre, et ne contient aucune partie soluble à froid. Je me fondais, pour établir mon opinion, sur ce que la fécule broyée, non pas seulement à sec, mais sous l'eau, afin d'éviter l'échauffement causé par le frottement, se dissolvait en partie dans l'eau, et ce résultat ne peut être révoqué en doute; mais M. Payen, pensant toujours que la fécule peut éprouver quelque modification moléculaire par le frottement, s'est borné à l'écraser en la pressant entre deux lames de verre, et c'est alors qu'il a vu, ainsi que je viens de le dire, que la fécule était solide et organisée jusqu'au centre, et qu'elle ne cédait à l'eau froide aucune partie soluble qui fût colorable par l'iode. Je viens de vérifier l'exactitude de ce fait, d'où il paraît résulter que, dans mon ancienne expérience, le broiement sous l'eau avait suffi pour altérer la constitution moléculaire de la fécule, au point d'en rendre une partie soluble. Je pense également, avec M. Payen, que la fécule est organisée jusqu'au centre, mais je dis toujours, en tant qu'il s'agit de la fécule de pomme de terre, qu'il existe une grande différence entre l'organisation forte et compacte de la partie extérieure, que j'ai vue se présenter souvent sous la forme d'une outre en partie lacérée et vide à l'intérieur, et l'organisation de la partie centrale, qui se sépare de la première et se divise dans l'eau, sous la forme de flocons colorables par l'iode. Il existe, d'ailleurs, ainsi que je me suis efforcé de le démontrer dans le mémoire précité, de grandes différences dans l'organisation intérieure des diverses fécules, lesquelles, jointes à celles qui résultent de leur forme et de leur volume, déterminées au moyen du microscope, peuvent très bien servir à les distinguer.

AMIDON DE BLÉ (fig. 73). Globules circulaires et d'un volume très variable : les plus petits, vus sous l'eau, au microscope, paraissent comme des points transparents, et on peut en suivre l'accroissement jusqu'aux plus gros; cependant les globules intermédiaires sont peu nombreux et on observe une discontinuité bien marquée entre les petits grains qui sont presque innombrables, et les plus gros qui arrivent sensiblement au même volume, estimé à 50 millièmes de millimètres. A voir ces granules en repos et presque tous bien circulaires, on les dirait sphériques; mais en faisant glisser le verre supérieur du porte-objet sur l'inférieur, on fait rouler les granules au milieu de l'eau, et on s'aperçoit alors qu'ils sont aplatis et *lenticulaires* (voyez fig. 73, lettre *a*, qui représente un granule d'amidon vu de champ).

L'amidon de blé, vu en masse, est d'un blanc mat et parfait. Il com-

Fig. 73.

munique à l'eau, à l'aide de la chaleur, une consistance d'autant plus forte que ses granules ont un plus petit volume et contiennent plus de matière tégumentaire et moins de matière véritablement soluble, et parce que la consistance de l'*empois* est due surtout à l'adhérence réciproque des téguments gonflés et hydratés.

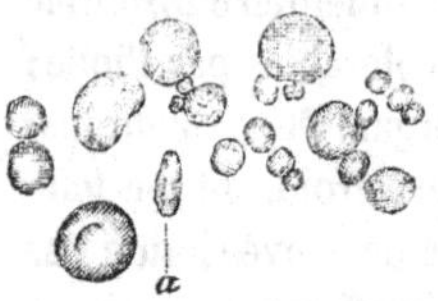

L'amidon de blé, soumis à l'ébullition dans une grande quantité d'eau, ne forme plus d'empois, parce que le tégument finit par se dissoudre presque entièrement et constitue alors de la fécule soluble. Cependant, si longtemps qu'on continue l'ébullition, il reste toujours un résidu insoluble, *sous forme de flocons légers et irréguliers*, qui se colorent en violet par l'iode.

Pour l'usage des arts, on extrait en grand l'amidon des recoupettes et gruaux de blé, des blés avariés, et quelquefois de l'orge. Voici à peu près le procédé que l'on suit : on moud le blé grossièrement, on le met dans un tonneau avec de l'eau, et on entretient l'air environnant à une température de 15 à 18 degrés, afin de déterminer la fermentation du mélange. Au bout de quinze ou vingt jours, on jette le tout sur un tamis de fer ; l'eau passe avec l'amidon et une certaine quantité de son et de gluten altéré ; on la laisse reposer : l'amidon, qui est le plus dense, se précipite le premier ; le son et le gluten forment au-dessus une bouillie qu'on enlève avec une pelle, après avoir décanté l'eau qui la surnage. Cette eau, qui porte le nom d'*eau sûre*, est employée en place d'eau pure dans les opérations subséquentes, et alors la fermentation s'y développe beaucoup plus promptement. On délaie l'amidon dans de l'eau pure, et on le fait passer à travers un tamis de soie très fin ; on le laisse précipiter de nouveau, on décante l'eau, et on le fait sécher le plus promptement possible.

On remarque que la pâte d'amidon se divise toujours, en séchant, en espèces de prismes quadrangulaires, irréguliers, mais semblables entre eux, et qui ont fait donner à l'amidon entier le nom d'*amidon en aiguilles*.

Le but de la fermentation que l'on fait subir au blé est d'en désorganiser le gluten, qui perd alors sa ténacité, et ne s'oppose plus à la précipitation isolée de l'amidon. L'amidon sert en pharmacie pour rouler quelques pilules, et pour saupoudrer la table sur laquelle on coule la pâte de guimauve.

On l'emploie aussi en lavement, fréquemment et avec succès, contre la diarrhée et la dyssenterie.

AMIDON DE SEIGLE (fig. 74). Granules circulaires et lenticulaires offrant les mêmes variations de volume que ceux du blé. Cependant les plus gros grains paraissent avoir un volume un peu plus considérable que ceux qui leur correspondent dans le blé, et de plus ils sont très souvent marqués au centre d'une étoile noire à 3 ou 4 rayons. Cet

Fig. 74.   Fig. 75.

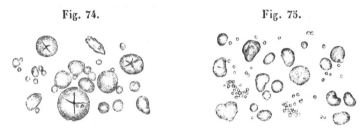

amidon, bouilli plusieurs fois dans l'eau distillée, laisse un résidu bien plus considérable que celui de blé, plus dense, colorable en bleu par l'iode, offrant assez souvent la forme d'un fer à cheval, mais plus souvent encore celui de granules disposés assez régulièrement autour d'un centre commun, de sorte qu'on peut supposer que l'amidon de seigle lui-même est formé de granules semblables réunis et soudés par une matière plus attaquable par l'eau et qui disparaît en partie par l'ébullition.

AMIDON D'ORGE (fig. 75). De même que les deux précédents, cet amidon se compose d'un nombre très considérable de petits granules transparents, de granules intermédiaires et d'un grand nombre de granules circulaires qui atteignent sensiblement le même volume. Voici maintenant les différences : le diamètre des plus gros granules est manifestement plus grand que dans l'amidon de blé ; l'épaisseur en est plus considérable et *inégale ;* la coupe des granules passant par leurs plus grands diamètres, ne formerait pas une surface plane, mais *ondulée ;* en un mot, ces granules, au lieu d'avoir la forme régulière d'une lentille, ont la forme bosselée et ondulée d'une semence de nandirobe. Il résulte de cette forme irrégulière jointe à une plus grande épaisseur, que l'amidon d'orge roule plus facilement dans l'eau que ceux du blé et du seigle ; qu'il peut se reposer plus souvent sur la tranche et qu'il offre assez souvent la forme irrégulière et comme triangulaire de la fécule de pommes de terre ; mais son volume est bien moindre. L'amidon d'orge diffère encore de celui du blé en ce qu'il est bien plus fortement organisé et qu'il résiste bien plus à l'action de l'eau bouillante : tandis que l'amidon de blé, après une ébullition prolongée, ne laisse pour résidu qu'un léger flocon colorable en violet par l'iode ; dans les mêmes circonstances, l'amidon d'orge laisse un résidu dense et pesant, nettement dessiné en *demi-lune*, en *rein* ou en *cercle* coupé jusqu'au centre et entr'ouvert. Ce résidu se colore en bleu foncé par l'iode. En renouvelant l'ébullition, une partie des téguments se déforme et se déchire ; mais si longtemps qu'on la continue, le plus grand nombre conserve la forme d'un cercle ouvert ou d'un rein. Cette grande résistance des granules de l'amidon de l'orge à l'action de l'eau bouillante explique la difficulté qu'ont les estomacs faibles à le digérer. Proust attribuait cette qualité indigeste de l'orge à un principe analogue au ligneux, qu'il nommait *hordéine*, et dont il supposait que l'orge contenait 0,55 de son poids ; mais j'ai montré que cette hordéine était principalement composée des téguments insolubles de l'amidon de l'orge (*Journ. de chim. méd.*, t. V, p. 158).

Fig. 76.

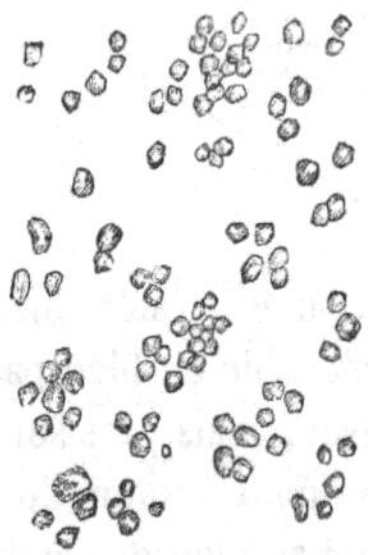

AMIDON DE RIZ (fig. 76). Cet amidon est remarquable par sa petitesse, par l'égalité de son volume et par sa forme triangulaire ou carrée très marquée. Soumis à une longue ébullition dans l'eau, il laisse pour résidu de légers flocons formés de granules très minimes colorés en bleu par l'iode et liés entre eux par une matière muqueuse. L'amidon de riz paraît donc être lui-même un assemblage de ces granules.

Falsification de la farine de blé.

Dans les temps de disette et même dans les circonstances ordinaires, la farine de blé est sujette à être falsifiée avec celle du seigle, de l'orge, des pois, des haricots, etc., et, ce qui est beaucoup plus blâmable, avec du plâtre, de la craie, de l'argile blanche. Je vais indiquer brièvement les moyens de reconnaître ces différentes falsifications.

Mélange de la farine du blé avec celle du seigle ou de l'orge. Ce mélange peut être connu au microscope par l'examen attentif de la farine délayée et étendue dans l'eau, en raison des caractères physiques différents des amidons contenus dans les farines. On le reconnaîtra encore mieux après une longue ébullition dans l'eau au moyen des résidus laissés par les amidons de seigle ou d'orge.

Falsification avec la fécule de pommes de terre. On a souvent conseillé de reconnaître cette falsification en déterminant la quantité de

gluten de la farine ; mais puisque cette quantité varie de 9 à 14 pour 100
dans la farine normale, suivant sa qualité, il est évident que cet essai
ne présente aucune certitude. L'examen microscopique est préférable.
En effet, la fécule de pommes de terre (fig. 77) présente toutes sortes
de formes, depuis la sphérique qui appartient aux plus petits, jusqu'à
l'elliptique, l'ovoïde ou la triangulaire
arrondie qui se montrent dans tous les
autres. Les petits granules sont d'ailleurs peu nombreux et presque aussi
volumineux que les gros grains d'amidon de blé. Les autres présentent souvent une surface bosselée et des stries
irrégulièrement concentriques autour
d'un point noir (hile) situé vers l'une
des extrémités du grain. Enfin ces granules ovoïdes ou triangulaires arron-
dis, qui forment la presque totalité de la fécule, ont un diamètre de
150 à 180 millièmes de millimètre et présentent, sur le champ du microscope, une surface au moins neuf fois plus grande que celle des gros
granules d'amidon de blé. Il est donc facile de distinguer au microscope
de la farine de blé pure de celle qui est mélangée de fécule.

Fig. 77.

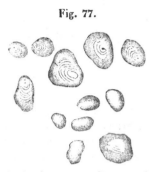

Cependant M. Donny, en mettant à profit l'action différente de la potasse sur l'amidon de blé et la fécule de pommes de terre, a rendu le
mélange encore plus facile à saisir. En effet, les deux fécules se dissolvent également et disparaissent dans une solution de potasse caustique
faite au dixième ; mais si on prépare une solution au cinquantième ou
au soixantième (1,75 de potasse pure pour 100 d'eau), cette liqueur
n'agira pas sensiblement sur l'amidon de froment, tandis que la fécule
de pommes de terre acquerra un volume qui triplera au moins son diamètre ; alors il n'y aura plus moyen de la confondre avec les grains
amylacés de la farine.

Farines de légumineuses. Ces farines sont généralement pourvues
d'une couleur et d'une saveur qui rend leur mélange facile à reconnaître. De plus elles contiennent toujours des fragments de tissu cellulaire hexagonal, qu'il est facile de distinguer au microscope après avoir
dissout l'amidon au moyen d'une solution de potasse au dixième. Enfin
M. Donny a découvert dans les farines de vesce et de fèverole un caractère qui les fait reconnaître facilement, et qui consiste dans une belle
coloration rouge que prend la farine de ces deux légumineuses lorsqu'on l'expose à la vapeur de l'ammoniaque, après l'avoir tenue suffisamment exposée à celle de l'acide nitrique. (Voir les *Bulletins de la
Société d'encouragement de* 1847, rapport de M. Bussy.)

Falsification au moyen du plâtre, de la craie ou de l'argile.
Cette falsification peut être reconnue en traitant la farine par une solution de potasse au dixième qui la dissout presque complétement en
laissant la substance minérale dont il est facile ensuite de déterminer la
nature.

On peut également brûler et incinérer la farine qui, dans son état
normal, fournit à peine un centième de cendre. La quantité de matière
fixe et sa nature constatent la falsification.

FAMILLE DES PALMIERS.

Les palmiers sont, en général, des arbres à tige élancée, simple et
cylindrique, couronnée au sommet par une touffe de feuilles dont les
plus inférieures se détruisent chaque année en laissant sur le tronc les
vestiges de leur pétiole embrassant, et sont remplacées par celles qui
sortent du bourgeon terminal. Les fleurs sortent de l'aisselle des feuilles,
enveloppées d'une spathe ligneuse et portées sur un spadice ramifié.
Elles peuvent être hermaphrodites, polygames, monoïques ou dioïques.
Leur périanthe se compose de 2 verticilles de folioles coriaces dont les
3 intérieures n'ont pas toujours la même forme que les 3 extérieures et
se soudent quelquefois entre elles. Les étamines sont au nombre de 6,
rarement réduites à 3 et plus rarement encore plus nombreuses que 6.
Le pistil est formé de 3 ovaires distincts ou soudés, renfermant chacun
1 ovule dressé. Le fruit se compose de 3 baies ou de 3 drupes séparés
pouvant se réduire à 2 ou à 1 par avortement, ou bien d'une seule baie
ou d'un seul drupe à 3 loges, pouvant également se réduire à 2 ou à une
seule loge par l'avortement des autres. La graine est pourvue d'un
périsperme épais, souvent très dur, creusé sur un point de sa surface
d'une cavité qui renferme l'embryon.

A l'exception du *chamœrops humilis*, palmier presque privé de tige,
qui vient spontanément dans le midi de l'Europe, mais où ses fruits
mûrissent à peine, tous les autres palmiers croissent entre les tropiques.
Ils remplacent, pour les peuples de ces contrées brûlées par le soleil,
le blé, la vigne et l'olivier des zones tempérées. En effet, dans la plupart
des espèces (sagouiers, dattiers), la tige renferme une fécule abondante
propre à faire du pain ; d'autres (*arenga saccharifera*, *phœnix*, *areca*)
fournissent un liquide sucré que l'on convertit en vin par la fermentation. Les cocos eux-mêmes, avant leur maturité, sont remplis d'un suc
laiteux et rafraîchissant, et lorsqu'ils sont mûrs, ils servent, ainsi que
les dattes, à la nourriture de la plupart des peuples des pays chauds.
Enfin, le péricarpe de l'avoira de Guinée, comme pour le disputer en

tout à l'olivier, fournit aux usages domestiques et aux arts une huile très abondante.

Nous examinerons successivement la plupart de ces produits.

Dattes et Dattier.

Phœnix dactylifera (fig. 78). On trouve cet arbre dans l'Inde, dans la Perse et surtout en Afrique, dans le Biledulgérid (*Belàd el Djeryd* ou pays des dattes), vaste contrée au sud de l'Atlas et de l'Algérie, qui s'étend du royaume de Maroc à la régence de Tunis. Il s'élève à la hauteur de 16 à 20 mètres. Sa tige est nue, cylindrique et formée d'un bois assez

Fig. 78.

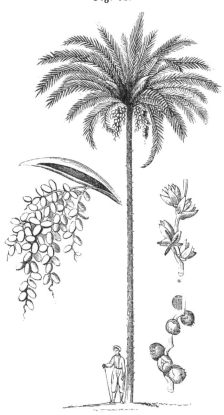

dur à l'extérieur, à fibres rougeàtres et longitudinales, qui est employé comme bois de construction. Elle est marquée à l'extérieur d'anneaux très rapprochés et d'écailles provenant des feuilles tombées. Celles-ci

sont très grandes, composées de leur pétiole garni sur toute sa longueur
de folioles aiguës, disposées sur deux rangs, comme les barbes d'une
plume. De l'aisselle des feuilles sortent des spathes fort longues, d'une
seule pièce, un peu comprimées, s'ouvrant sur leur longueur pour
donner passage à une ample panicule ou *régime*, composée de rameaux
très nombreux, fléchis en zig-zag, pourvus de fleurs mâles ou femelles,
selon les individus; car l'arbre est dioïque. Les fleurs mâles ont un périanthe à 6 divisions dont 3 externes et 3 internes, et 6 étamines. Les
fleurs femelles contiennent trois stigmates distincts et donnent naissance
à trois fruits (fig. 79), mais dont 1 ou 2 avortent le plus souvent. Chacun

Fig. 79.

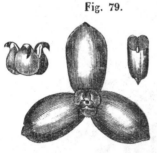

de ces fruits est une *baie*
supère, de forme ellip-
tique, longue et grosse
comme le pouce environ;
leur épiderme est mince,
rouge-jaunâtre et recou-
vre une chair solide, d'un
goût vineux, sucré et un
peu visqueux. Cette chair
renferme une semence
composée d'un épisperme membraneux, lâche, blanc et soyeux, et d'un
périsperme très dur, osseux, oblong, profondément sillonné d'un côté
et portant sur le milieu du côté convexe une petite cavité qui renferme
l'embryon.

C'est de l'Afrique et par la voie de Tunis que nous viennent les
meilleures dattes. Il faut les choisir récentes, fermes, demi-transparentes
et exemptes de mites. On les conserve bien dans un endroit sec et dans
un bocal de verre fermé par un simple papier.

On apporte aussi de Salé, port du royaume de Fez, des dattes qui sont
blanchâtres, petites, sèches, peu sucrées et peu estimées. Il en vient en
Provence qui sont fort belles, mais qui ne se conservent pas.

Semence ou Noix d'Arec (fig. 80).

Cette semence est produite par l'*areca catechu*, grand palmier de
l'Inde, de Ceylan et des îles Moluques. Le tronc de cet arbre est parfaitement droit, haut de 13 à 14 mètres et couronné par 10 ou 12 feuilles
longues de 5 mètres, composées chacune d'un gros pétiole engaînant à
la base, et de deux rangs de larges folioles plissées en éventail. Les régimes ou les panicules sont au dessous des feuilles, et ordinairement au
nombre de trois; l'un, supérieur, est composé de fleurs mâles et femelles

entourées d'une double spathe ; le second porte des fruits verts, et le dernier des fruits mûrs.

Ces fruits sont d'un jaune doré , gros comme un œuf de poule, et renferment sous un brou fibreux une amande arrondie, ovoïde ou conique, suivant les variétés, marbrée à l'intérieur de blanc et de brun , à

Fig. 80.

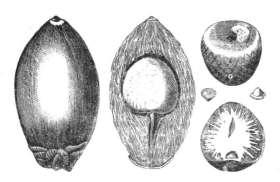

peu près comme la noix muscade , mais très dure, cornée et inodore. Cette amande, coupée par tranches, saupoudrée de chaux et enfermée dans une feuille de poivre bétel , forme un masticatoire dont l'usage est répandu chez tous les peuples de l'Inde, des îles de la Sonde et des îles Moluques.

M. Morin (de Rouen) a fait l'analyse de l'amande de l'*arec* et en a retiré du tannin principalement , de l'acide gallique, de la glutine, une matière rouge insoluble, de l'huile grasse, de la gomme, de l'oxalate de chaux, du ligneux, etc. (*Journal de pharm.*, t. VIII. p. 449.)

La noix d'arec sert à préparer, dans les provinces méridionales de l'Inde et à Ceylan , un cachou très estimé , qui porte le nom de *Coury*, et un autre d'une qualité inférieure , nommé *Cassu;* je me réserve de les décrire en traitant du cachou produit par l'*acacia catechu*, famille des Légumineuses.

Cocotier et Huile de coco.

Cocos nucifera. Ce palmier habite le voisinage des mers sous les tropiques et à peu près par toute la terre. Sans lui, les îles du grand océan Pacifique seraient inhabitables, et les peuples répandus sur l'immensité des plages équatoriales périraient de faim et de soif, et manqueraient de cabanes et de vêtements ; car cet arbre leur fournit du vin, du vinaigre, de l'huile, du sucre, du lait, de la crème, des cordages, de la toile, des vases, du bois de construction, des couvertures de cabanes, etc. C'est donc à bon droit qu'on l'a nommé le *Roi des végétaux*.

Les racines du cocotier sont peu profondes et touffues; la tige, qui n'a pas plus de 4 à 5 décim. de diamètre, s'élève comme une colonne jusqu'à une hauteur de 20 à 30 mètres, et se termine par une touffe de 12 à 15 feuilles ailées, longues de 5 à 6 mètres. Les spathes, qui sortent de l'aisselle des feuilles inférieures, donnent naissance à des spadices rameux couverts de fleurs mâles et femelles : les premières à six étamines avec un rudiment d'ovaire ; les secondes, pourvues d'un ovaire à trois loges dont deux rudimentaires et une seule fertile. Le fruit est un drupe ovale ou elliptique et trigone, pouvant avoir le volume de la tête, formé d'un mésocarpe fibreux, recouvrant un endocarpe osseux, percé de trois trois à la base, et renfermant une amande vide à l'intérieur, creusée vers la base d'une cavité qui renferme l'embryon. Lorsque ce fruit a atteint sa grosseur, mais avant que l'amande ne soit formée, on le trouve rempli d'un liquide blanc, doux, sucré, un peu aigrelet et très rafraîchissant. L'amande, une fois mûre, se mange et sert de nourriture la plus ordinaire aux naturels de la Polynésie. On en retire par expression près de la moitié de son poids d'une huile incolore, presque aussi fluide et aussi limpide que de l'eau, à la température habituelle des tropiques; mais se solidifiant entre 18 et 16 degrés centigrades, ce qui est cause que nous la voyons souvent blanche, opaque et solide. Cette huile récente sert à la préparation des aliments; mais elle rancit très facilement et n'est plus alors appliquée qu'à l'éclairage. Elle forme, avec la soude, un savon sec, cassant, moussant extraordinairement avec l'eau, et ne pouvant guère être employé que mélangé avec d'autres savons plus mous et plus onctueux. Le savon de coco, décomposé par un acide, fournit un acide gras particulier, nommé acide *coccinigue*, fusible à 35 degrés, pouvant être distillé sans altération. D'après M. Broméis, il a pour composition :

$$C^{27} H^{27} O^4 = C^{27} H^{26} O^3 + HO.$$

Palmier avoira et Huile de palme.

Elæis guineensis. Grand palmier, cultivé également dans la Guinée, en Afrique, et dans la Guyane, en Amérique, où il porte le nom d'*aouara* ou *avoira*. Les feuilles sont pinnées, à pétioles épineux qui persistent sur la tige. Les fleurs mâles et femelles sont séparées sur des régimes différents, munis d'une double spathe : le calice et la corolle sont à 3 divisions; les étamines sont au nombre de 6, et l'ovaire est à 3 stygmates et à 3 loges dont deux sont oblitérées. Le fruit est un drupe de la grosseur d'une noix et d'un jaune doré, formé d'un sarcocarpe fibreux et huileux, et d'un noyau très dur qui renferme une amande grasse et solide. Ce fruit contient donc deux huiles différentes et qui sont extraites séparément. L'huile du sarcocarpe est jaune, odorante, toujours liquide en Afrique ou à la Guyane, ce qui fait qu'on lui donne le nom d'*huile de palme*, et qu'on l'emploie à tous les usages de l'huile; tandis que celle qu'on tire de l'amande est blanche, solide et sert aux mêmes usages que le beurre. Cette dernière, beaucoup moins abondante que l'autre, ne vient pas en Europe; mais la première est aujourd'hui importée en quantité très considérable en Angleterre et en France, où elle sert surtout à la fabrication des savons.

L'huile de palme, telle que le commerce nous la fournit, est solide, de la consistance du beurre et d'un jaune orangé Elle présente une saveur douce et parfumée, et une odeur d'iris; elle fond à 29 degrés et est alors très fluide et d'une couleur orangée foncée; elle ne cède rien à l'eau froide ou bouillante; elle se dissout à froid dans l'alcool à 40 degrés; elle s'y dissout beaucoup plus à chaud et se précipite en partie par le refroidissement; elle se dissout en toutes proportions dans l'éther; elle se saponifie très facilement par les alcalis, et forme un savon jaune et non rouge, comme cela pouvait avoir lieu lorsque, l'huile de palme étant rare et d'un prix élevé, on en fabriquait d'artificielle avec de l'axonge aromatisée à l'iris et colorée avec du curcuma. Aujourd'hui cette falsification serait d'autant plus mal inspirée qu'on décolore la plus grande partie de l'huile de palme avant de la saponifier.

D'après MM. Pelouze et Félix Boudet, l'huile de palme serait formée d'oléine et de margarine, ou si on l'aime mieux, d'oléate et de margarate de glycérine; mais, d'après MM. Frémy et Stenhouse, l'huile de palme contient, au lieu de margarine, un autre corps gras qui a reçu le le nom de *palmitine*, fusible, à la vérité, à 48 degrés comme la margarine, et fournissant comme elle, par la saponification, un acide fusible à 60 degrés; mais cet acide *palmitique* est composé de

$$C^{32} H^{32} O^4 = C^{32} H^{31} O^3 + HO,$$

tandis que l'acide margarique =

$$C^{34} H^{34} O^4 = C^{34} H^{33} O^3 + HO.$$

Ce qu'il y a de remarquable, c'est que l'acide palmitique est identique avec l'acide cétique ou éthalique du blanc de baleine, et que la palmitine et la cétine diffèrent seulement par la nature de leur base, la première étant un palmitate de glycérine, et la seconde un palmitate d'éthal.

Enfin, MM. Pelouze et Boudet ont fait l'observation que l'huile de palme pouvait se convertir en acides gras, spontanément et sans le secours d'un alcali. L'huile, en rancissant, prend un point de fusion plus-élevé, en même temps que la quantité des acides gras augmente. Une huile fusible à 31 degrés a fourni moitié de son poids d'acides gras; une autre, plus ancienne, en contenait les 4/5. Je puis ajouter à cette observation que l'acidification spontanée de l'huile de palme est le résultat d'une sorte de fermentation qui a besoin, pour se produire, d'un commencement d'altération due au contact de l'air. En effet, l'huile de palme récente, fondue et introduite dans des vases pleins et hermétiquement fermés, se conserve indéfiniment avec sa belle couleur orangée, son odeur et ses autres propriétés; mais pour peu que l'air ait d'accès et commence l'altération de l'huile, on voit la décoloration et la rancidité s'étendre peu à peu de la surface au restant de la masse et ne s'arrêter que lorsque la transformation est complète. Cette transformation donne lieu à la production d'une certaine quantité de glycérine soluble dans l'eau; mais, d'après l'observation de MM. Pelouze et Boudet, cette quantité diminue au lieu d'augmenter avec la rancidité de l'huile, parce que la glycérine elle-même se décompose et se change en acide sébacique.

Indépendamment des matières grasses analogues à l'huile ou à la graisse, la famille des Palmiers en produit d'autres que l'on peut comparer à la cire; telles sont la cire du *ceroxylon andicola* H. B, et celle du *corypha cerifera* de Martius, connu au Brésil sous le nom de *Carnauba*.

Le *ceroxylon andicola* est un palmier magnifique, croissant sur les plateaux les plus élevés des andes du Pérou, et s'élevant lui-même à la hauteur de 60 mètres environ. La substance qu'il produit et qui porte au Pérou le nom de *cera de palma*, exsude des feuilles et surtout du tronc de l'arbre, à l'endroit des anneaux. Les Indiens l'enlèvent en grattant le tronc avec un couteau et la purifient par la fusion. Cette substance est d'un blanc sale et jaunâtre, assez dure, poreuse et friable, sans saveur ni odeur. Suivant Vauquelin, elle serait formée de 2/3 de résine et de 1/3 seulement de cire; mais, d'après M. Boussingault, elle est composée d'une résine soluble dans l'alcool froid, jaunâtre, un peu amère, et d'une autre résine soluble seulement dans l'alcool bouillant et facilement cristallisable, à laquelle il a donné le nom de *céroxyline*.

Quant à la cire du *coripha cerifera* ou du *carnauba*, il résulterait des expériences de Brandes que c'est une véritable cire tout à fait analogue à celle des abeilles, quoiqu'elle en diffère beaucoup par ses caractères physiques. Ainsi elle est blanche, un peu jaunâtre, dure, sèche, cassante, à cassure lisse, luisante et non grenue.

Sang-Dragon.

Résine rouge, insoluble dans l'eau, soluble dans l'alcool, dont on connaît plusieurs espèces produites par des arbres fort différents; cependant le sang-dragon le plus usité provient d'un palmier du genre des rotangs, nommé par Willdenow *calamus draco*. Ces arbres ont un port tout particulier qui leur a fait donner par Rumphius le nom de *palmiers-joncs*, et qui consiste en ce que leur tige grosse comme le pouce ou moins, s'allonge presque sans fin dans quelques espèces, en s'élevant au sommet des plus grands arbres et en passant de l'un à l'autre, de manière à acquérir une longueur de plus de 160 mètres. Les jets flexibles qui les composent, surtout ceux du *calamus viminalis*, W., coupés d'une longueur de 12 à 15 pieds, et mis par faisceaux de 50 environ, sont envoyés en Europe, où ils servent à dégorger les conduits d'eau, à faire des badines et à fabriquer différents ouvrages et meubles en *jonc*, qui unissent la légèreté à la solidité. Les tiges d'une autre espèce, le *calamus scipiorum*, Lour., forment ces belles cannes nommées *joncs*, d'un seul jet, luisantes, roussâtres, pourvues d'un angle peu marqué. Le *calamus draco* en fournit d'autres d'un jaune pâle, de la grosseur du doigt, longues de 3 pieds environ, ce qui est la distance de deux articulations. Celles qui proviennent du *calamus verus* sont lourdes, jaunâtres, parfaitement rondes, munies de plusieurs nœuds espacés d'un pied.

Tous les fruits des *rotangs* sont recouverts d'un péricarpe écailleux, comme celui des sagouiers, et ressemblent un peu en petit à un cône de pin; mais celui du *calamus draco* est le seul qui soit imprégné, tant à l'extérieur qu'à l'intérieur, d'une résine rouge qui est notre sang-dragon.

Suivant Rumphius, on obtient cette substance en secouant pendant longtemps les fruits dans un sac de toile rude; la résine pulvérisée passe à travers le sac. On la fond à une douce chaleur et on lui donne, à l'aide des mains, la forme de globules que l'on enveloppe dans des feuilles sèches de *licuala spinosa*, autre espèce de palmier voisine des *coripha*. C'est là la première sorte de sang dragon.

Ensuite, on concasse les fruits et on les fait bouillir avec de l'eau, jusqu'à ce qu'il surnage une matière résineuse que l'on forme en tablettes larges de trois ou quatre doigts; enfin, le marc lui-même, formé des débris de fruits contenant encore une grande quantité de résine, est mis en masses rondes ou aplaties, de 25 a 35 centim. de diamètre, et constitue le *sang-dragon commun*.

Telle est, suivant Rumphius, la manière dont on prépare le sang-dragon à Jamby et à Palinbang sur la côte orientale de Sumatra ; mais il en vient aussi beaucoup de Bager-Massing, ville située sur la plage méridionale de Bornéo. Cela explique pourquoi, au lieu de trois sortes décrites par Rumphius, on en trouve quatre dans le commerce, en tête desquelles il faut même placer celle dont cet auteur ne parle pas.

Sang-dragon en baguettes. Bâtons longs de 30 à 50 centim., épais comme le doigt, entourés de feuilles de *licuala*, et fixés tout autour au moyen d'une lanière très mince de tige de rotang. Ce sang-dragon est d'un rouge brun foncé, opaque, friable, fragile, insipide et inodore ; sa poudre est d'un rouge vermillon.

J'ai vu autrefois un sang-dragon en masses cylindriques, un peu aplaties, longues de 20 à 30 centim., larges comme deux doigts, qui étaient d'une qualité supérieure encore au précédent. Depuis bien longtemps, je n'ai pu en retrouver de semblable.

D'après Rumphius, le sang-dragon chauffé exhale une odeur analogue à celle du styrax. Il est possible qu'il jouisse de cette propriété lorsqu'il est récent ; mais je n'en ai jamais trouvé qui la possédât ; seulement la fumée qu'il dégage irrite fortement la gorge. Plusieurs auteurs, tels que Lewis et Thompson, ont attribué cet effet à la présence de l'acide benzoïque. J'avais toujours douté de ce fait, qui paraît cependant confirmé par l'analyse de M. Herberger. (*Journ. de pharm.*, t. XVII, p. 225.)

Sang-dragon en olives ou *en globules*, de 18 à 20 millim. d'épaisseur, enveloppé d'une feuille de palmier, comme le premier, et disposé en chapelet ; toujours inodore, d'un rouge brun foncé, prenant une belle couleur vermillon par le frottement ou la pulvérisation. Ce sang-dragon, de même que les précédents, répond à la première sorte de Rumphius.

Sang-dragon en masse. Cette sorte est en pains d'un poids assez considérable, d'un rouge vif, contenant une grande quantité de débris des fruits de calamus broyés. Il répond à la dernière sorte de Rumphius. Il est employé avec beaucoup d'avantage comme matière colorante ; mais il doit être rejeté des compositions pharmaceutiques.

Sang-dragon en galettes, ou en pains orbiculaires et plats, de 8 à 11 centimètres de diamètre ; d'un rouge assez vif, mais pâle, avec un commencement de demi-transparence. Ce sang-dragon est évidemment celui qui vient nager à la surface de l'eau, lorsqu'on soumet à l'ébullition les fruits de calamus broyés. Il doit sa demi-transparence à la matière grasse des amandes qui s'y trouve contenue ; il est inférieur au précédent pour la qualité, malgré sa pureté apparente et l'absence des débris de fruits.

Sang-dragon faux. Mélange frauduleux et ignoble de résine commune, colorée avec de la brique pilée, de l'ocre rouge, ou un peu de sang dragon. On le laisse en masse, ou on le divise en gros globules que l'on enveloppe d'une feuille de roseau, et que l'on fixe avec une ficelle de chanvre. Ce prétendu sang-dragon, écrasé, prend une couleur faiblement rouge et blanchâtre, et développe une odeur de poix résine, caractère certain de sa falsification.

Sang-dragon du dracœna draco, On lit dans tous les auteurs qu'une partie du sang-dragon du commerce est fournie par le *dracœna draco*, L., arbre de la famille des Asparaginées, qui croît aux îles Canaries, où il peut vivre pendant des siècles, en acquérant des dimensions gigantesques. Une description de cet arbre, insérée dans les *Ann. des scien. natur.*, t. xiv, p. 137, fait en effet mention d'un suc rouge obtenu par incision, de la nature du sang-dragon, et qui paraît avoir été exploité par les Espagnols, dans les premiers temps de leur domination ; mais depuis très longtemps on a cessé de le récolter, et même aux îles Canaries il est impossible aujourd'hui de s'en procurer la moindre quantité.

Le *dracœna draco* ne contribue donc en rien à la production du sang-dragon du commerce.

Sang-dragon du pterocarpus draco, L. Je dois à l'obligeance de M. Fougeron, ancien pharmacien à Orléans, une espèce de sang-dragon *en larmes,* qui venait en ligne directe des Antilles, où je suppose qu'il a été produit par le *pterocarpus draco*, L. (*Journ. de chim. médic.* t. vi, p. 744). Ce *sang-dragon* dont L'Ecluse a déjà fait mention, comme venant de Carthagène, en Amérique, est en petites masses irrégulières, comme formées par une matière demi-liquide qui serait tombée sur un corps froid ; il est couvert d'une poussière rouge, offre une cassure brune vitreuse, et est opaque dans ses fragments les plus minces. De même que le sang-dragon des Moluques, il est insipide, inodore, insoluble dans l'eau et soluble dans l'alcool. Il s'en distingue seulement parce que sa teinture alcoolique n'est pas précipitée par l'ammoniaque, de même que la teinture de santal rouge ; tandis que le soluté alcoolique du sang-dragon des Moluques est précipité par ce réactif.

On lit dans les anciens auteurs que le nom de *sang-dragon* a été donné à cette résine, à cause de sa couleur, et parce que le fruit de l'arbre offre dans son intérieur la figure d'un dragon. Ce sont les *pterocarpus* seuls, et en particulier le *pterocarpus indicus* (Rumph., *Amb.*, t. ii, tabl. 70), qui présentent quelque chose de cette image dans leurs fruits circulaires et membraneux.

Sagou.

Le Sagou est une fécule qui est sous la forme de petits grains arrondis, blanchâtres, grisâtres, ou rougeâtres, très durs, élastiques, demi-transparents, difficiles à broyer et à pulvériser, sans odeur et d'une saveur fade et douceâtre. Il est apporté principalement des îles Moluques, des îles Philippines, de là Nouvelle-Guinée, et quelquefois aussi de l'Inde et des îles Maldives, et l'on cite comme pouvant le produire les *cicas circinalis* et *revoluta*, et plusieurs palmiers, tels que l'*areca oleracea*, le *phœnix farinifera*, l'*arenga saccharifera* et surtout les *sagus genuina* et *farinifera*, qui sont des palmiers pourvus de fruits recouverts d'un péricarpe à écailles soudées, comme ceux des *calamus*. A une aussi grande distance des lieux, il est difficile de décider, entre ces arbres, quels sont ceux qui produisent véritablement les sagous du commerce; car il y en a plusieurs espèces. Planche, dans un mémoire inséré parmi ceux de l'Académie de médecine, en a décrit six variétés qu'il a désignées surtout par leur lieu d'origine. Préférant les classer d'après leur nature, j'en distingue seulement trois espèces.

PREMIÈRE ESPÈCE. *Sagou ancien* ou *sagou premier.* Je ne puis désigner autrement cette espèce qui provient de bien des lieux différents et affecte des couleurs très variées; ce sagou comprend :

1° Le *sagou des Maldives* de Planche, en globules sphériques, de 2 à 3 millimètres de diamètre, translucides, d'un blanc rosé inégal, très durs et insipides.

2° Le *sagou de la Nouvelle-Guinée* du même, en globules un peu plus petits, d'un rouge vif d'un côté et blanc de l'autre. Tous les sagous colorés présentent, comme on le sait, cette disposition.

3° Le *sagou gris des Moluques* ou *Brown sayo* des Anglais ; en globules variables, de 1 à 3 millimètres de diamètre, opaques, d'une couleur grisâtre, terne d'un côté, blanchâtre de l'autre. Je pense que cette couleur grisâtre n'est pas naturelle, et qu'elle provient de l'altération de la couleur rose primitive; altération causée par le temps et l'humidité.

4° Le *gros sagou gris des Moluques.* Entièrement semblable au précédent, si ce n'est qu'il est en globules de 4 à 8 millimètres de diamètre.

5° Le *vrai sagou blanc des Moluques.* Tout à fait semblable au n° 3, si ce n'est qu'il est d'une blancheur parfaite due au lavage complet de la fécule qui a servi à le fabriquer (1).

Quels que soient le lieu d'origine et la couleur de ces sagous, voici quels sont leurs caractères :

(1) Il ne faut pas confondre ce sagou blanc qui vient quelquefois de l'Inde ou des Moluques, non plus que le sagou rouge de la Nouvelle-Guinée et le sagou gris des Moluques, avec les faux sagous de fécule de pommes de terre, que l'on fait à volonté blancs, rouges ou gris, et qui imitent parfaitement les vrais sagous. Le sagou de fécule de pommes de terre se reconnaît toujours facilement *à son goût de fécule.*

Globules arrondis, généralement sphériques, *tous isolés*, très durs, élastiques, difficiles à broyer et à pulvériser.

Les globules mis à tremper dans l'eau doublent généralement de volume, mais ne contractent aucune adhérence entre eux.

Les granules qui les composent, isolés les uns des autres par l'agitation du liquide, et colorés par l'iode, se présentent au microscope sous une forme ovoïde, ou elliptique, ou elliptique allongée (fig. 81). Les grains elliptiques sont souvent rétrécis en forme de col à une extrémité, et ce col est quelquefois incliné sur l'axe. Les granules paraissent souvent coupés par un plan perpendiculaire à l'axe ou par deux ou trois plans inclinés entre eux.

Fig. 81.

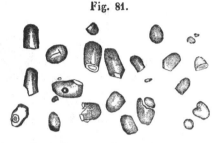

Cette disposition est semblable à celle de la fécule du *tacca pinnatifida;* mais celle-ci est généralement sphérique, tandis que la fécule du sagou est presque toujours allongée. Le hile est dilaté.

L'eau dans laquelle on a fait macérer le vrai sagou, étant filtrée, ne se colore pas par l'iode. Après une ébullition de plus d'une heure dans une grande quantité d'eau, la fécule du sagou laisse un résidu considérable, dense et facile à séparer du liquide ; ce résidu, coloré par l'iode et vu au microscope, paraît formé de téguments très denses, presque entiers ou lacérés, colorés en blanc ou en violet, et de débris parenchymateux, très denses également, colorés en violet.

Ce sagou me paraît être celui qui est préparé aux îles Moluques avec la moelle du *sagus farinaria* de Rumphius (fig. 82), qui est différent du *sagus farinaria* de Gærtner, et que Willdenow a nommé *sagus Rumphii*, et Labillardière *sagus genuina*. Cet arbre s'élève à la hauteur de 30 pieds et acquiert un tronc assez gros pour qu'un homme ne puisse pas l'embrasser. Il est bon à abattre lorsque ses feuilles se recouvrent d'une farine blanchâtre, ou lorsqu'en retirant un peu de moelle avec une tarière, cette moelle laisse précipiter de l'amidon par sa division dans l'eau. L'arbre étant abattu, on en coupe la tige par tronçons ; on fend ces tronçons par quartiers, et on en arrache la moelle, qui est ensuite écrasée et délayée dans l'eau. Après avoir passé l'eau trouble à travers un tamis clair, on la laisse reposer ; on la décante lorsqu'elle est éclaircie, et l'on fait sécher la fécule à l'ombre : alors elle est très blanche et très fine. Les Moluquois emploient cette fécule à faire du pain et quelques mets agréables et nourrissants. Ce n'est guère que pour l'envoyer à l'extérieur

qu'ils lui donnent la forme que nous lui connaissons, et même ils paraissent s'être avisés assez tard de lui faire subir cette préparation ; car
Rumphius, malgré qu'on ait souvent imprimé le contraire, n'en fait

Fig. 82.

Pas mention, et le sagou n'a été connu en Angleterre qu'en 1729 ; en
France, en 1740 ; en Allemagne en 1744 : Lemery n'en parle pas.

Pour donner au sagou la forme qu'on voit, les Moluquois font sans
doute passer à travers une platine perforée la pâte féculente, en partie
desséchée, dont j'ai parlé tout à l'heure ; par ce moyen ils la réduisent
en petits grains, dont ils obtiennent la dessiccation en les agitant sur des
bassines plates, légèrement chauffées. Suivant d'autres personnes, ce
serait la moelle même de l'arbre qui, en se desséchant à l'air, se divi-
serait en petits grains arrondis ; mais cette opinion est contredite par
l'examen microscopique qui montre le sagou entièrement composé de
granules d'amidon *tous entiers* et seulement soudés ensemble et diversement comprimés.

Pareillement, beaucoup de personnes admettent encore que le sagou
doit sa couleur *rousse* inégale à un commencement de torréfaction ; mais
l'intégrité des granules montre que la chaleur a été très modérée, et
j'attribue plutôt cette coloration à un principe étranger à la fécule et
qui n'a pas été complétement enlevé par le lavage. J'ai d'ailleurs indiqué

plus haut que la couleur naturelle du sagou coloré est *rouge* ou *rose* et non rousse, et que la couleur grise des vieux sagous du commerce provient d'une altération de la couleur rouge primitive.

DEUXIÈME ESPÈCE. *Sagou deuxième.* Cette espèce correspond au *sagou rosé des Moluques* de Planche ; il est en globules très petits, moins réguliers que ceux du premier sagou, et quelquefois soudés ensemble au nombre de 2 ou 3 ; trempé dans l'eau, il augmente de plus du double de son volume et l'eau paraît un peu mucilagineuse ; cependant elle ne se colore pas sensiblement par l'iode. Les grains de fécule isolés ont exactement la même forme que ceux du sagou n° 1, mais ils résistent moins à la coction dans l'eau. Après une heure d'ébullition, le liquide offre en suspension des parties de parenchyme amylacé, qui se colorent en violet rougeâtre par l'iode et qui offrent souvent un point opaque et plus fortement coloré au centre. Par le repos, il se forme au fond du liquide un dépôt plus dense, qui offre en outre des fragments de téguments membraneux, plissés, denses et colorés en violet, et d'autres téguments moins altérés, qui se présentent sous forme d'outres creuses, déchirées sur plusieurs points de leur surface et d'un bleu violet.

TROISIÈME ESPÈCE. *Sagou-tapioka.* Je donne ce nom à cette espèce de sagou, aujourd'hui très répandue dans le commerce, parce qu'elle est exactement, à la fécule primitive du sagou et même aux sagous précédents, ce que le tapioka est à la moussache, qui est la fécule du manioc. C'est-à-dire que tandis que les deux sagous précédents, quoi qu'on en ait dit, n'ont été ni torréfiés, ni *cuits*, ce qui est prouvé par l'intégrité de la presque totalité des grains de fécule ; le sagou-tapioka a subi l'action du feu, à l'état de pâte humide ; de là l'explication facile de toutes ses propriétés.

Ce sagou n'est pas en globules sphériques comme les deux précédents, ou du moins les globules sphériques y sont très peu nombreux : il est plutôt sous forme de très petites masses tuberculeuses irrégulières, formées par la soudure d'un nombre variable des premiers globules. Mis à tremper dans l'eau, il s'y gonfle beaucoup, et se prend en une masse pâteuse, blanche et opaque ; en ajoutant une plus grande quantité d'eau, il se divise davantage et se dissout en partie. La liqueur filtrée bleuit fortement par l'iode. La liqueur non filtrée, examinée au microscope, offre des grains entiers de fécule, semblables à ceux du vrai sagou, plus un grand nombre de téguments rompus et déchirés (fig. 83). Un peu de cette

Fig. 83.

fécule soumise à une coction d'une heure, dans une grande quantité d'eau, se conduit comme celle du sagou n° 2.

La facilité avec laquelle le sagou-tapioka se gonfle et se divise par l'eau, le fait aujourd'hui préférer, comme aliment, à l'ancien sagou. Il a été décrit par Planche sous le nom de *sagou blanc des Moluques*, et par M. Pereira sous celui de *sagou perlé* (pearl sago). M. Joubert, négociant français établi à Sydney, m'en a remis un échantillon en me disant qu'il était originaire de Taïti. De là j'ai cru pendant quelque temps que ce sagou était le tapioka de la fécule du *tacca pinnatifida*; mais il est certain qu'il n'en est pas ainsi, et que la fécule du troisième sagou, bien différente de celle du *tacca pinnatifida*, se rapproche beaucoup plus de celle des deux premières espèces de sagou.

Noix de Palmier.

Tagua ou *cabeza de negro* (tête de nègre); *morphil* ou *ivoire végétal*. On donne ces différents noms à des semences grosses comme de petites pommes, arrondies d'un côté, anguleuses et un peu allongées en pointe de l'autre, composées d'un épisperme assez épais, dur et cassant, et d'un endosperme blanc, opaque, très dur, susceptible d'être tourné, taillé et poli comme l'ivoire. Aussi les emploie-t-on pour en faire des pommes de cannes et toutes sortes de petits objets de tabletterie. Ces semences viennent du Pérou, où elles sont produites par un arbrisseau élégant (*Phytelephas macrocarpa*, R. P., *Elephantusia macrocarpa*, W.) qui a le port d'un petit palmier, mais qui a plus de rapports avec la famille des Pandanées. Le fruit entier est très gros, hérissé, en forme de tête, composé de drupes agrégés, à quatre loges monospermes. Avant leur maturité, les loges sont remplies d'une liqueur d'abord transparente, ensuite laiteuse et d'une saveur agréable, qui est d'un grand secours pour les voyageurs. Peu à peu cette liqueur se condense et s'organise en un périsperme fort dur, ainsi qu'il a été dit.

FAMILLE DES COLCHICACÉES.

Mélanthacées de R. Brown. Plantes à souche bulbeuse, tubéreuse ou quelquefois formée en rhizome horizontal. Tige simple ou scapiforme; feuilles tantôt toutes radicales et ramassées, tantôt caulinaires et alternes, tantôt graminées ou sétacées, d'autrefois élargies, nerveuses, très entières; fleurs complètes ou incomplètes, régulières, à périgone corolliforme, à six divisions distinctes ou soudées en tube; six étamines opposées aux divisions du périgone, à filets libres, à anthères biloculaires extrorses; ovaire libre, formé de trois carpelles plus ou moins

soudés et surmontés chacun d'un style terminé par un stigmate glanduleux. Le fruit est une capsule a trois loges folliculeuses, plus ou moins
distinctes et s'ouvrant par une suture ventrale. Les semences sont nombreuses, couvertes d'un épisperme membraneux, surmonté quelquefois
vers le hile d'un tubercule plus ou moins volumineux. L'endosperme
est charnu ou cartilagineux , contenant un embryon cylindrique, placé
vers le point opposé au hile.

Les Colchicacées sont divisées en deux tribus :

1° Les *vératrées* : tiges scapiformes, souvent pourvues de feuilles.
Fleurs en grappes ou en épis ; styles courts ; stigmates peu distincts ;
divisions du périgone libres, sessiles ou courtement onguiculées, ou
bien soudées par le bas en un tube très court. Genres *helonias*, *schœ-
nocaulon*, *veratrum*, *melanthium*, etc.

2° *Colchicées* : acaules, fleurs nées d'un collet souterrain ; styles
grêles, libres ou plus ou moins soudés ; folioles du périgone longuement onguiculées, onglets le plus souvent soudés en un tube. Genres
bulbocodium, *colchicum*, etc.

Les plantes de la famille des Colchicacées sont généralement très
âcres, purgatives, vomitives, et doivent être employées avec une grande
prudence. Les plus usitées sont le *colchique d'automne* , l'*hermodacte* ,
l'*ellébore blanc* et la *cévadille*.

Colchique d'automne (fig. 84).

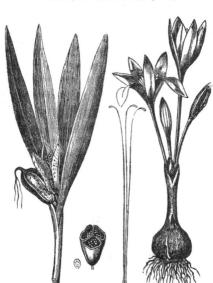

Colchicum autumnale. Cette plante est composée d'abord d'un tuber-

cule charnu et amylacé (faux bulbe), enveloppé dans un petit nombre
de tuniques brunes, foliacées ; ce tubercule est assez profondément en-
foncé dans la terre. A la partie inférieure on observe, comme dans les
vrais bulbes, un collet et des radicules. En enlevant les tuniques brunes,
on trouve comme trois tiges courtes, dont deux à fleurs et une à feuilles.
Les tiges à fleurs sont enveloppées chacune d'une spathe et sont enfermées, presque jusqu'au limbe de la fleur et jusqu'à la surface du sol,
dans le prolongement supérieur de la tunique brune. L'une des spathes,
c'est la plus développée, part immédiatement du collet inférieur, et
monte extérieurement le long du corps amylacé qui est creusé pour la
recevoir. L'autre spathe, plus petite, est due à un petit bulbe qui se
forme au milieu du côté opposé ; quant à la tige à feuilles, elle part
directement du sommet du corps charnu et se confond d'un côté avec
la tunique extérieure.

Le *colchique* est commun dans les prés et les pâturages d'une grande
partie de l'Europe. Ses fleurs paraissent à l'automne. Elles partent,
comme on l'a vu, du collet de la plante, et sont formées d'un périgone
à tube très allongé terminé par un limbe à six divisions qui viennent
s'épanouir à la surface du sol. Les étamines sont insérées au haut du
tube du périgone. Les 3 ovaires soudés sont situés au contraire au fond
du tube et sont surmontés de 3 styles très longs, terminés chacun par
1 stigmate en massue. Ce n'est qu'au printemps suivant que les feuilles
se développent et que les fruits paraissent au milieu d'elles. Ceux-ci
sont formés d'une capsule à 3 loges, s'ouvrant par le côté interne et
contenant un grand nombre de semences globuleuses, d'un brun noirâtre, rugueuses à la surface, plus grosses que celles du colza, et d'une
saveur amère suivie d'une âcreté très marquée. L'endosperme est corné,
élastique et très difficile à pulvériser.

Le tubercule de colchique, tel que le commerce le présente, est un
corps ovoïde (fig. 85), de la grosseur d'un marron, convexe d'un côté
et présentant une cicatrice occasionnée par la petite tige ; creusé longi-

Fig. 85.

tudinalement de l'autre ;
d'un gris jaunâtre à l'extérieur et marqué de sillons
uniformes causés par la
dessiccation ; blanc et farineux à l'intérieur ; d'une
odeur nulle, d'une saveur
âcre et mordicante. Cette
saveur indique que le tu-
bercule sec est loin d'être dépourvu de propriétés médicales ; cependant
Storck et les autres médecins qui, d'après lui, ont conseillé l'usage du

colchique, recommandent de l'employer récent. C'est également sous cet état que, d'après M. Want, chirurgien anglais, on doit s'en servir pour préparer la teinture anti-arthritique dite *eau médicinale d'Husson*. (*Ann. de chim.*, t. XCIV, p. 324.)

Pelletier et M. Caventou ont retiré du tubercule de colchique : 1° une matière grasse composée d'élaïne, de stéarine et d'un acide volatil particulier ; 2° un alcali végétal qu'ils ont cru être semblable à celui trouvé dans la racine d'ellébore blanc (*veratrum album*) et dans la cévadille, et auquel en conséquence ils ont donné le nom de *vératrine ;* 3° une matière colorante jaune ; 4° de la gomme ; 5° de l'amidon ; 6° de l'inuline en abondance ; 7° du ligneux (*Ann. chim. et phys.*, t. XIV, p. 82).

Postérieurement MM. Hesse et Geiger ont annoncé que l'alcaloïde du tubercule et des semences du colchique différait de la vératrine et lui ont donné le nom de *colchicine*. Cet alcaloïde est amer, très vénéneux, mais non âcre ni sternutatoire ; il est cristallisable, fusible à une douce chaleur, soluble dans l'eau, l'alcool et l'éther. Il neutralise bien les acides et forme des sels dont plusieurs cristallisent facilement. L'acide sulfurique concentré le colore en brun-jaunâtre et l'acide nitrique en violet foncé. L'analyse n'en a pas été faite.

Tubercule d'Hermodacte (fig. 86).

Ce tubercule, inconnu aux anciens Grecs, paraît avoir été mis en usage par les Arabes. C'est évidemment une espèce de colchique qui nous vient d'Égypte, de Syrie et de la Natolie ; mais sa patrie paraît être surtout la Syrie. Il est formé d'un corps tubéreux, amylacé, ayant la forme d'un cœur, marqué à la partie inférieure du côté convexe, des vestiges d'un plateau de bulbe ordinaire ; il est creusé profondément et dans toute sa longueur de l'autre côté, et présente au bas du sillon une cicatrice qui indique le point d'insertion de la tige principale.

Fig. 86.

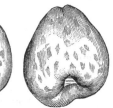

Sur la partie convexe se trouve une seconde cicatrice causée par l'insertion du jeune bulbe ; enfin le sommet du tubercule offre une dernière cicatrice d'où devaient s'élever les feuilles : comme on le voit, cette organisation est exactement celle du colchique. Cependant le tubercule d'hermodacte est facile à distinguer de celui du colchique. Il est beaucoup plus blanc, non ridé à l'extérieur, d'une saveur douceâtre, un peu mucilagineuse et un peu âcre. Il est légèrement purgatif et entre dans la composition des électuaires diaphœnix, caryocostin, et des tablettes diacarthami. On a prétendu que les Égyptiennes en mangeaient pour acquérir de l'embonpoint.

Les auteurs qui ont écrit le plus récemment sur la matière médicale, sont tombés dans une grande confusion au sujet de la plante qui produit l'hermodacte : l'un d'eux blâme avec raison Linné d'avoir attribué ce tubercule à l'*iris tuberosa;* il pense qu'il est fourni par le *colchicum variegatum* L., et il donne à l'appui de cette opinion la description et la figure d'une plante que Matthiole avait reçue de Constantinople sous le nom d'*hermodacte.* Or la plante nommée par Matthiole *hermodac-tylus verus,* loin d'être le *colchicum variegatum,* n'est autre que l'*iris tuberosa,* L. Un autre, qui veut absolument que le tubercule amylacé du colchique soit un *oignon,* trouve que l'hermodacte est une racine *ligneuse* semblable à celle des iris, et il appuie en conséquence l'opinion de Linné et de Tournefort, que cette substance est due à l'*iris tube-rosa,* contre celle de Matthiole que c'est un colchique. Il y a là beau-coup d'erreurs en peu de mots.

Matthiole est le premier auteur de cette confusion : voulant toujours prouver que nous n'avons pas les véritables drogues des anciens, pour lui notre hermodacte est un faux hermodacte qui ne diffère pas du col-chique vulgaire, et il accuse vertement d'ânerie ceux qui se permettent de l'employer, bien qu'il reconnaisse qu'il n'est pas aussi actif que le colchique. Ayant ensuite reçu deux plantes de Constantinople, il décrit l'une sous le nom de *colchique oriental*, et l'autre sous celui d'*hermo-dacte vrai*, pour deux raisons, dit-il : la première est que cette plante est ainsi nommée à Constantinople, et la seconde est que sa racine est formée de plusieurs tubercules digités qui paraissent avoir donné lieu au nom d'*hermodacte* (doigt d'Hermès). Si l'on réfléchit cependant que Sérapion a traité de l'hermodacte dans le même chapitre que du col-chique; que Lobel a reçu d'Alep de Syrie la plante à l'hermodacte, et qu'il l'a décrite et figurée comme étant le *colchicum illyricum* d'An-guillara (*Plantar. Hist.* Antverpiæ, 1676, pag. 71); que Tournefort a trouvé l'hermodacte en Asie avec les feuilles et les fruits d'un colchique (Geoffroi, *Mat. med.*); que Gronowius l'a insérée dans sa flore d'Orient, sous le nom déjà donné de *colchicum illyricum;* enfin que l'hermo-dacte des officines n'a jamais été autre chose qu'une espèce de col-chique, il deviendra probable que Matthiole a appliqué par erreur à l'*iris tuberosa* le nom qui devait être donné à son *colchicum orientale.*

Au total, l'*hermodactylus verus* de Matthiole (*iris tuberosa,* L.) ne produit pas notre hermodacte officinal. Celui-ci provient, d'après Lobel et Gronowius, et d'après Miller et Forskahl, cités par Linné, du *col-*

chicum illyricum d'Anguillara ; tandis que suivant Murray (*Appa-rat.* v. 215), Miller l'aurait attribué au *colchicum variegatum.*

Racine d'ellébore blanc (fig. 87).

Veratrum album. — *Car. gén.* Fleurs hermaphrodites et fleurs mâles avec un rudiment de pistil ; périgone à 6 divisions très profondes, per-sistantes. 6 étamines à filaments appliqués par leur base contre les ovaires ; anthères biloculaires ; 3 ovaires supères, soudés entre eux du côté interne, ovales oblongs, amincis par le haut et terminés par 3 styles

Fig. 87.

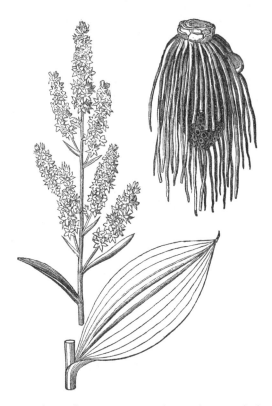

divergents et en forme de cornes. 3 capsules soudées par le bas, se sé-parant par le haut et s'ouvrant du côté interne ; semences nombreuses, comprimées, dont le *testa* (1) est prolongé en aile au-dessus du raphé

(1) Tunique externe de l'épisperme ou enveloppe de la graine.

qui joint l'ombilic basilaire à la chalaze apiculaire. —*Car. spéc.* Grappe droite, rameuse et paniculée; bractées des rameaux de la longueur des pédoncules; pétales redressés, excavés à la base, élargis par le haut et dentés en scie.

Cette plante, d'un port élégant, pousse de sa racine une sorte de bulbe qui se prolonge en une tige haute de 6 à 10 décimètres, enveloppée à sa partie inférieure par un grand nombre de feuilles grandes, larges, molles, plissées dans leur longueur, un peu velues. Elle porte en outre d'autres feuilles caulinaires plus espacées et plus petites, et au haut de la tige une longue grappe rameuse de fleurs d'un blanc verdâtre. Sa racine est composée d'un corps principal assez volumineux, garni de beaucoup de radicules blanches.

Cette racine, telle qu'on nous l'apporte sèche de la Suisse, est sous la forme d'un cône tronqué de 27 millimètres environ de diamètre moyen, et de 5 à 8 centimètres de long. Elle est blanche à l'intérieur, noire et ridée au dehors; elle est privée ou garnie de ses radicules, qui sont très nombreuses, longues de 8 à 10 centimètres, grosses comme une plume de corbeau, blanches à l'intérieur, jaunâtres à l'extérieur. Toute la racine est douée d'une saveur d'abord douceâtre et mêlée d'amertume, qui devient bientôt âcre et corrosive. Elle a dans son ensemble quelque ressemblance avec la racine d'asperge, mais les radicules de celle-ci sont plus longues, à moins qu'elles n'aient été coupées, plus flasques, rarement sèches, d'une saveur qui n'est qu'un peu sucrée et amère; de plus, sa souche n'est ni conique, ni compacte comme celle de l'ellébore blanc.

La racine d'ellébore blanc est un vomitif et un purgatif drastique des plus violents. Elle n'est plus guère usitée qu'à l'extérieur, dans les maladies pédiculaires et cutanées. Sa pulvérisation est dangereuse. On emploie concurremment avec elle, à ce qu'il paraît, la racine du *veratrum lobelianum*, plante très semblable à la précédente et qui jouit des mêmes propriétés.

MM. Pelletier et Caventou ont retiré de la racine d'ellébore blanc : une matière grasse composée d'élaïne, de stéarine et d'un acide volatil ; du gallate acide de vératrine, une matière colorante jaune, de l'amidon, du ligneux, de la gomme. (*Ann. de phys. et de chim.*, t. XIV, p. 81.)

Racine de vératre noir, Veratrum nigrum, L. Cette espèce diffère de la précédente par ses fleurs, dont les sépales sont d'un pourpre noirâtre, très ouverts, à peine dentelés, et par ses bractées plus longues que les pédoncules. Sa racine, telle qu'elle a été récoltée dans le jardin de l'École, n'offre, au-dessous du bulbe foliacé qui termine la tige par le bas, qu'un tronçon très court, garni d'un grand nombre de radicules imprégnées d'un principe colorant jaune beaucoup plus abondant que dans le *veratrum album*.

Il est probable que ce sont les propriétés énergiques et délétères du *veratrum nigrum* qui ont fait attribuer à la racine d'ellébore noir des officines (*helleborus niger*, renonculacées.) une activité qu'elle est bien loin de présenter.

Cévadille (fig. 88).

Cette plante croît au Mexique ; son nom, qui signifie petit orge (de *cebada*, orge), lui a été donné à cause de ses feuilles semblables à celles d'une graminée, et de ses fruits qui sont presque disposés en épi le long d'un pédoncule commun, ce qui lui donne, au total, une certaine ressemblance avec l'orge. Ce sont les fruits seuls qui parviennent en Europe. On les a attribués pendant longtemps à une plante de la Chine que Retz a nommée *veratrum sabadilla*, parce que ses capsules lui ont paru tellement semblables à celles de la cévadille qu'il a pensé que ce devait être la même plante ; mais indépendamment de ce que le pays d'origine est bien différent, comme on le voit, la plante de Retz présente un port et des caractères si peu propres à justifier le nom de *cévadille* qu'il est étonnant que ce botaniste si judicieux ait pu croire à leur identité. Le *veratrum sabadilla*, que l'on trouve figuré dans l'atlas du *Dictionnaire des sciences naturelles*, ressemble beaucoup par ses feuilles larges et plissées, par son port et par la couleur de ses fleurs, au *veratrum nigrum* ; seulement, la grappe est presque simple ; les fleurs sont toutes penchées du même côté, et les fruits sont pendants.

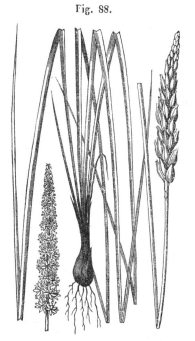

Fig. 88.

La plante du Mexique, décrite d'abord par Schlechtendahl sous le nom de *veratrum officinale*, a été nommée par M. Don *helonias officinalis*, par M. Lindley *asagraea officinalis*, enfin par M. Gray *schœno-*

caulon officinale. Elle est bulbeuse par le bas, pourvue d'une tige haute de 18 décimètres et de feuilles linéaires, longues de 12 décimètres. Les fleurs forment une grappe simple, dense, spiciforme, longue de 45 centimètres. Elles sont hermaphrodites (Gray) ou polygames (Lindley), très courtement pédonculées, dressées contre l'axe et accompagnées chacune d'une bractée. Le périgone est herbacé, à six divisions linéaires obtuses, excavées à la base, presque distinctes, dressées, persistantes. Les étamines sont alternativement plus courtes, à anthères reniformes, sous-uniloculaires, peltées après la fécondation. Les ovaires sont au nombre de trois, atténués en un style très court et terminés par un stigmate peu apparent. 3 capsules acuminées, papyriformes; semences en forme de cimeterre, ridées, ailées supérieurement. Au total, il est visible que cette plante diffère plus des *veratrum* par son port que par ses caractères de fructification, et que le nom de *veratrum officinale* pourrait bien lui suffire.

Le fruit de la cévadille, tel que le commerce le fournit, est formé d'une capsule à trois loges ouvertes par le haut; mince, légère, d'un gris rougeâtre, chaque loge renfermant un petit nombre de semences noirâtres, allongées, pointues et recourbées en sabre par le haut. Ces semences sont très âcres, amères, fortement sternutatoires, excitent la salivation et sont très purgatives et très irritantes à l'intérieur; aussi la cévadille n'est-elle plus guère usitée qu'à l'extérieur pour détruire la vermine, et dans les laboratoires de chimie pour l'extraction de la vératrine.

Pour obtenir la vératrine, Pelletier et Caventou ont ajouté de l'acétate de plomb à un décocté aqueux de cévadille, afin d'en séparer l'acide gallique et la matière colorante. Ils ont fait passer dans la liqueur filtrée du gaz sulfhydrique pour précipiter l'excès de plomb ajouté, et ont traité la liqueur filtrée par un excès de magnésie calcinée qui en a précipité la vératrine. Le précipité a été traité par l'alcool bouillant, et la vératrine a été obtenue par l'évaporation partielle du véhicule.

La vératrine ainsi obtenue est blanche, pulvérulente, inodore, d'une âcreté considérable (quelques chimistes l'ont obtenue cristallisée). Elle fond à 50 degrés, est soluble dans l'alcool et l'éther, insoluble dans l'eau, susceptible de former avec les acides des sels neutres incristallisables. L'acide nitrique concentré la dissout en prenant une couleur écarlate, puis jaune; l'acide sulfurique concentré se colore en jaune d'abord, puis en rouge de sang, enfin en violet.

Il est possible d'ailleurs que les caractères et la composition de la vératrine ne soient pas exactement connus. D'après M. Couerbe, celle obtenue par MM. Pelletier et Caventou est un melange de plusieurs substances dont une matière grasse, poisseuse qui lui communique sa grande fusibilité ; une seconde matière, nommée *vératrin*, est brune, insoluble dans l'éther et dans l'eau , soluble dans les acides sans les neutraliser ; une troisième, nommée *sabadilline*, est un alcaloïde cristallisable, très âcre, fusible à 200 degrés, soluble dans l'eau bouillante, insoluble dans l'éther, très soluble dans l'alcool (1) ; enfin la quatrième, à laquelle M. Couerbe conserve le nom de *vératrine*, est blanche, solide, friable, fusible à 115 degrés, soluble dans l'éther, etc. (*Pharmacopée raisonnée*, 3ᵉ édition, p. 701.)

FAMILLE DES LILIACÉES.

Belle famille de plantes , caractérisée par un périanthe pétaloïde , à 6 divisions régulières ou presque régulières, et disposées sur deux rangs. Les étamines sont au nombre de six , insérées sur le réceptacle ou à la base des divisions du périanthe. L'ovaire est libre , à trois loges polyspermes ; le style est simple , terminé par un stigmate trilobé. Le fruit est une capsule triloculaire , trivalve , à valves septifères. Les graines sont recouvertes d'un tégument tantôt noir et crustacé, tantôt membraneux. L'endosperme charnu contient un embryon cylindrique , axile , dont la radicule est tournée vers le hile. On peut diviser la famille des liliacées en quatre tribus.

1° TULIPACÉES : racine bulbifère ; périgone campaniforme , à sépales distinctes ou à peine soudés par la base ; épisperme membraneux et pâle. Genres *erythronium* , *tulipa* , *fritillaria* , *lilium* , *methonica*, etc.

2° AGAPANTHÉES : racine tubéreuse ou fibreuse ; périgone tubuleux ; épisperme membraneux et pâle. Genres *phormium* , *agapanthus* , *polyanthes*.

3° ASPHODÉLÉES : périgone tubuleux ou à six sépales distincts ; épisperme crustacé , noir, fragile. Genres à racine bulbeuse ou HYACINTHÉES : *hyacinthus* , *scilla* , *ornithogalum* , *albuca* , *allium*. Genres à racine fibreuse ou tubéreuse , ou ANTHÉRICÉES : *asphodelus* , *hemerocallis* , *anthericum*.

4° ALOÏNÉES : plantes charnues, quelquefois frutescentes, à racine fibreuse fasciculée ; périgone tubuleux , à six dents, quelquefois bilabié ; semences comprimées , anguleuses ou ailées , à épisperme membraneux pâle ou noirâtre : Genre *aloe*. Les *yucca* , qui se rapprochent beaucoup des aloïnées par la nature et la disposition de leurs feuilles, s'en éloignent par leur périgone campaniforme et à sépales distincts, semblable à celui des tulipacées.

(1) D'après M. E. Simon, la sabadilline est un résinate double de soude et de vératrine , ce qui explique en partie ses propriétés.

Un grand nombre de liliacées sont remarquables par la beauté de leurs fleurs, et sont cultivées comme plantes d'ornement. Qui n'a entendu parler de la passion des Hollandais et des Flamands pour la tulipe des jardins (*tulipa gesneriana*), dont ils ont quelquefois payé les belles variétés jusqu'à 4 et 5000 florins (de 8600 à 10750 francs environ)? Si celles qui suivent n'ont pas été l'objet d'un culte aussi coûteux, elles ont cependant, pour la plupart, été très recherchées des amateurs ; telles sont :

La fritillaire impériale,	*fritillaria imperialis.*
Le lis blanc,	*lilium candidum.*
— du Japon,	— *japonicum.*
— margaton,	— *margaton.*
— superbe,	— *superbum.*
— tigré,	— *tigrinum.*
La superbe du Malabar,	*methonica superba.*
L'agapanthe bleue,	*agapanthus umbellatus.*
La tubéreuse de l'Inde,	*polyanthes tuberosa.*
La jacinthe orientale,	*hyacinthus orientalis.*
L'ornithogale ombellé,	*ornithogalum umbellatum.*
— pyramidal,	— *pyramidale.*
etc.	etc.

Plusieurs de ces fleurs, et notamment la tubéreuse, la jacinthe et le lis, sont pourvues d'une odeur très suave, très expansive, mais qu'il est dangereux de respirer lorsqu'elle est concentrée dans un lieu fermé. Le principe de cette odeur est tellement volatil ou altérable qu'on ne peut l'extraire par la distillation, à la manière des autres huiles essentielles. On l'obtient en mettant, dans un vase fermé, des couches alternatives de sépales et de coton imbibé d'huile de ben. Après quelques jours de macération, pendant lesquels l'essence éthérée de la plante s'est combinée à l'huile de ben, on renouvelle les fleurs. On met ensuite le coton à la presse, pour en retirer l'huile odorante, et on traite cette huile par de l'alcool rectifié, qui s'empare du principe aromatique.

Un grand nombre de liliacées contiennent un principe très âcre, mais qui se détruit par la coction, de sorte qu'elles deviennent alors propres à l'alimentation. Chez d'autres, cette âcreté est accompagnée de principes moins altérables, amers, purgatifs ou émétiques, qui les rendent des médicaments très actifs. Les aloès produisent un suc très amer et purgatif, qui porte leur nom, et dont l'usage médical est universellement répandu.

Le *phormium tenax* de la Nouvelle-Zélande est muni à sa base de feuilles nombreuses, distiques et engaînantes, dont les fibres, très longues et pourvues d'une très grande ténacité, peuvent devenir d'une grande utilité pour la fabrication de cordages et de tissus très résistants. Il est aujourd'hui acclimaté en France.

Bulbe de lis.

Lilium candidum. — *Car. gén.* Périgone corolloïde, campaniforme, formé de 6 sépales un peu soudés à la base, portant une ligne nectarifère à l'intérieur; 6 étamines; 1 style terminé par 1 stigmate épais, à 3 lobes; capsule allongée, trigone à 3 valves loculicides. Semences nombreuses, bisériées, horizontales, aplaties, à épisperme jaunâtre et un peu spongieux; embryon droit ou sigmoïde, dans l'axe d'un endosperme charnu; extrémité radicale rapprochée de l'ombilic. *Car. spéc.* Feuilles éparses, atténuées à la base; périgone campaniforme, glabre à l'intérieur.

Cette plante fait l'ornement des jardins par la beauté de ses fleurs, qui sont d'une blancheur éblouissante et disposées en grand nombre le long du sommet de la tige. On en préparait autrefois une eau distillée et une huile par infusion (Eléolé).

Les bulbes de lis sont très gros et composés de squames courtes, épaisses et peu serrées. On les emploie en cataplasme, comme émollients, étant cuits sous la cendre.

Bulbe d'ail.

Allium sativum. — *Car. gén.* Fleurs en ombelle, enveloppées d'une spathe. Périgone corolloïde, à six divisions profondes, ouvertes ou campanulées, conniventes. 6 étamines à filets filiformes ou élargis à la base; dont trois alternes sont quelquefois aplaties et terminées par trois pointes, dont celle du milieu porte l'anthère; ovaire triloculaire ou uniloculaire par l'oblitération des cloisons; ovules peu nombreux; style filiforme; stigmate simple; capsule membraneuse, trigone, quelquefois déprimée au sommet, triloculaire ou uniloculaire, surmontée par le style persistant. Semences réduites à 2 ou 1 dans chaque loge, à ombilic ventral, à épisperme noirâtre et rugueux. Embryon dans l'axe de l'endosperme, homotrope, sous-falciforme, à extrémité radiculaire rapprochée de l'ombilic. — *Car. spéc.* Tige garnie de feuilles planes et linéaires; étamines alternativement à trois pointes; capsules remplacées par des bulbilles; bulbe radical composé de plusieurs petits bulbes (*cayeux*), réunis sous une enveloppe commune, et munis chacun de ses enveloppes propres.

Cette plante est pénétrée d'un suc âcre, qui réside surtout dans son bulbe. Celui-ci est pourvu d'une saveur âcre et caustique et d'une odeur

II. 11

forte et très irritante. Il est usité comme assaisonnement. Il est aussi anthelmintique et prophylactique, et entre dans la composition du vinaigre des quatre voleurs (*oxéolé d'absinthe alliacé*). Il contient beaucoup de mucilage et une huile volatile sulfurée, âcre et caustique; que l'on peut obtenir en distillant les bulbes pilés avec de l'eau. Cette huile, qui est d'un jaune brun, épaisse, plus pesante que l'eau, est d'une composition très complexe. Rectifiée à la chaleur d'un bain bouillant d'eau saturée de sel marin, elle devient beaucoup plus fluide, jaunâtre, plus légère que l'eau qui la dissout beaucoup moins qu'auparavant, toujours très soluble dans l'alcool et l'éther. D'après les recherches très intéressantes de M. Wertheim, cette essence rectifiée est elle-même un mélange variable de plusieurs combinaisons de soufre et d'une combinaison d'oxigène avec un seul et même radical, représenté par C^6H^5, auquel il a donné le nom d'*allyle*.

L'oxide d'allyle, qui existe dans l'essence rectifiée, $= C^6H^5O$
Le monosulfure. . . . . $= C^6H^5S$
Les sulfures supérieurs n'ont pas été déterminés.

Le monosulfure d'allyle est la partie essentielle et principale de l'essence d'ail rectifiée; il en constitue environ les deux tiers, de même que l'essence rectifiée constituait elle-même les deux tiers de l'huile brute distillée. Il possède toujours l'odeur propre de l'ail; il est liquide, incolore, plus léger que l'eau, réfractant fortement la lumière, susceptible de former avec les sels de platine, de palladium, d'argent, de mercure, des combinaisons plus ou moins compliquées, mais bien définies, qui ont été étudiées par M. Wertheim (*Journal de pharmacie et de chimie*, t. VII, p. 174).

Autres espèces du genre *allium* usitées dans l'art culinaire.

La ROCAMBOLLE (*allium scorodoprasum*), à tige haute d'un mètre, contournée en spirale avant la floraison; feuilles planes crénelées; fleurs bulbifères.

Le POIREAU (*allium porrum* et *allium ampeloprasum*), bulbe radical très allongé et presque cylindrique, tige haute de 1m,30, droite, ferme, garnie de feuilles planes; étamines alternativement à 3 pointes; ovaires capsuliferes.

L'ÉCHALOTTE (*allium ascalonicum*): tige nue, haute de 14 à 19 centimètres; feuilles toutes radicales, subulées, disposées en touffe; fleurs purpurines, en ombelle serrée, globuleuse; 3 étamines à 3 pointes; originaire de la Palestine. Bulbe radical composé.

La CIVETTE (*allium schœnoprasum*), tiges droites, grêles, nombreuses, enveloppées chacune à leur base par une feuille engaînante formant gazon ; fleurs purpurines.

L'OIGNON (*allium cepa*): bulbe radical volumineux, arrondi, déprimé, formé de tuniques complètes et concentriques ; il en existe un grand nombre de variétés à tuniques rougeâtres ou blanches ; les feuilles sont radicales, cylindriques, creuses pointues ; la tige est nue, cylindrique, renflée au milieu, creuse, haute de 1 mètre à 1ᵐ,30 et plus ; les fleurs sont rougeâtres, en ombelle sphérique ; les étamines sont alternativement à trois pointes.

J'aurai occasion de citer plus tard la VICTORIALE (*allium victorialis*, L.), dont le bulbe allongé et entouré de fibres très fines, provenant de la destruction des feuilles radicales, a été quelquefois substitué au spicanard indien.

Bulbe de scille.

Scilla maritima, L. (fig. 89). — *Car. gén.* Périgone coloré à six divisions, campanulé, rotacé-ouvert ; 6 étamines insérées à la base des divisions ; filets égaux subulés ; ovaire triloculaire ; style filiforme droit ; stigmate obtus. Capsule obscurément trigone, à 3 valves loculicides. Semences peu nombreuses, horizontales, sous-globuleuses, à *testa* crustacé, épaissi vers le raphé, noirâtre, ou d'un brun pâle. Embryon axile, de la longueur de la moitié de l'endosperme, à extrémité radicale parallèlement contiguë à l'ombilic. — *Car. spéc.* Hampe nue, très longue, garnie dans les deux tiers supérieurs de fleurs blanches formant une belle grappe, un peu resserrée en épi. Chaque fleur est accompagnée d'une bractée réfléchie en arrière, et comme géniculée au milieu de sa longueur. Les feuilles, qui paraissent après les fleurs, sont toutes radicales, ovales-lancéolées, très grandes, charnues, glabres et d'un vert foncé.

Fig. 89.

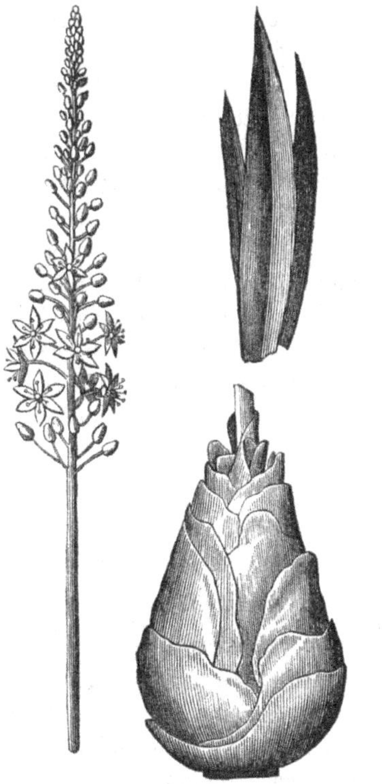

Cette plante croît sur les côtes sablonneuses de la Méditerranée et de l'Océan. Son bulbe est très volumineux, composé de tuniques très nombreuses et serrées; il est rouge ou blanc, suivant la variété de la plante. La variété rouge est la seule usitée en France, parce qu'on la croit plus active; tandis que la variété blanche se rencontre seule dans les pharmacies de l'Angleterre. Le bulbe de scille rouge nous est apporté récent d'Espagne et des îles de la Méditerranée. Les premières tuniques sont rouges, sèches, minces, transparentes, presque dépourvues du principe âcre et amer de la scille; on les rejette. Les tuniques du centre sont blanches, très mucilagineuses et encore peu estimées. Il n'y a donc que les tuniques intermédiaires que l'on doive employer. Elles sont très amples, épaisses et recouvertes d'un épiderme blanc-rosé; elles sont remplies d'un suc visqueux, inodore, mais très amer, très âcre et même corrosif. Ces dernières propriétés se perdent en partie par la dessiccation, et l'amertume domine alors. Pour faire sécher ces tuniques, on les coupe en lanières, on les enfile en forme de chapelets, et on les suspend dans une étuve; il faut les y laisser longtemps pour être certain de leur entière dessiccation; il est nécessaire de les conserver dans un endroit sec, parce qu'ils attirent l'humidité.

La scille est employée en poudre, en extrait, en teinture, en mellite et en oximellite.

Suivant M. Vogel, qui a fait l'analyse du bulbe de scille, il est composé d'un principe particulier (scillitine) d'une amertume excessive, soluble dans l'eau et dans l'alcool, déliquescent, et auquel la scille doit une partie de ses propriétés, de sucre, de tannin, de gomme, de citrate de chaux, de fibre ligneuse, et d'un dernier principe âcre et corrosif, mais que l'auteur n'a pu isoler (*Ann. de chim.*, t. LXXXIII, p. 147). On trouve également, dans le *Journal de pharmacie*, t. XII, p. 635, l'extrait d'un travail de M. Tilloy sur la scille, duquel il résulte que ce bulbe contient une matière grasse, en outre des principes déjà nommés. Ni l'un ni l'autre de ces travaux ne nous fait connaître complétement la nature des principes actifs de la scille.

Suc d'aloès ou Aloès.

Les aloès sont de très belles plantes des pays chauds, qui appartiennent à l'hexandrie monogynie et à la famille des liliacées. Elles sont remarquables par leurs feuilles épaisses, charnues, fermes, cassantes, à bords dentés et piquants; leurs fleurs sont tubulées, souvent bilabiées, disposées en épi sur un long pédoncule qui sort du centre des feuilles. On en connaît un grand nombre d'espèces dont les feuilles sont toutes formées à l'intérieur d'une pulpe mucilagineuse inerte, et vers l'extérieur

de vaisseaux propres, remplis d'un suc amer qui constitue l'aloès officinal. A la rigueur, toutes les espèces pourraient donc fournir ce produit
à la pharmacie; mais on l'extrait surtout de l'*aloe soccotrina* (fig. 90),
qui croît en Arabie, dans l'île Socotora et dans toute la partie de l'A-
frique qui est en regard. On l'extrait aussi, au cap de Bonne-Espérance,
des *aloe spicata* et *linguæfor-*
mis; à la Barbade et à la Ja-

Fig. 90.

maïque des *aloe vulgaris* ou
sinuata. Les auteurs s'accordent
peu sur le procédé au moyen
duquel on en extrait le suc, d'où
l'on peut conclure qu'il varie
suivant les pays. D'après les uns,
les feuilles, coupées par la base,
sont placées debout dans des
tonneaux au fond desquels se
rassemble le suc ; ce procédé,
sans doute peu productif, doit
donner l'aloès le plus pur. Suivant d'autres, on hache les
feuilles, on les exprime, et le
suc, dépuré par le repos, est
évaporé au soleil dans des vases
plats. A la Jamaïque, on renferme les feuilles coupées par
morceaux dans des paniers, et
on les plonge pendant dix minutes dans l'eau bouillante. Après
ce temps, on les retire et on les
remplace par d'autres. On agit
ainsi jusqu'à ce que la liqueur
paraisse assez chargée : alors on la laisse refroidir et reposer, on
la décante et on la fait évaporer ; lorsqu'elle l'est suffisamment, on la
coule dans des calebasses, où elle achève de se dessécher et de se solidifier. Dans d'autres pays on soumet directement les feuill s hachées à la
décoction dans l'eau. On conçoit combien les produits de ces différentes
opérations doivent varier en qualité. Voici d'ailleurs les caractères de
ceux que l'on trouve dans le commerce :

Aloès succotrin ou mieux *socotrin.* Cet aloès a pris le nom de l'île
Socotora d'où il est principalement tiré ; mais il en vient également d'A-
rabie et des côtes d'Adel, d'Ajan et de Zanguébar. Il est très ancien-

nement connu, car il n'est pas douteux que ce ne soit la plus belle sorte d'aloès de Dioscoride, qu'il dit être très amère, de bonne odeur, pure, nette, fragile, facile à fondre, comparable au foie des animaux pour la couleur et l'opacité. Il venait anciennement par la voie de Smyrne; mais aujourd'hui il arrive par celle de Bombay en Angleterre, où il est très estimé et d'un prix élevé. Il est très rare en France où l'on ne veut généralement que des drogues à bon marché. Il arrive contenu dans des poches faites avec des peaux de gazelle (Péreira), renfermées elles-mêmes dans des tonneaux ou caisses d'un poids considérable. La consistance en est très variable; la portion superficielle de chaque poche est ordinairement sèche, solide et fragile, tandis que la partie interne est souvent molle ou même demi-liquide. La couleur varie du rouge hyacinthe au rouge grenat; la cassure est unie, glacée, conchoïdale; la poudre est d'un jaune doré. L'odeur est assez vive dans les échantillons récents, analogue à celle de la myrrhe, et toujours agréable.

Sous le rapport de la transparence, l'aloès succotrin peut être translucide ou opaque, sans que cette circonstance influe sensiblement sur sa qualité. Ces deux variétés arrivent quelquefois séparées, et alors on donne plus spécialement à l'aloès translucide le nom d'*aloès socotrin*, tandis qu'on nomme celui qui est opaque *aloès hépatique*. Mais, le plus souvent, l'aloès translucide forme seulement des veines dans la masse de l'aloès opaque ou hépatique, qui est l'état le plus habituel de l'aloès socotrin.

J'ai reçu une fois de M. Péreira, sous le nom d'*aloès hépatique vrai*, un suc qui se distingue des deux précédents parce qu'il est *très dur*, *très tenace* et *difficile à rompre*. Malgré cela, il coule à la longue en s'arrondissant comme de la poix; il est opaque, de la couleur du foie, d'une odeur douce et agréable; il est renfermé dans une poche de peau. Il est certain, malgré son caractère de dureté et de ténacité, que cet aloès est une simple variété des deux précédents, et qu'il est retiré de la même p'ante, qui paraît être, ainsi que je l'ai dit, l'*aloe socotrina*.

L'aloès socotrin pulvérisé, trituré avec de l'eau, s'y divise facilement et finit par s'y dissoudre complétement en formant un liquide sirupeux, d'un jaune très foncé. En ajoutant une plus grande quantité d'eau à ce liquide, on le décompose et l'aloès s'en précipite en partie sous forme d'une poudre jaune, qui se réunit au fond du vase en une masse plus ou moins molle ou cohérente.

Aloès noirâtre et fétide. On trouve cet aloès dans le commerce français depuis quelques années. Il ressemble à l'aloès socotrin par le volume et la nature des poches qui le contiennent; mais il est d'un brun noirâtre, d'une odeur animalisée et comme un peu putride. Lorsqu'il est desséché il est fragile, tantôt présentant une cassure luisante et de couleur un peu hépatique; tantôt sa cassure est terne, granuleuse et se rapproche de celle de l'aloès barbade. Il paraît aussi contenir, dans certaines parties, des pierres, du sable ou d'autres impuretés. La forme des poches indique que cet aloès provient des mêmes localités que l'aloès socotrin, tandis que sa couleur et son odeur différentes pourraient faire admettre qu'il n'est pas tiré de la même plante. Je présume que cet aloès est celui que M. Péreira décrit sous le nom d'*aloès moka*.

Aloès de l'Inde ou *mosambrun*. On trouve dans les bazars de l'Inde plusieurs variétés d'aloès qui paraissent être noirâtres, d'une cassure terne et d'une qualité inférieure. M. Péreira en distingue sommairement quatre sortes sous les noms d'*aloès de l'Inde septentrionale*, de *Guzerate*, de *Salem* et de *Trichinapoli*. Elles peuvent avoir été préparées dans l'Inde ou y avoir été apportées d'Arabie.

Aloès du cap de Bonne-Espérance. Cet aloès paraît être tiré à peu près indifféremment des différentes espèces d'*aloe* qui croissent dans les environs du Cap, et être obtenu par évaporation sur le feu du suc écoulé sans expression, des feuilles coupées. D'après M. G. Dunsterville, cité par M. Péreira, le suc concentré serait ensuite versé dans des caisses en bois d'environ un mètre de côté sur 0,33 mèt. de hauteur, ou dans des peaux de bouc ou de mouton; mais je ne l'ai jamais vu, dans le commerce français, que renfermé dans des caisses de bois dans lesquelles il forme une seule masse d'un poids considérable, d'une couleur brune noirâtre avec un reflet verdâtre à la surface. Il paraît opaque, vu en masse, à cause de sa couleur foncée; mais il est très généralement transparent dans ses lames minces et d'un rouge foncé. Sa poudre est jaune-verdâtre; sa saveur est très amère; son odeur aromatique, forte, tout à fait particulière et peu agréable, telle qu'on est habitué en France à la regarder comme le type de l'odeur de l'aloès. Trituré avec de l'eau dans un mortier, cette odeur devient encore plus forte et l'aloès se réduit en une masse molle sur laquelle l'eau froide a peu d'action. Le soluté est, d'après cela, d'un jaune peu foncé.

Cet aloès, malgré sa bonne préparation et sa pureté habituelles, est très peu prisé en Angleterre, où il passe pour être beaucoup moins purgatif que les autres sortes. En 1831, il y valait seulement 65 centimes les 500 grammes, tandis que l'aloès succotrin translucide coûtait 8 fr. 25 c., l'aloès hépatique 5 fr. 75 c., et l'aloès des Barbades 4 fr. 50 c. En France, on le vend encore généralement comme *aloès socotrin*. Pour faire cesser cette confusion, je mets ici en regard leurs principales différences.

| | ALOÈS SOCOTRIN | | ALOÈS DU CAP. |
	TRANSLUCIDE.	HÉPATIQUE.	
Couleur de la masse....	Le rouge hyacinthe.	Couleur de foie pourprée, rougeâtre ou jaunâtre.	Le brun noirâtre avec reflet verdâtre.
Transparence	Imparfaite, mais sensible dans des fragments assez épais.	Nulle ou presque nulle.	Nulle en masse, mais parfaite dans les lames minces.
Couleur des lames minces.	Rouge hyacinthe.	Comme la masse.	Le rouge foncé.
Cassure..............	Lustrée.	Lustrée, mate ou cireuse.	Brillante et vitreuse.
Couleur de la poudre. ...	Jaune doré.	Jaune doré.	Jaune verdâtre.
Odeur...............	Douce et agréable.	Douce et agréable.	Forte, tenace, peu agréable.

Aloès du Cap, opaque. L'aloès du Cap n'est pas toujours transparent, comme celui que je viens de décrire. Quelquefois il est brun, entièrement opaque, et alors on le vend comme aloès hépatique ; mais il possède tous les autres caractères de l'aloès du Cap, dont il paraît être une qualité impure, provenant de l'évaporation d'une liqueur trouble, la liqueur supérieure et transparente ayant fourni la première qualité. Cet aloès opaque est sec, fragile, non coulant et donne une poudre verdâtre ; il n'a aucune des qualités du véritable aloès hépatique et ne doit pas lui être substitué.

Aloès barbade. Cet aloès est envoyé de la Jamaïque et de la Barbade renfermé dans de grandes calebasses. Il doit être extrait des *aloe vulgaris* et *sinuata*. Il est d'une couleur rougeâtre terne, analogue à celle du foie, devenant à la longue presque noire à sa surface. Il a une cassure terne, souvent inégale ou comme un peu grenue ; il est presque opaque et moins fragile que l'aloès du Cap. Il a une odeur analogue à celle de la myrrhe, assez forte et qui offre quelque chose de l'odeur de l'iode. Il donne une poudre d'un jaune rougeâtre sale, qui devient d'un rouge brun à la lumière. Trituré avec de l'eau, il s'y divise plus complétement que l'aloès du Cap, et donne un soluté plus coloré. Son odeur ne s'accroît pas par ce moyen, et elle se trouve alors plus faible que celle du premier.

Aloès caballin. On nomme ainsi tout aloès très impur destiné à l'usage des chevaux, parce qu'il est reçu, en France surtout, que ces précieux animaux doivent prendre tout ce qu'il y a de plus mauvais et de

plus détérioré en fait de médicaments. L'aloès caballin se prépare donc,
soit dans les divers pays qui nous fournissent cette substance, avec le
dépôt des liqueurs, soit en Espagne ou au Sénégal avec les aloès qui s'y
trouvent et en les traitant par décoction. J'en ai deux sortes bien distinctes : l'une est évidemment formée du *pied* de l'aloès du Cap, que
l'on observe assez pur à la partie supérieure de la masse ; l'autre est en
masses tout à fait noires, opaques, à cassure uniforme, non fragiles, difficiles à pulvériser par trituration. Il paraît gommeux sous le pilon, et
donne une poudre verdâtre qui se délaie facilement dans l'eau, en formant un soluté brun.

L'aloès est un purgatif très échauffant qui ne convient pas à tous les
tempéraments. Il entre dans la composition de beaucoup de masses pi-
lulaires et dans celle des élixirs de Garus, de longue vie et de propriété
de Paracelse. On en prépare aussi une teinture alcoolique simple et un
extrait aqueux. Les chimistes ne sont pas encore fixés sur sa composition. Plusieurs, se fondant sur ce que la dissolution aqueuse d'aloès, faite
à chaud, se trouble et dépose une matière d'apparence résineuse par le
refroidissement, l'ont cru formé de deux principes : *résine* qui se
précipite et d'*extractif* qui reste en dissolution. M. Braconnot, au contraire, a regardé l'aloès comme formé d'une seule substance *résinoïde*,
qui, étant plus soluble dans l'eau à chaud qu'à froid, s'en précipite en
partie par le refroidissement. Ce même principe est soluble dans l'éther
et surtout dans l'alcool, dans les alcalis, etc. (*Ann. chim.*, t. LXVIII,
p. 20 et 155). M. Berzélius est d'une opinion mixte. Suivant lui, l'aloès
est essentiellement formé d'un principe primitif incolore, également soluble dans l'eau et dans l'alcool, qui, sous l'influence de l'air, devient
coloré, insoluble dans l'eau froide (apothème), un peu soluble dans l'eau
bouillante, toujours très soluble dans l'alcool. Ce corps, mélangé à l'extractif non altéré, constituerait l'aloès du commerce. D'autres chimistes
ont admis dans l'aloès une huile volatile facile à obtenir par distillation,
de l'acide gallique libre et quelques sels à base de potasse et de chaux.
D'autres enfin se sont moins préoccupés de déterminer la nature propre
de l'aloès que d'en obtenir par l'acide nitrique, ou par d'autres corps
oxydants, de nouveaux corps acides, colorés, susceptibles de nombreuses
applications dans la teinture. Tels sont l'*acide polychromatique* de
M. Boutin, l'*acide chrysolépique* de M. Schunck, etc.

Résines de Xanthorrhœa.

Les *xanthorrhœa* sont des végétaux de la Nouvelle-Hollande, appartenant à la tribu des asphodélées. Leur tige est ligneuse, très courte ou
arborescente ; simple ou divisée, garnie de feuilles touffues, très longues

et très étroites; elle produit une flèche terminale, longue de plusieurs mètres, terminée elle-même par un épi écailleux de fleurs très serrées. Le fruit est une capsule trigone et triloculaire, à.semences noires et crustacées. Ces arbres laissent exsuder de leur tronc une résine odorante et balsamique, dont la couleur varie suivant les espèces, et dont la concordance spécifique n'est pas parfaitement connue.

Résine jaune de xanthorrhœa. Cette résine est attribuée au *xanthorrhœa hastilis*, ainsi nommé de l'usage que les naturels de la Nouvelle-Hollande font de sa hampe, longue de 3 à 5 mètres et grosse environ comme le pouce, pour en faire des sagaies. Elle est en larmes arrondies, d'un volume variable, dont un grand nombre sont remarquables par leur forme parfaitement sphérique Elle est d'un jaune terne et brunâtre à l'extérieur, opaque et d'un jaune pur à l'intérieur, assez semblable à de la gomme gutte, mais d'une couleur beaucoup plus pâle, et ne pouvant pas s'émulsionner par l'eau. Elle possède, lorsqu'elle est récente, une odeur balsamique analogue à celle des bourgeons de peuplier, mais beaucoup plus agréable. Cette odeur s'affaiblit et disparaît presque, avec le temps, dans les larmes entières; mais elle se manifeste toujours par la pulvérisation ou la fusion à l'aide de la chaleur. La résine se dissout dans l'alcool à 40 degrés, en laissant environ 0,07 d'une gomme insoluble dans l'eau, analogue à la bassorine. Elle dégage, par l'action de la chaleur, une vapeur blanche pouvant se condenser en petites lames brillantes, que Laugier a prises pour de l'acide benzoïque (*Ann. chim.*, t. LXXVI, p. 273), mais qui, d'après M. Stenhouse, sont en grande partie formées d'acide cinnamique (*Pharmaceutical Journal*, t. VI, p. 88). Cette résine jouit donc de la composition et des propriétés générales des baumes, et serait employée avec grand avantage dans les parfums.

Résine brune de xanthorrhœa. Cette résine possède une odeur encore plus développée et plus balsamique que la précédente; ses larmes sont arrondies, d'un brun rouge foncé à l'extérieur, et ont presque l'apparence du sang-dragon; mais elles ont une cassure brillante et vitreuse, une transparence parfaite en lames minces, et une couleur rouge hyacinthe. Cette résine diffère de la précédente, surtout par l'absence de la gomme, car elle se dissout complétement dans l'alcool. Elle contient aussi plus d'huile volatile qui la rend visqueuse et collante dans quelques unes de ses parties.

Résine rouge de xanthorrhœa. Cette résine, telle que je la possède, au lieu d'être en larmes isolées, présente la forme de croûtes épaisses, entremêlées d'écailles ou d'appendices foliacés, et paraissant avoir été détachées de la surface du tronc de l'arbre, que l'on suppose être le *xanthorrhœa arborea.* Cette résine est d'un rouge brun foncé; terne et

quelquefois couverte d'une poussière d'un rouge vif, qui la fait tout à
fait ressembler à du sang-dragon ; mais elle a une cassure vitreuse, et se
montre transparente et d'un rouge de rubis dans ses lames minces, ce
qui n'a pas lieu pour le sang-dragon. Elle est complétement dépourvue
d'odeur à froid, ou en conserve une balsamique plus ou moins marquée ; mais elle est toujours odorante à chaud ; elle est complétement
soluble dans l'alcool, à l'exception des parties ligneuses interposées.

FAMILLE DES ASPARAGINÉES.

Végétaux dont les fleurs sont tellement semblables à celles des liliacées que plusieurs botanistes en font une simple tribu de cette famille,
fondée principalement sur la nature de leur fruit, qui est une baie au
lieu d'être une capsule à trois loges. Tous les autres caractères sont
variables et n'offrent pas la constance que l'on observe dans les vraies
liliacées. Ainsi nous trouvons dans les asparaginées d'humbles plantes
herbacées qu'une saison voit naître et flétrir (le muguet), et des arbres
d'une étendue colossale et d'une durée qui semble défier la destruction
(le dragonnier des Canaries). Les feuilles peuvent être alternes, opposées
ou verticillées, quelquefois très petites et sous forme d'écailles. Les
fleurs sont hermaphrodites ou unisexuées ; le périanthe est à 6 ou 8 divisions profondes, disposées sur 2 rangs. Les étamines sont en nombre
égal aux divisions du périanthe et attachées à leur base. Les filets sont
libres ou quelquefois soudés ensemble. L'ovaire est libre, à 3 loges, rarement plus ou moins ; le style est tantôt simple, surmonté d'un stigmate
trilobé, tantôt triparti et pourvu de trois stigmates simples, distincts.
Le fruit est une baie globuleuse ordinairement à trois loges, quelquefois uniloculaire et monosperme par avortement. Les graines sont pourvues d'un endosperme charnu ou corné contenant, dans une cavité assez
grande, un embryon cylindrique quelquefois très petit.

Les asparaginées forment 2 tribus : 1° les *paridées* dont les stigmates
sont séparés ; genres *paris*, *trillium*, *medeola* ; 2° les *asparagées* dont
le stigmate est simple et seulement trilobé ; genres *dracœna*, *asparagus*,
polygonatum, *convallaria*, *smilax*, *ruscus*, etc.

Fleur de Muguet.

Convallaria maialis, L. Cette plante, dont la racine est vivace,
fibreuse et traçante, produit des hampes droites, très fines, rondes, glabres, hautes de 135 à 165 millimètres, garnies à leur base de 2 feuilles
ovales-lancéolées, enveloppées ainsi que les 2 feuilles par plusieurs
gaînes membraneuses, et terminées supérieurement par 6 à 10 fleurs

petites, en forme de grelot, pendantes d'un même côté, blanches et d'un parfum très agréable. Elle fleurit en mai et en juin, dans les bois de la France et du nord de l'Europe. Les fleurs, séchées et pulvérisées, sont usitées comme sternutatoires.

Racine de Sceau-de-Salomon.

Polygonatum vulgare, Desf. ; *Convallaria polygonatum*, L. Cette plante ressemble beaucoup au muguet, mais elle est plus élevée. Elle donne naissance à une ou plusieurs tiges simples, hautes de 30 centimètres ou plus, anguleuses, un peu courbées en arc, garnies dans toute leur partie supérieure de feuilles ovales, glabres, amplexicaules et tournées d'un seul côté. Les fleurs sont pendantes, d'un blanc un peu verdâtre, solitaires ou portées 2 ensemble sur des pédoncules axillaires. Le périanthe est d'une seule pièce, cylindrique, un peu élargi en entonnoir, terminé par 6 dents aiguës. La racine est vivace, horizontale, longue, articulée, grosse comme le doigt, blanche, charnue, garnie inférieurement de beaucoup de radicules. Elle possède une saveur douceâtre ; elle est astringente et employée comme cosmétique.

Racine de Fragon épineux ou de Petit-Houx.

Ruscus aculeatus (fig. 91). *Car. gén.* Fleurs ordinairement dioïques ; périanthe coloré, à 6 divisions ouvertes, persistantes, dont les trois intérieures un peu plus petites. 3 ou 6 étamines soudées en un cylindre renflé ; anthères attachées au sommet du cylindre, réniformes, à loges écartées, nulles dans les fleurs femelles. Ovaire triloculaire, avorté dans les fleurs mâles ; 2 ovules collatéraux dans chaque loge ; style très court ; stigmate globuleux ; baie globuleuse, uniloculaire et souvent monosperme par avortement. — *Car. spéc.* Feuilles mucronées-piquantes portant une fleur nue sur la face supérieure.

Le fragon épineux ou petit houx est un petit arbrisseau toujours vert à tiges vertes, glabres, cylindriques et cannelées, ramifiées, garnies de feuilles très entières, fermes, consistantes, ovées-aiguës, terminées par une pointe piquante. Ces feuilles sont accompagnées, en dessous, d'une stipule caduque. Les fleurs sont dioïques ; elles sont portées sur un pédoncule axillaire soudé avec le limbe de la feuille jusqu'au tiers de sa longueur environ, et elles sont accompagnées d'une petite bractée caduque. Aux fleurs femelles succède une baie rouge sphérique qui, jointe au feuillage vert et piquant de la plante, l'a fait comparer au houx commun (*ilex aquifolium*) et lui a valu son nom vulgaire. Les tiges du petit-houx durent deux ans, et sont remplacées par moitié, chaque année, par de nouvelles pousses qui, lorsqu'elles commencent à se montrer, peuvent se manger comme celles de l'asperge. La racine est blanchâtre, grosse comme le petit doigt, longue, noueuse, articulée,

Fig. 91.

marquée d'anneaux très rapprochés. Elle est garnie, du côté inférieur surtout, d'un grand nombre de radicules blanches, pleines et ligneuses. La racine sèche présente en masse une légère odeur térébinthacée ; la saveur en est à la fois sucrée et amère. C'est une des cinq racines apéritives.

On peut employer, concurremment avec la racine de petit houx, celle de deux espèces voisines : l'une est l'*hypoglosse* ou *bislingua* (*ruscus hypoglossum*, L.), dont les feuilles sont beaucoup plus grandes, allongées, plissées, accompagnées de stipules persistantes, et dont les fleurs dioïques et les fruits, portés sur la face supérieure des feuilles, sont également munis d'une bractée foliacée persistante ; l'autre espèce est le *laurier alexandrin* (*ruscus hypophyllum*, L.), dont les feuilles, grandes, ovales – lancéolaires, veinées, portent des fleurs à leur face inférieure. Ces fleurs sont dioïques, pédonculées, et les fruits sont pendants ; les stipules et les bractées sont caduques (1).

Asperge et Racine d'Asperge.

Asparagus officinalis, L. *Car. gén.* Fleurs hermaphrodites ou dioï-ques ; périanthe coloré à 6 divisions conniventes et en forme de cloche.

(1) Les botanistes décrivent aujourd'hui les fragons d'une manière différente. Pour eux, les expansions foliacées, anciennement regardées comme des feuilles, ne sont que des rameaux élargis, et les véritables feuilles consistent dans les stipules et dans les bractées caduques qui accompagnent les rameaux et les fleurs.

6 étamines fixées à la base des divisions; ovaire triloculaire, contenant dans chaque loge 2 ovules superposés. Style court, à 3 sillons; stigmate trilobé. Baie globuleuse, triloculaire; semences à test noir, coriace; ombilic ventral; embryon excentrique, courbé, de la moitié de la longueur de l'endosperme. — *Car. spéc.* Tige herbacée, droite, cylindrique; feuilles sétacées.

L'asperge est cultivée dans toute l'Europe, à cause de ses jeunes pousses ou bourgeons verts, allongés, cylindriques, qui fournissent un mets estimé, quoique rendant l'urine fétide. Lorsqu'on laisse croître ces jeunes pousses, elles s'élèvent jusqu'à la hauteur de 1 mètre, en se partageant en un grand nombre de rameaux qui portent des feuilles sétacées, fasciculées, accompagnées à la base, ainsi que les rameaux, de stipules persistantes. Les fleurs sont petites, campaniformes,-verdâtres, pendantes, solitaires à l'extrémité de pédoncules grêles et articulés au milieu, qui partent ordinairement deux à deux de la base des rameaux ou des fascicules de feuilles. Le fruit est une baie sphérique, rougeâtre, de la grosseur d'un pois, renfermant des semences noires, dures et cornées. La racine est composée d'un paquet de radicules de la grosseur d'une plume, fort longues, adhérentes à une souche commune, presque horizontale et toute garnie d'écailles Ces radicules sont grises au dehors, blanches en dedans, molles, glutineuses et d'une saveur douce. Elles sèchent difficilement.

La racine d'asperge a été analysée par M. Dulong, pharmacien à Astafort (*Journ. pharm.*, t. XII, p. 278), qui n'a pu y constater la présence des principes particuliers extraits par Robiquet des jeunes pousses de la plante. Le suc exprimé de ces pousses contient une matière verte résineuse, de la cire, de l'albumine, du phosphate de potasse, du phosphate de chaux tenu en dissolution par de l'acide acétique libre, de l'acétate de potasse; enfin, deux principes cristallisables que Vauquelin a reconnus depuis pour être, l'un de la *mannite*, l'autre un principe immédiat particulier, qu'il a nommé *asparagine*.

L'asparagine est insoluble dans l'alcool, peu soluble dans l'eau froide, plus soluble dans l'eau bouillante, et cristallisable en prismes droits romboïdaux. Sa dissolution n'affecte en aucune manière le tournesol, la noix de galle, l'acétate de plomb, l'oxalate d'ammoniaque, le chlorure de barium et le sulfhydrate de potasse. Elle contient de l'azote au nombre de ses éléments, et sa composition est telle qu'elle peut être représentée par de l'ammoniaque combinée à un acide particulier qui a reçu le nom d'*acide aspartique* : aussi se décompose-t-elle facilement en ces deux corps, sous l'influence d'un acide minéral ou d'un alcali fixe. Elle se transforme même directement en *aspartate d'ammoniaque*, lorsqu'on l'abandonne à l'état de dissolution aqueuse. Voici les formules de cette réaction :

L'asparagine cristallisée $= C^8 H^{10} Az^2 O^8 = C^8 H^8 Az^2 O^6 + H^2 O^2$.
L'acide aspartique cristallisé $= C^8 H^7 Az O^8 = C^8 H^5 Az O^6 + H^2 O^2$.
$$C^8 H^{10} Az^2 O^8 = C^8 H^7 Az O^8 + H^3 Az.$$

La racine d'asperge, de même que celle de petit houx, fait partie de celles qui sont employées collectivement sous le nom des *cinq racines apéritives*. Les trois autres, les racines d'ache, de persil et de fenouil, appartiennent à la famille des ombellifères.

Racine de Squine.

Smilax china, L. Les *smilax* sont des plantes ligneuses, pourvues de tiges volubiles et très souvent épineuses ; les feuilles sont alternes, pétiolées, cordées ou hastées, à nervures réticulées, accompagnées de stipules souvent converties en vrilles. Les fleurs sont disposées en petits corymbes ou en ombelles axillaires, quelquefois en longues grappes ; elles sont dioïques et pourvues d'un périanthe à six divisions. Les étamines sont au nombre de six, à filaments filiformes libres, à anthères linéaires dressées ; l'ovaire est à 3 loges uni-ovulées ; il est surmonté d'un style très court et de 3 stigmates écartés. Le fruit est une baie à 1 ou 3 loges, contenant un même nombre de semences blanchâtres, à ombilic basilaire, grand, coloré. Il en existe une espèce très épineuse et à fruits rouges (*smilax aspera*), et une autre moins épineuse et à fruits noirs (*smilax nigra*, W.), toutes deux communes dans les contrées méridionales de l'Europe ; mais toutes les autres espèces appartiennent aux contrées chaudes de l'Asie, de l'Afrique et de l'Amérique.

La squine, en particulier (*smilax china*), croît naturellement dans la Chine et au Japon ; sa racine, que le commerce nous fournit, est longue de 15 à 20 centimètres, épaisse de 4 à 5, un peu aplatie, et offrant beaucoup de nodosités tuberculeuses. Son poids varie de 120 à 280 grammes. Elle est couverte d'un épiderme rougeâtre assez uni, souvent luisant, *dépourvu de tout vestige d'écailles* ou *d'anneaux*. A l'intérieur, *elle n'offre pas de fibres ligneuses apparentes*, mais sa couleur et sa consistance varient : tantôt elle est spongieuse, légère, d'un blanc rosé, facile à couper et à pulvériser ; d'autres fois, elle est très pesante, très dure, d'une couleur brunâtre, surtout au centre, et gorgée d'un suc gommeux-extractif desséché. Elle n'a qu'une saveur peu sensible et farineuse ; elle contient beaucoup d'amidon, de la gomme et un principe rouge et astringent soluble dans l'eau.

La squine a acquis une sorte de célébrité comme antivénérienne et antigoutteuse par l'usage qu'en a fait Charles-Quint. Elle est encore employée seule ou associée à d'autres sudorifiques.

Plusieurs autres espèces de *smilax* ont été supposées fournir la racine de squine, jusqu'à ce que la véritable plante eût été décrite par Burmann. Telles sont la fausse squine d'Amboine, de Rumphius (*smilax zeylanica*, L.), et les différentes plantes américaines qui ont été confondues sous le nom commun de *smilax pseudo-china*. — J'ai quatre racines de ce genre :

1° *Squine de Maracaïbo*, trouvée mélangée dans la salsepareille de Maracaïbo ; elle est formée d'une souche horizontale peu volumineuse, ligneuse, rougeâtre, toute couverte de mamelons arrondis, de chacun desquels sort une racine fort longue, privée de son écorce et réduite à l'état d'un méditullium ligneux, d'un brun rougeâtre, lisse et cylindrique, avec quelques pointes piquantes de radicules. Cette racine présente la même disposition de parties que la salsepareille, mais elle s'en distingue par le principe colorant rouge et astringent qui caractérise la squine.

2" *Fausse squine de Clusius*, *Pocayo* de Recchus. Cette seconde espèce, d'origine américaine également, constitue une souche cylindrique, amincie en pointe à ses extrémités, longue de 25 centimètres, ou plus courte et plus épaisse, ovoïde-allongée, de laquelle naissent des tubérosités latérales ayant la forme d'une pomme de terre. Ces souches portent çà et là, sur toute leur surface, des mamelons terminés chacun par une racine ligneuse; mais ces racines manquent. De plus, dans l'intervalle des mamelons, on voit des franges circulaires, semblables à celles des souchets et des galangas, et qui sont des vestiges d'insertion d'écailles foliacées. A l'intérieur, cette souche est dure et compacte; la scie y produit une coupe uniforme, fauve ou d'un jaune rougeâtre, avec un pointillé de vaisseaux fibreux dispersés dans la masse. Cette racine se trouve figurée dans les *Exotica* de Clusius, p. 83, et dans les *Plant. nov. hisp.* de Recchus, p. 398.

3° *Squine de Tèques*. Cette racine, que je dois à l'obligeance de M. Magonty, me paraît appartenir à la même espèce que la précédente; elle a été récoltée près de Tèques, dans la Colombie, où elle porte le nom de *raiz de china* (racine de squine). Elle est longue de 50 centimètres, épaisse de 5 à 7, et pèse 640 grammes; elle est un peu aplatie ou anguleuse, amincie aux extrémités, en partie couverte par des écailles foliacées disposées par bandes circulaires, et pourvue de mamelons épars d'où partaient les racines. La substance intérieure est semblable à celle ci-dessus.

4" *Squine monstrueuse du Mexique*. Cette racine arrive quelquefois placée au milieu des balles de salsepareille de la Vera-Cruz. Elle forme des souches monstrueuses, longues de 50 centimètres, épaisses de 10, noueuses et articulées, du poids de 2ᵏ,500, plus ou moins. Elle est dépourvue de franges circulaires et d'écailles foliacées, et ne présente que des mamelons peu apparents, d'où sortent des racines dépouillées de leur partie corticale, et réduites à l'état de longues fibres cylindriques, noires et brillantes à l'extérieur, rouges et complétement ligneuses à l'intérieur. La souche elle-même est complétement ligneuse, d'un rouge foncé ; elle prend sous la scie la couleur et le poli d'un bois d'acajou foncé à l'air.

Cette racine, autant par ses caractères que par le lieu de son origine, me paraît être le *china michuanensis* de Plumier (édition de Burmann, pl. 83), et le *china michuanensis* ou *phaco* d'Hernandez (Recch., p. 213).

Racine de Salsepareille.

Les salsepareilles sont des plantes sarmenteuses et volubiles, appartenant au genre *smilax*, qui croissent dans toutes les contrées chaudes de l'Amérique. Leurs racines se composent d'une souche ligneuse et peu volumineuse, qui se propage par des nodosités naissant les unes à côté des autres, et pourvues d'un grand nombre de radicules fort longues, grosses comme une plume à écrire et flexibles. Ces radicules sont formées d'une partie corticale succulente à l'état récent, et d'un méditullium ligneux à longues fibres parallèles, qui les parcourt d'un bout à l'autre, ce qui les rend difficiles à rompre transversalement, mais très faciles à fendre dans le sens de leur longueur. Quatre espèces de *smilax* sont citées surtout comme étant la source des différentes sortes de salsepareille qui nous sont fournies par le commerce.

Smilax sarsaparilla, L. Tige anguleuse, sous-tétragone, munie d'épines éparses, recourbées. Feuilles de 5 centimètres est plus, ovées-lancéolées, aiguës, quelquefois un peu dilatées à la base, à 3 nervures élevées et épaisses ; offrant en outre sur chaque côté une nervure peu marquée.

Cette plante habite le Mexique et différentes parties de l'Amérique septentrionale.

Smilax medica, Schlechtendahl (fig. 92). Tige anguleuse, armée vers les joints d'épines droites, avec quelques unes crochues dans les intervalles. Feuilles courtement acuminées, unies, non épineuses, à 5 ou 7 nervures ; les inférieures cordées, auriculées-hastées ; les supérieures cordées-ovales. Cette plante croît sur les pentes orientales des Andes du Mexique. La racine qui en provient est transportée à la Vera-Cruz, des villages de Papantla, Taspan, Nautla, Misantla, etc.

Smilax officinalis, Kunth. Tige buissonneuse, volubile, épineuse,

II.   12

quadrangulaire, unie. Les jeunes jets sont nus et presque ronds. Feuilles ovales-oblongues, aiguës, cordées, réticulées, à 5 ou 7 nervures; elles sont coriaces, lisses, longues de 33 centimètres et larges de 11 à 15 centimètres. Les jeunes feuilles sont étroites, acuminées, à 3 nervures.

Fig. 92.

Cette plante croît sur les bords de la Magdeleine, dans la Nouvelle-Grenade; on en transporte une grande quantité à Carthagène et à Montpox.

Smilax syphilitica, Kunth. Tige ronde, forte, avec 2 à 4 piquants droits, seulement vers les nœuds. Feuilles ovales-lancéolées, à 3 nervures, coriaces, lisses et luisantes, longues de 33 centimètres. MM. de Humboldt et Bonpland ont observé cette plante dans la Colombie, près la rivière de Cassiquiare, et M. Martins l'a trouvée au Brésil, à Yupura et à Rio-Negro.

On peut compter encore au nombre des *smilax* qui concourent à la production des salsepareilles du commerce :

Les *Smilax laurifolia*, Willd. — Antilles et Caroline.
— *macrophylla*, Willd. — Antilles.
— *obliquata*, Poiret. — Pérou.
— *papyracea*, Poiret. — Brésil.

Il y en a probablement beaucoup d'autres.

Description des Salsepareilles du commerce.

1. *Salsepareille de la Vera-Cruz.* Cette sorte porte communément,

en France, le nom de *salsepareille de Honduras*. Elle arrive de la Vera-Cruz et de Tampico en balles de toile de 60 à 100 kilogrammes, dans lesquelles les racines sont fortement assujetties avec des cordes. Ces racines sont longues de 1 mètre à 1ᵐ,65, presque dépourvues de radicules, et sont garnies de leurs souches et de tronçons de tiges. Les souches sont grises à l'extérieur et blanchâtres à l'intérieur ; elles retiennent entre leurs nodosités une terre noire et dure, qui paraît avoir été détrempée d'eau avant sa dessiccation. Les tiges sont jaunâtres, noueuses, géniculées, presque cylindriques ou obscurément tétragones, et pourvues çà et là de quelques épines ligneuses. Les racines sont, au dehors, d'une couleur noirâtre, à cause de la terre qui les recouvre ; elles offrent des cannelures longitudinales, profondes et irrégulières, dues à la dessiccation de la partie corticale. Cette partie corticale est rosée à l'intérieur, et recouvre un cœur ligneux blanc, cylindrique, qui se continue d'un bout à l'autre de la racine. Ce cœur ligneux n'a qu'une saveur fade et amylacée ; mais la partie corticale en possède une mucilagineuse, accompagnée d'amertume et d'une légère âcreté. La racine entière possède une odeur particulière, qui se développe singulièrement par la décoction dans l'eau.

La salsepareille de la Vera-Cruz est sujette à être altérée par l'humidité, surtout dans l'intérieur des balles qui paraissent avoir été serrées avant que la racine fût complétement sèche. Mais lorsqu'elle a été préservée de cette altération et qu'on la prive de la terre qui la salit extérieurement, et de ses souches, qui sont moins actives que les racines, c'est une des sortes les plus efficaces. J'ai écrit anciennement que cette salsepareille me paraissait être le *zarzaparilla prima* ou *mecapatli* d'Hernandez, qu'il dit croître dans les vallées et proche des fontaines qui fournissent de l'eau à Mexico, et pareillement à Tzonpango et dans la province de Honduras, *d'où la meilleure est transportée en Europe* (Recch., *Rerum med. nov. hisp.*, p. 288, et Marcgrav., *Bres.*, p. 11). J'ai dit aussi que cette même plante devait être le *smilax sarsaparilla*, L. Aujourd'hui qu'il me paraît certain que deux plantes et deux racines ont été comprises ou confondues sous un seul nom par Hernandez, j'attribue plus spécialement la plante du Mexique et la racine de la Vera-Cruz au *smilax medica* de Schlechtendahl, et la plante et la racine de la province de Honduras au *smilax sarsaparilla*.

2. *Salsepareille rouge* dite *de la Jamaïque*. M. Pope, pharmacien de Londres, qui, le premier, nous a fait connaître cette racine, est d'avis qu'elle ne vient de la Jamaïque que par voie de transit, et que c'est un produit non cultivé de quelque partie du continent mexicain. Il est probable, en effet, qu'elle vient de la presqu'île de Honduras, et que c'est là la salsepareille supérieure de Honduras dont parle Hernandez, que

je suppose être produite par le *smilax sarsaparilla*, L. Elle se rapporte
également à la salsepareille de Honduras de Nicolas Monardès, que cet
auteur dit être plus pâle et plus grêle que celle du Mexique; celle-ci
étant noirâtre et plus grosse (Clus., *Simpl. med.*, cap. 22).

Cette racine vient en balles, comme la salsepareille du Mexique;
quelquefois isolée, d'autres fois mélangée avec la première, dont elle
offre la forme générale. Cependant on y observe quelques différences.
Les souches sont moins ramassées ou plus disposées en longueur; les
tiges sont garnies d'épines éparses plus nombreuses, plus fortes et plus
piquantes, et les nœuds en offrent ordinairement une rangée circulaire
placée à la base d'une gaîne foliacée; lorsque ces nœuds se trouvent
avoir été recouverts de terre, ils se développent en un tubercule ligneux, et les épines se changent en racines, ce qui montre qu'elles ne
sont que des racines avortées. Cette sorte présente donc souvent des
souches espacées par des portions de tige devenues souterraines, et
comme disposées par étages. Les racines sont nombreuses, longues de
2 mètres et plus, ridées et comprimées par la dessiccation, mais elles
sont grêles et entièrement propres ou privées de terre. Cette racine se
fend avec une grande facilité et sans avoir besoin d'être ramollie par
une exposition plus ou moins prolongée à la cave, ce qui tient à ce
qu'elle reste habituellement plus humide et plus souple que celle de la
Vera-Cruz (elle contient une proportion plus forte de sel marin). L'épiderme est généralement d'un rouge orangé, mais souvent aussi il est
d'un gris rougeâtre ou blanchâtre, et ces deux couleurs ne constituent
pas deux espèces différentes, car on les trouve souvent réunies sur une
même souche. L'écorce, qui est moins nourrie que dans la première
sorte, est souvent humide, comme il vient d'être dit, et paraît alors
remplie d'un suc visqueux. Elle a une saveur moins mucilagineuse,
plus amère et plus aromatique. Il semble que cette salsepareille soit la
racine d'une plante sauvage ou crue dans un terrain sec, et plus grêle,
plus colorée, plus sapide, moins amylacée que celle de la plante cultivée. M. Pope et M. Robinet pensent que cette salseparcille est supérieure à toutes les autres en qualité (*Journ. général de médecine*,
juin 1825).

3. *Salsepareille* dite *des côtes*. Cette salsepareille ne me paraît être
autre chose qu'une qualité inférieure de la sorte précédente. Elle présente
les mêmes caractères généraux, mais elle est plus petite, plus grêle,
plus sèche, d'un gris pâle et jaunâtre, peu sapide et peu riche en principes actifs. Si la salsepareille rouge justifie par ses propriétés la supériorité qu'on lui accorde sur celle de la Vera-Cruz, la salsepareille des
côtes lui est certainement inférieure, et n'arrive qu'au troisième rang.

4. *Salsepareille caraque*. Cette salsepareille, dont les racines sont

fort longues, arrive repliée et mise en bottes du poids de 1000 à
1500 grammes, longues de 65 centimètres environ, pourvues de leurs
souches et d'un chevelu assez considérable, assujetties par plusieurs tours
de ses plus longues racines, et renfermées en grand nombre dans un
emballage de toile, comme la salsepareille du Mexique. Elle est plus
propre que celle-ci et non terreuse ; elle est moins déformée par la dessiccation , étant généralement cylindrique et seulement striée longitudinalement. Elle est tantôt presque blanche, d'autres fois rougeâtre à l'extérieur, bien droite, et se fend avec une grande facilité. Elle présente
un cœur ligneux blanc qui tranche agréablement avec le rouge rosé de
l'écorce, lorsqu'elle a cette couleur.

Cette salsepareille, bien choisie, a donc une belle apparence, mais
elle est presque insipide et tellement amylacée que, lorsqu'on la brise, il
s'en échappe une poussière blanche d'amidon. Les larves de vrillettes et
de dermestes l'attaquent promptement et la réduisent en poussière. Malgré sa belle apparence, cette racine, étant presque privée du principe
actif des salsepareilles, me paraît devoir être rejetée de l'usage médical.

Beaucoup de personnes attribuent la salsepareille caraque, soit au *smilax
syphilitica*, soit plutôt encore au *smilax officinalis*, dont la racine,
au dire de M. de Humboldt, est transportée en grande quantité en Europe par la voie de Carthagène et de la Jamaïque. J'ai combattu anciennement cette opinion , parce que ces deux *smilax* ont la tige épineuse,
et que je n'avais pas jusque là trouvé de tige épineuse dans la salsepareille caraque ; mais ayant observé depuis quelques tiges pourvues d'é-
pines dans cette salsepareille, ce caractère me paraît moins important, et
j'admets aujourd'hui que l'un ou l'autre des *smilax* décrits par M. de
Humboldt puisse produire la salsepareille caraque. Cela ne change rien
au jugement défavorable que je porte de sa qualité.

5. *Salsepareille de Maracaïbo.* J'ai rencontré une seule fois cette
racine, mise en petites bottes longues de 50 centimètres, et entassées
en travers dans des surrons en cuir qui ne recouvrent pas entièrement
la marchandise. Le cuir est retenu avec des lanières de même nature,
disposées en lacet. Les racines sont courtes, flexueuses, difficiles à
fendre, et portent beaucoup de chevelu. Du reste, elles sont rouges ou
blanches, cylindriques et régulièrement striées, comme la précédente ,
ce qui semble indiquer qu'elles appartiennent à la même espèce. Les
tiges sont quadrangulaires , verdâtres , sans aucune épine et un peu pubescentes. C'est dans cette sorte que j'ai trouvé l'espèce de squine décrite sous le nom de *squine de Maracaïbo.*

6. *Salsepareille du Brésil dite de Portugal.* Cette racine vient des
provinces de Para et de Maraham ; elle est privée de ses souches et mise
sous la forme de bottes cylindriques, fort longues et très serrées, entou-

rées d'un bout à l'autre avec la tige d'une plante monocotylédone nommée *timbotitica*. Elle n'est jamais plus grosse qu'un petit tuyau de
plume ; elle est d'un rouge terne et obscur à l'extérieur, cylindrique et
marquée de stries longitudinales assez régulières. Elle présente moins
de radicules que la salsepareille caraque ; mais beaucoup plus que celle
du Mexique. Elle est blanche à l'intérieur et paraît très amylacée. Elle
a une saveur un peu amère.

On trouve parfois dans l'intérieur des bottes de salsepareille du Brésil
des portions de souche et de tige. Celle-ci est radicante par le bas,
multangulaire et pourvue, au moins dans la partie qui avoisine la racine, d'un nombre considérable d'aiguillons superficiels, disposés en
lignes longitudinales et parallèles. Ces caractères se rencontrent dans le
smilax papyracea de Poiret, que M. Martins donne, en effet, comme
la source de la salsepareille du Brésil.

Cette salsepareille a été très estimée anciennement, et elle se vend en-
core plus cher que les autres, en raison de l'absence de ses souches.
Mais elle est évidemment inférieure pour l'usage médical à celles de la
Vera-Cruz et de Honduras.

7. *Salsepareille du Pérou.* Cette sorte est pourvue de ses souches
et elle tient le milieu, pour l'aspect général, entre les salsepareilles de
la Vera-Cruz et de la Jamaïque. Elle est propre et privée de terre,
couverte d'un épiderme gris brunâtre assez uniforme. Elle est plus
grêle que la salsepareille de la Vera-Cruz, plus droite, marquée de sillons moins profonds. Voici maintenant ce qui la distingue, tant de la
salsepareille de la Vera-Cruz que de celle de Honduras ou de la Jamaïque. Le méditullium ligneux, qui se trouve assez souvent mis à nu,
est parfois coloré d'un rouge assez vif ; les tubérosités d'où sortent les
tiges sont imprégnées d'un principe orangé, qui colore fortement,
surtout, les écailles des bourgeons ; enfin les tiges sont manifestement
plus volumineuses, mais elles sont spongieuses, et leurs fibres ligneuses
se laissent facilement séparer. Cette salsepareille est sans doute produite
par le *smilax obliquata* du Pérou.

8. *Salsepareille noirâtre, à grosses tiges aiguillonnées.* J'ignore d'où
vient cette salsepareille, qui offre d'assez grands rapports avec la salsepareille du Pérou. Elle forme des bottes considérables composées de
racines et de souches. Les racines sont très longues, de la grosseur
d'une petite plume, médiocrement cannelées, d'une couleur générale
brune noirâtre, peu amylacées. Les souches sont volumineuses, noires
au dehors, blanches en dedans, avec quelques écailles colorées en jaune,
comme dans la salsepareille du Pérou. Les tiges sont très grosses, mais
peu consistantes, pourvues d'un grand nombre d'angles marqués par
des côtes membraneuses qui se terminent par des aiguillons papyracés.

Cette salsepareille donne avec l'eau des décoctés d'un rouge de sang, et son extrait présente une odeur de valériane.

9. *Salsepareille ligneuse.* Cette sorte est remarquable par le volume, la grandeur et l'aspect ligneux de toutes ses parties; sa souche est au moins grosse comme le poing, noueuse, irrégulière, ligneuse et d'un blanc grisâtre à l'intérieur; ses racines ont de 7 à 9 millimètres de diamètre, sont fort longues, couvertes d'un épiderme rouge-brun, et sont formées d'une écorce peu épaisse, desséchée et profondément sillonnée, et d'un méditullium ligneux, large et d'une couleur de bois de chêne. Les tronçons de tige qui accompagnent la souche sont épais de 25 millimètres, et sont tout hérissés de piquants; ces piquants (aiguillons) sont superficiels et rangés par lignes longitudinales, comme dans les deux salsepareilles nᵒˢ 6 et 8.

La salsepareille ligneuse a une saveur mucilagineuse, amère et âcre; elle est rare et peu estimée à Paris; mais on m'a dit qu'elle était recherchée à Bordeaux pour l'usage médical. On m'a dit aussi qu'elle venait de Mexico.

Plusieurs chimistes se sont occupés de chercher quel était le principe actif de la salsepareille. M. Palotti, le premier, ayant précipité une forte infusion de cette racine par l'eau de chaux, a traité le précipité, délayé dans l'eau, par un courant d'acide carbonique, pour convertir la chaux en carbonate; il a évaporé la liqueur à siccité, a traité le résidu par de l'alcool à 40 degrés, et a obtenu, par l'évaporation, une matière blanche, astringente et nauséeuse, à laquelle il a donné le nom de *parigline*.

Un autre chimiste italien, le docteur Folchi, ayant décoloré un macéré de salsepareille par le charbon animal, et l'ayant fait évaporer, a vu se déposer une matière cristalline qu'il a nommée *smilacine*.

Enfin Thubœuf, pharmacien à Paris, a obtenu de la salsepareille une matière cristallisée, en traitant la racine par de l'alcool faible, faisant concentrer la liqueur, la laissant déposer et reprenant le dépôt par l'alcool rectifié bouillant; il a donné à cette matière le nom de *salseparine*. Il a également constaté dans la salsepareille la présence d'une huile brune et odorante, qui ne doit pas être étrangère à ses propriétés.

D'après les expériences récentes de M. Poggiale, et d'après celles mêmes de Thubœuf, la smilacine, la parigline et la salseparine sont un seul et même corps, qui paraît insipide au goût lorsqu'il est sec et pulvérulent, à cause de sa complète insolubilité dans l'eau froide et la salive; mais quand il est dissous dans l'eau bouillante ou l'alcool, il offre une saveur amère et âcre à la gorge. Son dissoluté aqueux, quoiqu'il en contienne fort peu, mousse considérablement par l'agitation.

La salseparine est insoluble dans l'éther; elle n'est ni acide ni alcaline, et est formée seulement de carbone, d'hydrogène et d'oxigène.

Fausses Salseparelles.

Plusieurs racines appartenant à des contrées et à des familles de plantes très différentes ont été proposées comme succédanées de la salseparelle, plutôt qu'elles n'ont été vendues par fraude pour elle. Cependant ce dernier cas s'est plus d'une fois présenté. Celles de ces racines qui se rapprochent le plus de la salsepareille par leurs caractères et leurs propriétés, appartiennent, soit au genre *smilax* lui-même, soit au genre *herreria*, et croissent au Brésil, où on leur donne, de même qu'à la salsepareille, le nom général de *japicanga*. Cependant ce nom paraît appartenir plus spécialement à deux espèces, qui sont les *smilax japicanga* et *syringoïdes* de Grisebach. J'ai deux racines de ce genre qui appartiennent très probablement à ces deux espèces: l'une est arrivée du Brésil sous le nom même de *japicanga* et m'a été remise par M. Stanislas Martin, pharmacien à Paris; j'ai trouvé l'autre, il y a très longtemps, chez M. Dubail.

1. *Racine de japicanga de M. Stanislas Martin.* Cette racine se compose d'un ou de plusieurs tubercules arrondis, assez volumineux, blancs à l'intérieur, avec indice d'un principe colorant rouge dans l'épiderme. Les tronçons de tige sont parfaitement cylindriques, de la grosseur d'une forte plume, unis à leur surface, avec quelques rares épines, d'une couleur verte d'abord, puis jaune. Les racines sont toutes fendues par la moitié dans le sens de leur longueur, et elles sont formées d'une écorce d'un gris un peu rougeâtre, très mince et très ridée, et d'un méditullium ligneux, volumineux, mais complétement vide à l'intérieur, de sorte que ce méditullium devait former un véritable tube d'un bout à l'autre de la racine. Dans un assez grand nombre de racines, qui probablement ont été mouillées avant leur dessiccation, l'épiderme se dédouble en plusieurs feuillets, qui ont pris à l'air une couleur rouge assez foncée. La racine entière présente une saveur un peu salée et mucilagineuse, finissant par devenir assez fortement amère. Elle est inodore.

2. *Racine de japicanga de M. Dubail.* Il paraît qu'une forte partie de cette substance a été importée en France vers l'année 1820; on la prit alors pour la tige de l'*aralia nudicaulis;* mais le placement n'ayant pu en être effectué, on la réexporta pour l'Allemagne, sauf une certaine quantité qui resta en la possession de M. Dubail. Elle a été décrite comme étant la tige de l'*aralia nudicaulis*, dans la deuxième édition

de l'*Histoire abrégée des drogues simples;* ce n'est qu'après avoir vu la racine précédente que j'ai reconnu la vraie nature de celle-ci.

Cette racine est entièrement privée de ses souches, coupée par tronçons de 40 à 50 centimètres, et mise en petites bottes retenues par une racine semblable qui lui sert de lien. Elle est pourvue d'un épiderme d'un gris un peu rougeâtre, profondément sillonné par la dessiccation, ce qui lui donne une grande ressemblance avec la salsepareille. Au-dessous se trouve une partie corticale grise ou blanchâtre, spongieuse, molle, quelquefois gluante et comme gorgée d'un suc mielleux. A l'intérieur est un corps ligneux blanchâtre, cylindrique, percé au centre d'un large canal, et ce caractère est celui qui distingue le mieux le japicanga de la salsepareille, dont le cœur est plein et solide. L'odeur en est fade et peu marquée; la saveur en est sucrée d'abord, puis assez fortement amère.

3. *Racine d'agavé de Cuba* ou *magney du Mexique* (*agave cubensis* de Jacquin, famille des broméliacées). Cette plante, qui affecte la forme d'un grand aloès, est portée sur une souche pivotante, grosse comme la cuisse, garnie tout autour de longues racines du diamètre d'une petite plume et assez semblables à celles de la salsepareille. L'écorce en est papyracée, d'un rouge de garance, facile à séparer du cœur ligneux. Celui-ci est blanc à l'intérieur, composé de fibres distinctes qu'il suffit de séparer pour en faire une filasse très forte, mais grossière, bonne à faire des cordages. L'odeur est nulle; l'écorce seule a une saveur faiblement astringente. Lorsque, en 1823, M. Pope eut attiré l'attention des pharmaciens sur la salsepareille rouge de la Jamaïque ou de Honduras, quelques personnes donnèrent en sa place de la racine d'agavé qui n'offre avec la première aucun rapport de propriétés.

4. *Racine de laiche des sables* ou de *carex arenaria.* Cette racine a été usitée en Allemagne comme succédanée de la salsepareille. Elle a été décrite précédemment (page 108).

5. *Racine inconnue* donnée anciennement comme *salsepareille grise d'Allemagne.* Cette racine, appartenant à une plante dicotylédone, est longue, cylindrique, pourvue d'une écorce grise, très mince et difficile à isoler du cœur ligneux. Celui-ci est très volumineux, grisâtre, et composé de fibres très apparentes, excepté dans les plus petites racines qui l'ont plus blanc et plus amylacé. Cette racine ressemble beaucoup à la salsepareille, mais voici ce qui l'en distingue : elle est très difficile à fendre droit et, lorsqu'elle est fendue par la moitié, si on essaie de la rompre, en la pliant de manière que la partie corticale soit en dehors, elle casse net, tandis que la salsepareille résiste à la même épreuve. La racine en masse offre une odeur peu marquée de vieux spicanard, et

elle a une saveur non mucilagineuse, souvent nulle, mais d'autres fois un peu aromatique et comme camphrée.

6. *Salsepareille grise de Virginie* (*Aralia nudicaulis*, famille des araliacées) Cette substance est une tige rampante et non une racine ; elle est ramifiée, couverte d'un épiderme gris-blanchâtre ou gris-rougeâtre et foliacé. L'écorce est jaunâtre, spongieuse, sèche ; au centre se trouve un cœur ligneux blanc. Cette tige possède une odeur fade, peu marquée ; une saveur légèrement sucrée et aromatique, comme celle de la racine de persil.

7. *Fausse salsepareille de l'Inde* vendue sous le nom de *smilax aspera*. Les droguistes anglais tirent cette racine de l'Inde orientale, et lui donnent le nom de *nunnari*. Or on voit dans la *materia indica* de W. Ainslie, que la racine nommée *salsepareille de l'Inde*, ou *nunnari-vayr*, provient du *periploca indica*, L. Malgré cette autorité, le docteur Thompson, ne trouvant pas que l'odeur agréable ni les propriétés médicales de cette racine s'accordassent avec celles d'une apocynée, en a conclu qu'elle devait être produite par le *smilax aspera*. Tous les médecins et pharmaciens anglais ont adopté cette opinion, et plusieurs médecins et pharmaciens français également ; il en résulte que cette racine est quelquefois prescrite sous le nom de *smilax aspera*, bien qu'il soit facile de démontrer qu'elle n'appartient à aucune plante de ce genre.

Trois plantes ont porté le nom de *smilax aspera* : d'abord la salsepareille d'Amérique, nommée par Bauhin *smilax aspera peruviana* ; secondement le *smilax aspera*, L., plante sarmenteuse, aiguillonnée, de l'Europe méridionale, dont la racine est formée d'une souche blanche, grosse comme le doigt, noueuse et articulée comme celle du petit-houx, garnie de radicules longues, blanches et menues ; troisièmement, le *cari-villandi* de Rhéede, *smilax zeylanica*, L., dont la souche épaisse et tuberculeuse simule la squine officinale. Aucune de ces racines ne peut être celle qui nous occupe.

D'ailleurs la fausse salsepareille de l'Inde est souvent accompagnée de sa tige, qui offre, comme celle des plantes dicotylédones, une écorce distincte, un corps ligneux et un canal médullaire au centre ; la plante ne peut donc pas être un *smilax*. Enfin cette tige est souvent carrée à la partie supérieure, et les feuilles sont opposées. J'avais conclu de ces deux indices, et de quelques autres, que la plante appartenait à la famille des rubiacées (*Journ. de chim. méd.*, t. VIII, p. 665) ; mais il est parfaitement certain aujourd'hui qu'elle n'est autre que le *periploca indica*, L. (*hemidesmus indicus*, famille des asclépiadées).

La fausse salsepareille de l'Inde, ou le *nunnari-vayr*, est une racine longue de 33 à 50 centim., de la grosseur d'une plume à celle du petit doigt : elle est tortueuse, et souvent brusquement fléchie en divers endroits ; elle est formée d'une écorce épaisse, souvent marquée de fissures transversales, et se séparant, par places, du *méditullium* ligneux. Celui-ci est formé de fibres rayonnées et contournées ; il se rompt lorsqu'on le ploie, et sa cassure offre à la loupe une infinité de tubes poreux. L'épiderme est d'un rouge obscur ; l'intérieur de l'écorce est grisâtre, et le bois est d'un blanc jaunâtre. La saveur proprement dite est à peine sensible ; mais elle offre un parfum très agréable de fève tonka, et la racine en masse présente la même odeur.

FAMILLE DES DIOSCORÉES.

Cette petite famille a été établie par M. R. Brown pour placer les plantes de la famille des asparaginées de Jussieu dont l'ovaire est infère. Elle comprend des végétaux à racine tubéreuse et amylacée, à tige volubile comme celle des *smilax*, à feuilles alternes ou quelquefois opposées, réticulées, entières ou palmatidivisées ; les fleurs sont peu apparentes, le plus souvent dioïques, à 6 étamines libres, ou pourvues de 1 ovaire soudé avec le tube du périanthe et à 3 loges. Le fruit est une capsule à 3 loges (*dioscorea*), pouvant se réduire à une par avortement (*rajania*), ou une baie (genre *tamus*).

Les IGNAMES (*dioscorea*) sont répandues dans toutes les parties chaudes de la terre et principalement dans les deux Indes, et dans toutes les îles et contrées qui les séparent de la Chine et du Japon ; à la Guyane, dans les Antilles, dans la Floride et la Virginie. Leurs tubercules radicaux de formes variées, bizarres et souvent très volumineux, concourent puissamment à la nourriture de l'homme.

Le TAMIER OU TAMINIER (*tamus communis*, L.), croît en Europe dans les haies ; on lui donne aussi les noms de *vigne noire* ou de *bryone noire*, de *sceau de Notre-Dame*, *racine vierge*, *racine de femme battue*. C'est une plante sarmenteuse, haute de 2 à 3 mètres, munie de feuilles pétiolées, cordiformes, pointues et luisantes. Les fruits sont des baies rouges de la grosseur d'un grain de groseille. La racine est tubéreuse, grosse comme le poing, garnie tout autour de radicules ligneuses, grise au dehors, blanche en dedans, d'une saveur âcre et imprégnée d'un suc gluant. Elle est un peu purgative et hydragogue. Les gens du peuple lui attribuent la propriété de résoudre le sang épanché par suite de contusions, etant appliquée dessus, râpée et sous forme de cataplasme. C'est sans doute à cause de l'usage assez fréquent qu'en font les femmes du peuple que la plante a reçu le dernier nom mentionné ci-dessus.

C'est également à la famille des dioscorées qu'il convient de rapporter les *tacca*, plantes non volubiles cependant, et dont le port rappelle un

peu celui des aroïdées. Ces plantes sont répandues dans l'Inde, à Madagascar et dans toutes les îles de l'Océanie ; elles sortent d'un tubercule
radical tout couvert de radicules ligneuses, de nature amylacée, naturellement amer et âcre, mais s'adoucissant par la culture et pouvant
alors servir directement à la nourriture de l'homme. Depuis assez longtemps déjà, les Anglais tirent de Taïti et répandent dans le commerce,
sous le nom d'*arrow-root de Taïti*, la fécule du *tacca pinnatifida* qui y
croît en grande abondance. Cette fécule est blanche, pulvérulente,
insipide, inodore, et présente les caractères généraux de ce genre de
produits. Examinée au microscope, elle se présente sous la forme
de granules sphériques, ovoïdes ou
elliptiques, quelquefois courtement rétrécis au col ou coupés par un plan
perpendiculaire à l'axe. Cette forme est
très analogue à celle de la fécule de
sagou ; mais celle-ci est généralement
plus allongée, et celle du *tacca* plus
courte et plus-arrondie ; de plus, elle
présente presque toujours un hile très
développé et fissuré en forme d'étoile (fig. 93). Elle se conduit avec
l'eau bouillante comme la fécule de sagou-tapioka.

Fig. 93.

FAMILLE DES AMARYLLIDÉES.

Les amaryllidées sont aux liliacées ce que les dioscorées sont aux
asparaginées : elles en diffèrent surtout par leur ovaire infère. Ce sont
des plantes à racine bulbifère ou fibreuse, à feuilles radicales embrassantes ; à fleurs souvent très grandes et remarquables par leur forme et
leur vive couleur, enveloppées avant leur épanouissement dans des
spathes scarieuses. Le périanthe est tubuleux, à 6 divisions ; les étamines
sont au nombre de 6 ; l'ovaire est soudé avec le tube du calice, à 3 loges
polyspermes et pourvu d'un style simple et d'un stigmate trilobé. Le
fruit est une capsule triloculaire et à 3 valves septifères ; quelquefois c'est
une baie qui ne contient, par avortement, que 1 à 3 graines. Celles-ci,
qui offrent assez souvent une caroncule celluleuse, renferment un
embryon cylindrique et homotrope dans un endosperme charnu.

Les plantes de cette famille qui sont le plus cultivées pour la beauté
de leurs fleurs, sont :

L'amaryllis de Saint-Jacques,   *amaryllis formosissima.*
Le crinum asiatique,   *crinum asiaticum.*
L'hæmanthe sanguin,   *œmanthus coccineus.*

Le pancrace maritime,   *pancratium maritimum.*
Le perce-neige,   *galanthus nivalis.*
Le narcisse des poëtes,   *narcissus poeticus.*
La jonquille,   *jonquilla.*

Les amaryllidées sont généralement des plantes dangereuses, et quelques unes, telles que l'*amaryllis belladona* des Antilles et l'*hæmanthus toxicaria* du cap de Bonne-Espérance sont de violents poisons. Les bulbes de la plupart sont âcres et émétiques, et principalement ceux des *narcissus poeticus, odorus* et *jonquilla;* ceux des *crinum,* des *hæmanthus,* des *leucoïum,* etc. Le bulbe du *pancratium maritimum* est volumineux, jouit de propriétés analogues à celles de la scille et est quelquefois substitué à la scille blanche. Enfin les fleurs du NARCISSE DES PRÉS (fig. 94) (*narcissus pseudo-narcissus*) paraissent être narcotiques à petite dose; mais elles sont émétiques et vénéneuses à une dose plus élevée. Cette plante est commune en France dans les prés et dans les bois, où elle fleurit de très bonne heure ; son bulbe tunicé donne naissance à des feuilles presque planes et de la longueur de la tige. La tige, haute de 16 à 20 centimètres, se termine par une spathe monophylle, de laquelle sort une fleur unique, penchée, assez grande, peu odorante, formée d'un périanthe tubuleux, soudé inférieurement avec l'ovaire, divisé supérieurement en six parties terminées en pointe ; d'un jaune très pâle ou presque blanches. Ce périanthe est doublé à l'intérieur par une enveloppe corolloïde (nectaire, L.), libre dans sa partie supérieure, qui dépasse la longueur des divisions du périanthe et d'un jaune plus foncé.

Fig. 94.

C'est à la famille des amaryllidées qu'il faut rapporter les *agave* et les *furcroya,* plantes tellement semblables aux aloès par leurs feuilles ramassées, épaisses, charnues, dentelées et piquantes sur leurs bords, qu'elles sont généralement cultivées dans les jardins sous le nom d'*aloès;* mais leur ovaire infère et leur fruit loculicide les distingue de ceux-ci. Les agavés sont d'ailleurs de dimensions beaucoup plus grandes et quelquefois gigantesques ; ils jouissent d'une longévité extraordinaire, pendant laquelle ils paraissent ne fleurir qu'une fois, et alors la hampe s'élève si rapidement qu'on la voit croître à la vue, ce qui a donné lieu à la fable populaire que ces plantes ne fleurissent que tous les cent ans, avec une explosion semblable à celle d'un coup de canon.

Les fibres ligneuses contenues dans les feuilles d'agavé peuvent fournir une filasse comparable au chanvre, et beaucoup plus fine que celle fournie par les racines dont j'ai déjà parlé (p. 205). On la connaît dans le commerce sous le nom de *soie végétale*. Un des agavés du Mexique, qui, d'après M. Bazire (*Journ. pharm.*, t. XX, p. 520), diffère du maguey (*agave cubensis* de Jacquin), fournit, lorsqu'on arrache les feuilles du centre, une liqueur transparente et sucrée dont on obtient, par la fermentation, une boisson vineuse nommée *pulqué*, qui est très recherchée des Mexicains.

FAMILLE DES BROMÉLIACÉES.

Les broméliacées sont des plantes américaines dont les feuilles, souvent réunies à la base de la tige, allongées, étroites, épaisses, roides, dentelées et épineuses sur les bords, rappellent jusqu'à un certain point celles des agavés. Les fleurs forment des épis écailleux, des grappes rameuses ou des capitules, dans lesquels elles sont quelquefois tellement rapprochées qu'elles finissent par se souder ensemble. Leur calice est tubuleux, adhérent à l'ovaire, partagé par le haut en six divisions disposées sur deux rangs, dont les trois intérieures sont plus grandes et pétaloïdes. L'ovaire est à trois loges, pourvu d'un style et d'un stigmate à trois divisions subulées. Le fruit est généralement une baie triloculaire, couronnée par les lobes du calice.

La plante la plus utile de cette famille est l'ananas (*ananassa sativa*, Lindl.; *bromelia ananas*, L.), dont les baies soudées et très souvent devenues aspermes par la culture, forment un sorose volumineux, ovoïde-aigu, élégamment imbriqué à sa surface, rempli d'une chair acidule, aromatique et sucrée, et compté au nombre des fruits de table les plus estimés.

Les *tillandsia*, que plusieurs botanistes joignent à cette famille, malgré leur ovaire libre, nous offrent une espèce, *tillandsia usneoides*, dont les tiges très menues, volubiles, noires, ligneuses et presque semblables à du crin, quant à la forme, peuvent aussi le remplacer dans la fabrication des sommiers et des meubles. On en importe en France une assez grande quantité, qui est employée dans ce but.

FAMILLE DES IRIDÉES.

Végétaux herbacés, à rhizome tubéreux ou charnu, pourvus de

feuilles alternes, planes, ensiformes, souvent distiques; fleurs enveloppées dans une spathe: périanthe tubuleux à six divisions profondes,
disposées sur deux rangs; 3 étamines libres ou monodelphes, opposées
aux divisions externes du pé-
rianthe et attachées à leur base;
ovaire infère à 3 loges multi-
ovulées; style simple terminé
par 3 stigmates en forme de
cornets aplatis, à bords frangés,
prenant souvent une apparence
pétaloïde ; fruit capsulaire à
3 loges, à 3 valves septifères.
Principaux genres : *sisyrin-
chium*, *iris*, *tigridia*, *ferraria*, *gladiolus*, *ixia*, *crocus*.

Iris commune ou **Flambe.**

Fig. 95.

Iris germanica (fig. 95).
Cette plante pousse des feuilles
ensiformes, courbées en faux,
distiques et engaînantes, glabres, plus courtes que la tige,
qui est multiflore. Le périanthe
est à 6 divisions pétaloïdes,
d'un bleu violet foncé, dont 3
plus étroites redressées, et 3
plus larges abaissées, chargées
sur leur ligne médiane d'une
raie barbue, d'une belle couleur jaune. Les étamines sont
au nombre de 3 , insérées à la
base des divisions extérieures,
et recouvertes par les stigmates
pétaloïdes du pistil. Le tube du
périanthe est à peine aussi long
que l'ovaire. Le fruit est une
capsule triloculaire, s'ouvrant
par le sommet en 3 valves locu-
licides. Les semences sont nombreuses, horizontales, planes et marginées, fixées sur deux séries à l'axe central des loges.

Le rhizome de l'iris flambe est horizontal, charnu, articulé, récouvert d'un épiderme gris, ou vert sur la face supérieure. Il est blanc en dedans, d'une odeur vireuse et d'une saveur âcre. Il est diurétique et purgatif, mais peu usité. Lorsqu'il est desséché, il est grisâtre à l'intérieur, et pourvu d'une faible odeur de violette. On l'emploie dans les buanderies pour communiquer cette odeur aux lessives.

Racine d'Iris de Florence.

Iris florentina. Cette espèce ressemble beaucoup à la précédente ; mais elle est plus petite dans toutes ses parties ; ses feuilles sont courtes, ensiformes, d'un vert glauque ; la hampe porte 2 ou 3 fleurs blanches, dont le tube est plus long que l'ovaire, et dont les divisions extérieures présentent une ligne médiane barbue. La souche est oblique, grosse comme le pouce et plus, articulée, et d'une saveur âcre. On nous l'apporte sèche et toute mondée de la Toscane et d'autres endroits de l'Italie. Elle est d'une belle couleur blanche, d'une saveur âcre et amère, et d'une odeur de violette très prononcée. Elle entre dans un certain nombre de compositions pharmaceutiques, et les parfumeurs en emploient une très grande quantité. On en fabrique aussi de petites boules de la grosseur d'un pois, nommées *pois d'iris*, très usitées pour entretenir la suppuration des cautères. M. Vogel a retiré de la racine d'iris sèche une huile volatile solide et cristallisable, une huile fixe, un extrait brun, de la gomme, de la fécule, du ligneux (*Journ. pharm.*, 1815, p. 481).

Racine d'Iris fétide.

Vulgairement *glayeul puant* ou *spatule fétide ; iris fœtidissima*, L. Cette plante croît en France dans les lieux humides et ombragés. Sa souche est oblique, longue et grosse comme le doigt, marquée d'anneaux à sa surface, garnie à la partie inférieure de beaucoup de fortes radicules. Elle donne naissance à des feuilles ensiformes, droites, étroites et fort longues, d'un vert foncé et rendant une odeur désagréable lorsqu'on les écrase. La tige est imparfaitement cylindrique, haute de 50 à 65 centimètres, garnie de feuilles, dont les dernières, en forme de spathes et de bractées, accompagnent 3 ou 4 fleurs. Les divisions extérieures du périanthe sont allongées, rabattues, veinées, d'un violet pâle, dépourvues de raie barbue. Le fruit est une capsule à 3 loges, s'ouvrant par la partie supérieure et laissant voir des semences nombreuses, assez volumineuses, arrondies, couvertes d'une enveloppe succulente et d'un rouge vif.

La souche d'iris fétide possède une très grande âcreté. Elle a été spécialement recommandée contre l'hydropisie. M. Lecanu en a retiré une huile volatile excessivement âcre, de la cire, une matière résineuse, une matière colorante orangée, du sucre, de la gomme, un acide libre, etc. (*Journ. pharm.*, t. XX, p. 320).

Racine d'Iris faux-acore.

Vulgairement *iris des marais*, *iris jaune*, *glayeul des marais* (*iris pseudo-acorus* L.). Cette plante croît dans les ruisseaux assez profonds et dans les endroits marécageux. Sa souche est horizontale, très forte, annelée, articulée, chevelue, pourvue de feuilles radicales embrassantes, ensiformes, très longues et très étroites. La tige est élevée de 60 à 100 centimètres, garnie de feuilles, et produit 3 ou 4 fleurs entièrement jaunes, dont les trois divisions extérieures sont rabattues, grandes, ovoïdes, très entières, dépourvues de raie barbue; les trois divisions internes sont dressées, très étroites, plus courtes que les stigmates.

La souche de l'iris des marais n'a pas d'odeur. Elle est très âcre et purgative lorsqu'elle est récente; desséchée, elle acquiert une couleur rougeâtre à l'intérieur. Elle a été usitée comme sternutatoire. La graine torréfiée a été proposée comme succédanée du café.

Safran.

Crocus sativus. Cette petite plante a le port général d'une liliacée, mais elle produit un bulbe tubéreux et non écailleux ou tunicé; de ce bulbe s'élève une longue spathe d'où sortent un certain nombre de feuilles lineaires et un petit nombre de fleurs munies d'un périanthe violet-pâle, longuement tubulé, à 6 divisions dressées et presquè égales, renfermant seulement 3 étamines et 1 pistil terminé par 3 stigmates creusés en cornet; le fruit est une capsule à 3 loges.

Le safran, tel qu'il vient d'être décrit, ou le *crocus sativus*, L., comprend deux variétés, ou plutôt deux espèces, dont une seule fournit ces longs stigmates colorés qui composent le safran officinal. L'espèce non officinale, ou le *crocus vernus*, fleurit au printemps, et produit à la fois des feuilles et sa fleur, dont les trois stigmates sont redressés, non dentés, beaucoup plus courts que les divisions du périanthe; aussi ne paraissent-ils pas au dehors.

Le safran officinal, auquel on a conservé le nom de *crocus sativus*, fleurit en septembre ou octobre, un peu avant l'apparition des feuilles; il se distingue du précédent par ses longs stigmates rouges, inclinés et pendants hors du tube de la fleur, et dentés à l'extrémité (fig. 96).

Le safran paraît être originaire d'Asie; mais depuis très longtemps on le cultive en Espagne et en France : c'est même le safran du Gatinais et

de l'Orléanais, en France, qui comprennent partie des départements
de Seine-et-Marne, d'Eure-et-Loir et tout le département du Loiret,
c'est ce safran, dis-je, qui est le plus estimé ; après vient celui d'Espagne, et enfin celui d'Angoulême, qui est le moins bon. Celui-ci, en
effet, au lieu d'être coloré dans toutes ses parties, est privé de matière

Fig. 96.

colorante dans son style et
même dans la partie infé-
rieure des stigmates, de
sorte qu'il présente à la
vue un mélange de filets
blancs et rouges.

Les terres dans les-
quelles le safran réussit
le mieux sont celles qui
sont légères, un peu sa-
blonneuses et noirâtres.
On les amende par des
fumiers bien consommés,
et on les dispose par trois
labours faits depuis l'hiver
jusqu'au moment où l'on
met les bulbes en terre,
ce qui a lieu depuis la fin
de mai jusqu'en juillet ;
ensuite on bine la terre de
six semaines en six se-
maines jusqu'à la floraison, qui a lieu en septembre ou octobre. La
fleur ne dure qu'un ou deux jours après son épanouissement.

C'est dans cet intervalle que des femmes s'occupent sans relâche à cueillir le safran et à l'éplucher, c'est à-dire à enlever seulement les stigmates,
que l'on se hâte de faire sécher sur des tamis de crins chauffés par de la
braise. Ils perdent par cette opération les quatre cinquièmes de leur
poids. M. Pereira a calculé que 1 grain pesant (55 milligrammes) de
safran du commerce contenait les styles et les stigmates de 9 fleurs. A
ce compte, il faut 4320 fleurs pour faire 1 once ou 31 grammes de safran, et 69120 fleurs pour 1 livre ou 500 grammes. On conçoit, d'après
cela, pourquoi le safran est toujours d'un prix très élevé.

On doit choisir le safran en filaments longs, souples, élastiques,
d'une couleur rouge-orangée foncée ; sans mélange des styles blanchâtres qui caractérisent le safran d'Angoulême, et privé d'étamines, qui
sont faciles à reconnaître à leurs anthères et à leur couleur jaune. Il
doit fortement colorer la salive en jaune doré, avoir une odeur forte,

vive, pénétrante, agréable et qui ne sente pas le fermenté. On recommande de le conserver dans un lieu humide, ce qui peut être utile pour
en augmenter le poids; mais, comme toutes les substances organiques, le safran se conserve beaucoup mieux parfaitement desséché et
renfermé dans des vases hermétiquement fermés que de toute autre
manière.

Le safran donne à l'eau et à l'alcool les trois quarts de son poids d'un
extrait qui contient une matière colorante orangée rouge, non encore
obtenue à l'état de pureté, et qui paraît cependant se déposer en partie,
à l'aide du temps, de sa dissolution alcoolique. Cet extrait contient en
outre une huile volatile odorante; et, celui par l'alcool, une huile fixe
concrète, ou cire végétale. Bouillon-Lagrange et Vogel y admettent en
outre de la gomme, de l'albumine et une petite quantité de sels à base
de potasse, de chaux et de magnésie (*Annales de chimie*, t. LXXX,
p. 188).

Le safran est usité comme assaisonnement dans plusieurs pays, et
notamment en Pologne, en Italie, en Espagne et dans le midi de la
France. Il est également d'un grand usage dans la teinture, dans l'art
du confiseur et en pharmacie. Il entre dans la thériaque, la confection
de safran composé, le laudanum liquide, l'élixir de Garus, etc.

Falsifications. Le safran est très souvent falsifié dans le commerce
avec de l'eau, de l'huile, du sable ou des grains de plomb. Presque de
tout temps aussi on l'a sophistiqué avec des fleurons de carthame (*car-
thamus tinctorius*), qui en a même pris le nom de *safranum* ou de *safran bâtard*. Cette falsification est assez facile à reconnaître à la forme
du carthame, qui est composé d'un tube rouge, divisé supérieurement
en 5 dents, et renfermant à l'intérieur 5 étamines soudées en voûte par
leurs anthères et traversées par un long style. De plus, le carthame est
sec et cassant, pourvu d'une odeur faible, et colore à peine la salive en
jaune; mais comme ces caractères se perdent par le mélange avec le
véritable safran, c'est à la forme surtout qu'il faut s'attacher.

Enfin depuis quelques années le safran est falsifié, tant en France
qu'en Allemagne, avec les pétales de différentes fleurs, coupés en languettes, colorés en rouge artificiellement, imprégnés d'huile pour leur
donner de la souplesse, et tellement bien préparés qu'à la première
vue, et même non mélangés au safran, on les prendrait pour celui-ci
Les pétales qui ont servi jusqu'ici à cette préparation, sont ceux de
souci, d'arnica et de saponaire. Pour reconnaître toutes ces différentes
falsifications, il faut prendre une poignée de safran au milieu de la
masse et la secouer d'abord légèrement sur une grande feuille de papier,
ce qui en fait tomber le sable et les grains de plomb; ensuite on place
une petite quantité de la matière entre deux feuillets de papier non collé

et on la soumet à la pression : l'opération faite, le papier ne doit être
ni mouillé ni huilé. Enfin on étale complétement une certaine quantité
de safran sur la feuille de papier et on l'examine avec soin à la vue ou à
l'aide d'une large loupe. Tous les brins, à l'exception de quelques étamines isolées de *crocus* qui peuvent s'y trouver, doivent être composés
d'*un style filiforme partagé à une extrémité en trois stigmates aplatis,
creux, vides à l'intérieur, s'élargissant peu à peu en forme de cornet
jusqu'à l'extrémité, qui est comme bilabiée et frangée.* Les fleurons de
carthame se reconnaissent aux caractères qui ont été donnés plus haut.

Quant aux pétales de souci ou autres, mis sous forme de languettes, et
ensuite diversement tordus ou contournés, on les reconnaît à cette
forme même de languettes, de largeur à peu près égale dans toute leur
longueur ; et lorsque ces languettes ont été divisées en trois à une extrémité, afin de leur donner encore une plus grande ressemblance avec le
safran, on observe alors que la languette entière *est plus large que ses
divisions*, tandis que, dans le safran, chaque stigmate isolé est plus large
que le style.

Faux safran du Brésil. On a tenté plusieurs fois d'importer en
France du Brésil, et sous le nom de *açafrao* (safran), une substance qui
offre quelque rapport de couleur et d'odeur avec le safran, mais dont la
forme est tout à fait différente. C'est une très petite corolle membraneuse, monopétale, longue de 6 à 8 millimètres, tubuleuse, un peu
courbe et un peu renflée près du limbe, qui paraît irrégulier, et a deux
lèvres peu marquées ; elle appartient probablement à la famille des
labiées. Elle possède une odeur assez marquée, agréable, et qui offre de
l'analogie avec celle du safran ; elle colore assez fortement la salive en
jaune orangé, et présente une saveur un peu amère. Il est probable qu'on
pourrait l'utiliser pour la teinture.

Ferraria purgans, Mart. Le rhizome de cette plante est usité au
Brésil comme purgatif, à la dose de 12 à 15 grammes. Tel qu'on le
trouve dans les pharmacies de ce pays, où on lui donne les noms de
ruibardo do campo et de *piretro*, il se compose de deux parties : d'a-
bord d'un tubercule ovoïde, amylacé, assez semblable, pour la forme,
à celui de l'arum vulgaire, mais recouvert d'un épiderme brun et
muni, sur toute sa surface, de radicules ligneuses qui descendent perpendiculairement le long du tubercule ; secondement d'une sorte de
bulbe ou de bourgeon foliacé placé à la partie supérieure du tubercule
précédent, atténué en pointe à la partie supérieure et formé de tuniques
concentriques presque complètes à la partie inférieure, mais diminuant
rapidement de largeur par le haut. Ce bulbe, de même que le tubercule
amylacé, possède une saveur peu sensible d'abord, qui finit par présenter une certaine âcreté sur toute la cavité buccale. Il est probable,

en raison du nom pirétro donné à la plante ou au rhizome, que cette
âcreté était beaucoup plus forte à l'état récent.

Plantes herbacées ou ligneuses, pourvues de feuilles longuement pétiolées, embrassantes à la base, très entières, à nervures transversales
parallèles et très serrées. Les fleurs sont réunies en grand nombre dans
des spathes; elles sont composées d'un périanthe épigyne à six divisions
bisériées irrégulières, de six étamines dont une est presque toujours
transformée en un sépale interne, très petit; les 5 autres sont en général
surmontées d'un appendice membraneux, coloré, qui est la continuation du filet. L'ovaire est infère et à 3 loges multiovulées (excepté dans
le genre *heliconia*, où les loges ne contiennent qu'un ovule). Le style
est terminal, simple, filiforme, terminé par 3 stigmates linéaires. Le
fruit est une capsule à 3 loges et à 3 valves septifères, ou une baie indéhiscente à 3 loges.

Cette famille se compose des seuls genres *heliconia*, *strelitzia*, *musa*,
ravenala. Elle diffère des amaryllidées par son périanthe toujours irrégulier, et des amomées, qui vont suivre, par ses six étamines. Le
strelitzia reginæ est une plante d'une grande beauté, originaire de
l'Afrique méridionale. Les bananiers (*musæ*) sont des herbes gigantesques, originaires des contrées chaudes et humides de l'Asie et de
l'Afrique, et cultivées maintenant dans toutes les parties du monde. Ils
sont formés d'un bulbe allongé en forme de tige, qui résulte de la base
embrassante et tunicée du pétiole des feuilles. Cette tige, haute de 5 à
6 mètres, est couronnée par un bouquet d'une douzaine de feuilles
longues de 2 à 3 mètres sur 50 à 65 centimètres de large. Du milieu
de ces feuilles sort un pédoncule long de 1 mètre à 1,30, garni de
fleurs sessiles, rassemblées par paquets sous des écailles spathacées caduques. Toutes ces fleurs sont hermaphrodites, mais de deux sortes,
cependant; celles rapprochées de la base du régime étant seules fertiles,
et celles de l'extrémité étant stériles. Les fruits sont des baies d'un
jaune pâle, longues de 15 à 25 centimètres (dans le *musa paradisiaca*),
épaisses de 3 à 4, obtusément triangulaires, à loges souvent oblitérées,
et dont les semences disparaissent par la culture. Dans le *musa sapien-
tium*, les fruits sont plus courts, plus droits, moins pâteux et d'un
goût beaucoup plus agréable. Mais les uns et les autres sont une preuve
frappante de la transformation de l'amidon en sucre, qui s'opère, dans
l'acte de la végétation même, sous l'influence des acides. Ces fruits,
non mûrs, sont tout à fait blancs et amylacés dans leur intérieur, et,
desséchés et coupés par tranches, ressemblent à de la racine d'arum

sèche. Tout à fait mûrs, ils sont d'un goût sucré, visqueux, aigrelet, et prennent par la dessiccation l'aspect d'une confiture sèche. Ils sont d'un puissant secours pour l'alimentation des habitants des pays inter-tropicaux, qui trouvent en outre dans leurs feuilles entières une cou-verture pour leurs habitations, et dans les fibres de la tige une filasse propre à faire des cordages, des toiles et même des étoffes légères.

FAMILLE DES AMOMACÉES.

Plantes vivaces dont la racine est ordinairement tubéreuse et charnue ; les feuilles sont engaînantes à la base, à nervures latérales et parallèles ; les fleurs sont disposées en épis imbriqués, en grappes ou en panicules. Le périanthe est double : l'extérieur forme un calice à 3 sépales régu-liers, courts et colorés ; l'intérieur est tubulé et terminé par 3 divisions colorées, plus grandes et presque régulières également ; mais en dedans de ce calice intérieur se trouvent d'autres appendices pétaloïdes, grands, inégaux, au nombre de 3 ou 4, dont un quelquefois très déve-loppé et en forme de labelle. Ces appendices paraissent être des éta-mines transformées. Les étamines fertiles sont au nombre de une ou de deux, à une seule anthère uniloculaire, et quelquefois soudées et for-mant une seule étamine à anthère biloculaire. Ovaire à 3 loges pluriovu-lées, supportant souvent un petit disque unilatéral, qui doit être con-sidéré encore comme une étamine avortée. Le style est grêle, terminé par un stigmate en forme de coupe. Le fruit est une capsule triloculaire, trivalve, loculicide et polysperme ; les graines contiennent un embryon cylindracé, placé dans un endosperme simple ou double.

Les plantes contenues dans cette famille peuvent se diviser en deux tribus que plusieurs botanistes considèrent comme deux familles dis-tinctes :

1° Les *cannacées* ou *morantacées* : rhizome rampant, ou racine fibreuse ; étamine fertile simple, uniloculaire, appartenant à la rangée extérieure des étamines (1) et placée en face d'une des divisions laté-rales du périanthe interne ; embryon contenu dans un endosperme simple. Genres *thalia*, *maranta*, *myrosma*, *canna*, etc.

1° Les *zingibéracées* : rhizome rampant, tubéreux ou articulé ; une étamine double, fertile, appartenant à la rangée interne et opposée au labelle. Embryon placé dans un double endosperme. Genres *globba*, *ingiber*, *curcuma*, *kœmpferia*, *amomum*, *elettaria*, *hedychium*, *alpinia*, *hellenia*, *costus*, etc.

(1) On admet que le nombre originel des étamines est de six et qu'elles sont disposées sur deux series, de même que dans les liliacées et dans la plupart des autres familles de monocotylédones à fleurs régulières.

La diversité des principes constituants et des propriétés médicales concourent, avec la différence des caractères botaniques, pour séparer plus complétement les cannacées des zingibéracées : les premières sont dépourvues de principes aromatiques, et sont remarquables seulement par la grande quantité d'amidon contenue dans leur rhizome ; les secondes, indépendamment de l'amidon renfermé dans leurs tubercules, sont riches en huiles volatiles répandues dans toutes leurs parties, et en principes âcres et pipéracés qui les rendent éminemment excitantes et les font employer comme assaisonnements dans tous les pays. Parmi ces dernières, nous décrirons principalement les galangas, les gingembres, les curcumas, les zédoaires, les cardamomes et les maniguettes.

Racines de Galanga.

Les galangas sont des racines rougeâtres, d'une texture fibreuse et demi-ligneuse, articulées, marquées de franges circulaires comme les souchets, aromatiques et d'une saveur âcre ; produites par plusieurs plantes qui appartiennent à la monandrie monogynie de Linné, aux monocotylédones épigynes de Jussieu et à la famille des amomées. On en distingue deux espèces principales, connues sous les noms de *petit* et de *grand galanga*, qui diffèrent par leur lieu d'origine et par la plante qui les fournit. Sous le titre de *galanga léger*, j'en décrirai une troisième que j'ai quelquefois trouvée dans le commerce, mêlée à la première.

Première espèce : *petit galanga*, *galanga de la Chine*, *vrai galanga officinal*. Cette racine est le *galanga minor*, figuré dans l'édition de Matthiole de G. Bauhin, p. 23. Le commerce en offre deux variétés qui ne diffèrent peut-être que par l'âge de la plante. La plus petite (fig. 97) est épaisse seulement de 5 à 10 millimètres, et la plus grosse (fig. 98) est épaisse de 14 à 25 millim. ; toutes deux sont cylindriques, ramifiées, rougeâtres ou d'un brun noirâtre terne à la surface, et sont marquées de nombreuses franges circulaires. A l'intérieur, elles sont d'une texture fibreuse,

Fig. 97.

compacte et uniforme, et d'un fauve rougeâtre ; elles ont une odeur forte, aromatique, agréable, très analogue à celle des cardamomes ; leur saveur est piquante, très âcre, brûlante et aromatique. Leur poudre est rougeâtre et donne, par l'eau et l'alcool, des teintures de même

couleur qui précipitent en noir par le sulfate de fer. Cette racine ne
laisse pas précipiter d'amidon lorsque , étant concassée, on l'agite avec
de l'eau.

Sur l'autorité de Linné, la plupart des auteurs ont attribué le galanga
officinal à son *maranta galanga* , qui est devenu l'*Alpinia galanga* de

Fig. 98.

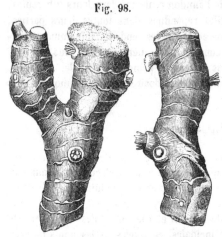

Willdenow. Cette plante ,
cependant , n'est autre
chose que le *grand ga-
langa* de Rumphius , que
cet auteur dit positive-
ment ne pas produire le
galanga de la Chine ou le
galanga des pharmacies
de l'Europe. Il faut donc
lui trouver une autre origine. Or, je pense ne pas
me tromper en disant que
notre galanga officinal est
produit par le *languas
chinensis* de Retz (*Obs.*

usc. III , p. 65), ou *Hellenia chinensis* W. Cette plante , en effet ,
est nommée par les Malais *sina linguas* ou *galanga de la Chine* , et
voici les caractères donnés à sa racine : « Racine répandue horizontalement sous terre, cylindrique, rameuse, entourée d'anneaux circulaires , à sommets obtus et arrondis , de la grosseur du doigt majeur ,
blanche , aromatique , d'une saveur brûlante. Elle est cultivée dans les
jardins de la Chine pour l'usage médical. »

Cette description se rapporte exactement à notre galanga officinal ,
hors la couleur *blanche ;* mais cette différence peut être expliquée , soit
parce que , dans son état naturel , cette racine serait recouverte d'une
pellicule blanchâtre, dont plusieurs morceaux me paraissent conserver
des vestiges , malgré la dessiccation et le frottement causé par le transport ; soit parce que la couleur rougeâtre serait le résultat de l'action
de l'air sur l'huile volatile et le tannin contenus dans la racine (1).

(1) Les *fascicules* de Retz donnent la description d'un autre galanga qu'il
nomme *languas vulgare usitatissimum, Maleys.* Galanga alba. *Radices horizontales, teretiusculæ, cicatribus annularibus obliquis, remotiusculis cinctæ;
ramosæ, albæ, pollice crassiores , fibras filiformes recta descendentes subtus
emittentes. Colitur in hortis.* Cette plante est l'*hellenia alba* de Willdenow :
je ne pense pas que sa racine vienne en Europe ; mais si c'est la même que
l'*amomum medium* de Loureiro , on en trouvera le fruit décrit parmi les
cardamomes.

Deuxième espèce. *Galanga léger.* Cette racine tient le milieu pour la grosseur entre les plus petits et les plus gros morceaux du vrai galanga ; elle varie de 7 à 16 millimètres de diamètre. Elle est de même entourée de franges blanches, mais son épiderme est *lisse, luisant* et d'un rouge clair et jaunâtre ; elle est d'un rouge très prononcé à l'intérieur, avec des fibres blanches entremêlées. Son odeur, sa saveur, son action sur le sulfate de fer sont semblables à celles du vrai galanga, mais bien plus faibles. Son caractère le plus tranché consiste dans sa grande légèreté ; car en pesant des morceaux sensiblement égaux en volume à d'autres de vrai galanga, leur poids ne se trouve être que le tiers ou la moitié de ceux-ci. Une autre différence se tire de la forme générale de la racine : le galanga officinal est en troncons sensiblement cylindriques, ramifiés, et coupés par les deux extrémités ; de sorte qu'il est difficile d'en établir la longueur réelle, tandis que le galanga léger présente des renflements tubéreux aux articulations, et offre des articles ovoïdes finis, longs de 27 millimètres environ. Je suppose que la plante qui produit ce galanga est très voisine de la précédente : à coup sûr, ce n'est pas le *kœmpferia galanga* L., ni aucun autre *kœmpferia.*

Troisième espèce. *Grand galanga* ou *galanga de l'Inde* ou *de Java.*

Fig. 99.

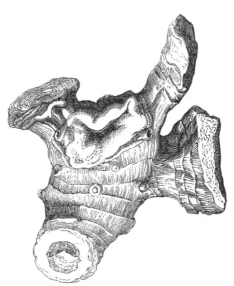

Ce galanga se trouve très bien représenté par G. Bauhin, dans son édition de Matthiole. En le rapprochant des descriptions de Rumphius et d'Ainslie, il est difficile de ne pas croire qu'il soit produit par le *galanga*

major R. (*maranta galanga*, L. ; *alpinia galanga* W.). Pendant longtemps, j'ai été réduit à n'avoir que quelques morceaux très anciens de
cette racine, qui m'avaient peu permis de la bien décrire; mais un droguiste de Paris en ayant reçu une partie considérable venant de l'Inde,
je me suis trouvé à même de la faire mieux connaître.

Cette racine (fig. 99) est quelquefois cylindrique et ramifiée comme le
petit galanga ; mais, le plus souvent, elle est plutôt tubéreuse et articulée
comme le galanga léger. Elle est beaucoup plus grosse que l'un ou
l'autre, car son diamètre varie de 11 à 23 millimètres dans les parties
cylindriques, et s'étend jusqu'à 41 millimètres pour les tubérosités. Sa
surface extérieure est d'un rouge orangé , et marquée de nombreuses
franges circulaires blanches. L'intérieur est d'un blanc grisâtre , plus
foncé au centre qu'à la circonférence ; elle est plus tendre , plus facile
à couper et à pulvériser que le petit galanga , et sa poudre est presque
blanche. Elle a une odeur différente de celle du petit galanga , moins
aromatique , moins agréable et plus âcre. Cette odeur provoque l'éternument, et cependant la racine est bien loin d'offrir la saveur brûlante
du galanga officinal. Le grand galanga concassé, agité dans l'eau, laisse
déposer une poudre blanche qui est de l'amidon ; il colore très faiblement l'eau et l'alcool , et les teintures ne noircissent pas par l'addition
du sulfate de fer. Je ne pense
pas que l'on doive substituer
ce galanga au premier, qui seul
est prescrit dans les *alcoolats
thériacal* , *de Fioravanti* , et
dans beaucoup d'autres compositions analogues.

Fig. 100.

Gingembres.

Les gingembres sont originaires des Indes orientales et
des îles Moluques : ce sont des
plantes à rhizome tubéreux,
articulé , rampant et vivace.
produisant des tiges annuelles
renfermées dans les gaînes distiques des feuilles ; les fleurs
sont disposées en épis strobili-
formes (fig. 100) , portés sur
des hampes radicales courtes
et composés d'écailles imbri-
quées, uniflores. L'espèce officinale (*zingiber officinale* , Roscoe) , a été

transportée, il y a longtemps, au Mexique, d'où elle s'est répandue dans les Antilles et à Cayenne. Maintenant, ces derniers pays, et surtout la Jamaïque, en produisent une grande quantité. On trouve dans le commerce deux sortes de gingembre, le *gris* et le *blanc ;* ce dernier vient particulièrement de la Jamaïque, et n'est connu en France que depuis 1815, les Anglais, qui alors affluèrent chez nous, n'en usant pas d'autre. On pourrait croire que ce gingembre blanc est une variété produite par la transplantation de la plante ou la culture, ou bien, comme l'a pensé Duncan, que la différence des deux gingembres provient de ce que le *gris* (qu'il appelle *noir*) a été plongé dans l'eau bouillante avant sa dessiccation, tandis que le blanc a été pelé à l'état récent, et séché par insolation (*Edimb. new dispens.*, p. 271). Il est possible même qu'on prépare un faux gingembre blanc, en mondant le gingembre gris de son écorce et le blanchissant avec de l'acide sulfureux, du chlorure de chaux, ou même seulement extérieurement avec de la chaux ; mais cela n'empêche pas qu'il existe en réalité deux espèces de gingembre qui ont été distinguées par Rumphius, dans leur pays natal, par les caractères que nous leur connaissons (*Zingiber album* et *rubrum*, *Herb. amboin.*, V, p. 156).

Le *gingembre gris* (fig. 101), tel que le commerce nous le présente, est une racine grosse comme le doigt, formée de tubercules articulés, ovoïdes et comprimés ; il offre rarement plus de deux ou trois tubercules réunis, et beaucoup sont entièrement séparés par la rupture des articulations ; il est couvert d'un épiderme gris-jaunâtre, ridé, marqué d'anneaux peu apparents. Dessous cet épiderme jaune se trouve une couche rouge ou brune qui forme le caractère distinctif du gingembre rouge de Rum-

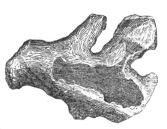

Fig. 101.

phius. Presque toujours l'épiderme a été enlevé sur la partie proéminente des tubercules, probablement pour en faciliter la dessiccation, et à ces endroits dénudés la racine est noirâtre et comme cornée ; mais l'intérieur est en général blanchâtre ou jaunâtre, entremêlé de quelques fibres longitudinales. Ce gingembre possède une saveur très âcre et une odeur forte et aromatique qui lui est propre ; il excite fortement l'éternument ; il donne une poudre jaunâtre. Il faut le choisir dur, pesant, compacte et non piqué des insectes, ce à quoi il est fort sujet. Je ne crois pas qu'il ait été trempé dans l'eau bouillante avant sa dessiccation, comme on le dit ordinairement, parce qu'aucun des innombrables granules d'amidon qu'il contient n'a été brisé par la chaleur (ils se pré-

sentent sous une forme globuleuse cuboïde) ; je croirais plutôt que ce
gingembre a été simplement trempé dans une lessive alcaline ou mélangé
de cendre sèche, comme l'indique Rumphius ; ce que semblent
indiquer les particules siliceuses qui se trouvent souvent fixées à sa
surface.

Gingembre blanc (fig. 102). Ce gingembre est plus allongé, plus
grêle, plus plat et plus ramifié que le gingembre gris. Il est naturellement recouvert d'une écorce fibreuse, jaunâtre, striée longitudinalement, sans aucun indice d'anneaux transversaux ; mais le plus ordinairement cette écorce a été enlevée avec soin, et la racine est presque blanche
à l'extérieur, blanche à l'intérieur, et donne une poudre très blanche.
Ce gingembre est plus léger, plus tendre et plus friable sous le pilon que
le gingembre gris ; il est aussi bien plus fibreux à l'intérieur ; il a une
odeur forte, moins aromatique ou moins *huileuse*, si on peut le dire,
et une saveur incomparablement plus forte et plus brûlante. Certaine-

Fig. 102.

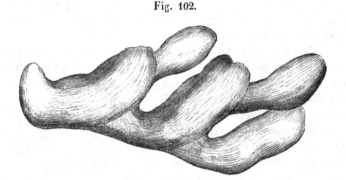

ment ces deux racines diffèrent par autre chose que par leur mode de
dessiccation.

Il paraît que deux autres racines, appartenant au même genre que
le gingembre, ont quelquefois été apportées par le commerce : l'une est
le *gingembre sauvage*, qui se présente sous la forme d'une souche assez
semblable à celle du gingembre, mais plus volumineuse, fortement
aromatique, d'une saveur amère et zingibéracée, mais sans une grande
âcreté. Cette racine est produite par le *lampujum majus* de Rumphius
(*Herb. amb.*, t. V, p. 148, pl. 64, fig. 1) ; *katou-inschi-kua* de Rheede ;
zingiber zerumbeth de Roxburgh et de Roscoe, qui a été confondu à
tort, par la plupart des auteurs, avec le *zingiber latifolium sylvestre*
d'Hermann (*Hort. lugd.*, p. 636), lequel est plutôt une espèce de
zédoaire. L'autre racine appartient au *zingiber cassumuniar* de Roxburgh
et de Roscoe. Elle est formée de tubercules volumineux, articulés,

marqués de franges circulaires, blanchâtres au dehors, d'une couleur orangée à l'intérieur, et très aromatique.

Racines de Curcuma.

Le curcuma, nommé aussi *terra-merita*, et par les Anglais *turmeric*, est une racine grise ou jaunâtre à l extérieur, d'un jaune orangé foncé ou rouge à l'intérieur, d'une odeur forte et d'une saveur chaude et aromatique; il est remarquable par l'abondance de son principe colorant jaune, qui est très usité dans la teinture.

On distingue généralement deux sortes de curcuma : le *long* et le *rond*, et beaucoup d'auteurs, moi-même dans les premières éditions de cet ouvrage, nous avons supposé que ces racines étaient produites par deux plantes différentes. Il y a bien, à la vérité, plusieurs plantes à curcuma, mais chacune d'elles peut produire du curcuma long et rond, et leurs racines diffèrent moins par leur forme que par leur volume, leur couleur plus ou moins foncée et d'autres caractères aussi secondaires.

Rumphius est sans contredit l'auteur qui ait le mieux décrit les curcumas, et nous ne pouvons mieux faire que de le suivre pour trouver d'une manière certaine l'origine de ceux du commerce. D'après Rumphius (*Herbar. amboin.*, t. V, p. 462), les curcumas et les *tommon* (les zédoaires) forment un genre de plantes dont les espèces sont fort rapprochées et très souvent confondues. Quant aux curcumas, il en distingue deux espèces : une *cultivée* et une *sauvage*. D'après la description qu'il en donne, celle-ci est tout à fait étrangère aux curcumas du commerce, et peut être mise de côté; la première fournit un grand nombre de variétés, qui peuvent se résumer en deux sous espèces : une *majeure* et une *mineure*.

Le curcuma majeur (*curcuma domestica major* Rumph.) produit de sa racine 4 ou 5 feuilles pétiolées qui semblent former par le bas une sorte de stipe, et qui ont environ 50 centimètres de longueur, non compris le pétiole, et 16 centimètres de largeur; elles sont terminées en pointe des deux côtés, marquées de sillons obliques en dessous, glabres, odorantes quand on les froisse.

Les fleurs sont disposées, non en cône fermé, naissant sur une hampe nue, comme dans les gingembres; mais elles forment un épi central lâche, composé de bractées ouvertes, imbriquées, demi-concaves, verdâtres et blanchissantes sur les bords. Ces bractées deviennent plus tard d'un brun pâle, surtout lorsque la plante croît dans les forêts.

La racine est composée de trois ortes de parties : d'abord d'un tubercule central (*matrix radicis* Rumph.), duquel sortent 3 ou 4 tubercules latéraux qui ont la forme et la grosseur du doigt, et qui imitent, dans leur ensemble, les doigts de la main demi-fermée : ces tubérosités allongées forment la seconde partie de la racine. Quant à la troisième, elle se compose de radicules sortant pour la plupart du tubercule central, longues de 135 à 160 millimètres, et dont quelques uns portent à la partie inférieure un tubercule blanc, de la forme d'une olive, purement amylacé et insipide. Il est évident que ces derniers tubercules ne font pas partie du curcuma du commerce ; mais Rumphius nous apprend que le tubercule central est desséché pour cette fin, et il est certain que les articles digités s'y trouvent également. Les uns et les autres, lorsqu'ils sont privés d'une pellicule externe blanchâtre, facile à détacher, sont d'une couleur de jaune d'œuf ou de gomme gutte ; ils sont pourvus d'une odeur et d'une saveur onguentacées, avec une acrimonie mêlée d'amertume.

Le curcuma mineur (*curcuma do restica minor* Rumph.) est plus petit dans toutes les parties que le précédent; les feuilles n'ont que 38 centimètres de long, y compris le pétiole, et sont fortement aromatiques ; la racine est un assemblage élégant de 1 ou 2 tubercules centraux entourés d'un très grand nombre d'articles digités et recourbés, qui se divisent eux-mêmes en d'autres, et forment un amas tuberculeux bien plus étendu que dans l'autre espèce.

Les articles digités du curcuma mineur sont plus minces que dans le C. majeur, plus longs, glabres et offrant une surface unie ; ils sont, à l'intérieur, d'une couleur très foncée ; ils ont une saveur douce mais persistante, sans aucune amertume ; leur odeur est aromatique et très développée.

Je suis entré dans ces détails afin de montrer exactement l'origine du

Fig. 103.

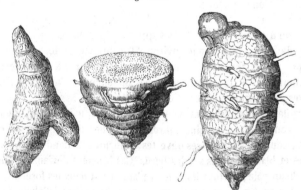

curcuma du commerce. Cette racine se compose de quatre sortes de tubercules :

1° Le *curcuma rond* (fig. 103) est en tubercules ronds, ovales ou turbinés, de la grosseur d'un œuf de pigeon et plus, d'un jaune sale à l'extérieur, et à l'intérieur ayant presque l'aspect de la gomme gutte. Il n'est pas douteux que ces tubercules ne soient les *matrices radicis* du *curcuma domestica major* (1).

2° Le *curcuma oblong* (fig. 103) : je nomme ainsi un curcuma en tubercules allongés qui, par leur teinte extérieure jaune, leur couleur intérieure, leur saveur et leur odeur, appartiennent évidemment à la même espèce que le précédent, dont ils ne sont que les articles latéraux. Ces articles ont un caractère de forme qui les distingue des suivants : ils sont renflés au milieu et amincis aux extrémités.

3° *Curcuma long* (fig. 104). Ce curcuma est en tubercules cylindriques, c'est-à-dire qu'il conserve sensiblement le même diamètre dans toute sa longueur, malgré ses différentes sinuosités. Il est plus long que le précédent, mais beaucoup plus mince, n'étant jamais gros comme le petit doigt ; sa surface est grise, souvent un peu verdâtre, rarement jaune, chagrinée ou plus souvent nette et unie. Il est à l'intérieur d'une couleur si foncée qu'il en paraît rouge brun, ou même noir. Il a une odeur aromatique très développée, analogue à celle du gingembre ; sa saveur est également très aromatique et cependant assez douce et nullement amère. Il est impossible de méconnaître dans cette racine les articles digités du *curcuma domestica minor*.

Fig. 104.

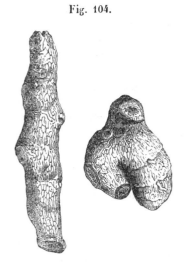

4° Enfin, on trouve dans le curcuma du commerce, mais en petite quantité, des tubercules ronds de la grosseur d'une aveline, souvent didymes, ou offrant les restes de deux stipes foliacés (fig. 104). Ces tubercules offrent d'ailleurs tous les caractères des précédents, et sont les *matrices radicis* du *curcuma domestica minor*.

Quant au nom spécifique de ces deux variétés de plante, j'ai pensé qu'il était nécessaire de leur en donner un nouveau. Car le nom de *cur-*

(1) Indépendamment de ce curcuma rond, qui est mondé et toujours très propre à l'extérieur, on trouve aujourd'hui dans le commerce des curcumas ronds de Java et de Sumatra, non mondés, grisâtres à l'extérieur, et pourvus d'un grand nombre de troncons de radicules.

cuma domestica n'est pas assez expressif et pourrait tout aussi bien s'appliquer à une zédoaire. Celui de *curcuma longa* ou *rotunda* convient encore moins, soit parce que la plante produit également l'une et l'autre racine, soit à cause de l'incertitude répandue sur ces deux dénominations de la nomenclature linnéenne (1).

A la vérité, Jacquin et Murray, après avoir retrouvé la plante de Rumphius et l'avoir parfaitement distinguée de toutes celles qu'on avait confondues avec elle, l'ont décrite sous le nom d'*amomum curcuma ;* mais la plante est certainement un *curcuma* et non un *amomum*. Considérant alors que cette espèce est distinguée entre toutes les autres par l'abondance de son principe colorant, j'ai proposé de lui donner le nom de *curcuma tinctoria ;* en voici les seuls synonymes :

Amomum curcuma ; Jacquin, *Hort. vind.*, vol. III, tab. 4 ; Murray, *Syst. végét.*, éd. 15.

Curcuma radica longa ; Zanon, *Hist.*, t. LIX.

Curcuma domestica major et minor ; Rumph., *Amb.*, t. V, p. 162.

MM. Vogel et Pelletier ont analysé le curcuma long, et l'ont trouvé formé de matière ligneuse, de fécule amylacée, d'une matière colorante jaune, d'une autre matière colorante brune, d'une petite quantité de gomme, d'une huile volatile âcre et odorante, d'une petite quantité de chlorure de calcium. Le plus important de ces principes est la matière colorante jaune qui s'y trouve en grande quantité, et que son éclat rend utile dans la teinture, quoiqu'elle soit peu solide.

Cette matière colorante est très soluble dans l'alcool, dans l'éther et dans les huiles fixes et volatiles Elle est très sensible à l'action des alcalis, qui la changent en rouge de sang. Aussi la teinture et le papier teint de curcuma sont-ils au nombre des réactifs que le chimiste emploie le plus souvent (*Journ. de pharm.*, 1815, p. 289).

Le curcuma est employé dans l'Inde comme assaisonnement. Il est tonique, diurétique, stimulant et antiscorbutique. Il sert en outre en pharmacie pour colorer quelques onguents.

Racines de Zédoaires.

On distingue deux sortes principales de zédoaires, la *longue* et la *ronde*, et une troisième, la *jaune*, qui est plus rare et moins employée.

Les zédoaires ont été inconnues aux anciens ou étaient usitées sous

(1) Dans les premières éditions du *Species* de Linné, on trouve comme synonyme du *C. rotunda* le *curcuma domestica major* de Rumphius. Presque partout ailleurs, le *C. rotunda* n'est plus regardé que comme synonyme du *manja-kua* de Reede (*kœmpferia pandurata*, Rosc.) alors la plante de Rumphius est donnée comme synonyme du *C. longa*.

d'autres noms. Par exemple, on a pensé que la zédoaire longue ou ronde était le *costus syriaque* de Dioscorides ; la seule chose certaine que l'on puisse dire sur ce sujet, c'est que notre zédoaire ronde a été succinctement décrite par Sérapion, sous le nom de *zerumbet*.

La zédoaire longue, qui est peut-être aussi le *gedwar* d'Avicenne, a été pendant très longtemps la plus répandue dans le commerce et la seule sorte officinale. La *ronde* était devenue tellement rare que Clusius, en ayant trouvé chez quelques marchands d'Anvers, a cru devoir en conserver la figure. Aujourd'hui la zédoaire ronde est presque la seule que l'on trouve à Paris. Je pense que cela tient à ce que la *longue* est regardée en Angleterre comme la vraie sorte officinale et y reste. Au moins est-il vrai qu'elle est seule mentionnée dans le dispensaire d'Édimbourg de Duncan.

Beaucoup d'auteurs ont considéré les deux zédoaires comme des parties de la même racine ; entre autres Pomet, Dale et Bergius. Dans mes premières éditions, j'ai combattu cette opinion, me fondant sur ce qu'on trouve quelquefois de la zédoaire ronde pourvue de prolongements cylindriques assez courts qui ne sont pas de la zédoaire longue ; mais, après avoir examiné les nombreux curcumas figurés par Roscoe, j'ai compris que la même plante *pouvoit* produire les deux zédoaires, dont la ronde serait formée des gros tubercules nommés par Rumph *matrices radicis*, et la longue des articles digités qui entourent les premiers. Il paraît cependant que parmi les nombreuses plantes du genre *curcuma*, qui produisent des racines semblables, il y en a qui donnent plutôt des tubercules ronds, et d'autres des articles digités ; de sorte qu'en réalité les deux zédoaires, longue et ronde, proviennent de plantes différentes.

Fig. 105.

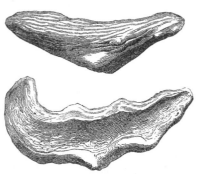

Zédoaire longue (fig. 105).

Racine un peu moins longue et moins grosse que le petit doigt, terminée en pointe mousse aux deux extrémités, recouverte d'une écorce ridée, d'un gris blanchâtre; grise et souvent cornée à l'intérieur, d'une saveur amère fortement camphrée. Lorsqu'elle est entière, son odeur est semblable à celle du gingembre, mais plus faible ; pulvérisée, elle en prend une plus forte, analogue à celle du cardamome.

La zédoaire longue a une certaine ressemblance, ou, si l'on peut s'exprimer ainsi , un air de famille avec le gingembre. On les distingue cependant facilement : le gingembre est palmé ou articulé et très aplati ; la zédoaire est formée d'un morceau unique, non divisé, peu aplati , rugueux et comprimé en différents sens ; d'ailleurs l'odeur et la saveur sont différentes, et beaucoup plus marquées dans le gingembre.

La zédoaire longue est produite par le *kua* de Rheede (*Hort. malab.*, vol. XI, tab. 7) , *amomum zedoaria* W. Mais cette plante n'est pas un *amomum ;* c'est un *curcuma* , que Roxburgh a nommé *curcuma zerumbet.* Ce nom est encore fautif, parce que le vrai zérumbet est la zédoaire ronde et non la longue. Le nom donné par Roscoe , *curcuma zedoaria,* doit être définitivement adopté.

Zédoaire ronde (fig. 106).

Cette racine est le *zerumbet* de Sérapion, de Pomet et de Lemery. Elle est ordinairement coupée en deux ou en quatre parties , représentant des moitiés ou des quartiers de petits œufs de poule : la partie convexe est souvent anguleuse et toujours garnie de pointes épineuses , qui

Fig. 106.

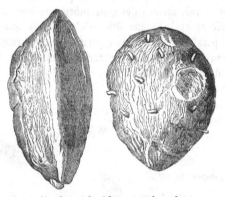

sont des restes de radicules. L'épiderme , dans les morceaux qui n'en sont pas privés , est comme foliacé, et marqué d'anneaux circulaires , semblables à ceux du souchet et du curcuma rond , mais moins nombreux et moins marqués. Enfin, cette même partie offre souvent une cicatrice ronde de 9 à 11 millimètres de diamètre , provenant de la section d'un prolongement cylindrique qui unissait deux tubercules entre eux. D'après cette description , il est facile de se faire une idée de la zédoaire ronde dans son état naturel ; ce doit être une racine tuberculeuse , grosse comme un œuf de poule , marquée d'anneaux circulaires comme le souchet ou le curcuma , garnie tout autour d'un grand nombre de radicules ligneuses, toutes dirigées en bas, et unie, tubercule à tubercule, par des prolongements cylindriques de 9 à 11 millimètres de diamètre, et de 27 millimètres de longueur présumée Cette disposition est entièrement semblable à celle du curcuma rond.

La zédoaire ronde est d'un blanc grisâtre au dehors, pesante, compacte, grise et souvent cornée à l'intérieur, d'une saveur amère et fortement camphrée, comme la zédoaire longue. L'odeur est également semblable, c'est-à-dire analogue à celle du gingembre, mais plus faible lorsque la racine est entière, plus aromatique, et semblable à celle du cardamome, lorsqu'on la pulvérise.

D'après ce que j'ai dit précédemment, on conçoit qu'a la rigueur la zédoaire ronde puisse être produite par la même plante que la longue ; cependant les auteurs anglais s'accordent pour l'attribuer à une autre espèce de curcuma, qui est le *curcuma zedoaria* de Roxburgh, que Roscoe a nommé *curcuma aromatica*, d'après son opinion que la plante qui produit la zédoaire longue doit seule porter le nom de *curcuma zedoaria*.

Zédoaire jaune.

Cette racine est peu connue ; on la trouve mêlée en petite quantité à la zédoaire ronde, à laquelle elle ressemble entièrement par sa forme, ses radicules et la disposition de ses prolongements cylindriques. Elle en diffère par sa couleur, qui est semblable à celle du curcuma ; par sa saveur et son odeur, qui, tenant le milieu entre celles de la zédoaire et du curcuma, sont cependant plus désagréables que dans l'un et l'autre : elle se distingue, d'un autre côté, du curcuma rond, par son volume plus considérable, sa surface convexe souvent anguleuse, sa couleur extérieure plus blanche et semblable à celle de la zédoaire, sa couleur intérieure plus pâle ; au total, elle se rapproche plus de la zédoaire que du curcuma, et doit être fournie par une plante analogue à la première.

La plante qui produit cette racine a été parfaitement décrite et figurée par Rumphius. C'est son *tommon bezaar* ou *tommon primum*, que la plupart des auteurs font à tort synonyme du *curcuma zedoaria* de Roscoe, qui produit la zédoaire longue. Elle en diffère, à la première vue, par son épi floral qui surgit du milieu des feuilles, de même que cela a lieu pour le vrai curcuma, tandis qu'il est porté sur une hampe nue, isolée du stipe foliacé, dans le *C. zedoaria*. Il conviendra de donner un nom spécifique à ce *tommon*, qui ressemble beaucoup, il est vrai, au *curcuma tinctoria*, mais qui en diffère par l'énorme grandeur de ses feuilles, et surtout par la nature particulière de sa racine, laquelle joint à la couleur affaiblie du curcuma la saveur et l'odeur de la zédoaire.

Fruits produits par les Amomacées.

Ces fruits, d'après les caractères mêmes que nous avons indiqués
pour la famille des amomacées, ont une grande analogie les uns avec les
autres; car ils sont généralement formés d'une capsule mince, assez
sèche, trigone, à 3 loges, et contenant un grand nombre de semences
aromatiques. On en rencontre cinq espèces dans le commerce, où elles
sont connues sous les noms d'*amome*, de *cardamome* et de *maniguette*;
mais on en trouve dans les droguiers un bien plus grand nombre, que
je vais décrire succinctement.

1. AMOME EN GRAPPE; *amomum racemosum* (fig. 107). Ce fruit,
dans son état naturel, est disposé en un épi serré le long d'un pédoncule commun, et il est quelquefois arrivé sous cette forme, ce qui lui

Fig. 107.

a valu son nom pharmaceutique; mais
ce n'est pas une grappe, c'est un
épi, qui se trouve d'ailleurs parfaitement représenté dans les *Exoticæ* de
Clusius, p. 377, et dans l'*Herborium*
de Blackwell, t. 371. Dans le commerce, on le trouve toujours en coques
isolées, qui sont de la grosseur d'un
grain de raisin, presque rondes et
comme formées de trois coques soudées. Cette coque est légèrement plissée longitudinalement, mince, ferme,
d'une couleur blanche; mais elle prend
une teinte rougeâtre ou brune par le
côté qui est exposé à la lumière. Les
semences sont brunes, cunéiformes,
toutes attachées vers le centre de l'axe
du fruit, ce qui en détermine la forme
globuleuse; elles ont une saveur âcre et piquante, et une odeur pénétrante qui tient de celle de la térébenthine.

L'amome en grappe vient des îles Moluques, des îles de la Sonde et
surtout de Java. Il est produit par l'*amomum cardamomum* de Roxburgh,
de Willdenow et de Linné (moins les synonymes tirés de Rheede et de
Blackwell), dont le caractère spécifique est d'avoir l'épi radical, sessile, obové, W., ou la hampe très simple, très courte, à bractées
alternes lâches, L. On pense généralement que cette espèce (*amomum
cardamomum*) produit le petit cardamome; mais c'est une erreur
causée originairement par Rumphius, qui a décrit cette plante sous le

nom de *cardamomum minus*. Elle produit uniquement le fruit nommé *amomum racemosum*.

2. PETIT CARDAMOME DU MALABAR (fig. 108); *amomum repens* de Sonnerat, *alpinia cardamomum* de Roxburgh, *elettaria cardamomum* de Maton. Coque triangulaire, encore un peu arrondie, longue de 9 à 12 millimètres et large de 7 à 8. Elle est d'un blanc jaunâtre uniforme, marquée de stries longitudinales régulières, un peu bosselée par l'impression des semences, d'une consistance ferme. Les semences sont brunâtres, irrégulières, bosselées à leur surface et ressemblant assez à des cochenilles, d'une odeur et d'une saveur très fortes et térébinthacées. Ce fruit est le vrai cardamome officinal, figuré et décrit par Rheede sous le nom d'*elettari* (*Hort. malab.*, vol. XI, tab. 4, 5 et 6).

3. LONG CARDAMOME DE MALABAR (fig. 109 et 110); *moyen cardamome* de l'*Histoire abrégée des drogues simples*. Ce fruit est une simple variété du précédent; mais une variété constante reconnaissable à sa

Fig. 103.   Fig. 110.   Fig. 111.

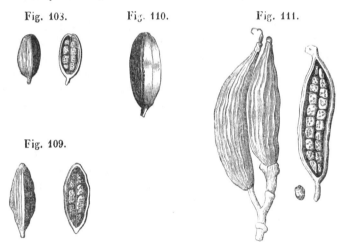

Fig. 109.

capsule plus allongée, toujours blanche et comme cendrée, et à ses semences rougeâtres Longueur de la capsule, de 16 à 20 millimètres; largeur, de 5 à 11 millimètres. Les semences ont une saveur aromatique très forte.

4. CARDAMOMÉ DE CEYLAN (fig. 111); *cardamome ensal* de Gærtner (tab. XII); *grand cardamome* de Clusius, de Blackwell, de Murray, de l'*Histoire des drogues simples*; *moyen cardamome* de Valerius Cordus, de Matthiole, de Pomet et de Geoffroy. Cette espèce est bien distincte des précédentes et moins estimée : sa capsule est longue de 27 à 40 millimètres, large de 7 à 9, rétrécie aux deux extrémités

et d'un gris brunâtre. Les semences sont irrégulières, très anguleuses, blanchâtres, d'une odeur et d'une saveur semblables aux précédentes, mais plus faibles. Ce fruit est produit, dans l'île de Ceylan, par l'*elettaria major* de Smith, plante très voisine de l'*elettaria cardamomum*, mais plus grande et plus forte dans ses différentes parties.

5. CARDOMOME NOIR DE GÆRTNER; *zingiber nigrum*, Gærtn. C'est sur l'autorité d'un échantillon observé anciennement au Muséum d'histoire naturelle que j'assimile ce cardamome au *zingiber nigrum* de Gærtner. Il est de la grosseur du long cardamome du Malabar (fig. 109, qui lui convient assez bien), de forme ovoïde, mais pointu par les deux bouts, et comme formé de deux pyramides opposées. La coque est d'un brun cendré, toute marquée d'aspérités disposées en lignes longitudinales et causées par l'impression des semences pressées dans l'intérieur. Cette coque est plus épaisse et plus consistante que celle du petit cardamome; plus aromatique, mais toujours moins que ses propres semences, qui sont anguleuses, d'un gris brunâtre, et pourvues d'un goût fortement camphré, amer et salé.

6. CARDAMOME POILU DE LA CHINE (fig. 112). J'ai vu anciennement, dans la collection du Muséum d'histoire naturelle, plusieurs cardamomes confondus, mais mis dans deux bocaux différents. Les

Fig. 112.

semences, privées de leur capsule et agglomérées en masses globuleuses, étaient contenues dans un bocal et étiquetées *cao-keu*. Les fruits entiers, renfermés dans un autre, portaient pour suscription les mots *tsao keou*. Dans ma précédente édition, j'ai considéré ces cardamomes comme deux variétés d'un même fruit; mais un examen subséquent m'y a fait reconnaître au moins deux espèces distinctes. L'espèce ici décrite sous le nom de *cardamome poilu de la Chine*, et auquel se rapporte sans doute le nom *tsao-keou*, présente des capsules pédicellées, longues de 14 millimètres environ, ovoïdes, trigones, un peu terminées en pointe par le côté opposé au pédicelle, et d'un gris brunâtre. Leur surface est toute rugueuse et toute parsemée d'aspérités, que l'on reconnaît, à la loupe, pour être les restes de poils qui recouvraient la capsule. Cette coque est assez mince, peu consistante, facile à déchirer et inodore; à l'intérieur, les semences sont agglomérées en une masse arrondie, ou ovoïde, ou trigone. Ces semences sont noirâtres au dehors, blanches au dedans, d'une odeur très forte, camphrée et poivrée, et d'une saveur semblable. Ce cardamome, par sa dimension, sa couleur, et par les poils dont il est pourvu, paraît se rapporter à l'*amomum villosum* de Loureiro; mais il s'en éloigne par sa forte qualité aromatique et par la synonymie.

7. Cardamome rond de la Chine; *cao-keu* ou mieux *tsao-keu*.
Ce cardamome présente lui-même deux variétés, ou peut-être encore
deux espèces distinctes. La plupart des capsules, formant la première
variété (fig. 113), sont pédicellées, presque sphériques, de 12 à
14 millimètres de diamètre, légèrement striées dans le sens de l'axe et
de plus ridées en tous sens par la dessiccation; cependant le fruit
récent devait être lisse. La coque est mince, légère, facile à déchirer,

Fig. 113.   Fig. 116.

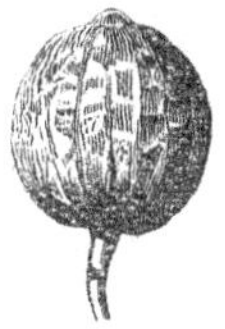

Fig. 115.

Fig. 114.

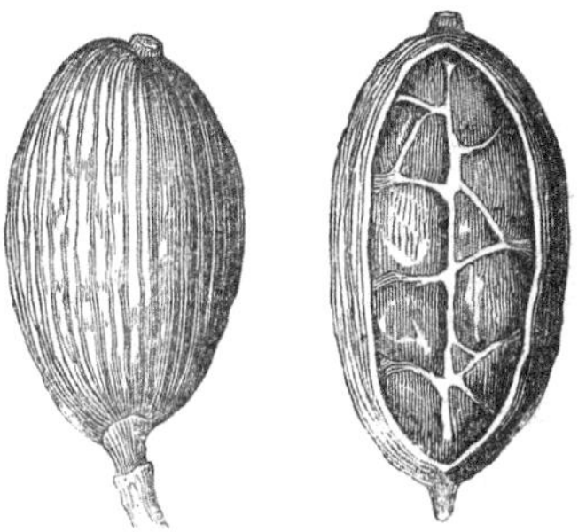

jaunâtre au dehors, blanche en dedans. Les semences (fig. 114) forment un amas globuleux, cohérent. Elles sont assez grosses et peu
nombreuses, à peu près cunéiformes, d'un gris cendré, un peu chagrinées à leur surface, et présentent, sur la face extérieure, un sillon
bifurqué qui figure un *y ;* elles possèdent une odeur et une saveur
fortement aromatiques. Ce fruit présente tellement tous les caractères
de celui de l'*amomum globosum* de Loureiro, nommé également par
lui *tsao-keu*, qu'il ne peut rester de doute sur leur identité.

8. Autre cardamome rond de la Chine. Les secondes capsules,
qui sont moins nombreuses, sont plus volumineuses et ovoïdes (fig. 115),
ayant environ 20 millimètres de longueur sur 14 d'épaisseur. Elles sont
pédicellées, d'un gris plus prononcé à l'extérieur, marquées de stries
longitudinales plus apparentes, d'une consistance plus ferme. Les semences sont plus petites que dans l'espèce précédente, chagrinées,
d'un gris brunâtre, blanches en dedans et d'un goût aromatique
camphré.

9. Cardamome ovoïdé de la Chine (fig. 116); *amomum medium* de
Loureiro; *hellenia alba* Willd. Cette plante est une espèce de galanga
que j'ai déjà eu occasion de citer (p. 200). Le fruit se trouve au Muséum
d'histoire naturelle sous le nom de *tsao-quo*, que lui donne également
Loureiro. Il est ovoïde, ou ovoïde allongé, long de 20 à 32 millimètres,
épais de 14 à 18, formé d'une capsule ferme, d'un rouge brunâtre,

marquée de fortes stries longitudinales. Les semences sont très grosses, pyramidales, à amande blanche, d'odeur et de goût térébinthacés.

10. Un autre fruit analogue se trouvait au Muséum, étiqueté *quâ-leu.*

11. CARDAMOME AILÉ DE JAVA (fig. 117); *cardamome fausse maniguette* de ma précédente édition; *amomum maximum* de Roxburgh. Capsule d'un gris rougeâtre foncé, offrant à sa surface comme les restes d'un brou fibreux desséché. M. Pereira, en faisant l'observation que ce

Fig. 117.

cardamome, mis à tremper dans l'eau, devient presque globuleux et présente de 9 à 13 ailes membraneuses déchirées, qui occupent la moitié ou les trois quarts supérieurs de la capsule, a fait tomber plusieurs opinions erronées qui avaient été émises sur l'origine de ce fruit, et a établi son identité avec celui de l'*amomum maximum* R. La capsule sèche est longue de 23 à 34 millimètres, épaisse de 11 à 16, ayant tantôt la forme d'un coco ordinaire enveloppé de son brou, tantôt celle d'une gousse d'ail. Les semences ressemblent à celles de la maniguette, par leur volume et leur forme arrondie; mais leur surface est terne et grisâtre, et leur odeur de cardamome, jointe à une saveur térébinthacée qui n'est ni âcre ni brûlante, les range parmi les cardamomes et les sépare de la maniguette.

Indépendamment du fruit précédent, que j'ai pris anciennement pour celui de la maniguette, on en connaît aujourd'hui un certain nombre d'autres, et notamment le *grand cardamome de Madagascar* de Sonnerat, et le *zingiber meleguetta* de Gærtner, qui ont été confondus par la plupart des auteurs avec la maniguette, malgré les anciens avertissements de Valerius Cordus qui avait bien donné les caractères distinctifs des cardamomes et des maniguettes. Parmi les savants de notre époque qui ont le plus contribué à faire cesser la confusion de ces différents fruits, je citerai M. le docteur Jonathan Pereira, auteur d'une *materia medica* très estimée. Avant de parler des véritables maniguettes (car il y en a plusieurs également), je traiterai des fruits qui tiennent aux cardamomes déjà décrits, par leur qualité fortement aromatique, dépourvue de l'âcreté brûlante qui forme le caractère propre des maniguettes.

12. GRAND CARDAMOME DE MADAGASCAR (Pereira, *Mat. méd.,* 2e édit., p. 1026, fig. 195). M. Pereira comprend sous cette dénomination le *grand cardamome* de Matthiole, de Geoffroy, de Smith et de Geiger; le *grand cardamome de Madagascar* ou *amomum angustifolium* de Sonnerat (*Voyage aux Indes*, t. II, p. 242, pl. 137), l'*amo-*

mum madagascariense de Lamarck (*Encyclop. botan.*, t. I, p. 133 ; *Ill.*, tab. 1). Je renvoie à ces deux derniers ouvrages pour la description de la plante et la figure du fruit. Je dirai seulement que les fleurs naissent au nombre de 3 ou 4 sur une hampe radicale peu élevée, couverte d'écailles qui s'agrandissent au sommet et se changent en grandes spathes uniflores en forme d'oreille d'âne. Il n'y a guère qu'un ou deux fruits qui viennent à maturité sur chaque hampe. Le fruit est une cap-sule charnue, rougeâtre, ovale-oblongue, amincie en pointe à la partie supérieure, longue de 68 millimètres et divisée intérieurement en 3 loges. Elle est remplie de petites semences ovoïdes, luisantes, rou-geâtres ou noirâtres, et enveloppées d'une pulpe blanche, d'un goût aigrelet et agréable. Ces semences ont un goût vif et aromatique et une odeur agréable. Voici maintenant la description du fruit du grand car-damome figuré dans la matière médicale de M. Pereira.

Capsule ovale, pointue, aplatie sur un côté, striée, offrant à la base une cicatrice large et circulaire, entourée d'une marge élevée, entaillée et froncée (1) Semences plus grosses que la graine de paradis, arrondies ou un peu anguleuses, creusées d'une grande cavité à la base, d'un brun olivâtre, pourvues d'une odeur aromatique analogue à celle du carda-mome et totalement privées du goût âcre et brûlant de la maniguette. J'ajoute, en précisant davantage, que les semences ont la couleur de la faine (semence du *fagus sylvatica*) et que leur surface, quoique *luisante*, n'est ni lisse et polie comme on l'observe dans les semences des cardamomes de Clusius, dont il sera question ci-après ; ni aussi rugueuse que dans la maniguette : elle paraît à la loupe être formée d'un tissu finement fibreux.

13. CARDAMOME D'ABYSSINIE. Il est très probable, en raison de sa plus grande proximité des voies du commerce du Levant, que c'est ce cardamome, plutôt que celui de Madagascar, qui a été anciennement connu sous le nom de *grand cardamome*. Cela paraît être vrai, surtout pour le grand cardamome de Valerius Cordus (*Historia plantar.*, lib. IV, cap. 28). D'après des échantillons et des renseignements assez récents fournis à M. Pereira par M. Royle et par M. Ch. Johnston, auteur d'un *Voyage en Abyssinie*, ce cardamome viendrait principalement de Gu-raque et d'autres contrées situées au sud et à l'ouest de l'Abyssinie. Il y porterait le nom de *korarima ;* mais les Arabes le nommeraient *khil* ou *keil*. Ce fruit, dont je donne ici la figure (fig. 118), a la forme habituelle de tous les grands cardamomes, ovoïde - triangulaire et terminée en pointe par le haut. Il est traversé de part en part par un

(1) La figure 120 ci-après, quoique appartenant à un fruit différent, repré-sente assez bien celui dont il est ici question.

trou dans lequel passait une ficelle qui a dû servir à le suspendre pendant sa dessiccation. Il est long de 40 millimètres environ, épais de 15 à 17 dans sa plus grande largeur, formé d'une capsule consistante et solide, striée longitudinalement, mais présentant en outre deux sillons plus marqués qui doivent résulter de l'impression de la côte médiane de 2 spathes. L'intérieur est divisé en 3 loges par des cloisons très consis-

Fig. 118.

tantes également, et chaque loge est remplie par une pulpe rougeâtre desséchée, et réduite à l'état de membranes qui enveloppent les semences. Celles-ci sont semblables à celles du grand cardamome de Madagascar, si ce n'est qu'elles sont d'une couleur plus pâle et qu'elles sont profondément sillonnées par la dessiccation, surtout du côté opposé au hile. M. Pereira pense que ce cardamome est produit, comme le précédent, par l'*amomum angustifolium* de Sonnerat. Je suis porté à partager cet avis, parce que les caractères particuliers remarqués dans le cardamome d'A-byssinie me paraissent provenir de ce qu'il a été récolté avant sa complète maturité.

14. GRAND CARDAMOME DE GÆRTNER ; *zingiber meleguetta*, Gærtn (*De fruct.*, vol. I, p. 34; tab. 12, fig. 1). Fruit unique, ovale-oblong, entouré d'une douzaine de spathes qui devaient contenir autant de fleurs avortées ; il est long de 5 centimètres, épais de 2, ter-

Fig. 119.

miné supérieurement par les débris lacérés des enveloppes florales ; il est d'un gris rougeâtre, strié, triloculaire, à cloisons membraneuses. Les loges sont remplies par une substance spongieuse dans laquelle sont mêlées les semences. Celles-ci sont nombreuses, ovoïdes-globuleuses, diversement anguleuses, à surface inégale médiocrement luisante, et d'*une couleur plombée* ; elles sont creusées à la base d'un ombilic profond, entouré d'une marge blanchâtre un peu renflée. L'odeur en est aromatique et camphrée; la saveur semblable, presque privée d'âcreté.

Le grand cardamome de Gærtner se rapproche assez de la maniguette, pour que ce célèbre botaniste et, après lui, la plupart des auteurs, les aient confondus. Il se rapproche encore plus du grand cardamome de Madagascar et d'Abyssinie; mais il s'en distingue par la couleur grise plombée, très caractéristique, de ses semences. Gærtner n'a pas indiqué le lieu d'origine de ce fruit. M. Th. Martius en a envoyé un échantillon à la Société médico-botanique de Londres sous le nom de *carda-mome de Banda*. D'un autre côté, sir J.-E. Smith pense que la plante de Gærtner n'est autre que l'*amomum macrospermum* de la côte de Guinée, où il porte le nom de *maboobo*. Je donne ici (fig. 119) le dessin d'un fruit d'*amomum macrospermum*, provenant de la collection de Sloane, au Musée britannique. Les semences, en effet, ne diffèrent pas de celles du *zingiber meleguetta* de Gærtner.

15. CARDAMOME A SEMENCES POLIES, DE CLUSIUS. Avant d'arriver aux véritables maniguettes, je dois encore décrire quelques fruits qui se distinguent de tous les autres par leurs semences ovoïdes-allongées, polies, *miroitantes* et d'une couleur brunâtre très foncée Ces fruits se ressemblent par leurs semences, mais diffèrent tellement par la forme de leur capsule, qu'ils forment probablement plusieurs espèces distinctes.

La première espèce est celle qui a été décrite et figurée par Clusius dans ses *Exoticæ*, lib. II, cap. 15, n° 14. La figure représente quatre fruits réunis au sommet d une hampe et entourés de spathes beaucoup plus courtes que les fruits. Les capsules sont longues de 54 millimètres, d'une forme ovoïde triangulaire très allongée, d'un brun rougeâtre, cartilagineuses, triloculaires, pleines de semences noirâtres, brillantes, plus grosses que du millet, rassemblées en une seule masse et enveloppées d'une membrane mince. Ces semences sont blanches en dedans et douées d'une certaine âcreté.

Clusius ajoute que dans l'année 1601, des voyageurs lui remirent des fruits semblables aux précédents, qui avaient été recueillis à Madagascar, et qu'ils prétendaient être de la maniguette ou du grand cardamome. Mais ils étaient reconnaissables à leur forme plus grêle et plus oblongue, à leur capsule plus dure et assez fragile, à leurs semences moins nombreuses, *plus grosses*, d'un brun obscur et brillantes, enveloppées chacune dans une membrane blanche Je donne ici les figures de deux cardamomes de ce genre que je dois à l'obligeance de M. Pereira.

Le premier (fig. 120) se rapproche beaucoup de celui décrit, en second lieu, par Clusius, comme venant de Madagascar. Seulement la capsule est plus grosse et moins allongée. Mais elle est d'une couleur rougeâtre très prononcée, ferme, dure et cependant cassante ; elle est fortement plissée dans sa longueur, un peu aplatie du côté qui regardait l'axe du végétal, fortement bombée de l'autre. Les semences sont enveloppées dans une membrane blanche très fine ; elles sont plus petites que la maniguette, d'un brun un peu verdâtre, très brillantes, ovoïdes, un peu aplaties, avec une cicatrice terminale, mais un peu déviée de l'axe ; de sorte que ces semences ressemblent beaucoup, très en petit, à celles du *staphylea pinnata*. Je les trouve fort peu aromatiques et peu sapides.

Le second fruit (fig. 121) est très grêle, et terminé par le limbe du calyce; le hile est prolongé en une sorte de collet fibreux, de couleur jaune. Le fruit entier paraît assez aromatique; les semences ont une

Fig. 121.

Fig. 120.

saveur térébinthacée beaucoup plus faible que celles des cardamomes officinaux. Au total, les cardamomes à semences miroitantes sont bien moins aromatiques que les autres.

16. MANIGUETTE ou GRAINE DU PARADIS; *cardamomum piperatum* de Val. Cordus; *kajuput*, Blackw., tab. 584, fig. 10-13; *amomum grana-paradisi* Afz., qu'il ne faut pas confondre avec l'*amomum granaparadisi* de Linné, lequel est une simple variété de l'*elettari cardamomum*, produisant le cardamome du Malabar. *Amomum exscapum*, Sims (*Ann. bot.*, t. I, p. 548); *amomum Afzelii*, Roscoe (*Soc. linn. Lond.*, vol. VIII). Excluez tous les autres synonymes tirés de Matthiole, de Sonnerat, de Lamarck et de Gærtner.

La maniguette du commerce vient exclusivement de la côte de Guinée, et principalement de la partie de cette côte qui porte le nom de *malaguette* ou de *côte des graines.* Elle est toujours mondée de la pulpe qui l'enveloppe et de sa capsule; aussi le fruit entier est-il très rare et peu connu.

On en trouve cependant dans l'*herbarium* de Blackwell (éd. allem.) une excellente figure que je reproduis ici (fig. 122). M. Pereira en a également donné deux figures, d'après des échantillons tirés des collections de Londres (*Mat. méd.*, fig. 193 et 194), et une troisième (*Pharmaceutical journal*, vol. VI, p. 413) représentant deux fruits sur leur hampe et entourés de leurs spathes. Il faut avouer que ces fruits, par leur forme et leur disposition, présentent les plus grands rapports avec ceux de l'*amomum angustifolium* de Sonnerat, et que leur principale différence réside dans la qualité des semences. J'en possède un seul, trouvé anciennement dans une balle de maniguette, et tellement semblable à la figure de Blackwell qu'il semble lui avoir servi de modèle. Ce fruit est formé d'une capsule ovale, obscurément trigone, longue de 41 millimètres, large de 27 millimètres, terminée assez brusquement

Fig. 122.

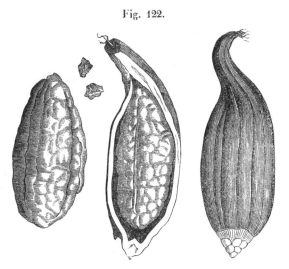

par un prolongement fibreux épais de 7 à 9 millimètres et long de 14. Cette capsule est d'un gris brunâtre, rugueuse à l'extérieur, épaisse d'un demi-millimètre, consistante, unie à l'intérieur, divisée en 3 loges par 3 cloisons membraneuses très minces, lesquelles, en se rompant près de la capsule, la laissent comme remplie par une seule masse pulpeuse, desséchée et blanchâtre. Cette masse contient, dans autant de petites cellules séparées, des semences grosses comme celles de fenugrec, anguleuses-arrondies, rouges et luisantes, qui, examinées à la loupe, paraissent comme couvertes d'un poil ras collé sur la graine à l'aide d'un vernis. L'amande est très blanche, d'une saveur âcre et brûlante, d'une odeur d'*acorus verus* lorsqu'on la pile. La robe de l'amande ne participe pas de ces propriétés, ce qui est cause que la semence entière paraît inodore.

On emploie la maniguette pour donner de la force au vinaigre et pour falsifier le poivre. Les vrais cardamomes, et surtout l'amome et le petit cardamome, entrent dans un certain nombre de compositions pharmaceutiques ; les parfumeurs et les distillateurs en font également usage.

17. PETITE MANIGUETTE DU MUSÉUM. Il existe dans les collections du Muséum, indépendamment de la vraie maniguette, un fruit plus petit, avec une étiquette arabe ou indienne, et cette traduction : *felfel fondante, tinc elphic*. Les semences sont entièrement semblables à celles de la maniguette ; la pulpe est détruite.

18. GRANDE MANIGUETTE DE DÉMÉRARI ; *amomum meleguetta* de Roscoe (*Monand. plant. scitam.*). En 1828, Roscoe fit paraître le dessin et la description d'une belle plante scitaminée, cultivée dans le jardin de botanique de Liverpool et provenant de semences envoyées de Démérari. Cette plante, haute de 2 mètres, munie de feuilles étroites et lancéolées, et de grandes fleurs monandres d'un jaune pâle mêlé de cramoisi, était encore plus remarquable par la dimension de son fruit qui n'avait pas moins de 14 centimètres de long sur 3 centimètres d'épaisseur. Ce fruit était en forme de fuseau, uni, charnu, d'un jaune doré, porté seul à l'extrémité d'une hampe et entouré par le bas de quelques spathes brunes. D'autres fruits reçus directement de Démérari (*Pharm. journal*, vol. VI) diffèrent du précédent par leur forme plus ovoïde et par leurs dimensions qui sont de 9 centimètres de long sur 5 d'épaisseur ; mais les autres caractères sont semblables. D'après Roscoe et M. Pereira, qui a examiné ces nouveaux fruits, tous contiennent des semences semblables à la maniguette ; mais d'après les renseignements parvenus à celui-ci, la plante, quoique cultivée en assez grande abondance par les Nègres du Démérara, suffit à peine aux besoins du pays et ne fournit rien au commerce. Cette plante, d'ailleurs, paraît originaire d'Afrique, et M. Pereira n'y trouve aucune différence suffisante avec l'*amomum grana-paradisi*, pour en former une espèce distincte. Je ne partage pas cet avis, et je pense que l'*amomum meleguetta* de Roscoe doit être considéré comme une espèce distincte.

19. AMOMUM SYLVESTRE OU ZINGIBER SYLVESTRE DE GÆRTNER. Capsule dure, de consistance ligneuse, en forme de coin triangulaire ; les semences sont d'un brun noirâtre et arrondies ; l'amande est blanche, inodore, d'une saveur presque nulle. Ce fruit ne peut être considéré ni comme un cardamome ni comme une maniguette. J'en possède un échantillon dont j'ignore l'origine.

Fécules produites par les Amomacées.

1. ARROW-ROOT DES ANTILLES. D'après M. de Tussac, cette fécule serait produite par deux plantes du genre *maranta*, qui ont la réputation d'être un remède contre les blessures faites par les flèches empoisonnées, ce qui leur a fait donner le nom anglais *arrow-root*, c'est-à-dire *flèche - racine*. De ces deux plantes, l'une serait le *maranta arundinacea* de Plumier et de Linné, plante indigène à l'Amérique et cultivée à la Guadeloupe et dans les autres Antilles, où sa fécule est nommée *dictame* ou *moussache des Barbades*; l'autre serait le *maranta indica*, plante transportée de l'Inde en Amérique, où sa fécule est nommée *indian arrow-root*. Mais d'après M. Ricord Madianna, médecin résidant à la Guadeloupe, il n'èxiste qu'une seule plante de ce genre nommée *arrow-root*; c'est le *maranta arundinacea*, et l'autre espèce, nommée *maranta indica*, aurait été établie par confusion avec le *canna indica*. Je suis d'autant plus porté à me ranger à l'avis de M. Ricord, que, d'après Ainslie, la fécule qui porte dans l'Inde le nom d'*arrowroot*, est extraite, à Travancore, de la racine du *curcuma angustifolia* Roxb Je puis ajouter aujourd'hui, sur des renseignements certains, que le *maranta arundinacea* ou *indica* n'existait pas dans l'Inde il y a encore peu d'années; mais que les Anglais l y ont transportée de la Jamaïque, et qu'on l'y cultive maintenant de manière à livrer sa fécule au commerce. Cette fécule alors mérite mieux le nom d'*indian arrowroot* que lui donnaient les Anglais, tout en la tirant d la Jamaïque; mais sa production est toute moderne, et les preuves de l'origine américaine de la plante sont certaines.

La fécule du *maranta arundinacea*, qu'elle vienne de la Jamaïque, de la Guadeloupe ou de l'Inde, n'offre pas de différence appréciable. Elle paraît moins blanche que l'amidon de blé, ce qui tient à sa moins grande ténuité et à sa transparence plus parfaite. Examinés à la loupe, ses granules sont transparents, nacrés et beaucoup plus éclatants que ceux de l'amidon. Vue au microscope, elle manque totalement des très petits grains qui forment une grande partie de l'amidon de blé. Elle est généralement égale aux gros grains d'amidon, ou même plus grosse; mais elle n'est jamais parfaitement circulaire comme eux; elle est toujours un peu irrégulière, soit elliptique, soit quelquefois obscurément triangulaire, comme la fécule de pomme de terre; mais elle est toujours d'un volume beaucoup moindre (fig. 123).

La fécule d'arrow-root donne à l'eau à peu près autant de consistance que la fécule de pomme de terre, et beaucoup moins par conséquent que l'amidon de blé; elle est tantôt complétement inodore, tantôt avec un léger goût de galanga. Elle offre des parties assez dures produites par l'agglomération des grains de fécule ; il faut donc la triturer dans un mortier et la tamiser pour l'avoir en poudre fine.

ARROW-ROOT DE TRAVANCORE. Ainsi que je viens de le dire, cette fécule est extraite, dans l'Inde, de la racine du *curcuma angustifolia.* Vue au microscope (fig. 124), elle se présente en granules assez volumineux, dont quelques uns sont triangulaires arrondis, elliptiques ou

Fig. 123.   Fig. 124.

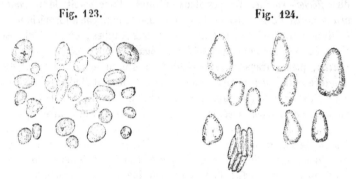

ovoïdes ; mais la presque totalité sont rétrécis en pointe d'un côté. Tous ces grains ont peu d'épaisseur, comme on peut s'en convaincre en les faisant rouler sous l'eau ; la figure en présente un certain nombre, naturellement serrés les uns contre les autres et qui se présentent de champ, ce qui permet d'en voir l'épaisseur.

FÉCULE DE TOLOMANE OU DE TOUS LES MOIS (fig. 125). Cette fécule est extraite de la racine du *canna coccinea.* Elle vient des Antilles

Fig. 125.

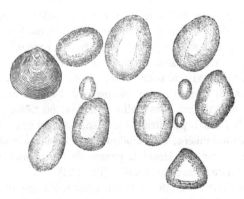

et est difficile à distinguer de la moussache et de l'arrow-root à la simple vue ; mais on la reconnaît facilement au microscope, au volume extraordinaire de ses granules et à leur forme généralement elliptique. De même que la précédente, elle est d'une minceur remarquable. Elle est très soluble dans l'eau bouillante et est très facile à digérer.

FAMILLE DES ORCHIDÉES.

Plantes vivaces, quelquefois parasites, dont la racine fibreuse est souvent accompagnée de tubercules amylacés. Les feuilles sont simples, alternes, engaînantes, naissant immédiatement de la tige ou de rameaux courts, renflés et charnus, nommés *pseudo-bulbes*. Les fleurs sont pourvues d'un périanthe supère, à 6 divisions profondes, dont 3 extérieures et 3 intérieures. Les 3 extérieures sont assez semblables entre elles, étalées ou rapprochées les unes des autres à la partie supérieure de la fleur, où elles forment une sorte de casque. Des 3 divisions intérieures, 2 sont latérales et assez semblables entre elles; la dernière, devenue inférieure par la torsion du pédicelle, est souvent très développée, d'une forme bizarre et porte le nom de *labelle ;* elle est en outre souvent prolongée en éperon, à sa base. Du centre de la fleur s'élève, sur le sommet de l'ovaire, une colonne formée par la soudure du style et des filets des étamines, et nommée *columelle* ou *gynostème*. Cette columelle porte à sa partie supérieure et antérieure une fossette glanduleuse qui est le stigmate, et à son sommet une anthère à 2 loges contenant du pollen aggloméré en une ou plusieurs masses, qui conservent la forme de la cavité qui les renferme. Au sommet de la columelle, et sur les cotés de l'anthère, se trouvent 2 petits tubercules qui sont les anthères avortées de 2 étamines. (Dans le seul genre *cypripedium* ces 2 étamines latérales sont développées et l'étamine du milieu, celle diamétralement opposée au labelle, avorte). Le fruit est une capsule à une seule loge et à 3 valves qui s'ouvrent comme des panneaux, en laissant les 3 trophospermes unis et rapprochés au sommet et à la base et formant une sorte de châssis; les graines sont nombreuses, composées d'un embryon ovoïde très renflé, pourvu, dans une petite fossette, d'une gemmule presque nue.

Un assez grand nombre d'orchidées ont été autrefois usitées en médecine et plusieurs le sont encore dans les diverses contrées qui les produisent. Elles se recommandent à nous par trois produits, dont les deux premiers sont l'objet d'un commerce assez important : ce sont le *salep*, la *vanille* et le *faham*.

Salep.

Le salep nous est apporté de la Turquie, de la Natolie et de la Perse, il a la forme de petits bulbes ovoïdes ordinairement enfilés sous forme de chapelets, d'un gris jaunâtre, demi-transparents et d'une cassure cornée. Il a une odeur faible approchant de celle du mélilot, et une saveur mucilagineuse un peu salée. Ces caractères physiques qui lui donnent l'apparence d'une gomme, sont cause qu'on n'a pas soupçonné pendant longtemps que le salep fût une racine. Enfin Geoffroy, auteur de la *Matière médicale*, ayant pris les tubercules de différents *orchis* indigènes, les ayant mondés de leur épiderme, lavés, plongés dans l'eau bouillante et séchés, obtint du salep en tout semblable à celui des Orientaux. Il prouva par là deux choses : d'abord que le salep est un tubercule d'orchis ; ensuite que les tubercules d'orchis indigènes, préparés de la manière qu'il venait d'indiquer, pouvaient remplacer le salep d'Orient.

Depuis Geoffroy, et à plusieurs reprises, des pharmaciens et des agronomes sont revenus sur la possibilité d'obtenir du salep avec nos orchis, et j'en possède, ayant cette origine, qui rivalise avec le plus beau salep d'Orient ; mais il faut que le prix de la main-d'œuvre ou la rareté des espèces s'opposent à cette fabrication en France ; car elle a toujours été très restreinte. Les espèces qui peuvent servir à cet usage sont cependant assez nombreuses ; ce sont principalement les

Orchis morio,	*Orchis pyramidalis*,
— *mascula* (fig. 126),	— *hircina*,
— *militaris*,	— *maculata*,
— *fusca*,	*Ophris antropophora*,
— *bifolia*,	— *apifera*,
— *latifolia*,	— *arachnites*.

Un chimiste a cru pouvoir conclure de ses expériences sur le salep que cette substance était principalement formée de *bassorine*, d'un peu de gomme soluble et de très peu d'amidon. Mais pour se faire une juste idée du salep, il faut l'examiner d'abord à l'état de tubercule récent ; alors on le trouve composé, comme presque toutes les racines féculentes, d'une grande quantité d'amidon qui, examiné au microscope et coloré par l'iode, est en granules à peu près égaux, d'un bleu de ciel, sphériques ou elliptiques, à peu près de la grosseur des gros grains d'amidon de blé. Cet amidon, autant que j'en ai pu juger par un essai, n'est pas organisé comme celui de la pomme de terre, comme l'arrow-root et même comme l'amidon de blé, qui, sous une enveloppe plus ou moins dense et résistante, renferment une matière intérieure facile à dissoudre dans l'eau bouillante. L'amidon du salep, de même que celui du sagou, m'a paru formé d'une masse pulpeuse, fort peu soluble dans l'eau bouillante, mais susceptible de s'y gonfler considérablement, ce qui explique l'abondance et la grande consistance de la gelée de salep. Le reste des tubercules récents se compose de membranes épaisses, colorées en jaune par l'iode, de globules très minimes, transparents, comme gélatineux, non colorés; enfin souvent on y aperçoit des aiguilles acérées, qui disparaissent par la moindre addition d'acide nitrique, et qui sont de phosphate de chaux, d'après les expériences rapportées par M. Raspail, dans son *Système de chimie organique.*

Si on examine à son tour, au microscope, le salep du commerce, délayé dans de l'eau convenablement iodée, on y observe encore quel-

Fig. 126.   Fig. 127.

ques grains de fécule non altérés; mais la plus grande partie se compose de téguments gonflés, déchirés, gélatineux, d'un bleu magnifique, et qui indiquent que le salep n'a pas subi une simple immersion dans l'eau bouillante, et qu'il y a séjourné pendant un certain temps.

Le salep ne jouit probablement pas de la propriété aphrodisiaque qu'on lui a supposée pendant longtemps; mais il est au moins très nourrissant. On l'emploie en gelée, sucré et aromatisé, ou incorporé dans du chocolat, qui prend alors le nom de *chocolat analeptique au salep*, etc.

Vanille (fig. 127).

Vanilla aromatica, Swartz; *epidendrum vanilla*, L. Plante sarmenteuse et grimpante qui croît dans les contrées maritimes du Mexique, de la Colombie et de la Guyane, sur les rives des criques abritées par les mangliers et sujettes à être submergées dans les hautes marées. Ses tiges sont vertes, cylindriques, noueuses, de la grosseur du doigt. Elles sont pourvues de vrilles ou plutôt de racines adventives qui s'implantent dans l'écorce des arbres voisins et servent autant à la nourrir qu'à la soutenir, puisque la plante peut continuer de végéter après avoir été séparée de terre. Ses feuilles sont sessiles, alternes distantes, ovales-oblongues, aiguës, lisses, un peu épaisses, longues de 25 à 27 centimètres sur 8 de large, pourvues de nervures longitudinales. Les fleurs sont disposées, vers le sommet des tiges, en grappes axillaires pédonculées. Le périgone est articulé avec l'ovaire, d'un vert jaunâtre au dehors, blanc à l'intérieur, formé de 6 sépales, dont 3 extérieurs égaux et réguliers, et 3 intérieurs dont 2 planes, ondulés sur leurs bords, et le troisième roulé en cornet et soudé avec la columelle. La columelle est dressée et privée d'appendices latéraux; l'anthère est terminale, operculée, à 2 loges, dont chacune contient une masse de grains de pollen agglutinés. Le fruit est une capsule charnue, longue et siliquiforme, déhiscente, uniloculaire, mais à 3 valves, dont chacune porte un trophosperme sur la ligne médiane. Les semences sont très nombreuses, noires, globuleuses, entourées d'un suc brun, épais et balsamique. On cueille ce fruit avant sa parfaite maturité, pour éviter qu'il ne s'ouvre et ne laisse écouler le suc qu'il contient. On le suspend à l'ombre pour le faire sécher; on l'enduit ensuite légèrement d'une couche d'huile dans la vue de lui conserver de la souplesse et d'en éloigner les insectes; enfin on en forme des bottes de 50 ou de 100, qu'on nous envoie dans des boîtes de fer-blanc.

On trouve dans le commerce trois sortes de vanille, dont deux peuvent appartenir à deux variétés de la même plante; mais la troisième appartient à une espèce différente.

La première sorte, qui est la plus estimée, se rapporte à la plante que les Espagnols nomment *vanille lec* ou *légitime; vanilla sativa* de Schiede. Elle est longue de 16 à 20 centimètres, épaisse de 7 à 9 millimètres, ridée et sillonnée dans le sens de sa longueur, rétrécie aux deux extrémités et recourbée à la base. Elle est un peu molle et visqueuse, d'un brun rougeâtre foncé, et douée d'une odeur forte, analogue à celle du baume du Pérou, mais beaucoup plus suave.

Conservée dans un lieu sec et dans un vase qui ne soit pas hermétiquement fermé, cette vanille ne tarde pas à se recouvrir de cristaux aiguillés et brillants qui sont de l'acide benzoïque ou cinnamique; on la nomme alors *vanille givrée*. Cette vanille est toujours d'un prix très élevé.

La seconde sorte est nommée *vanille simarona* ou bâtarde (*vanilla sylvestris* de Schiède). Elle présente tous les caractères de la précédente, dont elle ne paraît être qu'une variété ; mais elle est plus courte, plus grêle, plus sèche, d'une couleur moins foncée. Elle est moins aromatique et ne se givre pas.

La dernière sorte, nommée chez nous *vanillon*, et par les Espagnols *vanille pompona* ou *bova* (*vanilla pompona* de Schiède), est en gousses longues de 14 à 19 centimètres, larges de 14 à 21 millimètres ; elle est très brune, même presque noire, molle, visqueuse, presque toujours ouverte, et paraît avoir dépassé son point de maturité. Elle possède une odeur forte, beaucoup moins fine et moins agréable que celle des deux premières sortes, et moins balsamique ; souvent aussi elle offre un goût de fermenté. Enfin elle est à vil prix, comparée aux deux premières. La vanille est usitée surtout pour aromatiser le chocolat, les crèmes, les liqueurs et d'autres compositions analogues.

On cultive depuis plusieurs années, dans les serres de Liége et du Jardin des Plantes, à Paris, une espèce de vanille (*vanilla planifolia*), qui a produit, à différentes fois, un nombre considérable de fruits qui mettent une année à mûrir. Ces fruits ne diffèrent en rien de la plus belle vanille du commerce ; ils sont aussi aromatiques et d'une odeur aussi fine et aussi suave. Ils pourraient être l'objet d'une exploitation lucrative.

Feuilles de Faham.

Fahon ou *fahum* ; *Angræcum fragrans*, Dupetit-Thouars. Plante très rapprochée des vanilles, parasite comme beaucoup d orchidées exotiques, croissant aux îles Maurice, où elle est usitée comme digestive et contre la phthisie pulmonaire. Les feuilles seules nous parviennent par la voie du commerce. Elles sont longues de 8 à 16 centimètres, larges de 7 à 14 millimètres, entières, coriaces, marquées de nervures longitudinales rapprochées, douées d'une odeur très agréable, semblable à un mélange de fève tonka et de vanille, et d'une saveur très parfumée. On les emploie en infusion théiforme et on en fait un sirop très agréable au goût.

CINQUIEME CLASSE.

Dicotylédones monochlamydées.

—

FAMILLE DES CONIFÈRES.

Cette famille se compose d'arbres et d'arbrisseaux dont on peut se faire une idée générale en se rappelant les pins et les sapins.

Leurs feuilles sont coriaces, roides, presque toujours persistantes, ce qui fait souvent désigner ces végétaux par le nom d'*arbres verts*. Ces feuilles sont presque toujours linéaires et subulées; c'est une exception rare lorsqu'elles présentent un pétiole et un limbe distinct, comme la plupart des autres dicotylédones. Les fleurs sont unisexuées, disposées en cône ou en chaton, c'est-à-dire sessiles et disposées régulièrement sur un axe commun. Les fleurs mâles consistent essentiellement dans une étamine nue ou placée à l'aisselle d'une écaille qui lui sert de calice. Les fleurs femelles sont diversement disposées et servent à diviser les conifères en trois tribus que plusieurs botanistes élèvent au rang de familles distinctes.

1re *tribu*, TAXINÉES : fleurs femelles isolées, attachées à une écaille ou contenues dans une cupule pouvant devenir charnue ; fruit simple. Genres *taxus*, *podocarpus*, *dacrydium*, *phyllocladus*, etc.

2e *tribu*, CUPRESSINÉES : fleurs femelles dressées, réunies plusieurs ensemble à l'aisselle d'écailles peu nombreuses formant un galbule ou un malaccône (page 28). Genres *juniperus*, *thuya*, *cupressus*, *taxodium*, etc.

3e *tribu*, ABIÉTINÉES : fleurs femelles renversées et attachées à la base d'écailles nombreuses qui se transforment en un fruit agrégé, nommé *cône* ou *strobile*. Genres *pinus*, *abies*, *larix*, *araucaria*, *dammara*, etc.

Les conifères, réunies aux cycadées et aux gnétacées, forment un groupe de végétaux assez distinct des autres dicotylédones, et qui se lie par plusieurs caractères aux palmiers et aux acotylédones foliacées. Leur bois, bien que formé de couches concentriques annuelles, traversées par des rayons médullaires, est presque entièrement privé de vaisseaux spiraux ou de trachées, et est formé de clostres à parois épaisses qui offrent, dans le sens de leur longueur, une ou deux rangées de points transparents entourés d'un bourrelet. Leurs fleurs mâles, composées d'anthères fixées à la face inférieure d'écailles, rappellent celles de prêles et des lycopodes; enfin leurs fleurs femelles, formées de

plusieurs enveloppes *non fermées*, présentent, au centre de l'enveloppe la plus intérieure, un ovule unique que l'on regarde comme
nu, ainsi que le fruit qui en provient. Aussi les botanistes qui admettent cette manière de voir, distinguent-ils le groupe formé des cycadées, des conifères et des gnétacées, par le nom particulier de *gymno-
spermes*. Ce fruit, dépouillé des écailles ou autres enveloppes florales
qui l'entourent souvent, contient, sous un tégument propre, un endosperme charnu et un embryon cylindrique dont la radicule est soudée
avec l'endosperme et dont l'extrémité cotylédonaire se divise en 2, 3,
4-10 cotylédons verticillés.

Presque tous les végétaux conifères contiennent, dans leur bois ou
dans leur écorce, un suc résineux dont nous traiterons d'une manière
spéciale après avoir décrit
les principaux d'entre eux
et leurs propres parties,
qui sont assez souvent usitées dans l'art de guérir.

Fig. 128.

If (fig. 128).

Taxus baccata. Arbre
d'Europe dont la tige s'é-
lève à 12 ou 14 mètres, en
se partageant latéralement
en branches nombreuses,
presque verticillées ; les
feuilles sont linéaires,
persistantes, d'un vert
foncé, très rapprochées
les unes des autres et
disposées sur deux rangs
opposés. Elles ont une
odeur forte, et l'on assure
que cette odeur, augmen-
tée par l'épaisseur du
feuillage, est très nuisible
aux personnes qui y dor-
ment à l'ombre. Les fleurs
sont axillaires, monoïques
ou dioïques. Les fleurs mâles forment, vers l'extrémité des rameaux,
de petits chatons sphériques entourés par le bas d'un certain nombre
d'écailles imbriquées ; ces fleurs sont portées sur une colonne centrale

divisée supérieurement en filets rayonnants dont chacun s'élargit en un écusson à plusieurs loges recouvrant autant de loges pollinifères. Les fleurs femelles sont solitaires, entourées par le bas d'écailles imbriquées, et sont formées d'une cupule ouverte par le haut, renfermant un ovaire surmonté d'un stigmate peu apparent. Cette cupule grossit, devient succulente, d'un beau rouge, et laisse voir, par une large ouverture, la graine noire qu'elle contient. Cette fausse baie (*sphalérocarpe*, Mirb.), paraît exempte des qualités malfaisantes que l'on reconnaît généralement aux feuilles, à l'écorce et à la racine d'if. Le bois d'if est d'un fauve rougeâtre, veiné, ronceux lorsqu'il provient de la souche, d'un grain fin et susceptible de recevoir un beau poli. Il est très recherché par les ébénistes, les luthiers et les tourneurs. Il est d'une très longue durée.

Cyprès.

Cupressus sempervirens L. Arbre très élevé qui se reconnaît à sa forme pyramidale, à ses rameaux dressés contre la tige, à ses feuilles d'un vert sombre, très petites, squamiformes, imbriquées sur quatre rangs et persistantes.

Les fleurs sont monoïques, terminales, placées sur des rameaux différents. Les fleurs mâles forment des chatons ovoïdes assez semblables à ceux de l'if et entourés d'écailles par le bas. Les chatons femelles sont globuleux, formés de 8 à 10 écailles en forme de bouclier, portant à leur partie inférieure un grand nombre de fleurs femelles dressées, semblables aux fleurs solitaires de l'if, c'est-à-dire formées comme elles d'une urcéole presque fermée contenant un ovaire terminé par un stigmate. Les fruits forment un cône presque globuleux dont les écailles sont charnues et soudées avant leur maturité; mais elles se dessèchent et se séparent à maturité complète, et paraissent alors sous la forme de clous à grosse tête, implantés sur un axe central, très court. Les graines sont petites, anguleuses, munies latéralement de deux ailes membraneuses.

On doit cueillir les cônes du cyprès, nommés vulgairement *noix de cyprès*, lorsqu'ils sont encore verts et charnus; ils sont alors très astringents et sont usités comme tels. Plus tard ils deviennent ligneux et perdent une partie de leur propriété. Le bois de cyprès est assez dur, compacte, rougeâtre, pourvu d'une forte odeur aromatique; il est presque incorruptible. Les anciens en faisaient des cercueils et des coffres pour renfermer leurs objets les plus précieux. De tous temps aussi cet arbre a été consacré aux morts et a été l'accompagnement obligé des tombeaux. Son feuillage d'un vert foncé et si épais que le soleil ne peut le traverser, l'a sans doute fait destiner à cet usage.

Genévriers.

Les genévriers sont des arbres ou des arbrisseaux à rameaux alternes, à feuilles simples, petites, persistantes, rapprochées, opposées, verticillées ou imbriquées; et dont les fleurs sont ordinairement dioïques et disposées en petits chatons axillaires, entourés par le bas de bractées imbriquées. Les fleurs mâles forment des chatons ovoïdes ou cylindriques, composés d'écailles stipitées qui portent à leur partie inférieure et externe de 3 à 6 anthères uniloculaires. Les fleurs femelles sont portées sur un pédoncule écailleux dont les écailles supérieures, rapprochées et en partie soudées, forment un involucre urcéolé qui contient autant de cupules ouvertes par le haut (fig. 129) qu'il y a d'écailles soudées à l'involucre (de 3 à 6). Chacune de ces cupules, tout à fait semblable à la cupule solitaire de l'if ou aux cupules nombreuses du cyprès, contient un ovaire surmonté d'un stigmate. Chaque petit fruit est un cariopse osseux contenant un embryon dicotylédoné à radicule cylindrique, supère. Tous les fruits réunis, recouverts de leurs cupules et renfermés dans les écailles soudées, accrues et devenues succulentes, forment un corps

Fig. 129.

qui porte vulgairement le nom de *baie*, mais que nous avons désigné par celui de *malaccône* (cône mou). L'espèce de genévrier la plus usitée et la plus commune en Europe est :

Le GENÉVRIER COMMUN, *juniperus communis* L. (fig. 129). Elle forme dans le midi de l'Europe et dans nos jardins un arbre de 6 à 7 mètres de haut, dont le tronc peut acquérir de 20 à 30 centimètres de diamètre; mais dans les pays du Nord, où ce végétal croît en abondance, il ne forme guère qu'un arbrisseau à rameaux diffus, haut de 2 à 3 mètres; sur le sommet inculte des montagnes, où on le rencontre également presque partout, il est presque réduit à l'état d'un buisson épineux. Partout on le reconnaît à ses feuilles opposées trois à trois, sessiles, linéaires, très aiguës et piquantes. Les chatons femelles sont très petits, verdâtres, formés au sommet de 3 écailles soudées, et contiennent 3 cupules dressées et 3 ovaires qui se convertissent en 3 petits fruits osseux entourés des écailles accrues et devenues charnues. Le tout réuni forme un *malaccône* globuleux, presque sessile, de la grosseur d'un pois, et d'un violet noirâtre à sa maturité, qui n'arrive qu'au bout de deux ans. On lui donne communément le nom de *baie de genièvre*. Il contient une pulpe succulente, aromatique, d'une saveur résineuse, amère et un peu sucrée. Dans le nord de la France, en Belgique, en Hollande et en Allemagne, on en prépare une eau-de-vie par fermentation et distillation, une essence ou huile volatile, et un extrait tout à la fois sucré et gommo-résineux. Ces trois produits se trouvent dans le commerce; mais l'extrait étant souvent très mal fait avec le résidu de la distillation de l'essence, les pharmaciens doivent préparer eux mêmes leur extrait de genièvre, avec les baies récentes concassées et par infusion. Il est alors lisse, sucré, aromatique, fort agréable à prendre et offre un bon stomachique. Il se grumèle à la longue, comme celui du commerce; mais cet effet est dû au sucre qui cristallise, et non à de la résine. J'ai déjà fait la remarque (page 121) que la baie de genièvre, comme tous les fruits sucrés non acides, contient du sucre cristallisable, tandis que les fruits acides ne contiennent que du glucose.

Le bois des gros genévriers est presque semblable à celui du cyprès et peut être employé aux mêmes usages.

GENÉVRIER OXICÈDRE OU CADE, *jvniperus oxicedrus* L. Cette espèce a les plus grands rapports avec la précédente; mais ses fruits sont deux ou trois fois plus gros, d'une couleur rouge, et contiennent des osselets renflés à la base, comprimés à la partie supérieure, tronqués au sommet, avec une petite pointe au milieu. Elle croît naturellement dans les lieux secs et arides du midi de la France, en Espagne et dans le Levant

Le bois de l'oxicèdre brûlé dans un fourneau sans courant d'air, comme on le pratique pour la fabrication du goudron   laisse découler un liquide brunâtre, huileux, inflammable, d'une odeur résineuse et empyreumatique très forte, connu sous le nom d'*huile de cade* Ce liquide, pourvu d'une saveur âcre presque caustique, est employé pour la guérison des ulcères des chevaux et de la gale des moutons. On lui substitue souvent l'huile de goudron de pin, qui lui est inférieure en propriétés, et, très souvent à présent l'huile des goudrons de houille, qui présente une composition chimique et des propriétés très différentes.

SABINE, *juniperus sabina* L. (fig. 130). Arbrisseau dioïque à petites feuilles ovales, convexes sur le dos, pointues, appliquées sur les rameaux, imbriquées sur quatre rangs, les plus jeunes opposées. Les fruits sont arrondis, de la grosseur d'une groseille, d'un bleu noirâtre. Ils ne contiennent ordinairement qu'un seul osselet, par suite de l'avortement des deux autres. La sabine croît dans les montagnes du Dauphiné et de la Provence, en Espagne et en Italie. On la cultive dans les jardins. On en connaît deux variétés : la première, haute de 3 à 4 mètres, dite *sabine mâle* ou *à feuilles de cyprès;* la seconde, beaucoup plus petite, dite *sabine femelle* ou *à feuilles de tamarisc.* Toutes deux sont toujours vertes, résineuses, d'une odeur très forte et désagréable. Elles sont emménagogues, anthelmintiques, très âcres, dépilatoires et même un peu corrosives. Elles peuvent devenir poison, étant prises à trop forte dose à l'intérieur.

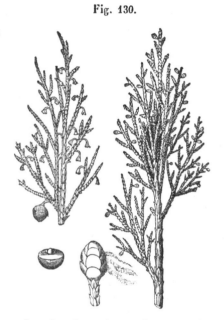

Fig. 130.

GENÉVRIER DES BERMUDES et GENÉVRIER DE VIRGINIE, *juniperus bermudiana* et *juniperus virginiana* L. Ces deux arbres, dont les noms spécifiques indiquent le pays originaire, ont beaucoup de rapport avec la sabine, mais sont élevés de 14 à 16 mètres. Le dernier porte aussi le nom de *cèdre rouge* ou de *cèdre de Virginie.* Leur tronc est formé d'un aubier blanc et d'un cœur rougeâtre, un peu violacé, très odorant, léger, d'un grain très fin et facile à travailler. C'est avec ce bois, qui porte dans le commerce le nom de *bois de cèdre*, que l'on fabrique les petits cylindres dans lesquels on renferme les crayons fins de graphite; mais on l'emploie aussi à beaucoup d'autres usages. Le genévrier des Bermudes paraît avoir été le premier exploité; mais il est devenu rare, et le bois de cèdre actuel du commerce paraît être principalement fourni par le genévrier de Virginie.

En examinant anciennement l'intérieur d'un stétoscope fait en bois de

cèdre de Virginie, je l'ai trouvé tapissé de cristaux aciculaires, blancs
et éclatants, d'une substance odorante et volatile, et j'ai depuis bien
des fois observé les mêmes cristaux sous la face inférieure d'échantillons
du même bois, conservés dans les collections. Ce sont ces cristaux qui,
ainsi que l'essence du bois distillé, ont été étudiés depuis par les chimistes sous les noms de *stéaroptène* et d'*essence de cèdre*. Cette essence
et le bois lui-même ont été souvent attribués par erreur, et par suite
de similitude de nom, au *cèdre du Liban*, dont il sera question ci-
après.

Pins.

Car. gén. : Fleurs monoïques; fleurs mâles en chatons ramassés en
grappes. Étamines nombreuses, biloculaires, insérées sur l'axe, surmontées d'un connectif squamiforme. Fleurs femelles en chatons solitaires ou rassemblés; écailles imbriquées, portant à leur base et du côté
interne 2 ovaires renversés, dont le sommet est tourné en bas et paraît
terminé par 2 stigmates. Cône formé par les écailles accrues, devenues
ligneuses, étroitement appliquées les unes sur les autres, à sommet
épaissi et ombiliqué, à base interne creusée de deux fossettes contenant chacune un fruit entouré d'une aile membraneuse. Ce fruit, que
plusieurs botanistes regardent comme une graine nue, est composé
d'une cupule ligneuse perforée à son sommet renversé, et d'une semence à épisperme membraneux, contenant, dans l'axe d'un endosperme huileux, un embryon à 3-12 cotylédons verticillés.

Les pins sont des arbres résineux, à rameaux verticillés, dont les
feuilles subulées et persistantes sont réunies par le bas, au nombre de 2,
de 3 ou de 5, dans une gaîne membraneuse. Les espèces principales
sont les suivantes :

1. PIN SAUVAGE, dit aussi *pin de Genève* et *pin de Russie*. *Pinus
sylvestris* L. Arbre de forme et de grandeur très variables, suivant
les localités et le sol où il croît, mais pouvant s'élever à la hauteur de
25 mètres et davantage. Ses feuilles sont linéaires, demi-cylindriques,
glabres, enveloppées deux à deux à leur base par une gaîne courte. Les
cônes sont deux ans à mûrir. Ils ont alors de 4 à 7 centimètres de
longueur, sont arrondis par la base et parfaitement coniques à l'extrémité, d'un vert foncé. Ce pin croît spontanément sur une grande
partie des montagnes de l'Europe, et principalement dans les contrées
du Nord, ou son bois est employé pour les constructions civiles et
navales, et où il sert à l'extraction de la térébenthine. Bien qu'il soit
aussi commun en France, dans les Vosges, les Alpes et les Pyrénées,
cependant il est peu exploité, la culture du pin maritime ayant pris
une grande extension dans les Landes, et suffisant aux besoins du commerce.

2. PIN LARICIO OU PIN DE CORSE, *pinus laricio*, Poiret. Cet arbre, le plus beau de nos pins indigènes, s'élève à la hauteur de 35 à 50 mètres. Ses feuilles sont géminées, longues de 14 à 19 centimètres, très menues ; les cônes, ordinairement disposés deux à deux, sont d'une forme pyramidale, un peu recourbés à l'extrémité vers la terre, longs de 5 à 8 centimètres. Ce pin croît principalement en Corse et en Hongrie. D'après M. Loiseleur Deslongchamps, il croît également dans le nord de l'Amé-

Fig. 131.

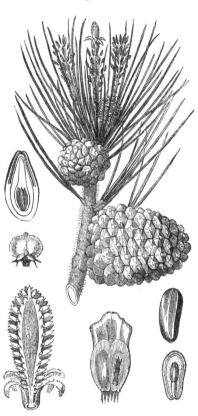

rique, où Michaux l'a décrit sous le nom de pin rouge. Son bois est inférieur pour la force et la durée à celui du pin sauvage.

3. PIN MARITIME, *pinus maritima*. Cet arbre forme une belle pyramide dont les rameaux sont disposés par verticilles réguliers. Ses feuilles sont géminées, roides, très étroites, longues de 22 à 27 centimètres ; les chatons mâles sont groupés à la base des bourgeons qui doivent former la pousse de l'année. Les cônes sont roussâtres, luisants, d'une forme conique, longs de 13 à 16 centimètres, épais de 65 millimètres à la base. Ce pin croît naturellement dans le midi de la France et de l'Europe, dans les contrées voisines de la mer. On le cultive surtout dans les landes qui s'étendent de Bordeaux à Bayonne, et c'est lui qui fournit la plus grande partie de la térébenthine et des résines communes employées en France pour le besoin des arts.

4. PIN PINIER OU PIN A PIGNONS, *pinus pinea* L. (fig. 131). Cet arbre se reconnaît à l'étendue de sa tête, dont les branches sont

étalées horizontalement et un peu relevées à l'extrémité, sur une tige de 16 à 20 mètres de hauteur Ses feuilles sont d'un vert foncé, longues de 16 à 19 centimètres entourées deux ensemble par une petite gaîne. Les chatons mâles sont réunis en grappes, au nombre de 15 à 20, sur des rameaux grêles : chaque chaton n'a que 14 millimètres de longueur et les anthères sont surmontées d'une crête arrondie et denticulée. Les cônes sont trois ans à mûrir; ils sont ovoïdes-arrondis, longs de 10 à 11 centimètres, formés d'écailles serrées, dont la partie saillante a la forme d'une pyramide surbaissée et arrondie, à sommet ombiliqué. Les fruits sont beaucoup plus gros que dans les autres espèces de pins, et sont pourvus d'une aile comparativement plus courte et très facile à séparer. On donne toujours à ces fruits le nom de *pignons doux*, pour les distinguer des fruits âcres et purgatifs du *curcas purgans* (euphorbiacées) qui sont appelés *pignons d'Inde*. Ils sont oblongs, un peu anguleux, formés d'une cupule osseuse presque fermée et d'une semence à amande blanche huileuse, d'une saveur douce et agréable. Ces amandes sont recherchées sur la table en Italie et en Provence, et on en fait aussi d'excellentes dragées. On les a quelquefois prescrites en émulsion. Le pin à pignons est originaire de l'Orient et de l'Afrique septentrionale; il est répandu en Italie, en Espagne et dans le midi de la France. Son bois sert pour les constructions navales.

Pins à trois feuilles dans la même gaîne.

PIN HÉRISSÉ, *pinus rigida;* — Amérique septentrionale.
PIN TÉDA, *pinus tœda;* — Caroline et Virginie.
PIN AUSTRAL OU PIN DES MARAIS, *pinus australis*, Michx; *pinus palustris*, Mill.; — Virginie, Caroline, Géorgie, Floride.

Pins à cinq feuilles dans la même gaîne.

PIN CEMBRO, *pinus cembra;* — Alpes, Sibérie.
PIN DE WEIMOUTH, *pinus strobus;* — nord de l'Amérique, Canada.

Sapins et Mélèzes.

Les sapins et les mélèzes, dont Tournefort avait fait deux genres séparés des pins, y ont été réunis par Linné, et après lui par Lambert et Endlicher. Ils diffèrent cependant assez des pins par leur port et par des caractères tirés de leurs feuilles et de leurs cônes, pour qu'on puisse en faire des genres distincts. Les sapins (genre *abies*) ont les feuilles courtes, roides, solitaires, et les cônes formés d'écailles amincies et à bord arrondi au sommet. Les mélèzes (genre *larix*) ont les cônes for-

més d'écailles amincies au sommet, comme les sapins; mais leurs
feuilles sortent fasciculées de bourgeons sous-globuleux, et deviennent
ensuite éparses et solitaires lorsque le bourgeon s'allonge pour former
les jeunes rameaux.

SAPIN ARGENTÉ, VRAI SAPIN ou AVET (1); *abies pectinata* DC.,
abies taxifolia Desf., *pinus picea* L. Cet arbre s'élève en pyramide à
la hauteur de 30 à 40 mètres; ses branches sont disposées par verticilles assez réguliers et sont dirigées horizontalement; ses feuilles sont
éparses sur les jeunes rameaux, mais sont comme comprimées et dirigées sur deux rangs opposés, ce qui leur donne l'aspect du feuillage de
l'if ou des dents d'un peigne (de là le nom d'*abies taxifolia* ou *pectinata*). Ces feuilles sont linéaires *planes*, coriaces, obtuses ou échancrées
au sommet. Elles sont luisantes et d'un vert foncé en dessus, *blanchâtres
en dessous* (sauf la ligne médiane verte), ce qui a valu à l'arbre, vu d'en
bas, le nom de *sapin argenté*. Les fleurs mâles forment des chatons isolés dans l'aisselle des feuilles; mais très rapprochés et nombreux vers
l'extrémité des rameaux supérieurs. Les fleurs femelles forment des chatons presque cylindriques, rougeâtres, disposés au nombre de 2 ou 3,
non à l'extrémité des rameaux latéraux, mais sur la dernière ou l'avant-
dernière ramification. Ces chatons sont dirigés vers le ciel et conservent
cette position en devenant des cônes ovoïdes - allongés, formés d'écailles
planes, arrondies, non excavées à la base, serrées et imbriquées. Chaque
écaille est accompagnée sur le dos d'une bractée persistante, terminée
par une pointe aiguë, qui paraît au dehors du cône. Les fruits sont
assez volumineux, au nombre de 2 à la base de chaque écaille, entourés d'une aile membraneuse persistante.

Le sapin croît sur toutes les hautes montagnes de l'Europe, et principalement sur les Alpes du Tyrol, du Valais, du Dauphiné; dans les Cévennes, les Vosges, le Jura, la Forêt-Noire; en Suède et en Russie. Indépendamment de sa térébenthine, dont nous parlerons plus loin, et de
son bois, qui est un des plus usités dans toutes les constructions civiles,
navales, et même pour l'intérieur de nos habitations et pour nos meubles, il fournit à la pharmacie les *bourgeons de sapins*, qui sont composés de 5 ou 6 bourgeons coniques-arrondis, verticillés autour d'un
bourgeon terminal, plus gros et long de 14 à 27 millimètres. Ils sont
revêtus d'écailles rougeâtres, agglutinées, et sont tous gorgés de résine,
dont une partie exsude sous forme de larmes à leur surface. Leur odeur
et leur saveur sont résineuses, légèrement aromatiques. On les emploie
dans les affections scorbutiques, goutteuses, rhumatismales et contre
les maladies du poumon. Les bourgeons de sapin les plus estimés

_____

(1) *Avet* est dérivé de l'italien *abeto*, qui vient lui-même de *abies*.

viennent du nord de l'Europe et surtout de la Russie ; ils sont plus résineux et plus aromatiques que ceux des Vosges , qui ont aussi l'inconvénient d'être facilement attaqués par les larves de vrillettes, qui les
réduisent en poussière.

BAUMIER DU CANADA ; *abies balsamea* Mill., *pinus balsamea* L. Ce
sapin a les plus grands rapports avec notre sapin commun, car il a le
même port ; ses feuilles sont planes, distiques, blanches en dessous ;
ses cônes sont dirigés vers le ciel , ovoïdes, à écailles minces, arrondies,
accompagnées de bractées; mais il forme un arbre beaucoup moins
élevé ; ses étamines sont chargées d'une petite crête qui n'a le plus
souvent qu'une dent, et ses bractées sont ovales au lieu d'être allongées.
Cet arbre croît naturellement dans les régions froides de l'Amérique
septentrionale ; on le trouve également en Sibérie, d'après M. Ferry.
Il fournit, au Canada, une térébenthine d'une odeur très suave, qui
présente également les plus grands rapports avec celle du sapin.

SAPIN DU CANADA ; *abies canadensis* Michx. ; *pinus Canadensis* L.;
hemlock spruce ou *perusse*. Arbre de 20 à 27 mètres de hauteur, à feuilles
linéaires, planes, obtuses, longues de 11 à 14 millimètres, vertes et luisantes en dessus, d'un vert plus pâle et un peu blanchâtre en dessous,
éparses, mais disposées de manière à paraître placées sur deux rangs
opposés. Les fleurs mâles sont réunies en chatons axillaires très courts
et arrondis; les fleurs femelles sont situées à l'extrémité des rameaux,
et il leur succède de petits cônes ovales, pendants. Ce sapin croît au
Canada et dans les parties septentrionales des États-Unis Son bois est
d'une mauvaise qualité, mais son écorce est utile pour le tannage des
cuirs. Je ne connais pas son produit résineux.

SAPIN ÉLEVÉ, FAUX SAPIN, PESSE OU EPICIA ; *abies excelsa* Poir.
pinus abies L. Cet arbre habite les montagnes de l'Europe, et principalement, en France, les Alpes, les Vosges et les Pyrénées. Il s'élève à
40 mètres et plus de hauteur ; ses rameaux sont verticillés, ouverts à
angles droits, et formant une pyramide régulière. Ses feuilles sont linéaires, *quadrangulaires*, pointues, d'un vert sombre, insérées tout
autour des rameaux, et articulées sur un petit renflement de l'écorce.
Les fleurs mâles forment des chatons épars çà et là le long des rameaux;
les chatons femelles sont solitaires à l'extrémité des jeunes rameaux, et
produisent des cônes pendants, longs de 11 à 16 centimètres, cylindriques, quelquefois d'un rouge vif dans leur jeunesse, roussâtres à
leur maturité. Leurs écailles sont planes et échancrées au sommet. Cet
arbre produit une térébenthine épaisse et presque solide, nommée
communément *poix de Bourgogne*.

SAPIN BLANC, SAPINETTE BLANCHE OU ÉPINETTE BLANCHE ; *abies
alba* Michx. Arbre assez semblable au précédent, originaire du nord

de l'Amérique, très commun en France dans les grands jardins et les parcs d'agrément Il n'excède pas 16 mètres dans son pays natal, a les feuilles très courtes, d'un vert pâle et comme bleuâtre; les chatons mâles ressemblent à ceux de l'*epicia;* mais les cônes n'ont que 45 à 68 millimètres de longueur et sont épars en grand nombre le long des rameaux, ou sont solitaires, opposés ou verticillés à l'extrémité. Les écailles sont parfaitement arrondies et sans échancrure au sommet.

SAPIN NOIR, ÉPINETTE NOIRE. Originaire du nord de l'Amérique, et moins répandu dans les jardins que le précédent, cet arbre serait cependant plus utile par son bois, qui réunit la force à la légèreté; il peut s'élever jusqu'à 24 ou 25 mètres; ses feuilles sont semblables à celles du sapin blanc, mais d'un vert plus foncé, et ses fruits sont encore moitié plus petits. En Amérique, on prépare avec une décoction de ses jeunes rameaux, additionnée de mélasse ou de sucre, une sorte de bière, dite *bière de spruce.* L'arbre est peu résineux.

MÉLÈZE D'EUROPE, *larix europœa* DC. Le mélèze peut croître jusqu'à 30 ou 35 mètres de hauteur. Son tronc, parfaitement droit, produit des branches nombreuses, horizontales, disposées par étages irréguliers, et dont l'ensemble forme une vaste pyramide. Ses feuilles sont étroites, linéaires aiguës, éparses sur les jeunes rameaux, mais fasciculées sur les autres et caduques l'hiver, ce qui distingue le mélèze de tous les autres arbres conifères d'Europe. Les chatons mâles et femelles sont très petits, épars sur les rameaux, et les derniers deviennent des cônes redressés, ovoïdes, longs de 3 centimètres environ, formés d'écailles assez lâches, minces, arrondies, avec une petite pointe à l'extrémité. Le mélèze croît sur les Alpes et sur l'Apennin en Italie, en Allemagne, en Russie et en Sibérie. Il n'existe naturellement, dit-on, ni en Angleterre ni dans les Pyrénées. Son bois, qui est rougeâtre, plus serré et plus fort que celui du sapin, résiste pendant des siècles aux actions destructives de l'eau, de l'air et du soleil. Les chalets suisses sont souvent entièrement construits en bois de mélèze, qui leur donne une durée presque indéfinie.

C'est sur le tronc des vieux mélèzes que croît l'agaric blanc (*polyporus officinalis*), dont nous avons parlé précédemment (page 64) C'est également le mélèze qui fournit la *manne de Briançon*, substance blanche, sucrée et laxative, comme la manne des frênes, qui exsude sous la forme de petits grains blancs, des feuilles des jeunes individus, le matin avant le lever du soleil, dans les mois de juin et de juillet. Mais cette substance est rare et inusitée, et le principal produit du mélèze est sa térébenthine, dont il sera traité plus loin.

CÈDRE DU LIBAN, *larix cedrus.* Cet arbre est un des plus beaux et des plus grands que nous connaissions. Il s'élève quelquefois à 33 mè·

tres de hauteur avec un tronc de 8 à 10 mètres de circonférence. Il se distingue surtout par des ramifications puissantes qui s'étendent horizontalement à une grande distance, ressemblant plutôt elles – mêmes à des arbres qu'à des branches. Ses feuilles sont étroites, triangulaires, glabres, persistantes, éparses sur les plus jeunes rameaux qui poussent en longueur, disposées par paquets ou fasciculées sur les rameaux à fleurs, qui sont âgés de quelques années. Les cônes sont elliptiques, longs de 8 à 9 centimètres, épais de 5 à 6, formés d'écailles très serrées, planes et très larges, portant à la base deux fruits surmontés d'une aile membraneuse et à semence huileuse.

Le cèdre est originaire du mont Liban; il en découle, pendant l'été, une résine liquide et odoriférante, nommée anciennement *cedria*. Il a été transporté pour la première fois en Angleterre en 1683, et de là, en France, en 1734. Le premier pied planté au Jardin des Plantes de Paris par Bernard de Jussieu, s'y voit encore à l'entrée du Labyrinthe. Il est âgé de cent quatorze ans, et n'a pas plus de $3^m,28$ de circonférence; on peut juger d'après cela que les cèdres cités par plusieurs voyageurs pour avoir 12 mètres de tour devaient être âgés de neuf à dix siècles (1).

Les écrivains hébreux ont souvent parlé du cèdre et en ont fait l'emblème de la grandeur et de la puissance; ils regardaient son bois comme incorruptible, et ont assuré que le temple de Jérusalem, bâti par Salomon, avait été construit avec des cèdres coupés sur le mont

(1) Le grand cèdre du Jardin des Plantes, mesuré le 20 juillet 1848, à 1,5 mètres de terre, m'a présenté 3,28 mètres de circonférence. Si l'on pouvait supposer que son accroissement en grosseur eut été égal pendant les cent trente quatre années de son existence, il en résulterait un accroissement annuel en circonférence de 0,02447 mètres; d'où l'on conclurait ensuite qu'un cèdre de 12 mètres de circonférence serait âgé seulement de quatre cent quatre-vingt-dix ans; mais cette évaluation serait bien au-dessous de la vérité. En effet, le 20 janvier 1817, le même cèdre, mesuré par M. Loiseleur Deslongchamps, à $1^m,5$ de terre, avait 8 pieds 10 pouces de circonférence soit $2^m,87$. En comparant cette mesure à celle donnée ci-dessus, nous trouvons :

Augmentation en circonférence, en $31^{ans},5$	0,41
— — année moyenne	˙0,013016
— en diamètre, année moyenne.	0,004159
— sur le rayon, ou épaisseur d'une couche annuelle.	0,002079

Si l'on calcule l'âge d'un cèdre du Liban de 12 mètres de circonférence, à raison d'une augmentation annuelle de $0^m,013$, on trouve neuf cent vingt-deux ans. Mais il est certain qu'un pareil cèdre serait encore beaucoup plus âgé, la lenteur progressive de la croissance, après le premier siècle, dépassant debeaucoup l'excédant de croissance pendant les premières années.

Liban. Mais le bois de cet arbre est loin de mériter sa réputation ; il est léger, d'un blanc roussâtre, peu aromatique, sujet à se fendre par la dessiccation. Il est possible qu'on ait pris pour du bois de cèdre des bois de mélèze, de cyprès ou de genévriers, qui sont, en effet, plus beaux, plus aromatiques et beaucoup plus durables.

Je parlerai des *dammara* et des *araucaria*, conifères gigantesques de l'Australasie et de l'Amérique méridionale, en traitant de leurs produits résineux.

PRODUITS RÉSINEUX DES ARBRES CONIFÈRES.

Résine sandaraque.

Suivant une opinion anciennement et généralement suivie, cette résine découlerait, en Afrique, d'une grande variété du genévrier commun (*juniperus communis*), ou de l'oxicèdre (*juniperus oxicedrus*). Plusieurs auteurs ont même décrit la résine de l'oxicèdre et lui ont donné des caractères qui se rapportent à ceux de la sandaraque. Mais, d'après Schousboe, voyageur danois, le genévrier commun ne croît pas en Afrique ; et d'après Broussonnet, cité par Desfontaines (*Fl. Atlant.*, p. 353), le *thuya articulata* produit la résine sandaraque, dans le royaume de Maroc. Il est possible, après tout, que ceux qui ont répandu la première opinion, aient pris le thuya articulé pour un genévrier.

La sandaraque est en larmes d'un jaune très pâle, allongées, recouvertes d'une poussière très fine, à cassure vitreuse et transparente à l'intérieur ; elle a une odeur très faible, une saveur nulle ; elle se réduit en poudre sous la dent, au lieu de s'y ramollir comme le fait le mastic ; elle est insoluble dans l'eau, soluble dans l'alcool, peu soluble dans l'éther, insoluble dans l'essence de térébenthine ; elle forme avec l'alcool un très beau vernis, d'où même lui est venu le nom de *vernix* que lui donnent plusieurs auteurs ; elle est très peu employée en médecine, et sert surtout à la préparation des vernis ; on l'emploie aussi réduite en poudre, sur le papier déchiré par le grattoir, afin d'empêcher l'encre de s'y répandre et de brouiller l'écriture.

TÉRÉBENTHINES ET AUTRES PRODUITS DES SAPINS ET DES PINS.

Chez les anciens, le mot *térébenthine* n'était d'abord qu'un nom adjectif, qui, joint au nom générique *résine*, s'appliquait exclusivement au produit résineux du *pistacia terebinthus. Resina terebinthina* voulait dire résine de térébinthe, comme *resina lentiscina* signifiait résine de lentisque ; *resina abietina*, résine de sapin, et ainsi des autres.

Mais la prééminence qui fut pendant longtemps accordée à la résine térébenthine, jointe à la suppression du mot *résine*, ont fini par convertir l'adjectif en un nom substantif et spécifique, et ce nom est devenu générique à son tour, lorsqu'on l'eut appliqué à d'autres résines liquides, que l'on s'est cru autorisé à substituer à la première. Enfin, de nos jours le nom *térébenthine* a reçu encore une plus large application, qui consiste à le donner à tout produit végétal, coulant ou liquide, essentiellement composé d'essence et de résine, sans acide benzoïque ou cinnamique, telles que les résines liquides des *copahifera*, *balsamodendron*, *hedwigia*, *calophyllum*, etc. Il ne sera question pour le moment que des térébenthines produites par les conifères, les autres devant être décrites suivant l'ordre des familles des arbres qui les fournissent.

Térébenthine du Mélèze.

Cette résine était connue des anciens qui la tiraient des mêmes contrées que nous; car Dioscoride nous dit : « On apporte de la Gaule subalpine (la Savoie) une résine que les habitants nomment *larice* c'est-à-dire tirée du *larix* »; mais il ne nous en apprend pas davantage. Pline la définit assez bien en disant : « La résine du *larix* est abondante; elle a la couleur du miel, est plus tenace et ne se durcit jamais; » mais il connaissait bien peu l'arbre, puisqu'il le suppose toujours vert, comme les pins et les sapins.

Galien loue beaucoup la résine du mélèze et l'assimile presque à la térébenthine.   Parmi les résines, nous dit-il, il y en a deux très douces : la première est nommée *térébenthine*, la seconde *larice*. »

Et ailleurs : « Quant à nous qui savons que la meilleure de toutes les résines est la térébenthine, nous l'employons pour la confection des médicaments; et cependant si nous n'avons que de la larice, qui empêchera que nous ne nous en servions, puisqu'elle est presque semblable à l'autre? etc. »

On peut dire que c'est Galien qui a fait la réputation de la résine du mélèze, et qui a été cause aussi de la confusion qui a si longtemps existé entre les différents produits qui portent aujourd'hui le nom de térébenthine; d'abord par la disparition presque complète de celle du térébinthe que l'on jugeait à peu près inutile de se procurer; ensuite par l'idée qui s'est généralement répandue que la térébenthine du mélèze devait être la plus belle de celles de l'Europe occidentale, ce qui n'est vrai que pour la térébenthine du sapin; de telle sorte que presque toujours les commerçants ont pris pour térébenthine du mélèze celle du sapin, et réciproquement.

Dans un mémoire imprimé dans le *Journal de pharmacie*, t. XXV,

p. 477, j'ai dit comment j'avais dû un premier échantillon authentique de térébenthine du mélèze à M. Bonjean père, pharmacien à Chambéry. Cette térébenthine, récoltée exprès dans les bois de l'évêque de Maurienne, était épaisse, très consistante, uniformement nébuleuse, d'une odeur toute particulière, tenace, un peu fatigante, plus faible cependant que celle de la térébenthine citronnée du sapin, mais bien moins agréable; plus faible aussi que celle de la térébenthine de Bordeaux et toute différente. Elle offre une saveur très amère, persistante, jointe à une grande âcreté à la gorge.

La térébenthine du mélèze conserve très longtemps sa même consistance, sans former à l'air, et encore moins dans un vase fermé, une pellicule sèche et cassante à sa surface. Lorsqu'on l'expose à l'air, étendue en couche mince sur une feuille de papier, quinze jours après le doigt qu'on y pose y adhère aussitôt et fortement. Sa propriété siccative est donc à peu près nulle, ainsi que l'ont dit Pline et Jean Bauhin. Elle ne se solidifie pas non plus sensiblement par l'addition d'un seizième de magnésie. Enfin elle se dissout complétement dans cinq parties d'alcool à 35 degrés.

La térébenthine du mélèze n'est pas rare dans le commerce de Paris, où l'on trouve trois espèces de ce genre bien distinctes :

1° La *térébenthine commune*, ou *térébenthine de Bordeaux*, épaisse, grenue, opaque, d'odeur forte, très usitée chez les marchands de couleurs, mais rejetée de l'officine des pharmaciens ;

2° La *térébenthine au citron*, la plus belle de toutes, liquide, d'une odeur très suave, d'un prix élevé, rarement employée ;

3° La *térébenthine fine ordinaire*, la plus usitée dans les pharmacies, où on la nomme souvent *térébenthine de Strasbourg*, mais venant en réalité *de Suisse*. C'est celle-ci qui est produite par le mélèze. La seule différence qu'elle présente avec l'échantillon de Maurienne, c'est que, étant récoltée en grand, et filtrée ou reposée en grandes masses, elle est plus coulante et transparente, mais jamais liquide et jamais aussi transparente que la belle térébenthine du sapin. Les autres caractères sont tels que ci-dessus.

Le mélèze fournit très peu de térébenthine par les fissures naturelles de l'écorce, ou même en y faisant des entailles avec la hache. Pour l'obtenir, on fait avec une tarière des trous au tronc de l'arbre, en commençant à 1 mètre de terre, et en continuant jusqu'à la hauteur de 3 à 4 mètres. On adapte à chaque trou un canal en bois qui conduit la résine dans une auge, d'où elle est retirée pour être passée au tamis. Lorsqu'un trou ne laisse plus couler de résine, on le bouche avec une cheville, et on le rouvre quinze jours après ; il en donne alors une nouvelle quantité et plus que la première fois. La récolte dure du

mois de mai jusqu'au milieu ou à la fin de septembre; un mélèze vigoureux fournit ainsi 3 ou 4 kilogrammes de térébenthine par année, et il
peut en produire pendant quarante ou cinquante ans ; mais le bois qui
en provient n'est plus aussi bon pour les constructions.

La térébenthine du mélèze, distillée avec de l'eau, fournit 15,24
pour 100 d'une essence incolore, très fluide, d'une odeur assez douce,
non désagréable, mais qui est rejetée par les peintres, qui s'imaginent
que la qualité de l'essence est en raison de la force et de l'âcreté de son
odeur. Je parlerai plus loin de ses propriétés optiques.

Térébenthine du Sapin.

*Térébenthine au citron, térébenthine d'Alsace, de Strasbourg, de
Venise, Bigeon.* Cette térébenthine est produite par le vrai sapin, reconnaissable à ses feuilles planes, solitaires, disposées sur deux rangs,
blanches en dessous, et à ses cônes ovoïdes, dressés vers le ciel, à
écailles minces et arrondies, accompagnées de bractées persistantes et
piquantes.

Le suc résineux suinte à travers l'écorce et vient former, à sa surface,
des utricules qui paraissent deux fois l'an, au printemps et à l'automne.
Les habitants des Vosges et des Alpes qui vont la récolter (ce sont ordinairement des gardeurs de troupeaux), crèvent ces utricules en râclant
l'écorce avec un cornet de fer-blanc qui reçoit en même temps le suc
résineux. Ils vident ce cornet dans une bouteille suspendue à leur côté,
et filtrent ensuite la résine dans des entonnoirs faits d'écorce. Cette
térébenthine est rare et toujours d'un prix assez élevé : d'abord parce que
les utricules de l'arbre en contiennent si peu que chaque collecteur n'en
peut guère ramasser plus de 125. grammes par jour (Bélon , *Sur les
conifères*, 1553); ensuite parce que les sapins ne commencent à en
fournir que lorsqu'ils ont 25 à 27 centimètres de circonférence , et
qu'ils cessent d'en donner quand ils ont acquis un mètre de tour. Alors,
en effet, l'écorce est trop dure et trop épaisse pour que les utricules
puissent se former à sa surface, et on n'en rencontre plus qu'au sommet
de l'arbre, où il est dangereux de l'aller chercher.

La térébenthine de sapin est peu colorée, très fluide, quelquefois
presque aussi liquide que de l'huile, ce qui justifie le nom d'*olio d'a-
veto* (huile de sapin) que le peuple lui donne en Italie. C'est elle aussi
qui a presque toujours été vendue sous le nom de *térébenthine de
Venise* (Bélon). Elle est trouble et blanchâtre lorsqu'elle vient d'être
récoltée, quoique le suc résineux soit parfaitement transparent dans les
utricules de l'arbre; mais il est facile de concevoir que l'humidité des
parties déchirées se mêle à la résine et lui donne de l'opacité. Par la

filtration au soleil, ou par un long repos, l'humidité se sépare ou disparaît, et la résine forme alors un liquide transparent et à peine coloré. Son odeur est des plus suaves, analogue à celle du citron ; la saveur en est médiocrement âcre et médiocrement amère. Elle est assez promptement siccative à l'air pour qu'une couche mince, étendue sur un papier, soit complétement sèche et non collante après quarante-huit heures. Elle forme une pellicule dure et cassante à sa surface, pour peu que les vases qui la contiennent ne soient pas hermétiquement fermés ; elle acquiert en même temps une coloration en jaune, qui augmente avec le temps ; elle se solidifie avec un seizième de magnésie calcinée. Enfin elle est imparfaitement soluble dans l'alcool.

Ce dernier caractère, indépendamment de tous les autres, peut servir à distinguer la térébenthine du sapin de celle du mélèze : ainsi prenez de la térébenthine du mélèze, même très nébuleuse, elle formera un soluté transparent avec l'alcool rectifié ; prenez, au contraire, de la térébenthine de sapin, bien transparente, son soluté alcoolique sera trouble et laiteux, et déposera une résine grenue insoluble.

Cette dernière térébenthine a été le sujet d'un beau travail chimique par M. Amédée Caillot, que je vais faire connaître avant de passer outre. Ce médecin ayant distillé de la térébenthine de Strasbourg avec de l'eau, en a d'abord retiré l'huile volatile dans la proportion de 0,335. La résine cuite est restée dans la cucurbite avec l'excédant de l'eau qui avait acquis de l'amertume et la propriéte de rougir le tournesol. Cet acide saturé par les bases alcalines et autres, a offert tous les caractères de l'acide succinique. Déjà, avant M. Caillot, M. Sangiorgio, chimiste italien, et MM. Lecanu et Serbat, avaient démontré la présence de l'acide succinique dans le produit de la distillation à feu nu de la térébenthine ; mais on pouvait le supposer produit par l'action du feu, tandis que l'expérience de M. Caillot montre qu'il y existe tout formé.

La résine restant dans l'alambic, qui n'était autre que la *térébenthine cuite* des pharmacies, a été traitée par l'alcool froid qui a laissé une *résine insoluble*, et a dissous deux autres substances qui ont été séparées par la potasse.

On évapore, en effet, le soluté alcoolique à siccité ; on traite deux fois le résidu par un soluté de carbonate de potasse ; on décante l'excès de dissolution saline, et on délaie le savon résineux dans une grande quantité d'eau Le savon se dissout, tandis qu'il reste une résine insoluble, non saponifiable, non acide ni alcaline, très fusible, très soluble dans l'alcool et facilement cristallisable. L'auteur a nommé cette substance *abiétine*.

Quant à celle que le carbonate alcalin avait convertie en savon, on la précipite de sa dissolution par un acide, et on obtient une résine très

électro-négative, nommée *acide abiétique*, qui rougit le tournesol, est
soluble en toutes proportions dans l'alcool, l'éther et le naphthe, et qui
peut neutraliser les alcalis. Voici les résultats de cette analyse :

Huile volatile.	33,50
Résine insoluble (sous-résine).	6,20
Abiétine.	10,85
Acide abiétique	46,39
Extrait aqueux contenant l'acide succinique. .	0,85
Perte.	2,21
	100,00

L'essence de térébenthine du sapin pèse 0,863. Elle est très fluide,
incolore, d'une odeur très agréable et assez analogue à celle du citron
pour qu'elle puisse quelquefois la remplacer (par exemple, pour détacher les étoffes). La résine qui reste dans l'alambic est jaune, transparente et conserve une odeur très suave, semblable à celle du baume du
Canada. Ces deux produits, s'ils n'étaient pas d'un prix assez élevé,
seraient bien préférables à l'essence et à la colophone du pin de Bordeaux.

Térébenthine de l'*Abies balsamea.*

Cette térébenthine, plus connue sous le nom de *baume du Canada*,
est produite, au Canada, par l'*abies balsamea*, arbre qui a les plus
grands rapports avec notre sapin argenté (page 240). La résine se produit et se récolte de la même manière : ainsi, dans le temps de la sève,
on voit paraître sous l'épiderme de l'écorce des utricules pleines d'un
suc résineux que l'on extrait en crevant les utricules avec un cornet
qui sert à la fois de récipient pour le liquide. On purifie ce produit en
le filtrant à travers un tissu.

Le baume du Canada est liquide, presque incolore et nébuleux lorsqu'il est récent; mais il s'éclaircit par le repos et devient alors complétement transparent. Il possède une odeur très suave qui lui est propre,
et une saveur âcre et un peu amère. Exposé en couches minces à l'air,
il s'y sèche complétement en quarante-huit heures; il se dessèche de
même dans des bouteilles fermées, mais en vidange, et en prenant
une couleur d'un jaune doré de plus en plus foncé. La térébenthine du
sapin présente le même caractère de coloration, même d'une manière
beaucoup moins marquée.

Le baume du Canada se solidifie par un seizième de magnésie calcinée, et il est très imparfaitement soluble dans l'alcool. On voit que tous

ses caractères sont semblables à ceux de la térébenthine de sapin ; aussi est-ce celle-ci qu'il faudrait employer pour le premier, s'il venait à nous manquer ; de même que la térébenthine de Chio n'est bien remplacée que par le mastic. Quant à la térébenthine du mélèze, qui ne ressemble à aucune autre, elle ne peut ni les remplacer ni être remplacée par elles.

Le baume du Canada a été vendu anciennement en Angleterre comme *baume de Giléad*, et en a conservé le nom dans le commerce. Le vrai baume de Giléad, dit aussi *baume de Judée* et *baume de la Mecque*, est une térébenthine liquide et d'une odeur toute différente, quoique très agréable également, produite par le *balsamodendron opobalsamum*, de la famille des burséracées.

Poix des Vosges.

Poix de Bourgogne, *poix jaune*, *poix blanche*. Cette substance est une térébenthine demi-solide, obtenue par des incisions faites au tronc de la *pesse*, ou *faux sapin*, ou *epicia*, *abies excelsa* de Lamarck, *pinus abies* de Linné (1). Cet arbre diffère autant du sapin par le siége et la nature de son suc résineux que par ses caractères botaniques, qui ont été indiqués précédemment (p. 240). Il ne présente pas d'utricules résineuses sur l'écorce, et tandis que le sapin, d'après Duhamel, ne produit que très peu de résine par des incisions faites à l'écorce, la résine de l'épicia ne peut être obtenue autrement.

Cette résine est incolore d'abord, demi-fluide, trouble, et son odeur offre beaucoup d'analogie avec celle de la térébenthine du sapin ; elle coule le long du tronc, se dessèche à l'air et prend, par parties, une couleur fleur de pêcher ou lie de vin, et acquiert une odeur plus forte qui, sans être désagréable, présente quelque analogie avec celle du castoréum. Le tout, détaché avec une râcloire, et fondu avec de l'eau dans une chaudière, donne une poix opaque et d'*une couleur fauve assez foncée*. Cette poix est solide et cassante à froid ; mais elle coule toujours avec le temps, se réunit en une seule masse, et prend la forme des vases qui la contiennent. Elle est très tenace et adhère fortement à la peau ; elle possède une odeur toute particulière, assez forte, *presque balsamique*, et une *saveur douce*, *parfumée*, *non amere*. Elle est imparfaitement soluble dans l'alcool, fournit un soluté alcoolique rougeâtre et amer, et laisse un résidu insoluble, analogue à celui de la térébenthine du sapin.

(1) Linné s'est quelquefois trompé dans l'emploi qu'il a fait des noms anciens ou vulgaires des végétaux. Dans le cas présent, il a certainement eu tort de donner au vrai sapin, *abies* des Latins, le nom de *pinus picea*, et à la pesse ou *epicia*, le nom de *pinus abies*.

A Bordeaux, à Rouen et dans d'autres villes manufacturieres, on fabrique une poix blanche factice qui est substituée, la plupart du temps, à la poix naturelle. Cette substitution peut paraître peu importante à beaucoup de personnes, et cependant si la saveur, l'odeur et la nature propre des médicaments ne sont pas sans influence sur leurs propriétés médicales, il faut reconnaître que la confusion qui s'est établie entre ces deux substances résineuses est loin d'être indifférente.

La poix blanche factice est fabriquée avec du galipot du pin maritime, ou de la résine jaune, et de la térébenthine de Bordeaux ou de l'essence de térébenthine; le tout fondu et brassé avec de l'eau. Cette poix est presque blanche, ou l'est d'autant plus qu'elle contient plus d'eau interposée. Elle est coulante; mais elle devient facilement sèche et cassante à sa surface. Elle a une saveur amère très marquée, même non dissoute dans l'alcool; elle possède l'odeur forte de la térébenthine de Bordeaux ou de son essence; quelquefois même elle présente une odeur de poix noire; enfin elle est entièrement soluble dans l'alcool.

Encens de Suède ou de Russie.

Il y a bien des années déjà que mon confrère, M. Béral, m'a remis l'échantillon d'une résine de pin, usitée en Russie pour faire des fumigations aromatiques dans les appartements. Cette résine était en larmes irrégulières, fragiles, rougeâtres à la surface, mais opaques et blanchâtres à l'intérieur; d'une odeur forte et balsamique, tenant quelque chose du castoréum; d'une saveur très amère; elle était contenue dans un cornet fait d'écorce d'épicia. Une princesse russe, résidant à Paris, voulut en vain se procurer chez nous cette résine à l'usage de laquelle elle était habituée; ne pouvant y parvenir, elle fut contrainte de la faire venir de Russie.

Cette substance, cependant, était déjà parvenue plusieurs fois en France; car, une première fois, elle m'avait été donnée comme *résine tacamaque*, et je la décrivis sous ce nom dans la deuxième édition de l'*Histoire abrégée des drogues simples*. Plus tard, je la retrouvai dans le droguier de l'École de pharmacie, contenue dans la même écorce d'arbre mentionnée ci-dessus; plus récemment enfin, M. Ramon de la Sagra apporta de l'île de Cuba, parmi un grand nombre d'autres produits, la même résine odorante, produite par un pin de Cuba, dont il n'avait pu déterminer l'espèce. Cette résine était en larmes sphériques assez volumineuses, d'un aspect terne et rougeâtre à l'extérieur, mais blanchâtres, opaques et d'une cassure nette à l'intérieur. Cette cassure rougit à l'air, et alors la résine prend une singulière ressemblance avec certains castoréums à cassure rouge et résineuse. Sa poudre a la couleur de la brique pilée. Sa solution dans l'alcool paraît complète, à cela près des impuretés qu'elle peut contenir.

Je parle de cette substance à la suite de la poix de l'*abies excelsa*, parce que, suivant Haller, cité par Murray, la résine qui se fait jour spontanément à travers l'écorce de cet arbre, se concrète sous la forme de larmes qui répandent une odeur agréable lorsqu'on les brûle, ce qui lui fait donner le nom d'*encens* (en suédois *gran kada*) ; parce que cette résine, en se desséchant sur l'arbre, prend en partie, ainsi que nous l'avons vu, la couleur rouge et l'odeur particulière de l'encens de Russie; enfin parce que celui-ci se trouve contenu dans une écorce rouge et compacte qui me paraît bien être de l'écorce d'épicia, ce qui établit autant de présomptions qu'il est produit lui-même par l'épicia. Cependant Murray ajoute que, suivant d'autres personnes, cet encens est produit par le pin sauvage, et nous venons de dire qu'en Russie, comme à Cuba, on l'attribue à un pin ; il y avait donc une sorte d'égalité, pour la valeur, entre ces deux opinions.

Je cherchais à m'éclairer sur ce sujet lorsque visitant, au Jardin des Plantes de Paris, des troncs d'arbres abattus, j'en trouvai un couvert d'excroissances d'une résine tout à fait semblable à celle qui fait le sujet de cet article. Ce tronc appartenait à un pin laricio, et j'en trouvai un autre, encore sur pied et maladif, qui m'offrit une exsudation résineuse toute semblable. Je crois donc pouvoir dire que la résine balsamique, nommée *encens de Russie*, peut être fournie par plusieurs arbres conifères, et qu'elle l'est certainement par l'épicia et le pin laricio.

Térébenthine de Bordeaux.

Cette térébenthine découle du *pinus maritima*, qui croît abondamment dans les environs de Bordeaux, et entre cette ville et Bayonne. On commence à exploiter l'arbre à l'âge de trente ou de quarante ans, et on le travaille chaque année depuis le mois de février jusqu'au mois d'octobre, plus ou moins, selon que l'année a été plus ou moins belle. Pour cela on fait une entaille au pied de l'arbre avec une hache dont les angles sont relevés en dehors, afin qu'elle n'entre pas trop avant, et on continue tous les huit jours de faire une nouvelle plaie au-dessus de la première, jusqu'au milieu de l'automne. Chaque entaille a 8 centimètres de largeur et environ 2$^{cent.}$,5 de hauteur, de sorte que lorsqu'on a continué d'en faire du même côté pendant quatre ans, on se trouve arrivé à la hauteur de 2^m,6 à 2^m,9. Alors on entame le tronc par le côté opposé, et on continue ainsi tant qu'il reste de l'écorce saine sur l'arbre; mais comme pendant ce temps les anciennes plaies se sont cicatrisées, lorsqu'on a fait le tour de l'arbre on recommence sur le bord de ses plaies. De cette manière, quand l'arbre est vigoureux et que l'exploitation est bien conduite, elle peut durer pendant cent ans.

La résine qui découle de ces incisions est reçue dans un creux fait au pied de l'arbre. On vide ce creux tous les mois, et on transporte la résine dans des seaux de liége jusqu'aux réservoirs qui l'attendent. On la nomme alors térébenthine brute, et, dans le pays, *gomme molle*.

On purifie la térébenthine avant de la livrer au commerce, au moyen de deux procédés. Le premier consiste à la faire fondre dans une grande chaudière et à la passer à travers un filtre de paille ; le second, qui ne peut avoir lieu que pendant l'été, s'exécute en exposant au soleil la térébenthine contenue dans une grande caisse de bois carrée, dont le fond est percé de petits trous. La térébenthine, liquéfiée par la chaleur coule dans un récipient placé au-dessous, tandis que les impuretés restent dans le vase supérieur. La térébenthine ainsi purifiée, nommée *térébenthine au soleil*, est plus estimée que l'autre, parce qu'elle a moins perdu de son huile essentielle et qu'elle a l'odeur de la térébenthine vierge. Elle est néanmoins inférieure à celle de Strasbourg ; elle est en général colorée, trouble et consistante, d'une odeur désagréable, d'une saveur âcre, amère et nauséeuse.

La térébenthine de Bordeaux présente d'ailleurs un ensemble de caractères qui la distingue également des deux térébenthines du mélèze et du sapin.

1° Elle a une consistance *grenue*, et lorsqu'on la conserve dans un vase fermé, elle forme un dépôt résineux, comme cristallin, au-dessus duquel surnage un liquide consistant, transparent, quelquefois peu coloré, d'autres fois d'un jaune foncé.

2° Elle est entièrement soluble dans l'alcool rectifié.

3° Exposée en couches minces à l'air, elle y devient complétement sèche en vingt-quatre heures.

4° Mêlée avec un trente-deuxième de magnésie calcinée, elle forme en peu de jours une masse pilulaire et même cassante, de sorte qu'en ajoutant à du copahu, non solidifiable par la magnésie, un sixième de térébenthine de Bordeaux, on lui donne cette propriété.

La térébenthine suisse ou du mélèze jouit d'une propriété toute contraire : non seulement elle ne se solidifie pas par la magnésie, mais, ajoutée à du copahu qui jouit de cette propriété, elle la lui retire.

La térébenthine de Bordeaux contient environ le quart de son poids d'une huile volatile qui est très usitée en France, dans les arts, sous le nom d'*essence de térébenthine*, ou plus simplement d'*essence*. On obtient ce produit en distillant sans eau la térébenthine dans de grands alambics de cuivre munis d'un serpentin. L'essence distille accompagnée d'un peu de phlegme acidulé par les acides acétique et succinique, et la résine reste dans la cucurbite.

Cette essence est incolore, très fluide, d'une odeur forte et d'une saveur chaude, non âcre ni amère. Elle pèse spécifiquement 0,874 à 0,880. Elle se dissout en toutes proportions dans l'alcool anhydre, mais sa solubilité diminue si rapidement avec la force de l'alcool, qu'il faut 10 à 12 parties d'alcool à 85 centièmes pour en dissoudre une d'essence. Cette essence paraît être un mélange de plusieurs corps isomériques, tous composés de $C^{20} H^{16}$, condensés en 4 volumes (1). Elle absorbe une grande quantité de gaz chlorhydrique et se convertit en deux composés, dont l'un solide, blanc et cristallisé, a reçu le nom de camphre artificiel ($C^{20} H^{16} + Cl H$).

Térébenthine de Boston.

Cette térébenthine vient en Europe par la voie de Boston, dont elle porte le nom ; mais elle est tirée principalement de la Virginie et de la Caroline, où elle est produite par le *pinus palustris*, et sans doute aussi en partie par le *pinus tœda*. Elle est uniformément opaque et blanchâtre, coulante, sans ténacité, d'une odeur forte, analogue à celle de la térébenthine de Bordeaux, et d'une saveur amère. Elle ressemble à un miel coulant, et elle ne se sépare pas, comme la térébenthine de Bordeaux, en deux parties, dont une transparente. Elle fournit par la distillation avec l'eau une essence qui se distingue de toutes les autres par la déviation qu'elle fait éprouver à la lumière polarisée.

M. Biot avait observé anciennement que l'essence de térébenthine du commerce français imprimait aux rayons de lumière polarisée une déviation de 34 degrés vers la gauche, et ayant ensuite examiné diverses térébenthines, il avait trouvé que toutes également déviaient la lumière polarisée vers la gauche, excepté le baume du Canada, qui lui faisait éprouver une déviation à droite. Or, M. Soubeiran ayant extrait l'essence du baume du Canada avec de l'eau et sans eau, cette essence, dans le premier cas, déviait la lumière de — 7°, et dans le second de — 19°. M. Biot en avait conclu que dans tous les cas l'essence de térébenthine déviait la lumière polarisée vers la gauche.

Or, la seule essence que l'on trouve en Angleterre étant celle retirée de la térébenthine de la Caroline, M. J. Pereira trouva qu'elle déviait

---

(1) Cette composition ne diffère de celle de l'essence de citrons que par une condensation double, car l'essence de citrons égale $C^{10}H^{8}$ condensés en quatre volumes. On pourrait se demander, d'après cela, si l'essence de sapin, qui offre une si grande analogie d'odeur avec celle de citron, n'en contiendrait pas de toute formée.

assez fortement la lumière polarisée vers la droite ; de là quelques expériences que nous avons faites, M. Bouchardat et moi, dans la vue d'étudier ce même caractère sur plusieurs térébenthines et essences de térébenthine que j'avais à ma disposition. Ces expériences laissent beaucoup à désirer sans doute, par rapport aux térébenthines dont la teinte plus ou moins colorée nuit à l'exactitude du résultat.

Baume du Canada : déviation à droite. . . . . $+$ 12°

M. Biot a trouvé pour l'essence distillée sans eau. . . . $-$ 19°

Et pour l'essence distillée avec de l'eau. . . . . $-$ 7°

Térébenthine du sapin : déviation a gauche. . . . . . . $-$ 5°

    Id.   *id.* . . . . $-$ 7°

Essence distillée avec de l'eau (densité, 0,863). . . . . $-$ 13°,2

Térébenthine du mélèze : la déviation n'a pu être observée.

Essence distillée avec de l'eau (densité, 0,867). . . . . $-$ 5°,8

Térébenthine de Bordeaux transparente. . . . . $-$ 6°

Essence du commerce non rectifiée (densité, 0,880). . . $-$ 33°,1

  $-$ rectifiée sans eau (densité, 0,871). . . . . . . $-$ 37°,7

  $-$ rectifiée avec de l'eau (densité, 0,872). . . . . $-$ 36°

  $-$ rectif avec de l'eau, dernier produit (dens. 0,889). $-$ 26°

Térébenthine de la Caroline, filtrée. . . . . $-$ 9°

Essence distillée avec de l'eau , du commerce anglais

(densité, 0,863). $+$ 22°,5

Cette dernière essence est donc la seule qui dévie vers la droite les rayons de lumière polarisée. Elle est aussi limpide que de l'eau ; elle offre, dans son odeur affaiblie, un cachet indéfinissable, que l'on retrouve dans les vernis anglais, et qui peut servir à les distinguer des vernis français préparés avec l'essence de Bordeaux.

Après les térébenthines viennent d'autres produits résineux tirés des pins ou de la térébenthine elle même, tels sont le *barras* ou *galipot* la *colophone*, la *résine jaune*, la *poix noire* et le *goudron*.

Barras ou *galipot* (anciennement *garipot*). Cette résine est le produit des pins, et surtout, en France, du pin de Bordeaux. On conçoit, en effet, que lorsqu'on cesse chaque année la récolte de la térébenthine, les dernières plaies coulent encore ; mais comme la température n'est plus assez élevée pour faire écouler promptement la résine jusqu'au pied de l'arbre, ou peut-être l'huile volatile qui lui donne de la fluidité ne s'y trouvant plus en aussi grande quantité, elle se dessèche à l'air sur le tronc, et se salit depuis la plaie jusqu'à terre. On récolte cette

résine l'hiver et on la met à part; c'est le *galipot*. Il est sous la forme
de croûtes à demi-opaques, solides, sèches, d'un blanc jaunâtre, d'une
odeur de térébenthine de pin et d'une saveur amère. Il est entièrement
soluble dans l'alcool.

Brai sec, *arcanson* ou *colophone*. On nomme ainsi la résine de la
térébenthine de Bordeaux privée d'essence ; on en trouve deux sortes
dans le commerce : 1° la *colophone de galipot*, obtenue en faisant cuire
sur le feu et dans une chaudière découverte le galipot, préalablement
fondu et purifié par la filtration (1). Elle est transparente, d'un jaune
doré, fragile, mais encore un peu molle et coulante avec le temps. Elle
n'est pas complétement privée d'essence, et paraît très odorante lorsqu'on la pulvérise. 2° La *colophone de térébenthine*, qui reste dans la
cucurbite de l'alambic, après la distillation à feu nu de la térébenthine.
On la soutire par un conduit adapté à la partie inférieure de la cucurbite, et on la fait couler dans une rainure creusée dans le sable. Elle
est solide, d'une couleur brune plus ou moins foncée, en raison de la
forte chaleur qu'elle a éprouvée; mais elle est toujours vitreuse et
transparente en lame mince. Elle est inodore, très sèche, cassante et
friable. Elle est très soluble dans l'alcool, l'éther, les huiles grasses et
volatiles. Le pétrole rectifié la sépare en deux parties, dont l'une se dissout et l'autre pas. Pareillement, en traitant la colophone à froid par de
l'alcool à 72 centièmes, on la sépare en deux parties : l'une insoluble,
mais que l'on dissout dans le même alcool bouillant, et qui cristallise
par le refroidissement; on lui donne le nom d'*acide sylvique*.

La portion dissoute par l'alcool froid est précipitée par un sel de
cuivre; on décompose le sel cuivreux par un acide et on en retire une
seconde résine acide, non cristallisable, nommée *acide pinique*. Du
reste, ces deux acides sont isomériques avec la colophone, et paraissent
composés, comme elle, de $C^{20}H^{16}O^2$. C'est-à-dire qu'on peut les considérer comme étant le résultat de l'oxigénation directe de l'essence de
térébenthine.

Résine jaune ou *poix-résine*. Si, au lieu de soutirer simplement le
résidu de la distillation de la térébenthine, on le brasse fortement avec
de l'eau, on lui fait perdre sa transparence, et on lui communique une
couleur jaune sale. Ainsi préparée, cette résine porte les deux noms ci-

(1) Lorsque le galipot, au lieu d'être sec, est encore mou et abondant en
huile volatile, on ne le dessèche pas à l'air libre : on le fait cuire dans un
alambic avec de l'eau ; l'huile qu'on en retire se nomme *huile de rase*. Elle
a une odeur plus parfumée et moins forte que l'essence de térébenthine ;
elle est moins estimée des peintres, sans plus de motif sans doute que l'essence de mélèze.

dessus. Elle est en masse jaune, opaque et fragile, encore un peu odorante et à cassure vitreuse.

Colophone d'Amérique. Cette résine tient le milieu, pour la couleur,
entre les deux sortes de colophones qui proviennent du pin de Bordeaux.
Elle est d'un jaune verdâtre et noirâtre vue par réflexion; mais mise
entre l'œil et la lumière, elle paraît vitreuse, transparente et d'un
jaune fauve un peu verdâtre. Elle s'arrondit et prend la forme des
vases qui la contiennent. Elle se pulvérise entre les doigts en dégageant
une odeur aromatique assez agréable. Il est probable qu'elle a été apportée des États-Unis d'Amérique.

Poix noire. La poix noire se prépare sur les lieux mêmes où croissent
les pins et sapins, en brûlant les filtres de paille qui ont servi à la purification de la térébenthine et du galipot, ainsi que les éclats du tronc
qui proviennent des entailles faites aux arbres. Cette combustion s'opère
dans un fourneau sans courant d'air, de 2 mètres à $2^m,30$ de circonférence et de $2^m,60$ à $3^m,30$ de hauteur. Ce fourneau étant entièrement
rempli des matières ci-dessus indiquées, on y met le feu par le haut:
de cette manière, la chaleur fait fondre et couler la résine vers le bas du
fourneau, avant que le feu ait pu la décomposer entièrement. Cette
résine est conduite par un tuyau dans une cuve à demi pleine d'eau; là
elle se sépare en deux parties: l'une liquide, qu'on nomme *huile de
poix* (*pisselæon*); l'autre plus solide, mais qui ne l'est pas assez cependant, et que l'on met bouillir dans une chaudière de fonte jusqu'à
ce qu'elle devienne cassante par un refroidissement brusque. On la
coule alors dans des moules de terre et elle constitue la poix noire.
Elle doit être d'un beau noir, lisse, cassante à froid, mais se ramollissant très facilement par la chaleur des mains, et y adhérant très fortement.

Goudron. Le goudron est un produit du pin, analogue à la poix
noire, mais beaucoup plus impur. On le prépare seulement avec le
tronc des arbres épuisés. Pour cela, on divise ces troncs en éclats,
qu'on laisse sécher pendant un an. On en remplit un four conique
creusé en terre, et on les élève au-dessus du sol de manière à en former
un cône semblable au premier, et disposé en sens contraire. On recouvre
le cône supérieur de gazon, et on y met le feu. La combustion du bois
se trouvant ralentie par cette disposition, la résine a le temps de couler,
très chargée d'huile et de fumée, vers le bas du fourneau, où elle est
reçue dans un canal qui la conduit dans un réservoir extérieur.

C'est là le goudron. Il laisse surnager, de même que la poix, une
huile noire que l'on donne en place de l'*huile de cade.* Celle-ci doit
être retirée, par la distillation à feu nu, du bois d'une sorte de genévrier nommé *oxicèdre* (*juniperus oxicedrus*, L.) Quant au goudron,

il est d'une couleur brune, granuleux, demi-liquide, doué d'une odeur forte et pyrogénée. Son principal usage est pour la marine. On l'emploie en pharmacie pour faire l'eau de goudron.

Poix et *goudron de houille.* Depuis plusieurs années, on substitue très souvent dans le commerce la poix et le goudron qui proviennent des produits distillés de la houille à la véritable poix noire et au goudron des arbres conifères.

En supposant que cette substitution n'ait pas d'inconvénient pour les arts industriels, il n'en est pas de même pour la composition des médicaments, en raison de la nature toute différente des principes qui constituent ces deux ordres de produits. Il n'y a aucune parité à établir, par exemple, pour l'odeur et la couleur, entre l'onguent basilicum préparé avec la vraie poix noire, et celui pour lequel on a employé de la poix de houille. Il n'y a de même aucun rapport de composition ni de propriétés médicales entre la véritable eau de goudron, chargée d'acide acétique, d'esprit de bois, de créosote, de picamare, d'eupione, et d'autres produits particuliers provenant de la décomposition des principes résineux des arbres conifères, et l'eau neutre et fétide préparée avec le goudron de houille. Voici donc les moyens de reconnaître la substitution de ces derniers produits aux premiers.

La poix noire et le goudron véritables sont d'un brun rouge en lame mince, et possèdent une odeur qui, bien que fortement empyreumatique, n'est pas dépouillée d'une odeur aromatique végétale. De plus, l'odeur du goudron est manifestement acide; enfin l'un ou l'autre, bouillis pendant quelques instants dans l'eau, lui communique une acidité très manifeste au papier de tournesol. La poix et le goudron de houille ont une couleur noire verdâtre, vus en lame mince; ils présentent une odeur tout à fait désagréable; bouillis avec de l'eau, ils ne lui communiquent qu'une acidité nulle ou à peine sensible à la teinture de tournesol.

Noir de fumée. Le noir de fumée se prépare en brûlant la térébenthine, le galipot et les autres produits résineux du pin, qui sont de rebut, dans un fourneau dont la cheminée aboutit à une chambre, qui n'a qu'une seule ouverture fermée par un cône de toile La fumée de ces matières résineuses, qui est très chargée de charbon et d'huile, les abandonne en totalité dans la chambre, où on les ramasse ensuite sous la forme d'une poudre noire très subtile. Le plus beau noir de fumée se prépare à Paris. Il entre dans la composition de l'encre d'imprimerie et sert dans la peinture.

On peut le débarrasser de son huile par l'alcool, et mieux encore par la calcination dans un vase fermé: alors il offre le charbon le plus pur que l'on puisse obtenir.

Résines de Dammara.

Ainsi que nous l'apprend Rumphius (*Herb. amb.*, t. II, p. 170), *Dammar* est un nom malais qui dénote toute résine coulant d'un arbre et s'enflammant au feu ; de même que *gutta* ou *gitta* s'applique aux sucs aqueux et laiteux, produisant des gommes qui se dissolvent dans l'eau et s'enflamment difficilement. Il ne faut donc pas croire, ainsi que plusieurs personnes l'ont fait, que toutes les résines qui peuvent arriver de la Malaisie, sous le nom de *dammar*, soient de même nature, ou qu'elles doivent être produites par un arbre conifère du genre *dammara ;* loin de là, je pense avoir démontré (1) que la plus abondante de ces résines, celle qui est plus spécialement connue sous le nom de *dammar*, est produite par un arbre que l'on a cru appartenir à la famille des anonacées (l'*unona selanica* DC.), mais qui appartient plutôt à celle des juglandées. Plusieurs autres résines, cependant, non moins importantes, sont véritablement extraites des *dammara ;* telles sont les suivantes :

DAMMAR PUTI, ou DAMMAR BATU. Cette résine est produite par le *dammara alba*, Rumph. (*dammara orientalis*, Don.), arbre très vaste et très élevé qui croît sur les montagnes d'Amboine et des îles environnantes, et qui se distingue des conifères dont nous avons traité jusqu'ici, par un certain nombre de caractères. D'abord il est dioïque, et les individus mâles, porteurs de petits cônes cylindriques et stériles, paraissent beaucoup moins nombreux que les individus femelles dont l s cônes, formés d'écailles planes et arrondies à l'extrémité, comme ceux du cèdre, ont la forme et la grosseur d'un limon Les ovules sont solitaires et renversés à la base de chaque écaille, qui finit par se séparer de l'axe ; les fruits sont couverts d'un test coriace prolongé en deux ailes membraneuses inégales. Les feuilles sont persistantes, éparses, coriaces, planes, très entières, sans nervures apparentes, longues de 80 à 95 millimètres, larges de 20 millimètres environ, amincies en pointe aux deux extrémités, presque sessiles.

Les deux arbres, mâle et femelle, surtout le dernier, produisent une grande quantité d'une résine transparente, d'abord molle et visqueuse, mais qui acquiert bientôt la dureté de la pierre. De là son nom *dammar batu*, qui veut dire *résine-pierre*. Quant au nom *dammar puti*, qui signifie *résine blanche*, il est dû à ce que cette substance est d'abord incolore comme du cristal, surtout lorsqu'elle pend des arbres, comme des cônes de glace ; mais elle contracte à la longue une couleur

---

(1) Mémoire sur les résines connues sous les noms de *dammar* de *copal* et d'*animé* (*Revue scientifique*, t. XVI, p. 177).

jaune dorée, en même temps qu'elle perd son odeur. Elle devient alors presque semblable au succin ou à la résine animé dure (copal dur). Tel était le dammar puti rapporté en 1829 par M. Lesson. Mais, depuis, cette résine a subi une nouvelle altération : il s'y est formé des fissures qui rendent les morceaux faciles à briser aux endroits où elles se montrent. La résine elle-même est devenue nébuleuse et a pris une apparence cornée ; elle exhale à chaud une odeur de résine animé ; approchée de la flamme d'une bougie, elle s'enflamme en se boursouflant, sans couler par gouttes, et en répandant une fumée irritante et acide (Rumphius) ; humectée d'alcool rectifié, sa surface reste sèche comme celle du succin et ne devient pas collante comme celle de l'animé ; traitée en poudre par l'alcool rectifié, elle y laisse un résidu considérable, pulvérulent. Elle est plus soluble dans l'éther, mais elle y laisse toujours cependant un résidu insoluble, mou et sans ténacité. Elle est très peu soluble dans l'essence de térébenthine. Au total, cette résine présente de grands rapports avec le succin.

DAMMAR AUSTRAL. Je nomme ainsi la racine du *dammara australis*, arbre des plus élevés parmi ceux de la Nouvelle Zélande, où il porte le nom de *kauri* ou *kouri*. Il laisse découler de son tronc une résine nommée *vare* par les indigènes, et *cowdee gum*, ou *kouri résin* par les Anglais. On en trouve facilement des masses de 7 à 8 kilogrammes, tantôt presque blanches et incolores, d'autres fois d'un jaune foncé ou d'une couleur mordorée. Cette résine est plus ou moins couverte d'une croûte opaque et d'apparence terreuse. Immédiatement au-dessous, se trouve une couche transparente, d'autant plus épaisse que la masse a été plus longtemps exposée à l'air. L'intérieur est opaque, et quelquefois d'un blanc de lait. Cette résine est fort difficile à briser, en raison d'un reste de mollesse qu'elle conserve encore. Elle a une cassure éclatante et glacée, et la pointe du couteau y glisse facilement, sans l'entamer. Elle se ramollit un peu sous la dent, et offre un goût de térébenthine très marqué ; elle est inodore à l'air libre ; mais, pour peu qu'on la frotte ou qu'on la pulvérise, elle offre une odeur forte de térébenthine de Bordeaux, mêlée d'odeur de carvi.

Le dammar austral, traité par l'alcool à 92 centièmes, se gonfle considérablement et forme une masse assez consistante et élastique, qui, épuisée par l'alcool, laisse environ 43 pour 100 de résine insoluble ; elle est un peu plus soluble dans l'éther, et à peine soluble dans l'essence de térébenthine. Elle se conduit en cela exactement comme la résine de Courbaril, à laquelle, quelquefois, elle ressemble aussi tellement par son aspect, qu'on a peine à les distinguer.

DAMMAR AROMATIQUE Je donne également à cette résine le nom de *dammar celèbes*, parce que je ne doute pas que ce ne soit celle que

Rumphius a décrite sous le même nom (1). Elle arrive maintenant en grande quantité dans le commerce. J'en possède deux masses dont l'une a la.forme d'un gâteau aplati du poids de 6700 grammes, et l'autre celle d'une stalactite qui pèse 3200 grammes. La surface d'une de ces masses est seulement ternie à l'air; l'autre est recouverte d'une croûte mince, opaque et d'apparence terreuse; au-dessous se trouve une couche peu épaisse, transparente, et d'une couleur de miel; le reste de la masse est d'une teinte uniformément nébuleuse ou laiteuse. Cette résine offre en masse une odeur aromatique agréable, que je compare à celle de l'essence d'orange vieillie et en partie résinifiée. Cette odeur devient très forte par une fracture récente, par le frottement ou la pulvérisation.

Le dammar aromatique a une cassure vitreuse, conchoïde et à arêtes tranchantes, comme l'animé dure; il est presque aussi difficile à entamer avec le couteau; il n'est ni âcre, ni amer, et parfume seulement la bouche du goût aromatique qui lui est propre. Pulvérisé et traité par l'alcool à 92°, il paraît d'abord se diviser en deux parties, dont une, insoluble, se dépose au fond, ayant l'aspect d'un mucilage; mais presque tout finit par se dissoudre. Il contient en réalité, cependant, une résine insoluble qu'on peut précipiter en étendant la dissolution concentrée avec une plus grande quantité d'alcool; alors, cette résine présente l'apparence glutineuse des résines insolubles de l'animé tendre et du dammar austral; mais elle en diffère, parce qu'elle se dissout complétement dans l'alcool bouillant; elle se précipite de nouveau par le refroidissement. La solubilité presque complète du dammar aromatique dans l'alcool, jointe à une dureté et une ténacité presque égales à celles du copal ou animé dure, doivent lui assurer une des premières places parmi les substances qui servent à la fabrication,des vernis. Il est complétement soluble dans l'éther, et presque insoluble dans l'essence de térébenthine.

Résine lactée.

J'ai décrit anciennement sous ce nom une résine inconnue qui m'avait été remise par feu Pelletier, et dont voici les singulières propriétés.

Elle est en un morceau d'un volume assez considérable, dont la surface seule a pris une couleur jaune paille par l'effet de la vétusté; car l'intérieur est d'un blanc de lait parfait, avec quelques veines translucides. Elle a une cassure conchoïde à arêtes tranchantes, un éclat assez vif et cependant un peu gras, une dureté aussi grande que celle du copal, et une ténacité supérieure; car elle est fort difficile à rompre.

(1) Voir l'*Herbarium amboinens.*, t. II. p. 179 et mon mémoire sur les résines dammar, p. 191 et 198.

Elle résiste à la dent et y semble un peu élastique ; elle a une saveur d'abord acide, puis analogue à celle du riz. Elle ne se fond pas sur un fer chaud, et s'y divise en une poudre grumeleuse qui exhale une odeur analogue à celle de la résine animé, mais piquante et excitant la toux. Elle se fond à la flamme d'une bougie, brûle avec une flamme blanche, et dégage une même odeur aromatique très irritante. Elle est très difficile à pulvériser, et exhale alors une odeur qu'on peut comparer à celle du fruit de cassis ; mouillée par l'alcool, sa surface reste sèche comme celles du succin et du dammar puti.

Cette résine, traitée plusieurs fois par l'éther, a laissé 0,64 de parties insolubles qui n'ont plus rien cédé ni à l'alcool ni à l'eau bouillante. Seulement, celle-ci filtrée se troublait un peu par l'oxalate d'ammoniaque.

Ce résidu insoluble est analogue à la résine insoluble du copal. Lorsqu'on le chauffe dans un creuset, il exhale une fumée d'abord aromatique, non désagréable, approchant de celle du bois d'aloès ; puis la résine se colore sans se fondre ; l'odeur devient forte, fatigante et désagréable, sans avoir le piquant et l'arome particulier des produits pyrogénés du succin. La matière se charbonne, et laisse en dernier résultat un résidu très peu considérable, formé de quelques grains sablonneux et de chaux.

La matière que l'éther avait dissoute pesait 0,39 ; étant desséchée, elle paraissait inodore ; mais, en la traitant par l'alcool, on développait en elle une forte odeur de cassis. L'alcool ne laissait qu'un résidu de 0,044, semblable à la résine insoluble dans l'éther ; par l'évaporation, une nouvelle portion de cette matière se précipitait au fond de la capsule, et, après la dessiccation totale, le résidu offrait trois zones assez distinctes : la partie du fond était blanche et opaque, celle du milieu translucide et cristalline, la partie supérieure était transparente et comme fondue. Il est évident que ces trois zones sont dues à l'isolement imparfait de deux principes : l'un insoluble dans l'alcool par lui-même (c'est la résine dont j'ai parlé d'abord), mais soluble à l'aide du second principe, qui est de nature huileuse et très soluble dans l'alcool. Celui-ci est le plus abondant au bord supérieur de la capsule, et le premier est presque pur au fond. Quand, à l'aide d'une térébenthine, d'une huile volatile ou du camphre, on dissout la résine insoluble dans l'alcool, on ne fait qu'y ajouter le principe qui lui manque pour devenir soluble, et cela nous rapproche de l'opinion émise par Pelletier au sujet des sous-résines de M. Bonastre ; c'est que la plupart des résines que nous connaissons ne doivent peut-être leur solubilité dans l'alcool qu'à une semblable combinaison.

Outre les deux principes dont je viens de parler le produit alcoolique

contenait l'acide libre de la résine, que l'éther en avait totalement séparé ; car le résidu insoluble dans l'éther n'en contenait plus du tout.
Pour obtenir cet acide, j'ai fait bouillir le produit alcoolique avec de
l'eau qui en a acquis la propriété de rougir fortement le tournesol. Le
liquide sursaturé d'ammoniaque, et évaporé lentement, a formé un
produit blanc affectant une forme aiguillée. Ce produit, traité par l'eau,
ne s'y est pas entièrement dissous ; la liqueur formait quelques flocons
blancs par l'acide chlorhydrique, et un précipité fauve avec le sulfate
de fer. Tous ces caractères appartiennent à l'acide benzoïque ; mais voici
ce qui peut faire douter que ç'en soit réellement :

1º La résine a une saveur acide non équivoque qui n'est pas celle de
l'acide benzoïque ; 2º le résidu blanc que le sel ammoniacal laisse en se
dissolvant dans l'eau, peut être, non de l'acide benzoïque, mais un
peu de résine que l'eau aurait dissoute d'abord ; 3º le précipité formé
par l'acide chlorhydrique dans le sel ammoniacal, est loin de répondre
à celui formé en pareil cas par le benzoate d'ammoniaque. Il serait alors
possible que l'acide contenu dans cette singulière résine fût le succinique. La petite quantité de matière sur laquelle j'ai opéré ne m'a pas
permis de décider la question.

Il est fait mention dans le *Journ. de Pharm.*, t. VIII, p. 340, de
la résine de l'*Araucaria imbricata*, arbre conifère du Chili, qui est
d'un blanc de lait, et qui ne peut se fondre au feu sans se décomposer.
Ces caractères conviennent bien à la résine lactée, qui présente également une grande analogie avec les résines des *dammara*.. Toutes ensemble paraissent confirmer l'hypothèse que j'ai émise, tome I, p. 130,
que le succin doit son origine à des arbres conifères des pays chauds,
qui ont vécu autrefois dans les climats que nous habitons aujour-
d'hui.

FAMILLE DES PIPÉRITÉES.

Petit groupe de plantes que les botanistes ont placé d'abord parmi les
monocotylédones et auprès des aroïdées, en raison d'une certaine analogie dans la disposition des fleurs ; mais la structure de la tige et la
présence de deux cotylédons dans l'embryon, doit les faire admettre
dans les dicotylédones, où leur place est naturellement fixée auprès des
végétaux à fleurs en chatons, dits *végétaux amentacés*.

Les pipéritées présentent des tiges grêles et sarmenteuses, noueuses
et articulées, pourvues de feuilles opposées ou verticillées, quelquefois
alternes par avortement, simples, entières, à nervures réticulées. Les
fleurs forment des chatons grêles, cylindriques, ordinairement opposés
aux feuilles. Ces chatons se composent de fleurs mâles et femelles mé-

langées et souvent entremêlées d'écailles. Chaque étamine constitue une fleur mâle et chaque pistil une fleur femelle ; cependant, assez souvent, les étamines, au nombre de 2, 3 ou davantage, se groupent autour des pistils d'une manière régulière, et semblent alors former autant de fleurs hermaphrodites. L'ovaire est libre, à une seule loge, contenant un ovule dressé, et porte à son sommet tantôt un stigmate simple, tantôt trois petits stigmates sous forme de mamelons rapprochés. Le fruit est une baie peu succulente et monosperme. La graine contient un endosperme assez dur, creusé à son sommet d'une petite cavité dans laquelle on trouve, renfermé dans un sac amniotique, un très petit embryon dicotylédoné.

Le principal genre de cette famille, et le seul qui nous intéresse, est le genre *piper*, qui nous fournit les poivres *noir*, *blanc*, *long*, *à queue*, etc.

Poivre noir (fig. 132).

Le poivre croît spontanément dans les Indes orientales ; mais c'est surtout au Malabar, à Java et à Sumatra qu'il est cultivé avec le plus de succès. Lorsque les habitants de cette dernière île veulent former une plantation de poivre, ils choisissent, dit-on, l'emplacement d'une vieille forêt, où le détritus des végétaux a rendu la terre très propre à la culture. Ils détruisent, par le feu, toutes les plantes qui peuvent encore y exister ; ensuite ils disposent le terrain, et le divisent par des lignes parallèles qui laissent entre elles un espace de 13 à 16 décimètres ; ils plantent sur ces lignes, et de distance en distance, des branches d'un arbre susceptible de prendre racine par ce moyen, et de donner un feuillage destiné à servir d'abri à la jeune plantation. Cela fait, ils plantent deux pieds de poivre auprès de chaque arbrisseau, et les laissent pousser pendant trois

Fig. 132.

ans; alors ils coupent les tiges à un mètre du sol, et les recourbent horizontalement, afin de concentrer la sève. C'est ordinairement à dater de cette époque que le poivrier donne du fruit, et il en donne tous les ans pendant un certain nombre d'années. La récolte dure longtemps, car le fruit mettant quatre ou cinq mois à mûrir, et n'arrivant que successivement à maturité, on le cueille au fur et à mesure qu'il y arrive, et même un peu auparavant, afin de ne pas le laisser tomber spontanément. On le fait sécher étendu sur des toiles, ou sur un sol bien sec ; on le monde des impuretés qu'il contient, et on nous l'envoie.

Le poivre noir, tel que nous l'avons, est sphérique et de la grosseur de la vesce ; il est recouvert d'une écorce brune, très ridée, due à la partie succulente de la baie desséchée. On peut facilement retirer cette ecorce en la faisant ramollir dans l'eau, et alors on trouve dessous un grain blanchâtre, assez dur, sphérique et uni, recouvert encore d'une pellicule mince qui y adhère fortement, et formé d'une matière qui est comme cornée à la circonférence, farineuse et amylacée au centre. La saveur de ce grain, ainsi que celle de son écorce, est âcre, brûlante et aromatique.

Le poivre fournit, à la distillation, une essence fluide, presque incolore, plus légère que l'eau, et d'une odeur analogue à la sienne propre. Cette essence est composée de $C^{10}H^8$, pour 4 volumes, comme l'essence de citrons.

Le poivre noir a été analysé par Pelletier, qui en a retiré, entre autres principes : une matière cristallisable nommée *pipérine*, qui est azotée, non alcaline, insipide, inodore, insoluble dans l'eau, soluble dans l'alcool (formule $C^{31}H^{10}AzO^6$) ; une huile concrète très âcre, une huile volatile mentionnée ci-dessus, une matière gommeuse, un principe extractif, de l'amidon, etc. (*Ann. de Chim. et de Phys.*, t. XVI, p. 337 ; *Pharmacopée raisonnée*, p. 704).

Le poivre noir est généralement usité comme épice dans les cuisines et sur les tables, quoiqu'on préfère le poivre blanc pour ce dernier usage. Mais le poivre noir doit l'emporter pour l'usage médical, comme étant le plus actif.

Poivre blanc.

Le poivre blanc vient des mêmes lieux et est produit par la même plante que le poivre noir. Pour l'obtenir, on laisse davantage mûrir le fruit, et on le soumet à une assez longue macération dans l'eau avant de le faire sécher : au moyen de cela, la partie charnue de la baie, qui eût formé la première enveloppe du poivre, s'en détache par la dessiccation et par le frottement entre les mains (1).

Le poivre blanc est sphérique, blanchâtre et uni ; d'un côté il est marqué d'une petite pointe, et de l'autre d'une cicatrice ronde qui, détruisant souvent la continuité de l'enveloppe, laisse voir à nu la substance cornée de la semence ; cette substance, de même que dans le poivre noir, est cornée à l'extérieur, farineuse, et souvent creuse au centre.

Poivre à queue ou **Cubèbe** (fig. 133).

C'est le fruit desséché du *piper cubeba* L. , arbrisseau du même genre et des mêmes classes que le *piper nigrum* ; mais il offre dans sa structure quelques différences avec le poivre noir.

Fig. 133.

D'abord le poivre à queue est plus gros, et il est muni d'un pédicelle qui y tient par de fortes nervures. La partie corticale ridée, qui était la partie charnue du fruit, paraît avoir été moins épaisse et moins succulente que dans le poivre noir. On trouve, immédiatement dessous, une coque ligneuse, dure et sphérique, renfermant une semence isolée de

(1) Telle est l'opinion généralement admise sur l'origine du poivre blanc ; cependant il semblerait résulter d'un passage de Garcias *ab horto*, appuyé des figures données par Clusius (*Exot.*, p. 182), que la plante au poivre blanc n'est pas identique avec le poivre noir.

Voici ce que dit Garcias : « Il y a une si petite différence entre la plante » qui produit le poivre noir et celle qui donne le poivre blanc, qu'elles sont » distinguées par les seuls indigènes. Quant à nous, nous ne les reconnaissons » que quand elles portent des fruits, et encore lorsque ceux-ci sont mûrs.

» La plante qui donne le poivre blanc est plus rare et ne croît guère que » dans certains lieux du Malabar et de Malacca. »

Clusius donne à l'appui de ce texte une figure comparée des deux poivres

la cavité qui la contient , et encore recouverte d'un épisperme brun.
L'intérieur de la semence est plein , blanchâtre et huileux. La saveur
de cette amande est forte , pipéracée , amère et aromatique. J a coque
a peu de propriétés.

Le poivre cubèbe fournit , par la distillation avec de l'eau , une assez
grande quantité d'une huile volatile verdâtre , un peu épaisse , pesant
0,930 , et qui présente la même composition relative que les essences
de poivre , de citrons , de térébenthine, etc. (C^5H^4) ; mais la condensation des éléments paraît être différente , et son équivalent égale
$C^{15}\underline{H}^{12}$. Cette essence laisse cristalliser , dans quelques circonstances ,
un stéaroptène qui paraît inodore quand il est privé d'huile volatile. Le
cubèbe contient en outre une *résine âcre* que l'on peut obtenir par le
moyen de l'alcool , mélangée d'essence et d'une matière cristallisable
qui est sans doute de la pipérine.

On emploie le cubèbe en poudre contre les mêmes affections que le
baume de copahu On fait un assez grand usage également de son extrait
alcoolique et de l'huile volatile , que quelques personnes, très peu scru-
puleuses, préparent avec les cubèbes entiers, afin de se réserver la possibilité de les reverser dans le commerce , épuisés de leurs principes
actifs. Les cubèbes , ainsi traités, se reconnaissent à leur couleur noire
et à leur défaut d'odeur et de saveur.

Poivre long.

Le poivre long est le fruit non parfaitement mûr et desséché du *piper
longum* L. Ce fruit , bien différent des autres poivres , est analogue à
celui du mûrier ; c'est-à-dire , qu'il est composé d'un grand nombre
d'ovaires qui ont appartenu à des fleurs distinctes , mais très serrées ,
rangées le long d'un axe commun , ovaires qui, en se développant , se
sont soudés de manière à ne figurer qu'un seul fruit. Tel que nous
l'avons, il a la grosseur d'un chaton de bouleau ; il est sec , dur , pesant , tuberculeux et d'une couleur grise obscure. Chaque tubercule
renferme dans une petite loge une semence rouge ou noirâtre, blanche

noir et blanc parvenus à leur maturité , de laquelle il résulte que le chaton
du poivre blanc est beaucoup plus allongé que celui du noir ; que les grains
sont plus gros, beaucoup plus espacés et rangés comme un à un le long du
pédoncule commun ; tandis que, dans le poivre noir, l'épi est totalement
couvert de grains tres serrés.

Ces deux sortes de fruits existent dans la collection de l'École de pharmacie. Je conclus de ceci que, si le poivre blanc provient aujourd'hui, en très
grande partie, du poivre noir écorcé, cependant il existe une plante qui en a
plus spécialement porté le nom et qui le produisait autrefois.

à l'intérieur, d'une saveur encore plus âcre et plus brûlante que celle du poivre ordinaire. Le fruit entier paraît être moins aromatique.

Le poivre long entre dans la composition de la thériaque et du diascordium. Il est formé des mêmes principes que le poivre noir, d'après l'analyse qu'en a faite M. Dulong d'Astafort. (*Journ. de Pharm.*, t. XI, page 52.)

Indépendamment des espèces de poivre qui viennent d'être décrites, beaucoup d'autres sont usitées dans les pays qui les produisent. Je citerai seulement : 1° le POIVRE BETEL, *piper betel* L., dont les feuilles sont employées, dans toute l'Asie orientale, pour envelopper le mélange de noix d'Arec et de chaux qui sert de masticatoire aux habitants de ces contrées ; 2° l'AVA, *piper methysticum* de Forster, trouvé par ce naturaliste, compagnon de Cook, dans les îles de la Société, où sa racine sert à la préparation d'une boisson enivrante ; 3° le *pariparobo*, *piper umbellatum* L., dont la racine, très usitée au Brésil, a été examinée chimiquement par Henri père. (*Journal de Pharm.*, t. X, page 165.)

Un assez grand nombre de fruits étrangers à la famille des pipéritées, mais doués d'une qualité âcre et aromatique, et employés comme condiments, ont reçu le nom de *poivre ;* tels sont, entre autres :

Le *poivre d'Inde*, ou *poivre de Guinée*, baie rouge du *capsicum annuum* (solanées) ;

Le *poivre de Cayenne* ou *piment enragé : capiscum frutescens ;*

Le *poivre de la Jamaïque*, ou *piment de la Jamaïque : Eugenia pimenta* (myrtacées) ;

Le *poivre de Thevet*, ou *piment couronné : Eugenia pimentoïdes ;*

Les *poivres du Brésil*, ou *pimenta de Sertaô, de Mato*, etc., fruits des *xylopia frutescens, grandiflora*, etc. (anonacées) ;

Le *poivre d'Ethiopie*, *anona æthiopica* (anonacées) ;

Le *poivre du Japon*, *zanthoxylon piperitum* (zanthoxylées).

Ces fruits seront décrits à leurs familles respectives.

GROUPE DES AMENTACÉES.

Ainsi que je l'ai dit précédemment, A. L. de Jussieu avait formé dans sa méthode, dite *naturelle*, une dernière classe, la *diclinie*, qui renfermait la plupart des végétaux à fleurs unisexuelles. Cette classe comprenait cinq grandes familles : les *euphorbiacées*, les *cucurbitacées*, les *urticées*, les *amentacées* et les *conifères*.

La famille des amentacées, qui doit nous occuper maintenant, et que l'on peut toujours considérer comme un groupe naturel assez rapproché des conifères, tire son nom de la disposition de ses fleurs en épis cylindriques et serrés nommés *chatons* (en latin, *amentum*, ou *iulus*). Elle contient en général des végétaux ligneux, à feuilles simples, alternes et stipulées. Les fleurs mâles, disposées en longs chatons, sont formées d'étamines en nombre fixe ou indéterminé, portées tantôt sur un calice d'une seule pièce diversement découpé, tantôt sur une simple écaille. Les fleurs femelles, disposées de même, ou rassemblées par petits paquets sur les rameaux, ou solitaires, sont pourvues d'un calice semblable ou d'une écaille entourant un ovaire simple, surmonté d'un ou de deux styles terminés par plusieurs stigmates. Le fruit est une capsule coriace ou osseuse, tantôt libre, tantôt soudée avec le calice, et contenant une seule semence, quelquefois deux ou trois, dont l'embryon est dénué de périsperme. Aujourd'hui, le groupe des amentacées est divisé en un certain nombre de familles, au milieu desquelles M. Endlicher intercale même celles qui forment les anciennes urticées de Jussieu, que la disposition de leurs fleurs rapproche en effet beaucoup des premières. Tout en convenant de l'opportunité de cette réunion, je pense qu'on peut suivre pour ces familles, auxquelles je joins les juglandées et les monimiacées, un ordre qui permette de ne pas confondre les deux anciens groupes de Jussieu. Voici ces familles, dont je n'examinerai que celles qui fournissent quelque chose à la matière médicale.

Casuarinées.	Balsamifluées.	Morées.
Myricées.	Salicinées.	Artocarpées.
Bétulacées.	Lacistémées.	Urticacées.
Cupulifères.	Monimiacées.	Cannabinées.
Juglandées.	Ulmacées.	Antidesmées.
Platanées.	Celtidées.	

FAMILLE DES MYRICÉES.

Les myricées, presque réduites au seul genre *myrica*, comprennent des arbrisseaux à rameaux épars, à feuilles alternes, dentées et incisées, parsemées de glandes résineuses, ainsi que les autres parties. Les fleurs sont très petites, dioïques ou monoïques, disposées en épis allongés, tantôt seulement staminifères ou pistillifères, tantôt pistillifères par le bas et staminifères par le haut. Les fleurs mâles se composent d'un nombre variable d'étamines portées sur un pédicule ramifié, inséré à la base d'une bractée, et muni de deux bractéoles. Les fleurs femelles sont également accompagnées d'une bractée, et formées d'un ovaire sessile soudé à la base avec 2-6 écailles hypogynes, et terminé par deux stigmates écartés. Le fruit est un drupe sec, très petit, à noyau osseux, contenant une graine dressée et un embryon renversé privé d'albumen, à cotylédons charnus et à radicule supère.

Le genre *myrica* se compose d'une quinzaine d'arbrisseaux aromatiques, dont un, le *myrica gale*, croît naturellement dans les lieux marécageux en France, en Hollande et dans diverses contrées du nord de l'Europe et de l'Amérique. On lui donne vulgairement les noms de *piment royal* et de *myrte bâtard*. Ses feuilles odorantes ont été usitées en infusion théiforme, et ont même, pendant quelque temps, été considérées comme étant le véritable thé chinois ; elles ne sont plus usitées. Les fruits sont recouverts d'une exsudation cireuse peu abondante et inusitée ; mais on trouve en Amérique deux espèces de myrica (*M. cerifera* et *pensylvanica*), dont la première, surtout, fournit une cire abondante qui nous est fournie par le commerce. Les fruits de cet arbuste sont disposés sur les rameaux en paquets très serrés. Ils sont sphériques, moins gros que le poivre noir, et formés d'une coque monosperme ligneuse, très épaisse, enveloppée d'un brou desséché très mince et jaunâtre. La surface de ce brou est elle-même entièrement recouverte de petits corps noirâtres, arrondis, tout couverts de poils extérieurement, très faciles à détacher du péricarpe, sur lequel restent des points d'insertion visibles. Ces corps noirâtres ont une odeur et un goût de poivre très marqués. Ce sont eux qui produisent la cire qui en exsude de toutes parts et les recouvre d'une couche uniforme, d'un blanc de neige et très brillante, de sorte qu'en définitive les fruits du cirier d'Amérique se présentent sous la forme de petits grains sphériques, à surface toute blanche et tuberculeuse.

En 1840, il est arrivé par la voie du commerce une forte quantité de cire des États-Unis, et je pense qu'elle n'a pas cessé de venir depuis. Cette cire est de deux sortes, *jaunâtre* ou *verte*, et la première est beaucoup plus aromatique que la seconde. Suivant Duhamel, on obtient la cire jaunâtre en versant de l'eau bouillante sur les baies et la faisant écouler dans des baquets, après quelques minutes de contact. On conçoit, en effet, qu'on n'obtienne ainsi que la cire extérieure presque pure ; mais comme il en reste après les fruits, on fait bouillir le marc dans l'eau, et c'est alors qu'on obtient la cire verte et peu aromatique.

La cire de *myrica* sert aujourd'hui à falsifier la cire d'abeilles, ce qui n'est pas sans inconvénient pour les usages auxquels celle-ci est destinée ; ainsi elle fond à 43 degrés centigrades, au lieu de 65, et elle ne prend pas le même lustre par le frottement. Ces deux défauts disparaissent en partie, lorsqu'on la soumet à une longue ébullition dans l'eau, ou qu'on l'expose à l'air en couches minces pour la blanchir ;

mais elle est toujours fusible à 49 degrés. Elle paraît , du reste, composée
de cérine et de myricine, comme la cire d'abeilles. On peut reconnaître
le mélange de cire de *myrica* à la cire d'abeilles, à l'odeur, et à ce que
la première étant plus fusible, le mélange se ramollit davantage dans les
doigts et s'y attache , tandis que la bonne cire d'abeilles se laisse pétrir
dans les doigts sans s'y attacher.

FAMILLE DES CUPULIFÈRES.

Arbres ou arbrisseaux très rameux, à feuilles alternes, simples,
dentées ou lobées; stipules caduques; fleurs monoïques ou dioïques.
Fleurs mâles en chatons cylindriques, nues ou munies d'une bractée squamiforme ; périgone tantôt squamiforme, indivis ou bifide,
tantôt caliciforme à 4 ou 6 divisions ; étamines uniloculaires, pluri-
seriées sur le pégigone monophylle (charme , noisetier), ou biloculaires
et uniseriées à l'intérieur du périanthe caliciforme et en nombre égal,
double ou triple de ses divisions (chêne, hêtre, châtaignier). Fleurs
femelles fasciculées, disposées en épis ou sessiles et en petit nombre,
au fond d'un involucre. Involucre foliacé ou cyathiforme, souvent
squameux à l'extérieur, persistant ; tantôt s'accroissant et enveloppant
le fruit; d'autres fois l'entourant d'une cupule à sa base. Périanthe
soudé avec l'ovaire, à limbe supère, court denticulé, disparaissant ordinairement à maturité. Ovaire infère à plusieurs loges, contenant
2 ovules pendants à l'angle interne de chaque loge, surmonté par autant de
stigmates qu'il y a de loges. Fruit (balane) protégé par l'involucre,
persistant et souvent accru , devenu uniloculaire par la destruction des
cloisons, et ordinairement monosperme par avortement. Graine pendante, souvent accompagnée des ovules avortés ; périsperme nul ; embryon homotrope, dicotylédoné, à radicule supère.

Les cupulifères appartiennent principalement aux parties tempérées
de l'Europe et de l'Amérique septentrionale, et fournissent à nos forêts
cinq genres d'arbres, à savoir : le charme, le noisetier, le hêtre, le
châtaignier et différents chênes; lesquels, réunis à l'aune (*alnus gluti-
nosa*) et au bouleau (*betula alba*) de la petite famille des bétulacées,
composent presque entièrement nos forêts.

CHARME, *carpinus betulus*, L. Arbre haut de 13 à 16 mètres, dont
le tronc acquiert rarement plus de 30 centimètres de diamètre. Les
branches forment une tête touffue et irrégulière; les feuilles sont pétiolées, ovales-pointues, dentées sur tout leur contour, glabres, munies
de fortes nervures. Les fruits sont des balanes de la grosseur d'un pois,
formés d'une coque ligneuse (calice) à côtes longitudinales et d'une se-

mence à testa membraneux; ces balanes sont portés chacun à la base d'une grande bractée foliacée, à 3 lobes; les bractées forment par leur réunion des épis foliacés et pendants.

Le bois de charme est blanc, très fin, très serré, et acquiert une grande dureté par la dessiccation. On l'emploie pour les ouvrages de charronnage et pour des roues de poulies, des dents de roues de moulins, des vis de pressoir, des manches d'outil, etc. C'est également un de nos meilleurs bois de chauffage.

NOISETIER OU COUDRIER, *corylus avellana*, L. Arbrisseau de 5 à 7 mètres de hauteur, dont les fleurs paraissent pendant l'hiver et bien avant les feuilles; les mâles se font remarquer par leurs longs chatons jaunâtres; les fleurs femelles, réunies en petit nombre, forment, à d'autres endroits des rameaux, de petits chatons ovoïdes, inférieurement couverts d'écailles imbriquées, et chacune d'elles est particulièrement entourée d'un involucre à 2 ou 3 folioles très petites, lacérées, persistantes, prenant un grand accroissement pendant la maturation du fruit et l'entourant. Le fruit (balane), réduit ordinairement à une seule semence, est renfermé dans le calice accru et devenu ligneux. La semence est d'un goût fort agréable, et fournit, par l'expression, 60 pour 100 d'une huile grasse (huile de noisettes) très agréable à manger, non siccative, d'une pesanteur spécifique de 0,9242.

HÊTRE, FAYARD ou FAU, *fagus sylvatica* L. Cet arbre est un des plus beaux de nos forêts. Il peut s'élever à 20 ou 27 mètres sur un tronc de 2^m,60 à 3^m,25 de circonférence. Son écorce est toujours très unie et blanchâtre; ses feuilles sont ovales, luisantes, d'un vert clair, à peine dentées sur le bord. Les fleurs mâles forment des chatons arrondis, longuement pédonculés et pendants; les fleurs femelles sont réunies deux ensemble dans un involucre à 4 lobes et hérissé; chacune d'elles se compose d'un ovaire infère couronné par les dents du calice et terminé par 3 stigmates. Les fruits sont des balanes cartilagineux, triangulaires, monospermes, renfermés au nombre de deux, comme les fleurs dont ils proviennent, dans l'involucre accru, hérissé de pointes, s'ouvrant supérieurement en 4 lobes.

Le fruit du hêtre porte le nom de *faine*. On le recueille dans les forêts pour en retirer l'huile par expression. Cette huile est d'un jaune clair, inodore, fade, très consistante, d'une pesanteur spécifique de 0,9225. Elle est très usitée dans l'est de la France comme aliment et pour l'éclairage. Le bois de hêtre est blanc, tenace, flexible, et très usité pour faire des meubles, des bois de lit, des brancards, des instruments de labourage, des rames, des pelles, des baquets, des sabots, etc. Employé comme bois de chauffage, il brûle plus vite que le chêne, mais il produit une chaleur plus vive; ses copeaux servent à clarifier le vin ; on les emploie en Allemagne pour favoriser l'acétification de l'alcool.

CHATAIGNIER. Grand arbre de nos forêts qui acquiert quelquefois une grosseur prodigieuse et dont on ne peut fixer la durée. On en connaît un en France, près de Sancerre (Cher), qui a plus de 10 mètres de circonférence, à hauteur d'homme, et auquel on suppose 1000 ans d'âge. L'Etna en nourrit un grand nombre dont quelques uns ont de 12 à 13 mètres de circonférence ; un autre en a 25 metres ; mais le plus extraordinaire, que j'ai déjà cité (t. Ier, p. 5), comme exemple de la grande longévité des végétaux, est celui décrit par Jean Houel, en 1776, qui avait alors 175 pieds de circonférence (56m,75), et auquel on ne peut pas attribuer moins de 4000 ans d'existence.

Le châtaignier porte des feuilles alternes, oblongues-lancéolées, pétiolées, longues de 13 à 19 centimètres, fermes, luisantes, bordées de grandes dents aiguës. Les fleurs mâles sont disposées en chatons filiformes interrompus, et sont composées d'un périanthe à 5 ou 6 divisions portant de 8 à 15 étamines ; les fleurs femelles naissent à l'aisselle des feuilles ou à la base des chatons mâles. Elles sont renfermées, au nombre de 1 à 3, dans un involucre quadrilobé soudé extérieurement avec de nombreuses bractées linéaires. Elles sont formées d'un périanthe soudé avec l'ovaire, rétréci supérieurement et s'évasant en un limbe à 5-8 divisions portant des étamines avortées, mais quelquefois fertiles ; alors les fleurs sont hermaphrodites. L'ovaire est terminé par 3 à 8 stigmates filiformes, et présente à l'intérieur autant de loges dans chacune desquelles on trouve 1 ou 2 ovules suspendus à l'angle supérieur. Aux fleurs femelles succède un *balanide* formé de l'involucre accru, quadrivalve, tout hérissé extérieurement d'épines piquantes, fasciculées et divergentes. A l'intérieur se trouvent 1, 2 ou 3 *balanes* nommés *châtaignes* ou *marrons*, suivant la variété, composés d'un épicarpe cartilagineux encore surmonté du limbe du calice et des styles, et contenant à l'intérieur une seule semence au sommet de laquelle se trouve un petit paquet formé des ovules avortés. La semence est entièrement formée de l'embryon dont les 2 cotylédons sont très développés, charnus, amylacés et sucrés. La culture les améliore beaucoup. On conserve le nom de *châtaignes* aux fruits qui, ayant été réunis dans le même involucre, sont aplatis d'un côté et convexes de l'autre. On les mange ordinairement cuits dans l'eau, ou on les fait sécher pour les faire servir, pendant toute l'année, à la nourriture des habitants ; c'est ce qui a lieu principalement dans les Cévennes en France, dans les Asturies en Espagne, dans les Apennins en Italie, en Sicile et en Corse.

Il y a une variété de châtaignier cultivé dont les fruits sont ordinairement isolés dans l'involucre et qui sont alors plus gros et arrondis. On les nomme *marrons* et on les mange surtout rôtis ou confits au sucre. Les plus estimés viennent du département de l'Isère et des environs de Luc dans le département du Gard.

CHÊNES. Arbres ou arbrisseaux à feuilles alternes, simples, entières ou, le plus souvent, incisées ou lobées. Les fleurs mâles sont pourvues d'un périanthe à 6-8 divisions et portent de 6 à 10 étamines ; elles forment des chatons filiformes, grêles et interrompus, pendants, qui sortent de l'aisselle des feuilles inférieures. Les fleurs femelles, solitaires ou portées en petit nombre sur un pédoncule commun, sont placées dans les aisselles des feuilles supérieures. Chacune d'elles est entourée d'un involucre hémisphérique, soudé extérieurement avec des bractées écailleuses, très petites et imbriquées ; le périanthe est soudé avec l'ovaire et terminé par 5 petites dents supères ; l'ovaire est à 3 loges contenant 2 ovules suspendus à l'angle interne et supérieur ; il est terminé par 1 style très court, divisé en 3 stigmates étalés. Le fruit, nommé *gland* ou *balane*, est entouré par le bas de l'involucre persistant et accru, et se compose d'un péricarpe coriace terminé par les petites dents du calice, et contenant une seule graine privée de périsperme, à cotylédones charnus.

Les chênes appartiennent exclusivement aux zones tempérées ; on en connaît environ quatre-vingts espèces, dont une moitié appartient à l'ancien continent et l'autre au nouveau. Deux de ces espèces forment la base de nos forêts. Linné les avait réunies en une seule, sous le nom de *quercus robur ;* mais on les a séparées de nouveau. A la première appartient le véritable *chêne rouvre*, *quercus robur* W. (*quercus sessiliflora* Lamk.), qui s'élève à 20 mètres et au-delà, sur un tronc de 2 à 4 mètres de circonférence. Ses feuilles sont caduques, pétiolées, ovales-oblongues, sinuées ou bordées de lobes arrondis ; les fleurs femelles et les fruits sont sessiles. Son bois est l'un des plus solides et des plus durables parmi ceux de l'Europe ; c'est également un des meilleurs pour le chauffage.

La seconde espèce est le *chêne blanc*, ou *gravelin*, *quercus pedunculata* W. (*q. racemosa* Lamk.), dont le tronc est plus droit, plus élevé, et le bois moins noueux et plus facile à travailler ; ses feuilles sont presque sessiles, luisantes en dessus, un peu glauques en dessous ; ses fleurs femelles sont sessiles, au nombre de 4 à 10, le long d'un pédoncule commun.

L'écorce de chêne varie selon l'âge de l'arbre : lorsqu'il est vieux, elle est épaisse, raboteuse, noire et crevassée au dehors, rougeâtre en dedans ; lorsqu'il est jeune, elle est moins rude ou presque lisse, couverte d'un épiderme gris-bleuâtre diversement dessiné ; d'un rouge pale, ou presque blanche à l'intérieur. Alors aussi, elle est bien plus riche en principe astringent, et jouit d'une odeur fade particulière, qui est celle que l'on sent dans les tanneries. Cette écorce, séchée et réduite en poudre, prend le nom de *tan*, et sert à tanner les peaux. On l'emploie aussi en médecine comme un puissant astringent.

Les glands renferment une grande proportion de fécule, et sont recherchés comme nourriture par plusieurs animaux, et surtout par les cochons. Leur âpreté les rend impropres à la nourriture de l'homme. Ce n'est pas qu'au moyen de quelques traitements chimiques on ne puisse leur enlever leur principe astringent, et en obtenir une fécule aussi douce que beaucoup d'autres ; mais le prix alors en devient trop élevé, et jamais ces tentatives n'ont eu de résultat suivi.

Quant à l'opinion si généralement répandue que les glands ont servi de nourriture aux hommes dans les temps qui ont précédé leur civilisation, il faut remarquer d'abord que les anciens donnaient le nom de *balanos* ou de *glands* à la plupart des fruits des arbres des forêts, comme le hêtre et le noyer ; ensuite que plusieurs chênes des pays méridionaux ont des glands doux et sucrés qui servent encore aujourd'hui à la nourriture des habitants : tels sont le chêne-liége (*quercus suber*), le chêne-yeuse (*quercus ilex*), et surtout le chêne-ballote (*quercus ballota*).

Les glands ordinaires sont quelquefois prescrits, torréfiés, pour remplacer le café, aux personnes forcées de suspendre l'usage qu'elles en font habituellement. C'est, sans contredit, une des substances qui simule le mieux le café, et il est étonnant que l'emploi n'en soit pas plus répandu.

Fig. 134.

CHÊNE VÉLANI, *quercus œgilops* L. Cet arbre a le port et la hauteur du chêne rouvre. Ses feuilles sont longues de 80 millimètres, larges de 55 , pétiolées , bordées de grosses dents , dont chacune se termine par une pointe aiguë. Ces mêmes feuilles sont vertes en dessus, blanchâtres et cotonneuses en dessous. Les fruits sont très gros, courts, déprimés au sommet, profondément enfoncés dans une énorme cupule dont les écailles sont libres à leur partie supérieure , et étalées ou hérissées (fig. 134). Ce chêne croît en Sicile , dans les îles Grecques et dans la Natolie. On fait un commerce assez considérable de ses fruits , ou plutôt de ses cupules qui en forment la partie principale , pour la teinture en noir et le tannage des peaux. On leur donne le nom de *vélanède*, ou d'*avelanède*,et souvent aussi celui de *gallon du Levant*, *gallon de Turquie.*

CHÊNE-LIÉGE, *quercus suber* L. Les feuilles de cet arbre sont ovalesoblongues , indivises , dentées en scie, cotonneuses en dessous et persistantes. Il croît en Espagne, en Italie et dans nos départements méridionaux. Il se distingue des autres espèces par le développement extraordinaire qui s'opère dans les couches sous-épidermoïdales de son écorce, qui devient très épaisse et fongueuse, et constitue le *liége.* Il commence à en fournir à l'âge de quinze ou seize ans, et il peut en donner de nouvelle tous les six à huit ans, jusqu'à cent cinquante ans , sans périr. Lorsque , par des incisions transversales et longitudinales, on a obtenu le liége en grandes plaques cintrées, on le chauffe et on le charge de poids pour le redresser ; alors on le fait sécher très lentement , afin de lui conserver sa flexibilité. On doit choisir le liége épais, flexible, élastique , d'une porosité fine , d'une couleur rougeâtre, non ligneux dans son intérieur.

En Espagne, on brûle les rognures de liége dans des vases clos, et on en retire un charbon très noir et très léger qui est usité en peinture.

Le liége a été regardé, pendant quelques années, comme un principe immédiat auquel on donnait le nom de *suber ;* mais il est évident qu'une partie d'écorce n'est pas un principe immédiat. Tout ce qu'on peut dire, c'est que la majeure partie du liége est un corps particulier, analogue au ligneux, mais en différant en ce que, traité par l'acide nitrique, il donne naissance à un acide particulier qui a été nommé *acide subérique.*

On doit à M. Chevreul une analyse du liége. Cette substance a d'abord perdu 0,04 d'eau par la dessiccation. Traitée ensuite par l'eau dans le digesteur distillatoire , elle a fourni à la distillation une petite quantité d'*huile volatile* et de l'*acide acétique.* La liqueur restant dans le digesteur a donné un *principe colorant jaune* , un *principe astringent* , une *matière animalisée*, de l'*acide gallique* , un *autre acide*, du *gallate de fer*, de la *chaux*, en tout 0,1425 ; la partie insoluble dans l'eau, traitée par l'alcool , lui a cédé les mêmes principes que ci-dessus , plu une matière analogue à la cire, mais cristallisable, qui a été nommée *cérine ;* une *résine molle* que M. Chevreul croit être une combinaison de cérine avec une autre substance qui l'empêche de cristalliser ; *deux autres matières* paraissant encore contenir de la cérine unie à des principes non déterminés : en tout 0,1575. Le liége, épuisé par l'eau et l'alcool, différait peu du liége naturel : il pesait 0,70 (*Ann. de Chim.*, t. XCVI, p. 115). C'est à cette partie, supposée entièrement privée de ses principes solubles, que l'on peut appliquer le nom de *subérine.*

CHÊNE JAUNE ou QUERCITRON, *quercus tinctoria* L. ; grande espèce de chêne qui croît dans les forêts de la Pensylvanie. On se sert de son écorce pour tanner les peaux ; mais on en exporte aussi une grande quantité en Europe, à cause de sa richesse en un principe colorant jaune que l'on peut substituer à celui de la gaude. Cet arbre paraît se naturaliser au bois de Boulogne, près de Paris, où, en 1818, on en a fait un semis considérable. Ses feuilles sont ovales-oblongues, sinuées, pubescentes en dessous, partagées en lobes anguleux et mucronés.

CHÊNE AU KERMÈS, *quercus coccifera* L. ; arbrisseau à feuilles ovales, coriaces, persistantes, glabres des deux côtés, bordées de petites dents épineuses. Les chatons mâles sont réunis plusieurs ensemble en petites panicules ; les fleurs femelles sont sessiles et en petit nombre le long d'un pédoncule commun Les glands, qui ne mûrissent que la seconde année, sont à moitié enfoncés dans une cupule hérissée d'écailles cuspidées, étalées et un peu recourbées. Cet arbrisseau croît dans les lieux arides et pierreux du midi de la France, en Espagne, en Italie et dans le nord de l'Afrique. C'est sur lui que vit le *kermès*, petit insecte hémiptère du genre des cochenilles, et nommé *coccus ilicis*, l'arbre ayant été regardé anciennement comme une espèce d'yeuse et ayant porté le nom d'*ilex coccigera.*

CHÊNE A LA GALLE ou CHÊNE DES TEINTURIERS, *quercus infectoria* Olivier (fig. 135). C'est à Olivier que nous devons la connaissance de cette espèce qui est répandue dans toute l'Asie-Mineure, jusqu'aux frontières de la Perse, et qui nous fournit l'excroissance nommée *noix de galle*, ou *galle du Levant*. C'est un arbrisseau tortueux, haut de 1^m,30 à 1^m,60, à feuilles oblongues, mucronées-dentées, luisantes en dessus pubescentes en dessous, portées sur des pétioles longs de 13 à 18 milmètres. Les glands sont allongés et sessiles.

Cet arbre sert d'habitation à un insecte hyménoptère et pupivore nommé *cynips gallæ tinctoriæ*, dont la femelle perce les bourgeons à peine formés des jeunes rameaux, à l'aide d'une tarière dont son abdomen est pourvu. Elle dépose un œuf dans la blessure, et bientôt le bourgeon, dénaturé par la présence de cet œuf, se développe d'une manière particulière, et forme un corps à peu près sphérique qui ne retient plus de sa forme primitive que des aspérités dues aux extrémités des écailles soudées. L'œuf, ainsi renfermé, éclot, et l'insecte passe

Fig. 135.

par les états de larve, de nymphe et d'insecte parfait; alors il perce sa prison et s'envole.

1. La noix de galle nous est apportée surtout de la Syrie et de l'Asie-Mineure. La meilleure porte dans le commerce le nom de *galle noire*, ou de *galle verte d'Alep*, à cause de sa couleur et parce qu'elle vient des environs d'Alep en Syrie. Elle est grosse comme une noisette ou une aveline, d'une couleur verte noirâtre ou verte jaunâtre, glauque; elle est compacte, très pesante et très astringente; elle doit en partie ces propriétés au soin qu'on a eu de la récolter avant la sortie de l'insecte; car les galles que l'on oublie sur l'arbre, et qu'on ne cueille qu'après, sont blanchâtres, légères, peu astringentes, et se reconnaissent d'ailleurs au trou rond dont elles ont été percées par l'insecte. Elles forment, sous le nom de *galle blanche*, une sorte du commerce bien moins estimée que la première.

La *galle de Smyrne*, ou de l'Asie-Mineure, diffère peu de celle d'Alep; cependant elle est généralement un peu plus grosse, moins foncée en couleur, moins pesante et plus mélangée de galles blanches. Elle est moins estimée pour ceux qui la connaissent; mais, la plupart du temps, elle est vendue comme galle d'Alep aux débitants et au public.

On sait qu'on donne, en général, le nom de *galles* à des excroissances ou tumeurs qui se développent sur toutes les parties des végétaux, par suite de la piqûre d'insectes de différentes familles, mais qui sont principalement des *cynips* de la famille des hyménoptères, et des pucerons (*aphis*) de celle des hémiptères. Il y a peu de végétaux qui ne présentent de ces degénérescences de tissu, dont les plus communes ont été observées sur l'orme, les peupliers, le bouleau, les pins et les sapins, l'églantier, le chardon hémorrhoïdal, la sauge, le chamædris, le lierre terrestre, etc. Ce qu'il y a de bien particulier, c'est que, suivant la remarque de Réaumur (t. III, 12ᵉ mémoire, p. 419), l'espèce de l'insecte influe beaucoup sur la forme et la consistance de la galle, quoiqu'on ne voie pas de quelle manière cela puisse avoir lieu. Ainsi, de plusieurs galles formées sur une même feuille par différents insectes, les unes seront constamment ligneuses, les autres spongieuses, et toutes auront des formes différentes et spéciales. J'ai fait à cet égard une observation encore plus singulière : ayant analysé la galle d'Alep, et y ayant trouvé de l'amidon, dont la présence avait échappé jusque-là aux

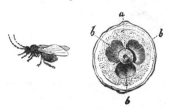

Fig. 136.

chimistes, j'ai désiré connaître le siége de ce principe dans la noix de galle. On sait que cette production présente au centre une petite cavité où a été déposé l'œuf du cynips (fig. 136, lettre a). L'enveloppe immédiate de cette cavité constitue une petite masse sphérique, un peu spongieuse, d'une couleur fauve ou brunâtre dans sa masse, mais blanche à sa surface ; et tout autour de cette petite sphère on trouve une substance plus étendue, compacte, à structure radiée, laquelle paraît formée, à la loupe, de particules brillantes et transparentes. Enfin, tout à fait à l'extérieur, se trouve une enveloppe verte contenant de la chlorophylle et de l'huile volatile.

J'ai fait tremper plusieurs fois de la noix de galle, cassée par morceaux, dans l'eau, pour la priver de ses principes solubles, et je l'ai recouverte d'un soluté d'iode : la seule partie qui ait paru se colorer en bleu foncé est la petite sphère intérieure spongieuse ; le tissu rayonné n'a éprouvé aucune coloration. Ayant donc mis à part la petite sphère spongieuse, je l'ai écrasée dans un verre avec un peu d'eau, et ayant examiné la liqueur trouble au microscope, après y avoir ajouté de l'eau saturée d'iode, j'y ai observé une très grande quantité de granules d'amidon, sphériques, ovales ou triangulaires, d'un bleu très foncé. Les granules l'emportaient de beaucoup en quantité sur les débris du tissu qui les contenaient, de sorte qu'on peut dire que la petite sphère qui entoure immédiatement la larve de l'insecte est principalement composée d'amidon.

Ayant, au contraire, écrasé dans l'eau la matière rayonnée qui entoure la première, je n'ai pu y observer que des flocons informes de tissu déchiré et des particules isolées, très petites, mais solides, épaisses, anguleuses, transparentes et incolores, malgré l'addition de l'iode ; d'où il suit que la seule partie de la noix de galle qui contienne de l'amidon est la petite sphère centrale où se trouve nichée la larve du cynips.

Cette disposition vraiment remarquable semble indiquer un rapport encore inconnu et peu compréhensible entre l'action vitale du chêne à la galle et celle de l'œuf animal qui s'y trouve déposé.

On conçoit, en effet, jusqu'à un certain point, que l'instinct de l'abeille la détermine à remplir ses rayons du miel qui doit nourrir la génération destinée à perpétuer son espèce, et que les femelles des autres insectes déposent généralement leurs œufs à portée des matières qui doivent servir à la nourriture des larves qui en sortiront ; mais en vertu de quelle loi l'amidon, qui n'existait pas en quantité appréciable dans le bourgeon du chêne, s'y forme-t-il après l'introduction de l'œuf, et vient-il s'amasser uniquement autour de la larve du cynips, comme dans le double but de la protéger contre l'action du tannin et de lui servir de nourriture ? Il y a là une cause occulte qui vaudrait la peine d'être recherchée.

J'ai fait récemment une autre observation du même genre que la précédente. Beaucoup de galles, même parmi celles qui croissent sur le chêne, sont d'une texture lâche et poreuse, ou présentent des conduits qui permettent à l'air de pénétrer jusqu'à l'insecte ; mais la galle d'Alep est tellement dure, compacte et privée de toute ouverture extérieure avant la sortie de l'insecte, que je me suis longtemps étonné qu'un être pût y respirer. Or, j'ai découvert dernièrement, dans un grand nombre de galles d'Alep, et principalement autour de la petite masse sphérique amylacée, des cellules (fig. 136, lettre *b*) qui paraissent formées par l'écartement ou le dédoublement d'écailles conchoïdes charnues, et qui doivent servir à la respiration de l'insecte. Le bourgeon de chêne, après avoir reçu l'œuf, paraît donc s'organiser de manière à fournir à l'insecte la nourriture et l'air qui lui sont indispensables.

Les chênes produisent un grand nombre d'espèces de galles dont plusieurs se trouvent dans le commerce.

Fig. 137.

2. *Petite galle couronnée d'Alep* (fig. 137). Cette espèce se trouve mêlée à la galle d'Alep et doit provenir de la piqûre des bourgeons terminaux à peine développés, par un cynips. Elle est grosse comme na

pois, courtement pédiculée par le bas, couronnée supérieurement par un cercle de pointes disposées comme la couronne d'un fruit de myrte ou d'*eugenia*. L'intérieur est formé de quatre couches concentriques rayonnés, dont la plus intérieure seule est amylacée. Au centre se trouve une cavité unique. Cette galle ne peut pas être prise pour une jeune galle commune d'Alep, parce qu'elle est souvent percée d'un trou très large qui indique qu'elle est parvenue à toute sa grosseur.

3. *Galle marmorine.* Cette galle vient du Levant; elle est d'un gris peu foncé, jaunâtre ou rougeâtre, ayant de 10 à 15 millimètres de diamètre. Elle est presque sphérique, seulement un peu allongée en pointe du côté qui forme le pédicule, à peine marquée d'aspérités et cependant à surface rugueuse. Elle a une cassure uniformément rayonnée et d'un jaune prononcé. La couche amylacée est très mince, rayonnée et peu distincte de celle qui l'entoure; la cavité centrale est spacieuse et régulière.

4. *Galle d'Istrie.* Petite galle globuleuse de 9 à 12 millimètres de diamètre, allongée en pointe du côté du pédicule, généralement d'une couleur rougeâtre, privée d'aspérités pointues, mais profondément ridée par la dessiccation. Elle est très souvent percée et vide d'insecte. La cassure en est rougeâtre, rayonnée, assez compacte; la couche amylacée peu distincte; la cavité centrale vaste et régulière. Cette galle est peu estimée.

5. *Gallon de Hongrie* ou *du Piémont* (fig. 138). C'est une excroissance très irrégulière qui provient de la piqûre faite par un cynips à la cupule du gland de chêne ordinaire, *quercus robur* L., après que l'ovaire a été fécondé. Cette excroissance, qui part le plus souvent du

Fig. 138.

centre même de la cupule, s'élève d'abord sur un pédicule qui n'empêche pas toujours le gland de se développer à côté; mais souvent aussi l'excroissance remplit toute la cupule, déborde par dessus de tous les côtés et la recouvre à l'extérieur. Cette galle présente, au centre d'une enveloppe ligneuse, une cavité unique prenant de l'air par le sommet, contenant une coque blanche qui a dû servir aux métamorphoses de l'insecte, et renfermant quelquefois le cynips lui-même, pourvu de ses ailes. Il ne faut pas confondre cette excroissance avec la suivante, qui s'y trouve mélangée, mais dont la nature est bien différente.

6. *Galle corniculée* (fig. 139). Je présume que cette galle est celle que Réaumur a figurée planche 44, fig. 5, et qu'il a confondue à tort avec la *galle en artichaut* (planche 43, fig. 5). Elle est généralement comme assise par le milieu sur une très jeune branche, et comme for-

mée d'un grand nombre de cornes un peu recourbées à l'extrémité.
Elle est jaunâtre, ligneuse, légère, creusée à l'intérieur d'un grand
nombre de cellules entourées chacune
d'une couche de substance rayonnée, s'ouvrant toutes à l'extérieur par un trou particulier et chacune ayant servi de demeure
à un insecte.

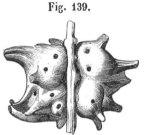

Fig. 139.

7. *Galle en artichaut* (fig. 140); Réaumur, pl. 43, fig. 5. Cette galle, assez commune sur le chêne rouvre de nos contrées,
ressemble à des cônes de houblon. Elle
provient du développement anormal de
l'involucre de la fleur femelle avant la fécondation. Telle que j'ai pu l'observer,
après l'avoir ouverte longitudinalement en
deux parties, elle est formée inférieurement
d'une sorte de réceptacle ou de thorus
ligneux qui provient du développement
contre nature de la base même de l'involucre. Réaumur a comparé avec raison
cette partie au *cul de l'artichaut* (fig. 141).
Ce thorus se relève un peu en forme de
coupe sur le bord et présente deux sortes
d'appendices. Ceux qui garnissent l'extérieur ne sont autre chose que les écailles

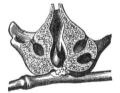

de l'involucre, développées et restées libres, un peu épaissies et velues
sur leur milieu, amincies et transparentes sur le bord, lequel présente
quelquefois la dentelure lobée de la feuille de chêne. Ce développement anormal montre bien que les écailles de l'involucre du chêne ne
sont que des bractées ou des feuilles avortées. Quant aux appendices
qui se sont développés sur la surface supérieure du thorus, et qui ressemblent à de longues paillettes soyeuses de synanthérées, le germe en
existait sans doute à la surface interne de la cupule qui embrassait
l'ovaire. L'ovaire manque quelquefois; mais le plus souvent je l'ai
trouvé resté stationnaire sur le milieu du thorus et parfaitement intact.
Il est indubitable que le développement de cette galle a dû être précédé
de la piqûre d'un cynips, et Réaumur dit avoir observé dans le thorus
diverses cavités dont chacune servait de logement à une larve, et dans
le pistil également une ou plusieurs cavités dont chacune est occupée
par un insecte. Je n'ai vu ni les unes ni les autres. Je rappelle d'ailleurs
que l'insecte décrit par Réaumur comme produisant cette galle pourrait
bien appartenir à la précédente.

8. *Galle ronde de l'yeuse*, *galle de France* (fig. 142). Cette galle
se trouve dans le commerce. Elle est parfaitement sphérique, avec un
diamètre de 19 à 22 millimètres. Elle est tantôt entièrement unie à sa
surface et d'autres fois légèrement inégale et ridée comme une orangette. Elle est très légère, d'un gris verdâtre ou un peu rougeâtre. Il est

Fig. 140.

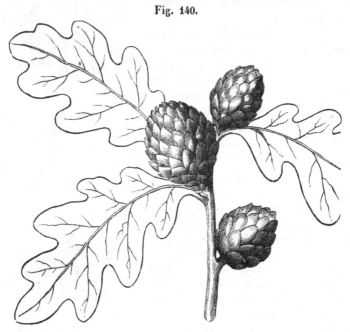

difficile d'en trouver qui ne soit pas percée. Elle offre une cassure
rayonnée, uniforme, spongieuse, d'une couleur brunâtre toujours assez
foncée, excepté la couche la plus intérieure qui est plus dense et blanchâtre, sans cependant être amylacée. L'insecte lui-même, que j'ai

Fig. 141.   Fig. 142.

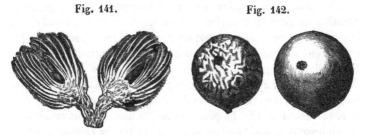

rencontré une fois, est d'un rouge brun. Cette galle vient sur le *quercus
ilex*, dans le midi de la France et en Piémont. On la trouve aussi, en

certaine quantité , dans la galle de Smyrne ; mais je ne puis dire si elle est originaire d'Asie , ou si elle y a été mélangée en France. Cette galle a beaucoup de rapport avec la suivante ; je présume que sa seule différence tient à l'espèce de chêne qui l'a portée.

9. *Galle ronde du chêne rouvre* (fig. 143); *galle du pétiole de chêne*, Réaumur, pl. 41 , fig. 7. Cette galle croît sur les jeunes rameaux du chêne rouvre, aux environs de Paris , et sur le chêne tauzin (*quercus pyrenaïca*) auprès de Bordeaux. Elle est souvent rapprochée , au nombre de 4 ou 5 , à l'extrémité des rameaux. Elle est parfaite-

Fig. 143.

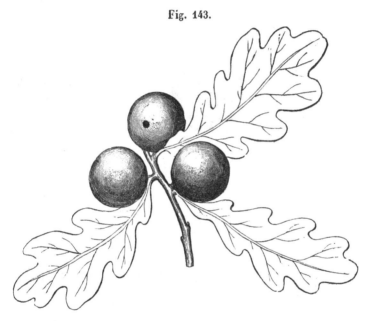

ment sphérique, de 15 à 20 millimètres de diamètre, très unie , d'une couleur rougeâtre , légère et spongieuse. La cavité centrale est tantôt unique et ne loge qu'un insecte, tantôt divisée en 3 ou 4 loges dont chacune contenait un cynips.

10. *Galle ronde des feuilles de chêne.* On trouve sur les feuilles de nos chênes un grand nombre de galles de diverses natures, dont deux , entre autres , qui ont été décrites par Réaumur sous les noms de *galle en cerise* et *galle en grain de groseille* (fig. 144 et 145). Ces deux galles sont de même nature , mais de grosseur bien différente. Elles sont sphériques, lisses, d'un beau rouge et succulentes à l'état récent, et se rident considérablement par la dessiccation. Desséchées , elles sont spongieuses et très légères ; elles ne présentent qu'une cavité

centrale. Elles sont complétement délaissées, ainsi qu'une *galle des chatons mâles*, éparse sur le rachis, que je passe sous silence.

Fig. 144.

11. *Pomme de chêne.* Réaumur a décrit sous ce nom une galle terminale, comme didyme et à plusieurs loges, que je n'ai pas été à même d'observer, et qui n'est pas la galle à laquelle on donne généralement le nom de *pomme de chêne.* Celle-ci, la plus volumineuse des galles de chêne, est commune dans les environs de Bordeaux, dans les Landes et dans les Pyrénées, sur le chêne tauzin, *quercus pyrenaïca.* Sous le nom de *oak apple*, elle est également bien connue en Angleterre, où elle croît sur le *quercus pedunculata.* Enfin la figure donnée par Olivier du *quercus infectoria* (*Voyage* , pl. 15) porte à la fois de la noix de galle ordinaire et une pomme de chêne. Cependant ces galles ne sont pas parfaitement semblables. La pomme de chêne figurée par Olivier est complétement sphérique et porte une couronne de pointes vers le milieu de sa hauteur (fig. 146). Les pommes de chêne de Bordeaux sont ou sphériques ou ovoïdes et portent leur couronne vers l'extrémité supérieure (fig. 147). En voici d'ailleurs la description plus détaillée. Cette galle est sphérique ou ovoïde, de la grosseur d'une petite pomme ou d'un petit œuf de poule (35 à 40 millimètres de

Fig. 145.

largeur sur 35 à 50 millimètres de hauteur). Sa surface est parfaitement unie, sauf, vers la partie supérieure, une couronne de 5 à
6 pointes dont quelques unes sont doublées, et une petite éminence

Fig. 146.

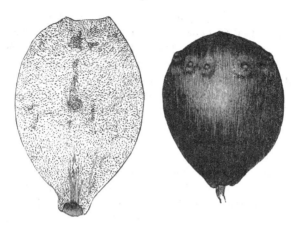

centrale creuse et à bords repliés en dedans. On peut remarquer, à la
base, que le pédoncule est aussi rentré en dedans et est en partie
recouvert par la turgescence de l'enveloppe. La disposition et le nombre
des pointes supérieures
paraît d'ailleurs indi-
quer que cette galle
provient du développe-
ment monstrueux de la
fleur femelle piquée
avant la fécondation ; à
l'intérieur, cette galle
est d'une texture spon-
gieuse uniforme, et elle
devient très légère par
la dessiccation. Tout à
fait au centre se trouve
une coque unique,
blanche, ovale, dont
j'ai retiré quelquefois
l'insecte vivant, peu de
temps après avoir reçu

Fig. 147.

cette galle de Bordeaux, d'où elle m'avait été envoyée par M. Magonty.
C'est une chose surprenante d'abord de voir sortir du centre d'une

masse solide et parfaitement close, de 18 à 20 millimètres de rayon, un insecte qui après un moment d'exposition à l'air commence à remuer les pattes, nettoie ses ailes et tente de s'envoler ; mais j'ai reconnu ensuite qu'il existait à partir du pédoncule jusqu'à la coque un étroit conduit aérifère.

J'ai dit plus haut qu'ayant longtemps cherché à comprendre comment l'insecte de la galle du Levant, renfermé au centre d'une masse dure et compacte, pouvait y respirer, j'avais enfin observé dans l'intérieur des cellules pleines d'air qui pouvaient servir à cet usage. Une autre observation qui est commune aux autres galles, c'est que tant que l'insecte y est enfermé, la galle du chêne tauzin offre une couleur rougeâtre et verdâtre, et une surface luisante qui indiquent qu'elle participe à la vie de l'animal ; tandis qu'après sa sortie, elle prend une couleur terne et grisâtre et semble mourir.

Nature chimique de la noix de galle. On savait depuis longtemps que la noix de galle contenait en abondance un principe astringent qui a reçu le nom de *tannin* ou d'*acide tannique*, et que Berzélius paraît avoir obtenu le premier à l'état de pureté. On savait également qu'on retirait de la noix de galle, par divers procédés, un autre acide nommé *acide gallique;* mais c'est à M. Pelouze que l'on doit d'avoir fait connaître un procédé (le traitement par déplacement, au moyen de l'éther), qui permet de retirer immédiatement 35 à 40 pour 100 de tannin de la noix de galle. Cependant je puis dire que la composition de cette singulière production naturelle était encore loin d'être connue, non seulement parce qu'elle contient beaucoup plus de tannin qu'on ne l'annonçait, mais encore parce qu'elle renferme beaucoup d'autres principes dont l'existence y était ou contestée ou méconnue, tels sont de l'acide ellagique, un nouvel acide auquel j'ai donné le nom de *lutéo-gallique*, de la chlorophylle, une huile volatile semblable à celle des *myrica*, de l'amidon, du sucre et divers autres dont je me borne à donner le tableau, renvoyant pour le reste au Mémoire inséré dans la *Revue scientifique*, t. XIII, p. 32.

Acide tannique	65
— gallique	2
— ellagique . . . . } — lutéo-gallique . . . . }	2
Chlorophylle et huile volatile. .	0,7
Matière extractive brune. . . .	2,5
Gomme	2,5
A reporter. . . .	74,7

Report.	74,7
Amidon.	2
Ligneux.	10,5
Sucre liquide	
Albumine	
Sulfate de potasse	
Chlorure de potassium.	
Gallate de potasse	1,3
— de chaux.	
Oxalate de chaux.	
Phosphate de chaux.	
Eau.	11,5
	100,0

FAMILLE DES JUGLANDÉES.

Arbres à fleurs monoïques; *fleurs mâles* en longs chatons axillaires, accompagnées d'une bractée écailleuse et composées d'un périanthe découpé en 5 ou 6 lobes inégaux et concaves, et d'étamines nombreuses, insérées sur la nervure médiane du périanthe. *Fleurs femelles* tantôt rassemblées en petit nombre à l'extrémité des rameaux, tantôt disposées en épis lâches; composées d'un involucre et d'un périanthe soudés ensemble et avec l'ovaire, mais chacun à limbe supère et quadriparti. Ovaire infère contenant un seul ovule dressé sur un placentaire central, d'où émanent 4 lames formant des cloisons incomplètes qui rendent l'ovaire quadriloculaire à la base; fruit charnu infère, indéhiscent, à noyau osseux (caryone), contenant une graine sans périsperme, à embryon renversé, pourvu de 2 cotylédones épais, charnus, de forme irrégulière.

Les juglandées se distinguent de toutes les autres familles amentacées par leurs feuilles pinnées, qui sembleraient devoir les faire placer beaucoup plus haut dans la série des dicotylédonées. Aussi Jussieu les avait-il annexées aux térébinthacées, place qui leur a été conservée par M. Endlicher. Cependant la disposition de leurs fleurs mâles, qui est exactement celle des cupulifères, et la constitution des fleurs femelles et du fruit qui offre encore de très grands rapports avec les fleurs femelles et les fruits des *myrica* et des *casuarina*, ont déterminé d'autres botanistes à ne pas séparer les juglandées des amentacées. Cette famille se compose des quatre genres *carya*, *juglans*, *pterocarya*, *engelhardtia*, dont le premier appartient exclusivement à l'Amérique septentrionale, et fournit des semences huileuses et comestibles que le commerce nous offre quelquefois sous le nom de *noix pacanes*. Le genre *juglans* appartient aussi principalement à l'Amérique septentrionale; mais il se recommande surtout par notre noyer commun, que la nature a séparé de ses congénères par un long espace de mers et de terres, en le faisant naître en Perse. Les *engelhardtia* sont propres aux contrées méridionales de l'Inde et aux îles de la Malaisie. Une de leurs espèces fournit au commerce une résine, le *dammar selan*, dont les fabricants de vernis consomment aujourd'hui une énorme quantité.

Noyer commun (fig. 148).

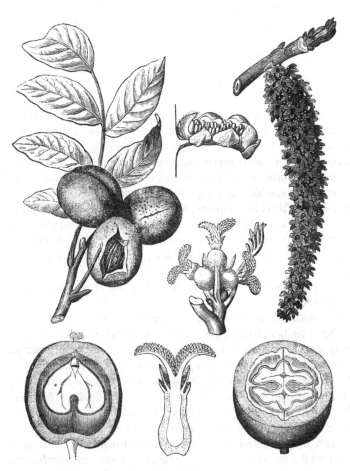

Juglans regia. Grand et bel arbre originaire de Perse, mais cultivé depuis si longtemps en Europe, qu'on ne peut fixer l'époque de son introduction. Le tronc est lisse et d'une couleur cendrée, dans les jeunes arbres ; il se gerce avec l'âge et peut acquérir de 3 à 4 mètres de circonférence. Les feuilles sont amples, ailées avec impaire, d'une odeur forte et agréable ; les fleurs mâles sont portées sur de longs chatons simples ; les fleurs femelles sont solitaires ou réunies en petit nombre à l'extrémité des rameaux. Le fruit, nommé *noix*, est un caryone globuleux, formé d'un sarcocarpe vert et succulent (*brou*) qui répond à l'involucre de la fleur ; d'un endocarpe ligneux, sillonné et à 2 valves, qui répond au calice, et d'une semence dont l'amande huileuse est formée de 2 cotylédons très développés, divisés en 4 lobes par le bas, et à surface très inégale figurant les circonvolutions du cerveau.

La noix se sert sur les tables, ou non parfaitement mûre et portant le nom de *cerneau*, ou mûre et récente, ou sèche. On en retire par expression à froid une huile douce, très agréable et utilisée comme aliment. Cette huile étant siccative est aussi très usitée dans les arts ; mais alors on l'exprime à chaud.

On connaissait anciennement en pharmacie une eau distillée aromatique nommée *eau des trois noix*, qui était faite en trois fois et à trois époques différentes, avec les chatons en fleurs, avec les noix nouvellement nouées et avec les noix presque mûres. On emploie encore aujourd'hui les feuilles de noyer et le brou de noix, en décoction ou en extrait, contre l'ictère, la syphilis, les affections scrofuleuses. Ces deux parties végétales paraissent posséder les mêmes propriétés et les mêmes principes, parmi lesquels il faut compter de l'huile volatile, du tannin précipitant en vert les sels de fer (probablement de l'acide cachutique), et un autre principe âcre et amer, et très avide d'oxigène, qui lui communique une couleur noire et une complète insolubilité dans l'eau. C'est à cette matière que le brou de noix doit la propriété de teindre d'une manière presque indélébile les doigts et les tissus.

L'écorce interne du noyer commun passe pour être purgative, âcre et même vésicante ; mais ces propriétés sont beaucoup plus marquées dans l'écorce du *juglans cinerea* de l'Amérique septentrionale. Par un contraste assez marqué, ces deux arbres sont remplis d'une sève abondante et sucrée qu'on peut en extraire en perçant le tronc avec une tarière, jusqu'au centre, ainsi qu'on le pratique pour l'érable à sucre : le liquide évaporé fournit du sucre cristallisable ; mais cette opération nuisant à la récolte des fruits, il ne paraît pas qu'il y ait de l'avantage à la pratiquer. Enfin, tout le monde connaît l'usage qu'on fait du bois de noyer pour meubles, à cause de son grain fin, de son beau poli et de sa couleur inégalement bistrée.

Dammar selan ou Dammar friable.

Vers l'année 1835, je vis pour la première fois, chez plusieurs commercants, à Paris, une résine venue de Marseille sous le nom de *copal tendre de Nubie*. Elle était en grosses larmes arrondies ou allongées, vitreuse et transparente à l'intérieur; terne et blanchâtre à sa surface, et ressemblant assez à de très grosse résine sandaraque ; mais elle se distinguait de la sandaraque par sa facile et entière solubilité dans l'éther et dans l'essence.

La grande facilité avec laquelle on put faire avec cette résine des vernis incolores, quoique peu solides, la fit rechercher, et bientôt il en vint des quantités considérables, non plus par la voie de Marseille et d'Égypte, mais par les entrepôts de Hambourg, d'Amsterdam et de Londres, qui la tirent des îles Moluques. En même temps elle prit un nom plus approprié à son origine, car on l'appela *dammar* ou *résine dammar;* mais on se trompa en la supposant tirée du *dammara alba* de Rumphius, arbre de la famille des conifères qui produit une résine très dure que j'ai précédemment décrite (page 258). Je prouvai par l'examen attentif de ses propriétés que cette nouvelle résine n'était autre que le *dammar selan* de Rumphius, résine produite en très grande abondance par un arbre gigantesque (50 à 70 mètres de hauteur), qu'il a nommé *dammara selanica* (*Mémoire sur les résines dammar*, *Revue scientifique*, t. XVI, p. 177) : seulement, dans la description incomplète qu'il a faite de cet arbre, Rumphius l'ayant plusieurs fois comparé aux cananga (*anona*), De Candolle le comprit dans la famille des anonacées et dans le genre *unona*, sous le nom d'*unona selanica;* mais M. Blume lui a assigné sa véritable place, en le reconnaissant pour une espèce d'*engelhardtia*, genre appartenant à la famille des juglandées. M. Blume pense même que le *dammara selanica fœmina* de Rumphius, qui produit principalement la résine dammar, ne diffère pas de l'*engelhardtia spicata* (Fl. Javan., t. II, p. 5). Cependant il ajoute que, quant à lui, il ne lui a pas vu produire de résine, ce qui tient sans doute, ainsi que le dit Rumphius, à ce que cet arbre n'en fournit que dans un âge très avancé.

Le dammar sélan se présente quelquefois sous la forme de larmes arrondies ou allongées, de 1 à 2 centimètres d'épaisseur sur 2 à 4 centimètres de longueur (c'est sous cette forme qu'il a paru d'abord, comme étant apporté de Nubie); mais on le trouve plus souvent aujourd'hui en larmes plus volumineuses, mamelonnées à leur surface, toujours vitreuses et incolores à l'intérieur, ou en masses irrégulières, anguleuses, d'un aspect gris ou noirâtre, et mélangées d'impuretés qui leur ôtent leur transparence.

Cette résine est inodore à froid, mais elle exhale, par la chaleur, une odeur aromatique très douce et très agréable. Lorsqu'on la renferme dans la main, elle fait entendre des craquements successifs, causés par la rupture des larmes en morceaux. Elle se brise avec la plus grande facilité, et se pulvérise rien qu'en faisant mouvoir deux doigts l'un sur l'autre. Touchée et pressée un peu avec les mains, elle devient poisseuse à sa surface, et les mains conservent pendant longtemps une odeur analogue à celle de l'oliban. Elle se fond dans l'eau bouillante; exposée à la flamme d'une bougie, elle petille, éclate et lance des particules qui s'enflamment et font l'effet de l'essence exprimée du zeste d'une orange. Ensuite la résine se fond et coule par gouttes liquides.

Le dammar sélan pulvérisé forme, avec l'alcool à 92 centièmes, un liquide blanc comme du lait et qui tarde beaucoup à s'éclaircir. Elle paraît composée de trois résines inégalement solubles dans ce menstrue, à savoir :

Résine soluble dans l'alcool froid, environ. . .   75
— soluble dans l'alcool bouillant.   5
— insoluble dans l'alcool bouillant.   21
                                      101

L'augmentation porte sur la résine soluble qui retient opiniâtrément une petite quantité d'alcool.

La même résine se dissout promptement et presque complétement dans l'éther sulfurique. Elle se dissout facilement et complétement à froid dans l'essence de térébenthine. Nul doute que cette facile solubilité, jointe à la blancheur du produit, ne soit la cause de la grande faveur dont jouit cette résine auprès des fabricants de vernis.

FAMILLES DES PLATANÉES ET DES BALSAMIFLUÉES.

Ces deux familles, très voisines l'une de l'autre, ont été formées pour les seuls genres *platanus* et *liquidambar*. Les platanes sont remarquables par leur tronc élevé et d'un diamètre quelquefois prodigieux, recouvert d'une écorce unie, d'un vert grisâtre, qui se détache annuellement par grandes plaques minces. Leurs feuilles sont alternes, pétiolées, à lobes palmés; les fleurs sont monoïques et disposées à la surface de réceptacles globuleux, portés de 3 à 6 ensemble sur des pédoncules pendants; les fruits sont des askoses coriaces, implantés à la surface du réceptacle accru, et entourés à la base de poils fragiles. Ces arbres, et principalement le platane d'Orient, pour lequel les anciens ont montré une

prédilection particulière, servent encore aujourd'hui à l'ornement des
parcs d'agrément : leur bois est susceptible de recevoir un beau poli.

Les liquidambars présentent par leurs feuilles et la disposition de leurs
fruits la plus grande ressemblance avec les platanes ; mais ils en diffèrent
beaucoup par leur suc résineux et balsamique. On en connaît trois espèces, dont l'une, le *liquidambar styraciflua*, produit en Amérique le
baume liquidambar ; une seconde, nommée *liquidambar orientale*,
paraît fournir le styrax liquide ; la troisième espèce, nommée *liquidambar altingia*, forme, aux îles de la Sonde, un arbre gigantesque,
dont le suc balsamique, semblable aux précédents, ne paraît pas venir
jusqu'a nous.

Baume liquidambar.

Liquidambar styraciflua (fig. 149). Cet arbre croît dans la Louisiane,
dans la Floride et au Mexique, où il porte le nom de *copalme*. Il produit deux baumes assez différents par leurs caractères physiques : l'un

Fig. 149

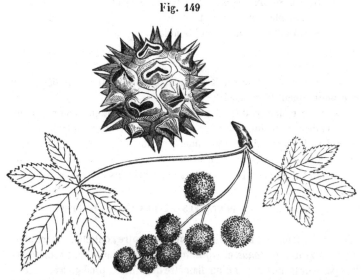

est liquide et transparent comme une huile ; l'autre est mou, blanc et
opaque, comme la poix de Bourgogne.

Liquidambar liquide, dit *huile de liquidambar*. Ce baume est obtenu par des incisions faites à l'abre, reçu immédiatement dans des
vases qui le soustraient à l'action de l'air, et décanté pour le séparer
d'une partie de baume opaque qui se dépose au fond. Il a la consistance
d'une huile épaisse ; il est transparent, d'un jaune ambré, d'une odeur

forte, qui est celle du styrax liquide, mais plus agréable; d'une saveur
très aromatique et âcre à la gorge. Il contient une assez grande quantité d'acide benzoïque ou cinnamique; car il suffit d'en mettre une
goutte sur du papier de tournesol pour le rougir fortement; et son dé-
coctum, saturé par la potasse et concentré, laisse précipiter de cet
acide par l'acide chlorhydrique. Il laisse, lorsqu'on le traite par l'alcool bouillant, un résidu blanc, peu considérable, et l'alcool filtré se
trouble en refroidissant.

Liquidambar mou ou *blanc.* Ce baume provient, soit du dépôt
opaque formé par le précédent, soit des parties de baume qui ont
coulé sur l'arbre et se sont épaissies à l'air. Je suppose que ces deux
portions fondues ensemble et passées produiraient exactement le liquidambar mou, tel que nous le voyons. Il ressemble à une térébenthine
très épaisse ou à de la poix molle; il est opaque, blanchâtre, d'une
odeur moins forte que le précédent, d'une saveur parfumée, douce,
mais laissant de l'âcreté dans la gorge. Il contient de l'acide benzoïque
qui vient souvent s'effleurir à sa surface; il se solidifie par une longue
exposition à l'air, devient presque transparent, mais conserve très peu
d'odeur. Il ressemble alors un peu au baume de Tolu, et plusieurs personnes s'en servent pour falsifier ce dernier. Il s'en distingue toujours
par son goût de styrax et par une amertume assez marquée qui s'y est
développée par l'action de l'air.

Styrax liquide.

Suivant Geoffroy, les anciens Grecs ne connaissaient pas ce baume,
qui a d'abord été distingué du storax calamite par les Arabes (1). Il
règne encore une assez grande incertitude sur son origine : beaucoup
de personnes ont pensé que ce n'était que du storax calamite altéré
avec du vin, de l'huile, de la térébenthine et des matières terreuses;
d'autres ont écrit qu'il ne différait du storax que parce qu'il a été
obtenu par décoction de l'écorce et des jeunes rameaux de l'arbre;
enfin d'autres estiment qu il est produit par un arbre différent.

Pendant quelque temps la première opinion ne m'a pas paru fondée,
parce que je n'avais pas pu réussir, en mélangeant diverses proportions
de styrax et de térébenthine, ou d'autres corps résineux, à obtenir un
mélange qui eût l'odeur du styrax liquide; mais depuis que j'ai vu le
marc encore humide de baume de Tolu, traité par la chaux, prendre,
étant abandonné à lui-même, l'odeur forte et tenace du styrax liquide;

(1) Il est probable, cependant, que le styrax liquide est la substance que
les Grecs nommaient *Stactè* (Diosc., lib. ɪ, cap. 62).

depuis également que j'ai observé, nombre de fois, la même odeur se manifester dans un sirop très fermentescible contenant du baume de Tolu, j'ai compris, à plus forte raison, qu'un mélage humide de storax et d'autres matières pourrait acquérir l'odeur forte du styrax liquide. Cependant je ne crois pas qu'en réalité ce dernier soit du storax altéré, parce qu'il n'y aurait aucun avantage, pour les falsificateurs, à dénaturer une substance aussi chère que le storax pour la vendre un prix très inférieur, sous le nom de styrax liquide ; dès lors on peut être certain qu'ils ne le font pas.

La seconde origine n'est pas mieux assurée, parce que l'odeur du styrax liquide est plus forte que celle du storax et sa consistance plus liquide, et que l'effet constant de l'ébullition de l'eau sur un corps composé de résine et d'huile volatile est, au contraire, d'augmenter la consistance et de diminuer l'odeur du composé. Il faut donc admettre que le styrax liquide est produit par un autre arbre que le storax calamite.

Suivant toutes les probabilités, le styrax liquide est tiré d'Arabie, d'Éthiopie et de l'île de Cobras, dans la mer Rouge, où, d'après Petiver, l'arbre qui le produit est nommé *rosa mallos*. Cet arbre paraît être le *liquidambar orientale* des botanistes (1) ; il diffère peu du *liquidambar styraciflua*, qui donne en Amérique le baume liquidambar. Pour obtenir le styrax liquide, toujours d'après Petiver, on fait bouillir l'écorce de l'arbre, préalablement pilée, dans de l'eau de mer, et on recueille le baume qui vient nager à la surface. Comme il contient encore beaucoup d'écorce divisée, on le fond de nouveau dans de l'eau de mer et on le passe. On renferme séparément dans des barils le styrax purifié et le résidu de la purification : tous deux sont versés dans le commerce ; mais ils sont très souvent altérés par toutes sortes de mélanges, et il est presque impossible d'y trouver le styrax purifié dont parle Petiver.

Le styrax liquide du commerce est de la consistance du miel, d'un gris brunâtre, opaque, d'une odeur forte et fatigante, d'une saveur aromatique non âcre ni désagréable. Conservé longtemps dans un pot, je lui ai vu former, à sa surface, une efflorescence d'acide cinnamique. Il se dissout très imparfaitement dans l'alcool froid ; l'alcool bouillant le dissout complétement, sauf les impuretés ; la liqueur filtrée se trouble et précipite en se refroidissant (styracine ?) : par son évaporation spontanée, elle laisse précipiter une résine molle, et forme enfin une cristallisation d'acide cinnamique. Le résidu, qui pèse les 0,16 du tout, est composé de terre et de fragments d'écorce.

(1) Il est bien remarquable que le *liquidambar altingia* porte presque le même nom (*rassa mala*) aux îles de la Sonde.

Mais on conçoit que la proportion de ce résidu doive varier dans le
styrax du commerce ; il faut choisir celui qui en laisse le moins, qui
contient le moins d'eau, qui a l'odeur balsamique la plus forte, et sans
mélange d'aucune autre.

M. Édouard Simon a examiné avec soin la composition du styrax
liquide.

20 livres de ce baume, distillées avec 14 livres de carbonate de soude
cristallisé et de l'eau, ont fourni 5 onces d'essence nommée *styrole*.
Cette essence neutre, limpide, incolore, soluble dans l'alcool et dans
l'éther, est composée de :

$$\text{Carbone.} \quad \ldots \ldots \quad 92,46$$
$$\text{Hydrogène.} \quad \ldots \ldots \quad 7,54$$

Cette essence, exposée à l'air, en absorbe l'oxigène et se convertit en
un corps gélatineux, transparent et visqueux, insoluble dans l'eau, l'alcool et l'éther, nommé *oxide styrolique*. La même essence, traitée par
l'acide azotique, se convertit en oxide styrolique, acides nitro-ben
zoïque, cyanhydrique, et en un corps solide, cristallisable, azoté,
d'une forte odeur de cannelle, aussi âcre et aussi rubéfiant que l'essence de moutarde. On donne à ce corps le nom de *nitro-styrole*.

Je reviens au résidu de la distillation du styrax liquide avec le carbonate de soude. La liqueur contient du *cinnamate de soude*, dont on
peut précipiter l'acide par le moyen de l'acide chlorhydrique. La résine
est prise à part, lavée, séchée et traitée par l'alcool bouillant, qui la
dissout, sauf les impuretés. On retire les deux tiers de l'alcool par la
distillation, et on expose le reste dans un lieu frais : la *styracine* se dépose sous forme de grains cristallins, tandis que la *résine* proprement
dite reste en dissolution. On lave le dépôt avec de l'alcool froid, et on
le redissout dans l'alcool bouillant pour le faire cristalliser.

La styracine est sous forme d'écailles fines et légères ; elle fond à
50 degrés, est presque insoluble dans l'eau, soluble dans 3 parties d'alcool bouillant, 22 parties d'alcool froid, 3 parties d'éther. Elle a pour
formule $C^{24} H^{11} O^2$.

Le styrax liquide entre dans la composition de l'onguent et de l'emplâtre de styrax, et dans l'emplâtre mercuriel de Vigo.

FAMILLE DES SALICINÉES.

Arbres élevés ou arbrisseaux à feuilles alternes, entières ou dentées,
accompagnées de stipules écailleuses et caduques, ou foliacées et persistantes ; fleurs dioïques, toutes disposées en chatons, munies chacune

d'une bractée squamiforme, persistante ; périanthe nul ou remplacé par un torus glanduleux, annulaire ou obliquement urcéolé ; fleurs mâles à deux étamines ou davantage, dont les filets sont distincts ou monadelphes, avec un rudiment d'ovaire au centre ; fleurs femelles composées d'un ovaire sessile ou pédicellé, diphylle, uniloculaire, accompagné à la base d'étamines rudimentaires ; ovules nombreux, ascendants ; 2 styles très courts plus ou moins soudés, terminés chacun par un stigmate bi ou trilobé ; fruit capsulaire, uniloculaire, à 2 valves séminifères qui se séparent par le sommet et s'enroulent en dehors ; graines dressées, nombreuses, très petites, pourvues d'un funicule très court et épais, s'épanouissant en une touffe laineuse, ascendante, qui enveloppe toute la graine. Embryon dépourvu de périsperme, droit, à radicule infère.

Les salicinées se composent de deux genres d'arbres, les *saules* et les *peupliers*, dont le premier, surtout, très nombreux, très variable de forme et de grandeur, à espèces changeantes et d'une étude très difficile, se trouve répandu dans les lieux humides et marécageux, tempérés ou froids, de l'hémisphère nord des deux continents. Ces arbres poussent avec une grande rapidité, ont un bois blanc, léger, flexible, et une écorce amère qui a été employée pendant longtemps comme un fébrifuge incertain, avant que M. Leroux, pharmacien à Vitry-le-Francais, en eût retiré le principe actif qui est la *salicine*. Les principales espèces dont on a retiré ce principe sont :

1. Le **Saule blanc**, *salix alba* L. ; arbre de 10 à 13 mètres, à rameaux rougeâtres ou brunâtres, garnis de feuilles lancéolées, courtement pétiolées, soyeuses et blanchâtres des deux côtés ;

2. L'**Osier jaune**, *salix vitellina* L., dont les rameaux sont d'un jaune plus ou moins foncé, et les feuilles étroites-lancéolées et glabres ;

3 Le **Saule à feuilles d'amandier**, ou **Osier rouge**, *salix amygdalina*; 8 à 10 mètres de hauteur ; rameaux rougeâtres ou jaunâtres ; feuilles oblongues-lancéolées, glabres et d'un beau vert en dessus, glauques en dessous, bordées de dents très aiguës. Cette espèce et la précédente sont les plus estimées pour tous les usages auxquels on destine l'osier ;

4. **Saule précoce**, *salix præcox* Willd. ; 10 à 13 mètres de hauteur ; rameaux d'un rouge foncé souvent recouverts d'une poussière glauque ; feuilles ovales-lancéolées, dentées, à nervure médiane très prononcée ;

5. L'**Osier blanc**, *salix viminalis* L. ; arbre de 5 à 7 mètres, à rameaux très droits, très effilés, revêtus d'un duvet soyeux dans leur jeunesse ; feuilles linéaires-lancéolées, acuminées, très entières, légè-

rement ondulées, vertes en dessus , soyeuses et blanches en dessous ,
avec une nervure très saillante ;

6. **Saule hélice** , *salix helix* L. ; 3 à 4 mètres d'élévation ; rameaux
très effilés , glabres , luisants, cendrés ou rougeâtres ; feuilles souvent
opposées, linéaires lancéolées, acuminées, glabres , un peu glauques en
dessous ;

7. **Osier pourpre**, *salix purpurea* L. ; feuilles opposées ou alternes ;
ovales-lancéolées ou lancéolées-linéaires , entières par la partie inférieure , légèrement dentées par le haut , un peu glauques en dessous.
Autres espèces dont on n'a pas retiré de salicine :

8. **Saule fragile**, *salix fragilis* L. ; 10 à 13 mètres de hauteur ;
rameaux brunâtres , cassant avec une grande facilité près de leur insertion sur les branches; feuilles lancéolées , dentées, glabres, pétiolées ;

9. **Saule pleureur**, *salix babylonica* L. La tige de cet arbre, haute
de 6 à 8 mètres , se partage en branches étalées, presque horizontales ,
divisées en longs rameaux grêles et pendants , garnis de feuilles glabres,
étroites et lancéolées. Il est originaire d'Asie , d'où il a été apporté assez
tard en Europe. La disposition de ses rameaux qui s'inclinent vers la
terre comme la chevelure dénouée d'une femme, lui donne un aspect
triste et gracieux qui l'a rendu l'emblème de la douleur et du deuil.

10. **Saule Marceau**, ou **Marsault**, *salix capræa* L. ; arbuste de
6 à 8 mètres de hauteur , dont les jeunes rameaux sont brunâtres , pubescents , garni de feuilles assez grandes , ovales-arrondies , glabres en
dessus , blanchâtres et cotonneuses en dessous, dentées sur le bord ,
pointues au sommet, souvent accompagnées de stipules arrondies. Cette
espèce de saule , si différente des autres par son feuillage , croît facilement dans toutes sortes de terrains; on en fait des échalas , des cercles
de tonneaux , des fagots pour cuire la chaux , le plâtre , la tuile, etc.
Les bestiaux , et surtout les chèvres, recherchent ses feuilles avec avi-
dité , ce qui lui a valu son nom linnéen.

Les **peupliers** sont beaucoup moins nombreux que les saules, puisqu'on n'en compte guère qu'une trentaine d'espèces. Ils sont en général bien plus élevés , et portent des bourgeons entourés d'écailles en-
duites d'un suc résineux et balsamique ; les feuilles sont alternes, souvent arrondies ou triangulaires , dentées , portées sur de longs pétioles
comprimés latéralement au sommet, ce qui donne à la feuille une extrême mobilité et la rend impressionnable au moindre vent. Cet effet
est particulièrement sensible dans le *tremble* (*populus tremula*), qui en
a pris le nom qu'il porte. Les peupliers se distinguent en outre des
saules par leurs bractées découpées , leur torus en godet , prolongé

obliquement en dehors ; par leurs étamines plus nombreuses, de 8 à 22 ; leur ovaire est entouré à la base par le torus ; les stigmates sont plus allongés, à 2 ou 3 divisions. Les espèces principales sont le **peuplier noir** (*populus nigra*), qui fournit surtout les bourgeons résineux et balsamiques qui font la base du *liparolé, de peuplier* (onguent *populeum*) ; le **peuplier blanc** (*populus alba*) ; le **tremble** (*populus tremula*), et le **peuplier d'Italie** (*populus fastigiata*), qui paraît être originaire de l'Orient.

M. Braconnot a constaté la présence de la salicine dans l'écorce de plusieurs espèces de peupliers, et notamment dans celle du tremble ; mais elle y est accompagnée d'une autre substance analogue nommée *populine*. (Consulter, pour l'extraction de ces deux principes et pour l'exposé de leurs propriétés, la *Pharmacopée raisonnée*, p. 648, et les traités de chimie.)

FAMILLE DES ULMACÉES.

Grands arbres ou arbustes à feuilles alternes, simples, pétiolées, penninervées, dentées, rudes au toucher, accompagnées de deux stipules caduques ; fleurs fasciculées, hermaphrodites ou quelquefois unisexuelles par avortement ; périanthe campanulé, à 4, 5 ou 8 divisions ; étamines insérées à la base du périanthe, en nombre égal et opposées à ses divisions ; ovaire libre formé de 2 feuilles carpellaires à bords rentrés en dedans, et atteignant l'axe, ce qui rend l'ovaire biloculaire (*ulmus*), ou à bords raccourcis (ovaire uniloculaire, *planera*) ; ovule solitaire dans chaque loge, suspendu à la cloison près du sommet, ou au sommet de la loge unique ; 2 styles continus avec les 2 feuilles carpellaires, écartés, stigmatifères sur leur face interne. Le fruit est une samare uniloculaire, ou un askose accompagné à sa base par le périanthe persistant, mais non accru ; graine pendante, à test membraneux, à raphé saillant ; pas de périsperme, embryon homotrope, radicule supère.

Écorce d'Orme champêtre.

Ulmus campestris L. Cet arbre croît dans les forêts de l'Europe, où il peut s'élever à 25 ou 27 mètres de hauteur et acquérir, avec le temps, un tronc de 4 à 5 mètres de circonférence. On le cultive aussi pour border les routes et former des allées dans les promenades publiques. Ses fleurs, qui sont rougeâtres et disposées en paquets serrés le long des rameaux, paraissent au mois de mars avant les feuilles, et les fruits sont mûrs un mois après.

L'écorce intérieure de l'orme, ou le liber, a longtemps été vantée contre l'hydropisie ascite et ensuite contre les maladies de la peau. On la trouve dans le commerce, où on lui donne le nom d'*écorce d'orme pyramidal*, divisée en lanières rougeâtres fibreuses, d'un goût pâteux et mucilagineux. La teinture d'iode y indique la présence de l'amidon.

Le bois d'orme est assez dur, rougeâtre et usité surtout pour le charronnage. Celui que l'on nomme *tortillard*, surtout, est employé pour faire des moyeux de roues des pieds de mortiers, des vis de pressoirs, etc. Ce même arbre est sujet à produire, sur son tronc, des excroissances ligneuses d'un volume considérable, qui, travaillées par les ébénistes, forment des meubles d'une grande beauté, à cause des accidents variés et bizarres que leur coupe a mis au jour.

Écorce d'Orme fauve d'Amérique.

Ulmus fulva Mx. Le liber de cet arbre est tellement mucilagineux qu'on en fait des cataplasmes et des gelées nourrissantes. Les Américains le réduisent en poudre aussi fine que de la farine, et en font sous cette forme un commerce assez considérable. Cette poudre est d'un jaune-rosé très pâle, et forme dans la bouche un mucilage analogue à celui de la gomme adragante. On l'emploie, sous toutes sortes de formes, dans un grand nombre de maladies inflammatoires.

Il y a un certain nombre d'années, on a annoncé qu'on employait dans les Antilles l'*écorce d'orme* à la clarification du sucre. Depuis, ce moyen a paru peu avantageux ; dans tous les cas, ce n'est pas l'écorce d'un arbre du genre *ulmus* qui servait à cet usage, c'était celle du *theobroma guazuma* L., *guazuma ulmifolia* DC., lequel appartient à la famille des byttnériacées, et porte le nom d'*orme* à la Guadeloupe.

FAMILLE DES MORÉES.

Cette famille, qui fait partie de l'ancien ordre des urticées de Jussieu, comprend des végétaux de toutes grandeurs, à suc souvent lactescent, à feuilles alternes accompagnées de stipules caduques ou persistantes ; à fleurs monoïques ou dioïques. Les fleurs mâles sont très souvent disposées en chatons, et sont composées de 3 ou 4 étamines insérées au fond d'un périanthe à 3 ou 4 divisions ; les fleurs femelles sont disposées en chatons, ou rassemblées sur un réceptacle globuleux, ou bien encore sont placées, mélangées aux fleurs mâles, à la surface d'un réceptacle plane, ou contenues dans un réceptacle pyriforme percé au sommet d'une petite ouverture. L'ovaire est uniloculaire, rarement biloculaire, à un seul ovule fertile. Les fruits sont des askoses ordinairement entourés par le périanthe devenu charnu, et soudés en sorose, ou portés sur un réceptacle tantôt étalé, tantôt relevé et fermé en forme de figue. Embryon courbé en crochet, dans un endosperme plus ou moins développé ; radicule supère.

Racine de Contrayerva officinal.

Dorstenia brasiliensis Lam., *caa-apia* de Marcgraff et Pison. Cette plante (fig. 150) croît au Brésil ; elle pousse de sa racine 3 ou 4 feuilles longuement pétiolées, cordées-ovales, obtuses, crénelées ; et une ou

Fig. 150.

plusieurs hampes nues, qui supportent chacune un réceptacle orbiculaire garni de fleurs mâles et femelles mêlées (fig. 151) : les premières ont 2 étamines et les secondes 1 ovaire surmonté de 1 style et de 2 stigmates. Il succède à chacun un fruit monosperme logé dans l'épaisseur du réceptacle qui s'est accru. Cette fructification ne diffère de celle du figuier que parce que, dans celui-ci, le réceptacle commun est globuleux et entièrement fermé, si ce n'est au sommet, tandis que le réceptacle des dorstenia est plane et élargi.

La racine du *dorstenia brasiliensis* possède une odeur aromatique, faible et agréable. Elle est d'une couleur fauve rougeâtre à l'extérieur, blanche à l'intérieur, d'une saveur peu marquée d'abord, mais qui acquiert de l'âcreté par une mastication un peu prolongée. Elle est composée d'un corps ovoïde terminé inférieurement par une queue recourbée qui lui donne à peu près la figure d'un scorpion ; elle est garnie en outre de quelques radicules.

Sur l'autorité de Linné, un grand nombre d'auteurs ont attribué la racine de contrayerva au *dorstenia contrayerva* L. ; à la vérité, la racine de cette espèce, de même que celle de plusieurs autres *dorstenia*, porte aussi le nom de *contrayerva* (1) ; mais la racine officinale vient du Brésil, où elle est produite par le *dorstenia brasiliensis*, qui a seul la racine tubéreuse, allongée et terminée par une forte radicule recourbée, comme on le voit dans notre contrayerva.

(1) Ce nom, qui est espagnol, veut dire *contre-venin*.

Le *dorstenia contrayerva* (fig. 151) croît au Mexique ; il se distingue du précédent par ses feuilles pinnatifides, assez semblables à celles de la berce, et par son réceptacle à fleurs qui est lui-même comme incisé ou lobé, et à peu près carré. C'est à cette espèce probablement, ou à une autre voisine (le *D. Houstoni* ou le *D. drakena*) qu'il faut attribuer la *racine de Drake*, qui a d'abord été rapportée du Pérou par Drake, et ensuite décrite et figurée par Clusius (*Exot.*, lib. IV, cap. 10). En 1834, cette même racine a été apportée de Guatimala, par M. Bazire, sous le nom de *contrayerva*. Elle est noirâtre au dehors, blanche en dedans, et porte çà et là des fibres menues, dont les plus grosses, dures et ligneuses, donnent naissance à d'autres nodosités semblables aux premières. Elle est inodore et douée d'une saveur un peu astringente d'abord, qui laisse dans la bouche une acrimonie

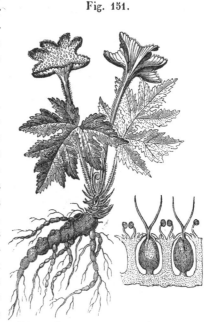

Fig. 151.

légère et suave. Cette racine diffère du contrayerva officinal par sa forme noueuse et tout à fait irrégulière, par sa couleur noirâtre au dehors et par son manque d'odeur.

Figuier et Figue (fig. 152).

Ficus carica L. Cet arbre paraît indigène au midi de l'Europe, ou bien, s'il y a été transporté du Levant, il y a si longtemps, que l'époque en est inconnue. Dans toutes ces contrées, il peut s'élever à la hauteur de 8 à 10 mètres, sur un tronc de 1^m,5 à 2 mètres de tour ; mais sous le climat de Paris, il ne forme guère qu'un arbrisseau de 3 à 5 mètres, dont les tiges nombreuses s'élèvent d'une souche commune. Les feuilles sont alternes, pétiolées, plus grandes que la main, échancrées à la base, découpées sur leurs bords en 3 ou 5 lobes , d'un vert foncé en dessus, couvertes de poils nombreux en dessous, rudes au toucher. Les réceptacles (*a*) qui portent les fleurs naissent dans l'aisselle des feuilles : ils sont arrondis ou pyriformes, avec une petite ouverture au sommet , et

portent des fleurs mâles à leur partie supérieure et des fleurs femelles,
plus nombreuses, sur tout le reste de leur face interne. Les fleurs
mâles (*b*) ont un périanthe à 3 divisions et 3 étamines ; les fleurs femelles (*c*) sont à 5 divisions et portent 1 ovaire supère surmonté de
1 style à 2 stigmates. Chaque ovaire devient, après la fécondation, un
askose mou (*e*) dont la semence contient, au centre d'un endosperme

Fig. 152.

charnu, un embryon un peu courbé en crochet (*f*). La réunion de
tous les askoses mûris dans le réceptacle, constitue la *figue* (*d*) que le
vulgaire considère comme un fruit, mais qui forme l'espèce particulière
de carpoplèse (fruits agrégés) à laquelle j'ai donné le nom d'*endophéride* (*syncone* de M. Mirbel).

Les figues du nord de la France et des environs de Paris (1) sont peu
sucrées et ne peuvent pas se conserver. Celles du commerce viennent
du midi de la France et de l'Europe ; on en distingue un grand nombre

_____

(1) On cultive le figuier principalement à Argenteuil (Seine-et-Oise) ; on
y trouve surtout la *grosse figue blanche* et la figue violette ou *figue mouissonne*.

de variétés dont les plus communes sont les *petites figues blanches*, les *figues violettes* et les *figues grasses*.

Les premières qui proviennent de la *petite figue de Marseille* desséchée, sont petites, blanches, parfumées et très sucrées ; elles sont réservées pour la table. Les secondes, beaucoup plus grosses, d'une couleur bleuâtre ou violette, proviennent de la *figue mouissonne* de Provence ; il faut les choisir sèches et nouvelles ; ce sont celles qui se conservent le mieux en bon état et que, pour cette raison, je préfère pour l'usage de la pharmacie. Les *figues grasses* proviennent de la *grosse figue blanche* ou de la *grosse figue jaune* de Provence. Elles sont très grosses, visqueuses, très facilement attaquées par les mites.

Dans quelques contrées du Levant, pour augmenter le nombre des figues qui mûrissent et leur volume, on pratique une opération qui porte le nom de *caprification*, laquelle consiste à prendre les jeunes figues du figuier sauvage nommé *caprificus*, et à les fixer sur les rameaux du figuier cultivé. Linné a pensé que l'utilité de cette opération consistait à rapprocher des fleurs femelles du figuier cultivé, chez lequel les fleurs mâles sont peu nombreuses ou altérées, les réceptacles du figuier sauvage, qui sont mieux pourvus sous ce rapport ; mais on croit que le but de cette opération est de propager sur le figuier un insecte du genre *cynips*, qui vit habituellement sur l'arbre sauvage. Cet insecte s'attache particulièrement aux figues ; il s'y introduit, s'y loge et y cause une affluence de sucs qui tourne à l'avantage du fruit. Cette pratique est peu suivie aujourd'hui.

Figuier sycomore, *ficus sycomorus* L. Arbre d'Égypte très élevé et d'une vaste étendue, dont les fruits sont l'objet d'une grande consommation de la part des Arabes. Son bois, qui est très léger, passe pour incorruptible et servait à faire les caisses destinées aux corps embaumés. J'ai vu en effet des caisses de momies antiques, en figuier sycomore, dont le bois était parfaitement conservé.

L'écorce du figuier commun, lorsqu'on y fait des incisions, laisse découler un suc laiteux, âcre et caustique, qui contient une quantité notable de caoutchouc. Les figuiers des climats chauds, et principalement le figuier élastique (*ficus elastica*), le figuier des Pagodes (*ficus religiosa*), le figuier du Bengale (*ficus benghalensis*) et le figuier des Indes (*ficus indica*), pourraient probablement en fournir au commerce. Le port de cette dernière espèce et la manière singulière dont elle se propage, ont toujours été un sujet d'admiration pour les voyageurs. Elle forme un grand arbre toujours vert dont les branches produisent de longs jets qui descendent vers la terre pour y prendre racine. Bientôt après ces jets forment des troncs semblables au premier, qui produisent à leur tour de nouveaux jets propres à s'enraciner ; de sorte qu'un arbre, en se propageant ainsi de tous côtés sans interruption, pourrait former à lui seul une forêt.

Indépendamment des arbres qui appartiennent au genre *figuier*, plusieurs autres végétaux dont les fruits ont paru avoir quelque rapport avec la figue, en ont porté le nom. Ainsi le bananier (*musa paradisiaca*) a reçu le nom de *figuier des Indes*, *figuier d'Adam* ou de *Pharaon*. Le figuier d'Inde est un *cactus*; le figuier des Hottentots, un *mesembryanthemum*; le figuier de Surinam est le *cecropia peltata*; le figuier maudit est le *clusia rosea*, etc.

Résine laque.

La laque est une matière résineuse produite par la femelle d'un insecte hémiptère nommé *coccus lacca*, laquelle vit dans l'Inde sur plusieurs

Fig. 153.

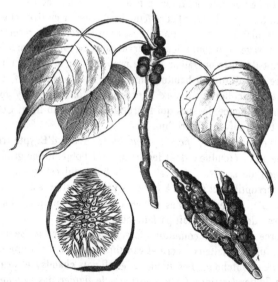

arbres qui sont entre autres le *ficus religiosa* L. (fig. 153), les *ficus indica* L., *rhamnus jujuba* L., *butea frondosa* Roxb., etc. (1). Ces femelles,

(1) Le *croton lacciferum* de Ceylan laisse exsuder naturellement, dans l'aisselle des rameaux, ou par des incisions faites à son écorce, une résine qui paraît avoir les propriétés de la laque; cependant Valmont de Bomare avertit de ne pas confondre cette résine avec celle que le *coccus lacca* produit sur d'autres arbres. C'est celle-ci seule qui paraît former la laque du commerce.

de même que celles du kermès et de la cochenille, se fixent seules sur les arbres cités, se rassemblent en grand nombre sur leurs jeunes branches, et s'y serrent tellement qu'elles ne laissent aucun vide entre elles Là, elles se soudent au moyen de la matière resineuse qui exsude de leur corps, et bientôt après elles ne forment plus chacune qu'une cellule remplie d'un liquide rouge, au milieu duquel se trouve une vingtaine d'œufs ou plus. Ces œufs éclosent, les larves se nourrissent du liquide qui les environne, et sortent ensuite à l'état d'insectes parfaits, laissant leur dépouille dans la cellule qui les contenait. Il paraît qu'il est préférable de récolter la laque plutôt avant qu'après la sortie de l'insecte.

On connaît dans le commerce trois sortes de laque : celle *en bâtons*, celle *en grains*, et la *laque plate* ou *en écailles*.

La *laque en bâtons* est celle qui se trouve encore attachée à l'extrémité des branches de l'arbre. Elle y forme une couche plus ou moins épaisse, d'un rouge plus ou moins foncé. Elle est transparente sur les bords, brillante dans sa cassure, et offre, à l'intérieur, un très grand nombre de cellules disposées circulairement tout autour du bois, et dont plusieurs contiennent encore l'insecte entier. Cette laque colore la salive lorsqu'on la mâche pendant quelque temps ; elle répand une odeur forte et agréable quand on la chauffe ou qu'on la brûle.

La *laque en grains* est celle qui s est brisée et détachée des branches. Pour la pharmacie, on doit choisir la plus foncée en couleur, car on la décolore souvent dans l'Inde, où son principe colorant est très usité dans la teinture des étoffes.

La même chose a lieu pour la *laque en écailles*, qui se prépare en faisant fondre les deux autres sortes, après les avoir fait bouillir dans l'eau pure ou alcalisée, les passant à travers une toile et les coulant sur une pierre plate. Cette laque ressemble pour la forme au verre d'antimoine ; mais elle varie beaucoup en couleur, suivant qu'elle a été plus ou moins privée de son principe colorant : de là la distinction que l'on fait encore de la laque en écailles, *blonde*, *rouge* ou *brune*. Pour les arts, qui en emploient une assez grande quantité, c'est la moins colorée qui est la plus estimée : pour la pharmacie, on doit préférer celle qui est rouge et transparente, comme étant plus rapprochée de son état naturel.

La laque n'est pas une résine pure ; elle est composée, cependant, d'une résine qui en fait la plus grande partie, d'une matière colorante rouge soluble dans l'eau et les acides, de cire et de gluten Voici, au reste, l'analyse comparée des trois sortes de laque, par Hatchett :

	Laque en bâtons.	Laque en grains.	Laque plate.
Résine.	68	88,5	90,9
Matière colorante. .	10	2,5	0,5
Cire.	6	4,5	4,0
Gluten.	5,5	2,0	2,8
Corps étrangers . .	6,5	0,0	0 0
Perte.	4,0	2,5	1,8
	100,0	100,0	100,0

Les propriétés médicales de la laque sont d'être tonique et astringente ; elle est employée comme dentifrice ; mais son plus grand usage est pour la fabrication de la cire à cacheter, pour la chapellerie et la teinture.

On emploie aussi dans la teinture deux préparations indiennes de la laque ; l'une est le *lac-laque*, qui est un précipité formé par l'alun dans une dissolution alcaline de résine laque (*Ann. de chim. et de phys.*, t. III, p 225) ; l'autre est le *lac-dye*, composition analogue, mais dont la préparation n'est pas bien connue. Peut-être est-ce celle qui se trouve indiquée dans le *Journ. de pharm.*, t. VIII, p. 524.

Laque de Guatimala. Cette résine est sous la forme de globules sphériques, de la grosseur d'un petit pois, offrant d'un côté l'empreinte de la branche d'où on les a détachés, quelquefois soudés plusieurs ensemble, mais le plus souvent isolés.

Chaque globule est creux à l'intérieur, et les plus petits renferment les débris d'un insecte et un nombre considérable de petites larves desséchées ; mais le plus grand nombre sont percés d'un trou et vides. Ces circonstances presque semblables à celles qui signalent l'existence du *coccus lacca* de l'Inde, nous indiquent que nous avons affaire à une production de même nature ; seulement l'espèce doit être différente.

Cette laque, apportée de Guatimala par M. Bazire, se trouvait dans le droguier de l'École de pharmacie, partie dans son état naturel, partie fondue et sous la forme de bâtons longs et étroits réunis en bottes à l'aide d'une écorce fibreuse. Cette laque est moins rouge que celle de l'Inde, et lorsqu'elle a été fondue, elle a une teinte noirâtre peu agréable. Elle exhale, étant chaude, une odeur analogue à celle de la laque de l'Inde, et brûle de même avec une belle flamme blanche. La chaleur lui communique, en outre, une élasticité qui la rapproche du caoutchouc ; enfin elle offre dans sa saveur un goût marqué d'acide succinique.

Morus nigra L. Arbre de 7 à 13 mètres de hauteur, formant une tête plus ou moins arrondie. Les feuilles sont pétiolées, cordiformes, aiguës à l'extrémité, dentées, glabres et rudes au toucher en dessus, pubescentes en dessous, très souvent entières, quelquefois partagées en plusieurs lobes. Les fleurs mâles et les femelles sont disposées en chatons séparés, tantôt portés sur le même individu, d'autres fois dioïques. Les fleurs mâles forment des épis allongés, et sont pourvues d'un périanthe à quatre divisions ovales, et de 4 étamines à filets droits plus longs que le périanthe. Les fleurs femelles forment des chatons ovoïdes et denses, courtement pédonculés. Chaque fleur porte un périanthe à 4 divisions opposées, dont 2 extérieures plus grandes. L'ovaire est supère, sessile, pourvu de deux styles divergents, et divisé intérieurement en deux loges dont chacune contient un ovule ; mais un de ces ovules et sa loge avortent constamment, et le fruit est un askose qui reste entouré par les folioles du périanthe accrues et devenues succulentes et bacciformes. Tous ces fruits, très rapprochés, forment un *carpoplèse* ovoïde et succulent qui a reçu le nom particulier de *sorose ;* le vulgaire considère ce sorose comme un fruit et lui donne le nom de *mûre.* Il mûrit depuis la fin de juillet jusqu'au mois de septembre : il est vert d'abord, puis rouge, enfin presque noir. Il est alors rempli d'un suc rouge très foncé, très visqueux, sucré, acide et d'un goût assez agréable. On en prépare un sirop rafraîchissant et légèrement astringent. Le mûrier noir, de même que la plupart de nos arbres fruitiers, paraît originaire du Levant, mais il a été introduit, il y a si

Fig. 154.

longtemps, dans la Grèce et dans l'Italie, qu'on l'y regarde comme
indigène. Ce sont les Romains qui l'ont apporté dans la Gaule, où il se
rend utile, non seulement par ses fruits, mais encore par ses feuilles
qui peuvent servir de nourriture pour le ver à soie. Mais il le cède
beaucoup, sous ce dernier rapport, au mûrier blanc (*morus alba* L.),
qui est originaire de la Chine, comme la culture du ver à soie, et qui
a suivi cette culture de la Chine dans l'Inde et dans la Perse ; de la
Perse à Constantinople, sous le règne de Justinien ; plus tard en Sicile
et dans la Calabre, du temps de Roger ; enfin en France, après la
conquête de Naples par Charles VIII. On voyait encore, en 1802, à
Allan, près de Montélimart (Drôme), le premier mûrier blanc qui y fut
planté par Guy-Pape, vers l'époque dont nous parlons.

L'écorce de mûrier noir, et principalement celle de la racine, est
âcre, amère, purgative et vermifuge. Dioscoride la cite comme propre
à détruire le tænia Le bois de mûrier, à part l'aubier qui est blanc,
est d'un jaune foncé, très solide, susceptible de poli, inattaquable par
les insectes, et peut servir à faire des meubles ou des ustensiles. Il présente sur sa coupe perpendiculaire à l'axe et polie, des cercles blanchâtres, régulièrement espacés sur un fond jaune, avec des lignes radiaires très serrées et un pointillé blanchâtre dû aux fibres ligneuses.
Il a l'inconvénient de prendre à l'air une couleur brune peu agréable.

Le bois du mûrier rouge d'Amérique (*morus rubra*) est entièrement
semblable. Celui du mûrier blanc est d'un jaune plus pâle et brunit
moins à l'air ; de sorte qu'on pourrait en faire de beaux meubles. Je
citerai encore, comme produisant des bois utiles ou pouvant être uti-
lisés, les arbres suivants :

Le MÛRIER A PAPIER, *morus papyrifera* L., *broussonetia papyrifera* de Ventenat. Arbre originaire de la Chine dont on n'a connu
en Europe, pendant longtemps, que les individus mâles, jusqu'à ce que
Broussonet eût découvert en Écosse le papyrier femelle qui y était
cultivé sans y être connu. Cet arbre est très répandu dans la Chine, au
Japon et dans les îles de l'Océanie, où son écorce fibreuse sert à faire
du papier et des étoffes. Son bois est d'un jaune très pâle, poreux,
léger et prenant mal le poli. On ne pourrait guère l'utiliser que pour
l'intérieur des meubles.

BOIS DE MACLURA, BOIS D'ARC DE LA LOUISIANE, *bow-wood* Engl.,
maclura aurantiaca Nutt. Cet arbre porte une sorose globuleuse de la
grosseur et de la couleur d'une orange, pleine d'un suc jaune et fétide
dont les Indiens se peignent la face pour se rendre plus effrayants à la
guerre. Le bois est tout à fait semblable à celui du mûrier noir ; mais
il perd sa couleur jaune à l'air et à la lumière, pour en prendre une
brune foncée, désagréable.

Bois jaune des teinturiers, *morus tinctoria* L. , *broussonetia tinctoria* Kunth., *maclura tinctoria* Nuttal. Cet arbre croît aux Antilles et au Mexique, où il acquiert des dimensions considérables, et ou ses soroses sapides sont employées par les médecins en place de nos mûres. Son bois vient principalement de Cuba et de Tampico : il est en bûches quelquefois énormes de grosseur et de poids (150 kilogrammes), mondées à la hache, d'un brun jaunâtre à l'extérieur, d'un jaune vif et foncé à l'intérieur, avec des filets d'un rouge orangé. Ce bois est dur, compacte, susceptible d'un beau poli, et pourrait faire de très beaux meubles, malgré la couleur mordorée qu'il prend à l'air laquelle, d'ailleurs, est loin d'être désagréable ; mais il est exclusivement employé pour la teinture en jaune. Il contient, en effet, un principe colorant jaune (le *morin*) cristallisable, peu soluble dans l'eau, plus soluble dans l'alcool et dans l'éther, faiblissant par les acides, devenant orangé par les alcalis, et colorant en vert le sulfate de fer.

J'ai eu l'occasion d'examiner anciennement une matière résinoïde nommée *moelle de Cuba*, qui était proposée pour le traitement de la teigne. J'ai facilement déterminé l'origine de cette substance, en ayant trouvé plusieurs fois de semblable dans des cavités ou fissures du bois jaune de Cuba. Cette substance, qui me paraît être formée du principe colorant jusqu'à l'état de pureté, est sous la forme de plaques jaunes, efflorescentes, marbrées de rouge à l'intérieur, et ayant presque l'aspect de l'orpiment naturel. Elle a une saveur amère et sucrée non désagréable, est très peu soluble dans l'eau froide, mais facilement et entièrement soluble dans l'alcool.

Les Anglais désignent à tort le bois jaune sous le nom de *fustic*, et les Portugais sous celui de *fustete*, ce qui tend à le faire confondre avec le vrai fustet (*rhus cotinus*).

Bois jaune du Brésil. M. Martius mentionne, dans son *Systema materiæ med. veget. brasiliensis* (page 123), trois espèces de *broussonetia* à bois jaune, qui peuvent répondre indifféremment au *tatai-iba* de Margraff et Pison, et qu'il nomme *br. tinctoria, zanthoxylon, brasiliensis*. Il n'est donc pas étonnant qu'on trouve dans le commerce deux bois jaunes du Brésil différents de celui de Cuba, produits sans doute par les deux derniers *broussonetia*, sans qu'on puisse les attribuer plus spécialement à l'un ou à l'autre.

Le premier, connu dans le commerce sous le nom de *bois jaune du Brésil*, arrive en billes considérables équarries, d'un jaune pâle à l'intérieur. Ce bois a une texture très fine, compacte, prend un poli satiné, et ne change pas à l'air. Il imite assez bien le bois citron de Haïti, ou *hispanille;* mais il est inodore. Il est quelquefois pourvu de débris d'une écorce épaisse, dont la couche subéreuse est imprégnée d'un suc jaune analogue à la *moelle de Cuba*.

Bois jaune de Para. Ce bois, fort différent du précédent, a ses fibres disposées par couches enchevêtrées, comme celles du santal rouge et de quelques autres légumineuses. De quelque côté qu'on le coupe, ces fibres viennent former à la surface de petites lignes creuses, comme des traits de burin, qui nuisent à son poli. Ce défaut, joint à son changement de couleur qui, du jaune pâle, passe au brun sale, doit nuire à l'emploi de ce bois pour l'ébénisterie. Sa force et sa ténacité peuvent cependant le rendre utile d'une autre manière.

Ce même bois est quelquefois vendu sous le nom de *noyer de la Guadeloupe*, par confusion, sans doute, avec un bois du même genre provenant de cette île. Il est en effet arrivé de la Guadeloupe, dans ces dernières années, sous le nom de *bois de Résolu*, un bois d'un jaune pâle qui a beaucoup de rapports avec le bois jaune de Para, et qui est probablement celui qui a porté le nom de *noyer de la Guadeloupe*.

Bois bagasse, *bagassa guyanensis* d'Aublet. Bois d'un jaune foncé devenant d'un jaune brun foncé à l'air. Il a une structure semblable à celle du bois jaune de Para, mais bien plus grossière; il n'offre pas sur la coupe les cercles concentriques blanchâtres des bois de mûrier et de *maclura*. Il ne prend qu'un poli imparfait.

FAMILLE DES ARTOCARPÉES.

Les végétaux compris dans cette famille ne diffèrent guère des précédents que par l'absence complète de l'endosperme dans la graine. Ce sont donc, en général, des arbres à suc laiteux, à feuilles alternes simples ou divisées, accompagnées de stipules caduques. Les fleurs sont monoïques ou dioïques : les fleurs mâles disposées en chatons denses et allongés, et les fleurs femelles portées en grand nombre sur des réceptacles charnus; les fruits, formés par la soudure des ovaires fécondés, constituent des *soroses* qui peuvent acquérir de grandes dimensions, par exemple dans le *jaquier* ou *arbre à pain* (*artocarpus*, de ἄρτος, pain, καρπος, fruit), dont les fruits servent encore aujourd'hui de pain à une partie des peuples de la Malaisie et de l'Océanie. Il y a deux espèces principales d'*artocarpus*; l'une, nommée *rima* (*artocarpus incisa*), est un arbre haut de 13 à 14 mètres, dont les feuilles, très grandes et incisées, ressemblent à celles du figuier; les fruits, ou *soroses*, sont verdâtres, plus gros que la tête, couverts de tubercules polyédriques, et contiennent, près de la surface, au milieu d'une pulpe farineuse, de 40 à 60 semences grosses comme des châtaignes, et qui se mangent de la même manière. Mais c'est la pulpe farineuse qui forme la partie la plus importante du fruit; car on la mange comme du pain, après l'avoir fait cuire au four. Il y a une variété de *rima* à sorose apyrène, plus grosse que la sorose à graines, et plus utile encore, puisqu'elle est uniquement formée de pulpe propre à faire du pain. Cet arbre, répandu naturellement dans toutes les îles de l'Océanie, est aujourd'hui cultivé dans les Antilles.

La deuxième espèce, le *jaca* (*artocarpus integrifolia*), appartient plus spécialement aux îles Malaises et à l'Inde. L'arbre est élevé de 13 à 16 mètres, sur un tronc considérable; les feuilles sont plus petites que dans la première espèce, et entières. Les chatons mâles et femelles, et par suite les soroses, sont portés sur le tronc et les gros rameaux. Ces dernières pèsent de 25 à 30 kilog., et quelquefois 40 kilog. Les graines sont plus petites que dans la première espèce, et également bonnes à manger. La pulpe est jaunâtre, mollasse, très sucrée, mais d'une odeur désagréable.

On trouve dans le commerce anglais, sous le nom de *jack-wood*, le bois de l'un ou l'autre des deux arbres précédents. Il est d'un jaune pâle, perdant sa couleur et brunissant à l'air lorsqu'il n'est pas verni, mais il conserve une belle couleur jaune lorsqu'il est verni. Il est très léger et un peu satiné.

Je dois citer encore comme appartenant aux artocarpées, deux arbres de propriétés et d'usages bien différents, puisque l'un sert à nourrir les hommes, et l'autre à les détruire. Le premier est l'*arbre à la vache* (*galactodendrum utile*), observé par M. de Humboldt dans plusieurs parties de la Colombie. Cet arbre fournit, par des incisions faites au tronc, une grande quantité d'un suc blanc et doux comme du lait, que les habitants boivent à l'instar du lait de vache (*Ann. chim. et phys.*, t. VII, p. 182); le second est l'*antiar* des Javanais (*antiaris toxicaria*, dont le suc, très vénéneux, sert aux indigènes pour empoisonner leurs flèches. Enfin, je dois nommer le *piratinera guianensis* d'Aublet, arbre de 16 à 18 mètres d'élévation, dont le tronc peut avoir 1 mètre de diamètre; le bois en est blanc, dur et compacte, à l'exception du cœur, qui forme au centre un cylindre de 10 à 15 centimètres de diamètre. Ce dernier bois est très dur, très compacte, d'un rouge foncé, avec des taches noires qui imitent sur la coupe longitudinale l'écriture chinoise. De là vient qu'on lui donne le nom de *bois de lettres de Chine*, ou de *bois de lettres moucheté*; on le nomme aussi *bois d'amourette moucheté*. Il vient de Cayenne, ainsi qu'un autre bois plus large, nommé plus spécialement *amourette de Cayenne*, qui est très dense, d'un rouge marbré de noir, muni d'un aubier rougeâtre très pesant pareillement, bien moins large que le bois. Ce bois contient quelquefois, dans ses parties cariées, une résine brune, insoluble dans l'eau, soluble dans l'alcool et les alcalis. J'ignore quel arbre le produit.

FAMILLE DES URTICACÉES.

Feuilles opposées ou-alternes, pétiolées, entières, dentées ou quelquefois palmées ; stipules ordinairement persistantes ; fleurs polygames, très souvent monoïques ou dioïques par avortement, disposées en épis, en tête, ou paniculées ; ovaire libre, sessile, uniloculaire, contenant un seul ovule dressé ; fruit nu, ou renferme dans le périanthe sec ou devenu bacciforme. Semence dressée, couverte d'un épisperme souvent soudé avec l'endocarpe ; embryon antitrope, dans l'axe d'un endosperme charnu ; cotylédons ovés, plats ; radicule courte, cylindrique, supère.

Orties.

Ces plantes sont généralement herbacées, à écorce fibreuse susceptible d'être travaillée comme le chanvre et le lin ; à feuilles stipulées, dentées, pourvues de poils canaliculés et glanduleux à la base, par où s'écoule une liqueur âcre et caustique qui produit une chaleur brûlante et des ampoules sur la peau. Les fleurs sont verdâtres, unisexuelles, ordinairement monoïques ; les fleurs mâles sont disposées en grappes et formées d'un périanthe à 4 folioles arrondies et de 4 étamines. Les fleurs femelles ont un périanthe à 4 folioles dressées, dont 2 extérieures plus petites, quelquefois nulles, et 2 intérieures plus grandes ; l'ovaire est supère, surmonté d'un stigmate velu ; le fruit est entouré par le périanthe persistant, membraneux, ou ayant l'apparence d'une baie. Les deux espèces principales de notre pays sont :

L'Ortie grièche ou Ortie brulante, *urtica urens* L. Plante annuelle, haute de 33 à 50 centimètres, à feuilles opposées, ovales, portées sur de longs pétioles ; les fleurs sont monoïques, réunies en grappes courtes, opposées et axillaires. Toute la plante est couverte de poils très piquants et brûlants ; on s'en sert pour pratiquer l'*urtication*, qui consiste à battre avec une poignée d'orties fraîches une région du corps sur laquelle on veut appeler l'irritation. La plante sèche perd toute action irritante.

La grande Ortie ou ortie dioïque, *urtica dioica* L. Sa tige est tétragone, haute de 65 centimètres à 1 mètre, pubescente, très fibreuse ; ses feuilles sont opposées, lancéolées-cordiformes, grossièrement dentées, moins piquantes que celles de l'espèce précédente ; ses fleurs sont dioïques, herbacées, en grappes pendantes ; ses semences sont oléagineuses, diurétiques suivant les uns, purgatives suivant d'autres. La grande ortie sert de nourriture aux bestiaux, dont elle augmente le lait. Les anciens l'employaient comme excitante, emménagogue, apéritive et astringente. M. le docteur Fiard a publié, dans le *Journal de pharmacie*, t. XXI, p. 290, une observation sur les effets singuliers des tiges de l'*ortie dioïque*. (C'est par erreur que le Mémoire imprimé nomme l'ortie brûlante.)

Pariétaire.

Parietaria officinalis L. — *Car. gén.* Périanthe court, évasé, à 4 folioles; 4 étamines à filaments subulés, recourbés avant la fécondation, se redressant alors avec élasticité et devenant plus longs que le périanthe; ovaire supère, ovoïde; style filiforme; stigmate en pinceau; un seul fruit luisant, ovoïde, au fond du périanthe persistant.

La pariétaire présente une racine fibreuse, vivace; une tige rougeâtre, ramifiée dès sa base, haute de 0^m,50, pubescente, toute garnie de feuilles; les feuilles sont alternes, pétiolées, ovales-lancéolées, pointues, un peu luisantes en dessus, velues et nerveuses en dessous, s'attachant facilement aux habits; les fleurs sont petites, vertes, ramassées par pelotons dans l'aisselle des feuilles, presque sessiles; on observe dans chaque groupe plusieurs fleurs hermaphrodites à ovaire stérile, et une seule fleur femelle. Cette plante est commune dans les fentes des vieux murs et le long des haies. Elle paraît contenir une quantité notable de nitre, auquel elle doit sa propriété diurétique.

FAMILLE DES CANNABINÉES.

Herbes annuelles, dressées, ou vivaces et volubiles, à suc aqueux; feuilles opposées, à stipules persistantes ou caduques. Fleurs dioïques : fleurs mâles en grappes ou paniculées; périanthe herbacé, pentaphylle; 5 étamines insérées au fond du périanthe et opposées à ses divisions; fleurs femelles en épis agglomérés, accompagnées chacune d'une bractée, ou en chatons à bractées foliacées, imbriquées, biflores; périanthe monophylle embrassant 1 ovaire uniloculaire, surmonté de 1 style court ou nul et de 2 stigmates filiformes, pubescents. Le fruit est un cariopse bivalve, indéhiscent, ou un askose renfermé dans le périanthe accru et persistant. La semence est dressée, privée d'endosperme; l'embryon est recourbé en crochet ou en spirale; la radicule est supère. Cette famille se compose des seuls genres *cannabis* (chanvre) et *humulus* (houblon).

Chanvre cultivé (fig. 153).

Cannabis sativa : belle plante originaire de l'Asie, dont la tige est droite, d'une hauteur très variable, ramifiée, garnie de feuilles profondément incisées, à divisions palmées, dentées, aiguës ; feuilles opposées sur le bas de la tige, alternes à la partie supérieure. Les fleurs

Fig. 153.

sont dioïques; l'individu mâle est plus petit, plus grêle et se dessèche plus vite que l'individu femelle ; cette faiblesse relative est cause que le vulgaire donne au chanvre mâle le nom de *chanvre femelle* et réciproquement. Les fleurs mâles ont 1 périanthe pentaphylle et 5 étamines ; le périanthe des fleurs femelles est monophylle, persistant et embrasse le fruit qui est un askose ovale, lisse, verdâtre, à 2 valves se séparant par la pression. La semence est huileuse, émulsive, d'une odeur un peu vireuse. On en retire une huile qui sert pour l'éclairage et pour la fabrication du savon noir.

Le chanvre est cultivé dans presque tous les pays à cause de ses fibres corticales, qui, séparées de la partie ligneuse par le *rouissage* (1), constituent la *filasse* dont on fabrique ensuite de la toile et des cordages.

Le chanvre est pourvu d'une propriété enivrante, exhilarante et

(1) Le rouissage est une opération qui consiste à faire tremper, pendant un certain nombre de jours, le chanvre dans une eau stagnante, afin de dissoudre ou de détruire, par la putréfaction, les parties mucilagineuses ou autres, qui unissent les fibres corticales entre elles et au bois. Cette opération communique à l'eau des qualités malfaisantes, et les émanations qui s'en exhalent peuvent occasionner des maladies graves dans les lieux où on la pratique. Aussi est-il défendu d'établir des *routoirs* dans le voisinage des habitations, et dans les rivières ou dans les eaux qui servent à la boisson des hommes et des animaux. (Voyez *Annales d'hygiène publique et de médecine légale*, t. I, p. 335; t. VII, p. 237.)

narcotique, qui paraît résider dans une matière glutino-résineuse qui exsude de glandes placées à la surface de la tige et des feuilles. Mais cette propriété est beaucoup plus développée dans le chanvre de l'Inde et de la Perse, dont quelques botanistes ont fait une espèce particulière, sous le nom de *cannabis indica*. Aujourd'hui on ne lui reconnaît aucune différence essentielle avec le chanvre d'Europe, et on attribue la différence réelle qui existe entre leurs propriétés à l'influence générale de la température sur la production des principes actifs des végétaux. Cette raison est sans doute très fondée, mais il me semble aussi que les deux plantes ne sont pas complétement identiques. La plante de l'Inde est beaucoup plus grande, puisque, dans nos jardins mêmes, elle atteint facilement 4 et 5 mètres de hauteur ; ses feuilles sont plus souvent alternes et ses fruits sont manifestement plus petits.

On se procure la résine de cette plante par un procédé singulier qui a de l'analogie avec celui qui est usité dans les îles grecques pour la récolte du ladanum. Des hommes, recouverts d'un habillement de cuir, parcourent les champs de chanvre, en se frottant autant que possible contre les plantes. La résine molle qui les recouvre s'attache au cuir ; elle en est ensuite séparée et pétrie en petites boules auxquelles on donne le nom de *churrus* ou de *cherris*. En Perse, on prépare le churrus en exprimant la plante pilée dans une toile grossière. La résine s'attache au tissu et est séparée par le râtissage. Cette résine possède à un très haut degré les propriétés enivrantes de la plante. La plante elle-même, séchée avec soin, est vendue pour l'usage des fumeurs sous les noms de *gauja*, *gunjah* et de *bang*. Enfin, on emploie de temps immémorial, en Arabie et dans tous les pays qui ont été soumis à la domination arabe, une préparation grasse de feuilles de chanvre, qui porte le nom de *hashish* ou *hachich*. C'est cette même préparation dont les effets enivrants et hilarants ont été étudiés assez récemment par quelques hommes sérieux, mais qui pourra devenir une source de dépravation pour beaucoup d'autres qui, blasés sur les plaisirs permis, en recherchent d'impossibles dans les divagations d'un entendement perverti.

Houblon (fig. 156).

Humulus lupulus L. Le houblon est pourvu de racines fibreuses, ligneuses et vivaces, qui produisent tous les ans des tiges herbacées, sarmenteuses, hautes de 5 à 6 mètres, grimpant et s'entortillant autour des arbres ou des supports qui se trouvent à leur portée. Les feuilles sont opposées, pétiolées, échancrées en cœur à la base, à 3 ou 5 lobes, et dentées sur le bord. Les fleurs ont une couleur herbacée et sont toutes mâles sur un pied, toutes femelles sur un autre. Les premières

sont en petites grappes paniculées au sommet des rameaux ; les fleurs
femelles naissent aux aisselles des feuilles supérieures ; elles sont disposées en cônes formés d'écailles membraneuses, au bas de chacune
desquelles se trouve 1 ovaire surmonté de 2 styles subulés, ouverts, à
stigmates aigus. Le fruit qui succède à chaque fleur femelle est une
petite graine arrondie, roussâtre, enveloppée par l'écaille calicinale qui
a persisté.

Le houblon croît en France dans les haies : il est cultivé avec soin

Fig. 156.

dans plusieurs contrées, notamment en Flandre et en Belgique, à cause
de ses cônes résineux et odorants, qui entrent dans la fabrication de la
bière. Toutes les parties de la plante sont pourvues d'un principe amer
qui les fait employer contre les maladies du système lymphatique ;
mais ce sont surtout les cônes qui, lorsqu'ils sont d'une bonne qualité,
sont chargés d'une poussière résineuse, jaune, odorante, à laquelle on
attribue principalement les propriétés médicales du houblon. Cette
poussière avait d'abord été considérée comme un principe immédiat et
avait reçu le nom de *lupuline ;* mais l'examen chimique a montré

qu'elle était elle-même formée d'un grand nombre de principes immediats, et surtout de-*résine*, d'*huile volatile* et d'une *matière amère*, soluble également dans l'eau et dans l'alcool, et communiquant à l'eau la propriété de mousser fortement par l'agitation.

C'est cette matière amère qui porte aujourd'hui le nom de *lupuline*, bien que ce ne soit pas encore sans doute un principe immédiat pur.

On doit à M. Raspail une observation fort curieuse sur la poussière jaune du houblon. C'est que cette matière qui, à la loupe, paraît sous la forme de petites gouttes résineuses, transparentes et homogènes, est véritablement organisée. Mais, à part cela, je n'ai pu vérifier les détails d'organisation observés par M. Raspail, et, par conséquent, je n'admets pas, d'après lui, que cette substance soit un pollen solitaire, naissant sur toutes les parties des cônes du houblon femelle et pouvant servir à sa fécondation, et encore moins que les glandes vésiculaires des jeunes feuilles de houblon soient également un pollen nécessaire au développement des bourgeons. Tout ce que l'observation microscopique m'a fait voir dans la poussière jaune du houblon, après l'avoir épuisée de ses principes solubles dans l'alcool, consiste à l'avoir trouvée formée d'une masse uniforme de tissu cellulaire, amincie en cône et pédiculée du côté qui l'attachait à la plante, évasée et bombée du côté opposé et telle que la représente la figure 156 (1). Je suis porté, en conséquence, à considérer cette matière comme une glande formée par l'exubérance de petites parties du tissu cellulaire, et imprégnée de résine, comme cela peut avoir lieu naturellement sur un végétal abondant en parties résineuses, ou peut-être destinée à l'excréter au dehors.

FAMILLE DES EUPHORBIACÉES.

Feuilles communément alternes, quelquefois opposées, accompagnées ou privées de stipules; quelquefois nulles elles-mêmes, la plante étant réduite à l'état d'une tige charnue, cactiforme. Les fleurs sont unisexuelles, monoïques ou dioïques, solitaires, fasciculées, ou disposées en grappes ou en épis; quelquefois les fleurs mâles et femelles sont entourées d'un involucre commun, simulant une fleur hermaphrodite.

Le périanthe est libre, simple, rarement double, à 3, 4, 5 ou 6 divisions munies intérieurement d'appendices écailleux ou glanduleux; les étamines sont en nombre défini ou indéfini, insérées au centre de la fleur ou sous un rudiment d'ovaire; les filets sont libres ou soudés, les anthères introrses ou extrorses, biloculaires, à loges souvent dis-

(1) *a* poussière jaune de grosseur naturelle; *b* poussière jaune vue debout, au microscope; *c* la même, vue perpendiculairement du côté bombé.

tinctes ; les fleurs femelles ont un ovaire libre, sessile ou très rarement stipité, ordinairement triloculaire, rarement bi- ou pluriloculaire ; chaque loge renferme 1 ou 2 ovules collatéraux, suspendus à l'angle central, au-dessous du sommet. Du sommet de l'ovaire naissent autant de stigmates qu'il y a de loges, généralement sessiles, allongés, bifides ou même multifides. Le fruit est sec ou légèrement charnu, composé d'autant de coques soudées qu'il y avait de loges à l'ovaire ; chaque coque, ordinairement bivalve et s'ouvrant avec élasticité, contient une ou deux graines suspendues à l'angle interne ; l'épisperme est crustacé, épais et formé de deux couches très distinctes ; l'endosperme est charnu, huileux, renfermant un embryon homotrope, à cotylédons foliacés, à radicule supère.

Les euphorbiacées composent une famille très vaste, multiforme et cependant très naturelle, qui tire son principal caractère de la structure de son fruit polycoque. La plupart sont pourvues d'un suc laiteux, très âcre et souvent vénéneux ; quelques unes sont aromatiques. Les semences sont huileuses, rarement comestibles, le plus souvent plus ou moins fortement purgatives Quelques euphorbiacées sont pourvues de racines féculentes qui sont d'un grand intérêt pour la nourriture des peuples de l'Amérique.

M. A. de Jussieu a divisé la famille des euphorbiacées en six sections ou tribus qui ont été adoptées par tous les botanistes.

Première tribu, EUPHORBIÉES. Loges de l'ovaire uni-ovulées ; fleurs apétales, monoïques dans un involucre commun. Exemple : *euphorbia*.

Deuxième tribu, HIPPOMANÉES. Loges uni-ovulées ; fleurs apétales, en épis ou en chatons, pourvues de grandes bractées uni- ou multi-flores. Exemples : *excæcaria*, *hura*, *hippomane*, *stillingia*, *sapium*, etc.

Troisième tribu, ACALYPHÉES. Loges de l'ovaire uni ovulées ; fleurs apétales, conglomérées en épis ou presque en grappes Genres : *mercurialis*, *acalypha*, *alchornea*, etc.

Quatrième tribu, CROTONÉES. Loges uni-ovulées ; fleurs très souvent corollées, fasciculées, en épis, en grappes ou en panicules. Genres : *siphonia*, *anda*, *aleurites*, *elæococca*, *jatropha*, *curcas*, *manihot*, *ricinus*, *croton*, *crozophora*, etc.

Cinquième tribu, PHYLLANTÉES. Loges de l'ovaire bi-ovulées ; étamines insérées au centre de la fleur. Genres : *cluytia*, *andrachne*, *phyllanthus*, *emblica*, etc.

Sixième tribu, BUXÉES. Loges bi-ovulées ; étamines insérées sous un rudiment d'ovaire sessile. Exemple : *buxus*.

Euphorbes.

Il y a peu de genres dans le règne végétal qui justifient mieux que celui-ci l'idée que les végétaux analogues par leurs caractères de classification, le sont également par leurs principes constituants et par leurs propriétés toxiques ou médicales. Il n'y a, en effet, pas une des espèces qui le composent qui ne soit remplie d'un suc laiteux, et douée de propriétés âcres et corrosives tellement intenses qu'on ne saurait les employer avec trop de prudence, et seulement à défaut de médicaments moins actifs, dont il soit plus facile de régler les effets.

Linné, considérant les euphorbes comme hermaphrodites, les avait rangés dans sa dodécandrie trigynie, et leur donnait pour caractère un calice monophylle à 4 ou 5 divisions; une corolle à 4 ou 5 pétales alternes avec les divisions du calice; 12 à 15 étamines fixées au réceptacle et entremêlées de filaments stériles; un ovaire pédicellé au centre de la fleur, surmonté de 3 styles bifides; une capsule saillante hors du calice, formée de 3 coques monospermes. Mais aujourd'hui les botanistes considèrent le calice et la corolle de Linné comme un involucre qui renferme autant de fleurs monandres qu'il y a d'étamines, accompagnées chacune d'un périanthe propre écailleux, lacinié; au centre de toutes ces fleurs mâles se trouve une seule fleur femelle pédicellée, accompagnée quelquefois d'une autre avortée (voyez la figure 157). Cette manière de voir s'accorde mieux avec la place que nous donnons à la famille des euphorbiacées, à la suite des urticées et des amentacées.

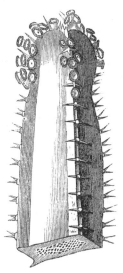

Fig. 157.

Le port des euphorbes est très variable : quelques uns ont une tige épaisse, charnue, anguleuse, aphylle, ressemblant beaucoup à celle des *cactus*, et armée sur les angles d'épines géminées ou solitaires; les autres, qui sont les plus nombreux, ont des tiges frutescentes ou herbacées, garnies de feuilles simples, souvent alternes, quelquefois opposées ou verticillées. Ces

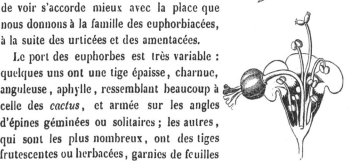

320 DICOTYLÉDONES MONOCHLAMYDÉES.

tiges sont presque toujours ramifiées à leur partie supérieure, et les ramifications, le plus souvent disposées en ombelle et ensuite plusieurs fois dichotomes, portent des fleurs à leurs extrémités; une fleur solitaire, tenant la place d'une troisième branche, se trouve en outre dans chacune des bifurcations supérieures. On observe d'ailleurs à la base de l'ombelle et à chaque bifurcation une collerette de bractées verticillées ou opposées.

EUPHORBE DES ANCIENS, *euphorbia antiquorum* L. Tige triangulaire ou quadrangulaire, articulée, ramifiée, munie sur les angles de petits appendices foliacés et d'épines géminées, divergentes. Les fleurs sont portées sur de courts pédoncules simples ou divisés et triflores; chaque fleur ou chaque involucre ne contient que 5 à 6 étamines. Cette plante croît en Afrique, en Arabie et dans l'Inde.

EUPHORBE DES CANARIES, *euphorbia canariensis* L. (fig. 157). Tige épaisse, quadrangulaire, haute de 1m,3 à 2 mètres, garnie de rameaux ouverts, dont les angles, ainsi que ceux de la tige, sont munis de tubercules rangés longitudinalement, de chacun desquels partent deux aiguillons courts et divergents, dont un est recourbé en crochet. Les fleurs sont sessiles, placées au-dessous des aiguillons, accompagnées de bractées ovales; l'involucre est à 10 divisions, dont 5 plus internes, charnues et d'un rouge obscur. Le fruit est très petit, lisse, jaunâtre, formé de 3 coques monospermes. Cette plante croît naturellement dans les îles Canaries.

EUPHORBE OFFICINAL, *euphorbia officinarum* L. Tige épaisse, droite, souvent simple comme un cierge, haute de 1m,3 à 2 mètres, pourvue, sur toute sa longueur, de 12 à 18 côtes saillantes dont la crête anguleuse est garnie d'une rangée d'épines géminées. Les fleurs sont presque sessiles et d'un vert jaunâtre. Cette plante croît naturellement dans l'Éthiopie et dans les parties les plus chaudes de l'Afrique.

Gomme-résine d'Euphorbe.

La plupart des auteurs s'accordent à dire que c'est en faisant des incisions à l'écorce de l'*euphorbia officinarum* et des deux espèces précédentes qu'on se procure l'euphorbe du commerce; mais la forme sous laquelle se présente toujours cette substance, indique qu'elle a dû couler naturellement, et les débris de rameaux toujours quadrangulaires, qu'on y trouve quelquefois, n'est pas favorable à l'opinion que l'*euphorbia officinarum* en est la source principale. On en conclurait plutôt que l'euphorbe des pharmacies est exclusivement produit par l'*euphorbia canariensis* ou par l'*euphorbia antiquorum*.

L'euphorbe est en petites larmes irrégulières, jaunâtres, demi-transparentes, un peu friables, ordinairement percées de un ou de deux trous coniques qui se rejoignent par la base, et dans lesquels on trouve encore souvent les aiguillons de la plante, dont un est recourbé. Il n'a presque pas d'odeur; sa saveur, qui est d'abord peu sensible, devient bientôt âcre, brûlante et corrosive. Sa poudre est un très violent sternutatoire, ce qui la rend dangereuse à préparer.

L'euphorbe a quelquefois été administré à l'intérieur comme purgatif; mais, comme il est encore plus corrosif, son usage a presque toujours été suivi des accidents les plus funestes. Il faut donc absolument se borner à l'employer à l'extérieur, où il produit un effet vésicant presque égal à celui des cantharides.

D'après les analyses de Braconnot, de Pelletier et de Brandes, l'euphorbe est composée de :

	Braconnot.	Pelletier.	Brandes.
Résine.	37,0	60,8	43,77
Cire.	19,0	14,4	14,93
Caoutchouc.			4,84
Bassorine.	»	2	
Malate de chaux	20,5	12,2	18,82
— de potasse.	2,0	1,8	4 90
Sulfate de potasse.			
— de chaux.			0,70
Phosphate de chaux.			
Matière ligneuse	13,5		5,60
Eau	5,0	8	
Perte.	3,0	0,8	6,40
	100,0	100,0	100,00

La résine est d'une excessive âcreté, brunâtre, friable, fusible, soluble dans l'alcool, l'éther et l'essence de térébenthine, très peu soluble dans les alcalis. La cire ne paraît pas différer de la cire d'abeilles. Il résulte de ces analyses que l'euphorbe n'est pas à proprement parler une gomme-résine, puisqu'on y trouve de la cire, du caoutchouc, et, au lieu de gomme, des malates de chaux et de potasse.

L'existence d'une grande quantité de surmalate de chaux dans les plantes charnues, à quelque famille qu'elles appartiennent, est un fait bien remarquable et qui semble indiquer une liaison encore inconnue entre la présence du sel et l'état de plante : de telle sorte que la production dans l'économie végétale d'une grande quantité de ce sel calcaire soluble, semble causer l'hypertrophie du parenchyme. Je citerai pour exemple les euphorbes charnus, les cactus, qui leur ressemble it

II.   21

tant en apparence, les joubarbes, les *sedum*, les agavé, les aloès, etc.

EUPHORBE AURICULÉ, *euphorbia peplis* L. Tige ramifiée, feuilles assez grandes, entières, ovales-obtuses, auriculées d'un seul côté à la base; fleurs axillaires, solitaires; rameaux tombants.

EUPHORBE IPÉCACUANHA, *euphorbia ipecacuanha* L. Tige dichotome, feuilles très entières, lancéolées; pédoncules axillaires, uniflores, égalant les feuilles; tige dressée.

La racine de cette plante est très longue, fibreuse, cylindracée, blanchâtre, inodore, peu sapide et cependant vomitive à la dose d'une dizaine de grains. Elle est employée comme ipécacuanha dans l'Amérique septentrionale, où elle est indigène. La racine de la plupart de nos euphorbes jouit de la même propriété.

ÉSULE RONDE, *euphorbia peplus* L. Ombelle trifide; rameaux plusieurs fois dichotomes, munis d'involucelles ovés; feuilles très entières, obovées, pétiolées. Cette plante est très commune dans les lieux cultivés, autour des habitations.

ÉPURGE, *euphorbia lathyris* L. (fig. 158). Racine pivotante, bisannuelle, produisant une tige droite, cylindrique, haute de 0^m,60 à 1 mètre, garnie de feuilles opposées, sessiles, oblongues, d'une couleur glauque. Cette tige est terminée par une ombelle à 4 rayons qui se bifurquent plusieurs fois. Les bractées sont presque triangulaires et les pétales sont fortement échancrés en croissant. Cette espèce se trouve dans les lieux cultivés et sur le bord des champs, en France, en Suisse, en Allemagne et en Italie. L'écorce de la racine desséchée et réduite en poudre purge à la dose de 1 gramme à 1^gr.,5. Les semences, nommées autrefois *grana regia minora*, sont employées comme purgatives par les gens de la

Fig. 158.

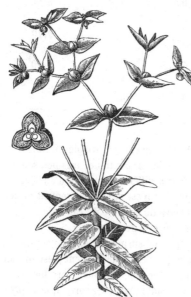

campagne. On a proposé, il y a quelques années, de se servir dans le même but de l'huile obtenue par expression. On en retire environ

40 pour 100. Cette huile est d'un fauve clair, bien fluide, d'une saveur âcre et d'une odeur très marquée. Elle est complétement insoluble dans l'alcool; elle purge à la dose de 1 à 2 grammes; mais elle a l'inconvénient de provoquer souvent le vomissement.

RÉVEILLE-MATIN, *euphorbia helioscopia* L. Ombelle générale quinquéfide; partielle trifide; particulière trifide ou dichotome. Involucelles obovés; feuilles cunéiformes dentées.

ÉSULE, *euphorbia esula* L. Ombelle multifide-bifide; involucelles sous-cordiformes, pétales subbicornes; rameaux de la tige stériles; feuilles uniformes.

La racine d'ésule, ou plus exactement l'écorce de racine d'ésule, a été usitée autrefois comme un purgatif hydragogue ; mais il faut avouer qu'on n'est pas certain de la plante qui doit porter le nom d'*ésule ;* ou plutôt ce nom paraît avoir été porté par un certain nombre d'euphorbes à feuilles étroites, plus ou moins semblables à celles du pin, tels sont les *euphorbia pithyusa, esula, gerardiana, cyparissias,* etc.

Mercuriales.

Genre de plantes à fleurs dioïques, très rarement monoïques, ayant un périanthe simple à 3 ou 4 divisions; les étamines sont au nombre de 9 à 12, à filets libres et exsertes, à anthères globuleuses, didymes. Les fleurs femelles portent un ovaire à 2 lobes et biloculaire (rarement à 3 lobes et à 3 loges), surmonté de 2 ou 3 styles divergents, denticulés. La capsule est à 2 coques (rarement 3) monospermes, épineuse ou cotonneuse.

Ce genre comprend une dizaine d'espèces indigènes ou exotiques dont deux sont très communes dans nos contrées et ne doivent pas être confondues pour l'usage médical, à cause de leur activité très différente.

MERCURIALE ANNUELLE ou FOIROLE, *mercurialis annua* L. Racine blanche et fibreuse ; tige haute de 33 à 50 centimètres, lisse et branchue ; feuilles opposées, longuement pétiolées, ovales-lancéolées, aiguës, d'un vert clair et très glabres, comme la tige Les fleurs sont dioïques, les mâles rassemblées par petits paquets sur des épis axillaires, grêles, interrompus, longs et redressés ; les femelles solitaires ou géminées et presque sessiles. Elles sont formées d'un périanthe vert, à 3 folioles, comme les mâles, et d'un ovaire didyme et à 2 styles divergents (1). Cette plante croît dans les lieux cultivés, autour des

(1) J'ai quelquefois trouvé sur la mercuriale un ovaire à 3 lobes et à 3 styles, dont le fruit était par conséquent à 3 coques monospermes, soudées et hérissées de piquants. Ce fruit ressemblait alors parfaitement à celui du riein.

habitations ; elle a une odeur nauséeuse ; elle est laxative et quelquefois drastique, mais toujours beaucoup moins que la suivante.

MERCURIALE VIVACE ou DES BOIS, *mercurialis perennis* L. Tiges droites, non divisées, à peine hautes de 35 centimètres, chargées de quelques poils, et garnies de feuilles courtement pétiolées, ovales-lancéolées, pointues, dentées, un peu rudes au toucher et d'un vert sombre. Les fleurs, même femelles, sont assez longuement pédonculées. Cette plante croît dans les bois ; elle est plus fortement purgative que la première, et son ingestion dans l'estomac a souvent été suivie d'accidents plus ou moins graves. Elle contient une petite quantité du même principe colorant bleu qui distingue la *maurelle* ou *tournesol*, et son suc colore le papier en bleu. La mercuriale annuelle en offre également, comme on peut le voir par la couleur bleue que prend l'écorce de sa racine pendant sa dessiccation.

MAURELLE ou TOURNESOL, *crozophora tinctoria* Neck., *croton tinctorium* L. Cette plante, comprise dans le genre *croton* par Linné, en diffère par des caractères très tranchés et notamment par la présence d'une corolle et par le petit nombre de ses étamines. Elle est pourvue d'une racine fibreuse et d'une tige grêle, rameuse, haute de 35 centimètres environ. Ses feuilles sont molles, alternes, pétiolées, ovées-rhomboïdales, ondulées sur le bord, cotonneuses et blanchâtres. Les fleurs sont monoïques, petites, disposées en grappes courtes ; les mâles rassemblées à la partie supérieure, les femelles placées à la base et longuement pédonculées. Les premières ont un calice à 5 divisions, une corolle à 5 pétales, et 5 étamines (rarement 8 ou 10) dont les filets sont soudés par le bas en une colonne centrale ; anthères extrorses. Les fleurs femelles ont un calice à 10 parties linéaires, la corolle nulle, l'ovaire sessile, triloculaire. Le fruit est longuement pédonculé et pendant ; il est épineux et à 3 coques monospermes, comme celui des ricins.

Je pense que cette plante doit son nom de *maurelle* à une certaine ressemblance avec la morelle (*solanum nigrum*), et celui de *tournesol* ou d'*héliotrope*, à l'ancienne fable de Clytie amante du soleil. Elle croît dans le midi de la France, en Espagne, en Italie et dans le Levant. On la cultive principalement au Grand-Gallargues (Gard) pour la préparation du *tournesol en drapeaux*. A cet effet, on récolte les fruits et les sommités de la plante, on les écrase et on en exprime le suc dans lequel on trempe des chiffons ou de la toile grossière, que l'on fait sécher. Cela fait, on suspend ces chiffons dans une cuve en en pierre, au fond de laquelle on a mis un mélange d'urine putréfiée et de chaux vive. Par l'action de l'ammoniaque qui se dégage, et de l'oxigène de l'air, les chiffons que le suc de la plante avait teints en vert deviennent rouges ; on leur fait subir une seconde immersion dans le suc de maurelle et une nouvelle exposition à la vapeur ammoniacale, et on les envoie dans différentes parties de l'Europe et surtout en Hollande, où leur matière colorante est utilisée pour la coloration des fromages, des pâtes, des conserves et de diverses liqueurs. Mais, ainsi que je l'ai dit précédemment (page 82), ils ne paraissent pas servir à la fabrication du tournesol en pains.

EXCÆCARIA AGALLOCHA , *arbre aveuglant*. Grand arbre des îles Moluques qui a été ainsi nommé parce que si par malheur, en le coupant, le suc âcre et laiteux dont il est rempli, tombe dans les yeux, on court risque de perdre la vue. Son bois est d'une couleur ferrugineuse, dur et fragile comme du verre, très amer, résineux et s'enflamme avec une grande facilité. Il a une si grande ressemblance avec le calambac qu'on peut à peine l'en distinguer, et plusieurs personnes ont assuré à Rumphius qu'il était envoyé en Europe comme bois d'aloès. Je pense avoir trouvé ce bois dans les anciens droguiers de l'Hôtel-Dieu de Paris et de la Pharmacie centrale. Il est noueux, très pesant, compacte et étonnamment résineux. Il est à l'extérieur d'un brun rougeâtre uniforme ; mais la nouvelle section qu'y produit la scie offre une couleur un peu plus grise, marquée de taches noires dues à un suc particulier extravasé. Sa cassure transversale n'offre pas de tubes longitudinaux, ce qui tient sans doute à la grande quantité de résine dont tous ses vaisseaux sont gorgés. Il a une forte odeur de myrrhe et de résine animé mêlées ; son intérieur présente des excavations remplies d'une résine rougeâtre qui a quelque analogie avec la myrrhe ; il se réduit en poudre sous la dent et jouit d'une saveur amère ; il répand un parfum très agréable lorsqu'on le brûle ou qu'on le chauffe sur une plaque métallique.

MANCENILLIER , *hippomane mancenilla* L. Arbre de l'Amérique inter-tropicale, célèbre par la qualité vénéneuse de son suc laiteux, qui servait autrefois aux naturels pour empoisonner leurs flèches, et que les nègres emploient encore aujourd'hui comme poison, par des motifs de vengeance. On a même été jusqu'à dire que l'ombre de l'arbre était dangereuse, ainsi que la pluie qui avait lavé son feuillage ; mais ces dernières assertions ont été démenties par plusieurs voyageurs et par Jacquin en particulier. Les fleurs sont monoïques ; les mâles disposées par petits paquets ou par épillets alternes , le long d'un axe commun, chaque épillet étant pourvu de deux bractées concaves ; les fleurs femelles solitaires ou placées à la base des épillets mâles. Le fruit est un drupe qui a la forme , la couleur et l'odeur d'une petite pomme ; aussi peut-il être l'objet de méprises funestes pour les enfants. Il est formé d'un sarcocarpe à suc laiteux, qui, en se desséchant, se divise en

14 côtes peu marquées , séparées par des sillons réguliers allant du pédoncule au pôle opposé. Le noyau est osseux , épais, indéhiscent , à
surface inégale, sillonnée, armée d'apophyses tranchantes, irrégulières.
Les loges sont monospermes , souvent privées de semence.

SABLIER ÉLASTIQUE , *hura crepitans* L. Grand arbre de l'Amérique,
à suc laiteux très âcre, à feuilles grandes, alternes, cordiformes, longuement pétiolées, et à fleurs monoïques. Les fleurs mâles forment des
chatons denses, multiflores, longuement pédonculés; les fleurs femelles
solitaires, présentent un ovaire à 12-18 loges, surmonté d'un long style
terminé par un large stigmate radié, offrant autant de rayons qu'il y a
de loges à l'ovaire. Le fruit est une capsule ligneuse recouverte d'un
sarcocarpe très mince, et composée d'un grand nombre de coques qui,
en se desséchant, s'ouvrent avec élasticité en deux valves, se détachent
instantanément de la colonne centrale qui les tenait unies, et sont
lancées au loin en produisant un bruit semblable à celui d'un coup de
pistolet. Ses semences sont plates lenticulaires, à épisperme ligneux,
à amande sèche et purgative, mais inusitée.

Siphonie élastique. — Caoutchouc.

Siphonia elastica Pers. ; *siphonia cahuchu* Rich. ; *hevea guianensis*
Aubl. ; *jatropha elastica* L. f. Arbre de 16 à 20 mètres de hauteur, sur
un tronc de 80 centimètres de diamètre. Les rameaux sont garnis à leur
extrémité de feuilles rapprochées, longuement pétiolées, composées de
3 folioles ovales-allongées, pointues, entières. Les fleurs sont monoïques,
munies d'un périanthe simple à 5 divisions. Les étamines sont soudées
en une colonne portant 5 ou 10 anthères, verticillées en une ou deux
séries, fixées au-dessous du sommet. L'ovaire est à 6 côtes, triloculaire,
à 3 loges uni-ovulées. Le fruit est une grande capsule formée de 3 coques
ligneuses, arrondies, s'ouvrant avec élasticité en 2 valves, à la manière
du sablier élastique. Les semences sont arrondies, à épisperme lisse,
roussâtre, marbré de noir. L'amande est blanche, huileuse, d'un goût
agréable. On peut la manger sans aucun inconvénient.

Le caoutchouc, nommé vulgairement *gomme élastique*, est une substance d'une nature toute particulière qui se trouve à l'état émulsif
dans le suc laiteux d'un grand nombre de végétaux appartenant, pour
la plupart, à des familles riches en plantes vénéneuses ou suspectes;
tels sont la plupart des figuiers, l'arbre à pain, plusieurs apocynées,
lactucées et papavéracées. Mais aucun de ces végétaux ne peut être comparé pour l'abondance du produit à l'*hévé* de la Guyane. Le suc laiteux
de cet arbre, obtenu par des incisions faites au tronc, se prend à l'air
en une masse tenace et très élastique. Mais ordinairement, tandis qu'il

est encore bien fluide, on l'applique, couche par couche, sur des moules de terre, et on fait sécher chaque couche à l'air avant d'en ajouter une nouvelle. Lorsqu'on juge l'épaisseur suffisante, on brise le moule et on le fait sortir en morceaux par une ouverture laissée au vase fabriqué par ce moyen. La forme la plus ordinaire du caoutchouc est donc celle d'une gourde ; quelquefois cependant les Indiens lui donnent celle d'un oiseau ou de quelque autre animal : on se contente aussi, depuis un certain nombre d'années que le caoutchouc est devenu l'objet d'un commerce étendu, de le réduire en masses solides assez volumineuses.

Le caoutchouc, tel que nous l'avons, est une substance brunâtre, demi-transparente lorsqu'elle est en lame mince, très souple et éminemment élastique. Il se fond au feu, se boursoufle considérablement, et brûle avec une flamme très blanche, en répandant une fumée odorante très épaisse. Il est insoluble dans l'eau froide, se ramollit seulement dans l'eau bouillante ; est insoluble dans l'alcool, mais soluble dans l'éther pur, dans le sulfure de carbone, le naphte et les huiles volatiles. L'acide sulfurique le charbonne superficiellement ; l'acide nitrique le dissout, en dégageant de l'azote, de l'acide carbonique, de l'acide cyanhydrique, et formant de l'acide oxalique. L'acide chlorhydrique, l'acide sulfureux, le chlore, l'ammoniaque, n'ont pas d'action sur lui. Cette inaltérabilité du caoutchouc en présence de plusieurs agents chimiques très énergiques, le rend précieux pour la disposition des appareils de chimie, et pour la fermeture des flacons à produits volatils.

On a supposé pendant longtemps que le caoutchouc était composé de carbone, d'hydrogène, d'oxigène et même d'azote, parce que celui du commerce, décomposé au feu, donne une petite quantité d'ammoniaque. Mais cela tient à des principes étrangers et surtout à l'albumine du suc végétal, qui ont été entraînés dans sa coagulation. M. Faraday ayant analysé du caoutchouc pur et très blanc, séparé par lui du suc récent du *siphonia*, l'a trouvé uniquement composé de carbone 87,2 ; hydrogène 12,8 ; ce qui répond à C^8H^7.

Le caoutchouc distillé fournit 0,8 de son poids d'une huile volatile très fluide et très légère, qui est un mélange de plusieurs hydrures de carbone de-composition et de volatilité différentes (1) ; mais qui, dans son ensemble, peut devenir d'une grande utilité par la propriété qu'elle a de dissoudre le caoutchouc mieux que ne le font l'éther, le naphte et les huiles volatiles ordinaires. On peut employer au même usage les essences rectifiées des goudrons de bois et de houille et, d'après M. Bou-

(1) Bouchardat, *Journal de pharmacie*, t. XXIII, p. 454.

chardat, l'essence de térébenthine elle-même, après qu'elle a été distillée sur de la brique chauffée. Cependant tous ces dissolvants présentent l'inconvénient de donner au caoutchouc qu'ils abandonnent par leur évaporation, une qualité poisseuse qu'il ne perd que par une très longue exposition à l'air.

Le caoutchouc est devenu l'objet d'un commerce considérable par l'application qui en a été faite à la fabrication de tissus élastiques et d'étoffes imperméables, indépendamment de l'usage qu'on continue d'en faire pour fabriquer des chaussures imperméables à l'eau et pour enlever, à l'aide du frottement, les traces de crayon sur le papier.

Manihot, Manioc ou Magnoc.

Les *manihot* constituent un genre de plantes que Linné avait encore réunies aux *jatropha*, mais qui s'en distinguent principalement par l'absence de la corolle et par leurs étamines libres, au nombre de 10, dont 5 alternativement plus courtes. M. Kunth avait donné à ce genre le nom de *janipha;* mais M. Endlicher et M. Pohl lui ont rendu le nom de *manihot* qui lui avait été donné par Plumier et par Adanson, bien que cette appellation barbare sorte des règles ordinaires de la nomenclature linnéenne. On en connaît un assez grand nombre d'espèces ou de variétés dont deux surtout méritent d'être citées tant par l'opposition de leurs propriétés, qui rappelle celle qui existe entre les amandes douces et amères, que par l'usage général que les habitants de l'Amérique font de leurs racines féculentes pour leur nourriture.

L'une de ces espèces, qui porte les noms de *manioc doux*, *camagnoc*, *aipi*, *juca dulce* (*manihot aipi* Pohl), ne contient dans sa racine aucun principe dangereux, de sorte qu'on peut la manger simplement cuite sous la cendre, ou dans l'eau, comme les pommes de terre, et que les animaux la mangent crue, sans aucun inconvenient; mais l'autre espèce, nommée plus spécialement *manihot*, *manioc amer*, *juca amarga*, *mandiiba*, *mandioca* (*manihot utilissima* Pohl, *janipha manihot* Kunth), contient dans sa racine un suc chargé d'un poison des plus violents. Ce poison, qui est très altérable, paraît être de l'acide cyanhydrique ou un corps facile à se transformer en cet acide, d'après les expériences de MM Boutron et O. Henry (1); la volatilité de ce principe et la facilité avec laquelle on le détruit par la fermentation, explique comment les peuples grossiers de l'Amérique ont trouvé le moyen de retirer de la racine amylacée qui le renferme, un aliment abondant et salutaire.

A cet effet, on monde la racine de son écorce, on la réduit en pulpe au moyen d'une râpe, et on la renferme dans un sac de palmier fort

(1) *Mémoires de l'Academie de médecine*, Paris, 1836, t. V, p. 212.

long, étroit, et tellement tissu qu'il peut s'allonger ou se rétrécir à volonté, en éloignant ou en rapprochant ses deux extrémités ; on suspend ce sac par sa partie supérieure à une perche posée horizontalement sur deux fourches de bois ; et, après l'avoir agité pendant quelque temps, on suspend à son extrémité inférieure un vaisseau très pesant qui, faisant l'office de poids, en exprime le suc et le reçoit en même temps. Lorsque le sac est bien exprimé (1), on l'expose dans des cheminées, et, quand il est sec, on en retire le contenu pour le pulvériser. La poudre que l'on obtient ainsi est nommée *farine de manioc :* c'est un mélange d'amidon, de fibre végétale et d'un peu de matière extractive ; on en fait du pain en la mélangeant avec de la farine de froment ; mais on obtient de la racine seule du manioc beaucoup d'autres produits alimentaires, qui portent les noms de *couaque, cassave, moussache* ou *cipipa, tapioka,* etc.

Le *couaque* se prépare avec de la racine de manioc râpée, exprimée, et séchée d'abord sur des claies exposées à la chaleur. On la crible alors pour l'obtenir en petites parties d'un volume à peu près égal, et on la chauffe par partie, dans des chaudières de fer modérément chauffées, jusqu'à ce que la racine ait subi un commencement de torréfaction. Cette substance se gonfle prodigieusement quand on la chauffe avec de l'eau ou du bouillon, et forme des potages très nourrissants.

La *cassave* se prépare encore avec la racine râpée et exprimée, mais non séchée, que l'on étend en forme de gâteau mince sur une plaque de fer chauffée. L'amidon et le mucilage, en cuisant et en séchant, lient toutes les parties de la pulpe et en forment un biscuit solide, qui jouit d'une grande faveur auprès des créoles.

La *moussache* ou le *cipipa* est la fécule pure de manioc qui a été entraînée par le suc de la racine soumise à l'expression, et que l'on a parfaitement lavée et séchée à l'air. Depuis quelques années on a importé de la Martinique en France une quantité considérable de cette fécule, qui a été vendue comme arrow-root. Cette même fécule, séchée sur des plaques chaudes, se cuit en partie et s'agglomère en grumeaux durs et irréguliers, qui portent le nom de *tapioka.*

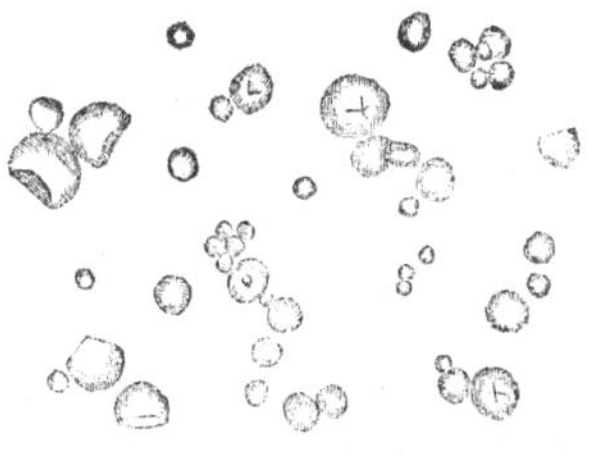

La *moussache* se distingue facilement de l'arrow-root lorsqu'on l'examine au microscope (fig. 159). Elle y paraît formée de granules presque tous

Fig. 159.

(1) Cet ancien procédé des naturels américains a depuis longtemps été remplacé par l'usage de presses plus ou moins analogues à celles dont nous nous servons.

sphériques, beaucoup plus petits que ceux de l'arrow-root, plus petits aussi que les grains adultes de l'amidon de blé et d'une égalité de volume beaucoup plus grande.

Le *tapioka* est en grumeaux très durs et un peu élastiques; gonflé et délayé dans l'eau, il fournit une dissolution qui bleuit fortement par l'iode. Délayé dans l'eau et vu au microscope, il offre encore un grand nombre de très petits grains sphériques semblables à ceux de la moussache; le reste se compose de téguments gonflés et plissés.

Le tapioka n'est pas entièrement soluble dans l'eau froide, comme quelques personnes l'ont avancé. Il forme avec l'eau bouillante un empois qui offre un caractère particulier de transparence et de viscosité. Soumis à une longue ébullition dans une grande quantité d'eau, il laisse un résidu insoluble qui se précipite facilement. Ce résidu, étendu d'eau et coloré par l'iode, paraît au microscope sous la forme de flocons *muqueux* qui n'ont aucun rapport avec les téguments primitifs.

Ricin (fig. 160).

Ricinus communis L. Le ricin croît naturellement dans l'Inde, en Afrique et sans doute aussi en Amérique; on le cultive avec succès dans le midi de la France et même dans nos jardins. C'est une très belle plante annuelle (1), haute de 2 à 3 mètres, dont les feuilles sont très larges et à 8 à 9 divisions palmées, ce qui lui a fait donner le nom de *palma christi;* elle est quelquefois dioïque ou polygame; d'autres fois les fleurs mâles et femelles sont sur un même pied, et disposées en épis séparés; mais le plus ordinairement, et tel paraît être l'état naturel de la plante, ces deux sortes de fleurs sont réunies sur un même épi, les fleurs mâles au bas, sous la forme de houpes jaunes dorées, et les fleurs femelles à la partie supérieure, formées en pinceaux d'un rouge foncé. Les fleurs mâles sont formées d'un involucre ou calice à 5 divisions, renfermant un grand nombre d'étamines à filaments très ramifiés, dont chaque extrémité est pourvue d'une anthère à 2 loges. Les fleurs femelles sont formées d'un calice à 5 divisions et d'un ovaire triloculaire hérissé de piquants, terminé par un style court et par 3 stygmates profondément bifides, rouges, et plumeux. Le fruit est formé de 3 coques épineuses qui se séparent à maturité. Chaque coque renferme une semence

(1) Beaucoup de personnes pensent que le ricin, qui est herbacé et annuel dans nos climats, peut devenir arborescent et vivace dans les climats chauds, et notamment en Afrique. Mais, d'après Willdenow, jamais le ricin annuel ne devient vivace, et, réciproquement, jamais le ricin vivace, qu'il nomme *ricinus africanus*, ne devient annuel. Alors ces deux ricins constitueraient deux espèces différentes.

ovale, convexe et arrondie du côté extérieur, aplatie et formant un angle saillant du côté intérieur. La surface de la semence est lisse, luisante et d'un gris marbré de brun. La robe est mince, dure et cassante ; l'amande est blanche, d'une saveur douceâtre, mêlée d'une âcreté plus ou moins marquée. L'ombilic est surmonté d'un appendice charnu, assez volumineux, qui, joint à la forme générale de la semence, lui donne assez de ressemblance avec la *tique des chiens*, autrefois nommée *ricin*, d'où la semence a pris son nom. Immédiatement au-dessous de l'appendice, du côté externe, se trouve un espace comprimé qui simule un écusson.

Fig. 160.

On trouve dans le commerce deux sortes de ricins, ceux d'*Amérique* et de *France;* plus rarement ceux du *Sénégal*.

Les *ricins d'Amérique* (fig. 161) sont plus gros, d'une couleur plus foncée, d'une marbrure plus décidée, d'une âcreté très marquée. La pellicule qui recouvre l'amande est argentée, et exsude quelquefois une matière spongieuse et brillante qui remplit tout l'intervalle entre elle et la robe.

Longueur de la semence, 14 millimètres; largeur, 9 millimètres ; épaisseur, 7 millimètres.

Fig. 161.   Fig. 162.

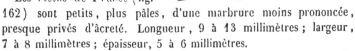

Les *ricins de France* (fig. 162) sont petits, plus pâles, d'une marbrure moins prononcée, presque privés d'âcreté. Longueur, 9 à 13 millimètres; largeur, 7 à 8 millimètres; épaisseur, 5 à 6 millimètres.

Les *ricins du Sénégal* sont semblables, pour le volume, à ceux de France; mais ils présentent la marbrure foncée des ricins d'Amérique.

Les ricins servent en France, comme en Amérique, à l'extraction d'une huile qui est très usitée comme purgative On a longtemps prétendu que l'âcreté plus ou moins marquée de cette huile ne résidait pas en elle-même ou dans les lobes de l'amande, et qu'elle était due à un principe particulier, contenu, soit dans la robe de la graine, soit dans le germe ; un des premiers j'ai annoncé que la coque était insipide, que le germe n'avait pas une saveur beaucoup plus marquée que l'amande, et que l'amande privée de germe était âcre par elle-même.

Huile de ricins.

Autrefois cette huile nous etait exclusivement fournie par l'Amérique, et principalement par le Brésil et les Antilles ; mais elle était toujours mêlée d'huile de pignon d'Inde (*curcas purgans*), ce qui obligeait à la faire bouillir pendant longtemps avec de l'eau, pour volatiliser le principe âcre de la dernière semence. Malgré cette opération, l'huile était toujours très âcre, plus ou moins colorée et d'un emploi fort désagréable.

En 1809, pendant la grande guerre continentale, on a commencé à extraire l'huile des ricins cultivés dans le midi de la France ; alors, se fondant sur le procédé usité en Amérique, on pilait les ricins et on les faisait bouillir dans l'eau pendant longtemps ; il en résultait une écume huileuse, que l'on chauffait dans une autre bassine, pour évaporer l'eau ; on passait l'huile à travers un blanchet ; on obtenait ainsi une huile très douce, mais colorée. Bientôt après on a reconnu l'inutilité de toutes ces operations et on n'extrait plus aujourd'hui l'huile de ricins que par la simple expression à froid, ou à l'aide d'une faible chaleur. L'huile obtenue à froid est presque incolore, transparente, épaisse, filante, d'un gout à peine sensible et d'une odeur nulle. Elle purge doucement à la dose de 15 à 45 grammes. Le tourteau épuisé d'huile est un purgatif beaucoup plus actif, ce qui semble prouver que l'huile ne doit sa propriété qu'à une petite quantité du principe drastique qu'elle a dissoute pendant l'expression (*Journ. chim. méd.*, 1825, p. 108 ; *Journ. de pharm. et chim.*, 1848, p. 189).

Pendant quelques années, la récolte des ricins de Nîmes ayant manqué, le commerce nous a fourni de nouveau de l'huile de ricin d'Amérique et de l'Inde, et alors nous avons appris que les Anglais et les Américains, éclairés par la belle qualité de l'huile de ricin de Nîmes avaient aussi abandonné l'ancien procédé de fabrication et se bornaient à la seule expression à froid.

D'après M. Péreira, les deux huiles d'Amérique et de l'Inde peuvent être aussi incolores et aussi privées de goût que celle extraite à froid en

Europe ; mais je leur trouve toujours une légère âcreté, et surtout une odeur assez marquée. Elles sont du reste parfaitement belles (1), et pour donner une idée de l'importance acquise à leur importation , je dirai qu'en 1831 , il est entré en Angleterre :

D'huile de ricins de l'Inde orientale.	343373 livres.
— des colonies anglaises d'Amérique	25718
— des États-Unis d'Amérique.	22669
	391760

L'huile de ricins est siccative ; elle est soluble en toute proportion dans l'alcool absolu, propriété qui la distingue de toutes les autres huiles fixes. Cette solubilité diminue rapidement avec la force de l'alcool ; celui à 88 centièmes n'en dissout plus que le 6ᵉ de son poids. L'huile de ricins diffère d'ailleurs des autres huiles par sa nature intime : tandis que le plus grand nombre de celles-ci se convertissent, par la saponification, en glycérine et en acides oléique et margarique ; l'huile de ricins, dans les mêmes circonstances, fournit une très petite quantité d'un acide solide, nacré, cristallisable, fusible seulement à 130°, nommé *acide margaritique* ($C^{35}H^{31}O^6$) ; la presque totalité de l'acide gras constitue un autre acide nommé *élaïodique*, liquide, cristallisable cependant à quelques degrés au-dessous de zéro ; soluble en toutes proportions dans l'alcool et l'éther.

L'huile de ricins traitée par l'azotate de mercure ou par l'acide hypo-azotique se prend, au bout de quelque temps, en une masse jaune et d'apparence cireuse qui, lavée à l'eau et traitée par l'alcool bouillant, fournit un corps gras nommé *palmine*. Celui-ci , saponifié par les alcalis, fournit un *acide palmique*, cristallisable, fusible à 50 degrés, facilement soluble dans l'alcool et l'éther.

Semences de Médicinier sauvage.

Jatropha gossypifolia L. Arbrisseau de 1 mètre à 1ᵐ,3 de hauteur, croissant dans les contrées chaudes de l'Amérique. Ses feuilles sont cordiformes, à 3 ou 5 lobes acuminés, et finement dentées; les fleurs sont disposées en petits corymbes opposés aux feuilles, monoïques ou polygames , pourvues d'un calice à 5 divisions et d'une corolle à 5 pétales distincts , deux fois plus longs que le calice ; les étamines sont au

(1) Celle des États-Unis laisse précipiter par le froid une quantité assez considérable de stéarine.

nombre de 8 à 10 , monadelphes par le bas, libres par le haut; l'ovaire
est entouré par 5 glandes aiguës, et surmonté de 3 styles filiformes bifides. Le fruit est une capsule unie, arrondie, grisâtre, formée de
3 coques monospermes. Les semences (fig. 163) ressemblent presque
exactement à celles du ricin ; mais elles n'ont que 7 millimètres de
longueur, 5 de largeur et 3 d'épaisseur. La caroncule

Fig. 163.

charnue de l'ombilic est très développée, et non accompagnée de l'écusson comprimé qui distingue le ricin.
La robe est lisse, luisante, fauve, avec des taches
blanches et noires. N'ayant eu en ma possession qu'une petite quantité de ces semences, je n'ai pu en extraire l'huile, pour en déterminer
les propriétés.

Semences de Curcas purgatif.

PIGNON D'INDE, PIGNON DES BARBADES, GRAINE DE MÉDICINIER.
Curcas purgans Adans. ; *jatropha curcas* L. L'arbrisseau qui produit
cette semence croît dans toutes les contrées chaudes de l'Amérique, aux
lieux un peu humides. Il est de la grandeur d'un figuier, très touffu,
rempli d'un suc laiteux, âcre et vireux. Les fleurs sont petites,
nombreuses, réunies en bouquets axillaires ou latéraux. Elles sont
monoïques, pourvues d'un calice très petit à 5 divisions, et d'une corolle quinquéfide dans les fleurs mâles, à 5 pétales distincts dans les
fleurs femelles. Les étamines sont au nombre de 10, monadelphes par
le bas, dont 5 externes plus petites, alternant avec autant de glandes
conoïdes. L'ovaire est placé sur un disque à 5 lobes, surmonté de
3 styles filiformes, distincts, à stygmates bifides et épais. Le fruit entier
(fig. 164) est une capsule rougeâtre ou noirâtre, ovoïde, un peu charnue, et de la grosseur d'une petite noix. Par la dessiccation elle devient

Fig. 164.

ferme, coriace, trigone-
arrondie, et s'ouvre en
trois valves loculicides.
Chaque loge renferme une
semence dont la forme
générale est celle du ricin,
mais qui a 16 à 18 mil-
limètres de longueur,
11 millimètres de largeur et 9 d'épaisseur. Cette semence est noirâtre,
unie, faiblement luisante, privée de caroncule et sans écusson comprimé sur le dos. La face extérieure est bombée, arrondie avec un
angle peu marqué au milieu ; la face interne présente un angle plus
saillant. La robe est épaisse, dure, compacte, à cassure résineuse.

L'amande est couverte d'une pellicule blanche, souvent chargée de paillettes cristallines très brillantes. C'est surtout de cette semence que l'on a dit que le principe purgatif était uniquement renfermé dans l'embryon, et que l'amande en était dépourvue ; mais cette assertion n'est pas plus vraie que pour le ricin. Trois de ces amandes, écrasées dans du lait, suffisent en Amérique pour procurer d'abondantes évacuations alvines. En Europe, l'usage en serait moins certain, à cause de la rancidité ordinaire des semences que nous avons. On en retire par expression une huile âcre et drastique, qui, mêlée anciennement à celle des ricins d'Amérique, la rendait beaucoup plus active que celle préparée en France, malgré l'habitude où l'on était de la soumettre à une longue ébullition dans l'eau pour en volatiliser le principe âcre.

Les semences de *curcas* se rencontrent assez souvent dans le commerce; elles fournissent, par kilogramme, 344 grammes d'épisperme et 656 grammes d'amandes, dont on peut retirer 265 grammes d'une huile incolore, très fluide ou sans consistance, laissant cependant précipiter par le froid une grande quantité de stéarine. Elle diffère du reste totalement de l'huile de ricins par son peu de solubilité dans l'alcool (elle ne se dissout pas dans 24 parties d'alcool absolu). Elle purge à la dose de 8 à 12 gouttes.

Semences du Médicinier multifide.

NOISETTE PURGATIVE, MÉDICINIER D'ESPAGNE. *Curcas multifida, jatropha multifida* L. Arbrisseau de l'Amérique méridionale, rempli d'un suc visqueux âcre, amer et limpide; orné de feuilles grandes et profondément palmées, ordinairement à 9 lobes pinnatifides. Les fleurs sont d'un rouge écarlate, disposées en cimes ombellées. Les fruits (fig. 165) sont de la grosseur d'une noix, formés d'une capsule mince, jaunâtre, renflée, trigone et arrondie du côté du pédoncule, amincie en pointe par l'extrémité Je la crois indéhiscente. Elle est à 3 loges monospermes. Les semences sont grosses comme des avelines, arrondies, mais toujours anguleuses du côté interne. L'épisperme est lisse, marbré, assez épais ; l'amande blanchâtre et fortement purgative.

Fig. 165.

Grains de Tilly.

PETIT PIGNON D'INDE, GRAINE DES MOLUQUES. *Croton tiglium* L.

Car. gén. Fleurs monoïques, ou très rarement dioïques; fleurs mâles pourvues d'un calice à 5 divisions valvaires et d'une corolle à 5 pétales qui alternent avec 5 glandes ; 10 à 20 étamines ou plus, insérées sur le réceptacle ; filets libres, dressés, exsertes, à anthères introrses adnées au sommet du filet. Fleurs femelles formées d'un calice persistant, sans corolle, et pourvues seulement de 5 glandes accompagnant l'ovaire. Ovaire sessile, à 3 loges monospermes; 3 styles bifides ou multi-divisés, à divisions intérieurement glanduleuses.

L'arbrisseau qui produit les grains de Tilly (fig. 166), croît dans les îles Moluques, et son bois,

Fig. 166.

qui est léger et purgatif, se nomme *bois purgatif, bois des Moluques* ou de *Pavane.*

Le fruit, qu'il nous importe surtout de connaître, est de la grosseur d'une aveline, glabre, jaunâtre, à 3 coques minces, renfermant chacune une semence.

Cette semence est ovale-oblongue ; la face interne n'est pas beaucoup moins bombée que l'externe, et toutes deux offrent un angle très arrondi, de sorte que la semence paraît sensiblement quadrangulaire. Tantôt la surface est jaunâtre, à cause d'un épiderme de cette couleur qui la recouvre, et qui lui donne une grande ressemblance avec les pignons du pin; tantôt elle est noire et unie, par la suppression de cet épiderme. Dans tous les cas, la semence offre, de l'ombilic au sommet, plusieurs nervures saillantes, dont les deux latérales sont plus apparentes et forment deux petites gibbosités avant de se réunir à la partie inférieure de la graine. Ce caractère, qui est essentiel, fait facilement distinguer le grain de Tilly des gros pignons d'Inde et des ricins. Longueur de la graine, de 11 à 14 millimètres; largeur, d'une des nervures latérales à l'autre, de 7 à 9 millimètres; épaisseur, de 6 à 8 millimètres.

Quelquefois la coque du *croton tiglium*, au lieu de contenir trois graines, n'en renferme que deux, par suite de l'avortement de la troisième; alors les deux semences, étant entièrement accolées par leur surface interne, prennent la forme de deux grains de café, et offrent le même sillon longitudinal formé par l'impression de l'axe central du fruit. Du reste, ces semences sont semblables aux premières.

Toutes les parties de cette graine sont douées d'une propriété âcre et corrosive qui en rend l'usage interne très dangereux. Cependant elle a quelquefois été usitée comme purgative, à la dose d'une demi-graine jusqu'à deux. Depuis plusieurs années aussi on en emploie l'huile exprimée sous le nom d'*huile de croton*, soit comme purgative à l'intérieur, soit comme rubéfiante et éruptive à l'extérieur. Mais elle varie beaucoup en activité suivant son origine. Celle qui vient de l'Inde, par la voie de l'Angleterre, est jaunâtre, bien liquide, transparente et comparativement peu active; tandis que celle que nous pouvons retirer nous-mêmes des graines fournies par le commerce, est brunâtre, d'une odeur analogue à celle de la résine de jalap, d'une grande causticité, et purge à la dose de 1 goutte à 2. Cette huile est assez épaisse et laisse déposer une matière analogue à la stéarine. Elle est soluble en totalité dans l'éther; mais en partie seulement dans l'alcool froid, qui en sépare un tiers environ d'une huile grasse et fade, et en dissout deux tiers d'une huile caustique, contenant un acide volatil nommé *ocide crotonique*; mais il s'en forme davantage par la saponification et même par l'action de l'air sur l'huile, ce qui peut expliquer jusqu'à un certain point pourquoi l'huile extraite des semences vieillies dans le commerce est plus active que celle obtenue dans l'Inde des graines récentes. Je ne pense pas cependant que ce soit là l'unique cause de la différence d'action des deux huiles, et je suis porté à croire que l'huile préparée dans l'Inde est mélangée d'huile de ricins ou de curcas.

Ce sont les grains de Tilly (*croton tiglium*) qui ont été analysés par MM. Pelletier et Caventou sous le nom de pignon d'Inde ou de *jatropha curcas* (*Journ. pharm.*, t. IV, p. 289).

Ne pouvant citer tous les autres fruits d'euphorbiacées qui ont été usités, soit dans la médecine, pour leur propriété purgative, soit dans l'économie domestique, à cause de la grande quantité d'huile qu'ils contiennent, je me bornerai aux suivants.

ARBRE A SUIF DE LA CHINE. *Croton sebiferum* L.; *stillingia sebifera* Mx. Arbre de la Chine naturalisé aujourd'hui sur les côtes maritimes de la Caroline, en Amérique. Les semences, indépendamment de l'huile qu'elles contiennent à l'intérieur, sont couvertes d'une substance sébacée, très blanche, qui sert à la fabrication des chandelles. Ces semences offrent encore cela de particulier qu'étant suspendues à l'axe du fruit par trois filets, elles persistent sur l'arbre , après la chute des six valves de la capsule.

ARBRE A L'HUILE DU JAPON. *Elœococca verrucosa* A. Juss., *euphorb.* pl. XI, fig. 35 ; *dryandra cordata* Thunb., *jap.*, t. XXVII ; *abrasin* Kœmpf., *amœn.* ; *vernicia montana* Lour. ; *dryandra vernicia* Correa, *Ann. mus.*, t. VIII, pl. 32. Le fruit de cet arbre (fig. 167) est une

Fig. 167.

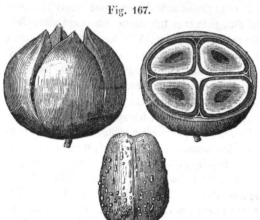

capsule ligneuse , globuleuse , terminée par une pointe courte, de 5 centimètres de diamètre. Il s'ouvre par la dessiccation en 4 valves septicides , quelquefois en 3 ou 5, et contient autant de semences ovoïdes triangulaires , longues de 25 millimètres environ, larges de 20 , bombées du côté extérieur, anguleuses du côté interne , recouvertes d'un épisperme dur, marqué de lignes tuberculeuses à leur surface. L'huile extraite de l'amande est employée pour l'éclairage.

CAMIRI , NOIX DE BANCOUL , NOIX DES MOLUQUES. *Aleurites ambinux* Pers. ; *croton moluccanum* L. ; *camirium* Rumph., t. II, tab. 58 ; Gœrtn., tab. 125. Petit arbre des îles Moluques , naturalisé à Ceylan et à l'île de la Réunion , d'où les semences sont souvent envoyées en France. Son fruit (fig. 168) est un gros drupe charnu, plus large que long et comme formé de deux drupes accolés. Ce fruit contient dans son intérieur deux semences osseuses aussi dures que de la pierre, grosses comme de petites noix , pointues au sommet , arrondies à la base et offrant les deux gibbosités qui sont propres aux semences de *croton* ; arrondies par le côté externe , elles sont

Fig. 168.

aplaties et marquées d'un léger sillon sur le côté interne. La surface de ces semences est très inégale, bosselée et recouverte d'un enduit blanc, d'apparence crétacée ; l'épisperme lui-même est noirâtre, épais, à peine attaquable par le fer ; l'amande est blanche, très huileuse, d'un assez bon goût lorsqu'elle est récente, bonne à manger et seulement un peu indigeste. On en extrait une huile qui sert aux usages économiques. On a proposé aussi de l'utiliser pour la fabrication du savon.

ANDASSU OU ANDA-AÇU ; ANDA DE PISON. *Bras.*, p. 72 ; Marcgraff, p. 110 ; *anda Gomesii* A. Juss., *euphorb.*, tab. XII, fig. 37. Grand arbre du Brésil dont l'écorce sert à enivrer les poissons. Le fruit est gros comme le poing, formé d'un brou mince, noirâtre, et d'un noyau volumineux (fig. 169), jaunâtre, épais et ligneux, arrondi par le bas, terminé en pointe par le haut, et offrant 4 angles assez marqués, dont 2, plus

Fig. 169.

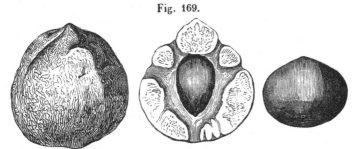

obtus, sont percés de trous qui répondent à un commencement de dédoublement de la cloison qui sépare les 2 loges. Chaque loge contient une semence à épisperme dur, brunâtre, dépouillé d'un testa spongieux, dont il reste quelques vestiges. Cette semence a presque la forme et la grosseur d'une châtaigne, c'est-à-dire qu'elle est arrondie, plus large que haute, un peu terminée en pointe par le haut, et plus bombée du côté externe que de l'interne. Elle a environ 30 millimètres dans son plus grand diamètre, 20 millimètres d'épaisseur et 25 de hauteur. L'amande est blanche, purgative, et souvent usitée comme telle au Brésil, étant mise en électuaire avec du sucre, de l'anis et de la cannelle. On en retire par expression une huile presque incolore, de la consistance de l'huile d'o-

Fig. 170.

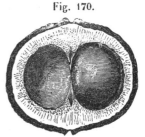

lives liquide, insoluble dans l'alcool, purgative à peu près au même degré que celle de ricins.

J'ai reçu du Brésil, mêlés au fruit précédent, un fruit et des semences (fig. 170) qui doivent constituer une autre espèce d'anda. Le fruit, dans son entier, est presque semblable au premier; seulement il est un peu plus petit et pourvu de son brou desséché et fendu en quatre, à l'endroit des angles du noyau ligneux; tandis que le premier anda en est presque toujours privé, comme l'attestent les figures qui en ont été données par Marcgraff, par M. A. de Jussieu, et tous les fruits que je possède. Comme dans la première espèce, les semences son* pourvues d'une première enveloppe blanchâtre et spongieuse qui a presque entièrement disparu. La seconde enveloppe est lisse, d'un gris cendré, très mince, souvent entamée elle-même, et laissant voir au-dessous une troisième tunique brune, solide et cassante. La membrane la plus interne est douce au toucher et d'un blanc nacré Cette multiplicité de couches dans l'épisperme se retrouve plus ou moins dans les autres semences d'euphorbiacées. Ce qui distingue celle-ci, c'est sa forme ronde et un peu ovoïde, qui la fait ressembler à une petite muscade ronde, et une sorte de plexus proéminent situé au point d'attache.

MYROBALAN EMBLIC. *Emblica officinalis* Gærtn. ; *phyllanthus emblica* L. Arbrisseau du Malabar dont le fruit, bien différent des vrais myrobalans, peut cependant être considéré comme un drupe. Dans l'état naturel, et avant sa maturité, ce drupe est entièrement sphérique; mais en mûrissant et en se desséchant, le brou s'applique plus exactement contre les faces du noyau, souvent même se sépare en 6 lobes, et le fruit devient hexagone. Tel qu'est donc ce fruit desséché, il est gros comme une aveline presque sphérique ou hexagone, et se séparant en 6 lobes; il est très rugueux, d'un noir grisâtre, d'un goût astringent et aigrelet; il me paraît n'être pas dépourvu de toute odeur aromatique; sous le brou se trouve un noyau ou capsule ligneuse hexagone, qui par la maturité se sépare en 6 valves formant en tout 3 loges, dont chacune contient deux petites semences rouges et luisantes.

Ce myrobalan était autrefois très employé comme purgatif; les Indiens le font servir au tannage du cuir et pour faire de l'encre.

Écorce de Cascarille.

Chacrille, quinquina aromatique, écorce éleutérienne. Cette écorce est produite par un arbrisseau des Antilles et des îles Lucayes, qui paraît être le *croton eluteria* de Swartz, plutôt que le *croton cascarilla* L., auquel elle est encore généralement attribuée. Ce dernier est très abondant à Haïti, où il a porté le nom de *sauge du port de la Paix*, parce que ses feuilles ont à peu près la forme, le goût et l'odeur des feuilles de sauge et servent aux mêmes usages; mais aucun des auteurs originaux qui en ont parlé, tels que Brown, Sloane, Desportes et Nicholson, ne dit que ce soit cet arbuste qui fournisse la cascarille du commerce.

Il est possible, cependant, que l'opinion contraire, après avoir été admise pendant longtemps en Europe, ayant.été reportée en Amérique, ait déterminé l'exploitation du *croton cascarilla* et même celle de quelques autres crotons aromatiques. Ce qui semble le prouver, c'est que l'on trouve dans le commerce, depuis plusieurs années déjà, un certain nombre d'écorces plus ou moins analogues à la cascarille, mais toutes inférieures en qualité, qui doivent être produites par le *croton cascarilla* et par quelques autres espèces analogues, telles que les *Cr. lineare, micans, humile, balsamiferum*, etc. Voici les caractères distinctifs de ces différentes écorces.

1. **Cascarille vraie** ou **officinale**, produite très probablement par le *croton eluteria*. Cette écorce est généralement brisée en fragments de 3 à 5 centimètres de long, de la grosseur d'une plume à celle du petit doigt, roulée, compacte, dure et pesante, ayant une cassure résineuse, finement rayonnée. Elle est d'un brun obscur et terne, et donne une poudre de la même couleur. Elle est nue ou recouverte en partie d'une croûte blanche, rugueuse et fendillée comme celle du quinquina. Elle a une saveur amère, âcre, aromatique, et une odeur particulière, agréable, surtout lorsqu'on la chauffe. Elle contient beaucoup de résine, et donne à la distillation une huile volatile verte, aromatique et suave, pesant spécifiquement 0,938. Elle est très fébrifuge; mais elle échauffe beaucoup, et, à cause de cela, ne convient pas à tous les tempéraments. Elle arrête le vomissement et la dyssenterie; on la mêle au tabac pour l'aromatiser; mais elle enivre à trop forte dose. Elle forme avec l'eau bouillante un infusé brunâtre et aromatique qui se fonce et prend une teinte faiblement noirâtre par les sels de fer.

2. **Cascarille blanchâtre.** Cette écorce a la forme de longs tuyaux gros comme le doigt, comme le pouce ou davantage, toujours pourvus de leur épiderme, qui est blanc ou grisâtre, uni ou marqué de légères fissures longitudinales, mais ni dur ni fendillé transversalement. Les grosses écorces ont une cassure rayonnée, d'un rouge brun du côté du centre, et blanchâtre dans la partie qui touche à l'épiderme; les plus jeunes sont presque blanches; le tout pulvérisé donne une poudre blanchâtre; l'odeur est assez aromatique et analogue à celle de la première sorte; la saveur est amère, âcre et camphrée; l'infusion aqueuse est très aromatique, d'une couleur peu foncée, et forme avec les sels de fer un précipité vert noirâtre.

3. **Cascarille rougeâtre et térébinthacée.** Écorce quelquefois très large et paraissant avoir appartenu à un tronc d'arbre ou à des rameaux d'un assez fort diamètre. Quelquefois pourvue d'une croûte fongueuse, peu épaisse, jaunâtre, sillonnée longitudinalement, avec indice d'avoir été recouverte d'une couche blanche, crétacée, dont on

trouve les restes dans les sillons. Le plus souvent le liber est entièrement dénudé; il est alors d'un rouge pâle et comme cendré à l'extérieur, marqué de profonds sillons longitudinaux, avec des nervures proéminentes qui forment quelquefois une sorte de treillis allongé. Il est d'un rouge assez vif à l'intérieur, d'une structure fibreuse très fine, compacte et rayonnée. Sa poudre est rosée. L'écorce a une odeur térébinthacée et une saveur un peu amère et piquante, qui offre le goût aromatique du mastic. L'infusé aqueux est rouge, d'une odeur de mastic ou de térébenthine, et précipite le fer en noir verdâtre; c'est des trois écorces que je viens de décrire celle qui est la moins aromatique, la moins âcre et la plus astringente.

4. **Écorce de copalchi.** Cette écorce paraît avoir été apportée pour la première fois à Hambourg, en 1817, sous le nom de *cascarille de la Trinité de Cuba*; en 1827, 30000 livres pesant furent envoyées de Liverpool à Hambourg, comme étant une sorte de quinquina blanc; mais elle fut promptement reconnue pour une espèce de cascarille originaire du Mexique, où elle porte le nom de *copalche* ou *copalchi*, et où elle est produite par le *croton pseudo-china* de Schiede. D'après M. Don, cette espèce de *croton* ne diffère pas du *croton cascarilla*.

L'écorce de copalchi est en longs tubes droits, cylindriques et unis, souvent roulés les uns dans les autres. Elle est couverte d'un épiderme blanc, très mince et adhérent, qui paraît un peu usé par le frottement. Quelques parties du liber sont dénudées. Le liber est épais de 1 à 2 millimètres, dur, compacte, entièrement d'un rouge brun, offrant une structure fine et rayonnée. L'écorce entière a une odeur peu marquée. Lorsqu'on la pulvérise, elle en répand une de térébenthine ou de résine commune. Sa saveur est amère et térébinthacée. L'infusé aqueux est rougeâtre, et précipite le fer en noir verdâtre. Cette écorce diffère de la précédente plus par sa forme que par ses propriétés.

M. Brandes a analysé une écorce de copalchi dont il a retiré une résine âcre et aromatique; un principe amer, jaune, soluble dans l'eau et dans l'alcool, une huile grasse concrète, etc.

En 1825, M. Mercadieu a soumis à l'analyse une écorce bien différente de la précédente, qu'on lui avait dit venir du Mexique, ou elle portait le nom de *copalchi*. Cette écorce était formée d'une couche extérieure jaunâtre, épaisse et fongueuse, et d'un liber noir, compacte, inodore et d'une amertume excessive.

M. de Humboldt, à qui elle fut présentée, présuma qu'elle pouvait appartenir au *croton suberosum* (*Journ. chim. méd.*, 1825, p. 236). Plus tard, M. Virey décrivit par erreur cette même écorce comme étant celle du *strychnos pseudo-china*; il est probable que la première origine n'est pas plus fondée que la seconde, et l'on peut dire que l'écorce analysée par M. Mercadieu est encore inconnue, quant à l'arbre qui la produit.

5. **Cascarille noirâtre et poivrée.** Écorce en longs tubes cylindriques, ou en morceaux aplatis, presque complétement dénudée d'épiderme; elle est d'un gris noirâtre et striée longitudinalement au dehors; unie et d'une couleur de bois de chêne en dedans. La coupe transversale est très compacte et finement rayonnée; l'odeur en est peu marquée en masse; mais elle devient assez forte, aromatique et poivrée, lorsqu'on la pulvérise. La saveur en est âcre et *très amere*. J'ignore aujourd'hui d'où me vient cette écorce, que je possède depuis quelques années.

Bois et écorce de buis.

Buxus sempervirens. Arbre toujours vert, qui varie singulièrement de grandeur, suivant les climats et la culture : dans le Levant, c'est un arbre assez grand et fort pour offrir un tronc de 30 à 40 centimètres de diamètre; dans nos climats, c'est un arbrisseau de 12 à 15 pieds que l'on peut réduire à l'état nain, de manière à le faire servir de bordure aux plates bandes de nos jardins. Les feuilles du buis sont opposées, ovales, lisses et d'un vert foncé. Les fleurs sont monoïques, jaunâtres, disposées par petits paquets aux aisselles des feuilles. Les fleurs mâles ont un calice à 4 folioles et 4 étamines; les fleurs femelles ont un calice pentaphylle et un ovaire à 3 loges, surmonté de 3 styles persistants. Le fruit est une petite capsule à 3 cornes, à 3 loges et à 6 graines.

Le bois de buis est jaune, dur, compacte et susceptible d'un beau poli. Celui du Levant, qui est le plus estimé, pèse jusqu'à 1,328, tandis que celui de France est souvent plus léger que l'eau. Les tourneurs en consomment une quantité considérable. En pharmacie, on emploie quelquefois l'écorce de la racine, qui paraît jouir de propriétés actives dans la syphilis constitutionnelle et les rhumatismes chroniques. Cette écorce est d'un blanc jaunâtre, un peu fongueuse et très amère.

M. Fauré, pharmacien de Bordeaux, a retiré de l'écorce de buis un alcali particulier, nommé *buxine*, que M. Couerbe est ensuite parvenu à obtenir cristallisé. Voy. *Journ. de pharmacie*, t. XVI, p. 428, et XX, p. 52.

FAMILLE DES ARISTOLOCHIÉES.

Petite famille de plantes principalement caractérisée par l'insertion de ses étamines franchement épigynes et souvent soudées avec le pistil, et par le nombre ternaire de ses parties. Le périanthe est soudé avec l'ovaire et se prolonge au-dessus en un tube souvent renflé, terminé par trois segments tantôt égaux, tantôt très inégaux et irréguliers. Les étamines sont au nombre de 6 ou de 12, tantôt sessiles et portées sur un disque annulaire, soudé avec le style, tantôt à filets distincts. Le fruit est une capsule ou une baie à 3 ou 6 loges, renfermant un grand nombre de petites graines dont l'embryon droit est contenu dans un endosperme charnu ou corné.

Cette famille se compose principalement des deux genres *aristolochia* et *asarum*, dont toutes les racines sont plus ou moins pourvues d'huile volatile et d'une substance résineuse amère, auxquelles elles doivent des propriétés très actives, sudorifique, excitante ou vomitive.

Les **aristoloches**, en particulier, sont des plantes herbacées ou sous-frutescentes, à tige flexible et souvent volubile ; à feuilles alternes, simples et pétiolées ; à fleurs très irrégulières, formées par une seule enveloppe tubuleuse, soudée inférieurement avec l'ovaire, ventrue au-dessus, à limbe oblique, ligulé, bifide ou trifide. Les étamines sont au nombre de six, presque sessiles, insérées sur un disque épigyne soudé avec la base du style (gynandrie hexandrie L.) ; stigmate à 6 divisions ; capsule coriace, à 6 loges et à 6 valves septicides. Semences nombreuses, anguleuses, à testa élargi en membrane, contenant, à la base d'un périsperme dur et presque corné, un très petit embryon droit, dont la radicule est plus longue que les cotylédons et se dirige vers le point d'attache. Les aristoloches sont en général des végétaux très actifs, doués d'une odeur forte, souvent désagréable, et d'une saveur amère. Les principales espèces usitées sont :

1. L'ARISTOLOCHE RONDE, *aristolochia rotunda* L. (fig. 171). Cette plante s'élève à 50 centimètres de hauteur ; sa tige est faible et garnie de feuilles cordiformes-obtuses, presque sessiles ; les fleurs sont solitaires dans l'aisselle des feuilles à périanthe tubuleux terminé en languette ; elles sont jaunes au-dehors, d'une couleur orangée brune en dedans. Toute la plante est âcre, aromatique, et laisse sur la langue une amertume désagréable. Elle croît dans les champs, surtout dans les pays chauds ; et, en France, dans le Languedoc et la Provence, d'où on nous apporte sa racine sèche. Cette racine est tubéreuse, ligneuse-amylacée, assez grosse, pesante, comme mamelonnée à sa surface, grise, unie ou quelquefois légèrement ridée ; elle est jaunâtre à l'intérieur, d'une saveur amère, d'une odeur peu sensible lorsque la racine est entière ; mais quand on la pulvérise cette odeur devient assez forte et désagréable.

2. ARISTOLOCHE LONGUE, *aristolochia longa* L. Cette plante croît dans les mêmes lieux que la première et lui ressemble beaucoup. Cepen-

dant ses feuilles sont pétiolées ; ses fleurs sont jaunes avec des bandes brunes au-dehors, à languette plus courte et entièrement jaune. Sa racine, au lieu d'être arrondie, est cylindrique, quelquefois longue de 30 centimètres et grosse à proportion ; du reste, elle a la même couleur, la

Fig. 171.

Fig. 172.

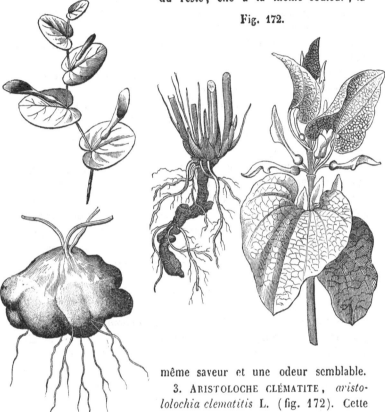

même saveur et une odeur semblable.

3. ARISTOLOCHE CLÉMATITE, *aristolochia clematitis* L. (fig. 172). Cette plante se trouve dans les bois, à peu près dans toute la France, et encore plus dans le Midi ; sa tige est droite et porte des feuilles pétiolées, comme l'aristoloche longue ; mais ses feuilles sont cordiformes pointues, et les fleurs, au lieu d'être solitaires, sont ramassées au nombre de 3 à 6 dans l'aisselle des feuilles. Le périanthe est entièrement jaune, terminé en languette aiguë. La racine, fort différente des précédentes, est composée de quelques fibres brunes, très longues, de la grosseur d'une plume d'oie, serpentant de tous côtés, et d'un petit nombre de radicules. Elle a une odeur plus forte que les précédentes, et une saveur âcre, amère et fort désagréable.

4. ARISTOLOCHE PETITE, *aristolochia pistolochia* L. Cette espèce

est plus petite dans toutes ses parties que les précédentes, et s'élève
rarement à plus de 25 centimètres de terre. Ses feuilles sont pétiolées,
cordiformes, obtuses, un peu sinuées sur les bords ; les fleurs sont
solitaires, jaunâtres, terminées par une languette noirâtre. La racine
est composée d'un petit tronc de la grosseur d'une plume, et d'un
grand nombre de radicules très deliées, d'un demi-pied de longueur.
Elle a une couleur grise jaunâtre, une odeur aromatique qui n'est pas
désagréable, et un goût âcre et amer. Elle vient de nos pays méridionaux.

Les différentes espèces de racines d'aristoloche sont détersives, emménagogues et propres à favoriser l'expulsion des lochies, d'où leur est
venu leur nom. Les trois premières ont été connues de Dioscoride et
des anciens Grecs. La dernière ne l'a été que de Pline, qui l'a décrite
sous les noms de *pistolochia* et de *polyrrhizos :* ce dernier nom signifie
nombreuses racines.

5. ARISTOLOCHE SERPENTAIRE, SERPENTAIRE DE VIRGINIE OU VIPÉ-
RINE DE VIRGINIE. La plante qui produit la racine de serpentaire de
Virginie paraît avoir été décrite, pour la première fois, par Thomas
Johnson, en 1633. C'est, lorsqu'elle est récente, un spécifique presque
certain contre la morsure de plusieurs serpents venimeux. Il paraît
même qu'elle est nuisible aux serpents eux-mêmes, mais dans un
moindre degré qu'une autre espèce du même genre, qui est l'*Ar. anguicida* L. Sa racine, telle qu'on l'apporte de l'Amérique septentrionale,
est formée d'une souche très menue, garnie d'un chevelu touffu et très
fin. Elle a une couleur grise, une odeur forte et camphrée, une saveur
amère également camphrée. Elle est presque toujours accompagnée de
portions de sa tige flexueuse, et de quelques feuilles qui, humectées
et développées sur une feuille de papier, peuvent servir à la distinguer
d'espèces voisines moins actives, ou de racines de nature toute différente, qu'une ressemblance de forme pourrait faire confondre avec la
véritable ; telles sont les racines de *collinsonia scabriuscula* (labiées) et
de *spigelia marylandica* (loganiacées) que l'on dit avoir été quelquefois
mélangées par fraude à la serpentaire de Virginie, quoique je ne les y
aie jamais trouvées. Quant à cette dernière, il en existe dans le commerce trois sortes, produites par trois ou quatre plantes qui ont été
confondues par les botanistes sous le même nom d'*aristolochia serpentaria;* mais dont une au moins doit être soigneusement distinguée des
autres, tant parce qu'elle forme une espèce différente, que parce que
sa racine est beaucoup moins aromatique et moins active.

A. **Première serpentaire de Virginie.** La véritable serpentaire
de Virginie, ou, si on l'aime mieux, la plus ancienne et la seule que
l'on trouvât dans le commerce avant 1816, est celle que j'ai décrite

d'abord, formée d'une petite souche garnie de radicules très fines, courtes et chevelues. J'insiste sur la disposition de ces radicules qui sont courtes, chevelues, repliées sur elles-mêmes, formant un petit paquet *emmêlé*. Cette racine est très aromatique et fortement camphrée. En développant, au moyen de l'eau, la tige et les feuilles qu'on y trouve quelquefois, je suis parvenu à en former la plante représentée figure 173, que j'ai complétée avec la figure et la description qu'en a données Woodville dans son *Medical botany*, t. II, p. 291, fig. 106. On

Fig. 173.

la trouve également représentée par Plukenet, sous le nom de *aristolochia pistolochia* seu *serpentaria virginiana*, *caule nodoso* (*Almag.* 50, t. CXLVIII, fig. 5). Cette plante est pourvue d'une tige faible, flexueuse ou même coudée en zig-zag à l'endroit des feuilles, qui sont alternes, longuement pétiolées, creusées d'un sinus large et profond à la base. Elles sont proportionnellement très larges, terminées cependant en pointe à l'extrémité. Le bord du limbe est très entier, la feuille est également verte sur les deux faces, très mince, presque transparente, à nervures très peu proéminentes; elle est entièrement glabre, ainsi que la tige. Les fleurs sortent en petit nombre du collet de la racine; elles sont longuement pédonculées, à périanthe tubulé, rétréci au-dessus de l'ovaire, fortement courbé en cercle, enfin terminé par un limbe renflé, à ouverture obscurément triangulaire. Le fruit, que l'on trouve souvent avec la racine du commerce, est une petite capsule sphérique, devenue hexagonale par la dessiccation.

B. **Seconde serpentaire de Virginie** (fig. 174). Cette sorte a paru pour la première fois dans le commerce, à Paris, en 1816. Elle est composée de radicules jaunâtres, manifestement *plus grosses* que dans la première sorte, moins pourvues de chevelu, *plus longues*, *plus droites*, et formant des faisceaux allongés et plus réguliers. Elle est généralement pourvue d'une partie de ses tiges qui sont minces, anguleuses, mais droites et non géniculées. Les feuilles sont cordiformes par le bas, oblongues et insensiblement terminées en pointe par le haut.

Du reste elles sont de même nature que celles de la première espèce, c'est-à-dire qu'elles sont très glabres, très entières, très minces, vertes et comme transparentes. Les fleurs naissent près de la racine ; elles

Fig. 174.

sont d'un violet pâle, à limbe coupé obliquement et terminé par une languette très courte. Les fruits ressemblent à ceux de la plante précédente.

Cette plante est celle que l'on trouve décrite et représentée sous le nom d'*aristolochia officinalis*, dans les plantes médicinales de Nees d'Esenbeck, et sous celui d'*aristolochia serpentaria* dans l'*American medical botany* de Bigelow, vol. III, p. 82, fig. 49. Je la considère, ainsi que la première, comme deux variétés d'une même espèce à laquelle je conserve le nom que lui a donné Linné, *aristolochia serpentaria*, et je les distingue par les épithètes de *latifolia*, appliquée à la plante de Woodville, et d'*angustifolia* donnée à la plante de Bigelow.

C. **Serpentaire de Virginie à feuilles hastées.** Cette plante, représentée par Plukenet, sous le nom de *aristolochia polyrhizos*, *auricularibus foliis* (tab. 78, fig. 1), se rapproche beaucoup de la variété à feuilles étroites de l'*aristolochia serpentaria*. En effet, sa tige est droite, sa racine est composée de radicules assez fortes, droites et perpendiculaires, et ses feuilles sont étroites, très minces et transparentes. Mais elles sont encore plus étroites, plus allongées, auriculées et même un peu hastées par le bas ; la tige, les pétioles et le limbe des feuilles sont munis de poils épars. Enfin, d'après la figure donnée par Plukenet, le limbe du périanthe est terminé par une languette très prononcée. Que l'on considère cette plante comme une simple variété de l'*aristolochia serpentaria* ou qu'on la regarde comme une espèce différente, l'épithète de *hastata* pourra servir à la désigner plus particulièrement.

D. **Fausse serpentaire de Virginie.** Cette racine se trouve aujourd'hui en abondance dans le commerce ; elle diffère des sortes pré-

cédentes par ses radicules plus grosses, moins nombreuses (1) et beaucoup moins aromatiques; elles sont beaucoup moins camphrées surtout.
On y trouve des fragments de tiges coudées et noueuses à l'endroit de

Fig. 175.

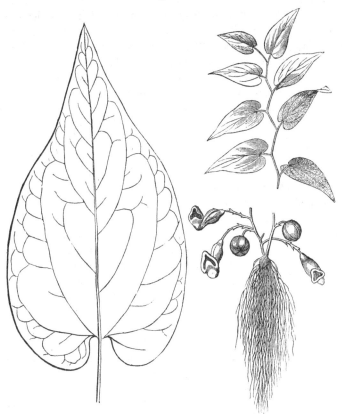

l'insertion des feuilles, lesquelles sont cordiformes, larges, *presque
sessiles*, rudes au toucher, épaisses et à nervures proéminentes, un peu
dentées sur le bord et légèrement poilues. La fleur naît près de la racine. Elle est velue, d'un pourpre sale, terminée par une gibbosité qui
s'ouvre en une fente à 3 rayons. Cette plante a été parfaitement décrite
par Jacquin (2), mais sous le nom d'*aristolochia serpentaria*, que

(1) La figure 175, empruntée aux plantes médicinales de M. Nees d'Esenbeck, diffère en quelques points de la description que je donne ici d'après
des échantillons du commerce.

(2) *Hort. Schœnbrun.*, vol. III, tab. 385.

M. Nees a cru devoir lui conserver. Je pense que c'est à tort, puisque cette plante diffère de l'*aristolochia serpentaria* de Linné, et qu'elle ne produit pas la véritable serpentaire de Virginie. J'ai proposé, il y a longtemps déjà, de lui donner le nom d'*aristolochia pseudo-serpentaria*.

RACINE DE MIL-HOMENS. *Aristolochia cymbifera* Mart., *Ar. grandiflora* Gom. Cette plante sarmenteuse croît au Brésil ; elle dépasse la hauteur des plus grands arbres, et se fait remarquer par la grandeur de ses fleurs, dont le diamètre est d'environ 22 centimètres, et par l'odeur forte dont toutes ses parties sont pourvues. Le corps de sa racine est tubéreux et donne naissance à plusieurs jets longs de 30 à 60 centimètres, garnis eux-mêmes de radicules de la grosseur d'une plume de pigeon, longs de 10 à 16 centimètres. Les jets desséchés, tels que je les ai reçus de M. Théodore Martius, sont de la grosseur d'une plume à écrire, d'un brun noirâtre à l'extérieur, presque semblables à ceux de l'aristoloche clématite, mais d'une odeur beaucoup plus forte, analogue à celle d'un mélange de serpentaire et de rue. Leur saveur est amère, aromatique et camphrée. L'intérieur de la racine est blanchâtre, et la coupe transvervale offre un cercle de vaisseaux tubulés par lesquels on peut aspirer très aisément de l'eau. L'analyse a montré qu'elle contenait une huile volatile, de la résine, du tannin, un principe amer, de la gomme, de l'amidon et des sels calcaires et potassiques. Cette racine, récente, passe pour être vénéneuse ; sèche, elle est conseillée contre l'hydropisie, la dyspepsie, la paralysie, etc.

J'ai reçu deux autres racines d'aristoloches du Brésil : l'une, qui m'a été donnée par M. Martius, sous le nom d'*Ar. antihysterica*, ressemble à la précédente par sa couleur extérieure noirâtre, sa couleur blanchâtre à l'intérieur et son odeur ; mais elle est à peu près grosse comme le petit doigt, et son écorce est molle et fongueuse. La seconde a été reçue du Brésil par M. Stanislas Martin, comme étant celle de *mil-homens* ou d'*aristolochia grandiflora ;* mais elle est sans doute produite par l'une des autres aristoloches brésiliennes ordinairement confondues avec la première, telles que les *Ar. macroura* Gom., *brasiliensis* Mart., *labiosa* Bot. reg. ou *ambuiba-embo* de Marcgraff, etc. Cette même racine a été rapportée de Cayenne par M. Prieur. Elle est en jets fort longs, composés d'un corps ligneux de 1 à 2 centimètres de diamètre, rayonné comme celui de toutes les aristoloches et des ménispermes, et d'une écorce spongieuse très épaisse, profondément sillonnée et quelquefois partagée par côtes jusqu'au corps ligneux. Cette racine présente une teinte générale jaune-fauve, une odeur très forte analogue à celle de la rue, et un goût aromatique semblable que je ne trouve aujourd'hui ni âcre ni amer. Je ne sais si antérieurement sa saveur a été plus marquée.

Racine d'Asarum ou de Cabaret.

Asarum europæum L. (fig. 176). L'asarum, devenu rare dans les environs de Paris, croît surtout dans les lieux ombragés des Alpes et du midi de la France. C'est une petite plante basse, toujours verte, dont les feuilles, réniformes et obtuses, fermes, vertes et lisses, sont portées sur de longs pétioles réunis deux à deux près de la racine. C'est de l'endroit de leur réunion que sort un pédoncule court, supportant une fleur brune composée d'un calice coloré, persistant, campaniforme, à 3 divisions ouvertes ; à l'intérieur se trouvent 12 étamines posées circulairement : les anthères sont attachées à la face externe des filets ; le style est hexagone, et le stigmate à 6 lobes ; il lui succède une capsule tronquée, polysperme, à 6 lobes La racine est grise, fibreuse,

rampante, garnie d'un chevelu blanchâtre. On nous l'apporte sèche de nos provinces méridionales, mais récoltée sans soin et mêlée d'un grand nombre de racines étrangères : telles sont entre autres celles de *fraisier*, de *tormentille* ou d'autres analogues ; d'*arnica*, d'*asclépiade*, de *polygala commun*, et surtout de *valériane sauvage*, en assez grande quantité pour communiquer à toute la masse une forte odeur de valériane ; c'est ce qui a causé l'erreur de quelques auteurs de matière médicale, qui donnent cette odeur comme un caractère propre à la racine d'asarum. Voici

Fig. 176.

les caractères de cette racine lorsqu'elle est mondée de toutes celles qui lui sont étrangères : elle est grise, de la grosseur d'une plume de corbeau, *quadrangulaire*, ordinairement contournée et marquée de distance en distance de nodosités, d'où partent des radicules blanchâtres, très déliées. Elle est garnie ou dépourvue de ces radicules. Elle a une saveur de poivre, et une odeur forte, analogue également à celle du poivre, qui se développe surtout lorsqu'on écrase le chevelu entre les doigts. Elle fournit à la distillation une huile volatile camphrée, cristallisable en lames carrées et nacrées. MM. Lassaigne et Feneulle, qui ont

obtenu ce résultat , ont encore retiré de la racine d'asarum une huile
grasse très âcre, une matière brune soluble dans l'eau , d'une saveur
amère et nauséeuse , de la fécule , du citrate et du malate de chaux.
(*Journ. de pharm.*, t. VI , p. 561.)

La racine d'asarum est fortement purgative et émétique , et était employée comme telle avant l'importation de l'ipécacuanha. Les feuilles ,
qui sont aussi très actives , servent à faire une poudre sternutatoire qui
a souvent réussi pour dissiper les maux de tête invétérés.

Le nom d'*asarum* est grec et veut dire *je n'orne pas* , parce que ,
suivant Pline , cette plante n'était jamais employée dans les couronnes
ou dans les guirlandes dont on se parait dans les fêtes. Le nom de
cabaret vient, dit-on, de l'usage que les ivrognes ont fait de cette racine
pour se débarrasser de l'excès de leur boisson ; celui d'*oreille-d'homme*,
de la forme des feuilles ; celui de *nard sauvage* , des propriétés énergiques de la plante, ou de sa ressemblance accidentelle, quant à l'odeur,
avec les valérianes, dont trois espèces portaient le même nom chez les
anciens. (Voyez ces dernières racines.)

Racine d'asarum canadense. Cette racine , envoyée de Philadelphie par M. E. Durand , ne me paraît différer en rien de celle de
l'*asarum europæum*. Les deux plantes sont d'ailleurs tellement voisines,
que beaucoup de botanistes les regardent comme deux variétés d'une
même espèce.

Racine d'asarine. J'ai quelquefois vu vendre dans le commerce, au
lieu de racine d'asarum ; celle d'une autre plante nommée *asarine* ; à
cause de la ressemblance de ses feuilles avec celles de l'asarum. Mais
cette autre racine , bien différente , est formée d'un corps ligneux ,
quelquefois gros et long comme le doigt , garni d'un grand nombre de
radicules fort longues et menues comme celles de l'asclépiade , ce qui
lui donnerait de la ressemblance avec cette dernière, si elle n'était d'une
couleur grise foncée et d'un goût amer très prononcé. La même racine
d'asarine pourrait plutôt encore se confondre avec celle de la valériane
phu; mais celle-ci a l'odeur propre aux valérianes , et la première a
une faible odeur de racine d'arnica. L'asarine est l'*antirrhinum asa-
rina* L., de la didynamie angiospermie, des dicotylédones monopétales
hypogynes et de la famille des antirrhinées de Jussieu.

FAMILLE DES SANTALACÉES.

Végétaux herbacés ou frutescents , tous exotiques , à l'exception
d'une seule espèce, l'*osyris alba*, qui croît dans le midi de la France
et de l'Europe ; leurs feuilles sont alternes ou opposées et privées de
stipules ; les fleurs sont très petites, formées d'un périanthe adhérent ,

à limbe supère à 4 ou 5 divisions; les etamines sont en nombre égal, opposées aux divisions du périanthe et insérées à leur base; l'ovaire est infère, uniloculaire, contenant un petit nombre d'ovules portés au sommet d'un podosperme filiforme qui s'élève du fond de la loge ; le style est simple, terminé par un stigmate lobé; le fruit est indéhiscent, monosperme, quelquefois charnu ; la graine contient un embryon axile dans un endosperme charnu.

La famille des santalacées tire son nom du genre *santalum*, formé d'arbres répandus depuis l'Inde jusqu'aux îles de l'océan Pacifique, et qui fournissent à la pharmacie, à la parfumerie et à l'ébénisterie, différents bois aromatiques souvent confondus sous les noms de *santal citrin* et de *santal blanc*, et dont l'origine précise est encore loin d'être complétement connue.

Les arbres du genre *santalum* ont les feuilles opposées, très entières, un peu épaisses, fermes et lisses; les fleurs sont disposées en thyrses axillaires, très petites, formées d'un calice urcéolé, à limbe supère, quadrifide, tombant; de 4 glandes, écailles ou petites folioles, insérées à la gorge du calice, alternes avec ses divisions et pouvant être considérées comme une corolle rudimentaire ; de 4 étamines alternes avec les folioles précédentes et opposées par conséquent aux dents du calice. L'ovaire est semi-infère, uniloculaire, à 2 ovules pendants ; le fruit est un caryone ou drupe infère, succulent, monosperme, couronné par ce qui reste du limbe du calice. Les espèces qui composent ce genre sont principalement :

1° Le *santalum album* de Roxburgh (*flora indica* I, 442), arbre ayant environ la forme et la grandeur d'un noyer, croissant sur les montagnes voisines de la côte de Malabar. Il a les feuilles courtement pétiolées, lancéolées-obtuses, longues de 4 à 8 centimètres; les fleurs sont d'abord jaunâtres, devenant d'un rouge pourpre foncé; elles sont inodores, de même que toutes les autres parties de l'arbre. Le bois lui-même est inodore, lorsqu'il est frais, et n'acquiert l'odeur forte qui le caractérise que par la dessiccation. Les fruits sont noirs à maturité, succulents, de la grosseur d'une cerise. On pense que le santal de la Cochinchine, de Timor et des îles adjacentes, appartient à la même espèce ; quoique celui de Timor fournisse un bois plus volumineux et moins aromatique, et que le bois de santal de la Cochinchine, qui est le plus gros de tous, soit si peu aromatique, au dire de Loureiro, qu'on l'emploie à peine dans les fumigations.

2° Le *santalum myrtifolium* Roxb., natif des montagnes de Circar, sur la côte de Coromandel; Roxburgh l'a définitivement considéré comme une espèce distincte de la précédente, beaucoup moins élevée et fournissant un bois inusité ou de peu de valeur.

3° Les *santalum ovatum*, *venosum*, *oblongatum*, *lanceolatum*, et *obtusifolium*, observés par le célèbre M. R. Brown, dans la Nouvelle-Hollande.

4° Les *santalum freycinetianum* et *ellipticum* rapportés par M. Gaudichaud des îles Sandwich. Le premier est un arbre à feuilles lancéolées-obtuses (j'ajoute un peu *spatulées*), veineuses ; les grappes terminales, simples; les fleurs opposées, roses.

Les bois du nom de *santal* ont été inconnus aux anciens Grecs et aux Romains ; les Arabes en ont parlé les premiers sous le nom de *sandal*, dérivé de l'hindou *chandana*, ou du malais *tsjendana*. On en a toujours distingué trois sortes, dont une, le *santal rouge*, est un bois inodore et d'un rouge plus ou moins foncé, produit par un *pterocarpus*, arbre de la famille des papillonacées, dont il sera traité plus tard. Il ne sera donc question en ce moment que des autres bois nommés *santal citrin* et *santal blanc*.

Au dire de presque tous les auteurs, le santal blanc n'est autre chose que du santal citrin abattu dans sa jeunesse, ou que l'aubier des arbres âgés, dont le cœur seul a acquis l'odeur forte et la couleur fauve qui le caractérisent. Cette opinion peut être vraie ou fausse, suivant la matière qui en fait le sujet; c'est-à-dire qu'on a pu vendre, en effet, quelquefois, comme santal blanc, l'aubier du santal citrin, ou le bois complet de l'arbre au santal citrin, récolté très jaune; mais il est certain aussi qu'on a toujours vendu comme *santal blanc*, un bois bien différent du premier, à odeur de rose, et qui ne peut appartenir au même arbre. Enfin on trouve dans le commerce, depuis quelques années, un troisième bois de santal caractérisé par une odeur de musc; je vais décrire successivement ces différents bois et leurs variétés.

1. Santal citrin du Malabar. Ce bois, parfaitement caractérisé par Loureiro, et produit par le *santalum album* de Roxburgh, constitue depuis longtemps la presque totalité de celui du commerce. Il se présente sous forme de bûches privées d'aubier, arrondies à la hache, ayant 1 mètre de longueur et 6 à 8 centimètres de diamètre. Il est d'une couleur fauve, médiocrement dur et compacte, plus léger que l'eau. Il exhale une odeur très forte et aromatique, tout à fait caractéristique, que l'on compare ordinairement à un mélange de musc et de rose. Il a une légère saveur amère. Il est formé de couches concentriques, irrégulières et ondulées, dont le centre répond très rarement au centre de la bûche. Lorsqu'il est poli, il paraît satiné. Il fournit à la distillation une huile volatile jaune, oléagineuse, un peu plus légère que l'eau, d'une saveur âcre et amère.

Je possède un morceau de santal citrin semblable pour la forme au précédent et probablement de même origine; mais il est d'un fauve foncé et rougeâtre, plus dense que le premier et cependant encore un peu plus léger que l'eau. Il est comme imprégné d'huile et d'une odeur encore plus forte que le premier Il est carié à l'intérieur et la cavité formée par la carie présente une exsudation résineuse. De même que pour le bois d'aloès, il est probable que la vieillesse et la maladie ont augmenté la qualité de ce bois.

2. **Santal citrin de Timor?** Tronc unique, parfaitement cylindrique et uni à l'extérieur, ayant encore néanmoins 26 centimètres de diamètre, et formé de couches concentriques ondulées dont le centre coïncide avec celui de la bûche. Il est un peu moins dense et un peu moins aromatique que le premier ; mais il offre la même couleur fauve, le même manque d'aubier et une odeur semblable. J'avais anciennement conclu de cette similitude de caractères que l'arbre qui le produit était de la même espèce que le premier. La preuve ne me paraît plus suffisante aujourd'hui, que j'ai vu le santal citrin des îles Sandwich être semblable à celui de la côte du Malabar, quoique appartenant à une espèce distincte.

3. **Santal citrin pâle.** Ce bois se trouvait anciennement assez fréquemment chez les droguistes; à une époque plus rapprochée d'aujourd'hui je désespérais de l'y retrouver, lorsqu'un morceau m'en fut présenté sous le nom de *santal blanc*. Ce bois peut avoir de 8 à 16 centimètres de diamètre; il est cylindrique et uni à l'extérieur, d'un jaune très pâle avec un aubier blanchâtre ; il est un peu plus léger que l'eau ; il offre une fibre droite et une texture fine et compacte ; il est bien plus dur, plus uni et susceptible de prendre un bien plus beau poli que les deux précédents; mais il a une odeur bien plus faible. Celui que j'ai retrouvé paraissait même inodore, et n'a repris son odeur de santal citrin qu'après que les surfaces eussent été renouvelées.

Ce bois est probablement un de ceux qui, sous le nom de *santal blanc*, a été considéré comme du santal citrin abattu avant que l'âge lui eût communiqué toute la qualité qu'il peut acquérir. Mais il me semble qu'un bois plus jeune devrait être moins dur et moins compacte que l'autre, et c'est le contraire qui a lieu; je pense donc plutôt que le bois que je nomme ici *santal citrin pâle* est produit par un arbre différent du premier.

4. J'ai vu anciennement, dans le Droguier de la Pharmacie centrale des hôpitaux civils, un morceau de santal qui présentait des caractères tout particuliers; il provenait d'une racine ou d'un tronc rabougri ; il était tortueux, très difficile à fendre, d'une couleur très pâle et presque blanche; il était *léger*, sans distinction apparente de bois et d'aubier, et néanmoins toujours un peu plus dense et plus coloré au centre qu'à la

circonférence. Il était tout à fait inodore à froid et ce n'était que par l'échauffement causé par la râpe ou la scie que le centre acquérait une faible odeur de santal citrin.

Ce bois, que j'ai décrit anciennement comme santal blanc, se rapproche bien plus par sa texture du véritable santal citrin que celui du numéro précédent. Il peut provenir d'un arbre très jeune ou qui aurait crû dans des circonstances très défavorables à son développement.

5. **Santal citrin de Sandwich.** Je dois à l'obligeance de M. Gaudichaud un échantillon de ce bois, produit à l'île Wahou par le *santalum freycinetianum* (*oïe-ara* des habitants). Il faisait partie d'une bûche à contour elliptique, de 55 et 70 millimètres de diamètre. Le centre des couches ligneuses est assez près d'une des extrémités de l'ellipse. Du reste, il offre si bien tous les caractères du santal citrin du Malabar, qu'il est fort difficile de l'en distinguer. Le santal citrin des îles Sandwich a été signalé pour la première fois en 1792, par Vancouver. Il a été, pendant plusieurs années, l'objet d'une exportation assez considérable pour la Chine, mais il paraît presque épuisé aujourd'hui.

6. Il est arrivé l'année dernière, des îles Marquises, un échantillon de santal en bûche à peu près triangulaire, formé d'un cœur fauve brunâtre, tandis que le reste du bois est fauve pâle et blanchâtre. L'odeur n'est pas très forte et incline vers celle de la rose, plus que le véritable santal citrin.

7. **Santal blanc à odeur de rose.** Ce bois se trouve en bûches ou en tronçons de bûches de 5 à 12 centimètres de diamètre. Souvent il est parfaitement cylindrique et recouvert d'une écorce d'un gris noirâtre, assez mince, dure et compacte. A l'intérieur il est formé presque entièrement d'un cœur ligneux, généralement plus lourd que l'eau, très dur et comme huileux; tout autour et immédiatement sous l'écorce se trouve un cercle d'aubier peu épais, presque aussi dense et aussi dur que le bois.

Ce bois est à fibres droites et se fend facilement. Il est d'un blanc jaunâtre, très fin, très compacte et susceptible d'un beau poli satiné; on en ferait de beaux meubles s'il était plus volumineux; malheureusement les plus grosses bûches que j'en ai vues n'avaient pas plus de 12 centimètres de diamètre.

Enfin ce bois a une saveur assez fortement amère, et a une odeur de rose presque pure, qui ne permet pas de penser qu'il soit dû au même arbre que le santal citrin. Cette odeur justifie le nom que je lui donne de *santal à odeur de rose.*

Je me suis demandé si ce bois était un véritable santal qui eût toujours été connu pour tel, ou si ce n'était pas un bois nouveau substitué au santal blanc des auteurs; mais je pense que c'est un véritable santal, parce que tous les auteurs qui parlent de la préparation de l'essence de rose en Asie, et surtout en Perse, disent qu'on en augmente la quantité en ajoutant aux roses que l'on distille du bois de santal. Or, comme il serait impossible de falsifier l'essence de rose avec celle de santal citrin, il faut bien que cette assertion se rapporte au santal à odeur de rose, et que ce bois soit reconnu dans l'Orient comme une espèce de santal; mais je n'ai aucune idée sur le lieu de sa provenance.

8. **Santal à odeur de musc.** Ce bois a paru il y a peu d'années dans le commerce. Il se rapproche du précédent par son écorce grise foncée, dure et compacte; par sa densité considérable, sa compacité, la grande finesse de son grain et le beau poli qu'il peut recevoir. Voici maintenant les différences : il n'est pas satiné ; il est formé d'un cœur fauve foncé et d'un aubier beaucoup plus pâle, assez volumineux, mais toujours presque aussi dur et aussi compacte que le cœur ; de même que dans les bois précédents, la différence de l'aubier au cœur du bois, réside presque uniquement dans la couleur. Récemment coupé, il exhale une odeur de musc très marquée ; mais cette odeur se perd à l'air et le bois ancien paraît inodore ; il faut l'action de la râpe ou de la scie pour lui rendre son odeur. J'ai deux échantillons de ce bois : l'un est un tronçon régulièrement cylindrique, de 8 centimètres de diamètre, dont le cœur nettement terminé occupe 4 centimètres ; l'autre est un tronc irrégulier, large de 19 centimètres, à cœur ondulé, et comme nuageux sous le poli. J'en ignore le lieu d'origine.

9. **Faux bois de santal citrin.** J'ai vu chez un fort marchand de bois des îles, quelques bûches très considérables d'un bois qu'il vendait comme *santal citrin*, envers et contre tous et malgré tout ce qu'on pouvait lui objecter à cet égard. Je présume que ce bois venait d'Amérique. Il ressemblait tout à fait, par sa couleur fauve foncée et par les nombreuses veines brunes irrégulières, qui le faisaient paraître *marbré*, à un autre bois d'Amérique que sa ressemblance avec le bois d'olivier d'Europe a fait nommer aussi *bois d'olivier*. Mais ce *bois d'olivier d'Amérique* est inodore ou plutôt exhale, lorsqu'on le coupe, une odeur sensible d'acide acétique ; tandis que le prétendu santal citrin du marchand de bois des îles offre, lorsqu'on le râpe, une forte odeur de térébenthine. Du reste, ce bois est compacte, susceptible d'un beau poli, et serait avantageusement employé dans l'ébénisterie.

FAMILLE DES DAPHNACÉES OU THYMELÆACÉES.

Arbrisseaux à feuilles entières, éparses ou opposées, dépourvues de stipules. Fleurs hermaphrodites, quelquefois dioïques par avortement, à périanthe coloré et pétaloïde, offrant 4 ou 5 divisions imbriquées

avant la floraison. Étamines généralement sessiles et disposées sur deux
rangs, à l'intérieur du périanthe. Style simple, terminé par un stygmate
simple, ovaire uniloculaire contenant un seul ovule pendant. Le fruit est
une baie monosperme ou un askose entouré par le tube du périanthe
qui a persisté. La semence est pendante et contient, dans un endosperme
peu développé, un embryon orthotrope à radicule petite et supère.

Le genre le plus important de cette famille est le genre *daphne*, dont
toutes les espèces sont pourvues d'un principe âcre qui peut les faire
employer comme exutoires ; les principales sont :

1° Le GAROU ou SAIN-BOIS, *daphne gnidium* L. (fig. 177). Arbrisseau du midi de la France et de l'Europe, qui s'élève à la hauteur de
6 à 10 décimètres. Ses rameaux

Fig. 177.

supérieurs sont garnis, sur toute
leur longueur, de feuilles étroites,
aiguës, sessiles, rapprochées les
unes des autres et glabres. Les
fleurs sont petites, d'un blanc
sale, disposées au sommet des rameaux et dans les aisselles des
feuilles supérieures, en petites
grappes serrées qui forment dans
leur ensemble un corymbe terminal. Le périanthe est monophylle,
infundibuliforme, à limbe quadrifide ; les étamines sont au nombre de huit, insérées sur deux
rangs et incluses sur le tube du
périanthe ; le style est terminal,
très court, terminé par un stigmate globuleux ; le fruit est une
baie du volume d'un gros grain
de poivre, formée d'un péricarpe
succulent très peu épais, et d'une
semence presque sphérique, mais
terminée supérieurement par une pointe courte. L'épisperme offre trois
couches distinctes : une première membraneuse, très mince, jaunâtre,
marquée, près du sommet, d'un hile très apparent et d'un raphé proéminent qui s'étend du hile à la chalase, située à l'extrémité inférieure
opposée ; la deuxième enveloppe est noire, lisse et luisante, d'une
épaisseur sensible, dure et cassante ; la troisième est très mince, jaunâtre et membraneuse comme la première ; l'amande est **blanche** et

huileuse. Toute cette semence est pourvue d'une âcreté considérable ;
elle était usitée autrefois comme purgative, sous le nom de *grana
gnidia* ou de *cocca gnidia*, d'où les habitants du Midi ont donné au
garou le nom de *coquenaudier*, et aux semences celui de *semences de
coquenaudier* Elles peuvent causer des superpurgations dangereuses ;
les feuilles ont aussi été usitées en décoction ; ainsi employées, elles sont
moins actives et moins dangereuses que les graines.

2° MÉZÉRÉON ou BOIS GENTIL, *daphne mezereum* L. Tige droite,
rameuse, haute de 6 à 10 centimètres ; feuilles lancéolées, éparses,
sessiles, caduques ; les fleurs paraissent pendant l'hiver avant les feuilles ;
elles sont odorantes, purpurines ou blanches, sessiles et attachées trois
à trois le long des rameaux ; les fruits sont des baies rouges ou jaunes.
Cet arbrisseau est cultivé dans les jardins, pour l'agrément de ses fleurs
pendant l'hiver. Son écorce et ses semences sont souvent substituées à
celles du garou et peuvent servir aux mêmes usages.

3° La THYMELÉE, *daphne thymelea* L. Sous-arbrisseau qui n'a souvent que 8 à 12 centimètres de hauteur, et qui dépasse rarement 20 ou
25 centimètres. Il porte des tiges nombreuses, simples, garnies de
feuilles lancéolées et sessiles ; les fleurs sont jaunâtres, sessiles, axillaires, solitaires ou deux ou trois ensemble. Il croît dans le midi de la
France, en Italie et en Espagne, où les paysans se purgent avec ses
feuilles pulvérisées.

4° La LAURÉOLE, *daphne laureola* L. Ce petit arbrisseau, à tiges
faibles et pliantes, croît dans les bois, par toute la France. Ses rameaux
sont garnis de feuilles lancéolées, coriaces, luisantes, persistantes,
courtement pétiolées ; les fleurs sont verdâtres, réunies au nombre de
cinq ou six en petits groupes axillaires.

Les feuilles, et surtout l'écorce de lauréole, sont pourvues d'une
causticité remarquable et elles sont souvent employées comme exutoires,
à l'état récent, par les gens de la campagne. Mais c'est surtout l'écorce
du garou (*daphne gnidium*) que l'on trouve dans le commerce, à
l'état de dessiccation et qui est destinée à cet usage. Cette écorce est
très mince et néanmoins difficile à rompre. Elle est couverte d'un épiderme demi-transparent, d'un gris foncé, crispé ou ridé transversalement par le fait de la dessiccation, et uniformément marqué de distance en distance de petites taches blanches tuberculeuses. Dessous cet
épiderme se trouvent des fibres longitudinales très tenaces, que l'on
pourrait filer comme le chanvre, si elles n'étaient couvertes, du
côté de l'épiderme, d'une soie très fine, blanche et lustrée, qui, en
s'introduisant dans la peau, y cause des démangeaisons insupportables.
L'intérieur de l'écorce est d'un jaune de paille et uni, mais déchiré
longitudinalement. Toute l'écorce a une odeur faible, et cependant

nauséeuse, une saveur âcre et corrosive. Elle est épispastique étant
appliquée sur la peau en écorce, en poudre ou en pommade. Elle nous
arrive en morceaux longs de 32 à 65 centimètres, larges de 27 à
54 millimètres, pliés par le milieu et réunis en bottes. On doit la
choisir large et bien séchée.

On nous envoyait auparavant, au lieu de l'écorce de garou, les rameaux mêmes de l'arbrisseau desséchés, et on était dans l'usage d'en
séparer l'écorce à Paris, à mesure du besoin, en la ramollissant
préalablement dans l'eau, ou, ce qui est encore pis, dans du vinaigre.
Il est évident que l'écorce qui a été enlevée de dessus le bois récent,
sans macération préliminaire, et qui a été séchée promptement, doit
être plus efficace. Il faut donc préférer au bois de garou l'écorce toute
préparée que nous offre le commerce.

L'écorce de garou a été analysée par un grand nombre de chimistes,
notamment par Vauquelin, Gmelin, Coldefy-Dorly et Dublanc jeune ;
voici ce qui résulte de leurs différents travaux :

Cette écorce, traitée par l'alcool, donne une liqueur brune verdâtre
qui laisse précipiter de la cire par son refroidissement. Le soluté
alcoolique étant décanté et distillé presque entièrement, il s'en sépare
une matière verte-brune, épaisse, dont l'éther extrait une huile verte
très vésicante : il reste une matière résinoïde brune qui ne jouit d'aucune propriété épispastique.

L'huile verte n'est pas âcre et vésicante par elle-même, et le principe vésicant peut en être isolé en traitant directement l'extrait alcoolique par de l'eau aiguisée d'acide sulfurique. On filtre, on ajoute à la
liqueur de la chaux ou de la magnésie et on distille. Vauquelin a obtenu
de cette manière une eau distillée très âcre et alcaline, d'où on a conclu
que le principe âcre du garou était alcalin ; mais Vauquelin, ayant
constaté ensuite la présence de l'ammoniaque dans la liqueur distillée,
a pensé que l'alcalinité du produit était due à cet alcali. Cependant,
comme il est certain que l'addition d'un acide facilite la solution du
principe âcre, et que celle d'un alcali est nécessaire pour que ce principe passe à la distillation, il me paraît probable qu'il est alcalin par
lui-même.

Lorsque, au lieu de traiter l'esprit alcoolique par de l'eau acidulée,
on le traite par l'eau seule, et qu'on précipite la liqueur par de l'acétate
de plomb, on obtient une laque d'une belle couleur jaune. La liqueur,
privée de l'excès de plomb par le sulfide hydrique, et évaporée, laisse
cristalliser une substance que l'on purifie par de nouvelles solutions
et cristallisations. Cette substance est blanche, d'une saveur amère un
peu astringente, peu soluble dans l'eau froide, très soluble dans l'eau
bouillante, soluble également dans l'alcool et dans l'éther, ni acide ni

alcaline. Cette matière a été trouvée d'abord par Vauquelin dans l'écorce du *daphne alpina;* MM. Gmelin et Bar l'ont retirée ensuite de l'écorce de garou et lui ont donné le nom de *daphnine.* Il ne faut pas la confondre avec le principe âcre des *daphne* dont j'ai parlé d'abord.

FAMILLE DES LAURACÉES ou LAURINÉES.

Cette famille, quoique peu nombreuse, est une des plus intéressantes à étudier à cause du grand nombre de parties ou produits aromatiques qu'elle fournit à la pharmacie, à l'économie domestique et aux arts. Elle comprend des arbres ou des arbrisseaux, à feuilles alternes, quelquefois opposées en apparence, ordinairement épaisses, fermes, persistantes, aromatiques et ponctuées (1); stipules nulles; fleurs hermaphrodites, monoïques, dioïques ou polygames; périanthe calicinal monosépale, à quatre ou six divisions imbriquées; disque charnu soudé avec le fond du périanthe, persistant, s'accroissant souvent avec le fruit; étamines périgynes, insérées sur plusieurs rangs à la marge du disque, en nombre quadruple, triple, double ou égal aux divisions du périgone; les filets sont libres, les intérieurs pourvus à la base de deux glandes pédicellées qui sont des étamines rudimentaires; les anthères sont adnées, à 2 ou à 4 loges s'ouvrant de bas en haut par des valvules; ovaire libre, formé de 3 folioles soudées, uniloculaire, ne contenant le plus ordinairement qu'un ovule pendant. Le fruit est une baie monosperme accompagnée à la base par la partie entière du périanthe qui a persisté. La graine est inverse, recouverte par un épisperme chartacé, à hile transversal, à raphé se dirigeant obliquement vers la chalaze située à l'extrémité opposée. Elle renferme un embryon sans périsperme, orthotrope, composé de 2 gros cotylédons charnus et huileux; la radicule est très courte, rétractée, supère.

La famille des laurinées comprend aujourd'hui plus de quarante genres, dont la plupart ont été primitivement compris dans le genre *laurus:* tels sont, par exemple, les genres *sassafras, ocotea, nectandra, persea, cinnamomum, camphora;* le tableau suivant indique les caractères qui les distinguent principalement.

(1) Les *cassyta* qui ont été réunies aux lauriers, sont, par exception, des plantes parasites, volubiles, privées de feuilles et ayant l'aspect de la cucute.

GENRES	FLEURS	CALICE	ÉTAMINES	ANTHÈRES
LAURUS	dioïques ou hermaphrodites	à 4 divisions tombantes.	12 en 3 séries; toutes fertiles et portant 2 glandes sur le milieu du filet.	à 2 loges.
SASSAFRAS. . . .	dioïques.	6 divisions caduques.	9 en 3 séries; toutes fertiles; les 3 intér. pourvues de 2 glandes stipitées libres.	4 loges.
OCOTEA	dioïques ou polygames.	6 divisions persistantes.	9 en 3 séries; toutes fertiles; les 3 intér. pourvues de 2 glandes dorsales, sessiles.	4 loges.
NECTANDRA . . .	hermaphrodites.	6 divisions tombantes.	12 sur 4 séries; 9 extér. fertiles; 3 intér. stériles; les 3 fertiles intérieures pourvues de 2 glandes.	4 loges.
DICYPELLIUM . .	dioïques.	6 divisions persistantes.	Fleurs mâles inconnues. Fleurs femelles portant 12 étamines stériles, sur 4 séries.	»
AGATHOPHYLLUM.	hermaphrodites ou dioïques.	infundibuliforme à 6 divisions.	12 sur 4 séries; 9 ext. fertiles; 3 intér. stériles; les 3 fertiles intérieures pourvues de 2 glandes.	2 loges.
CRYPTOCARYA . .	hermaphrodites.	6 divisions tombantes.	12 sur 4 séries; 9 ext. fertiles; 3 intér. stériles; les 3 fert. intér. pourvues de 2 glandes stipitées.	2 loges.
PERSEA	hermaphrodites rarement diclines.	6 divis. profondes, tombantes.	12 sur 4 séries; 9 ext. fertiles; 3 intér. stériles; les 3 fertiles intérieures pourvues de 2 glandes.	4 loges.
CINNAMOMUM. . .	hermaphrodites ou polygames.	6 divisions tombantes.	12 sur 4 séries; 9 ext. fertiles; 3 intér. stériles; les 3 fertiles intérieures pourvues de 2 glandes.	4 loges.
CAMPHORA. . . .	hermaphrodites.	6 divisions tombantes.	15 sur 4 séries; 9 ext. fertiles; 6 intér. stériles; les 3 fertiles intérieures pourvues de 2 glandes.	4 loges.

Laurier commun ou Laurier d'Apollon.

Laurus nobilis L. Le laurier est un arbre de l'Europe méridionale, qui est cultivé dans nos contrées, mais qui s'y élève peu Sa tige est unie et sans nœuds ; son écorce est peu épaisse et son bois est poreux. Ses feuilles sont longues comme la main, larges de deux ou trois doigts, lisses, pointues, persistantes, d'une texture sèche, d'une odeur agréable et d'une saveur âcre et aromatique. Ses fruits sont gros comme de petites cerises, noirs, odorants, huileux et aromatiques.

Les feuilles de laurier sont stimulantes, carminatives et pédiculaires ; elles servent d'aromate dans les cuisines.

Les baies de laurier sont composées d'un péricarpe succulent, mais très mince, et d'une semence volumineuse, formée d'un épisperme en forme de capsule sèche, mince et cassante, et d'une amande à 2 lobes, fauves, d'une apparence grasse et d'une saveur amère et aromatique. Ce fruit contient deux huiles, l'une grasse, l'autre volatile, qui sont mélangées dans le péricarpe et dans l'amande ; mais le péricarpe contient plus de la première, et l'amande plus de la seconde. On peut obtenir ces deux huiles mélangées par une forte expression à chaud, ou par une légère ébullition dans un alambic. Le produit est d'un beau vert, très aromatique, granuleux, et de la consistance de l'huile d'olives figée. Il est rare dans le commerce, ou il est remplacé par de la graisse chargée par digestion du principe colorant vert et des huiles des fruits et des feuilles de laurier. Les baies de laurier font partie de l'alcoolat de Fioravanti.

Sassafras (fig. 178).

Sassafras officinarum Nees ; *laurus sassafras* L. Le sassafras ou *pavame* est un assez bel arbre qui croît dans la Virginie, la Caroline et la Floride. On le trouve également au Brésil, à l'île Sainte-Catherine, d'où M. Gaudichaud en a rapporté un tronc tout à fait semblable, pour la qualité aromatique, à celui de l'Amérique septentrionale. Il peut également venir en France, même sans culture, comme on en a eu la preuve, il y a un certain nombre d'années , par un très gros sassafras qui s'est trouvé abattu dans la coupe d'un bois près de Corbeil; mais il était moins aromatique que celui du commerce.

Le sassafras a les feuilles alternes, très variées de forme et de grandeur, glabres et d'un vert foncé en dessus, glauques en dessous ; les fleurs sont petites, disposées en bouquets ou en petites grappes lâches ; le fruit est une petite baie ovale, bleuâtre, soutenue à sa base par un calice rougeâtre en forme de cupule. Sa racine, que l'on trouve dans le commerce, est en souches ou en rameaux de la grosseur de la cuisse ou du bras; elle est formée d'un bois jaunâtre ou fauve, poreux, léger, d'une odeur forte qui lui est propre. L'écorce est grise à la surface, d'une couleur de rouille à l'intérieur, encore plus aromatique que le bois. Le bois et l'écorce fournissent à la distillation une huile volatile plus pesante que l'eau, incolore lorsqu'elle est récente, mais se colorant en jaune avec le temps.

Écorce de sassafras officinal. Cette écorce se trouve également dans le commerce séparée de la racine ou des rameaux de l'arbre. Elle est épaisse de 2 à 5 millimètres, tantôt recouverte de son épiderme gris, tantôt râclée et d'une couleur de rouille. Elle est spongieuse sous la dent, d'une odeur très forte, d'une saveur piquante et très aromatique. La surface intérieure, qui est unie et d'un rouge plus prononcé que le reste, offre quelquefois de très petits cristaux blancs, assez semblables à ceux observés sur la fève pichurim. Cette écorce devrait être employée en médecine, comme sudorifique, préférablement au bois.

Bois de sassafras inodore. Ce bois existe depuis longtemps dans la collection du Muséum d'histoire naturelle, et j'en ai un échantillon provenant du commerce, où il paraît qu'on le trouve quelquefois, mêlé au sassafras officinal. Il lui ressemble tellement en texture, en couleur et en écorce, qu'il est impossible de ne pas le reconnaître pour un sassafras; mais il est complètement inodore. Il provient du tronc et non de la racine.

On trouve dans le commerce ou dans les droguiers un assez grand nombre d'autres bois, d'écorces et de fruits qui ont l'odeur du sassafras, et dont l'origine exacte est encore couverte de quelque obscurité. Tels sont les articles suivants :

Bois d'anis ou **Bois de sassafras de l'Orénoque.** Pomet, Geoffroy et J. Bauhin ont fait mention d'un *bois d'anis* qui, de leur temps, était quelquefois substitué au sassafras, et que son odeur a fait prendre à tort, par plusieurs auteurs, pour le bois de l'anis étoilé de la Chine (*illicium anisatum*). Beaucoup de personnes ont pensé ensuite que ce bois ne différait de celui du sassafras officinal que parce que celui-ci est produit par la racine de l'arbre, tandis que le *bois d'anis* en serait le tronc. Mais cette opinion est réduite à néant par la comparaison du bois d'anis avec les parties de tronc qui accompagnent souvent les racines de sassafras du commerce. Reste alors l'opinion beaucoup plus probable de Lemaire-Lizancourt, qui a présenté le bois d'anis à l'Académie de médecine sous le nom de *sassafras de l'Orénoque* (*ocotea cymbarum* H. B.) ; cependant je dois dire que le bois d'anis, quoique plus dur que le sassafras officinal, ne me paraît pas mériter l'épithète de *durissimum* que lui donne M. de Humboldt; je suis plutôt porté à le croire produit par l'*ocotea pichurim* dont je parlerai dans un instant.

Le bois d'anis se présente dans le commerce sous forme de bûches cylindriques privées d'écorce et d'aubier, de 8 à 11 centimètres, ou en troncs de 30 à 50 centimètres de diamètre, également privés d'aubier, ce qui indique un arbre de première grandeur. Il est d'un gris verdâtre, plus compacte et plus pesant que le sassafras, mais surnageant encore l'eau, et ne prenant qu'un poli imparfait ; lorsqu'on le râpe, il développe une odeur mixte de sassafras et d'anis, mais bien moins forte que celle du sassafras et moins persistante. Aussi les pharmaciens doivent-ils rejeter les copeaux de ce bois, que l'on trouve aujourd'hui très abondamment chez les droguistes, parce que les ébénistes et les tourneurs, préférant pour leur usage le bois d'anis au sassafras, versent une grande quantité de ces copeaux dans le commerce. Il n'y a aucune comparaison à faire entre eux pour l'odeur et les propriétés, et ceux que l'on prépare soi-même avec la racine du vrai sassafras. Enfin, le bois d'anis graisse la scie, et sa coupe transversale, étant polie, offre un pointillé blanchâtre sur un fond jaunâtre obscur.

Autre bois à odeur de sassafras. Il y a très longtemps que ce bois m'a été remis par M. Boutron Charlard sous le nom de *bois de Naghas sentant l'anis.* Virey, qui le tenait de la même source, a cru pouvoir l'attribuer, en raison de sa grande dureté, au *mesua ferrea* L. (*nagassarium* Rumph., guttifères) qui fournit un bois tellement dur, que les Portugais lui ont donné le nom de *bois de fer* (*Journ. pharm.*, t. IX, p. 468). Mais je doute fort que cette opinion soit vraie, parce que Rumphius et Burmann, qui ont fait mention de l'odeur des fleurs du *nagassárium*, n'ont nullement dit que son bois fût aromatique. Je crois plutôt, en raison des rapports évidents de ce bois avec le précédent, qu'il est fourni par un *ocotea*, et sa très grande dureté, jointe à sa forte qualité aromatique, me font l'attribuer à l'*ocotea cymbarum* de Humboldt et Bonpland. Je ne l'ai jamais vu dans le commerce; tel que je l'ai et tel qu'il existe aussi dans le droguier de l'École de pharmacie, ce bois provient d'un tronc d'un diamètre considérable; il pèse spécifiquement 1,094 ; il est très dur, brun noirâtre avec un aubier jaune fauve, presque aussi dense que le bois ; il est susceptible d'un beau poli, et sa coupe perpendiculaire à l'axe présente, sous un fond brun foncé, un pointillé blanc très serré. Il jouit d'une odeur et d'une saveur très fortes de sassafras.

Écorce pichurim. Murray, dans son *apparatus medicaminum* (t. **IV,** p. 554), fait mention d'une *écorce de pichurim* produite par l'arbre qui donne la fève pichurim, que je suppose être encore l'*ocotea cymbarum* H. B. ; de sorte que cet arbre donnerait à la fois le bois d'anis très dur, la fève pichurim et l'écorce pichurim. J'ai trouvé anciennement dans le commerce, sous le nom d'*écorce de sassafras*, une substance différente de la véritable écorce de sassafras, et qui avait tous les caractères de l'écorce pichurim de Murray. Cette écorce est mince et roulée, couverte d'un épiderme gris-blanchâtre, jaunâtre ou brunâtre. Le liber est d'une couleur de rouille terne, devenant brunâtre avec le temps ; la texture en est assez compacte, fine, fibreuse et feuilletée. Son odeur et sa saveur sont celles du sassafras, mais plus faibles et plus suaves ; la surface intérieure, qui est assez unie, offre très souvent une sorte d'exsudation blanche, opaque, cristalline, qui me paraît analogue à celle de la fève pichurim.

M. Lesson, qui a fait comme pharmacien le voyage autour du monde sur la corvette *la Coquille*, a rapporté de la Nouvelle-Guinée une *écorce de massoy* anciennement décrite par Rumphius (*Amb.*, t. II, p. 62). Cette écorce ne différait de la précédente que par une odeur de sassafras plus forte, qu'elle devait probablement à ce qu'elle était toute nouvelle lorsque je l'ai examinée. Tous les autres caractères étaient semblables. Il est du reste évident, par la description de Rumphius, que le *massoy* est congénère des *ocotea* d'Amérique.

Écorce de sassafras de Guatimala. Cette écorce, rapportée par M. Bazire, est en tuyaux roulés, minces, et de la grosseur d'une plume à celle du petit doigt ; l'extérieur est blanchâtre et fongueux ; l'intérieur est d'un gris rougeâtre ; la cassure offre une séparation tranchée des deux couleurs ; l'écorce entière possède une forte odeur de sassafras dominée par celle de l'anis, et une saveur semblable. Cette écorce est employée, comme sudorifique et antivénérienne, à Guatimala ; l'arbre qui la produit, et qui porte le nom de *sassafras*, croît près des côtes de la mer du Sud.

Semence ou Fève pichurim.

On trouve dans le commerce deux espèces de fève pichurim, auxquelles on applique indifféremment les noms de *péchurim*, *pichonin*, *pichola*, *pichora*, tous corrompus du premier, et celui de *noix de sassafras*, qui leur a été donné à cause de leur odeur, et parce que les arbres qui les produisent portent sur les bords de l'Orénoque le nom de *sassa-*

fras, bien qu'ils diffèrent du véritable sassafras officinal. Voici les caractères des deux semences :

Semence pichurim vraie. Cette espèce est rare aujourd'hui chez nos droguistes ; elle consiste en deux lobes cotylédonaires semblables à ceux qui forment la semence de laurier, mais beaucoup plus gros, toujours isolés et entièrement nus. Ces lobes sont elliptiques-oblongs, longs de 27 à 45 millimètres, et larges de 14 à 20. Ils sont convexes du côté externe, et marqués ordinairement de l'autre d'un sillon longitudinal formé probablement pendant leur dessiccation. Ils sont lisses, unis ou légèrement rugueux à l'extérieur, et présentent du côté intérieur, près de l'une des extrémités, une petite cavité dans laquelle avait été logé l'embryon. Ils sont brunâtres au-dehors, d'une couleur de chair et un peu marbrés en dedans ; et cette marbrure, analogue à celle de la muscade, mais moins marquée, est due à la même cause, c'est-à-dire à la présence d'une huile butyracée qu'on peut en retirer par l'expression à chaud ou par l'ébullition dans l'eau. Leur saveur et leur odeur tiennent le milieu entre celles de la muscade et du sassafras ; enfin cette semence, conservée pendant quelque temps dans un bocal de verre, ne tarde pas à en altérer la transparence par la volatilisation d'un principe aromatique qui se fixe contre le verre, et y forme un enduit blanc ; presque toujours même, la surface de la semence offre une quantité plus ou moins grande de petits cristaux blancs, dus au même principe, lequel constitue un acide analogue à l'acide benzoïque ou cinnamique.

Semence pichurim bâtarde. Cette semence est souvent entière et recouverte par une partie d'épisperme rugueux et d'un gris rougeâtre. Elle est oblongue-arrondie, quelquefois presque ronde et toujours plus courte et plus ramassée que la première ; car sa longueur varie de 20 à 34 millimètres, et sa largeur de 14 à 20. La surface privée d'épiderme est presque noire ; le sillon longitudinal des lobes séparés est peu marqué. L'odeur de la semence entière est à peine sensible et ne se développe que lorsqu'on la râpe. Enfin, je n'ai jamais observé de cristaux à sa surface, ni qu'elle ternit les vases de verre qui la renferment. Elle est donc, au total, beaucoup moins aromatique que la première, et ne doit pas lui être substituée.

Cette semence me paraît produite par l'*ocotea pichurim* de Humboldt et Bonpland, arbre de la province de Vénézuéla, que ces célèbres voyageurs ont ainsi nommé pour avoir pensé qu'il pouvait produire la fève pichurim, et dont ils disent ce qui suit : *Drupa formâ et magnitudine olivæ, calyce persistente cincta. An faba pichurim ob vim febrifugam celebrata? Lignum suaveolens.* C'est à ce même arbre que j'ai attribué plus haut le bois d'anis de Pomet ou bois de sassafras des tourneurs. Quant à la véritable fève pichurim qui a été si bien décrite par Murray, elle doit être produite par l'*ocotea cymbarum* des forêts de l'Orénoque, dont le fruit est *drupa oblonga*, *bipollicaris*, *monosperma*, *calyce persistente basi cincta*. *Arbor giganteâ magnitudine*, *sub nomine* sassafras *Orinocensibus celebrata ; ligno durissimo suaveolente*, *ad fabricandas scaphas inserviente* (*Nova genera*, t. II, p. 132). C'est à ce même arbre que j'ai rapporté le prétendu bois de naghas à odeur d'anis, et l'écorce pichurim.

Nota. J'ai conservé les synonymies précédentes dont rien ne me démontre, quant à présent, l'inexactitude. Je dois dire cependant que M. Martius attribue les deux fèves pichurim à deux *ocotea* différents de ceux décrits par Humboldt et Bonpland, et nommés par lui *ocotea puchury major* et *ocotea puchury minor*. J'ajoute que, par suite du transport d'un certain nombre d'espèces d'*ocotea* dans le genre *nectandra*, l'*ocotea cymbarum* H. B. = *Nectandra cymbarum* Nees. L'*ocotea puchury major* Mart.= *Nectandra puchury major* Nees. L'*ocotea puchury minor* Mart. = *Nectandra puchury minor* Nees.

C'est donc à ces trois espèces de *nectandra* qu'il faut attribuer, d'après MM. Nees et Martius, le bois d'anis très dur, et les deux fèves pichurim.

Bois , écorce et fruit de Bebeeru.

Les tourneurs et les ébénistes anglais connaissaient depuis longtemps, sous le nom de *green-heart* (cœur vert), un bois dur, pesant, et d'un jaune verdâtre, qui est originaire de la.Guyane, mais dont l'espèce était inconnue. C'est au docteur Rodie que l'on doit d'avoir décrit l'arbre et d'en avoir extrait un alcaloïde fébrifuge, dont l'usage commence à se répandre en Angleterre. Cet arbre porte dans le pays le nom de *bebeeru;* il est élevé de 24 à 27 mètres, sur un tronc droit et cylindrique, haut de 12 à 15 mètres et de 2,5 à 3,5 mètres de circonférence. L'écorce en est blanchâtre et unie; les feuilles sont opposées, oblongues-aiguës, entières et brillantes. Les fleurs sont disposées en cymes axillaires; elles sont très petites et d'une forte odeur de jasmin. Les fruits sont obcordés ou obovés, de la grosseur d'une petite pomme, formés d'une coque peu épaisse et cassante, et d'une amande à 2 lobes charnus et jaunâtres, lorsqu'ils sont récents, mais devenant bruns et très durs par la dessication. Cette amande est très amère et plus riche en alcaloïde que l'écorce. Celle-ci, telle que le commerce la fournit, est en morceaux plats, grisâtres, épais de 6 à 8 millimètres, médiocrement fibreux, durs, pesants et fragiles. Elle est très amère et dépourvue de tout principe aromatique. En la soumettant au procédé par lequel on obtient le sulfate de quinine, le docteur Rodie en a retiré deux alcaloïdes fébrifuges, dont l'un, nommé *bebeerine*, forme avec l'acide sulfurique un sulfate très coloré, ayant l'apparence de l'extrait sec de quinquina, et dont la vertu fébrifuge paraît être à celle du sulfate de quinine comme 6 est à 11. L'alcaloïde lui-même, obtenu à l'état de pureté, se présente sous la forme d'une matière translucide, jaunâtre, extractiforme, très soluble dans l'alcool, moins soluble dans l'éther, très peu soluble dans l'eau. D'après l'analyse qui en a été faite par MM. Tilley et Douglas Maclagan, il serait formé de $C^{35} H^{20} Az O^6$.

Quant au genre auquel doit appartenir l'arbre bebeeru, sir Robert Schomburgh l'ayant examiné sous ce dernier rapport, pense qu'il appartient aux *nectandra*, et lui donne le nom de *nectandra Rodei*. Ce genre se trouvant placé dans la famille des laurinées auprès des genres *ocotea, agathophyllum, licaria, dicypellium*, qui fournissent tous des bois, écorces ou fruits très aromatiques, et lui-même en produisant aussi, comme on vient de le voir, c'est donc une exception bien remarquable que d'y voir accoler une espèce dont le bois, l'écorce et le fruit sont complétement dépourvus de principe aromatique, et possèdent une saveur amère comparable à celle de la gentiane ou du quinquina.

Écorce dite Cannelle giroflée.

Cette écorce a porté aussi le nom de *bois de crabe* ou de *bois de girofle*, à cause de son odeur, et ce nom est cause qu'on l'a attribuée d'abord au ravensara de Madagascar (*agathophyllum aromaticum*), dont le fruit est appelé aussi *noix de girofle*, et dont l'écorce doit être en effet très semblable à la cannelle giroflée. Ensuite on l'a crue produite par le *myrtus caryophyllata* de Linné, espèce mal définie qui comprenait le *syzygium caryophyllœum* de Gærtner, myrtacée aromatique de Ceylan, et le *myrtus acris* de Willdenow, autre myrtacée du Mexique et des Antilles. Aujourd'hui, il paraît bien prouvé que la cannelle giroflée vient du Brésil (1), où elle est produite par un arbre de la famille des laurinées, nommé *dicypellium caryophyllatum*. Cette écorce, telle qu'elle s'est toujours montrée dans le commerce, est sous forme de bâtons solides, longs de 80 décimètres environ, de 27 millim. de diamètre, et imitant une canne. Ces bâtons sont formés d'un grand nombre d'écorces minces, compactes, très dures et très serrées, roulées les unes autour des autres, et maintenues à l'aide d'une petite corde faite d'une écorce fibreuse. La cannelle giroflée est unie et d'une couleur brune foncée, lorsqu'elle est privée de son épiderme, qui est gris blanchâtre; mais

---

(1) Pomet, tout en attribuant la cannelle giroflée au ravensara de Madagascar, reconnaît qu'elle est principalement apportée du Brésil, où elle est nommée *cravo de Marenham*.

quelquefois elle en est pourvue. Elle offre une forte odeur de girofle et une saveur chaude et aromatique ; elle est très dure sous la dent.

Elle jouit des propriétés du girofle, et peut le remplacer dans les assaisonnements, quoiqu'elle soit plus faible.

Bois de Licari.

Aublet, dans ses plantes de la Guyane, décrit imparfaitement, sous le nom de *licaria guianensis*, un arbre qui paraît appartenir à la famille des laurinées. Le tronc s'élève à la hauteur de 16 à 20 mètres sur un mètre et plus de diamètre ; son bois est jaunâtre, peu compacte, d'une odeur qui approche de celle de la rose. Les Galibis lui donnent le nom de *licari Kassali ;* les colons celui de *bois de rose*, et, lorsqu'il est très âgé, celui de *sassafras*. Les ouvriers qui le travaillent à Paris le nomment *bois de poivre*, à cause de l'âcreté de sa poussière. Enfin, je l'ai vu vendre sous les noms de *bois jaune de Cayenne* et de *bois de citron de Cayenne*. Tous ces noms, et d'autres que je pourrais rapporter, tels que *cèdre jaune, capahu*, etc., ne pouvant que causer une grande confusion, je pense qu'il faut se borner au nom de *bois de licari* ou à celui de *bois de rose de Cayenne*, qu'il mérite si bien par son odeur.

On connaît d'ailleurs à Cayenne deux espèces du nom de *bois de rose :* l'un, nommé *bois de rose mâle*, est le bois de licari. Il est assez dur et assez pesant, formé de couches ligneuses enchevêtrées , d'une odeur de rose très marquée, d'une saveur semblable, jointe à une certaine amertume ; il fournit à la distillation une huile volatile jaunâtre, un peu onctueuse, d'une pesanteur spécifique de 0,9882. Il se recouvre à sa surface et il présente dans les fissures de l'intérieur une efflorescence blanche qui est un stéaroptène très finement aiguillé ; il acquiert, étant poli, une teinte fauve qui se fonce beaucoup avec le temps.

L'autre bois est nommé à Cayenne *bois de rose femelle* et aussi *cèdre blanc*. Il est très tendre et très léger, d'un blanc un peu verdâtre lorsqu'il est récent, devenant jaunâtre à l'air. Il possède une odeur forte tout à fait différente du précédent ; car cette odeur est celle du citron ou de la bergamotte ; aussi suis-je d'avis qu'on devrait le désigner spécialement par le nom de *bois de citron de Cayenne*. Ce bois, de même que le précédent, arrive en troncs entiers d'un volume considérable.

Le nom de *bois de rose*, que ces deux bois portent à Cayenne, semblerait indiquer qu'ils appartiennent à un même genre d'arbre ; cependant je doute qu'il en soit ainsi. Je suis plutôt porté à croire que le bois de rose femelle est produit par un *icica*, probablement par l'*icica altissima* d'Aublet.

M. Nees d'Esenbeck, dans son *Systema laurinarum*, et M. Martius, dans l'ouvrage intitulé *Systema materiæ med. brasiliensis*, admettent que le *licaria guianensis* ne diffère pas du *dicypellium caryophyllatum*. Il me paraît bien difficile que deux choses aussi différentes que la cannelle-giroflée et le bois de licari proviennent d'un seul et même arbre. Il est plus probable que les deux arbres sont complétement différents.

Noix de Ravensara ou Noix de Girofle.

L'arbre qui produit ce fruit a été nommé par Sonnerat *ravensara aromatica*; par Gærtner, *evodia ravensara*; par Jussieu, *agathophyllum aromaticum*. Il croît à Madagascar et appartient à la famille des laurinées; il est grand, touffu, muni de feuilles alternes, pétiolées, entières, fermes et épaisses. Les fleurs sont hermaphrodites ou plutôt dioïques par avortement; les fleurs mâles, disposées en petites panicules axillaires; les femelles solitaires. Le calice est petit, à 6 divisions très courtes, accompagné d'une corolle à 6 pétales courts, velus en dedans. Les étamines sont au nombre de 12, dont les trois plus intérieures stériles et les trois fertiles intérieures pourvues de 2 glandes globuleuses; les anthères sont à 2 loges, s'ouvrant par des valvules; l'ovaire est infère ou soudé avec le calice, uniloculaire et uniovulé; le fruit est un caryone ou drupe infère, couronné par les dents du calice, et quelquefois par 6 tubercules plus intérieurs, qui doivent répondre aux pétales. Il renferme, sous une chair peu épaisse, un noyau ligneux divisé inférieurement en six parties par des replis de l'endocarpe; mais il est uniloculaire à l'extrémité, de sorte que l'amande, divisée en 6 lobes du côté du pédoncule, est entière par la partie opposée.

L'écorce, les feuilles et les fruits de ravensara sont pourvus d'une forte odeur très analogue à celle du girofle, et je suis persuadé que l'écorce, si nous l'avions, différerait peu de la cannelle giroflée; mais il ne paraît pas qu'elle soit apportée par le commerce. Les feuilles sont très usitées à Madagascar comme aromate, et sont quelquefois apportées en Europe; elles se présentent sous une forme toute particulière, ayant été repliées plusieurs fois sur elles-mêmes, puis enfilées en forme de chapelet, avant d'être soumises à la dessiccation; elles sont coriaces, brunes, luisantes, très aromatiques, et conservent pendant très longtemps leur odeur Les fruits, tels que nous les avons, sont deux fois gros comme une noix de galle, arrondis, formés d'un brou desséché, d'un brun-noirâtre au-dehors, jaunâtre à l'intérieur, d'une forte odeur de cannelle giroflée ou de piment jamaïque. Le noyau ligneux est jaunâtre et peu aromatique; l'amande est jaunâtre également, très chargée d'huile, moins aromatique que le brou, et tellement âcre, qu'on peut la dire caustique.

Écorce de cryptocarye aromatique de ma précédente édition. *Cryptocarya pretiosa* de Martius ; aujourd'hui *mespilodaphne pretiosa* de Nees d'Esenbeck. Écorce épaisse de 2 à 5 millimètres, couverte d'un épiderme gris, mince et foliacé ; elle est formée de longues fibres *dures* et *piquantes*, et elle est très pesante en raison de la grande quantité de principes oléorésineux qu'elle contient. Sa surface intérieure a pris une teinte noirâtre ; mais elle est rouge dans sa cassure avec des fibres blanches. Telle que je l'ai, elle présente une très forte odeur de cannelle de Chine, dont elle offre aussi le goût aromatique sans en avoir le piquant. D'après M. Martius, son odeur répond à un mélange de sassafras, de cannelle et de rose. On en retire par la distillation une essence jaunâtre, plus pesante que l'eau, comparable à l'essence de cannelle.

Avocatier.

Persea gratissima Gærtn., *laurus persea* L. ; grand arbre originaire de l'Amérique méridionale, d'où il fut d'abord transporté à l'île de France, pour revenir ensuite aux Antilles où il est généralement répandu. Etant dépourvu de principe aromatique, il n'est utile que par son fruit qui consiste en une baie nue, ayant la forme et le volume d'une belle poire, et contenant, sous une chair épaisse et butyreuse, une grosse semence privée d'huile, mais remplie d'un suc laiteux qui rougit à l'air et tache le linge d'une manière indélébile.

Ce fruit est recherché pour la table ; mais on le mange comme hors-d'œuvre avec les viandes, et non au dessert ; il a un goût de pistaches fort agréable (Ricord-Madianna, *Journ. pharm.*, t. XV, p. 44). On remarque qu'il est aussi bien mangé par les animaux carnivores que par les herbivores ; ainsi les chiens, les chats, les vaches, les poules, etc., s'en nourrissent également.

Cannelle.

La cannelle est une écorce aromatique qui a été connue des anciens sous les noms de *casia* ou *cassia* et de *cinnamomum*. Indépendamment des différences spécifiques qui motivaient l'emploi de ces deux noms, il paraît que le *cassia* était une écorce mondée, comme l'est notre cannelle actuelle, tandis que le *cinnamomum* était formé de jeunes branches pourvues de leur bois, jusqu'à ce qu'on ait reconnu que le bois était peu odorant, et qu'on se soit borné, pour toutes les espèces et dans toutes les contrées cinnamomifères, à ne récolter que l'écorce.

Depuis un temps que je ne puis préciser, on distingue dans le commerce français deux espèces de cannelle connues sous les noms de *cannelle de Ceylan* et de *cannelle de Chine*. Cette distinction est fondée sur une différence bien réelle des deux écorces; et, le dernier nom est la traduction bien appliquée du nom *Dâr-Sini* (bois de Chine), que porte dans une grande partie de l'Asie l'écorce du *laurus cassia* L. L'autre espèce de cannelle est produite par le *laurus cinnamomum* L.

Indépendamment de ces deux cannelles, on trouve dans le commerce une écorce connue depuis bien longtemps sous le nom de *cassia lignea*, et des feuilles qui ont été désignées de tout temps sous ceux de *malathrum* et de *folium indicum* (*feuille d'Inde*). La plupart des auteurs ont plus ou moins confondu tous ces produits, ainsi que les arbres qui les fournissent. Burmann cependant les avait bien distingués dans sa *Flora indica* (1768); mais après lui la confusion était redevenue aussi grande qu'auparavant : elle a cessé, grâce à la savante dissertation de MM. Nees d'Esenbeck (*De cinnamomo disputatio*, Bonnæ, 1823), et il nous est permis aujourd'hui d'indiquer avec certitude l'origine des différents produits des arbres cinnamomifères (1).

Cannelle de Ceylan.

Cinnamomum zeylanicum, Breyn; *cinnamomum foliis latis ovatis, frugiferum*, Burm., *Zeyl.*, t. XXVII; *Malabar or Java cinamom*, Blackw., tab. 354; *laurus cinnamomum* L., sp. pl., t. II, p. 528; Nees *De cinnam. disput.* tab. 1 ; Fr. Nees *Plant. medicin.*, tab. 128.

Le cannellier de Ceylan est exclusivement propre à cette île, qui est la *taprobane* des anciens; mais il a été propagé par le moyen des fruits aux îles Maurice, à Cayenne et aux Antilles, dont plusieurs fournissent au commerce une écorce qui rivalise jusqu'à un certain point avec celle de Ceylan.

On distingue à Ceylan plusieurs variétés ou espèces de cannellier dont les noms expriment les principales différences; tels sont :

1° Le *rasse coronde* ou *curunde*, c'est-à-dire cannellier piquant et sucré, véritable cannellier officinal ou vrai *cinnamomum zeylanicum*.

2° Le *cahatte coronde* ou cannellier amer et astringent, dont l'écorce récente a une odeur agréable et une saveur amaricante; mais desséchée elle devient brune, presque inodore, à saveur camphrée. Sa racine est très camphrée.

(1) Dans un ouvrage plus récent intitulé *Systema laurinarum* (1836), M. Chr. God. Nees a modifié en plusieurs points le résultat des précédentes recherches faites en commun avec son frère, M. Th.-Fr.-Louis Nees. Je n'ai pas cru devoir adopter ces modifications.

3° Le *capperoe coronde*, ou cannellier camphré, dont l'écorce et la racine sont également camphrées; *cinnamomum cappara-coronde*, Blume.

4° Le *welle coronde*, c'est-à-dire cannellier *sablonneux*, parce que son écorce mâchée croque sous la dent. Racine peu camphrée.

5° Le *sewel coronde*, ou cannellier mucilagineux, de la saveur de son écorce.

6° Le *nieke coronde*, c'est-à-dire cannellier à feuilles de niekegas (*vitex negundo*).

7° Le *dawel coronde* ou cannellier-tambour; ce nom lui est donné à cause de l'usage que l'on fait de son bois pour fabriquer les tambours. Cet arbre forme un genre particulier, sous le nom de *litsœa zeylanica*.

8° Le *catte coronde* ou cannellier épineux.

9° Le *mael* (mâl) *coronde* ou cannellier fleuri. *Cinnamomum perpetuoflorens* Burm., *Zeyl.*, tab. 28; *laurus Burmanni* Nees, *Cinn. disp.*, tab. 4; *laurus multiflora* Roxb.; *cinnamomum zeylanicum* var. (*cassia*), C. G. Nees, *syst. laurin.*, et Fr. Nees, *plant. officin.*, suppl.,

Fig. 179.

fig. 25; *canella javanensis*, Bauh. *pin.*, p. 409. Comme on le voit, cette espèce est aujourd'hui considérée par M. C. G. Nees comme une simple variété du *cinnamomum zeylanicum*, duquel elle se rapproche beaucoup en effet; mais, suivant moi, M. G. Nees lui donne de nouveau à tort, comme synonymes, le *laurus cassia* de la *Matière médicale* de Linné, le *karua* de Rheede (I, tab. 57), et le *cassia lignea* de Blackwell, t. 391, dont la distinction avait été clairement établie dans l'ouvrage *De cinnamom. disputatio*, p. 53, tab. 3.

Le vrai cannellier (fig. 179), *rasse coronde* ou *cinnamomum zeylanicum*, est un arbre de 5 à 7 mètres de haut, porté sur un tronc de 30 à 45 centi-

mètres de diamètre: Les pétioles et les jeunes rameaux sont glabres; les
feuilles sont presque opposées, ovales-oblongues, obtuses, les plus grandes ayant de 11 à 14 centimètres de long sur 5 à 7 centimètres de large;
mais elles sont souvent beaucoup plus petites. Ces feuilles sont fermes
et coriaces; elles offrent, outre la nervure du milieu, deux autres nervures principales, qui partent comme la première du pétiole; s'arron-
dissent en se rapprochant du bord de la feuille, et se dirigent vers le
sommet, sans l'atteindre. Indépendamment de ces trois nervures, les
feuilles les plus larges en offrent deux autres tout près du bord; enfin ces
feuilles desséchées prennent une teinte jaune brunâtre, due à l'oxigénation
de l'huile volatile qu'elles renferment. Les fleurs sont petites, jaunâtres,
disposées en panicule terminale. Le fruit est un drupe ovale, assez semblable à un gland de chêne, d'un brun bleuâtre, entouré à la base par le
calice; il est formé à l'intérieur d'une pulpe verte et onctueuse, et d'une
semence à amande huileuse et purpurine.

On cultive le cannellier surtout dans la partie occidentale de l'île de
Ceylan, dans les environs de Colombo, et dans un espace d'environ quatorze lieues de longueur. Lorsqu'il est bien exposé, il peut donner son
écorce au bout de cinq ans; mais dans une position contraire, il n'en
donne de bonne qu'au bout de huit à douze ans. On l'exploite jusqu'à
trente ans, et on en fait deux récoltes par an, dont la première et la plus
forte dure depuis le mois d'avril jusqu'au mois d'août; la seconde
commence en novembre et finit en janvier.

Pour y procéder, on coupe les branches de plus de trois ans qui paraissent avoir les qualités requises; on détache, avec un couteau, l'épiderme grisâtre qui les recouvre. Ensuite on fend longitudinalement
l'écorce, et on la sépare du bois. Cette écorce ressemble alors à des tubes
fendus dans leur longueur; on insère les plus petits dans les plus grands
et on les fait sécher au soleil. Les menus sont distillés, et fournissent de
l'huile volatile qui est versée dans le commerce.

li. La cannelle de Ceylan est en faisceaux très longs, composés d'écorces
aussi minces que du papier, et renfermées en grand nombre les unes
dans les autres. Elle a une couleur citrine, blonde, une saveur agréable,
aromatique, chaude, un peu piquante et un peu sucrée; elle est douée
d'une odeur très suave, et ne donne guère à la distillation que 8 grammes
d'huile volatile par kilogramme; mais cette huile est d'une odeur très
suave, quoique forte.

Cannelle mate. La substance qui porte ce nom est l'écorce qui provient du tronc du cannellier de Ceylan, ou des grosses branches de l'arbre
abattu lorsqu'il est devenu trop âgé pour produire de bonne cannelle. Elle
est privée de son épiderme, large de 27 millimètres, plus ou moins,
épaisse de 5, presque plate ou peu roulée; son extérieur est légèrement

rugueux et d'un jaune foncé; son intérieur est d'un jaune plus pâle et comme recouvert d'une légère couche vernissée et brillante; sa cassure est fibreuse comme celle du quinquina jaune, et brillante; elle a une odeur et une saveur de cannelle agréables, mais très faibles. Cette cannelle doit être rejetée de l'usage pharmaceutique.

Cannelle de l'Inde ou **du Malabar.** Il ne faut pas confondre cette cannelle actuelle du commerce avec l'ancienne cannelle du Malabar produite par le *laurus cassia* L. , et qui a été détruite par les Hollandais, ainsi qu'il sera dit plus loin. La cannelle actuelle de l'Inde est produite par le cannellier de Ceylan que les Anglais ont naturellement cherché à propager dans l'Inde. Cette cannelle a presque tous les caractères et la qualité de la vraie cannelle de Ceylan, et, à Paris, elle est vendue comme telle. Je trouve qu'elle s'en distingue cependant par une couleur plus pâle, uniforme, par une odeur un peu plus faible et qui se conserve moins longtemps. Elle est disposée en faisceaux aussi longs; mais les écorces sont en réalité plus courtes, et la longueur des faisceaux est due à ce que; en renfermant les écorces les unes dans les autres, on les a étagées sur leur longueur, à la manière de tuyaux de lunette. Les écorces ne sont pas tout-à-fait aussi minces que dans la cannelle de Ceylan; les tubes sont plus gros et bien cylindriques.

Cannelle de Cayenne. Cette cannelle provient du *cinnamomum zeylanicum* cultivé à Cayenne. Elle est en écorces aussi minces et presque aussi longues que celle qui vient de Ceylan, dont elle offre aussi l'odeur et le goût. Seulement elle est un peu plus large et plus volumineuse, d'une couleur plus pâle et comme blanchâtre, mais marquée de taches brunâtres. Elle est d'une odeur et d'un goût un peu plus faibles, et qui se conservent moins longtemps. Beaucoup de personnes vendent et achètent aujourd'hui cette écorce comme de la cannelle de Ceylan.

Le même cannellier est également cultivé au Brésil, dans l'île de la Trinité, dans les Antilles, et fournit au commerce des écorces de qualités très variables, toujours inférieures à l'écorce de Ceylan. Celle du Brésil est la moins bonne de toutes; elle est comme spongieuse et presque inodore.

Fleurs de cannellier, *flores cassiæ* off., *clavelli cinnamomi.* Cette substance paraît venir de la Chine, et est attribuée, par la plupart des auteurs, au même arbre qui produit la cannelle de Chine. Son odeur fine et très agréable, quoique forte, me ferait penser plutôt qu'elle est produite par le cannellier de Ceylan. Elle se compose des fleurs femelles de l'arbre fécondées, et lorsque l'ovaire a commencé à se développer, de sorte qu'on pourrait tout aussi bien la considérer comme formée des fruits très imparfaits; elle ressemble un peu par la forme au clou de girofle; elle est principalement formée d'un calice plus ou moins ouvert ou globuleux, très rugueux à l'extérieur, brun, épais, compacte, et s'amincissant peu à peu en pointe jusqu'au pédoncule qui le termine. Au centre du calice se trouve le petit fruit, qui est amer, globuleux, brun et rugueux en dessous, rougeâtre et lisse en dessus, et présentant à son point le plus élevé un vestige de style.

Le calice a une odeur et une saveur de cannelle très fortes et agréables ; il est très riche en huile essentielle, qu'on peut en retirer par la distillation. Il jouit des mêmes propriétés médicinales que la cannelle.

Le fruit mûr ne se trouve pas dans le commerce ; son amande donne par expression une huile concrète dont on forme à Ceylan des bougies odorantes.

Cannelle de Chine.

Cinnamomum aromaticum, G. Nees *syst. laur; cinnamomum cassia* Fr. Nees (1) ; *laurus cassia* L., *Mat. med.; * Nees *De cinn.*, p. 53, tab. 3 ; Fr. Nees *Plant. medicin.*, tab. 129 ; *cassia lignea* Blackw., tab. 391 ;

Fig. 180.

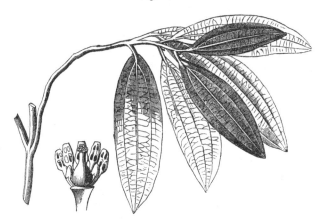

karua, Rheede *Malab.*, I, tab. 57. Ce cannellier (fig. 180) croît au Malabar, à la Cochinchine, dans la province de Kwangse en Chine, et dans les îles de la Sonde. Il s'élève à plus de 8 mètres ; ses feuilles sont alternes, très

(1) Je pense que le nom de *cinnamomum cassia* devrait être adopté, comme étant la transformation obligée du véritable *laurus cassia* L. ; alors le *cinnamomum perpetuoflorens* de Burmann, soit qu'on le considère comme une variété du *C. zeylanicum*, soit qu'on en fasse une espèce distincte, reprendrait son nom, ou prendrait celui de *floridum* ou de *multiflorum* que lui a donné Roxburgh.

entières, longues, dans leur plus grand développement, de 18 à 25 centimètres, larges de 5 à 6, amincies en pointe aux deux extrémités; elles
sont *triplinerves*, c'est-à-dire que les trois nervures principales qui parcourent la feuille, du pétiole jusqu'à l'extrémité, se réunissent en une
seule sur le limbe de la feuille, à quelque distance du pétiole Ces trois
nervures sont fortes, parfaitement régulières et divisent la feuille en
quatre parties égales; l'espace qui les sépare est traversé par une infinité
de nervures très fines et aussi très régulières; la surface supérieure est
lisse; la face inférieure est grise et pubescente; le pétiole et les jeunes
rameaux le sont également. Le pétiole mâché offre le goût particulier de
la cannelle de Chine.

Le *cinnamomum cassia* était très abondant autrefois sur la côte de
Malabar, qui faisait un commerce considérable de son écorce et de son
huile distillée; mais ce commerce a cessé lorsque les Hollandais, s'étant
rendus maîtres de Ceylan, eurent acheté du roi de Cochin le droit de
détruire tous ses cannelliers, afin de donner plus de valeur à ceux de
Ceylan. Aujourd'hui cette espèce de cannelle est tirée de la Chine par
Canton. Elle est en faisceaux plus courts que celle de Ceylan, et se compose d'écorces plus épaisses et non roulées les unes dans les autres; elle
est d'une couleur fauve plus prononcée, et son odeur a quelque chose
de peu agréable; sa saveur est chaude, piquante et offre un goût de punaise; enfin elle est moins estimée que la cannelle de Ceylan. Elle fournit plus d'huile volatile à la distillation; mais cette huile partage l'odeur
peu agréable de l'écorce.

Vauquelin, ayant fait l'examen des cannelles de Ceylan et de Chine,
en a retiré également de l'huile volatile, du tannin, du mucilage, une
matière colorante et un acide (*Journ. de pharm.*, t. III, p. 433). La
cannelle de Chine doit contenir en outre de l'amidon, car lorsqu'on le
distille avec de l'eau, le décocté prend une consistance tremblante en se
refroidissant.

Essences de cannelle. On trouve dans le commerce trois sortes d'essences de cannelle : 1° celle de cannelle de Ceylan, qui est d'un jaune
doré, d'une odeur des plus suaves, d'une saveur sucrée et brûlante et
d'une pesanteur spécifique de 1,05 à 1,09 ; elle est toujours d'un prix très
élevé ; 2° celle de cannelle de Chine, qui possède les mêmes propriétés,
à cela près de l'odeur et de la saveur qui sont beaucoup moins suaves et
qui présentent quelque chose du goût de punaise; le prix en est très
inférieur à la première; 3° celle de fleur de cannelle qui se rapproche
beaucoup de la première, quoique d'une odeur moins fine et moins
suave, et que l'on vend comme essence de Ceylan de seconde qualité.
Toutes ces essences résultent du mélange en quantité variable de deux
huiles volatiles, dont la principale, nommée *hydrure de cinnamyle*, est

composée, d'après M. Dumas, de $C^{18}\underline{H}^8 O^2$. Cette essence est essentiellement caractérisée par la propriété de s'unir directement avec l'acide azotique concentré, et de donner naissance à un composé éminemment cristallisable ; elle se combine également avec l'ammoniaque et forme un composé cristallisable et permanent ; elle absorbe rapidement l'oxigène de l'air et se convertit, partie en corps résineux qui restent dissous dans l'essence, partie en *acide cinnamique* cristallisable, dont la formule égale $C^{18}\underline{H}^8 O^4 = C^{18}\underline{H}^7 O^3 + \underline{H}O$. Ce même acide se forme souvent par l'action de l'air sur l'hydrolat de cannelle, et cristallise au fond. Il a été pris longtemps pour de l'acide benzoïque dont il diffère beaucoup par sa composition.

Cannelle de Sumatra.

J'ai reçu une fois, sous ce nom, une cannelle en partie couverte d'un épiderme gris-blanchâtre, assez épaisse, roulée, d'une couleur rouge prononcée, d'une odeur assez forte et agréable, d'une saveur à la fois astringente, sucrée et aromatique ; enfin se réduisant en pâte dans la bouche, tant elle est mucilagineuse.

Cannelle de Java.

Cette cannelle, qui est assez commune, ne diffère peut-être de la précédente que par son ancienneté dans le commerce ; elle est en tubes épais, roulés isolément les uns des autres, bien cylindriques, d'une couleur rouge assez prononcée, d'une odeur et d'une saveur semblables à celles de la cannelle de Chine, mais plus faibles ; elle a une saveur très mucilagineuse. En vieillissant, elle devient d'un brun noirâtre et perd presque toute odeur. C'est cette écorce que l'on vend aujourd'hui dans le commerce sous le nom de *cassia lignea*.

La cannelle de Java paraît due au *cinnamomum perpetuoflorens* de Burmann, *laurus multiflora* de Roxburgh, *laurus Burmanni* des frères Nees d'Esenbeck.

Cassia lignea et Malabathrum.

J'ai dit précédemment que le *cassia* ou *casia* des anciens paraissait être notre cannelle actuelle ; plus tard il prit le surnom de *syringis* ou de *fistularis* ou de *fistula*, en raison de sa disposition en tubes creux, et enfin lorsque le nom de *cassia fistula* eut été réservé exclusivement au fruit purgatif qui le porte aujourd'hui, on désigna, comme moyen de distinction, l'ancienne écorce de *cassia* par le surnom de *lignea*. Ainsi je pense que, à une certaine époque, l'expression *cassia lignea* répondit à notre nom actuel *cannelle*, sans distinction d'espèces ou de variétés. Mais bientôt après, les marchands d'épices et les apothicaires ayant appris à en distinguer plusieurs espèces, les noms de *cannelle* et de *cinnamomum* furent réservés aux écorces les plus fines, tant en épaisseur qu'en qualité, et le nom *cassia lignea* fut affecté aux écorces plus épaisses, d'une apparence plus ligneuse et d'un goût moins parfait. *Familiares habeo eruditos viros medicos arabes, turcos et coraçones, qui omnes canellam crassiorem* cassjam ligneam *appellant* (Garcias ab horto, *Aromatum hist.*, cap. xv). A partir de ce moment, les meilleurs auteurs, tels que Valerius Cordus, Pomet, Lemery, Charas, Geoffroy, ont donné la même signification au *cassia lignea*, et l'ont appliquée soit à la cannelle de Chine, soit plutôt encore à celle de Java ou de Sumatra.

Je dois dire cependant que vers l'année 1805, époque à laquelle j'ai commencé l'étude de la pharmacie, j'ai vu dans les bonnes officines et chez les principaux droguistes de Paris, sous le nom de *cassia lignea*, une écorce qui différait de toutes les cannelles précédentes par un manque presque complet d'odeur et de saveur, et j'ajoute que vers l'année 1812 ou 1813, lorsqu'on fit expressément venir de Hollande les substances qui devaient composer le grand droguier de la pharmacie centrale des hôpitaux, afin que leur qualité fût mieux assurée, c'est cette même écorce inodore qui nous fut envoyée comme *cassia lignea* : c'est donc à elle seulement que j'en conserverai le nom.

Je puis dire la même chose pour les feuilles du malabathrum : la plupart des auteurs parlent de leur qualité aromatique et de leur forme plus ou moins arrondie ou allongée; et assez récemment, M. G. Nees d'Esenbeck a trouvé des feuilles de malabathrum qui lui ont paru appartenir à diverses espèces de *cinnamomum* : tels sont les *cinnamomum tamala, albiflorum, eucalyptoides* (*nitidum* Hook et Blume), *obtusifolium, iners*, etc. M. Blume, de son côté, pense que ces feuilles sont fournies presque exclusivement par son *cinnamomum nitidum*. Or, depuis que je suis dans la pharmacie, je n'ai jamais vu qu'une seule espèce de feuille de malabathrum, et cette feuille, par son manque complet d'odeur et de saveur, me paraît appartenir au même arbre que le *cassia lignea* dont je viens de parler. Voici la description de ces deux substances :

Cassia lignea. Cette écorce, dont il ne me reste plus qu'un faible échantillon, était en tubes fort longs, comme ceux de la cannelle de Ceylan, mais non roulés les uns dans les autres, et offrant l'épaisseur de la belle cannelle de Chine (c'est-à-dire qu'elle était plus épaisse que la cannelle de Ceylan, et moins épaisse que la cannelle de Chine commune); elle était d'une couleur fauve rougeâtre, et se distinguait de l'une et l'autre cannelles par la parfaite cylindricité de ses tubes (la cannelle est toujours plus ou moins flexueuse) ; elle était privée d'odeur, et sa saveur était mucilagineuse.

Malabathrum (fig. 181). Ces feuilles sont oblongues lancéolées ou linéaires lancéolées, amincies en pointe aux deux extrémités ; elles varient beaucoup de grandeur, car elles ont depuis 8 centimètres de long sur 2,7 centimètres de large, jusqu'à 25 centimètres de long sur 5,8 centimètres de large. Comme on le voit, ces feuilles sont toujours beaucoup plus étroites que celles du *cinnamomum cassia*, et, à plus forte raison, que celles du *cinnamomum zeylanicum*. Elles sont plus minces que les unes et les autres, et sont simplement *trinerves*, c'est-à-dire que les trois nervures qui vont de la base au sommet se séparent à partir du pétiole ; de plus, les deux nervures latérales sont beaucoup plus rapprochées du bord de la feuille que de la nervure du milieu, de sorte que la feuille n'est pas partagée en parties égales comme celles du *cinnamomum cassia*. La feuille de malabathrum est lisse et luisante en dessus, glabre en dessous, et les nervures et le pétiole sont lisses et luisants, au lieu d'être pubescents comme dans le *cinnamomum cassia*. Elle est complétement inodore, et le pétiole qui est très mince, étant mâché, n'offre aucun goût de cannelle.

Fig. 181.

Enfin, cette feuille présente une couleur verte qui résiste à la vétusté, ce qui tient à l'absence complète de l'huile volatile.

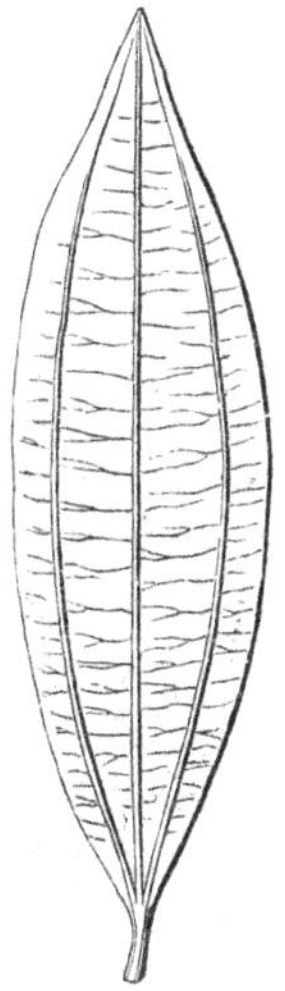

Maintenant quelle est l'espèce de *cinnamomum* qui produit à la fois le cassia lignea et le malabathrum ? J'ai toujours pensé que ce devait être le *katou karua* de Rheede (Hort. Malab., t. V, tab 53), qui est le *laurus-malabathrum* de Burmann, le *cinnamomum malabathrum* de Batka, et peut-être aussi le *cinnamomum iners* de Blume. Je sais bien que Rheede compare, pour l'odeur et la saveur, le *katou karua* au *karua* (cannelle de Chine) ; mais il est possible que cette odeur, déjà plus faible, se perde à la dessiccation ; elle paraît être nulle dans le *cinnamomum iners*.

Voici, dans le *Rumphia* de M. Blume, les figures qui se rapportent le mieux aux feuilles de malabathrum et qui, suivant moi, appartiennent à une seule et même espèce.

1° *Cinnamomum malabathrum*, tab. 13, fig. 3 et 4 (*ult. opt.*).
2° — *ochraceum*, tab. 10, fig. 2, 3 et 4 (*triœ opt.*).
3° — *Rauwolfi*, tab. 9, fig. 4, 5.

Les figures suivantes se rapportent moins bien au malabathrum.

4° *Cinnamomum nitidum*,   tab. 15.
5°   —   *nitidum*,   tab. 16, fig. 1.
6°   —   *iners*,   tab. 17.
7°   —   *iners*,   tab. 18.

Écorce de Culilawan.

Cannelle giroflée de quelques uns; *cortex caryophylloides* de Rumphius; *laurus culilawan* L.; *cinnamomum culilawan* de Blume. Cet arbre a les feuilles presque opposées, triplinervées, ovales-acuminées, glabres, coriaces, vertes en dessus, un peu glauques en dessous. L'écorce, telle que le commerce nous l'offre, est en morceaux plus ou moins longs, presque plats ou peu convexes, épais de 2 à 7 millimètres, fibreux, râclés à l'extérieur ou recouverts d'un épiderme blanchâtre; elle est d'un jaune rougeâtre à l'intérieur, et ressemble assez à de mauvais quinquina jaune. Elle a une odeur de cannelle et de girofle mêlés, qui, lorsqu'on la pulvérise, acquiert quelque chose de l'essence de térébenthine; elle a une saveur aromatique chaude, un peu piquante et mêlée d'un léger goût astringent et mucilagineux; elle donne une huile volatile à la distillation; elle est peu employée.

Le nom de cette écorce est tiré du malais *kulit lawang*, qui signifie *écorce giroflée*.

Nota. Le groupe des îles Malaises, des îles Philippines et de la terre des Papous, paraît produire un grand nombre d'espèces de *cinnamomum* à écorces caryophyllées, qui peuvent être facilement confondues. Rumphius distingue deux espèces ou variétés de culilawan dans la seule île d'Amboine : l'une blanche, c'est le *cinnamomum culilawan* Bl.; l'autre rouge, dont M. Blume a fait son *cinnamomum rubrum*, et dont l'écorce, suivant l'échantillon qui m'en a été communiqué, est d'un rouge de cannelle foncé, de forme cintrée, mondée et unie à l'extérieur, lustrée et comme satinée à l'intérieur, épaisse de 4 à 5 millimètres, d'une texture fibreuse fine et *spongieuse*. La saveur en est très aromatique, très piquante, et offre un goût mélangé de cannelle fine et de girofle.

Rumphius mentionne aussi une écorce de **sindoc** que le vulgaire confond avec le culilawan, quoiqu'elle soit différente et provienne d'un arbre différent. Cet arbre est le *cinnamomum sintoc* de Blume. L'écorce, d'après l'échantillon que j'en ai, et d'après les figures qu'en a données M. Blume, ne me paraît pas différer de celle de culilawan ordinaire. Peut-être cependant est-elle un peu plus compacte; elle est fortement aromatique.

Vient encore une écorce de **culilawan des papous** qui ne paraît différer du culilawan commun ou blanchâtre que par la couleur *bistrée* de son liber ; enfin une **écorce de massoy de la Nouvelle-Guinée**, différente de celle *à odeur de sassafras*, qui a été rapportée par M. Lesson, et dont il est possible qu'il y ait plusieurs espèces : telle que je me la suis procurée à une exposition qui a eu lieu il y a quelques années à Paris, sous le nom de *musée japonais*, cette écorce est cintrée, épaisse de 7 à 8 millimètres, couverte d'un épiderme gris-rougeâtre légèrement tuberculeux, et formée d'un liber gris rosé, dur et compacte, à structure un peu radiée sur sa coupe transversale. Elle possède une odeur très forte, analogue à celle du cumin, et une saveur très âcre, avec le même goût de cumin.

Enfin je dois décrire ici une écorce trouvée il y a quelques années chez un commerçant qui la vendait comme étant de l'écorce de Winter, et que je ne puis mieux désigner que par le nom de **cannelle brûlante**. Cette écorce doit provenir d'une racine et non d'un tronc ou de branches ; elle présente un certain nombre de morceaux demi-roulés dont le plus considérable n'a pas plus de 9 centimètres de longueur sur 3 centimètres de largeur et 8 millimètres d'épaisseur ; les autres morceaux affectent toutes sortes de formes, et sont souvent plissés transversalement, comme le sont très souvent les écorces de racines. Ces morceaux irréguliers et plissés ont souvent plus d'un centimètre d'épaisseur. L'écorce présente une teinte générale rouge terne ; la surface extérieure est inégale, souvent tuberculeuse, couverte d'un épiderme gris blanchâtre ou gris noirâtre, dont les parties proéminentes sont souvent usées par le frottement ; la surface intérieure est rude au toucher, rougeâtre ou noirâtre, comme formée de fibres agglutinées. L'écorce, en elle-même, est d'un fauve rougeâtre, à structure rayonnée, offrant, dans sa coupe transversale, des fibres ligneuses blanches et épaisses sur un fond rougeâtre, et paraissant gorgée, surtout à l'intérieur, d'un suc brun noirâtre, qui me paraît être de l'essence résinifiée. Cette écorce présente une odeur très agréable que je compare à un mélange d'orange et de cannelle fine ; elle possède une saveur véritablement brûlante ; elle cause de violents éternuments lorsqu'on la pile.

On connaît dans le commerce, sous le nom de *cannelle blanche*, une écorce qui n'a d'autre rapport avec la cannelle que sa qualité aromatique ; elle appartient à la famille des guttifères.

Camphre du Japon.

Le camphre est un principe immédiat de la nature des huiles volatiles, qui est solide, incolore, transparent, plus léger que l'eau, d'une odeur très forte et pénétrante, d'une saveur très âcre et aromatique, accompagnée cependant d'un sentiment de fraîcheur. Il est assez volatil pour se dissiper entièrement à l'air libre ; il est inflammable et brûle sans résidu, même à la surface de l'eau. Il n'est pas sensiblement soluble dans ce liquide, auquel cependant il communique une odeur et une saveur très prononcées. Il est très soluble dans l'éther, l'alcool, les huiles fixes et volatiles.

Le camphre existe dans beaucoup de végétaux, et Proust en a retiré d'un assez grand nombre d'huiles volatiles de plantes labiées. La zédoaire, le gingembre, le galanga, le cardamome, le schœnanthe sont aussi cités pour en contenir ; les racines de la plupart des cannelliers en fournissent à la distillation ; mais tout le camphre du commerce paraît être retiré d'un grand laurier du Japon, que Kæmpfer a fait connaître le premier (*Amœn.*, p. 770), que Linné a nommé *laurus camphora*, et qui est aujourd'hui le *camphora officinarum*, Nees.

Pour obtenir le camphre, on réduit en éclats la racine, le tronc et les branches du laurier-camphrier ; on les met avec de l'eau dans de grandes cucurbites de fer, surmontées de chapiteaux en terre, dont on garnit l'intérieur de paille de riz ; on chauffe modérément, et le camphre se volatilise et se sublime sur la paille. On le rassemble et on l'envoie en Europe, enfermé dans des tonneaux. Il est sous la forme de grains grisâtres, agglomérés, huileux, humides, plus ou moins impurs.

Les Hollandais ont été longtemps seuls en possession de l'art de raffiner le camphre, et de le mettre sous la forme de larges pains à demi fondus et transparents. Ils ont gardé le monopole de cet art longtemps encore après la publication du procédé ; car il n'y a guère qu'une trentaine d'années qu'on raffine le camphre en France, et cependant le procédé s'en trouve décrit avec détail dans la *Matière médicale* de Geoffroy (t. IV, p. 21), et dans le Mémoire de Proust cité plus haut (*Ann. de chim.*, t. IV., p. 189)) ; il paraît même avoir été connu de Lemery. Plus récemment, M. Clémandot l'a encore décrit d'une manière très exacte (*Journ. de pharm.*, t. III, p. 353). Ce procédé consiste à mettre le camphre brut dans des matras à fond plat, placés chacun sur un bain de sable, et entièrement couverts de sable. On chauffe graduellement jusqu'à fondre le camphre, et le faire entrer en légère ébullition : on l'entretient en cet état jusqu'à ce que toute l'eau qu'il contient soit évaporée. Alors on découvre peu à peu le haut du matras en retirant le sable, de manière à le refroidir et à permettre au camphre de s'y condenser. On continue ainsi jusqu'à ce que le matras soit entièrement découvert, et on attend que l'appareil soit complétement refroidi pour en retirer le pain de camphre.

J'ai dit plus haut que le camphre du commerce était tiré du laurier-

camphrier du Japon. Beaucoup de personnes pensent aujourd'hui que
la majeure partie de cette marchandise provient d'un arbre différent,
qui croît dans les îles de Bornéo et de Sumatra. On lit en effet dans la
Materia indica d'Ainslie (t. I, p. 49), que la plus grande partie du
camphre et de l'*essence de camphre* que l'on trouve dans les bazars de
l'Inde, n'est pas produite par le *laurus camphora* du Japon, mais qu'elle
est apportée de Sumatra et de Bornéo ; que déjà, depuis longtemps,
Kæmpfer avait suggéré l'idée que le camphre *apporté en Europe* de
Bornéo et de Sumatra, n'était pas produit par le *laurus camphora ;*
mais que, grâces aux recherches éclairées de M. Colebroke, il est maintenant certain qu'il est produit par un arbre d'un genre différent, nommé
dryobalanops camphora, lequel croît à une grande hauteur dans les
forêts de la côte nord-est de Sumatra (*Asiat. res.*, vol. XII, p. 539).
Pour se procurer l'essence de camphre, qui est encore plus estimée que
le camphre lui-même dans ces contrées orientales, il est seulement nécessaire de percer l'arbre, et l'essence découle par l'orifice. Pour obtenir
le camphre concret, l'arbre doit être abattu, lorsqu'on y découvre comme
de petits glaçons blancs, situés perpendiculairement, et en veines irrégulières, au centre ou près du centre du bois.

L'arbre dont il est ici question, sous le nom de *dryobalanops camphora*, avait été décrit depuis longtemps par Breyn et par Rumphius,
qui avaient parfaitement vu qu'il était différent du camphrier du Japon.
Gærtner fils, sur l'inspection seule du fruit, l'avait distingué par le nom
de *Dryobalanops aromatica*, et M. Correa de Serra l'avait nommé *pte-
rigium costatum* (*Ann. mus.*, t. VIII, p. 397). Cet arbre, réuni à
quelques autres genres analogues, constitue la petite famille des diptéro-
carpées, voisine des tiliacées ; mais rien ne prouve que le camphre qui
en provient soit apporté en Europe. D'abord Kæmpfer ne dit nullement
qu'il y soit apporté, comme on serait tenté de le supposer, d'après Ainslie ; Kæmpfer dit seulement que dans les îles de Bornéo et de Sumatra,
il croît un arbre qui produit un camphre naturel, cristallin, très précieux et très rare, mais que cet arbre n'est pas du genre des lauriers.
Secondement, toutes les autorités citées par Ainslie prouvent seulement
que le camphre de Sumatra est usité dans l'Inde comme il l'est en Chine
et au Japon ; mais on ne voit pas qu'aucun dise qu'il soit apporté en
Europe. Troisièmement, enfin, ce que rapporte Ainslie de l'extraction
du camphre et de l'essence de camphre du camphrier de Sumatra, pa-
paraît extrait de Rumphius, et Rumphius dit positivement que ce
camphre ne vient pas en Europe. Voici un extrait de ce qu'en rapporte
Rumphius :

« Le camphre de cet arbre, nommé *capur baros*, du lieu où il croît,
se concrète naturellement sous l'écorce et au milieu du bois, sous la

II.   25

forme de larmes plates, qui ont l'apparence de la glace ou du mica de Moscovie; mais plus souvent il est en fragments de la grandeur de l'ongle. Ce camphre, très estimé, se nomme *cabessa*. Vient après celui qui est en grains comme le poivre, ou en petites écailles, que l'on nomme *bariga*; celui qui est pulvérulent comme du sable ou de la farine se nomme *pee*. Ces trois sortes sont mêlées ensemble et renfermées dans des vessies enveloppées d'un sac de jonc; sans ces précautions, le camphre Cabessa se volatilise et prive de son odeur le restant de la masse, qui est plus vil et plus léger (1).

« Le camphre du Japon n'est pas si volatil, ce qui est cause que la compagnie des Indes laisse le camphre de Baros et *n'envoie en Hollande rien autre chose que celui du Japon.*

» Au contraire, les Chinois et autres recherchent le camphre Cabessa, et le transportent avec un grand bénéfice au Japon, où la livre vaut de 22 à 60 impériaux, suivant la grandeur des morceaux·» (*Herb. amb.*, t. VII, p. 68) (2).

Je dois à M. le professeur Christison un échantillon de camphre de Bornéo ; il est en fragments incolores et d'une transparence un peu nébuleuse, ressemblant à de petits morceaux de glace. Ces petites larmes, dont les plus grosses ne pèsent pas plus de 1 décigramme, sont généralement plates d'un côté et différemment anguleuses de l'autre. Elles ont une odeur camphrée moins forte que celle du camphre du Japon, et mêlée d'une odeur de patchouly. Elles sont un peu dures sous la dent, et s'y pulvérisent en émettant dans la bouche une très forte saveur camphrée. Ce camphre a été analysé par M. Pelouze, qui lui a trouvé une composition un peu différente de celle du camphre du Japon.

Le camphre du Japon est composé de $C^{20}H^{16}O^2$ pour 4 volumes de vapeur. L'essence liquide qui l'accompagne en petite quantité dans l'arbre $= C^{20}H^{16}O$. Cette essence, traitée avec précaution par les agents oxigénants, se convertit en camphre. L'hydrogène carburé ($C^{20}H^{16}$) qui forme le radical de ces deux corps, es' isomère avec l'essence de térébenthine, dont le camphre et son essence représentent les deux premiers degrés d'oxidation. L'acide phosphorique anhydre enlève au camphre $2 HO$, et le change en *camphogène* $= C^{20}H^{14}$.

Le camphre traité par 10 parties d'acide sulfurique hydraté additionné

(1) Il résulterait de ce passage, et d'autres de Rumphius et de Breyn, que le camphre *cabessa* est plus volatil que celui du Japon; mais qu'il est souvent mêlé, dans le camphre en sorte, d'une autre substance peu ou pas volatile et non odorante.

(2) Deux commerçants m'ont assuré cependant que, dans ces dernières années, il était arrivé par la voie de Hollande une certaine quantité de camphre de Bornéo, lequel avait été employé mélangé avec celui du Japon.

d'eau, se sépare, après quelque temps, sous forme d'une huile liquide qui est isomérique avec le camphre.

Le camphre, traité à froid par l'acide azotique concentré, s'y dissout en grande proportion ; mais aussitôt le mélange se sépare en deux parts, dont la partie surnageante, autrefois nommée *huile de camphre*, est un liquide jaune et oléiforme, composé de camphre et d'acide nitrique anhydre. Il ne faut pas confondre cette *huile de camphre* artificielle avec les essences naturelles des camphriers. Le camphre, traité à chaud par 6 à 10 parties d'acide azotique, se convertit en acide camphorique ($C^{10}H^8O^4$), c'est-à-dire qu'une molécule de camphre $C^{20}H^{16}O^2$ prend O^6 et forme $C^{20}H^{16}O^8 = 2$ molécules d'acide camphorique hydraté.

Le camphre de Bornéo a pour formule $C^{20}H^{18}O^2$; traité par l'acide phosphorique anhydre, il perd $2\overline{H}O$ et forme $C^{20}\underline{H}^{16}$, identique avec l'essence naturelle du *dryobalonops camphora*, et isomérique avec l'essence de térébenthine. Traité par l'acide azotique avec précaution, et à la température ordinaire, il perd H^2, et se convertit en camphre du Japon.

FAMILLE DES MYRISTACÉES.

Petite famille d'arbres exotiques et intertropicaux, dont le principal genre (*myristica*) avait été rangé d'abord dans la famille des laurinées ; mais elle s'en distingue par un assez grand nombre de caractères, tout en conservant cependant avec les laurinées assez d'analogies pour qu'il soit convenable de ne pas les isoler.

Les *myristica* ont les feuilles alternes, courtement pétiolées, très entières, privées de stipules ; les fleurs sont dioïques, très petites, rarement terminales, pourvues d'un périgone simple, coloré, urcéolé ou tubuleux, à 3 divisions valvaires. Les fleurs mâles présentent à leur centre une colonne formée par la soudure des étamines, et cette colonne porte, à sa partie supérieure, de 5 à 15 anthères linéaires, biloculaires, disposées circulairement, et s'ouvrant par deux fentes longitudinales. Les fleurs femelles contiennent un ovaire unique, supère, uniloculaire, à un seul ovule dressé, anatrope. Le stigmate est bilobé. Le fruit est une baie sèche, s'ouvrant en 2 valves, et contenant une semence à épisperme solide, recouvert par un arille charnu, plus ou moins lacinié. L'embrion est petit et situé à la base d'un endosperme huileux. La radicule est courte et infère.

Le genre *myristica* renferme un assez grand nombre d'espèces, dont la plupart appartiennent aux îles de la Malaisie ; les autres se trouvent dans l'Amérique méridionale.

Muscadier aromatique, Muscade et Macis.

Myristica moschata Thunb. ; *M. officinalis* L. f. et Gærtn. ; *M. fra-*

grans Houtt.; *M. aromatica* Lmk. (Fig. 182). Bel arbre des îles Moluques, cultivé surtout aux îles Banda, et introduit, en 1770, dans
celles de France et de Bourbon. C'est de ces îles qu'il est ensuite passé
en Amérique. Son fruit est une baie pyriforme marquée d'un sillon longitudinal et de la grosseur d'une petite pêche. L'enveloppe en est charnue, mais peu succulente, et s'ouvre en deux valves (quelquefois en

Fig. 182.

quatre) à mesure qu'elle mûrit et se dessèche. On voit quelquefois en
Europe de ces fruits entiers, confits au sucre ou conservés dans de l'alcool ou de la saumure.

Dessous ce brou, qu'on rejette ordinairement, on aperçoit un arille
profondément et irrégulièrement lacinié, charnu, d'un beau rouge lorsqu'il est récent, mais devenant jaune par la dessiccation : c'est le *macis*.
On le sépare de la semence qu'il tient comme embrassée, et on le fait
sécher après l'avoir trempé dans l'eau salée, ce qui lui conserve de la
souplesse et empêche la déperdition du principe aromatique. On doit
le choisir d'un jaune orangé, épais, sec, et cependant souple et onctueux, d'une odeur forte, très agréable, et d'une saveur très âcre et
aromatique.

Dessous le macis se trouve l'enveloppe même de la graine, qui a la
forme d'une coque arrondie ou ovoïde, d'une couleur brune, impres-
sionnée à sa surface par l'application de l'arille ; solide, sèche, cassante, inodore. On la rejette comme inutile.

Enfin, l'amande qui se trouve au centre du fruit, et que le commerce
nous présente presque toujours dépouillée de ses différentes enveloppes,
constitue la *muscade*. Elle est d'une forme arrondie ou ovoïde, grosse

comme une petite noix, ridée et sillonnée en tous sens ; sa couleur est d'un gris rougeâtre sur les parties saillantes et d'un blanc grisâtre dans les sillons ; à l'intérieur elle est grise et veinée de rouge, d'une consistance dure et cependant onctueuse et attaquable par le couteau ; d'une odeur forte, aromatique et agréable ; d'une saveur huileuse, chaude et âcre. On doit la choisir grosse, pesante et non piquée, ce à quoi elle est fort sujette, malgré la précaution que l'on prend en Asie, avant de l'envoyer, de la tremper dans de l'eau de chaux. Les commerçants sont fort habiles à boucher les trous d'insectes avec une pâte composée de poudre et d'huile de muscade ; il faut y regarder de près si l'on ne veut pas y être trompé.

Muscade de Cayenne. Le muscadier aromatique transporté à Cayenne y a prospéré ; mais les semences, plus petites et moins huileuses que les muscades des Moluques, ne sont guère reçues que dans le commerce français. Elles arrivent toujours renfermées dans leur coque, qui est d'un brun foncé ou même noirâtre, lustrée et comme vernie ; l'intérieur de la coque est gris et dépourvu d'enduit pulvérulent et blanchâtre, de même que la surface de l'amande. Les dimensions de la coque sont de 26 à 27 millimètres sur 19, et celles de l'amande varient de 19 à 23 pour la longueur, sur 15 à 18 d'épaisseur. Les muscades des Moluques en coques ont de 27 à 31 millimètres de longueur sur 24 millimètres d'épaisseur ; l'amande nue a de 23 à 26 millimètres de longueur sur 20 ou 21 millimètres d'épaisseur.

Muscade longue des Moluques.

Nommée aussi *muscade sauvage* ou *muscade mâle*, la muscade officinale étant nommée, par opposition, *muscade cultivée* et *muscade femelle*. L'arbre qui produit la muscade longue (*Myristica tomentosa* Thunb. et Willd. ; *myristica fatua* Houtt. et Blum. ; *myristica dactyloïdes* Gærtn.) est plus élevé que le premier, et porte des feuilles plus grandes, pubescentes en dessous Les fruits sont elliptiques, cotonneux à leur surface ; la semence est elliptique, terminée en pointe mousse à l'extrémité supérieure, longue de 4 centimètres environ, épaisse de 2 à 2,5 centimètres. La coque (épisperme) dont elle est toujours pourvue, présente l'impression d'un macis partagé en quatre bandes assez régulières, allant de la base au sommet. L'amande est elliptique, unie, d'un gris rougeâtre uniforme à sa surface, marbrée en dedans, moins huileuse et moins aromatique que la muscade ronde des Moluques, mais à peu près autant que la muscade de Cayenne. De même que cette dernière, contenant proportionnellement plus d'amidon, elle est très facilement piquée par les insectes, dont il faut toutes deux les préserver

en les laissant renfermées dans leur épisperme ligneux. Le macis , que
je n'ai jamais vu , paraît être très peu aromatique.

Essence et huile de muscade et de macis. La muscade contient
une essence ou huile volatile qu'on peut obtenir par la distillation avec
de l'eau , et une huile fixe et solide qu'on retire des semences par l'expression à chaud; mais elle est mêlée avec l'essence qui lui communique
son odeur et de la couleur. Cette huile mixte, nommée communément
beurre de muscade, se prépare sur les lieux mêmes où croît la muscade,
avec celles des semences qui sont brisées ou d'une qualité inférieure.
On la trouve dans le commerce sous la forme de pains carrés longs,
semblables à des briques de savon , et enveloppés dans des feuilles de
palmier; elle est solide, onctueuse au toucher , de consistance friable,
d'un jaune pâle ou d'un jaune marbré de rouge , d'une odeur forte de
muscade; elle est souvent altérée dans le commerce, soit parce qu'on
en a retiré une partie de l'huile volatile par la distillation, soit par l'addition de quelque graisse inodore. Les pharmaciens devraient donc la
préparer eux-mêmes : on l'obtient alors d'un jaune très pâle , d'une
odeur très forte et très suave, et comme cristallisable à la longue.

Suivant M. Playfair, lorsqu'on traite le beurre de muscade par de
l'alcool rectifié à froid , on en dissout l'essence ainsi qu'une graisse colorée, et il reste environ 0,30 d'une graisse solide, blanche et inodore,
qui s'obtient par des cristallisations réitérées dans l'éther, sous forme de
cristaux nacrés. Cette graisse, nommée *myristicine*, fond à 31 degrés;
saponifiée par les alcalis caustiques, elle donne naissance à de l'*acide
myristicique*, fusible à 50 degrés, et cristallisable en feuillets larges et
brillants.

Le macis contient également deux huiles fixes : une *rouge*, soluble
dans l'alcool froid, qui dissout en même temps l'huile volatile; l'autre
jaune, soluble seulement dans l'éther. L'essence de macis, obtenue par
distillation, se trouve dans le commerce; elle est incolore, très fluide,
d'une odeur très suave; elle pèse spécifiquement 0,928.

Un assez grand nombre d'espèces de *myristica* fournissent des produits plus ou moins analogues : tels sont le *myristica spuria* des îles
Philippines, le *myristica madagascariensis* de Madagascar, le *myristica
bicuiba* du Brésil , le *myristica otoba* de la Colombie ; enfin le *myristica
sebifera* (*virola sebifera* Aubl.) dont la semence fournit en abondance
un suif jaunâtre, faiblement aromatique, d'apparence cristalline, propre
à faire des bougies.

FAMILLE DES POLYGONÉES.

Plantes herbacées ou sous-frutescentes dans nos climats , mais comp-
tant quelques grands arbres dans les pays chauds; leurs feuilles sont

alternes, engaînantes à la base ou adhérentes à une gaîne membraneuse
et stipulaire; les fleurs sont hermaphrodites ou unisexuelles, disposées
en épis cylindriques ou en grappes terminales; périanthe formé de 4 à
6 sépales, libres ou soudés par leur base, quelquefois disposés sur deux
rangs et imbriqués avant leur évolution; étamines de 4 à 9, libres, disposées sur deux rangs, à anthères s'ouvrant longitudinalement; l'ovaire
est libre, uniloculaire, contenant un seul ovule dressé; il est terminé par
2 ou 3 styles et autant de stygmates. Le fruit est un askose ou un cariopse
souvent triangulaire, très souvent entouré par le calice persistant. La
graine contient un embryon cylindrique en partie roulé dans un endosperme farineux; radicule supère.

La famille des polygonées se recommande surtout auprès des pharmaciens par les racines officinales qu'elle leur fournit, telles que celles de
bistorte, de *patience*, de *rhapontic* et de *rhubarbe*. Toutes ces racines
sont pourvues d'un principe colorant et astringent, jaune ou rouge, et
d'amidon. Leurs feuilles sont tantôt acides, tantôt astringentes, et souvent l'un et l'autre à la fois. Les fruits de plusieurs espèces de *fagopyrum*
(F. *esculentum*, *tataricum*, *emarginatum*), connus sous le nom de
blé noir ou de *sarrazin*, sont farineux et nourrissants, mais font un
pain lourd et difficile à digérer. Le fruit de la **renouée** ou **centinode**
(*polygonum aviculare*) passe au contraire pour être émétique. Une
autre espèce de *polygonum* (*polygonum tinctorium*) , originaire de
Chine, et cultivée depuis un certain nombre d'années en Europe, contient
dans ses feuilles de l'indigo soluble, que l'on transforme en indigo bleu
en la soumettant aux mêmes traitements que les *indigofera*. Enfin, on
trouve dans les Antilles et sur les côtes du continent voisin plusieurs
espèces de *coccoloba*, dont une, nommée *coccoloba uvifera* (raisinier
des bords de la mer), est un grand arbre à bois rougeâtre et à fruits
rouges bacciformes, disposés en grappes comme le raisin, mais qui sont
en réalité des cariopses entourés par le calice accru et devenu succulent.
On retire du bois, par décoction dans l'eau, un extrait rouge-brun et
astringent, qui est une des espèces de kino du commerce. Une autre
espèce de *coccoloba* des Antilles, le *coccoloba pubescens*, est un arbre
de 20 à 27 mètres de hauteur, dont le bois très dur, pesant, d'un rouge
foncé, presque incorruptible, est un de ceux auxquels on a donné le
nom de *bois de fer*.

Bistorte (fig. 183).

Polygonum bistorta. Car. gén. : fleurs hermaphrodites ou polygames
par avortement; périanthe coloré, quinquefide, rarement tri- ou quadrifide, très souvent accrescent. Étamines 5 ou 8, rarement 4 ou 9,

à filaments subulés, à anthères didymes, versatiles ; ovaire uniloculaire, comprimé ou triangulaire ; ovule unique, basilaire, droit. Style bi- ou trifide , quelquefois presque nul ; askose lenticulaire ou triangulaire ,

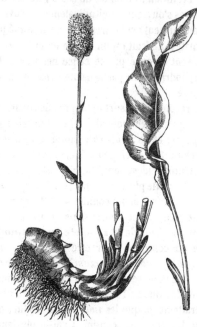

Fig. 183.

renfermé dans le périanthe.

— Car. spéc. : 9 étamines ; tige très simple , à un seul épi ; feuilles ovées-lancéolées , décurrentes sur le pétiole.

La bistorte croît en France, dans les lieux humides ; ses feuilles ressemblent un peu à celles de la patience, mais elles sont d'un vert plus foncé et régulièrement veinées ; ses tiges s'élèvent à la hauteur de 50 centimètres, et supportent chacune un seul épi d'une couleur incarnate ou purpurine ; sa racine est grosse comme le pouce, comprimée, deux fois repliée sur elle-même, rugueuse et brune à sa surface, rougeâtre à l'intérieur, presque inodore, d'une saveur austère et fortement astringente. On nous l'apporte sèche de nos départements méridionaux.

La décoction de bistorte est très rouge et précipite fortement les dissolutions de fer et de gélatine, ce qui indique qu'elle contient du tannin. Elle renferme aussi beaucoup d'amidon ; aussi, dans les temps de disette s'en est-on nourri quelquefois, après lui avoir fait subir une première infusion dans l'eau ; elle fait partie de l'électuaire diascordium.

Patience sauvage ou Parelle.

Rumex acutus L., Car. gén. : fleurs hermaphrodites ou diclines par avortement ; périanthe à 6 folioles, dont 3 extérieures herbacées et cohérentes à la base, et 3 intérieures colorées, plus grandes, persistantes, nues ou accompagnées d'un tubercule à la base, conniventes ; 6 étamines opposées deux par deux aux folioles extérieures, filets très courts, anthères oblongues fixées par la base ; ovaire triangulaire surmonté de

3 styles capillaires, terminés chacun par un stigmate déchiqueté; cariopse triangulaire, recouvert sans adhérence par les 3 folioles internes du périanthe, qui se sont accrues.

Le *rumex acutus* croît naturellement dans les lieux humides et a le port d'une grande oseille; sa tige est rougeâtre, haute de 50 à 60 centimètres, ramifiée, garnie de feuilles cordées-oblongues, pointues, plus larges au bas de la tige, plus étroites et plus aiguës à la partie supérieure. Ces feuilles sont planes, fermes et d'un goût âpre. Les fleurs sont petites, disposées en grappes paniculées, hermaphrodites; les folioles intérieures du périanthe sont tuberculeuses à la base. La racine, qui est la partie usitée, est fusiforme, charnue, brune à l'extérieur, jaune à l'intérieur; elle est pourvue d'une odeur qui lui est propre et présente une saveur amère et austère; elle est employée récente ou sèche, comme dépurative et antiscorbutique; elle contient un peu de soufre.

Le genre *rumex* de Linné comprend des plantes que Tournefort avait divisées en deux, d'après la forme et la saveur de leurs feuilles : celles à feuilles munies d'oreillettes et à saveur acide, formaient le genre **oseille** ou *acetosa;* celles à feuilles entières et âpres composaient le genre **patience** ou *lapathum.* Il est en effet remarquable que le genre *rumex* puisse être divisé assez nettement en deux sections, de propriétés médicales et économiques différentes, et que toutes les espèces soient acides et munies de racines rouges et inodores, comme les oseilles, ou âpres et munies de racines jaunes et odorantes, comme les patiences; de telle sorte que les espèces de chaque section puissent être employées les unes à la place des autres : ainsi, pour les patiences, ce n'est pas seulement la racine du *rumex acutus* qui est employée en pharmacie, sous ce nom; ce sont aussi celles des *rumex patientia, crispus* et *aquaticus.* On pourrait même y joindre le *rumex alpinus*, que le volume de sa racine a fait nommer **rhubarbe des moines**, et le *rumex sanguineus* auquel la couleur rouge foncée de ses pétioles et des nervures de ses feuilles a fait donner le nom de **sangdragon**. De même on emploie indifféremment, sous le nom d'*oseille*, les feuilles des *R. acetosa, acetosella* et *scutatus*. Les feuilles de ces trois plantes sont riches en suroxalate de potasse et fournissent en Suisse la plus grande partie du sel d'oseille que l'on verse dans le commerce.

La **racine d'oseille** est rougeâtre, longue, ligneuse, inodore, d'une saveur amère et astringente. Elle est employée comme diurétique.

Racine de Rapontic.

Rheum rhaponticum L. Car. gén. : fleurs hermaphrodites; périanthe herbacé, à 6 divisions profondes, égales, marcescentes; 9 étamines

opposées deux par deux aux divisions extérieures, et séparément aux
divisions intérieures du périanthe; filaments subulés; anthères ovoïdes,
versatiles ; ovaire trigone à 3 stigmates sous-sessiles, entiers, étalés.
Cariopse triangulaire, ailé sur les angles, entouré par la base du périanthe flétri.

Cette plante paraît être le Ρᾶ ou le Ρῆον des anciens; elle a été appelée depuis *rha-ponticum*, c'est-à-dire *rha des bords du Pont-Euxin*,
lorsqu'il fut devenu nécessaire de la distinguer d'une autre espèce apportée de Scythie, et qui fut pour cette raison nommée *rha barbarum*,
les Romains enveloppant sous la même désignation de *barbares* tous les
peuples assez forts ou assez éloignés d'eux pour se défendre contre leur
esprit de domination universelle. Comme on le voit, cette nouvelle racine, nommée *rha-barbarum*, est notre rhubarbe actuelle.

Le rhapontic croît naturellement dans l'ancienne Thrace, sur les
bords du Pont-Euxin ; mais on le trouve plus abondamment encore au
nord de la mer Caspienne, dans les déserts situés entre le Volga et
l'Yaïk (l'Oural), qui paraissent même en être la première patrie; car,
par un rapprochement assez curieux, *rha* est aussi l'ancien nom du
Volga, soit que le fleuve ait donné son nom à une plante abondante sur
ses bords, soit que l'inverse ait eu lieu. Le rhapontic croît également
en Sibérie, sur les montagnes du Krasnojar : il ne s'est répandu en
Europe que postérieurement à l'année 1610, époque à laquelle Alpinus
en fit venir de Thrace.

Le rhapontic, cultivé maintenant dans nos jardins, pousse de sa racine des feuilles très grandes, cordiformes, échancrées à la base, obtuses à l'extrémité, lisses, d'un vert foncé, portées sur de longs pétioles
sillonnés en dessus, arrondis à la marge. La tige, haute de 60 centimètres à 1 mètre, porte des feuilles semblables aux premières, mais
plus petites, et est terminée par plusieurs panicules touffues de fleurs
blanches La racine est brune au dehors, jaune et marbrée en dedans,
grosse, charnue, souvent divisée en plusieurs rameaux; d'une saveur
amère, astringente et aromatique.

Le commerce nous présente cette racine sèche sous deux formes.
Suivant l'une, elle est grosse comme le poing ou moins, d'une apparence ligneuse et d'un gris rougeâtre à l'extérieur; sa cassure transversale est marbrée de rouge et de blanc, de manière que ces deux couleurs
forment des stries très serrées, rayonnantes du centre à la circonférence. Elle a une saveur très astringente et mucilagineuse, teint la
salive en jaune rougeâtre et ne croque pas sous la dent. Son odeur est
analogue à celle de la rhubarbe, mais plus désagréable, et peut en être
facilement distinguée. Sa poudre a une teinte rougeâtre que n'a pas
celle de la rhubarbe.

Cette racine provient des rhapontics qui sont naturalisés dans les jardins des environs de Paris, où ils croissent presque sans soin et sans culture. C'est elle qui se trouve décrite et analysée dans le mémoire de M. Henry sur les rhubarbes (*Bulletin de pharmacie*, t. VI, p. 87), sous le nom de *rhubarbe de France*. Je rappellerai plus loin les résultats de cette analyse.

L'autre sorte de rhapontic ressemble tout à fait à celui décrit par Lemery. Elle est longue de 8 à 11 centimètres, grosse de 5 à 8 centimètres, d'une apparence moins ligneuse que la précédente, d'un jaune pâle, plus dur ou moins rougeâtre à l'extérieur, ce qui lui donne une plus grande ressemblance avec la rhubarbe, et permet à quelques personnes d'en mêler, par fraude, à la rhubarbe de Chine ou de Moscovie ; mais sa cassure rayonnante, sa saveur astringente, mucilagineuse, non sablonneuse, et son odeur semblable à celle de la première sorte, l'en font facilement distinguer. Cette sorte de rhapontic provient aujourd'hui surtout de Clamart, village assez élevé, situé au sud de Paris.

Lorsque le rhapontic était encore parmi nous une substance exotique, nouvelle et recherchée, on tentait de lui substituer quelques racines indigènes, comme aujourd'hui on substitue le rhapontic à la rhubarbe. L'une de ces racines était une espèce de patience nommée *rhubarbe des moines* ou *rhapontic de montagne* (*rumex alpinus* L.), assez semblable au vrai rhapontic ; une autre était le rhapontic *nostras*, produit par la grande centaurée (*centaurea centaurium* L.), et quelques autres plantes congénères. Cette dernière se distinguait facilement du rhapontic par son épiderme noir, sa saveur douceâtre et son odeur très prononcée de bardane.

Racine de Rhubarbe.

Cette racine, connue postérieurement au rhapontic, nous vient des contrées les plus sauvages de l'Asie, ce qui explique pourquoi on a été si longtemps indécis sur la plante qui la fournit ; car on l'a successivement attribuée à quatre espèces de *rheum*, et, en dernier lieu, on l'a crue produite principalement par le *rheum australe*. Je vais discuter ces différentes origines, en donnant les caractères de chaque plante.

Rheum undulatum L. Après le *rheum rhaponticum* qui fait le sujet de l'article précédent, la première espèce qui ait été connue est un *rheum* croissant naturellement en Sibérie, dont la tige s'élève de $1^m,3$ à $1^m,6$; dont les pétioles sont planes et lisses en dessus, demi-cylindriques en dessous, à bords aigus, et qui est pourvu de feuilles grandes, cordiformes, échancrées par le bas, fortement ondulées, un peu velues. Aussitôt que cette espèce fut connue, Linné lui attribua la rhubarbe, et la nomma en conséquence *rheum rhabarbarum*; mais il changea d'avis après la découverte du *rheum palmatum*, et donna à la première plante le nom de *rheum undulatum*. Pendant que l'on regardait cette plante comme la source de la rhubarbe, le gouvernement russe la fit cultiver en grand dans la Sibérie, et si elle l'eût produite véritablement, il est évident que ce gouvernement, qui fait le commerce exclusif de la rhubarbe en Sibérie, aurait cessé d'en acheter aux Buchares; mais il n'a jamais pu, avec le *rheum undulatum*, faire de la vraie rhubarbe, et il est certain que la rhubarbe dite *de Moscovie* appartient à un autre *rheum*, qui croît dans les pays montagneux et presque inaccessibles qui bordent la Chine au nord-ouest. On la trouve également dans toute la partie méridionale de la Tartarie et dans tout le Thibet, depuis la Chine jusqu'aux frontières de la Perse; et, suivant qu'elle provient de ces différentes contrées, suivant la manière dont elle a été préparée et séchée, suivant enfin la route qu'elle a prise pour arriver jusqu'à nous, cette racine constitue les différentes sortes connues sous les noms de *rhubarbe de Moscovie, de Chine* et *de Perse.*

Rheum compactum. J'ignore quand cette espèce a été connue. Elle est munie de feuilles cordiformes très obtuses, avec une échancrure inférieure presque fermée à l'ouverture. Ces feuilles sont d'un vert foncé, entièrement lisses des deux côtés, un peu lobées sur leur contour, munies de petites dents aiguës et un peu ondulées; les pétioles sont demi-cylindriques et bordés de chaque côté d'une côte élevée, d'une épaisseur égale aux deux extrémités. Les tiges sont hautes de 1m,3 à 2 mètres, médiocrement ramifiées par le haut; les fleurs sont d'un blanc jaunâtre, disposées en panicules dont les grappes partielles sont étroites et pendantes (?). Cette plante vient très bien dans les jardins, de même que les *Rh. undulatum* et *rhaponticum*, et toutes trois donnent des produits peu différents qui sont confondus dans le commerce sous le nom de *rhubarbe de France.* Cette rhubarbe, lorsqu'elle est bien séchée et parée, imite assez bien la rhubarbe de Chine; mais, après avoir essuyé la poussière jaune dont elle est recouverte, on la reconnaît toujours facilement à sa couleur rougeâtre ou d'un blanc rosé, à son odeur de rhapontic (commune aux trois espèces) différente de l'odeur de la vraie rhubarbe, à sa marbrure rayonnante et serrée, enfin à ce qu'elle colore à peine la salive et ne croque pas sous la dent.

Rheum lataricum. Cette plante, originaire de la petite Tartarie, est très rapprochée de la précédente, mais elle est beaucoup plus basse; ses feuilles sont entières et non sinuées à leurs bords, très glabres, très amples; les panicules sont à peine plus longues que les feuilles.

Rheum ribes. Espèce particulièrement remarquable par ses fruits enveloppés d'une pulpe rouge et succulente. Elle produit de fortes tiges striées, peu ramifiées, munies à leur base de feuilles médiocrement pétiolées, étalées sur la terre, ayant souvent 65 centimètres de largeur sur 33 centimètres de longueur. Leur surface est très rude, comme verruqueuse; les bords sont ondulés et frisés; les nervures sont couvertes de poils rudes; les pétioles sont planes en dessus, striés, arrondis à leurs bords.

Cette plante croît sur le mont Liban et dans la Perse, où elle est recherchée à raison de la saveur agréablement acide de ses pétioles, de ses feuilles et de ses jeunes tiges, que l'on emploie comme aliment et comme médicament et dont on fait des conserves avec du sucre. On la vend sur les marchés de la Perse comme plante potagère et on en fait une grande consommation.

Rheum palmatum (fig. 184). Cette plante se cultive aussi dans les jardins; mais on a plus de peine à la conserver et ses racines acquièrent rarement un grand volume. Ses feuilles sont cordiformes, mais divisées jusqu'à la moitié en lobes palmés, pinnatifides, acuminés; elles sont pubescentes en dessous; la tige est d'une hauteur médiocre, divisée supérieurement en panicules droites, nombreuses, à ramifications presque simples. Cette plante croît surtout dans les provinces de l'empire chinois qui sont traversées par le fleuve Jaune(hoâng-ho) et par ses affluents; et il est véritablement remarquable qu'à l'instar du rhapontic, dont l'ancien nom, *rha*, était aussi celui du Volga, la rhubarbe (tà-hoàng)

Fig. 184.

ait également emprunté le nom de fleuve Jaune, ou le fleuve Jaune celui de la racine.

Voici, d'après **Murray**, comment la rhubarbe palmée a été découverte :

Vers l'année 1750, sur le désir de Kauw Boërhaave, premier médecin de l'empereur de Russie, le sénat chargea un marchand tartare de
lui procurer des semences de rhubarbe, ce qui fut exécuté. Ces
graines, semées à Saint Pétersbourg, produisirent du *rheum undulatum*,
qui était déjà connu, et du *rheum palmatum*, encore inconnu. Alors,
comme on avait déjà la preuve que le *rheum undulatum* ne produisait
pas la rhubarbe, et que le *rheum palmatum* venait d'une contrée plus
méridionale, on pouvait croire, avec quelque raison, qu'il était la vraie
rhubarbe. Ce fut le sentiment de David de Gorter, de Monsey, de Hope
et de Linné, et cette opinion fut admise sans opposition jusqu'aux nouveaux doutes élevés par Pallas et Géorgi, qui ont étudié l'histoire naturelle de la Russie sur les lieux mêmes. Des Buchares assurèrent à Pallas
ne pas connaître les feuilles du *rheum palmatum*, ajoutant que les
feuilles de la vraie rhubarbe étaient *rondes et marquées sur le bord
d'un grand nombre d'incisions*, d'où Pallas conclut qu'ils voulaient lui
décrire le *rheum compactum*. Un Cosaque dépeignit à Géorgi le *rheum
undulatum* pour la véritable espèce. L'un et l'autre pensent que, sur
les monts plus méridionaux, plus découverts et plus secs, comme le
sont ceux du Thibet, le *rheum undulatum* peut produire une racine
plus belle que sur les montagnes froides et humides de la Sibérie; et ils
déterminent les lieux de la Russie les plus propres à la culture de cette
espèce. On pouvait conclure de tout ceci, ainsi que l'a fait Murray, que
la rhubarbe vendue aux Russes, et tirée de la Tartarie chinoise, provenait également des trois espèces de *rheum* susmentionnées; mais je
pense avoir acquis la preuve que de ces trois espèces, le *R. palmatum*
est le seul qui produise la rhubarbe.

J'ai dû anciennement à la bienveillance de Jean Thouin, jardinier en
chef du Jardin des Plantes, des échantillons de racines des *rheum palmatum*, *undulatum*, *compactum* et *rhaponticum*. Ces plantes, cultivées
dans un terrain probablement différent de celui de leur mère-patrie,
avaient pu éprouver des altérations plus ou moins grandes; mais ces
altérations devaient être du même genre; et, supposé que l'une des
racines précitées nous présentât des caractères beaucoup plus rapprochés de la rhubarbe de Tartarie que les autres, nous pouvions en conclure, presque avec certitude, que c'est la véritable espèce.

Or, de ces échantillons, deux se ressemblaient parfaitement pour l'o-
deur, la saveur et la marbrure, c'étaient ceux provenant des *rheum
rhaponticum* et *undulatum*. Celui du *R. compactum* s'éloignait encore
plus de la vraie rhubarbe, mais cela tenait à la grande jeunesse de la
plante, comme je l'ai reconnu depuis.

Le *rheum palmatum* seul *jouissait exactement de l'odeur et de la
saveur* de la rhubarbe de Chine (sauf le craquement sous la dent), et

le premier caractère surtout était si marqué, et tranchait tellement avec le même caractère dans les autres espèces, qu'il ne m'est plus resté de doute, et que j'ai regardé le *rheum palmatum* comme la source de la vraie rhubarbe. Depuis, j'ai observé les mêmes différences d'odeur et de saveur entre le *rheum palmatum* cultivé à Rhéumpole et les autres espèces qui y étaient exploitées, et j'ai été confirmé dans le même sentiment ; j'y persiste encore aujourd'hui, malgré l'abandon général dont paraît menacé le *rheum palmatum*, par suite de la découverte du *Rh. australe ;* je ne vois pas d'ailleurs, quand les *Rh. undulatum*, *compactum*, et même *rhaponticum*, produisent des racines semblables, quant à la forme, à l'odeur, la saveur et la couleur, pourquoi les *rheum palmatum* et *australe* ne donneraient pas également des racines douées des caractères de la vraie rhubarbe.

Suivant Murray, le *rheum palmatum* croît spontanément sur une longue chaîne de montagnes en partie dépourvue de forêts, qui, bordant à l'occident la Tartarie chinoise, commence au nord non loin de la ville de Selin, et s'étend au midi jusque vers le lac *Koconor*, voisin du Thibet. Le sol en est retourné par des taupes : l'âge propre à la récolte des racines est indiqué par la grosseur des tiges (c'est ordinairement la sixième année). On les arrache dans les mois d'avril et de mai, et quelquefois aussi en automne. On les nettoie, on les coupe en morceaux, et, après les avoir percées et enfilées, on les suspend soit aux arbres voisins, soit dans les tentes, soit même aux cornes des brebis. Lorsque la récolte est finie, on les

Fig. 185.

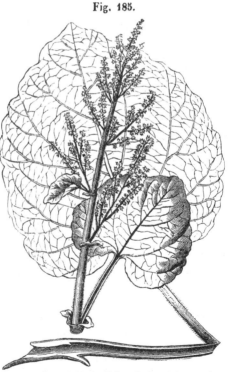

porte aux' habitations, où, sans doute, on achève de les faire sécher. Selon Duhalde, les Chinois terminent cette dessiccation sur des tables de pierre, chauffées en dessous par le moyen du feu.

Rheum australe (fig. 185). Le docteur Wallich, directeur du Jardin
de botanique de Calcutta, ayant reçu de la graine de rhubarbe tirée de
l'Hymalaya, ou des montagnes du Thibet, les sema et vit germer un
nouveau *rheum*, qu'il surnomma *emodi*, mais qui fut décrit plus tard
par le docteur Colebroke sous le nom de *rheum australe*. Cette plante,
que l'on commence à cultiver en Europe, a les feuilles très grandes,
rondes et dentées, caractère qui s'accorde avec ce que les Buchares
disaient à Pallas des feuilles de la vraie rhubarbe.

Caractères des Rhubarbes du commerce.

Rhubarbe de Chine. Cette rhubarbe vient probablement du Thibet,
et traverse la Chine méridionale pour arriver à Canton, où les vaisseaux européens viennent la chercher. Elle est ordinairement en morceaux arrondis, d'un jaune sale à l'extérieur, d'une texture compacte,
d'une marbrure serrée, d'une couleur briquetée terne, d'une odeur
prononcée qui lui est particulière, d'une saveur amère. Elle colore la
salive en jaune orangé et croque très fort sous la dent. Elle est généralement plus pesante que la suivante, et, pour la couleur, sa poudre
tient le milieu entre le fauve et l'orangé.

La rhubarbe de Chine est souvent percée d'un petit trou dans lequel
on trouve encore la corde qui a servi à la suspendre pendant sa dessiccation. Sa couleur, plus terne que celle de la rhubarbe de Moscovie,
peut provenir en partie du long voyage qu'elle a fait sur mer. C'est
en partie aussi à la même cause qu'on doit attribuer l'inconvénient
qu'elle a de présenter souvent des morceaux gâtés et roussâtres
dans leur intérieur; mais, lorsqu'elle est choisie avec soin, bien saine
et non piquée des vers (1), elle n'est guère moins estimée que les suivantes.

Rhubarbe de Moscovie. Cette sorte est originaire de la Tartarie
chinoise; des marchands buchares la transportent à Kiachta, en Sibérie, et la vendent au gouvernement russe. Il y a dans cette ville de
Kiachta des commissaires chargés d'examiner scrupuleusement la rhubarbe, et de la faire nettoyer et monder morceau par morceau, car le

---

(1) La rhubarbe est sujette à être piquée; dans le commerce on masque ce
défaut en bouchant les trous avec une pâte faite de poudre de rhubarbe et
d'eau, et ensuite en roulant les morceaux secs dans de la poudre de rhubarbe.
Un des premiers soins, lorsqu'on achète de la rhubarbe, doit être d'enlever
cette poussière trompeuse qui la recouvre, et de casser les morceaux les plus
pesants et les plus légers. Les premiers sont ordinairement humides et noirs à
l'intérieur; les seconds sont pulvérulents à force d'avoir été traversés en tous
sens par les insectes.

gouvernement n'achète que celle qui est tout à fait belle. Cette rhubarbe
est ensuite expédiée pour Pétersbourg, où elle est encore visitée avant
que d'être livrée au commerce. C'est elle que Murray désigne sous le
nom de *rhubarbe de Bucharie.* Elle est en morceaux irréguliers, anguleux et percés de grands trous faits en Sibérie, lors de la remise de la
rhubarbe aux commissaires russes, dans la vue d'approprier les trous
primitifs qui avaient servi à suspendre la racine, et d'enlever les parties
environnantes, qui sont toujours plus ou moins altérées. Cette rhubarbe est d'un jaune plus pur à l'extérieur, et sa cassure est, en général, moins compacte que celle de la rhubarbe de Chine. Elle est marbrée de veines rouges et blanches très apparentes et très irrégulières.
Elle a une odeur très prononcée, et une saveur amère astringente. Elle
colore fortement la salive en jaune safrané, et croque sous la dent. Sa
poudre est d'un jaune plus pur que celle de la rhubarbe de Chine. Cette
rhubarbe est très estimée.

Rhubarbe de Perse. Cette belle rhubarbe venait autrefois du Thibet
par la Perse et la Syrie ; de là ses différents noms de *rhubarbe de Perse,*
de Turquie et d'Alexandrette. Il en est venu également par la voie de
Russie ; mais aujourd'hui les Anglais la tirent de Canton, comme la
rhubarbe de Chine, et lui donnent le nom de *dutch-trimmed rhubarb*
(rhubarbe hollandaise mondée) ou de *batavian rhubarb*, parce que,
avant eux, les Hollandais la transportaient de Canton à Batavia, et de
là en Europe. Quelle que soit la route que cette racine ait prise pour
arriver jusqu'à nous, elle n'a jamais varié de caractères, qui sont tels
que j'ai toujours déclaré qu'elle appartenait à la même espèce que la
rhubarbe de Chine. Elle est en effet d'une texture serrée et d'une couleur terne qu'on ne peut attribuer à aucun état de détérioration. Elle
est percée de petits trous, comme celle de Chine ; mais elle est encore
plus dense et plus serrée, entièrement mondée au couteau et affectant
deux formes régulières : celle qui provient des racines peu volumineuses
est à peu près cylindrique ; celle qui a été tirée des grosses racines est
coupée longitudinalement par le milieu, et offre ainsi des morceaux
allongés, plats d'un côté et convexes de l'autre ; celle-ci est connue particulièrement dans le commerce sous le nom de *rhubarbe plate* Sa
grande compacité la rend moins sujette à se détériorer que les autres ;
je la regarde comme la rhubarbe par excellence, préférable même à
celle de Moscovie.

Rhubarbes de l'Himalaya. Le docteur Royle, dans ses *Illustra-*
tions de botanique des montagnes de l'Himalaya, fait mention de
quatre espèces de *rheum* propres à ces contrées, les *Rh. emodi* ou
australe, webbianum, spiciforme, et *moorcroftianum.*

La première espèce produit, d'après le docteur Wallich, une sorte de rhubarbe qui arrive dans l'Inde, à travers les provinces de Kalsee, Almora et Boutan. M. Péreira en avait reçu anciennement un échantillon du docteur Wallich; mais cette sorte n'a été connue dans le commerce anglais que sur la fin de 1840, alors que la rhubarbe de Chine était rare et d'un prix fort élevé.

Dix-neuf caisses en furent importées à Londres; mais cette rhubarbe fut trouvée de si mauvaise qualité, que huit caisses seulement purent être vendues à raison de 40 centimes le demi-kilogramme, et que le reste fut vendu et embarqué pour New-York, au prix de 10 centimes. Après cet essai malheureux, M. Péreira doute qu'on en fasse revenir en Angleterre. Cette rhubarbe est en effet de la plus mauvaise qualité possible. Elle est généralement noirâtre et d'apparence ligneuse, légère et toute piquée des vers. Quelques morceaux provenant des rameaux de la racine, sont un peu plus sains et d'un jaune terne à l'intérieur. En voyant pour la première fois cette racine, si différente en apparence de la rhubarbe officinale, je me suis demandé comment le docteur Wallich avait pu avancer que le *rheum australe* était la source ou une des sources de la rhubarbe. Mais un examen plus attentif m'a fait revenir à un sentiment plus favorable. En brisant les morceaux, on y trouve quelques parties saines qui, par leur belle marbrure rouge et blanche, par leur saveur et par l'abondance des cristaux d'oxalate de chaux, sensibles sous la dent, peuvent être comparés à la meilleure rhubarbe officinale; et, chose remarquable, ces parties saines, par leur vive marbrure et leur légèreté, se rapprochent plus de la rhubarbe de Moscovie que de celle de Chine. Je pense donc aujourd'hui que la rhubarbe de l'Himalaya, préparée et séchée avec soin, fournirait une belle sorte commerciale. J'en ai d'ailleurs la preuve entre les mains, dans un échantillon que je dois à l'obligeance de M. Batka de Prague, échantillon qui n'est autre que de la racine de *rheum australe* provenant de semences qui lui furent données par le docteur Wallich. Cette racine récoltée et séchée par M. Batka, constitue en effet une fort belle rhubarbe, très croquante sous la dent, colorant fortement la salive en jaune, et d'une saveur très amère et astringente.

La racine du *rheum webbianum* ne paraît pas former une sorte commerciale; M. Royle en a rapporté de l'Himalaya une petite quantité qui est fort différente de la rhubarbe officinale. Elle est en tronçons cylindriques très courts et au plus de la grosseur du pouce. Elle est couverte d'un épiderme noirâtre, profondément sillonné par la dessiccation. Chaque morceau est percé vers le centre et dans le sens de l'axe d'un trou assez large, qui a dû servir à la suspension de la racine. La structure en est rayonnée, la couleur interne fauve jaunâtre, la saveur mucilagineuse et amère, avec un léger croquement sous la dent. L'odeur est à peu près nulle.

Je ne puis dire autre chose des racines des *rheum spiciforme* et *moorcroftianum*, que ce que M. Péreira nous en apprend lui-même. Ces racines sont d'une couleur plus claire que les précédentes et d'une texture plus compacte (1).

Rhubarbes de France. Il n'y a pas de pays en Europe où l'on n'ait cherché à naturaliser la rhubarbe ; malheureusement le *rheum palmatum*, qui pourrait en fournir de véritable, est de toutes les espèces qui ont été cultivées jusqu'ici, celle qui a le plus perdu par son expatriation. Il en résulte qu'à Rhéumpole (2) même, on en délaissait la culture pour s'attacher plutôt aux espèces dont les produits étaient plus abondants et se rapprochaient le plus *en apparence* de la vraie rhubarbe. Peut-être aussi cette différence, qui est toute au désavantage du *rheum palmatum*, tenait-elle à ce que les autres *rheum*, cultivés à Rhéumpole, s'y trouvaient dans un terrain propre à leur développement et à leur conservation ; tandis que le premier, originaire du plateau central de l'Asie, aurait besoin d'être cultivé dans un sol dont la nature, l'élévation et la sécheresse répondissent aux lieux d'où il est sorti. J'ai sous les yeux un échantillon de *rheum palmatum* de Rhéumpole : cette racine, surtout lorsqu'elle est un peu âgée, est pour moi celle qui se rapproche le plus, par son odeur et sa couleur, de la rhubarbe de Chine ; mais elle a la compacité d'une substance qui a été gorgée d'eau avant sa dessiccation : elle a une saveur mucilagineuse et sucrée, indépendamment de l'amertume qui se développe ensuite ; elle offre à sa surface une infinité de points blancs et brillants, qui s'y sont formés depuis quelques années que je la conserve (le *rheum palmatum* cultivé au Jardin des Plantes n'offre ni cette saveur sucrée, ni ces points brillants) ; enfin elle ne contient qu'une très petite quantité d'oxalate de chaux, et cette différence avec la rhubarbe de Chine paraît constante dans celle qui a été cultivée jusqu'ici en Europe ; car Schéele l'a observée sur la rhubarbe de Suède, et Model sur celle de Saint-Pétersbourg.

La rhubarbe de France ne provient donc pas de la culture du *rheum palmatum ;* elle est produite, ainsi que je l'ai déjà dit, par les *rheum*

(1) On trouvera dans le *Journal de pharmacie et de chimie*, t. VIII, p. 352, la description de quelques autres sortes de rhubarbes d'origine asiatique.

(2) On nommait ainsi, il y a un certain nombre d'années, un endroit situé près de Lorient, dans le département du Morbihan, où l'on cultivait en grand les *rheum undulatum*, *compactum* et *palmatum*. Il paraît que cet établissement n'existe plus.

rhaponticum, *undulatum*, et surtout *compactum*. Il est inutile de revenir sur ses caractères, qui se trouvent exposés précédemment.

Analyse chimique des rhubarbes. Étant à la pharmacie centrale, il y a trente-six ans, sous la direction de M. Henry père, j'ai fait l'analyse comparée des rhubarbes de Chine, de Moscovie et de France. J'ai trouvé dans la rhubarbe de Chine un principe particulier, auquel elle doit sa couleur, sa saveur et son odeur, qui a été nommé depuis par d'autres *caphopicrite* et *rhabarbarin*; mais dont j'avais déterminé toutes les propriétés, à la cristallisation près, qui ne me paraît pas encore être un fait bien prouvé. Ce rhabarbarin est solide, jaune, insoluble dans l'eau froide, soluble dans l'eau chaude, l'alcool et l'éther. Il se volatilise en partie au feu sous la forme d'une fumée jaune odorante; il a une saveur amère très âpre, qui est celle de la rhubarbe, concentrée. Il donne, avec la potasse et l'ammoniaque, des dissolutions rouges, d'où les acides le précipitent en lui restituant sa couleur. Il est rougi et précipité par l'eau de chaux.

Il forme avec tous les acides (hormis, je crois, l'acide acétique) des composés jaunes, insolubles : avec les dissolutions de plomb, d'étain, de mercure et d'argent, des précipités jaunes : avec le sulfate de fer, un précipité vert noirâtre; avec la gélatine, un précipité caséeux coriacé. Il est très difficilement altérable par l'acide nitrique, qui ne le change ni en acide malique, ni en acide oxalique.

Le second principe de la rhubarbe est une huile fixe, douce, rancissant par la chaleur, soluble dans l'alcool et dans l'éther. Il n'y existe qu'en très petite quantité.

On y trouve une assez grande quantité de sur-malate de chaux, une petite quantité de gomme, de l'amidon, du ligneux, de l'oxalate de chaux, qui fait *le tiers* de son poids, une petite quantité d'un sel à base de potasse, une très petite quantité de sulfate de chaux et d'oxide de fer.

La rhubarbe de Moscovie, malgré un extérieur assez différent de la rhubarbe de Chine, ne paraît pas s'en éloigner dans sa composition plus que ne peuvent le faire deux parties pareilles tirées d'individus de la même espece. On y retrouve les mêmes principes et presque en mêmes proportions. Il faut faire observer cependant qu'une quantité un peu plus faible d'oxalate de chaux paraît constante dans la rhubarbe de Moscovie, Schéele ayant obtenu un résultat semblable. C'est pourquoi aussi la rhubarbe de Moscovie croque moins sous la dent.

La rhubarbe de France, *rheum rhaponticum* (?), contient une bien plus grande quantite de matière colorante, mais ce principe est rougeâtre au lieu d'être jaune. On y trouve aussi beaucoup plus de matière amylacée, ce qui est une suite de ce qu'elle contient moins d'oxalate de chaux, car la quantité de celui-ci s'élève au plus au dixième du poids de la racine. (*Bull. de pharm.*, t. VI, p. 87.)

La rhubarbe est stomachique, légèrement purgative et vermifuge On l'emploie en poudre, en infusion dans l'eau, dans l'alcool, en sirop et en extrait. Elle entre dans un grand nombre de préparations composées.

FAMILLE DES CHÉNOPODÉES.

Plantes herbacées ou sous-frutescentes, à feuilles alternes ou opposées, quelquefois charnues, privées de stipules. Les fleurs sont très petites, hermaphrodites, quelquefois diclines par avortement, disposées en grappes rameuses ou groupées à l'aisselle des feuilles; périanthe calicinal à 3, 4 ou 5 divisions plus ou moins profondes, persistantes et s'accroissant pour envelopper le fruit; les étamines sont opposées et en nombre égal aux divisions du périanthe, souvent en nombre moindre par avortement, insérées sur le réceptacle ou sur un anneau adhérant au périanthe; alternant quelquefois avec un même nombre d'écailles hypogynes. L'ovaire est libre, uniloculaire, contenant un seul ovule dressé ou porté sur un podosperme ascendant; le style est simple, terminé par 2-4 stigmates subulés; le fruit est un askose renfermé dans le périanthe accru et quelquefois devenu bacciforme; la graine contient un embryon cylindrique, homotrope, annulaire et entourant l'endosperme (*cyclolobées*), ou roulé en spirale et presque privé d'endosperme (*spirolobées*).

Les chénopodées, si l'on considère leur port humble et leurs fleurs presque inaperçues, paraîtront, tout au plus, bonnes à brûler; mais elles méritent, plus que bien d'autres plantes, de fixer notre attention si nous les considérons sous le rapport de leurs applications alimentaires, médicales ou industrielles. Beaucoup de chénopodées, en effet, d'un tissu lâche, dépourvues de principes âcres ou aromatiques, riches au contraire en sels et en mucilage, sont comptées au nombre des aliments modérément nutritifs et de facile digestion; tels sont l'**épinard** (*spinacia oleracea*) dont le nom rappelle que c'est par l'Espagne que les Maures l'ont introduit en Europe; l'**arroche des jardins** (*atriplex hortensis*) nommée aussi *bonne-dame;* le **bon Henry** (*chenopodium bonus-henricus* L., *agathophytum bonus-henricum* Moq.); la **poirée blanche** et la **betterave** (*beta-cicla* et *B. vulgaris* Willd.), etc. D'autres sont aromatiques et pourvues de propriétés digestives, antispasmodiques ou anthelmintiques, tels que la camphrée de Montpellier, le botrys, le thé du Mexique, l'anserine vermifuge, la vulvaire, etc. D'autres enfin, telles que les *salsola*, les *sueda*, les *salicornia*, qui croissent en abondance dans-les lieux maritimes et qui sont riches en sels à base de soude, fournissent par leur incinération la *soude naturelle* qui a longtemps suffi aux besoins des arts ; mais qui se trouve presque annihilée aujourd'hui par l'extension prodigieuse donnée aux fabriques de soude artificielle. Nous dirons quelques mots des principales de ces plantes.

BETTE ou POIRÉE, *beta cicla*. Car. gén. : fleurs hermaphrodites ; périanthe urcéolé à 5 divisions persistantes ; 5 étamines insérées sur un anneau charnu à la gorge du tube ; écailles hypogynes nulles ; ovaire déprimé ; 2 stigmates courts, soudés à la base. Askose globuleux, renfermé dans le tube épaissi du périanthe et couvert par son limbe charnu ; semence horizontale, déprimée. — Car. spéc. : feuilles radicales pétiolées ; celles de la tige sessiles ; fleurs ternées sur de longs épis latéraux. On en connaît trois variétés : 1° la **poirée blanche**, qui a les feuilles d'un vert blanchâtre et les fleurs disposées trois à trois ; 2° la **poirée blonde** ou **carde poirée**, dont les feuilles sont d'un blanc jaunâtre, et dont les côtes longitudinales se mangent à l'instar de celles de l'artichaut-cardon (*cinara cardunculus* L.) ; 3° la **poirée rouge**, dont les feuilles sont d'un rouge foncé.

Les feuilles de poirée sont rafraîchissantes ; elles entrent dans la composition de la boisson laxative dite *bouillon aux herbes*.

BETTERAVE, *beta vulgaris* L. Cette espèce diffère de la précédente par ses racines souvent très volumineuses et charnues, par ses feuilles inférieures ovées et par ses fleurs ramassées.

La betterave n'a été considérée, pendant longtemps, que comme plante potagère ou comme propre à être employée avantageusement à la nourriture des bestiaux. En effet, sa racine charnue et sucrée était usitée sur les tables, et ses feuilles succulentes et d'une végétation vigoureuse, offraient aux bestiaux une nourriture abondante, saine et agréable. Mais cette plante, déjà si précieuse à l'agriculture, a acquis une importance encore plus grande, depuis qu'on a reconnu qu'on pouvait en retirer un sucre cristallisable entièrement semblable à celui de la canne. La première annonce de ce fait est due à Margraff ; Achard, de Berlin, est le premier qui ait tenté de l'utiliser, en extrayant le sucre de la betterave pour le commerce ; depuis, les procédés de son extraction ont été perfectionnés en France ; et il a été démontré, par Chaptal, que ce sucre pouvait, même en temps de paix, soutenir la concurrence, pour le prix, avec le sucre des colonies (voyez son mémoire, *Annales de chimie*, t. XCV, p. 233). Voici l'indication des principales variétés de betteraves, rangées suivant les plus grandes proportions de sucre qu'elles fournissent (Payen, *Journ. de chim. médic.*, t. I, p. 382) :

1° La betterave *blanche ;* sa racine et les côtes des feuilles sont blanches ou verdâtres.

2° La betterave *jaune ;* sa racine et les côtes des feuilles sont d'un jaune pâle.

3° La betterave *rouge ;* sa racine est d'un rouge de sang, et les feuilles d'un rouge foncé. On la distingue en grande et en petite.

4° La betterave *veinée ;* sa racine a la surface rouge et l'intérieur blanc, avec des veines roses. En Allemagne, on nomme cette variété *racine de disette*, et on la cultive en grand pour la nourriture des bestiaux.

CAMPHRÉE DE MONTPELLIER, *camphorosma monspeliaca* L. — Car. gén. : fleurs hermaphrodites ; périanthe quadrifide dont deux divisions plus grandes, carénées ; 4 étamines insérées au fond du périanthe et opposées à ses divisions ; ovaire comprimé ; style bi- ou trifide, a divisions sétacées ; askose membraneux, comprimé, renfermé dans le périanthe non accru. — Car. spéc. : feuilles velues, linéaires.

La camphrée de Montpellier est une plante basse, rameuse, touffue, dont les rameaux sont couverts de feuilles linéaires et velues, aux aisselles desquelles naissent les fleurs. Elle croît surtout aux environs de Montpellier, d'où on nous envoie ses sommités sèches sous la forme de très petits épis d'un vert blanchâtre, d'une odeur forte et aromatique lorsqu'on les froisse entre les mains ; d'une saveur âcre, légèrement amère.

BOTRYS, *chenopodium botrys* L. — Car. gén. : fleurs hermaphrodites ; périanthe quinquéfide ; 5 étamines insérées au fond du périanthe et opposées à ses divisions ; ovaire déprimé ; 2 stigmates filiformes très courts ; askose inembraneux, déprimé, renfermé dans le périanthe connivent, devenu pentagone, semence horizontale, déprimée-lenticulaire ; testa crustacé ; embryon annulaire, périphérique, entourant un endosperme copieux et farineux ; radicule centrifuge. — Car. spéc. : feuilles pétiolées, oblongues, profondément sinuées ; grappes très nombreuses, axillaires, courtes, velues, privées de feuilles.

Cette plante ne s'élève guère qu'à la hauteur de 30 centimètres ; elle a le toucher visqueux et une odeur agréable ; on l'emploie en infusion contre la toux.

AMBROISIE DU MEXIQUE ou THÉ DU MEXIQUE, *chenopodium ambrosioides* L. Cette plante est originaire du Mexique et est cultivée dans les jardins ; elle s'élève à la hauteur de 65 centimètres et porte des feuilles sessiles, lancéolées, dentées ; ses grappes sont simples et garnies de petites feuilles. Elle a une odeur très forte et agréable ; une saveur âcre et aromatique. Elle est stomachique et tonique, étant prise en infusion théiforme. Les fruits sont anthelmintiques.

ANSERINE (1) VERMIFUGE, *chenopodium anthelminticum* L. Autre
espèce américaine, vivace, très odorante, cultivée dans les jardins,
très usitée aux États-Unis comme vermifuge. Sa tige, haute de 60 centimètres à 1 mètre, est rameuse, garnie de feuilles ovales-oblongues,
dentées, ayant à leur aisselle, vers les sommités, de petites fleurs vertes
disposées en grappes nues.

Les fruits de cette plante, auxquels on donne communément le nom
de *semences*, à cause de leur petitesse, ont également une forte odeur
aromatique, presque semblable à celle de l'ambroisie du Mexique, et
sont employés comme anthelmintiques, ainsi que l'essence qu'on en
retire par distillation.

QUINOA, *chenopodium quinoa* W. Plante annuelle du Chili, semblable à notre *chenopodium album*, propagée par la culture dans toute
la région occidentale de l'Amérique, à cause de ses semences amylacées
qui servent à faire des potages très nourrissants.

VULVAIRE, *chenopodium vulvaria* L. Plante herbacée, commune en
Europe dans les lieux incultes, le long des murs et dans les cimetières.
Ses tiges longues de 20 à 25 centimètres, rameuses et couchées sur la
terre, sont garnies de feuilles ovales-rhomboïdales, entières, glauques,
et portent à la partie supérieure de petites grappes axillaires de fleurs
vertes. Elle exhale une odeur de poisson pourri ; elle a été recommandée
comme antihystérique; on l'emploie en lavements et en fomentations.

MM. Chevallier et Lassaigne, ayant analysé la vulvaire, y ont trouvé
du sous-carbonate d'ammoniaque-tout formé, premier exemple d'un
fait des plus intéressants. Cette plante contient de plus de l'albumine,
de l'osmazome, une résine aromatique, une grande quantité de nitrate
de potasse, etc. (*Journ. de pharm.*, III, 412.)

BON-HENRY ou ÉPINARD SAUVAGE, *chenopodium bonus-henricus* L.,
agathophytum bonus-henricus Moq.. Cette plante croît dans les campagnes, autour des lieux habités; elle pousse une tige haute de 30 centimètres, portant à son sommet des grappes de petites fleurs, ayant dans
leur ensemble une forme pyramidale, et garnie à la partie inférieure de
feuilles en fer de flèche farineuses en dessous, ayant à leur bord quelques dents obtuses et écartées ; elle se distingue des *chenopodium* par
sa semence verticale, ses fleurs polygames, et parce que son fruit n'est
qu'imparfaitement recouvert par les folioles flétries du périanthe. On
peut manger ses feuilles comme celles de l'épinard; elles sont légèrement laxatives.

(1) *Anserine* (de *anser*, *eris*, oie), nom donné aux plantes de ce genre,
pour remplacer leur nom vulgaire *patte d'oie*, due à la forme habituelle de
leurs feuilles. Ce dernier nom n'est lui-même que la traduction du mot grec
chenopodium, formé de χὴν, oie, et de ποῦς, ποδός, pied.

CHOUAN. On trouvait autrefois dans le commerce une substance nommée *chouan*, dont l'histoire offrait d'assez grands rapports avec celle du *semen-contra* pour qu'on pût les confondre l'une avec l'autre. Ces deux substances venaient par le commerce du Levant; et toutes deux, regardées comme des semences, n'étaient en effet qu'un mélange de fleurs et de pédoncules brisés; seulement on remarquait que le chouan était plus gros, plus léger et d'un goût tant soit peu salé et aigrelet. Il paraissait dépourvu d'odeur; enfin son seul usage était de servir à la préparation du carmin, conjointement avec une écorce inconnue du Levant, nommée *autour* (1). Telles étaient les seules données que l'on eût sur le chouan, lorsque M. Desvaux reconnut qu'il était produit par les sommités de l'*abanasis tamariscifolia* L. (*halogetum tamariscifolium* Meyer), plante voisine des soudes et appartenant comme elles à la famille des chénopodées (*Journ. pharm.*, t. II, p. 414).

On m'a présenté une fois, sous le nom de *kali* ou de *fleur de Turquie*, une substance tout à fait analogue au chouan, et servant comme lui, dans l'Orient, à la préparation du carmin. Cette substance était formée de petites fleurs de l'*aizoon canariense*, de la famille des ficoïdées.

SOUDES. Plantes demi-ligneuses, à feuilles alternes ou opposées, rarement planes, souvent cylindriques et charnues, quelquefois épineuses, rarement nulles; les fleurs sont hermaphrodites, accompagnées de 2 bractées; le périanthe est à 5 divisions profondes, persistantes; les étamines sont au nombre de 5 ou de 3, insérées sur un disque hypogyne; l'ovaire est déprimé, surmonté de 2 styles courts, à stigmates recourbés. Le fruit est un askose déprimé, contenu dans le périanthe devenu capsulaire. Semence horizontale, formée d'un testa très mince et d'un embryon roulé en spirale, privé d'endosperme.

Les soudes croissent en abondance dans les lieux maritimes des cli-

---

(1) *Autour*, écorce approchant en forme et en couleur de la cannelle, mais plus épaisse, plus pâle et ayant en dedans la couleur d'une muscade cassée, avec beaucoup de points brillants; elle est presque insipide et inodore. (Lemery.)

J'ai trouvé au Muséum d'histoire naturelle l'écorce d'autour étiquetée *loude-birbouin*, *balacor* et *oulmara*. M. Gonfreville l'a rapportée de l'Inde, ou elle est employée pour la teinture, sous le nom de *lodu puttay*. Elle existe dans le commerce des couleurs à Paris, mais elle s'y vend fort cher. Elle est en fragments longs de 6 centimetres au plus, d'une forme cintrée, épais de 4 à 6 millimètres; elle est rougeâtre et fongueuse à l'extérieur, plus pâle, jaunâtre, ou même blanchâtre à l'intérieur, à fibre courte, grossière et comme grenue. Elle s'écrase et se triture facilement sous la dent; elle a une saveur âpre et astringente, jointe à une légère âcreté; elle est inodore.

mats tempérés, et principalement, en France et en Espagne, sur les côtes de la Méditerranée. Elles y puisent les éléments des sels à base de soude qu'elles contiennent, tels que l'acétate, le citrate ou l'oxalate. Ces sels décomposés par le feu se convertissent en carbonate. Dans la vue d'en extraire l'alcali, on soumet à la culture quelques espèces de soude, qui sont principalement la soude commune, la soude cultivée et le kali (*salsola soda*, *S. sativa* et *S. kali*). Ces plantes, récoltées et séchées, sont brûlées dans de grandes fosses creusées en terre On en ajoute de nouvelles à mesure que la combustion s'opère, et de manière à l'entretenir pendant plusieurs jours; alors la chaleur s'élève au point de fritter la cendre et de la réunir en une seule masse. On laisse refroidir, on casse la masse par morceaux et on la livre au commerce.

La soude ainsi obtenue est composée, en différentes proportions, carbonate et de sulfate de soude; de sulfure et de chlorure de sodium; de carbonate de chaux, d'alumine, de silice, d'oxide de fer; enfin de charbon échappé à la combustion, et qui donne à la masse une couleur grise plus ou moins foncée. La meilleure est celle qui nous venait autrefois d'*Alicante*; on connaissait aussi le *salicor* ou *soude de Narbonne* et la *blanquette* ou *soude d'Aiguemortes*; mais tous ces produits sont presque entièrement remplacés aujourd'hui par la *soude artificielle*, obtenue en calcinant dans des fours à réverbère un mélange de sulfate de soude, de craie et de charbon.

Toutes ces soudes fournissent par lixiviation et cristallisation le carbonate de soude cristallisé ou *sel de soude* du commerce. Souvent aussi, on fait entièrement dessécher le sel de soude, ce qui en diminue le poids de 60 pour 100, le volume à proportion, et par suite allège beaucoup les frais de transport et d'emmagasinage. Enfin, on prépare un sel de soude caustique, en privant le sel de soude ordinaire de 1/4 ou de 1/3 de son acide carbonique. Il est pulvérulent.

Pour déterminer la valeur réelle de ces différents produits, on emploie aujourd'hui le procédé alcalimétrique de M. Gay-Lussac, qui consiste à déterminer, au moyen de la saturation par l'acide sulfurique, la quantité de soude pure (SdO) contenue dans 100 parties du produit. Ce procédé se trouvant décrit dans tous les ouvrages de chimie, je me dispenserai de le rapporter ici.

SOUDE ÉPINEUSE, *salsola tragus* L.; Τράγος Diosc. lib. IV, cap. 46. Cette plante croît très abondamment sur les côtes de la Manche; elle s'élève à la hauteur de 30 à 45 centimètres, et se divise en rameaux cylindriques et striés, garnis de feuilles charnues, embrassantes, glabres, triangulaires, terminées par une pointe épineuse. Les fleurs sont axillaires, solitaires, pourvues d'un périanthe membraneux. Elle est employée avec succès contre la gravelle, ce qu'il faut sans doute attribuer à la grande quantité de sels qu'elle contient ; mais ce qu'il y a de singulier, tant à cause du genre de plantes auquel elle appartient qu'aux lieux qui la fournissent, c'est qu'elle ne contient que des sels à base de potasse et de chaux. Suivant l'analyse que j'ai faite de ses cendres (*Journ. chim. méd.*, 1840, p. 128), je les ai trouvées composées de :

Carbonate de potasse.	29,04
Chlorure de potassium. . . .	17,89
Sulfate de potasse.	4,93
Carbonate de chaux.	40,26
Phosphate de chaux. . . . . ⎫	
Oxide de fer. . . . . ⎭	7,88
	100,00

AMARANTACÉES, NYCTAGINÉES, PHYTOLACCACÉES.

Ces trois familles de plantes, qui terminent la classe des dicotylédones monochlamydées ou à périanthe simple, fournissent peu de chose à la médecine. Les amarantacées ont les plus grands rapports avec les chénopodées, et un assez grand nombre sont employées comme aliment, à l'instar de l'épinard : tels sont, dans le midi de la France et de l'Italie, l'*amarantus blitum* L. ; au Brésil, l'*amarantus viridens* ; à la Jamaïque, l'*amarantus spinosus*. D'autres ont une vertu laxative marquée ; d'autres sont astringentes ; mais aucune, excepté peut-être le *gomphrena officinalis* Mart., et le *gomphrena macrocephala* Saint-Hil., dont les racines portent au Brésil le nom de *paratudo* (propre à tout), ne paraît jouir de propriétés actives.

Les nyctaginées, qui doivent leur nom au genre *nyctago* ou *mirabilis* (belle de nuit), sont généralement douées d'une propriété purgative ou émétique. Plusieurs d'entre elles, telles que le *mirabilis jalapa*, belle plante cultivée dans nos jardins, et le *mirabilis longiflora*, ont même été considérés, pendant quelque temps, comme la source du jalap officinal. Le *boerhaavia hirsuta* (erva toustâo Bras.) est employé contre l'ictère, le *boerhaavia tuberosa* contre la syphilis, le *boerhaavia procumbens* comme antifébrile et purgatif, etc.

Les phytolaccacées, plantes d'abord réunies aux chénopodées, s'en distinguent par leurs étamines alternes avec les divisions du périanthe, par la pluralité des ovaires rangés circulairement autour d'un axe, enfin par la présence de principes âcres et drastiques. Le *phytolacca decandra*, belle plante de l'Amérique septentrionale, aujourd'hui cultivée dans les jardins de l'Europe, purge très fortement ; le suc des fruits,

d'un beau rouge carminé, a été employé en Portugal à la coloration
des vins non sans inconvénient pour les consommateurs, et l'usage en
a été prohibé. La racine du *phytolacca drastica* du Chili, purge aussi
très violemment ; les *petiveria*, douées d'une odeur alliacée, sont usitées en Amérique comme antifébriles, diaphorétiques, diurétiques et
anthelmintiques. De toutes les plantes ou parties de plantes qui viennent d'être citées, je ne parlerai en particulier que de celles qui se sont
rencontrées dans le commerce.

Racine de Chaya.

En 1818, un pharmacien présenta à la Société de pharmacie de
Paris une racine nommée *chaya*, longue de 13 à 16 centimètres, grosse
comme de minces tuyaux de plume, tortueuse, composée d'une écorce
et d'un *meditullium* ligneux, blanchâtre ; elle est inodore et offre une
saveur mucilagineuse et légèrement salée. On la disait envoyée de la
Tartarie chinoise, et l'on donnait à la plante une tige lisse, également
mucilagineuse, des feuilles obrondes et cotonneuses, des fleurs à périanthe simple, unisexuelles, à 6 étamines ; on supposait qu'elle pouvait appartenir à la famille des asparaginées. Si les caractères sexuels,
qui n'ont pu être vérifiés, étaient exacts, il faudrait renoncer à déterminer la plante qui produit cette racine. Mais on lit dans la *Flora
indica* de Roxburgh, t. II, p. 503, et dans la *Materia indica* d'Ainslie,
lie, t. II, p. 394, qu'on vend au Bengale, sous le nom de *chaya*, la
racine mucilagineuse de l'*achyrantes. lanata* Roxb., *Ærva lanata* J.,
amarantacées. Cette racine, au reste, ne paraît jouir d'aucune propriété essentielle, et je l'aurais passée sous silence s'il n'était pas nécessaire de la distinguer du *chaya-vayr*, racine tinctoriale de l'Inde, et de
l'*ipécacuanha blanc* du Brésil, en place duquel elle a été vendue dans
le commerce.

Racine de Faux-Jalap.

Mirabilis longiflora L., et aussi les *mirabilis jalapa* et *dichotoma*.
Car. gén. : Involucre caliciforme, campanulé, quinquéfide, uniflore,
persistant ; périanthe corolloïde, infundibuliforme, à tube allongé,
ventru à la base, persistant, à limbe plissé et à 5 dents, tombant ;
5 étamines insérées sur un godet glanduleux qui entoure l'ovaire ; filets
libres, adhérents au tube rétréci du calice, prolongés au-dessus et terminés chacun par une anthère biloculaire ; ovaire uniloculaire, style
simple, stigmate en tête ; askose libre, renfermé dans la base indurée
du périanthe, et entouré par l'involucre persistant.

Le *mirabilis jalapa* est aujourd'hui cultivé dans tous les jardins, où il forme des touffes d'un beau vert, sur lesquelles ressortent ses fleurs nombreuses, réunies en un corymbe serré et d'un rouge foncé, quelquefois aussi jaunes, blanches ou panachées. Ces fleurs ne s'ouvrent qu'à la nuit et se ferment le matin, ce qui a valu à la plante le nom de *belle-de-nuit*. Le *mirabilis dichotoma*, très rapproché du précédent, s'en distingue néanmoins par ses feuilles beaucoup plus petites, par ses fleurs toujours d'un rouge pourpre, bien moins grandes également, presque solitaires et s'épanouissant ava t la nuit, d'où leur est venu le nom de *fleurs de quatre heures*. Enfin le *mirabilis longiflora* (fig. 186) intéresse par l'odeur douce et musquée qu'il répand pendant la nuit ; ses tiges sont longues de 1 mètre environ, très faibles, divisées en rameaux grêles, pubescents, garnis de feuilles opposées, visqueuses, un peu velues, molles et ciliées ; les supérieures sessiles. Les fleurs naissent à l'extrémité des rameaux, réunies en une tête épaisse et glutineuse. Le tube du périanthe est fort long, recourbé, velu ; le limbe plissé, d'une couleur blanche. Ces trois plantes, mais surtout la dernière, sont pourvues d'une racine pivotante, un peu napiforme, grosse et charnue, presque noire au dehors, blanchâtre en dedans. Cette racine desséchée, dont j'ai vu une fois

Fig. 186.

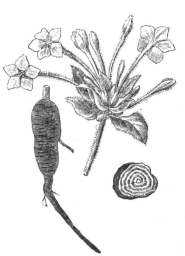

dans le commerce une partie assez considérable, était à peu près cylindrique, épaisse de 25 à 55 millimètres, coupée en tronçons de 55 à 110 millimètres, d'un gris livide, plus foncé à l'extérieur et plus pâle intérieurement. Les surfaces extrêmes sont marquées d'un grand nombre de cercles concentriques très serrés, d'une couleur plus foncée et un peu proéminents. La coupe opérée à l'aide de la scie est polie et presque noire, et marquée des mêmes cercles. La racine est dure, compacte, très pesante, d'une odeur faible et nauséeuse, et d'une saveur douceâtre, laissant un peu d'âcreté dans la bouche. On la dit assez fortement purgative.

Racine de Pipi.

Petiveria alliacea et *petiveria tetrandra*. **La première de ces plantes** croît dans les prairies, à la Jamaïque et dans la plupart des autres îles de l'Amérique. La seconde croît au Brésil. Toutes deux sont pourvues d'une forte odeur alliacée et produisent des racines ligneuses, fibreuses, jaunâtres, d'une odeur très forte et désagréable et d'une saveur âcre et alliacée. Ces racines sont très fortement diurétiques, ainsi que l'indique leur nom, et usitées contre l'hydropisie, la paralysie, les rhumatismes articulaires, etc.

SIXIÈME CLASSE.

Dicotylédones corolliflores.

FAMILLE DES PLANTAGINÉES.

Petite famille de plantes herbacées, souvent privées de tiges et à feuilles toutes radicales, à fleurs hermaphrodites ou unisexuelles, disposées en épis simples et serrés, pourvues d'un calice et d'une corolle à 4 divisions régulières ; de 4 étamines et d'un ovaire libre à 1, 2, ou très rarement 4 loges contenant un petit nombre d'ovules. Le style est capillaire et terminé par un stigmate simple ou bifide ; le fruit est tantôt un askose, tantôt une pixide biloculaire, à loges mono- ou dispermes ; les semences sont couvertes d'un épisperme membraneux, à hile ventral ; l'embryon est droit et cylindrique, dans l'axe d'un endosperme charnu.

Cette famille nous présente, dans le genre *plantago*, quelques plantes autrefois très usitées, aujourd'hui presque tombées en désuétude. Ces plantes sont les *plantains* et les *psyllium*.

Plantains.

Les plantains ont un calice à 4 divisions persistantes ; une corolle gamopétale tubuleuse, persistante, à limbe quadripartagé. Les filets des étamines sont plus longs que la corolle, surmontés d'anthères horizontales. Le style est plus court que les étamines et terminé par un stigmate simple. On emploie indifféremment trois espèces de plantain, à savoir :

Le **grand plantain**, *plantago major*, offrant des feuilles radicales grandes, coriaces, presque glabres, ovales, rétrécies en pétioles, marquées de 7 nervures saillantes, souvent sinuées sur les bords. La hampe dépasse la longueur des feuilles; elle est cylindrique, un peu pubescente et porte un épi droit, long, cylindrique, étroit, composé de fleurs serrées, verdâtres ou rougeâtres. La capsule pixidée est divisée en deux loges par une cloison longitudinale, qui porte plusieurs graines rougeâtres sur chaque face.

Le **plantain moyen**, *plantago media*, a le port du précédent, dont il diffère par ses feuilles velues et par sa capsule qui ne contient qu'une graine dans chaque loge.

Le **plantain lancéolé**, *plantago lanceolata*, a les feuilles étroites-lancéolées, amincies aux deux extrémités, ordinairement velues et à 5 nervures; les hampes sont anguleuses, pubescentes, terminées par un épi brun, ovale et ramassé. Ces trois plantes sont communes dans les jardins, les champs et les prairies. Leurs feuilles sont inodores, amères et légèrement styptiques; les fleurs possèdent une odeur douce et agréable. L'eau distillée de la plante entière était anciennement très usitée dans les collyres.

Semences de Psyllium.

Plantago psyllium L. Cette plante diffère des précédentes par sa tige rameuse, haute de 16 à 29 centimètres, munie de feuilles opposées, linéaires, quelquefois dentées. Les fleurs sont réunies en capitules ovoïdes, munis de bractées très courtes; les divisions du calice sont lancéolées-aiguës; les fruits sont des pixides à 2 loges polyspermes; les semences sont très menues, oblongues, d'un brun noir, lisses et luisantes d'un côté, creusées en nacelle du côté du hile, ayant quelque ressemblance d'aspect avec des puces, ce qui a valu à la plante le nom d'*herbe aux puces*. Ces semences contiennent dans leur épisperme un principe gommeux, susceptible de se gonfler considérablement dans l'eau, qui leur donne une propriété très émolliente. On en faisait autrefois usage et on pourrait les employer tout aussi utilement aujourd'hui dans les ophthalmies inflammatoires, l'irritation des voies intestinales, etc.

Plantain des sables, *plantago arenaria* Waldst. Cette plante, longtemps confondue avec la précédente, en diffère par sa tige plus rameuse et plus élevée; par ses capitules plus allongés, munis de bractées deux ou trois fois plus longues que les calices, dont les divisions sont dilatées au sommet, membraneuses et très obtuses; les graines sont ovoïdes. Il paraît que les négociants de Nîmes et de Montpellier en font un commerce assez étendu, pour le gommage des mousselines.

FAMILLE DES PLUMBAGINÉES.

Famille de plantes herbacées, à feuilles alternes, quelquefois toutes réunies à la base de la tige et engaînantes. Les fleurs sont réunies en tête, ou disposées en épis ou en grappes rameuses et terminales. Le calice est tubuleux, persistant, à 5 divisions ; la corolle est tantôt gamopétale et pourvue de 5 étamines hypogines, comme dans les vraies plumbaginées ; tantôt formée de pétales égaux, légèrement soudés à la base, et portant sur les onglets 5 étamines opposées aux pétales, comme dans les staticées. L'ovaire est libre, à un seul ovule anatrope, pendant au sommet d'un podosperme filiforme, partant de la base de la loge. L'ovaire est terminé par un style divisé en stigmates (*plumbago*) ou par 5 styles, pourvus chacun d'un stigmate simple, filiforme, glanduleux (*statice*). Le fruit est monosperme, enveloppé dans le calice persistant ; tantôt il est indéhiscent (askose), se séparant du réceptacle par déchirement (*statice*) ; tantôt il est capsulaire et s'ouvre supérieurement en 5 valves (*plumbago*) La semence est inverse mais simule souvent une semence droite, par la soudure du trophosperme avec le péricarpe. L'embryon est orthotrope, au milieu d'un endosperme farineux ; radicule supère.

Cette petite famille, comme on le voit, se divise nettement en deux tribus, qui empruntent leur nom de leur principal genre, *statice* et *plumbago*, dont les propriétés sont aussi très distinctes ; les *statice* sont pourvus d'une astringence très marquée ; les *plumbago* sont presque caustiques. Quoique ces plantes soient aujourd'hui presque oubliées, nous en mentionnerons deux le *behen rouge* et la *dentelaire d'Europe*.

Behen rouge.

Les Arabes et les Grecs du moyen âge ont employé, sous le nom de *behen*, deux racines différentes. L'une appelée *behen blanc*, pouvait être longue et grosse comme le doigt, d'un gris cendré à l'extérieur, blanchâtre en dedans, d'un goût un peu amer (suivant d'autres, âcre et odorante). Cette racine a toujours été attribuée au *centaurea behen* L., de la grande famille des synanthérées et de la tribu des carduacées ; mais comme elle était originaire de la Perse et fort rare, on lui substituait celle du *behen nostras* ou *cucubalus behen*, plante de la famille des caryophyllées, à calice renflé, qui croît dans nos champs. L'autre espèce de behen était le *behen rouge*, que l'on décrivait comme une racine sèche, compacte, d'un rouge noirâtre, coupée en morceaux comme le jalap, un peu styptique et aromatique. On l'attribuait généralement au *statice limonium* L., plante qui croît dans les prairies humides, voisines de l'Océan et de la Méditerranée. Cette racine était tout à fait oubliée du commerce, et je ne pense pas qu'aucun droguiste de notre âge en eût vu, lorsque, il y a quelques années, on importa à Marseille, de

Taganrog, ville russe, à l'embouchure du Don, et sous le nom de *kermès*, 800 kilogrammes d'une racine rouge et ligneuse qui n'est autre chose que le *katran rouge* de Pallas (t. V, p. 170), usité pour le tannage des peaux, et attribué par lui à un *statice* voisin du *limonium;* cette plante est le *statice latifolia* de Smith. En rapprochant toutes ces circonstances, il me paraît à peu près certain que ce katran rouge de Pallas est le vrai *behen rouge* des anciens, dont voici alors les caractères plus précis.

Racine ligneuse, pivotante, cylindrique, longue de 30 à 40 centimètres, épaisse de 2 à 3, terminée par le haut par plusieurs collets vivaces, qui portent alternativement d'un côté et de l'autre, la cicatrice des tiges annuelles. L'écorce de la racine est très compacte, d'un rouge brun foncé, épaisse de 2 à 3 millimètres, et a dû être succulente. Le cœur est ligneux et à structure rayonnante. La surface de la racine est marquée, surtout à la partie supérieure, de stries circulaires qui, à partir du collet, deviennent des sillons circulaires profonds et réguliers.

Cette racine possède une saveur très astringente avec un goût particulier qui se rapproche de celui du tabac. Elle fournit avec l'eau une liqueur rouge qui précipite fortement le fer et la gélatine. Cette racine serait donc très propre au tannage et à la teinture en noir.

Fig. 187.

Racine de Dentelaire.

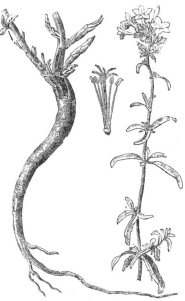

Plumbago europæa L. (fig. 187). Cette plante croît dans le midi de la France ; sa tige est ronde, cannelée, glabre, haute de 65 centimètres ; ses feuilles sont oblongues, amplexicaules, chargées de poils glanduleux sur leurs bords; d'une saveur brûlante. Les fleurs sont purpurines ou bleues, ramassées en bouquets au sommet de la tige et des rameaux ; elles sont pourvues d'un calice persistant à 5 divisions, hérissé de poils glanduleux ; d'une corolle tubulée, à limbe étalé et quinquéfide ; de 5 étamines à filets élargis inférieurement et insérés sous l'ovaire; d'un style aussi long que le tube de la corolle, et terminé par un stigmate quinquéfide. Le fruit est un askose enveloppé par le calice.

La racine de dentelaire est longue, pivotante, blanche, d'une saveur caustique. Par la dessiccation, elle conserve en partie sa causticité, prend une teinte rougeâtre, et paraît formée d'une écorce ridée longitudinalement, qui s'isole en partie d'un méditullium ligneux, très épais, à fibres rayonnées. Cette racine, conservée dans un bocal fermé, avec une étiquette de papier, offre le singulier phénomène de faire prendre au papier une couleur rougeâtre plombée, qui paraît due à l'action de l'air sur un principe volatil échappé de la substance. La plante, écrasée entre les doigts, leur communique la même couleur plombée, ce qui lui a valu le nom de *plumbago*, et celui de *molybdène*, qui, en grec, signifie la même chose. Le nom de *dentelaire* lui vient de la propriété qu'elle partage avec d'autres substances très âcres, de calmer souvent la douleur des dents; on l'appelle aussi *malherbe* ou *mauvaise herbe*.

La racine de dentelaire était employée autrefois comme émétique, mais son effet était incertain et dangereux. On l'emploie aujourd'hui avec plus de succès, à l'extérieur, contre la gale.

M. Dulong, pharmacien à Astafort, est parvenu à isoler le principe âcre de la dentelaire, en épuisant la racine par l'éther; ce liquide, évaporé, laisse une matière grasse, de couleur noirâtre; que l'on traite par l'eau bouillante. L'eau prend une couleur jaune, et dépose, par le refroidissement, des flocons jaunes, qui, repris par l'alcool, cristallisent avec facilité. Cette matière est sous la forme de petits cristaux aciculaires, d'un jaune orangé, fort peu solubles dans l'eau froide, plus solubles dans l'eau bouillante, très solubles dans l'éther et l'alcool, n'offrant aucun caractère acide ou alcalin, fusibles à une douce chaleur, et se volatilisant sans altération à une température un peu plus élevée. Les acides n'en changent pas la couleur et n'en facilitent pas la solution dans l'eau; les alcalis, au contraire, la dissolvent facilement et lui donnent une couleur rouge-cerise. (*Journ. de pharm.*, t. XIV, p. 254.)

FAMILLE DES PRIMULACÉES.

Plantes herbacées à feuilles toutes radicales, comme dans les primevères, ou bien opposées et même quelquefois verticillées sur la tige (*lysimachia*), rarement alternes. Fleurs complètes, régulières ou un peu irrégulières, tantôt solitaires ou ombellées à l'extrémité d'un hampe, tantôt solitaires dans l'aisselle des feuilles, ou en grappes axillaires ou terminales. Calice gamosépale, ordinairement libre et à 5 divisions;

corolle hypogyne (périgyne dans le genre *samolus*), gamopétale , à
4 lobes alternes avec ceux du calice , à préfloraison imbriquée ou contournée; étamines insérées au haut du tube de la corolle et opposées en
nombre égal à ses divisions , souvent accompagnées d'un même nombre
d'étamines stériles , alternant avec ces mêmes divisions. L ovaire est
libre (demi-soudé dans le genre *samolus*), uniloculaire, à ovules
nombreux attachés à un trophosperme central. Le style et le stigmate
sont simples. Le fruit est une capsule uniloculaire et polysperme, s'ouvrant en 3 ou 5 valves (primevère et lysimachie), ou une pyxide operculée (*anagallis*). Les graines offrent un embryon cylindrique placé
transversalement au hile dans un endosperme charnu.

Les primulacées sont inusitées aujourd'hui en médecine, quoiqu'elles
soient généralement douées de propriétés actives. La **primevère
commune** (*primula veris*), nommée autrefois *herbe de la paralysie*,
présente dans sa racine une forte odeur d'anis, due à une essence qu'on
peut en retirer par distillation, et une substance amère analogue à la
sénégine. L'**oreille-d'ours**, originaire des Alpes, y est recommandée
contre la phthisie, mais est bien plus connue par l'élégance de ses
fleurs et par les innombrables variétés que les horticulteurs en ont
obtenues. Les deux **mourons**, **rouge** et **bleu** (*anagallis phœnicea* et
an. cœrulea), sont des plantes nauséeuses, amères et douées d'une certaine âcreté, qui ont été usitées autrefois contre l'atonie des viscères,
l'hydropisie, la manie, l'épilepsie, et que le peuple des campagnes regarde encore aujourd'hui et sans aucune raison, comme un remède contre la rage. Il ne faut pas confondre ces deux plantes, qui sont un poison
pour les oiseaux, avec la **morgeline** (*alsine media*, caryophyllées), dont
on vend une si grande quantité à Paris, sous le nom de *mouron des
oiseaux*, qu'on estime à 500000 francs la somme que la classe peu aisée
dépense annuellement pour ce seul objet.

Racine de Cyclame ou de Pain-de-Pourceau.

Cyclamen europæum L., *arthanita off.* (fig. 188). Cette plante pousse
de sa racine de longs pétioles qui portent des feuilles presque rondes,
marbrées en dessus, rougeâtres en dessous. Il s'élève parmi de longs
pédoncules qui soutiennent de petites fleurs purpurines, d'une odeur
agréable. Ces fleurs sont formées d'un calice persistant, à 5 divisions; d'une corolle hypogyne, à tube court, épaissi à la gorge,
à limbe réfléchi partagé en 5 divisions égales, plus longues que
le calice. Les 5 étamines sont conniventes par leurs anthères; le style
est terminé par un stigmate aigu; le fruit est une capsule charnue,
polysperme, à 5 valves. La racine de cyclame est vivace; elle a la
forme d'un pain orbiculaire aplati; elle est brune au dehors, blanche

en dedans, garnie de radicules noirâtres. Elle a une saveur âcre et caustique. Geoffroy, dans sa *Matière médicale*, annonce qu'elle perd toute son âcreté par la dessiccation ; cela peut arriver quelquefois, mais celle que j'ai jouit en-

Fig. 188.

core d'une saveur vrai-
ment insupportable. Elle est émétique, purgative et hydragogue, même appliquée extérieurement. Malgré des pro-
priétés si énergiques, cette racine est peu employée maintenant, peut-
être à cause du danger et de l'inconstance de ses effets. C'est elle qui donnait autrefois son nom à l'onguent d'*arthanita*. Quant au nom de *pain-de-pourceau*, il lui est venu de sa forme et de la recherche que les porcs en font pour leur nourriture.

FAMILLE DES GLOBULARIÉES.

Cette petite famille est formée par le seul genre *globularia*, dont les espèces peu nombreuses appartiennent à l'Europe méridionale et tempérée, ainsi qu'aux îles de l'océan Atlantique. Une des espèces les plus connues est celle qui porte le nom de **globulaire turbith**, *globularia alypum* L. (fig. 189) ; c'est un arbrisseau de 60 à 100 centimètres de haut, dont les feuilles sont glabres, lancéolées-ovées, aiguës, rétrécies en pétiole à la base, entières ou munies de une ou deux dents au som-
met ; les fleurs sont bleuâtres, réunies en capitules pourvus d'un involucre polyphylle, et sont portées sur un réceptacle paléacé ; le calice de chaque petite fleur est à 5 divisions et persistant ; la corolle est monopé-
tale et a deux lèvres, dont la supérieure est presque nulle ; le fruit est un askose ovoïde entouré par le calice.

Fig. 189.

La globulaire-turbith croît dans le midi de la France; on lui avait attribué des propriétés dangereuses, qui lui avaient fait donner le nom de *frutex terribilis*; mais il a été reconnu, surtout par M. Loiseleur-Deslonchamps, que ses feuilles formaient un purgatif plus doux que le séné, moins désagréable, et qu'elles pouvaient très bien lui être substituées, à dose double. Elles ont une saveur âcre, très amère, sont privées d'odeur nauséeuse, et forment avec l'eau un infusé transparent, légèrement verdâtre.

FAMILLE DES LABIÉES.

Les labiées forment une des familles les plus naturelles du règne végétal; elle comprend des plantes herbacées ou des arbrisseaux à rameaux opposés ou verticillés et tétragones; les feuilles sont opposées ou verticillées, entières ou divisées, privées de stipules. Les fleurs sont complètes, irrégulières, groupées aux aisselles des feuilles supérieures, et forment, par leur rapprochement, des épis ou des grappes rameuses. Leur calice est gamosépale, tubuleux, à 5 dents inégales. La corolle est insérée sur le réceptacle; elle est gamopétale, tubuleuse, irrégulière, ordinairement partagée en 2 lèvres, l'une supérieure, l'autre inférieure. Les étamines sont au nombre de 4 et didynames, sauf dans un petit nombre de genres dans lesquels les deux étamines courtes avortent ou manquent complétement. L'ovaire, porté sur un disque charnu, est profondément divisé en 4 lobes, très déprimé au centre, d'où s'élève un style simple surmonté d'un stigmate bifide. L'ovaire, coupé en travers, présente 4 loges contenant chacune un ovule dressé. Le fruit est un *askosaire* formé de 4 askoses (voyez pages 24 et 27) contenus dans l'intérieur du calice persistant; askoses dressés; embryon droit, entouré d'un endosperme très mince, qui disparaît souvent complétement.

Les labiées sont en très grande partie des plantes très aromatiques et riches en huile volatile; aucune n'est vénéneuse; la bétoine seule présente une âcreté assez marquée qui l'a fait employer comme sternutatoire. Il en est peu qui, à une époque ou à une autre, n'aient été usitées en médecine. Je me bornerai à décrire les principales.

Basilics.

Genre *ocimum*: calice ové ou campanulé à 5 dents, dont la supérieure plus grande, plane et orbiculaire; corolle à tube court et à 2 lèvres, dont la supérieure est quadrifide et l'inférieure, à peine plus longue, plane et entière, abaissée; 4 étamines penchées, les inférieures plus longues, les supérieures appendiculées à la base d'une dent ou d'un faisceau de poils ; style courtement bifide au sommet ; 4 askoses polis.

Les basilics sont exotiques et la plupart viennent de l'Inde. Ce sont des herbes ou de petits arbrisseaux pourvus de feuilles simples et doués d'une odeur pénétrante et souvent très agréable. Les deux espèces les plus communes sont :

Le **grand basilic**, *ocimum basilicum*, L., très cultivé dans les jardins, haut de 15 à 20 centimètres, muni de tiges légèrement velues, de feuilles pétiolées, ovales, lancéolées, un peu ciliées et un peu dentelées sur le bord ; les fleurs sont blanches, purpurines ou panachées, disposées en verticilles peu garnis, accompagnées de bractées vertes ou pourpres : les calices sont ciliés ou barbus.

Le **petit basilic**, *ocimum minimum*, L., cultivé dans des pots sur les fenêtres et les cheminées ; il forme, par ses ramifications, une jolie boule de verdure, chargée de feuilles nombreuses, aiguës ou obtuses, un peu épaisses, vertes ou rougeâtres ; les fleurs sont petites et blanches.

Lavandes.

Car. gén. : Calice ové-tubuleux, strié, à 5 petites dents presque égales ; la dent supérieure tantôt un peu plus large cependant, tantôt augmentée au sommet d'un appendice dilaté ; tube de la corolle plus long que le calice, dilaté à la gorge ; limbe obliquement bi-labié, à lèvre supérieure bi-lobée, l'inférieure à 3 lobes, tous les lobes presque égaux et ouverts ; 4 étamines recourbées, les inférieures plus longues ; filets glabres, libres, non pourvus de dents ; anthères ovées-réniformes, confluentes, uniloculaires ; style courtement bifide au sommet, à lobes aplatis. Askoses glabres, lisses, attachés aux quatre écailles concaves du disque.

Trois espèces de lavandes sont surtout usitées :

Lavande spic ou **Lavande mâle**, *lavandula spica* DC. Cette plante offre une souche ligneuse, divisée en rameaux dressés ; les uns courts, stériles, persistants ; les autres longs, fertiles, annuels, hauts de 60 à 100 centimètres. Les feuilles sont linéaires-élargies, longues de 55 à 80 millimètres, larges de 6 à 12, à bords roulés en dessous ; elles sont couvertes des deux côtés d'un duvet très court et blanchâtre ; les tiges florales sont très peu feuillées, terminées par un épi assez long, souvent recourbé au sommet ; les bractées qui accompagnent les fleurs sont linéaires, subulées ; les calices fortement striés, à peine cotonneux ; les corolles sont bleues, quelquefois blanches par variété.

La lavande spic croît en Afrique, en Sicile, en Italie et dans le midi de la France ; toutes ses parties exhalent une odeur forte, mais agréable, due à une huile volatile qu'on extrait dans les lieux mêmes où on la

récolte, et qui est connue dans le commerce sous le nom d'*huile de spic*
ou *d'aspic*. Elle est très usitée en peinture, souvent mélangée d'essence
de térébenthine.

Lavande officinale ou **Lavande femelle**, *lavandula vera* DC.
Cette plante ressemble beaucoup à la précédente, et Linné n'en avait
formé qu'une seule espèce, sous le nom de *lavandula spica;* elle diffère de la première, cependant, par ses feuilles tout à fait linéaires, plus
étroites et moins blanchâtres; par ses épis courts, droits, maigres et à
verticilles interrompus; par ses bractées ovées-rhomboïlales, acuminées; par ses calices couverts d'un duvet abondant; enfin par ses corolles
deux fois plus grandes que le calice, pubescentes en dehors. Elle craint
moins le froid que le spic, et c'est elle que l'on cultive surtout dans les
jardins du Nord, où elle sert souvent à former des bordures. Elle a une
odeur moins forte et plus agréable que la précédente, et on la préfère
pour la préparation de l'alcoolat de lavande qui est si généralement
employé comme eau de toilette.

Lavande stœchas, *lavandula stœchas* L. Sous-arbrisseau très rameux, s'élevant à la hauteur de 60 à 100 centimètres; feuilles sessiles,
oblongues-linéaires, longues de 14 millimètres, cotonneuses, blanchâtres, à bords roulés en dessous; fleurs d'un pourpre foncé, resserrées
en épis denses, ovales-oblongs, et accompagnées de bractées cordiformes, acuminées, cotonneuses; les bractées supérieures, privées de
leurs fleurs avortées, forment un faisceau de petites feuilles colorées
au-dessus de l'épi.

Les fleurs de stœchas, qui sont la seule partie usitée, nous venaient
autrefois d'Arabie, d'où elles avaient pris le nom de *stœchas arabique*,
mais depuis longtemps on les tire de Provence. Elles sont sous la forme
d'épis denses, ovales ou oblongs, comme écailleux, d'un violet pourpre
et blanchâtre, d'une odeur forte et térébinthacée, d'une saveur
chaude, âcre et amère. Elles fournissent une assez grande quantité
d'huile volatile à la distillation; elles font la base du *sirop de stœchas
composé*.

Patchouly.

Vers l'année 1825, on a commencé à importer en France, sous le
nom de *patchouly* (1), une plante de l'Inde, desséchée et grossièrement
hachée, que ses tiges carrées, ses feuilles opposées et fortement odorantes, ont facilement fait reconnaître pour une labiée. On a supposé
d'abord qu'elle n'était autre que le *plectranthus aromaticus* de Roxburgh (*coleus aromaticus* Benth., *coleus amboinicus* Lour., *marru-*

(1) Nom corrompu de *patchey elley* ou feuilles de patchey.

bium album amboinicum Rumph.), plante voisine des basilics et très aromatique, usitée comme telle depuis l'Inde jusqu'aux îles Moluques ; mais en 1844, le patchouly ayant fleuri dans les serres de M. Vignat-Parelle à Orléans, fut reconnu par M. Pelletier pour appartenir au genre *pogostemon*, assez voisin des menthes, et fut décrit par lui sous le nom de *pogostemon patchouly*. Cette plante a les tiges ligneuses à la base, les feuilles longuement pétiolées, ovales-aiguës, grossièrement dentées ; un peu cotonneuses comme les tiges ; les épis, qui manquent toujours dans le patchouly du commerce, sont terminaux ou axillaires, longuement pédonculés. Le patchouly n'est guère employé que pour préserver les hardes et les fourrures de l'attaque des teignes. Son odeur est tellement forte que beaucoup de personnes ne peuvent la supporter.

Menthes.

Les menthes se distinguent des autres labiées par la régularité presque complète de leurs fleurs. Le calice est tubuleux ou campanulé, à 5 dents presque égales ; la corolle est très courte, à limbe campanulé presque régulier, à 4 lobes dont le supérieur est un peu plus large et ordinairement échancré ; les étamines sont au nombre de quatre, presque égales, dressées, écartées les unes des autres ; les filets sont glabres et nus ; les anthères sont biloculaires, à loges parallèles ; le style est courtement bifide au sommet ; les askoses sont secs et polis. Les espèces en sont très variables et difficiles à déterminer. Voici les plus communes et les plus usitées.

Menthe sauvage, *mentha sylvestris* L. Tige droite, rameuse, haute de 30 à 50 centimètres, cotonneuse ainsi que toute la plante ; feuilles sessiles, oblongues-lancéolées, inégalement dentées, blanchâtres ; verticilles de fleurs rapprochés en épis allongés, au sommet de la tige et des rameaux ; fleurs d'un rouge clair, étamines plus longues que la corolle.

Menthe à feuilles rondes ou **menthastrum**, *mentha rotundifolia* L. Tige droite, haute de 30 à 50 centimètres, cotonneuse ; feuilles sessiles, ovales-arrondies, ridées en dessus, cotonneuses en dessous, dentées ; fleurs blanches ou d'un rouge très clair, disposées en épis denses, souvent interrompus à la base ; les étamines sont plus longues que la corolle ; les dents du calice sont très courtes.

Menthe verte, **menthe de Notre-Dame**, **menthe romaine**, *mentha viridis* L. Tige droite, glabre comme toute la plante, garnie de feuilles lancéolées, sessiles, bordées de dents écartées ; fleurs purpurines, nombreuses à chaque verticille, et disposées en épis allongés.

Les étamines sont plus longues que la corolle ; dents du calice linéaires-subulées.

Menthe poivrée, *mentha piperita* L. (fig. 190). Tige ascendante, rougeâtre, très glabre ou munie de poils très rares; feuilles d'un vert foncé, très glabres ou ciliées sur les nervures de la face inférieure ; elles sont pétiolées, ovales-aiguës ou ovales-lancéolées, dentées en scie ; les fleurs sont purpurines, nombreuses à chaque verticille, formant à l'extrémité des tiges des épis obtus, interrompus à la base ; les calices sont striés, glanduleux ; les étamines sont plus courtes que la corolle.

Fig. 190.

Menthe crépue, *mentha crispa* L. Feuilles sessiles, cordées, ondulées, bordées de grandes dents inégales; fleurs d'un rouge très clair, formant un épi allongé, non interrompu; calice très velu à dents presque égales à la corolle ; étamines incluses.

Menthe aquatique, *mentha aquatica* L. Tige hérissée de poils réfléchis ; feuilles pétiolées, ovées, arrondies à la base, pointues à l'extrémité, glabres sur les deux faces; verticilles peu nombreux (2 ou 3) réunis en une tête oblongue, ou le plus inférieur distancé ; fleurs d'un pourpre pâle ; calices et pédicelles velus. Étamines plus longues que la corolle, avec des anthères d'un pourpre plus foncé. Cette plante croît en Europe sur le bord des ruisseaux.

La **menthe velue**, *mentha hirsuta* L., n'est qu'une variété de la menthe aquatique à feuilles velues.

Menthe des champs, *mentha arvensis* L. Tiges diffuses ; feuilles ovées-aiguës, dentées, velues ; fleurs en verticilles axillaires et séparés; étamines égalant la longueur du limbe de la corolle.

Menthe cultivée, *mentha sativa* L. Feuilles pétiolées, ovales, pointues, dentées, ou rétrécies aux deux extrémités, rugueuses en dessus ; fleurs verticillées, étamines plus longues que la corolle.

Menthe baume ou **baume des jardins**, *mentha gentilis* L. Racine traçante et produisant des jets qui s'étendent au loin ; tiges hautes de 50 centimètres, rougeâtres, un peu velues, très rameuses ; feuilles pétiolées, ovales, pointues, dentées ; fleurs disposées en verticilles dans les aisselles des feuilles supérieures, purpurines, à étamines renfermées dans le tube de la corolle; calice glabre à la base, ainsi que les pédicelles.

Cette plante croît sur le bord des fossés, et près des puits dans les jardins. Elle possède une odeur forte et agréable analogue à celles du basilic et de la mélisse mélangées. M. Bentham fait de cette plante et de la précédente de simples variétés du *mentha arvensis;* ce rapprochement avait déjà été indiqué par d'autres botanistes.

Menthe pouliot ou **pouliot vulgaire**, *mentha pulegium* L. Tige presque cylindrique, pubescente, très rameuse, couchée à sa base, longue de 15 à 35 centimètres, garnie de feuilles ovales, obtuses, à peine dentées, assez semblables à celles de l'origan. Les fleurs purpurines et disposées par verticilles épais, occupent une grande partie de la longueur des tiges. Cette plante croît dans les lieux incultes, sur le bord des marais et des étangs. Elle est pourvue d'une odeur très pénétrante et d'une saveur très âcre et très amère. Son suc rougit fortement le tournesol.

Presque toutes les espèces de menthe ont été usitées en médecine. Aujourd'hui la menthe poivrée est presque la seule employée. Elle possède une odeur très forte et une saveur aromatique accompagnée d'une grande fraîcheur dans la bouche. Elle est tellement chargée d'huile volatile qu'elle incommode les yeux à une grande distance; aussi en prépare-t-on un hydrolat très odorant et très actif; les feuilles et les fleurs font partie d'un grand nombre d'autres préparations de pharmacie.

L'essence de menthe fait la base des pastilles et des tablettes de menthe; la plus estimée est préparée en Angleterre; les États-Unis d'Amérique en fournissent aussi une très grande quantité au commerce, mais qui est moins suave que celle d'Angleterre; celle préparée en France a toujours un goût désagréable, qui tient de la menthe crépue. On attribue la supériorité de l'essence d'Angleterre au soin que l'on prend de détruire toutes les autres espèces de menthe qui croissent dans les contrées où l'on cultive la menthe poivrée, afin d'empêcher l'abatardissement de l'espèce; ce soin est tout à fait négligé en France. La menthe poivrée passe d'ailleurs pour être originaire d'Angleterre, et il est certain que les anciens botanistes du continent, tels que les frères Bauhin, Geoffroy, etc., n'en font pas mention; mais il serait possible qu'elle y eût été importée d'Asie. Je suis certain au moins que c'est un médicament très usité en Chine, l'ayant trouvée dans une collection de 84 médicaments les plus usuels de la Chine, où elle est nommée *lin tsao.* Le pouliot fait partie aussi de la même collection, sous le nom de *pou hô* ou de *po ho.*

L'essence de menthe poivrée contient au moins trois principes immédiats : un *élæoptène* ou essence liquide, un *stéaroptène* ou essence solide et cristallisable, une huile grasse susceptible de rancir; en la rectifiant avec de l'eau, on en sépare l'huile grasse et une partie du stéaroptène. On en retire alors une essence très fluide, incolore, légère, du goût le plus pur, d'une pesanteur spécifique de 0,899, bouillant à 190 degrés, composée de $C^{20} H^{19} O^2$.

L'essence de menthe d'Amérique se congèle presqu'à zéro; rectifiée lentement et en fractionnant les produits, le dernier produit est si chargé de stéaroptène qu'il se convertit, à la température ordinaire, en magnifiques cristaux prismatiques. Ce stéaroptène fond à 34° et bout à 213; il possède à un haut degré l'odeur et la saveur de la menthe; il est composé de $C^{20} H^{20} O^2 = C^{20} H^{18} + 2 HO$; $C^{20} H^{18}$ représentant le *menthène*, hydrure de carbone liquide que l'on obtient en traitant le stéaroptène par l'acide phosphorique anhydre.

Origans.

Car. gén. : Fleurs environnées de bractées imbriquées, formant des épis tétragones. Calice ové, campanulé, à 5 dents égales, ou bilabié; corolle tubuleuse à deux lèvres, dont la supérieure est échancrée ou légèrement bifide; l'inférieure est plus longue, écartée, trifide; les quatre étamines sont ascendantes et écartées; le stigmate est à deux lobes dont le postérieur est souvent plus court.

Origan vulgaire, *origanum vulgare* L. Tiges pubescentes, souvent rougeâtres, hautes de 24 à 40 centimètres, rameuses seulement dans le haut, garnies de feuilles ovales, pétiolées, un peu velues en dessous. Les fleurs sont purpurines, quelquefois blanches, disposées au sommet des tiges en épis courts, rapprochés en corymbe; les bractées sont ovales, d'un rouge violet, plus longues que les calices qui sont un peu hérissés, à 5 dents égales, fermés par des poils après la floraison. Cette plante est commune en France, dans les bois secs et montueux. Elle est très aromatique, tonique et excitante.

Marjolaine vulgaire, *origanum majorana* L. Plante annuelle, haute de 25 centimètres, à tiges grêles, ligneuses, un peu velues et rougeâtres, ramifiées, garnies de feuilles elliptiques-obtuses, entières, pétiolées, blanchâtres, d'une odeur pénétrante, d'une saveur un peu âcre, un peu amère et aromatique. Les tiges portent à la partie supérieure, dans les aisselles des feuilles, des épis très courts, arrondis, réunis trois à trois, formés de bractées serrées, blanchâtres, disposées sur quatre rangs.

Marjolaine vivace, *origanum majoranoides* Willd. Plante vivace, dont la tige est plus ligneuse que dans la précédente, les feuilles plus petites, plus cotonneuses et encore plus aromatiques. Du reste, ces deux espèces sont fortement excitantes et leur poudre est sternutatoire.

Dictame de Crète, *origanum dictamnus* L. Tiges diffuses, rougeâtres, hautes de 25 à 30 centimètres, garnies de feuilles ovales-arrondies, pétiolées, grandes comme l'ongle du pouce, et toutes couvertes
d'un duvet cotonneux, épais et blanchâtre. Les feuilles supérieures sont
arrondies, sessiles, glabres, souvent rougeâtres, ainsi que les bractées,
et chargées les unes et les autres de nombreux points glanduleux. Les
bractées sont longues de 7 à 9 millimètres, rougeâtres, disposées en
épis lâches et penchés.

Cette plante, très célébrée par les anciens pour la guérison des blessures, croît principalement dans l'île de Crète-ou de Candie; elle possède une odeur très fragrante et très agréable, et une saveur âcre et
piquante. Elle entre dans l'électuaire diascordium et dans la confection
de safran composée.

Origan de Tournefort, *origanum Tournefortii* Ait.?. M. Menier
a bien voulu me faire part, cette année, d'un échantillon d'une plante
sans indication de nom ni d'origine, mais possédant une très forte odeur
de dictame de Crète. Cet échantillon ne comprend guère que les dernières sommités de la plante, incisées. Les épis sont rougeâtres, assez
longs, prismatiques, droits ou recourbés, plus denses que ceux du
dictame de Crète. Les feuilles sont cordiformes, très petites, sessiles,
toutes couvertes de points glanduleux, ainsi que les bractées, et ciliées
sur le bord; les tiges sont rouges, carrées, un peu ciliées; quelques
feuilles inférieures sont plus grandes que les autres, cordiformes, à
nervures très apparentes et pétiolées. Ce dernier caractère est le seul
qui différencie cette plante de l'*origan à figure de dictame de Crète*,
trouvé par Tournefort dans l'île d'Amorgos. Elle ne me paraît pas être
inférieure en propriété au véritable dictame de Crète.

Thyms.

Car. gén. : Calice strié, fermé par des soies pendant la maturité; à
2 lèvres dont la supérieure à 3 dents et l'inférieure bifide. Corolle à
2 lèvres, la supérieure plane et échancrée, l'inférieure à 3 lobes dont
celui du milieu plus large. Petites plantes ligneuses, très aromatiques,
souvent blanchâtres, à feuilles petites, très entières, veineuses, à bords
souvent roulés. Verticilles pauciflores, tantôt tous distancés, tantôt rapprochés en petits épis lâches, denses ou imbriquées.

Thym vulgaire, *thymus vulgaris* L. Tiges droites ou ascendantes;
feuilles sessiles, très petites, ovées-lancéolées aiguës ou linéaires, blanchâtres, a bords roulés en dessous; verticilles rapprochés au sommet
des rameaux. Cette plante est commune sur les collines sèches dans le
midi de la France, et on la cultive dans les jardins où on en fait des

bordures. Elle possède une odeur forte, pénétrante et agréable, qui la fait employer dans les cuisines comme assaisonnement. L'huile volatile qu'on en retire par la distillation est souvent brunâtre, mais devient limpide et incolore par la rectification ; elle est âcre, très aromatique, d'une pesanteur spécifique de 0,905.

Serpolet, *thymus serpyllum* L. Tiges nombreuses étalées sur la terre, divisées en rameaux qui se relèvent à la hauteur de 6 à 10 centimètres ou davantage, suivant les variétés ; les feuilles sont plus grandes que celles du thym, ovales, rétrécies en un court pétiole, glabres ou velues, souvent ciliées sur le bord ; les fleurs sont purpurines, disposées en épis oblongs, ou rapprochées en tête à l'extrémité des rameaux. Cette plante est commune sur les coteaux exposés au soleil ; elle est moins fortement aromatique que le thym ; on l'emploie souvent en infusion théiforme contre la débilité gastrique et intestinale, dans les catarrhes chroniques, etc.

Sariette des jardins.

Satureia hortensis L. Car. gén. : Calice campanulé à 10 nervures et à 5 dents presque égales. Corolle à peine bi-labiée, à 5 lobes presque égaux ; lobe supérieur dressé, plane, entier ou un peu échancré ; 4 étamines écartées les unes des autres. — Car. spéc. : Tige droite, rougeâtre, pourvue de poils rudes, haute de 22 à 27 centimètres, divisée en un grand nombre de rameaux étalés, garnis de feuilles linéaires-lancéolées, glanduleuses ; fleurs purpurines, géminées sur chaque pédoncule, plus courtes que les feuilles florales et rapprochées en petites grappes terminales ; bractées linéaires, courtes ou avortées ; gorge du calice entièrement nue. Toute cette plante a un goût piquant, aromatique et une odeur analogue à celle du thym. Elle est stimulante et employée dans les assaisonnements.

Calament de montagne.

Calamintha officinalis Mœnch ; *Melissa calamintha* L. Car. gén. : Calice tubuleux, strié, bi-labié ; lèvre supérieure souvent ouverte et à 3 dents ; lèvre inférieure bifide. Corolle à tube droit, nu en dehors, souvent exserte ; gorge souvent renflée ; limbe bi-labié à lèvre supérieure un peu voûtée, entière ou un peu échancrée ; lèvre inférieure renversée, à lobes planes, celui du milieu souvent plus grand ; 4 étamines didynames, ascendantes, conniventes par paires, au sommet. Le calament croît sur les collines, dans les bois et au bord des champs ; ses tiges sont redressées, hautes de 25 à 50 centimètres, un peu pubescentes, ainsi que toute la plante, garnies de feuilles pétiolées, ovales, un

peu en cœur à la base, bordées de dents obtuses ; les fleurs sont purpurines, assez grandes, portées sur des pédoncules axillaires qui se divisent
en deux ou en plusieurs autres ombellés et uniflores ; elles sont penchées
d'un même côté de la plante. Toute la plante est douée d'une odeur
agréable. Elle est quelquefois usitée, encore aujourd'hui, comme sudorifique et stomachique, prise en infusion théiforme ; mais la plupart du
temps, dans le commerce de l'herboristerie, à Paris, on lui substitue
la menthe sauvage (*mentha sylvestris*) dont j'ai précédemment donné
les caractères.

On employait autrefois, concurremment avec la première, deux
autres espèces de calament, à savoir : le *calamintha grandiflora* dont
les feuilles et les fleurs sont plus grandes, et le *calamintha nepeta* dont
les feuilles et les fleurs sont beaucoup plus petites et d'une odeur de
pouliot.

Mélisse officinale.

Melissa officinalis L. Car. gén. : Calice tubuleux campanulé, à 2
lèvres, la supérieure tridentée, l'inférieure bifide ; corolle à tube recourbé, ascendant, élargi à la gorge, à limbe bi-labié ; lèvre supérieure
dressée, bifide ; l'inférieure à 3 lobes, dont celui du milieu plus grand,
abaissé, souvent échancré ; 4 étamines didynames rapprochées en arc
sous la lèvre supérieure ; verticilles axillaires, lâches, pauciflores.

La mélisse croît naturellement dans le midi de la France et est cultivée dans les jardins ; elle s'élève à la hauteur de 65 centimètres ; les
feuilles en sont pétiolées, assez grandes, largement ovées, obtuses, un
peu cordiformes par le bas, d'un vert clair, à surface très rugueuse,
crénelées sur le bord, un peu villeuses. Les fleurs sont portées, plusieurs ensemble, sur des pédoncules axillaires courts et cependant rameux ; les corolles sont jaunâtres, une fois et demie plus longues que les
calices.

La mélisse est pourvue d'une odeur douce, analogue à celle du citron,
ce qui lui a fait donner le nom de *mélisse citronnée* ou de *citronnelle*.
On l'emploie en infusion théiforme comme antispasmodique. On en
prépare également une eau distillée (hydrolat), un alcoolat simple et
composé, et on en extrait l'huile volatile par la distillation.

Hysope (fig. 191).

Hyssopus officinalis L. Car. gén. et spéc. : Calice cylindrique, strié,
à 5 dents aiguës ; corolle tubuleuse ayant son limbe partagé en 2 lèvres,
dont la supérieure est droite, courte et échancrée, et l'inférieure partagée
en 3 lobes, dont celui du milieu est bi-lobé ; 4 étamines didynames,

droites écartées, saillantes. Tiges droites, ligneuses dans leur partie
inférieure, hautes de 30 à 40 centimètres, garnies, sur toute leur longueur, de feuilles longues et étroites. Les fleurs sont ordinairement
bleues (rarement rouges ou blanches), presque sessiles, réunies plusieurs ensemble dans l'aisselle des feuilles supérieures, et formant un
épi tourné d'un seul côté. Toute la plante possède une odeur aromatique,
pénétrante, assez agréable, et une saveur un peu âcre. Elle fournit un
peu d'huile volatile à la distillation On l'emploie en infusion théiforme ;
on en fait une eau distillée et un sirop.

Sauges.

Car. gén. : Calice campanulé, strié, à 2 lèvres, dont la supérieure est
souvent à 3 dents et l'inférieure à 2; corolle tubulée à limbe bi-labié;
lèvre supérieure dressée ou recourbée en faucille, souvent échancrée à
l'extrémité; lèvre inférieure ouverte, à 3 lobes, dont le moyen est plus
large et échancré; étamines supérieures nulles; étamines inférieures à
filets courts, portant un connectif transversal, terminé à son extrémité
supérieure par une anthère fertile, et inférieurement par une anthère
stérile. Le genre des sauges ne comprend pas moins de 400 espèces, dont
quelques unes sont assez usitées.

Sauge officinale, *salvia officinalis* L. (fig. 192). On en connaît
trois variétés : l'une, dite *grande sauge*, a les tiges vivaces, ligneuses,
rameuses, velues,
garnies de feuilles
pétiolées, oblon-
gues, obtuses,
épaisses, ridées,
blanchâtres et co-
tonneuses, fine-
ment crénelées
sur le bord. Les
fleurs sont bleuâ-
tres, disposées en
verticilles peu gar-
nis, qui forment
un épi interrompu
et terminal. Toute
la plante est peu

Fig. 191.   Fig. 192.

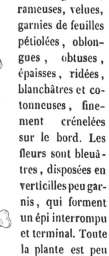

succulente, d'une odeur forte et agréable, d'un goût
aromatique amer et un peu âcre.
La seconde variété, nommée *petite sauge* ou *sauge de Provence*, a

les feuilles plus petites, moins larges, plus blanches, d'une odeur et d'un goût encore plus aromatiques. La troisième variété, dite *sauge de Catalogne*, a les feuilles encore plus étroites que la précédente, blanches des deux côtés, de propriétés semblables. Les fleurs sont presque toujours blanches.

Le nom de *salvia*, dérivé de *salvare*, sauver, indique suffisamment que les anciens attribuaient à cette plante de grandes propriétés médicales. Qui ne connaît ce vers de l'École de Salerne :

Cur moriatur homo, cui salvia crescit in horto ?

auquel un grand philosophe a répondu :

Contra vim mortis non est medicamen in hortis ?

De toutes les labiées aromatiques, la sauge est cependant une de celles dont la propriété stimulante est le plus marquée. Prise à l'intérieur, elle agit éminemment comme tonique et stomachique. Elle fournit à la distillation une eau distillée très aromatique et beaucoup d'huile volatile. Elle entre dans beaucoup de médicaments composés.

Sauge des prés, *salvia pratensis* L. Cette plante, très commune dans les prés secs et sur le bord des champs, produit une tige herbacée, quadrangulaire, haute de 30 à 50 centimètres, hérissée de poils rares, garnie de feuilles pétiolées, oblongues, un peu cordiformes à la base, épaisses, réticulées, d'un vert foncé, crénelées sur le bord. Les fleurs sont d'un bleu foncé ou clair, rarement blanches ou roses, verticillées au nombre de 5 ou 6 ; la lèvre supérieure de la corolle est très grande, courbée en faucille, parsemée de glandes visqueuses. Cette plante peut jusqu'à un certain point remplacer la sauge officinale ; mais elle est moins aromatique et d'une odeur moins agréable.

Sauge sclarée ou **orvale, toute-bonne**, *salvia sclarea* L. Tige très velue, haute de 60 centimètres, garnie de feuilles pétiolées, grandes, cordiformes, chagrinées, crénelées. Les fleurs sont d'un bleu très clair, grandes, verticillées à peu près six ensemble, environnées de bractées concaves, colorées, acuminées, plus grandes que les calices, qui sont à 4 dents terminées par une pointe sétacée. Cette plante croît en France, en Italie, en Espagne, etc. ; elle a une odeur très pénétrante. On l'emploie dans quelques cantons, en place de houblon, dans la fabrication de la bière.

Semence de Chia.

Les médecins homœopathes, dans la vue sans doute de se faire une médication particulière, dont les éléments fussent inconnus ou très peu

répandus, ont souvent emprunté à des pays lointains des substances
dont les analogues se seraient rencontrées facilement sous leurs mains.
Telles sont les semences de *chia*, apportées du Mexique, où elles sont
produites par une espèce de sauge (*salvia hispanica?*). Ces semences
sont plus petites que celles de psyllium, auxquelles elles ressemblent
beaucoup ; vues à la loupe, elles ressemblent encore mieux à de très
petits ricins, par leur forme et par leur robe luisante et grise tachée
de brun. Cette ressemblance forme pour elles un caractère qui les fera
facilement reconnaître. Mises à tremper dans l'eau, elles s'entourent
promptement, de même que les semences de psyllium, d'une enveloppe
mucilagineuse de la nature de la gomme adragante, qui se divise ou se
dissout dans l'eau à l'aide de la chaleur, en formant une boisson très
adoucissante, sans fadeur et sans goût désagréable, de sorte qu'on peut
la faire servir de boisson habituelle aux malades, sans aucune addition.
Je pense que les semences de coings et de psyllium pourraient être employées de la même manière.

Les semences de chia, semées à l'École de pharmacie, ont produit
une plante à tige carrée, haute de 35 centimètres, presque glabre dans
toutes ses parties. Les feuilles sont opposées et régulièrement espacées
à 5 centimètres ; les pétioles sont très grêles, longs de 4 à 6 centimètres ;
les feuilles sont assez minces, ovales-lancéolées, régulièrement dentées ;
les plus grandes ont 10 centimètres de long sur 6 de large. L'aisselle
de chaque feuille a donné naissance à un petit rameau grêle, qui n'a pu
se développer, la plante ayant alors dépéri, bien avant d'être arrivée à
l'état de floraison (1).

Romarin (fig. 193).

Rosmarinus officinalis L. Car. gén. et spéc. : Calice tubulé à 2 lèvres, la supérieure entière et l'inférieure bifide ; tube de la corolle plus
long que le calice, et limbe partagé en deux lèvres, la supérieure plus
courte et bifide, l'inférieure à 3 divisions dont la moyenne est beaucoup plus grande et concave ; 2 étamines à filaments subulés, arqués
vers la lèvre supérieure qu'ils surpassent, munis d'une dent au-dessous
de leur partie moyenne et portant une anthère linéaire, uniloculaire;
style à lobe supérieur très court,

Le romarin est un arbrisseau haut de 10 à 13 décimètres, très ra-

(1) La figure donnée par Gœrtner des petits fruits du *salvia hispanica* se
rapporte tout à fait aux semences de chia ; cependant Gœrtner met le *salvia
hispanica* au nombre des especes dont les fruits ne sont pas mucilagineux ; il
cite comme ayant les fruits mucilagineux les *salvia verbenaca*, *d sermas*,
argentea, *ceratophylla*, *œthiopis*, *urticifolia*, *canariensis*, etc.

meux et très pourvu de feuilles opposées, sessiles, étroites, linéaires, persistantes, glabres et luisantes en dessus, blanchâtres et cotonneuses en dessous. Les fleurs sont d'un bleu pâle, disposées par petits groupes dans les aisselles des feuilles supérieures. Il possède

Fig. 193.

une odeur fortement aromatique due à une huile volatile camphrée ; il est cultivé dans nos jardins, mais il croît naturellement dans le midi de l'Europe. C'est à la grande quantité de cette plante, répandue dans les environs de Narbonne, que le miel de ce pays doit sa saveur aromatique.

Le romarin est stimulant, stomachique et emménagogue; on en fait un vin aromatique (œnolé de romarin), une eau distillée, un alcoolat, et on en retire l'huile volatile par distillation.

Cataire commune ou Herbe aux Chats.

Nepeta cataria L. Car. gén. : calice tubuleux à 5 dents; corolle à tube allongé, élargi par le haut, à limbe bilabié, à lèvre supérieure échancrée, à lèvre inférieure écartée, trilobée, les deux lobes latéraux petits et renversés, celui du milieu plus grand, concave, crénelé ; 4 étamines didynames, rapprochées par paires, bi-loculaires.

La cataire commune s'élève à la hauteur de 6 à 10 décimètres; la tige est carrée, pubescente, garnie de feuilles pétiolées, ovées-pointues, un peu cordiformes à la base, profondément crénelées, rugueuses, vertes en dessus, blanches en dessous, rapprochées; ses fleurs sont réunies en verticilles serrés, accompagnées de bractées sétacées; elles sont blanches ou purpurines, rapprochées en epis terminaux. La plante croît le long des haies et sur le bord des chemins, en Europe et en Asie ; elle possède une saveur âcre et amère, et une odeur aromatique un peu forte, qui attire les chats; elle est stomachique, carminative et emménagogue. Elle entre dans le sirop d'armoise composé.

Lierre-terrestre.

Glechoma hederacea L., *nepeta glechoma* Benth. Cette plante diffère plus de la précédente pour son port et ses caractères extérieurs, que par ceux tirés de ses organes floraux. Sa racine vivace donne naissance à des tiges couchées, radicantes, à rameaux florifères ascendants, pourvus d'un petit bouquet de poils à l'endroit de l'insertion des feuilles.

Celles-ci sont très distancées, longuement pétiolées, réniformes ou cordiformes arrondies, crénelées sur le bord, vertes des deux côtés, glabres ou pourvues de poils rares. Les

Fig. 194.

fleurs sont purpurines ou bleuâtres, disposées au nombre de 2 à 3 dans l'aisselle des feuilles ; le calice est tubuleux, strié, à 5 dents inégales ; le tube de la corolle est dilaté au-dessus du calice ; le limbe est à 2 lèvres dont la supérieure redressée et bifide ; l'inférieure est à 3 lobes, dont celui du milieu est plus grand, abaissé et échancré. Les étamines sont didynames, ayant leurs anthères à loges divergentes, rapprochées deux par deux en forme de croix.

Cette plante possède une saveur amère et une odeur aromatique agréable. Elle est employée comme béchique, tonique et antiscorbutique.

Mélisse de Moldavie.

Dracocephalum moldavicum L. Plante cultivée dans les jardins, haute de 65 centimètres, à tiges glabres, rameuses, quadrangulaires, munies de feuilles ovales-lancéolées, presque glabres, crénelées sur leur contour. Les dentelures des fleurs florales et des bractées sont terminées par un filet sétacé. Les fleurs sont bleues, purpurines ou blanches, réunies en verticilles axillaires, formant une grappe longue de 15 à 30 centimètres ; leur calice est strié, à dents mucronées. Le tube de la corolle est très renflé ou ventru à la partie supérieure ; le limbe est à deux lèvres, dont la supérieure un peu voûtée et échancrée, l'inférieure ouverte, à 3 lobes, dont celui du milieu très grand et échancré ; 4 étamines didynames, ascendantes.

Cette plante possède une odeur pénétrante, assez agréable, qui se rapproche un peu de celle de la mélisse, ce qui lui a valu son nom. Elle passe pour être cordiale, céphalique et vulnéraire. On l'emploie en infusion théiforme.

Marrube blanc.

Marrubium vulgare L. Car. gén. : calice tubuleux à 5 ou 10 nervures et à 5 ou 10 dents aiguës sous-épineuses ; corolle à tube inclus

dans le calice, à limbe bilabié, à lèvre supérieure presque plane, entière
ou bifide, à lèvre inférieure ouverte, trifide; lobe mitoyen plus large
et souvent échancré; 4 étamines renfermées dans le tube; style terminé
par 2 lobes courts et obtus.

Le marrube vulgaire croît dans les lieux incultes et sur le bord des
chemins. Il est haut de 30 à 35 centimètres, cotonneux, blanchâtre,
aromatique, d'une saveur âcre et amère; ses feuilles sont presque
rondes, ridées, crénelées et velues; les verticilles sont multiflores,
distancés; les calices sont cotonneux, à 10 dents recourbées; la lèvre
supérieure de la corolle est amincie en pointe et bifide.

Marrube noir ou Ballote fétide.

Ballota nigra L. Car. gén. : calice infundibuliforme, à 10 nervures,
à 5 ou 10 dents; corolle à tube en partie sorti, poilu intérieurement;
limbe bilabié; lèvre supérieure dressée, oblongue, un peu concave,
échancrée au sommet; lèvre inférieure rabattue, à 3 lobes, dont celui
du milieu plus grand et échancré; étamines dressées sous la lèvre
supérieure.

La ballote noire croît partout à la campagne, dans les décombres et
le long des haies. Elle a la tige carrée, les feuilles pétiolées, ovales,
crénelées, glabres ou velues, d'un vert obscur. Les fleurs sont portées
sur des pédoncules courts, en faisceaux tournés d'un même côté. La

Fig. 195.

corolle est rougeâtre. Cette plante
présente une certaine ressemblance
avec le marrube blanc; elle s'en
distingue cependant facilement à
la couleur foncée de ses feuilles,
à la couleur rosée de ses fleurs et
à son odeur désagréable, lorsqu'on
la frotte entre les doigts. Elle est
inusitée.

Bétoine (fig. 195).

Betonica officinalis L. Car.
gén. : calice tubulé à 5 dents très
aiguës, nu à l'intérieur; corolle
tubulée à 2 lèvres; le tube cylindrique, courbé, plus long que le
calice; la lèvre supérieure plane, arrondie, dressée, entière; l'inférieure à 3 lobes, dont celui du milieu plus large et échancré; 4 étamines parallèlement ascendantes sous la lèvre supérieure.

La bétoine officinale croît dans les prés et dans les lieux ombragés ; elle pousse près de la racine beaucoup de feuilles longuement pétiolées, larges, oblongues , crénelées sur le bord et rudes au toucher. Il s'élève du milieu une tige portant de distance en distance des feuilles opposées, dont les supérieures sont presque sessiles. La tige est terminée par un épi composé de verticilles serrés, mais interrompu à la base. Le calice est glabre et lisse au-dehors ; la corolle est purpurine ou blanche, deux fois plus longue que le calice. Cette plante, quoique sensiblement inodore, émet cependant une exhalaison pénétrante qui incommode ceux qui la récoltent en grande quantité. Elle est douée d'une certaine âcreté ; on la fume et on la prise comme le tabac.

Ortie blanche.

Lamium album L. Car. gén. : calice à 5 dents aiguës ; corolle tubuleuse, renflée à l'orifice, à deux lèvres, dont la supérieure est voûtée et l'inférieure a 3 lobes ; les 2 lobes latéraux sont très courts et munis d'une dent aiguë , le lobe inférieur est très élargi et échancré à l'extrémité ; étamines exsertes ; anthères rapprochées par paires ; askoses triangulaires , tronqués au sommet. Les verticilles sont très garnis, axillaires , les supérieurs rapprochés.

L'ortie blanche a la tige presque glabre , haute de 20 à 30 centimètres , garnie de feuilles pétiolées , cordiformes , acuminées , bordées de dents aiguës ; ses fleurs sont assez grandes , d'une belle couleur blanche ; les dents du calice sont linéaires et hérissées ; les anthères sont velues. Cette plante croît dans les haies et dans tous les lieux incultes et humides , au milieu de l'ortie commune, à laquelle elle ressemble par ses feuilles qui , cependant, ne sont pas piquantes. On l'en distingue aussi par ses tiges carrées et par ses fleurs. Elle est inodore ; la fleur desséchée est usitée comme astringente , contre la leucorrhée et les hémorrhagies.

Fig. 196.

Germandrées (fig. 196).

Genre *teucrium* : calice tubuleux à 5 dents égales ; corolle à tube court et à une seule lèvre , la lèvre supérieure étant remplacée par une échancrure profonde , qui sépare les 2 divisions supérieures du limbe ; lèvre inférieure à 3 lobes, dont celle du milieu est très grande et fortement abaissée ; 4 étamines didynames sortant de la corolle par l'échancrure supérieure ; anthères à loges confluentes ; askoses rugueux ou réticulés. Ce genre comprend aujourd'hui plus de 80 espèces, dont quelques unes sont assez usitées.

Germandrée petit-chêne ou **chamædrys**, *teucrium chamædrys* L. Racine vivace rampante ; tige couchée, divisée dès sa base en rameaux pubescents, étalés, puis rédressés, hauts de 15 à 30 centimètres ; feuilles courtement pétiolées, petites, ovales-oblongues, crénelées sur le bord, glabres et souvent luisantes en dessus, veineuses et un peu velues en dessous, d'un vert gai. Les fleurs sont purpurines, disposées 2 à 3 ensemble dans les aisselles des feuilles supérieures qui sont à peine dentées, bractéiformes et colorées d'une teinte rougeâtre. Cette plante est faiblement aromatique ; elle a un goût amer et un peu âcre ; elle est employée comme stomachique.

Germandrée femelle ou **botrys**, *teucrium botrys* L. Tiges herbacées, annuelles, rameuses, hautes de 15 à 27 centimètres ; feuilles pétiolées, velues, divisées en 3 ou 5 découpures ; fleurs purpurines rassemblées au nombre de 3 à 6 dans l'aisselle des feuilles. Plante peu aromatique, très peu usitée, à distinguer du *chenopodium botrys*, qui l'est beaucoup plus.

Germandrée maritime, marum ou **herbe aux chats**, *teucrium marum* L. Petite plante très rameuse, ligneuse et blanchâtre, qui a presque le port du thym vulgaire ; les rameaux florifères sont hauts de 8 à 16 centimètres, blancs ; les feuilles sont courtement pétiolées, très entières, ovales, longues de 5 à 9 millimètres, blanches en dessous ; les fleurs sont presque solitaires dans l'aisselle des feuilles supérieures et sont rapprochées de manière à former une grappe longue de 25 à 50 millimètres, tournée d'un seul côté. Les calices sont très petits, velus et blanchis ; la corolle est pourprée, velue en dessus. Toute la plante possède une odeur forte et camphrée et une saveur âcre et amère ; elle est aphrodisiaque pour les chats qui se vautrent dessus et la détruisent. L'huile volatile obtenue par distillation contient une assez forte proportion de camphre.

Scordium, chamaras ou **germandrée d'eau**, *teucrium scordium* L. Racine rampante, vivace ; tiges velues, rameuses, hautes de 16 à 22 centimètres, garnies de feuilles sessiles, ovales-oblongues, dentées sur le bord, vertes sur les deux faces, molles au toucher ; les fleurs sont rougeâtres, portées sur de courts pédoncules, solitaires ou placées en très petit nombre dans l'aisselle des feuilles supérieures. Les calices sont campanulés, divisés en 5 dents courtes et obtuses. Cette plante croît dans les prés humides et marécageux ; elle ressemble assez au chamædrys à la première vue, mais elle développe une odeur alliacée lorsqu'on la froisse entre les doigts ; elle est stomachique et antiseptique et fait partie de l'électuaire diascordium qui lui doit son nom. Le mot même *scordium* est tiré du grec σκοροδον, qui signifie *ail*.

Germandrée sauvage ou **scorodone**, *teucrium scorodonia* L. Racine vivace, traçante, produisant des tiges dressées, velues, qua-drangulaires, hautes de 30 à 60 centimètres ; les feuilles sont pétio-lées, cordiformes-allongées, très rugueuses, finement crénelées sur le bord, ce qui leur donne assez de ressemblance avec celles de la sauge et a valu à la plante, indépendamment des noms ci-dessus, celui de *sauge des bois*. Les fleurs sont d'un blanc jaunâtre, pourvues d'un calice gibbeux à la base, irrégulier, bilabié, à 5 dents dont une, for-mant la lèvre supérieure, est beaucoup plus grande que les 4 autres ; ces fleurs sont solitaires, pédicellées et pendantes dans l'aisselle des feuilles supérieures, réduites à l'état de bractées plus petites que les calices ; elles forment par leur réunion des épis grêles tournés d'un seul côté.

La scorodone possède une odeur alliacée beaucoup plus faible que celle du scordium et ne doit pas lui être substituée, comme on le fait souvent. Elle est, du reste, très facile à reconnaître aux caractères qui viennent d'être indiqués.

Au nombre des espèces de *teucrium* que l'on pourrait encore citer, se trouvent plusieurs plantes nommées **pouliot de montagne**, les unes à fleurs jaunes, tels que les *teucrium aureum* et *flavescens*, les autres à fleurs blanches, tels que les *teucrium polium* et *montanum*. Il ne faut pas confondre ces plantes avec le véritable pouliot, qui est une espèce de menthe, le *mentha pulegium* L.

Bugles.

Ce genre de plantes (*ajuga*) a tellement de rapport avec les *teucrium* que les botanistes ont souvent fait passer des espèces de l'un à l'autre ; le principal caractère des *ajuga* réside dans leur corolle, dont la lèvre supérieure est pour ainsi dire nulle et à dents à peine marquées, de sorte que le limbe ouvert est presque réduit aux trois lobes de la lèvre inférieure, dont celui du milieu est échancré.

Bugle rampante, *ajuga reptans* L. Cette plante croît dans les lieux humides et dans les bois ; elle présente au bas de la tige une touffe de feuilles assez larges, oblongues, obovées, légèrement dentées, et des jets traçants qui produisent, de distance en distance, un pied sem-blable au premier. La tige florifère est droite, simple, carrée, peu élevée, munie de feuilles sessiles semblables aux premières et portant des verticilles de fleurs bleues, disposés en épi terminal, interrompu par le bas.: Cette plante est inodore, un peu amère et astringente. On l'employait autrefois comme cicatrisante ou pour consolider les plaies, d'où lui venait le nom de *consolida media*

Ivette ou **chamæpitys**, *ajuga chamæpitys* Schreb., *teucrium chamæpitys* L. Cette plante est partagée, dès sa base, en rameaux étalés, velus, longs de 14 à 24 centimètres, garnis de feuilles velues, longues de 27 à 30 millimètres, divisées jusqu'à la moitié en 3 lobes linéaires; les fleurs sont jaunes, avec une tache rougeâtre, longues de 15 millimètres au plus, sessiles et solitaires dans les aisselles des feuilles supérieures. Toute la plante est pourvue d'une odeur forte et résineuse. Elle a été vantée autrefois contre la goutte. Elle est annuelle.

Ivette musquée, *ajuga iva* Schreb., *teucrium iva* L. Cette plante ressemble beaucoup à la précédente par la disposition de ses rameaux nombreux et étalés, munis de feuilles touffues; mais elle est vivace, ses tiges sont plus dures, ses feuilles sont entières ou simplement munies d'une ou deux dents vers l'extrémité, ses fleurs sont rougeâtres (rarement d'un jaune clair) et longues de 18 à 24 millimètres. Elle possède une saveur amère et résineuse et une odeur forte qui se rapproche du musc. On l'emploie sèche, en infusion théiforme, comme antispasmodique, tonique et apéritive.

FAMILLE DES VERBÉNACÉES.

Les végétaux compris dans cette famille présentent d'assez grands rapports avec les labiées. Ainsi leurs tiges ou leurs rameaux, lorsqu'ils sont herbacés, sont généralement quadrangulaires; leurs feuilles sont opposées, quelquefois verticillées, rarement alternes, tantôt simples et entières ou incisées, tantôt composées, digitées ou imparipinnées. Leurs fleurs sont complètes, souvent irrégulières; le calice est tubuleux, persistant, à divisions égales ou inégales; la corolle est insérée sur le réceptacle, tubuleuse, à limbe quadri- ou quinquéfide, très souvent bilabiée. Les étamines sont insérées au tube ou à la gorge de la corolle, très rarement au nombre de 5′, le plus souvent au nombre de 4 didynames, quelquefois réduites à 2 par l'avortement des 2 supérieures. Ovaire libre contenant ordinairement 4 ovules, dans 1, 2 ou 4 loges, au bas desquelles ils sont attachés; style unique, terminé par 1 stigmate simple ou bifide, oblique ou unilatéral dans les genres à 2 loges uni-ovulées. Le fruit est une baie ou un drupe contenant un noyau à 2 ou à 4 loges, souvent monospermes. La graine se compose, outre son tégument propre, d'un endosperme très mince qui recouvre un embryon droit, à radicule infère.

Verveine officinale.

Verbena officinalis L. Car. gén. : calice tubuleux à 5 côtes et à 5 dents, dont une est plus courte que les autres ; corolle tubuleuse, courbée, à limbe oblique divisé en 5 lobes irréguliers ; 4 étamines incluses, didynames ; un ovaire supère, à 4 loges uni-ovulées ; un style égalant les étamines, bifide ou bilobé au sommet ; le fruit qui est renfermé dans le calice accru, est une capsule divisée à maturité en 4 coques striées longitudinalement.

La verveine officinale est pourvue d'une racine fibreuse et vivace, de laquelle s'élèvent plusieurs tiges effilées, tétragones, rudes sur les angles, hautes de 35 à 60 centimètres, garnies de feuilles ovales-oblongues, rétrécies en pétiole à leur base, les inférieures dentées, les moyennes et les supérieures profondément incisées ou pinnatifides. Les fleurs sont très petites, d'un violet pâle, presque sessiles, alternes, disposées à la partie supérieure des tiges et des rameaux en longs épis filiformes. Cette plante a joui autrefois d'une grande célébrité et était employée dans les actes religieux de plusieurs peuples et dans les pratiques superstitieuses des magiciens et des sorciers. Aussi lui donnait-on le nom d'*herbe sacrée*. Elle est faiblement aromatique et un peu amère, ce qui n'indique pas qu'elle doive jouir de bien grandes propriétés médicales ; elle est à peine usitée aujourd'hui.

Verveine odorante.

Verbena triphylla L'Hérit., *lippia citriodora* Kunth. Ce charmant arbrisseau, originaire de l'Amérique méridionale, est cultivé dans les jardins, où il suit le régime des orangers. Ses rameaux, droits et élancés, sont munis de feuilles verticillées, ternées ou quaternées, lancéolées, amincies en pointe aux deux extrémités, exhalant une odeur de citron lorsqu'on les froisse. Les fleurs sont disposées en épis axillaires ou en panicule terminale nue ; les feuilles séchées sont employées en place du thé et pour aromatiser des crèmes.

Agnus castus.

Vitex agnus-castus L. L'*agnus castus* ou gattilier est un arbrisseau des pays chauds (Italie, Sicile, Levant), que l'on peut cultiver dans nos jardins. Il pousse des branches très droites, longues et flexibles ; des feuilles opposées, digitées, dentées ; des fleurs en épis verticillés :

ses fruits sont ronds et gros comme le poivre, d'un brun noirâtre à la partie supérieure, revêtus inférieurement, et environ à moitié, par le calice de la fleur qui a persisté. Ce calice est à 5 dents inégales et d'un gris cendré.

Ces petits fruits ont quatre loges dans leur intérieur; ils ont une odeur assez douce lorsqu'ils sont secs et entiers; mais quand on les écrase ils en dégagent une qui est fort désagréable et analogue à celle du staphysaigre. Ils ont une saveur âcre et aromatique.

Ce fruit était renommé, chez les Grecs, comme utile à ceux qui faisaient vœu de chasteté. Aussi le nommaient-ils ἀγνος, c'est-à-dire chaste; on y a joint depuis le mot latin *castus*, qui signifie la même chose, et on en a formé le nom hétéroclite *agnus castus*, qui paraît d'autant moins lui convenir, qu'une substance aussi aromatique doit être peu propre à refroidir l'appétit vénérien.

Bois de tek.

Teka grandis Lamk., *tectona grandis* L. f. Cet arbre, un des plus grands que l'on connaisse, forme de vastes forêts dans les deux presqu'îles de l'Inde et dans l'archipel Indien. Son bois jouit depuis longtemps d'une réputation méritée pour la construction des maisons et des vaisseaux, joignant une grande solidité à la légèreté et à une grande durée. Il est d'une couleur fauve brunâtre, et d'une texture fibreuse très apparente; il prend un poli un peu gras et est onctueux au toucher. Sa coupe perpendiculaire à l'axe présente un très grand nombre de couches concentriques, dont chacune est plus dense et d'une couleur plus foncée du côté externe que du côté du centre; le bois de cette coupe, vu à la loupe, présente quelque chose de gras et de demi-transparent. Les tubes ligneux sont uniformément répartis dans la masse, mais sont plus volumineux du côté interne de chaque couche, où on en voit, à la limite, une série circulaire qui sont très grands et très ouverts. La même coupe présente des lignes radiaires parallèles très régulières, qui traversent sans interruption toutes les couches ligneuses. Enfin le bois de tek possède une odeur forte, analogue à celle de la tanaisie, qui le met à l'abri de l'attaque des insectes.

Dans ma précédente édition, j'ai dit avoir trouvé à l'École de pharmacie un échantillon de bois étiqueté *bois de tek* qui était d'une couleur de rouille de fer uniforme, *d'une très grande dureté*, *et un peu plus lourd que l'eau*, ce qui, étant un grand inconvénient pour la construction des vaisseaux, me faisait douter que l'échantillon fût vrai. J'ai acquis depuis la certitude qu'il était faux; et je pense maintenant que ce bois, qui était caractérisé en outre par une odeur et un goût très prononcés de patience, est très probablement celui du *coccoloba pubescens* dont il a été question page 391.

Je dois à l'obligeance de M. Morson, pharmacien-chimiste à Londres, deux échantillons de bois de tek de l'Inde qui ne sont pas entièrement semblables et qui doivent provenir de deux espèces de *tectona;* et trois échantillons de bois qui portent dans le commerce anglais le nom de *bois de tek d'Afrique;* ceux-ci n'ont de commun avec le bois de tek de l'Inde que l'usage semblable qu'on en peut faire pour les constructions.

FAMILLE DES SCROPHULARIACÉES.

Herbes ou arbrisseaux ayant encore quelquefois les rameaux tétragones et les feuilles opposées ou verticillées ; fleurs complètes, irrégulières, à calice libre, persistant, penta- ou tétramère, à folioles libres ou soudées, dont la postérieure est plus grande que les deux antérieures, qui surpassent elles-mêmes les deux latérales. Corolle hypogyne, gamopétale, presque toujours irrégulière, bilabiée ou personée (1) ; 4 étamines didynames, quelquefois une cinquième étamine fertile, ou d'autres fois deux seules étamines, les trois autres avortant. L'ovaire appliqué sur un disque hypogyne est à deux loges polyspermes; le style est simple, terminé par un stigmate bilobé ; le fruit est une capsule biloculaire dont le mode de déhiscence est très variable. Les graines contiennent, sous leur tégument propre, une amande composée d'un endosperme charnu qui renferme un embryon droit; la radicule est proche du hile basilaire. La famille des scrophulariacées fournit à la pharmacie deux médicaments d'une très grande énergie, la *digitale* et la *gratiole*, et d'autres d'une activité moindre, mais cependant encore usités, tels que l'*euphraise*, la *véronique*, la *linaire*, la *scrophulaire* et le *bouillon-blanc*.

Euphraise.

Euphrasia officinalis L. Petite plante haute de 16 à 22 centimètres, dont la tige est un peu ligneuse, très rameuse, garnie de petites feuilles sessiles, opposées inférieurement, alternes à la partie supérieure, ovales et dentées. Les fleurs sont petites, blanches, mêlées de jaune et de violet clair, axillaires, presque sessiles, rapprochées en épis à la partie supérieure des tiges et des rameaux. Le calice est monophylle, à 4 divisions inégales ; la corolle est tubuleuse inférieurement, à limbe

---

(1) C'est-à-dire en forme de masque (de *persona* masque). On a aussi donné à ces plantes le nom de *rhinanthées,* de ῥὶν ανθος, *fleur en nez*, et celui de *mufliers.*

bilabié, dont la lèvre supérieure est concave et l'inférieure a 3 lobes ;
4 étamines didynames ayant leurs anthères terminées par une pointe ;
ovaire supère surmonté d'un style de la longueur des étamines ; stigmate globuleux ; capsule ovale-oblongue, à 2 valves et à 2 loges polyspermes.

L'euphraise possède une saveur un peu amère et une odeur douce et
agréable qui se développe par la friction ; l'eau distillée en est laiteuse,
aromatique, agréable. Elle est usitée contre les maladies des yeux.

Véroniques.

Car. gén. : calice persistant, à 4 ou 5 divisions aiguës ; corolle à
tube souvent très court, à limbe souvent étalé en roue et partagé en
4 lobes dont l'inférieur plus étroit, le plus souvent d'une couleur
bleue ; 2 étamines fixées au tube de la corolle ; 1 ovaire supère, surmonté de 1 style filiforme à stigmate simple ; capsule ovale ou en forme
de cœur renversé, comprimée, à 2 loges, contenant plusieurs graines
arrondies.

Les véroniques sont des plantes herbacées ou sous-frutescentes dont
les feuilles sont ordinairement opposées et les fleurs disposées en grappes
ou en épi. Quelquefois les feuilles sont alternes et les fleurs axillaires
et solitaires. Ce genre comprend aujourd'hui environ 150 espèces dont
un grand nombre sont très jolies et peuvent être cultivées comme plantes
d'ornement ; je n'en citerai que deux espèces usitées en pharmacie.

Véronique officinale dite **véronique mâle**, *veronica officinalis* L.
Tiges couchées à la base et radicantes, redressées à la partie supérieure, longues de 11 à 16 centimètres ; feuilles opposées, ovales,
dentées, rétrécies en pétiole court à la base, légèrement velues comme
toute la plante ; fleurs d'un bleu tendre, portées sur de courts pédicelles et disposées en grappes assez longues et serrées.

Cette plante est très commune en France dans les bois, sur les collines et dans les prés ; elle possède une odeur faible et agréable et une
saveur amère, un peu astringente. Lorsqu'elle est séchée avec soin,
elle peut jusqu'à un certain point remplacer le thé.

Beccabunga, *veronica beccabunga* L. Cette plante croît dans les
lieux aquatiques ; ses tiges sont molles, comme transparentes, rougeâtres, couchées et radicantes par le bas, puis redressées et hautes de
22 à 40 centimètres ; ses feuilles sont épaisses, glabres, ovales-obtuses,
dentées en scie. Ses fleurs, d'un bleu pâle, sont disposées en grappes ;
la plante a une saveur un peu amère, âcre et piquante. On l'emploie à
l'état récent, comme diurétique et antiscorbutique.

Gratiole (fig. 197):

Gratiola officinalis L. Car. gén. : calice à 5 divisions un peu inégales, muni de deux bractées à la base ; corolle gamopétale, campanulée
ou tubuleuse, irrégulière, à 2 lèvres peu distinctes et à 4 lobes, dont
le supérieur entier ou légèrement bi-
fide ; 2 étamines postérieures fertiles,
renfermées dans le tube ; 2 étamines
antérieures stériles, réduites à leurs
filets ou nulles. Style fléchi au sommet, terminé par un stigmate à 2 lames ; capsule biloculaire, ovale pointue, à deux valves souvent bifides au
sommet, se séparant de la cloison qui
était engagée dans leur suture. Semences petites et nombreuses dont la
surface est marquée de petits points
creux, visibles à la loupe.

Fig. 197.

La gratiole officinale croît dans les
prés et atteint environ 33 centimètres
de hauteur. Elle est pourvue de feuilles
opposées, sessiles, glabres ainsi que
la tige, lancéolées, dentées sur le
bord ; les fleurs sont solitaires dans
l'aisselle des feuilles, pédonculées ; le tube de la corolle est beaucoup
plus long que le calice, courbé, le plus souvent jaunâtre, avec un
peu de rouge sur le limbe ; la plante possède une odeur nauséabonde
et une saveur très amère ; elle est émétique et purgative drastique ;
on ne doit l'employer qu'avec la plus grande prudence. Son nom d'*herbe
à pauvre homme* lui vient de l'usage qu'en font les pauvres gens, surtout ceux de la campagne, pour se purger, d'où il en résulte souvent
de fâcheux accidents.

La gratiole a été analysée par Vauquelin. Son suc exprimé n'a rien
fourni à la distillation ; évaporé en consistance d'extrait et traité par
l'alcool, il a laissé, comme partie insoluble, de la gomme et du malate
de chaux, tandis que l'alcool a dissous une matière résinoïde d'une très
forte amertume ; plus, du chlorure de sodium, un acide végétal, et un
sel végétal à base de potasse. La matière résinoïde est peu soluble
dans l'eau, mais s'y dissout facilement à l'aide des autres principes. Le
marc de la gratiole, exprimé et lavé, contenait du phosphate de chaux,

un autre sel calcaire à acide végétal, du fer probablement phosphaté, de la silice et du ligneux.

Vauquelin pense, d'après cette analyse, que c'est au principe amer résinoïde que la gratiole doit sa propriété purgative. (*Annales de chimie*, t. LXXII, p. 191.)

Digitale pourprée (fig. 198).

Digitalis purpurea. Car. gén. : calice persistant à 5 divisions inégales ; corolle penchée, à tube ventru, courbé, à limbe court, oblique, à 4 divisions obtuses, inégales, dont la supérieure est souvent échancrée ; 4 étamines didynames plus courtes que la corolle ; anthères rapprochées par paires ; style courtement bilobé au sommet, à lobes glanduleux du côté interne. Capsule ovale, bivalve, dont les valves rentrées en dedans se séparent à moitié de la cloison placentifère ; semences nombreuses, petites, oblongues, sous-anguleuses.

Fig. 198.

La digitale croît dans les bois et sur les collines, en France et dans plusieurs autres parties de l'Europe ; on la cultive aussi dans les jardins. Sa tige est simple, anguleuse, velue, souvent rougeâtre, haute de 1 mètre environ, garnie de feuilles alternes, oblongues-aiguës, décurrentes le long du pétiole, très grandes vers la racine, diminuant de grandeur à mesure qu'elles approchent des fleurs qui forment une longue grappe simple à l'extrémité de la tige. Ces fleurs sont purpurines, marquées à l'intérieur de taches blanches en forme d'yeux, nombreuses et pendantes d'un même côté ; leur corolle a dans son ensemble la forme d'un doigt de gant, de là le nom de *gant de Notre-Dame* et celui même de *digitale* donné à la plante.

SCROPHULARIACÉES. 447

Toutes les parties de la digitale ont été usitées; mais ce sont les feuilles surtout dont on se sert aujourd'hui. Elles possèdent une saveur très amère, jointe à un peu d'âcreté; elles sont émétiques, stupéfiantes et fortement toxiques, à une dose un peu élevée; mais administrées en très petite quantité et en commençant par quelques centigrammes, elle produit plusieurs effets dont la médecine fait des applications très utiles: tels sont l'augmentation de la sécrétion urinaire et de la sueur et le ralentissement de l'action du cœur. On emploie ces feuilles en poudre, en infusion aqueuse, en teinture alcoolique ou éthérée; elles sont très actives sous ces différentes formes; cependant c'est la teinture alcoolique qui paraît jouir de plus de propriétés médicales.

Pendant longtemps les chimistes ont inutilement cherché à isoler le principe actif de la digitale; ce n'est qu'en 1840 ou 1841 que MM. Homolle et Quévenne sont parvenus à l'extraire, par un procédé qui a valu à M. Homolle un prix de la Société de pharmacie de Paris. Ces deux messieurs ne dissimulent pas cependant avoir été guidés en partie par un travail antérieur de M. A. Henry, pharmacien à l'hôpital militaire de Phalsbourg (*Journal de pharmacie et de chimie*, t. VII, p. 59). Leur procédé, que l'on trouve exposé au même volume, p. 63, a été simplifié de la manière suivante par M. Ossian Henry (*ibid.*, p. 460).

On traite deux ou trois fois un kilogramme de poudre de digitale par de l'alcool à 82 degrés centésimaux; on distille les liqueurs et on traite l'extrait obtenu par de l'eau légèrement acidulée avec de l'acide acétique.

La liqueur claire et filtrée est étendue d'eau, en partie neutralisée par l'ammoniaque et additionnée d'une infusion de noix de galle, qui en précipite la *digitaline* à l'état de tannate. On décante, on lave le dépôt poisseux avec de l'eau, on le délaie avec un peu d'alcool et on le triture pendant longtemps avec de la litharge porphyrisée. On traite le mélange par de l'alcool bouillant; on distille une partie du liquide et on évapore le reste sur des assiettes. Enfin on traite le produit sec par l'éther, pour enlever quelques matières étrangères à la digitaline.

La digitaline est une substance blanche, inodore, pulvérulente, très amère lorsqu'elle est dissoute, excitant de violents éternuments lorsqu'on la pulvérise. Elle se dissout dans 2000 parties d'eau environ; elle est très soluble dans l'alcool, presque insoluble dans l'éther; elle ne paraît pas contenir d'azote; elle ne neutralise pas les acides; l'acide chlorhydrique, en la dissolvant, prend une belle couleur verte.

La digitaline produit des phénomènes d'excitation générale et est très vénéneuse à la dose de 1 à 2 centigrammes. Sa dose utile ne dépasse pas 1 à 4 milligrammes. La difficulté de manier une si petite dose de médicament, jointe à des caractères de pureté peu certains, rendent préférable l'emploi direct de la poudre de digitale.

Comme il est très important de ne pas confondre les feuilles de digitale avec celles de quelques autres plantes qui peuvent avoir quelque ressemblance de forme avec elles, telles que celles de bourrache, de grande consoude, de molène thapsoïde, et surtout de conyze squarreuse, je vais préciser davantage les caractères des premières. Les feuilles de digitale (fig. 199) sont ovales-oblongues, tantôt plus larges, tantôt plus étroites, pouvant acquérir au *maximum* 12 centimètres de largeur sur 25 centimètres de longueur, non compris le pétiole qui peut avoir du tiers à la moitié de la longueur du limbe. Le limbe est terminé à l'extrémité en pointe mousse, insensiblement rétréci du côté du pétiole et prolongé en aile étroite sur toute la longueur de celui-ci. Le pétiole est coloré en pourpre à la base ; il est creusé sur la face supérieure d'un sillon aigu et forme sur la face opposée un angle saillant qui se prolonge

Fig. 199.   Fig. 200.

jusqu'à l'extrémité du limbe. Le limbe est régulièrement et grossièrement denté ou crénelé et souvent un peu ondulé sur le bord ; les dents sont arrondies. La face supérieure est verte dans les feuilles adultes, blanchâtre et comme argentée dans les plus jeunes; toujours douce au toucher, parsemée de poils très courts, transparents, brillants et cristallins ; elle est bosselée et proéminente entre les nervures, qui sont au contraire marquées en creux. La face inférieure est blanchâtre, et d'autant plus que les feuilles sont plus jeunes; toutes les nervures y sont fortement marquées en relief ; les poils y sont beaucoup plus abondants que sur la face supérieure, toujours très courts, transparents et cristallins, ce qui est cause de la couleur argentée de la feuille.

De toutes les feuilles que l'on peut confondre avec celles de d'gitale, celles qui leur ressemblent le plus sont les feuilles de conyze squarreuse (*inula conyza* DC., fig. 200); mais elles sont rudes au toucher, presque entières sur le bord et exhalent une odeur fétide lorsqu'on les froisse.

On employait autrefois en médecine, comme astringentes et vulnéraires, un certain nombre d'autres plantes de la famille des scrophulariacées qui sont aujourd'hui complétement oubliées ; telles sont les suivantes :

Muflier des jardins ou **mufle de veau**, *antirrhinum majus* L. Racine vivace ; tiges cylindriques, élevées de 30 à 60 centimètres et davantage, à feuilles lancéolées, d'un vert foncé, opposées et quelquefois ternées vers le bas des tiges, alternes dans la partie supérieure. Les fleurs sont grandes, disposées en belles grappes terminales ; elles sont composées d'un calice persistant à 5 divisions, d'une corolle gamopétale, irrégulière, bossue à la base, ventrue, fermée à son orifice par une éminence convexe nommée *palais*, et ayant son limbe partagé en deux lèvres, dont la supérieure bifide et l'inférieure à 3 divisions ; 4 étamines didynames renfermées dans le tube ; le fruit est une capsule ovale ou arrondie, oblique à sa base, à 2 loges, s'ouvrant au sommet par trois trous irréguliers. Cette plante croît naturellement dans les fentes des vieux murs et dans les lieux pierreux ; on la cultive dans les jardins pour la beauté de ses fleurs, dont la couleur varie du blanc au rose et au rouge le plus foncé.

Linaire commune, *linaria vulgaris* Mœnch. Plante haute de 30 à 45 centimètres, croissant dans les terrains incultes, munie de feuilles linéaires-lancéolées, nombreuses, sessiles et d'un vert glauque. Les fleurs sont jaunes, rapprochées en un épi terminal ; le tube de la corolle est éperonné à la base ; la capsule s'ouvre au sommet en 3 à 5 valves irrégulières.

Scrophulaire noueuse ou **grande scrophulaire**, *scrophularia nodosa* L. Racine fibreuse munie de tubercules irréguliers noirâtres ; tige quadrangulaire, d'un rouge brun, haute de 60 à 120 centimètres, garnie de feuilles opposées, pétiolées, glabres, d'un vert sombre, ovales-lancéolées, crénelées sur le bord. Ses fleurs sont d'un pourpre noirâtre, disposées en une grappe droite, paniculée, terminale ; elles sont formées d'un calice à 5 divisions arrondies ; d'une corolle dont le tube est renflé et presque globuleux, et le limbe à 5 divisions formant presque 2 lèvres ; il y a 4 étamines didynames, terminées par des anthères à une seule loge, s'ouvrant par le sommet. La capsule est à 2 valves et à 2 loges dont la cloison est formée par les bords rentrants des valves.

Cette plante a une odeur fétide, nauséeuse, et une saveur amère ; elle passait autrefois pour résolutive, tonique, sudorifique et vermifuge. Il est probable qu'elle jouit de propriétés actives qui demanderaient à être déterminées de nouveau.

Molène ou **Bouillon-blanc** (fig. 201).

Verbascum thapsus. Car. gén. : calice à 5 divisions profondes ; corolle étalée, presque rotacée, à 5 lobes un peu inégaux ; 5 étamines dont les filaments sont barbus en tout ou en partie, rarement nus.

Fig. 201.

Style dilaté et comprimé au sommet ; capsule ovoïde, déhiscente. Car. spéc. : racine pivotante, assez grosse, bisannuelle ; tige simple, cylindrique, un peu rameuse supérieurement, haute de 1 mètre et plus, revêtue, ainsi que les feuilles, d'un duvet très épais et très doux, formé de poils rayonnants ; feuilles radicales pétiolées, lancéolées ; celles de la tige longuement décurrentes d'une insertion à l'autre ; toutes très cotonneuses, douces au toucher et blanchâtres ; fleurs jaunes, fasciculées deux ou trois ensemble, presque sessiles et disposées en un épi qui s'allonge considérablement, à mesure qu'elles se développent, de manière à atteindre une hauteur de 2 à 3 mètres. Ces fleurs ont une odeur douce et suave et sont employées en médecine comme béchiques et calmantes, mais souvent mélangées de celles de quelques espèces voisines, qui sont les *verbascum montanum*, *crassifolium*, *thapsoides*, *thapsiforme*, *phlomoides*. Elles demandent à être séchées avec soin et conservées dans un lieu très sec, car elles se ramollissent et noircissent très promptement à l'air humide.

FAMILLE DES SOLANACÉES.

Plantes herbacées annuelles ou vivaces, ou arbrisseaux à suc aqueux, à feuilles alternes, souvent rapprochées deux ensemble, à l partie supérieure des tiges. Fleurs complètes formées d'un calice libre gamosépale, à 5 divisions, persistant en tout ou en partie ; corolle gamopétale, le plus souvent à 5 lobes plissés, réguliers, quelquefois un peu irréguliers ; 5 étamines libres ; ovaire à 2 loges pluri-ovulées, rarement à un plus grand nombre ; style simple terminé par un stigmate bilobé. Le fruit est une capsule ou une baie à 2, 3 ou 4 loges polyspermes ; les graines sont ordinairement réniformes, à surface chagrinée, contenant un embryon plus ou moins recourbé dans un endosperme charnu.

La famille des solanacées offre de grandes anomalies sous le rapport des propriétés toxiques, médicales ou alimentaires. Elle contient des genres complétement dangereux et qui présentent une propriété narcotique très intense, tels sont les genres *hyosciamus, nicotiana, datura, atropa;* d'autres genres offrent des espèces dangereuses et d'autres alimentaires ; par exemple le genre *solanum* qui, à côté de la morelle noire et surtout du *solanum mammosum*, poison très dangereux, produit la pomme de terre et l'aubergine ; d'autres genres sont tout à fait privés de principe narcotique, comme les *capsicum* et les *lycopersicum.*

Sous le rapport botanique, les solanacées sont divisées d'abord en deux sous-familles :

1° Les *rectembryées*, dont l'embryon est presque droit, les cotylédons foliacés et la radicule infère ; tels sont les genres *cestrum, dunalia, habrothamnus,* dont le fruit est une baie, et les genres *vestia* et *sessœa*, qui ont pour fruit une capsule. Ces plantes sont peu nombreuses et toutes américaines.

2° Les *curvembryées*, dont l'embryon est plus ou moins recourbé et les cotylédons demi-cylindriques. Ces plantes, qui constituent les vraies solanacées, se divisent en quatre tribus.

1. *Nicotianées :* capsule biloculaire, loculicide, bivalve ; genres *petunia, nicotiana.*

2. *Daturées :* Fruit à 4 loges incomplètes ; il n'y a véritablement que 2 loges ; mais un trophosperme très développé dans chaque loge la divise incomplétement en deux parties. Le fruit est une capsule dans le genre *datura* et une baie dans le genre *solandra.*

3. *Hyosciamées :* capsule biloculaire s'ouvrant par un opercule ; genres *hyosciamus, anisodus, scopolia.*

4. *Solanées :* baie à 2 ou plusieurs loges, à trophospermes centraux ; très rarement une capsule indéhiscente ; genres *nicandra, physalis, capsicum, solanum, lycopersicum, atropa, mandragora, lycium.*

Tabac ou Nicotiane.

Nicotiana tabacum L. Car. gén. : calice en tube partagé jusqu'à la
moitié en 5 divisions ; corolle infundibuliforme ou hypocratériforme à
5 lobes et à 5 plis ; 5 étamines égales renfermées dans le tube ; ovaire
à 2 loges multi-ovulées ; stigmate en tête ; capsule entourée par le calice
persistant, biloculaire, s'ouvrant par le sommet en deux valves septicides, bifides, retenant les placentas séparés.

Le **nicotiane-tabac** (fig. 202) est une plante glutineuse, couverte,
dans toutes ses parties, d'un duvet très court. Ses tiges sont droites,

Fig. 202.

hautes de 1ᵐ,60 en-
viron, rameuses,
chargées de feuilles
alternes, sessiles,
demi-amplexicaules,
fort grandes, d'un
vert pâle, ovales-
oblongues, très en-
tières, les supérieu-
res lancéolées ; les
fleurs sont disposées
en une belle pani-
cule terminale ; le
calice est visqueux
à divisions droites et
ovales ; le tube de la
corolle est allongé,
renflé vers le som-
met ; le limbe est
étalé, à 5 plis et à
5 lobes pointus,
d'une couleur rose ;
les capsules sont
ovales, à 4 sillons externes, à 2 loges ; la cloison est chargée sur
chaque face d'un placenta fongueux, remplissant toute la loge, marqué de fossettes à sa surface, et couvert de semences brunes, ridées,
très petites.

Tabac rustique, *nicotiana rustica* L. (fig. 203). Cette plante est
velue et glutineuse comme la précédente ; mais elle ne s'élève qu'à la
hauteur de 6 décimètres à 1 mètre ; ses feuilles sont pétiolées, ovales-
obtuses, épaisses et d'un vert foncé ; ses fleurs sont plus petites, pani-

culées , formées d'un calice court , renflé, à 5 divisions obtuses ; d'une corolle verte-jaunâtre , à tube court et velu , à peine plus long que le calice, à limbe court, à 5 lobes arrondis ; la capsule est arrondie.

Ces deux plantes sont originaires d'Amérique : la première espèce a été importée en France, en 1560, par Jean Nicot, ambas-sadeur près de la cour de Lis-bonne ; de là lui est venu le nom de *nicotiane* et aussi celui d'*herbe à la reine*, à cause de Catherine de Médicis à qui Nicot fit présent des semences ; quant au nom de *tabac* ou *ta-baco* qui a prévalu chez presque tous les peuples du monde , il est tiré de celui de l'île Tabago, où la plante croissait en grande abondance et où les Espagnols l'ont trouvée d'abord. Je pense que la nicotiane rustique a été connue un peu plus tard ; toutes deux jouissent des mêmes propriétés et sont employées à la fabrication du tabac.

Fig. 203.

Les feuilles de nicotiane sont par elles-mêmes âcres, émétiques et drastiques à l'intérieur ; mais elles sont en outre stupéfiantes, et causent le délire , des convulsions et la mort, lorsque leur principe délétère se trouve introduit dans la circulation. Cependant ces feuilles, simplement séchées, sont loin de présenter l'odeur âcre et la haute qualité sternu-tatoire qui les a rendues d'un usage universel, malgré la saine raison et en dépit des persécutions, ou peut-être à cause des persécutions, dont plusieurs souverains ont frappé d'abord ceux qui en faisaient usage. Aujourd'hui que l'impôt dont cette plante est frappée forme , dans un grand nombre de pays, une partie importante du revenu public, on ne peut que plaindre ceux qui se créent volontairement un besoin quel-quefois aussi nuisible à leur santé qu'au bien-être de leur famille et à la propreté.

Vauquelin a fait anciennement l'analyse des feuilles de nicotiane et en a retiré de l'albumine , du surmalate de chaux , de l'acide acétique, du nitrate de potasse, du chlorure de potassium , du chlorhydrate d'am-moniaque , une matière rouge soluble dans l'eau et l'alcool , enfin un principe âcre , volatil et alcalin , qui depuis a été nommé *nicotine* ; il est soluble dans l'eau et dans l'alcool ; on lui a attribué à bon droit les propriétés enivrantes et toxiques du tabac ; il existe dans la plante combiné avec un acide en excès. On peut le mettre en liberté par un alcali fixe et l'obtenir par distillation.

Pour obtenir la nicotine, on distille donc la plante sèche avec de l'eau additionnée de potasse ou de soude caustique. On reçoit le produit distillé, qui contient à la fois de la nicotine et de l'ammoniaque, dans un flacon contenant de l'acide sulfurique étendu d'eau ; on concentre ce liquide à un petit volume et on le redistille dans une cornue avec de la soude caustique en léger excès. On obtient alors un liquide incoloré et ammoniacal que l'on concentre à froid dans le vide : toute l'ammoniaque se dégage et la nicotine reste sous la forme d'un liquide oléagineux, d'une couleur ambrée, d'une pesanteur spécifique de 1,048 ; soluble dans l'eau, encore plus soluble dans l'alcool et dans l'éther, soluble également dans les huiles fixes et volatiles.

La nicotine a une odeur presque nulle à froid; mais, à chaud, cette odeur devient très vive et très irritante. C'est un poison très violent ; elle rétrécit la pupille au lieu de la dilater ; elle est fort alcaline, sature complétement les acides, forme des sels très solubles et difficilement cristallisables. De même que la cicutine et quelques autres alcalis obtenus par le moyen de la distillation avec un alcali caustique, elle ne contient pas d'oxigène : sa composition égale $C^{10} H^8$ Az.

J'ai dit précédemment que les feuilles de nicotiane simplement séchées n'avaient pas l'odeur âcre, forte et particulière du tabac préparé. Pour obtenir celui-ci, on humecte les feuilles sèches avec une solution de sel marin (1), et on en forme un tas considérable qui ne tarde pas à fermenter et à s'échauffer. Au bout de trois ou quatre jours, on défait le tas pour nettoyer, écoter les feuilles et en mélanger les différentes qualités; on mouille de nouveau le tabac, soit avec de l'eau s'il est destiné à être fumé, soit avec de la saumure s'il doit être prisé, et on le soumet à une nouvelle fermentation ; on lui donne ensuite, à l'aide de moyens mécaniques, la forme qu'il doit avoir en raison de l'usage auquel il est destiné.

Il est facile de comprendre ce qui se passe dans la préparation du tabac : pendant la fermentation qu'il éprouve, fermentation qui se trouve modifiée et fixée à un certain degré par le sel marin, l'albumine où quelque autre principe azoté se décompose et forme de l'ammoniaque; celle-ci sursature l'acide de la plante et met à nu une certaine quantité de

---

(1) Quelques fabricants ajoutent à l'eau salée du sucre, de la mélasse, une décoction de figues ou du suc de réglisse.; le tabac de la régie française n'est préparé qu'avec de l'eau salee.

nicotine dont la volatilité, augmentée par celle de l'ammoniaque en excès, communique alors son odeur à la feuille. C'est donc parce que la nicotine est devenue libre en partie que le tabac préparé est odorant ; mais cet état n'a pu se produire sans perte d'alcali, de sorte que, malgré cette odeur si forte, le tabac préparé contient beaucoup moins d'alcali que les feuilles sèches. Le tableau suivant indique, d'après MM. Boutron et O. Henry, la quantité de nicotine retirée de 1000 grammes de feuilles de différentes qualités, comparée à celle du tabac préparé.

	Nicotine.
Feuilles de Cuba.	8,64 gram.
du Maryland.	5,28
de Virginie	10
d'Ille-et-Vilaine	11,20
du Lot	6,48
du Nord	11,28
du Lot-et-Garonne.	8,20
Tabac préparé.	3,86

Stramonium ou **Pomme-épineuse.**

Datura stramonium L. Car. gén. : calice tubuleux, à 5 dents, en partie caduc ; corolle infundibuliforme, à tube très long, à limbe ample, ouvert, plissé, à 5 ou 10 dents ; 5 étamines ; ovaire surmonté d'un style simple plus long que les étamines, et d'un stigmate à 2 lamelles ; capsule ovale, souvent hérissée de pointes, à 2 loges incomplétement divisées en deux parties par un trophosperme très développé, soudé inférieurement avec le péricarpe, mais

Fig. 204.

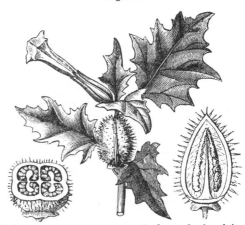

libre à la partie supérieure et n'atteignant pas le haut de la cloison. Semences nombreuses, réniformes, réticulées.

Le stramonium (fig. 204) pousse d'une racine fibreuse, blanche,

assez grosse , annuelle , une tige grosse comme le doigt, verte, ronde ,
creuse , très branchue, haute de 1 mètre à 1ᵐ,60 , représentant un
petit arbrisseau ; ses feuilles sont pétiolées , larges, anguleuses , sinuées
sur le bord et à dentelures aiguës ; elles sont vertes sur les deux faces
et répandent une odeur nauséeuse et vireuse ; la corolle est blanche ,
très longue, infundibuliforme , à 5 plis ; le calice tombe, à l'exception
d'une courte collerette rabattue qui supporte le fruit. Celui-ci a la forme
d'une capsule hérissée de piquants , verte , charnue , ovée , à 4 angles
arrondis et à 4 valves. Il n'a que 2 loges à l'intérieur, bien qu'il en
présente 4 à la partie inférieure, à cause du placenta très développé qui
remplit chaque loge et la divise imparfaitement en deux parties. Les
placentas sont entièrement recouverts de semences qui sont assez
grosses , noires à leur maturité , jaunâtres auparavant.

Le stramonium est fortement narcotique et vénéneux. On en forme
un extrait avec le suc, un extrait alcoolique, un élæolé simple , et il
entre de plus dans la composition du baume tranquille. Les semences
sont également très actives. MM. Geiger et Hesse en ont retiré un alcali
cristallisable nommé *daturine*, très narcotique et déterminant la fixité
et la dilatation de la pupille.

On cultive dans les jardins un certain nombre d'espèces de *datura* de
propriétés semblables à celles du stramonium , et qui peuvent lui être
substituées ; telles sont , entre autres :

Le **datura tatula**, presque semblable au stramonium , mais deux
fois plus élevé ; ses tiges sont pourprées , ses feuilles ont les dentelures
plus aiguës, ses corolles sont plus grandes ; ses fruits et ses semences
sont semblables.

Le **datura féroce**, *datura ferox* L. , à feuilles moins profondément sinuées, pubescentes sur les nervures ; à corolles plus petites ;
à capsules armées de pointes plus fortes , dont les quatre supérieures
sont plus grosses , plus fortes que les autres et convergentes.

Le **datura fastueux**, *datura fastuosa* L., dont les feuilles sont
ovales , médiocrement anguleuses ; les fleurs plus grandes , blanches en
dedans , violettes en dehors ; les capsules globuleuses , inclinées, tuberculeuses , peu épineuses.

Le **datura metel**, muni de feuilles ovales , entières ou à peine sinuées , portées sur de longs pétioles , pubescentes sur les deux faces ;
les fleurs sont grandes , blanches , placées dans la bifurcation des rameaux ; les capsules sont globuleuses , inclinées , hérissées de pointes
très nombreuses.

Le **datura à fruits lisses**, *datura lævis* L., diffère du stramonium par ses capsules glabres , dépourvues de pointes épineuses et de
tubercules.

Le **datura arborescent**, *datura arborea* L., magnifique arbrisseau, haut, dans nos jardins, de 2ᵐ,9 à 3ᵐ,25 ; ses feuilles sont souvent géminées, ovales-lancéolées ou oblongues, glabres en dessus, un peu pubescentes en dessous ; ses fleurs sont axillaires, pédonculées, pendantes, répandant le soir une odeur très agréable ; les corolles sont blanches, longues de 24 à 27 centimètres sur 14 à 16 de diamètre à l'ouverture. Les *solandra*, solanées volubiles très voisines des *datura*, dont elles diffèrent par leur fruit bacciforme, ont les fleurs encore plus grandes ; elles sont cultivées dans l'orangerie.

Jusquiames.

Genre *hyosciamus* : calice urcéolé à 5 dents ; corolle infundibuliforme, à limbe plissé, à 5 lobes obtus, inégaux, les deux inférieurs écartés ; 5 étamines insérées au fond du tube de la corolle, inclinées ; anthères longitudinalement déhiscentes ; ovaire biloculaire, à placentas attachés à la cloison par une ligne dorsale ; style simple ; stigmate en tête ; capsule renfermée dans le calice accru, ventrue à la base, rétrécie par le haut, biloculaire, s'ouvrant à la partie supérieure par un opercule en forme de couvercle. Les semences sont nombreuses, réniformes ; l'embryon est arqué et presque périphérique dans un endosperme charnu.

Jusquiame noire ou **hannebane**, *hyosciamus niger* L. (fig. 205). Tige ronde, dure, ligneuse, rameuse, haute de 50 à 60 centimètres, couverte, ainsi que les feuilles, de poils denses, doux au toucher. Les feuilles sont ovales-lancéolées, sinuées ou découpées, d'un vert pâle ; les radicales très grandes et rétrécies en pétiole à la base ; les supérieures sessiles, amplexicaules, molles, cotonneuses, d'un toucher visqueux, sinuées et

Fig. 205.

profondément découpées sur le bord. Les fleurs sont sessiles dans l'aisselle des feuilles supérieures, et disposées, à l'extrémité des tiges et des rameaux, en épis unilatéraux ; les corolles sont d'un jaune pâle sur le bord, avec des veines d'un pourpre foncé au milieu, d'un aspect terne et peu agréable. Le fruit est renfermé dans le calice de la fleur accru, durci et à dents devenues piquantes. Les semences sont très petites, réniformes, à surface réticulée, noire à maturité. La racine est annuelle, pivotante, longue, grosse, rude et brune au-dehors, blanche en dedans ; toute la plante a une odeur forte, désagréable et assoupissante. Elle contient un suc visqueux, très narcotique ; les feuilles entrent dans la pommade de populéum et le baume tranquille.

Jusquiame blanche, *hyosciamus albus* L. (fig. 206). Tige haute de 30 centimètres environ, velue, peu rameuse, garnie sur toute sa longueur de feuilles pétiolées, ovales, velues, les inférieures sinuées, à lobes obtus, les supérieures entières. Les fleurs sont blanchâtres,

Fig. 206.

sessiles, solitaires dans l'aisselle des feuilles supérieures, et disposées en un long épi unilatéral; les semences restent blanches à maturité. Cette plante est plus petite dans toutes ses parties que la précédente ; elle croît dans les lieux incultes du midi de la France et dans les jardins; elle a une odeur moins vireuse et paraît être moins active. Les semences de jusquiame du commerce étant toujours blanches, on pourrait penser qu'elles appartiennent à cette espèce ; il paraît cependant qu'elles sont tirées de la jusquiame noire ; mais qu'elles sont récoltées avant leur maturité; elles sont huileuses, très fortement narcotiques, et font partie des pilules de cynoglosse.

Jusquiame dorée, *hyosciamus aureus* L. Cette plante, par sa taille, par ses feuilles pétiolées, arrondies, par ses fleurs jaunes, ressemble beaucoup, à la première vue, à la précédente ; mais elle est bisannuelle ; ses feuilles sont presque glabres sur la face supérieure, à lobes un peu aigus et irrégulièrement dentés; les fleurs sont presque terminales, très irrégulières, les deux lobes inférieurs étant très raccourcis et dépassés par les étamines.

Différents chimistes se sont occupés de chercher le principe actif de la jusquiame noire et, à plusieurs reprises, ils ont annoncé avoir extrait de cette plante un alcaloïde nommé *hyosciamine* ; mais il était toujours de propriétés différentes. Enfin MM. Geiger et Hesse sont parvenus à extraire des semences de jusquiame un véritable alcaloïde, assez soluble dans l'eau, tres soluble dans l'alcool et dans l'éther, cristallisable, en partie volatil et en partie décomposable par la chaleur, décomposable par les alcalis. Il est fortement narcotique, dilate la pupille, produit des convulsions tétaniques et cause la mort, à très petite dose.

Mandragore.

Mandragora officinalis Mill. ; *atropa mandragora* L. Car. gén. et spéc. : calice quinquéfide ; corolle campanulée, plissée, à 5 divisions ; 5 étamines à filets dilatés à la base ; anthères terminales à déhiscence longitudinale ; ovaire biloculaire, dont la cloison porte les placentas ; style simple ; stigmate en tête ; baie soutenue par le calice persistant, uniloculaire par l'oblitération de la cloison ; semences nombreuses, sous-réniformes.

La mandragore est une plante vivace dont la racine est épaisse, longue, fusiforme, blanchâtre, entière ou bifurquée ; les feuilles sont toutes radicales, pétiolées, étalées en rond sur la terre, très grandes, pointues, ondulées sur le bord ; les fleurs sont nombreuses, portées sur des hampes radicales, beaucoup plus courtes que les feuilles. On connaît d'ailleurs deux variétés de mandragore : l'une, nommée *mandragore mâle* (fig. 207), a les feuilles longues de 45 centimètres,

Fig. 207.

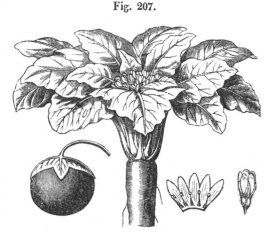

larges de 12 ; les fleurs blanches à divisions obtuses, les baies rondes, jaunes, de la grosseur d'une petite pomme, entourées à la base par le calice dont les divisions sont larges quoique pointues. La seconde variété, dite *mandragore femelle*, a les feuilles plus petites et plus étroites, les fleurs pourprées, à divisions aiguës, les baies plus petites, ovées, entourées par le calice dont les divisions sont plus aiguës.

La mandragore avait été rangée par Linné dans le genre *atropa* (belladone); elle a été rétablie depuis comme genre distinct, à cause de ses filets d'étamines élargis à la base, de sa baie uniloculaire et de son port complétement différent; toutes ses parties sont pourvues d'une odeur désagréable et sont fortement narcotiques et stupéfiantes; les baies ont été souvent funestes aux enfants qui les prennent pour de petites pommes; les feuilles font partie du baume tranquille (*élæolé des solanées composé*). On a comparé autrefois la racine bifurquée à la partie inférieure du corps de l'homme et on lui avait donné le nom d'*anthropomorphon*, en lui attribuant des propriétés merveilleuses et surnaturelles qui s'évanouiront à mesure que les peuples deviendront plus éclairés.

Belladone.

Genre *atropa* : calice à 5 divisions; corolle campanulée, plissée, à 5 ou 10 divisions; 5 étamines à filets filiformes et anthères longitudinalement déhiscentes. Ovaire biloculaire dont les placentas sont fixés à la cloison par une ligne dorsale; style simple; stigmate déprimé, pelté; baie portée sur le calice persistant, biloculaire, à semences nombreuses, réniformes.

La **belladone officinale**, *atropa belladona* L. (fig. 208), pousse

Fig. 208.

des tiges hautes de 1 mètre à 1ᵐ,30, rondes, rameuses, un peu velues, d'une couleur rougeâtre; ses feuilles sont alternes, les supérieures géminées; elles sont ovales, terminées en pointe aux deux extrémités, très entières, vertes et molles. Les fleurs sont solitaires dans l'aisselle des feuilles, longuement pédonculées, munies d'une corolle d'un pourpre violacé, en forme de cloche allongée, deux fois plus longue que le calice, à 5 dents courtes et obtuses; les étamines sont renfermées dans la corolle, à filets torses et inégaux ; les baies , entourées à la base par le calice persistant, sont de la grosseur d'un grain de raisin, rondes, un peu aplaties, marquées d'un léger sillon qui marque la place de la cloison intérieure; elles sont très succulentes, noires et luisantes à maturité, et contiennent un grand nombre de petites semences réniformes. Elles sont très vénéneuses et ont été souvent funestes aux enfants, qu'elles trompent par leur forme et par leur saveur douceâtre et un peu sucrée. Toute la plante est très narcotique , et agit spécialement sur la pupille , qu'elle dilate et paralyse pendant le temps que dure son action. Les feuilles entrent dans la composition du baume tranquille et de l'onguent populéum. L'extrait des feuilles, les feuilles pulvérisées . la racine réduite en poudre , sont très souvent prescrites à petites doses contre la coqueluche, la scarlatine et différentes névralgies.

Vauquelin a publié quelques essais analytiques sur la belladone. Il en résulte qu'elle contient une matière albumineuse; une autre matière animalisée insoluble dans l'alcool, soluble dans l'eau, précipitable par la noix de galle; une matière soluble dans l'alcool et jouissant à un assez haut degré des propriétés narcotiques de la belladone ; de l'acide acétique libre ; beaucoup de nitrate de potasse; du sulfate, du chlorhydrate et du suroxalate de potasse, de l'oxalate et du phosphate de chaux, du fer et de la silice (*Ann. de chim.*, t. LXXII, p. 53).

Depuis la découverte de la morphine, beaucoup de chimistes se sont occupés de rechercher dans la belladone et dans les autres plantes narcotiques, l'existence d'un alcali végétal auquel on pût attribuer leur propriété. Pour la belladone en particulier, MM. Brandes, Pauquy, Runge, Tilloy, etc., ont successivement annoncé avoir retiré cet alcali de différentes parties de la plante. Enfin, dernièrement, MM. Geiger et Hesse d'une part, et M. Mein de l'autre, paraissent avoir véritablement retiré de la tige, des feuilles et de la racine de belladone, un alcaloïde particulier auquel on avait donné d'avance le nom d'*atropine*. Le procédé d'extraction se trouve décrit dans le *Journal de pharmacie*, t. XX, p. 88. L'atropine pure est blanche, cristallisable, soluble dans l'alcool absolu et dans l'éther sulfurique; soluble également dans 500 parties d'eau froide et dans moins d'eau bouillante; fusible, un peu volatile ; son soluté aqueux précipite en jaune citron le chlorure d'or, et en couleur isabelle celui de platine.

Morelles.

Genre *solanum* : calice à 5 ou 10 dents; corolle en roue, plissée, à 5 ou 10 divisions (rarement à 4 ou 6); 5 étamines (rarement 4 ou 6) insérées à la gorge de la corolle , exsertes; filets très courts; anthères

462   DICOTYLÉDONES COROLLIFLORES.

connivantes, s'ouvrant au sommet par deux pores; ovaire à 2 loges, rarement à 3 ou 4, à placentas insérés sur les cloisons, multi-ovulés; style simple, plus long que les étamines; stigmate obtus; baie à 2 loges, rarement à 3 ou 4; semences nombreuses, sous-réniformes.

Morelle noire, *solanum nigrum* L. (fig. 209). Plante annuelle, très commune en France le long des haies et près des lieux habités;

Fig. 209.

sa racine fibreuse et blanchâtre donne naissance à une tige haute de 2 à 3 décimètres, divisée en rameaux étalés; les feuilles sont pétiolées, souvent géminées, ovales-lancéolées, un peu trapézoïdales, molles au toucher et d'un vert foncé. Les fleurs sont disposées, au nombre de 5 ou 6, en petites ombelles pédonculées, dans l'aisselle des feuilles. Il leur succède des baies rondes, vertes d'abord, puis noires, de la grosseur d'une groseille.

Cette plante est faiblement narcotique; quelques personnes même la considèrent comme alimentaire, et assurent qu'on peut la manger cuite, à la manière des épinards. Il est possible que l'exposition et la culture influent sur ses propriétés; mais, dans tous les cas, il est prudent de la bannir du nombre des aliments.

M. Desfosses, pharmacien à Besancon, a retiré des baies de morelle un alcali organique auquel il a donné le nom de *solanine*. Son procédé, qui est très simple, consiste à précipiter le suc des baies de morelle par l'ammoniaque; on lave le précipité avec un peu d'eau; on le fait sécher et on le traite par l'alcool bouillant qui, par son évaporation spontanée, laisse précipiter la solanine sous la forme d'une poudre blanche, nacrée, insoluble dans l'eau froide, un peu soluble dans l'eau bouillante, très soluble dans l'alcool, un peu soluble dans l'éther. Cet alcaloïde, qui a été trouvé ensuite dans plusieurs autres *solanum*, est narcotique, mais à un bien moindre degré que ceux tirés des autres solanées médicinales, ce qui explique pourquoi les *solanum* sont en général peu vénéneux. Il faut en excepter cependant le *solanum mammosum* des îles de l'Amérique, à tige herbacée, aiguillonnée, à feuilles cordiformes, anguleuses et lobées, dont le fruit jaune, arrondi, mais terminé par un mamelon allongé qui lui donne la forme d'une petite poire renversée, paraît être un poison très actif.

Morelle faux-piment ou **pommier d'amour**, *solanum pseudo-capsicum* L. Arbrisseau de l'île de Madère, à feuilles lancéolées, entières ou légèrement sinuées, rétrécies en pétiole à la base ; les fleurs sont blanches, petites, pédonculées, solitaires, géminées ou disposées plusieurs ensemble le long des jeunes rameaux. Les fruits sont des baies globuleuses, d'un rouge vif et de la grosseur d'une petite cerise. On le cultive dans l'orangerie, comme arbrisseau d'ornement ; il passe pour être dangereux.

Douce-amère, *solanum dulcamara* L. (fig. 210). Plante ligneuse et grimpante qui croît communément dans les haies et sur le bord des bois ; sa tige est divisée dès sa base en rameaux sarmenteux, légèrement pubescents, longs de 1^m,6 à 2 mètres ou plus, qui ne se soutiennent qu'en s'appuyant sur les arbustes voisins. Les feuilles sont alternes, pétiolées, légèrement pubescentes, les unes très entières et ovales-lancéolées, les autres profondément auriculées à leur base. Les fleurs sont violettes, quelquefois blanches, disposées en cimes à l'opposition des feuilles ; les baies sont ovoïdes, d'un rouge éclatant ; elles ne paraissent pas être vénéneuses.

Fig. 210.

Les tiges récentes ont une odeur fort désagréable ; sèches, elles sont presque inodores, d'une saveur amère avec un arrière goût douceâtre. On les emploie comme dépuratives. M. Morin y a constaté la présence de la solanine.

Quina de Saint-Paul, *solanum pseudoquina* A. Saint-Hilaire. Arbuste de la province de Saint-Paul, dont l'écorce est usitée au Brésil comme fébrifuge. Elle est ordinairement roulée, couverte d'un épiderme mince et fendillé ; elle est jaunâtre ou blanchâtre dans son intérieur, avec une texture granuleuse. Elle ressemble beaucoup à la cannelle blanche ; mais elle est inodore et sa surface intérieure, au lieu

d'être blanche, est d'un gris qui tranche avec la cassure blanche et grenue de l'écorce. La saveur est très amère et désagréable. Vauquelin en
a fait l'analyse (*Journ. pharm.*, t. XI, p. 49).

Aubergine ou **melongène**, *solanum melongena* L. Plante annuelle
des pays chauds, à tige herbacée, mais ferme, haute de 30 à 45 centimètres, cotonneuse, un peu rameuse; les feuilles sont ovales; sinuées
sur le bord, assez longuement pétiolées, cotonneuses. Les fleurs sont
blanches, purpurines ou bleuâtres, grandes, latérales, souvent solitaires; le pédoncule et le calice sont garnis de quelques aiguillons
courts; le fruit est une baie pendante, très grosse, ovoïde-allongée,
lisse, luisante, ordinairement violette, quelquefois jaune, contenant
une chair blanche. On le mange cuit dans un grand nombre de pays,
sans aucun inconvénient; mais il faut éviter de le confondre avec une
espèce voisine, le *solanum ovigerum*, dont le fruit blanc a tout à fait la
forme d'un œuf de poule, et dont les semences sont enveloppées d'une
pulpe très âcre et délétère.

Morelle tubéreuse ou Pomme de terre.

Solanum tuberosum L. Cette plante est pourvue de racines fibreuses
dont les ramifications portent des tubercules volumineux, oblongs ou
arrondis, de différentes couleurs au dehors, blancs en dedans et contenant une très grande quantité d'amidon. Elle produit des tiges anguleuses, herbacées, un peu velues, hautes de 45 à 65 centimètres; ses
feuilles sont ailées avec impaire, composées de 5 à 7 folioles lancéolées
avec de petites pinnules intermédiaires; ses fleurs sont assez grandes,
violettes, bleues rougeâtres ou blanches, disposées en corymbes longuement pédonculés et opposés aux feuilles dans la partie supérieure
des tiges. Les baies sont plus grosses que celles de la morelle, d'un
rouge brunâtre à maturité.

La pomme de terre, originaire de l'Amérique méridionale, est la
plus précieuse acquisition que l'Europe ait tirée du nouveau monde.
On ignore le moment précis de son introduction en Europe. On
sait, à la vérité, qu'elle a été apportée de la Caroline en Angleterre,
en 1586, par Walter Raleigh; mais déjà, à cette époque, elle était
répandue dans plusieurs lieux de l'Italie, où elle servait à la nourriture
des animaux domestiques. Elle ne s'est répandue que plus tard et bien
inégalement dans les autres pays. Ainsi, en France, elle a été cultivée
dès la fin du XVIᵉ siècle dans le Lyonnais, la Bourgogne, la Franche-
Comté et la Lorraine; tandis que l'Alsace ne l'a connue qu'au commencement du XVIIIᵉ siècle et les habitants des Cévennes seulement à
la fin. Le préjugé qu'elle produisait la lèpre nuisait partout à son usage

comme aliment, et l'on sait quelles peines s'est données Parmentier
pour la faire admettre sur les tables du riche et sur celles du pauvre ,
dont elle forme aujourd'hui la principale nourriture.

On connaît un très grand nombre de variétés de pomme de terre ,
dont les principales sont :

La *pomme de terre naine hâtive*, jaune, ronde, mûrissant en juin ;

La *truffe d'août*, rouge, pâle et fort bonne ;

La *hollandaise jaune*, longue, aplatie, très farineuse, recherchée ;

La *rouge longue* ou *vitelotte*, de chair ferme, estimée pour la table ;

La *patraque blanche*, très grosse et farineuse ; se réduit en pulpe par
la cuisson : très productive ;

La *patraque jaune*, très amylacée et très productive ; est employée
pour les fabriques de fécule ;

La *décroizille*, rose, allongée, d'excellente qualité, etc., etc.

On peut propager les pommes de terre par les semences, mais on
préfère le faire au moyen des tubercules. On met ceux-ci en terre au
printemps, entiers ou coupés en plusieurs morceaux, et on fait la récolte des nouveaux tubercules dans les mois de septembre et d'octobre.

On peut conserver les pommes de terre tout l'hiver dans une cave ; mais,
au printemps, elles germent et se gâtent Pour obvier à cet inconvénient,
qui a lieu à l'époque de la plus grande rareté des substances alimentaires,
on a conseillé d'en faire sécher une partie en automne, ce qui permet
alors de les conserver très longtemps. Pour cela on les monde de leur
épiderme, on les plonge pendant quelques minutes dans l'eau bouil
lante et on les fait sécher dans une bonne étuve. Elles deviennent alors
très dures, cassantes et cornées, et l'air ne peut plus les attaquer. Il
faut les conserver dans un endroit sec et à l'abri des insectes.

Vauquelin, chargé par la Société d'agriculture d'analyser quarante-
sept variétés de pommes de terre, en a obtenu les résultats suivants :

Mille parties de pommes de terre contiennent :

Eau	de 670 à 780	parties.
Amidon	214	244
Parenchyme	60	189
Albumine		7
Asparagine		1
Résine		
Matière animalisée particulière.	4	5
Citrate de chaux		12

Plusieurs chimistes ont inutilement cherché la solanine dans le tubercule de la pomme de terre ; mais Baup et M. Jul. Otto de Brunswick

en ont extrait des germes, et on peut croire que le jeune tubercule peut
en contenir lui-même, en raison des légers accidents dont son ingestion est quelquefois suivie.

On extrait très en grand la fécule de pomme de terre, en râpant les
tubercules au-dessus de vases pleins d'eau. On divise la pulpe dans l'eau,
on jette le tout sur des tamis, qui laissent passer l'eau et la fécule ; on
laisse reposer, on lave le dépôt plusieurs fois et on le fait sécher.

La fécule de pomme de terre a la forme d'une poudre blanche et
éclatante, beaucoup moins fine que celle de l'amidon de blé ; vue au
microscope, elle affecte toutes sortes de formes, depuis la sphérique
qui appartient aux plus petits, jusqu'à l'elliptique, l'ovoïde ou la triangulaire observée dans les plus gros (fig. 211). Les petits granules
sont d'ailleurs peu nombreux ; les autres présentent souvent une surface

Fig. 211.

bosselée et des stries irrégulièrement
concentriques autour du hile, qui est
situé vers l'une des extrémités du granule. La fécule de pomme de terre est
tout à fait insoluble dans l'eau froide et
s'y conserve pendant longtemps sans
altération ; une forte trituration ou la
porphyrisation, même avec l'intermède
de l'eau, suffit pour la rendre en partie
soluble. Elle forme avec l'eau bouillante
un empois bien moins consistant que
l'amidon de blé, et son tégument peut disparaître entièrement par une
ébullition longtemps prolongée dans une suffisante quantité d'eau (voir
aussi précédemment pages 130 et 131).

On emploie beaucoup dans les cuisines, sous le nom de **tomate** ou
pomme d'amour, le fruit du *solanum lycopersicum* L., dont on a fait
depuis un genre particulier sous le nom de *lycopersicum esculentum*.
Cette plante ressemble aux *solanum* par sa corolle rotacée et ses anthères
conniventes, et se rapproche plus particulièrement de la pomme de
terre par ses feuilles supérieures, qui sont pinnées avec impaire et incisées. Ses caractères particuliers consistent dans son calice et sa corolle
à 7 divisions (rarement 6 ou 5) ; par ses étamines en même nombre et
par son fruit à 7 lobes arrondis et à 7 loges intérieures, contenant des
graines velues. Le fruit est d'ailleurs de la grosseur d'une pomme, d'un
rouge vif, lisse et brillant, rempli d'une pulpe orangée, aigrelette, et
d'un parfum doux et agréable. On en fait des sauces très estimées. La
plante, quoique originaire des Antilles, se cultive assez facilement dans
les jardins.

Baie d'Alkékenge.

Physalis Alkekengi L. Cette plante est encore très voisine des mo-
relles et ressemble assez à la morelle noire, quoique étant plus droite
et plus élevée. Sa corolle est rotacée, à 5 divisions; ses 5 étamines sont
conniventes par les anthères; mais le calice prend, après la chute de la
corolle, un développement considérable, et forme une vessie membraneuse, colorée en rouge, qui renferme la baie également rouge, lisse,
succulente et de la grosseur d'une petite cerise. Cette baie est aigrelette et un peu amère; elle passe pour diurétique et laxative. Elle entre
dans la composition du sirop de rhubarbe composé.

Piment des jardins.

Corail des jardins, poivre d'Inde,, poivre de Guinée, *capsicum annuum* L. Car. gén. : calice persistant, à 5 divisions ; corolle à
tube très court, à limbe rotacé, à 5 lobes; 5 étamines exsertes dont les
anthères oblongues sont conniventes et s'ouvrent sur leur longueur;
baie sèche, renflée, à 2 loges incomplètes, par suite de l'oblitération
de la cloison et des trophospermes; semences nombreuses, réniformes.

Le *capsicum annuum*, originaire des Indes, est généralement cultivé
aujourd'hui en Afrique, en Amérique, en Espagne, dans le midi de
la France, et jusque dans nos jardins, à cause de son fruit qui est doué
d'une âcreté considérable, ce qui le fait employer comme stimulant et
assaisonnement dans l'art culinaire. C'est une plante annuelle, herbacée, haute de 30 à 35 centimètres; sa tige est cylindrique, presque
simple; ses feuilles sont alternes, quelquefois géminées, longuement
pétiolées, ovales-aiguës, très entières; les fleurs sont solitaires, latérales; le calice est très ouvert et la corolle blanchâtre; son fruit est de
forme et de volume variables; mais ordinairement gros et long comme
le pouce, conique, un peu recourbé à l'extrémité, lisse et luisant,
vert avant sa maturité, d'un rouge éclatant lorsqu'il est mûr.

Quelle que soit la saveur âcre et caustique de ce fruit, elle n'est pas
comparable à celle des piments cultivés dans les Indes et en Amérique,
soit que le climat cause cette différence, ou que ce soit la diversité
d'espèce; et cependant les Indiens, les Portugais, les Espagnols et les
autres habitants de ces pays, en font une si grande consommatio i dans
leurs ragoûts, que, au dire de Frezier, une seule contrée du Pérou en
exportait chaque année pour plus de 80000 écus.

Voici les caractères de deux de ces piments trouvés dans le commerce, où on les désigne sous le nom de *piment enragé.*

Piment de Cayenne, *capsicum frutescens* L. Rouge ou verdâtre, long de 20 à 34 millimètres, large de 7 à 9 à la partie inférieure, rétréci à l'endroit du calice, qui est en forme de godet ; tandis que dans le piment des jardins le calice est évasé en forme de plateau. Odeur très âcre, comme animalisée; saveur insupportable.

Piment de l'ile Maurice. Il est rouge ou vert, long de 11 à 18 millimètres, large de 3 à 6, rétréci en godet à l'endroit du calice, muni de pédoncules longs de 25 millimètres. Il a une odeur de verdure ; il passe pour être le plus âcre de tous.

Le piment des jardins a été analysé par M. Braconnot (*Ann. chim. et phys.*, t. VI, p. 122).

FAMILLE DES BORRAGINÉES.

Plantes herbacées, arbustes ou arbres, à tiges ou rameaux cylindriques, à feuilles alternes, privées de stipules, entières ou incisées, plus ou moins couvertes de poils rudes, ce qui les fait nommer par plusieurs botanistes *asperifoliées*. Les fleurs sont tantôt solitaires dans l'aisselle des feuilles, tantôt paniculées ou en corymbe, très souvent en épis ou en grappes terminales, tournées d'un seul côté et roulées en crosse ou en spirale avant leur développement. Le calice est libre, persistant, gamosépale, à 4 ou 5 divisions; corolle hypogyne, gamopétale, caduque, infundibuliforme, sous-campaniforme ou rotacée, à limbe quinquéfide, régulier ou quelquefois un peu irrégulier; la gorge est nue ou fermée par 5 appendices saillants, opposés aux divisions du imbe ou quelquefois alternes. Les étamines sont au nombre de 5, alternes avec les divisions de la corolle. L'ovaire, porté sur un disque hypogyne, est le plus souvent profondément quadrilobé et formé de 4 carpelles monospermes accolés du côté du centre au style qui les traverse. Quelquefois les 4 carpelles sont soudés dans toute leur longueur, forment un ovaire indivis, à 4 loges et portant le style à son extrémité supérieure. Les ovules solitaires sont suspendus au côté interne ou à l'angle interne de la loge. Le fruit est tantôt un drupe à 4 loges monospermes, tantôt un askosaire formé de 4 askoses tout à fait distincts, ou rapprochés deux à deux. Les semences sont inverses, à endosperme nul ou très peu abondant, et sont pourvues d'un embryon homotrope, à radicule supère.

La famille des borraginées peut être divisée d'abord en deux sousfamilles, suivant la nature du fruit :

1° Les CORDIACÉES, dont l'ovaire est indivis, le style terminal et le fruit drupacé ; elles comprennent trois tribus : les *cordiées*, les *chrétiées* et les *héliotropiées*.

2° Les BORRAGÉES, dont l'ovaire est profondément quadrilobé et le

fruit formé de 4 askoses séparés (1). M. Alph. De Candolle les divise
en cinq tribus sous les noms de *cérinthées*, *échiées*, *anchusées*, *litho-
spermées* et *cynoglossées*.

Les borraginées se rapprochent des labiées par la disposition de leur
fruit, mais n'ont presque aucun rapport avec elles, soit pour leur forme
générale, soit pour leurs propriétés. Ce sont en général des plantes
inodores, mucilagineuses, quelquefois faiblement amères ou astringentes, souvent chargées de nitrate de potasse, complétement dépourvues de principes âcres ou vénéneux; quelques unes, faisant partie de
nos plantes indigènes, sont encore usitées en médecine.

Sebestes.

Les sebestes sont les drupes desséchés du *cordia mixa* L., arbre
originaire de l'Inde, qui a été transporté il y a fort longtemps en
Égypte, d'où les fruits nous venaient autrefois. Ils sont longs de 16 à
20 millimètres et ont l'apparence de petits pruneaux desséchés. On en
trouve deux variétés dans les droguiers; les uns sont grisâtres, d'une
forme ovale, pointus aux deux extrémités et sont formés d'un brou sec
et très mince, appliqué contre le noyau dont il a pris la forme; les
autres sont noirâtres, arrondis et formés d'un brou épais et succulent
déformé par la dessiccation. On trouve mêlés avec ces fruits les calices
persistants, striés et évasés, qui les embrassaient à la partie inférieure.
Le noyau est volumineux, de consistance ligneuse, ovoïde, un peu
aplati et un peu élargi dans le sens de son plus grand diamètre par un
angle proéminent. Il présente une surface très inégale, comme caverneuse ou sillonnée; à l'intérieur il présente 4 loges, dont 1, 2 ou 3
sont toujours très oblitérées, de sorte que le fruit est réduit à 3, 2 ou
une seule loge séminifère. L'intérieur des loges fertiles est tapissé d'une
membrane très blanche. Les semences renferment, sous un épisperme
membraneux, un embryon privé d'endosperme, à radicule supère, et
à cotylédons formant un grand nombre de plis frangés, conformément
à la description qu'en a donnée Gærtner (*De fruct.* I, p. 364, tab. 76,
fig. 1).

La chair des sebestes est très mucilagineuse et un peu sucrée. On les
employait autrefois comme adoucissants et légèrement laxatifs, dans
les affections bronchiques et pulmonaires; ils sont aujourd'hui complétement inusités.

---

(1) Excepté dans le genre *cerinthe*, dont l'ovaire se sépare en deux carpelles biloculaires.

Bourache ou Bourrache.

Borago officinalis L. Car. gén. : calice à 5 divisions; corolle rotacée, pourvue à la gorge de 5 écailles échancrées; limbe quinquéfide, à divisions ovées·et acuminées; 5 étamines insérées à la gorge de la corolle, exsertes; filaments très courts, pourvus extérieurement à la partie supérieure d'un appendice cartilagineux; anthères lancéolées, acuminées, conniventes en cône; ovaire quadrilobé; style filiforme, stigmate simple; 4 askoses distincts, excavés à la base, portés chacun sur un disque renflé.

La bourache est annuelle et s'élève à la hauteur de 50 centimètres environ; sa tige est ronde, creuse, ramifiée, munie de feuilles alternes, les inférieures pétiolées, les supérieures sessiles et amplexicaules; elles sont ovales, vertes, très ridées, ondulées, couvertes de poils très rudes, ainsi que la tige et toutes les parties vertes. Les fleurs naissent au sommet de la tige et des branches, portées sur de longs pédonçules penchés d'un même côté, et formant par leur ensemble une panicule très lâche. Les fleurs, d'abord purpurines, deviennent d'un très beau bleu. Les askoses mûrs sont ovoïdes, noirâtres, ridés et scrobiculés.

Toutes les parties de la bourrache ont une odeur un peu vireuse et sont remplies d'un suc fade, très visqueux, abondant en nitrate de potasse. Elle pousse à la sueur et aux urines, étant administrée en infusion théiforme, et est employée avec avantage, comme tempérante, dans les fièvres ardentes, bilieuses et éruptives, dans les engorgements du foie, etc.

Vipérine commune.

Echium vulgare L. Calice à 5 divisions linéaires-lancéolées, sous-égales. Corolle infundibuliforme, à gorge nue, à limbe oblique et à 5 lobes inégaux, arrondis; étamines dont les filets sont soudés inférieurement au tube de la corolle, libres supérieurement, inégaux; anthères fixées par le dos; style filiforme, stigmate bilobé, 4 askoses distincts, à base triangulaire, imperforés, turbinés, rugueux, coriaces.

La vipérine est une plante bisannuelle, très commune dans les lieux incultes et sur le bord des chemins; sa tige est droite, simple inférieurement, chargée supérieurement de rameaux latéraux florifères. Elle est hérissée de poils rudes, insérés sur des points bruns qui lui donnent quelque ressemblance avec la peau d'une vipère, d'où lui est venu son nom. Ses feuilles sont lancéolées-linéaires, hérissées ainsi que les calices de poils semblables à ceux de la tige. Les fleurs sont presque sessiles, disposées en épis latéraux, simples, feuillés, roulés à leur extrémité; elles sont pourvues d'une corolle pourprée, devenant bleue, deux fois plus longue que le calice. Ces fleurs conservent leur couleur bleue par la dessiccation, bien mieux que celles de bourrache, et cela est cause qu'elles sont très souvent vendues en place de cette dernière, dans le commerce de l'herboristerie. Elles sont faciles à distinguer à leur corolle tubuleuse, dépourvue d'appendices à la gorge.

Buglose.

Genre *anchusa* : calice à 5 divisions; corolle à tube droit cylindrique, à limbe oblique à 5 divisions, à gorge fermée par 5 écailles voûtées, obtuses, opposées aux divisions du limbe. Anthères incluses; ovaire quadrilobé; 4 askoses nés du fond du calice, rugueux, à base concave perforée et pourvue d'une marge renflée et striée.

On emploie indifféremment deux espèces de buglose qui se ressemblent par leurs tiges dressées, hispides, hautes de 60 centimètres environ, garnies de feuilles lancéolées, plus ou moins étroites, et par leurs fleurs rouges passant au bleu, disposées à la partie supérieure des tiges en épis paniculés. On admet que la première, plus abondante dans le nord de l'Europe, et nommée par Linné *anchusa officinalis*, a les divisions du calice moins profondes et moins aiguës, les écailles voûtées de la gorge seulement veloutées et le limbe de la corolle régulier; tandis que la seconde espèce, plus commune dans le Midi, décrite aussi par un grand nombre de botanistes sous le nom d'*anchusa officinalis*, mais nommée aujourd'hui *anchusa italica*, a les divisions du calice plus profondes et plus aiguës, les appendices de la corolle longuement barbus ou pénicillés, et les divisions du limbe inégales. De plus, les fleurs sont tournées d'un seul côté le long d'épis grêles et géminés. Au reste, ces deux plantes peuvent être employées indifféremment, et jouissent des mêmes propriétés que la bourrache, à laquelle elles sont souvent substituées.

Pulmonaire officinale.

Pulmonaria officinalis L. Car. gén. : calice quinquéfide, pentagone, campanulé après la floraison. Corolle infundibuliforme, à tube étroit, fermé à la gorge par 5 faisceaux de poils alternes avec les étamines; 4 askoses distincts, turbinés, lisses, à base tronquée et imperforée.

La pulmonaire officinale pousse de sa racine des feuilles larges, ovées, prolongées en ailes étroites le long du pétiole, et une ou plusieurs tiges portant des feuilles plus petites et sessiles, et terminées chacune par

deux ou trois grappes de fleurs purpurines ou bleues. Toute la plante
est couverte de poils rudes et les feuilles sont presque toujours marquées de larges taches blanches, dues à un état particulier et glanduleux
de l'épiderme. Ce sont ces taches, qui ont été comparées à celles pré-
sentées par un poumon coupé, qui ont fait donner à la plante le nom
de *pulmonaire* ; peut-être aussi ce nom lui vient-il de l'usage qu'on en
fait dans diverses affections du tissu pulmonaire.

La plante, nommée *pulmonaire de chêne*, est une espèce de lichen
dont il a été parlé page 76.

Grande Consoude.

Symphytum officinale L. Car. gén. : calice à 5 divisions; corolle
cylindrique-campanulée, dont la gorge est fermée par cinq appendices

Fig. 212.

subulés, connivents en cône ;
limbe à 5 dents; 5 étamines
incluses, dont les anthères
acuminées alternent avec les
appendices ; ovaire quadrilobé, style simple, stigmate
obtus ; 4 askoses distincts,
ovés, rugueux, perforés à la
base et ceints d'une marge
renflée.

La grande consoude (fig.
212) croît dans les lieux humides et s'élève à la hauteur
de 60 à 100 centimètres. Ses
tiges sont quadrangulaires,
velues et rudes au toucher,
ainsi que les feuilles. Celles-
ci, près de la racine, sont
très grandes, ovées-lancéolées et amincies en pétiole ;
celles de la tige sont lancéolées, sessiles ou décurrentes,
les supérieures souvent oppo-

sées. Les fleurs sont disposées en grappes unilatérales souvent géminées; elles sont blanchâtres, jaunâtres ou rosées.

La racine de grande consoude est longue de 30 centimètres environ,
grosse comme le doigt, succulente, facile à rompre, noirâtre au

dehors, blanche, pulpeuse et mucilagineuse en dedans, d'un goût visqueux, d'une odeur peu caractérisée. Elle est adoucissante et un peu astringente ; elle entre, ainsi que les feuilles de la plante, dans la composition du sirop qui porte son nom. On les employait également autrefois dans la préparation de plusieurs médicaments externes destinés à cicatriser et *consolider* les plaies, et c'est de là que la plante a tiré le nom de *consolida* ou de consoude. On lui a donné le surnom de *grande*, pour la distinguer d'autres plantes auxquelles les mêmes propriétés, vraies ou supposées, avaient fait donner le même nom. Ces dernières plantes étaient : le *consolida media* (*ajuga reptans* L.), ou la bugle ; le *consolida minor* (*bellis perennis* L.), ou la pâquerette ; le *consolida regalis* (*delphinium consolida* L.), ou le pied d'alouette.

Racine de Cynoglosse.

Cynoglossum officinale L. Car. gén. : calice à 5 divisions ; corolle infundibuliforme dont le tube est à peine plus long que le calice, fermée à la gorge par 5 appendices obtus ; limbe à 5 divisions très obtuses ; étamines incluses ; 4 askoses imperforés à la base, fixés latéralement à la base du style et hérissés de piquants.

La cynoglosse officinale (fig. 213) s'élève à la hauteur de 65 centimètres ; sa tige est simple inférieurement, ramifiée dans sa partie supérieure, garnie de feuilles sessiles, ovées-lancéolées, d'un vert blanchâtre et toutes couvertes de poils rudes. Ce sont ces feuilles, comparées à la langue d'un chien, qui ont fait donner à la plante le nom de cynoglosse. Les fleurs sont rouges ou bleues veinées de rouge, disposées en grappes lâches et tournées d'un seul côté. La racine est longue, grosse, charnue, d'un gris foncé au dehors, blanche en dedans, d'une saveur fade et d'une odeur vireuse. C'est sans doute cette odeur qui a fait penser que la racine de cynoglosse était narcotique ou calmante ; et comme elle se manifeste principalement dans l'écorce, on rejette le *meditullium* pour ne faire sécher que la partie extérieure. Cette

Fig. 213.

partie corticale, réduite en poudre, fait partie des pilules de cynoglosse. Elle attire fortement l'humidité, et doit être conservée dans un endroit sec.

Racine d'Orcanette,

Alkanna tinctoria Tausch. ; *anchusa tinctoria* L., Lam. et Willd. ; *lithospermum tinctorium* DC., non Willd. Car. gén. : calice à 5 divisions ; corolle régulière à tube souvent poilu intérieurement à la base, dilaté à la gorge, pourvu souvent, au milieu, de rugosités calleuses transversales ; lobes obtus ; étamines incluses ; appendices nuls à la gorge ; ovaire quadrilobé ; askoses souvent réduits à 2 ou 1 par avortement ; réticulés ou rugueux, fortement courbés, à base plane, stipités, portés sur un torus subbasilaire.

L'orcanette (fig. 214) croît dans les lieux stériles et sablonneux tout autour de la Méditerranée ; elle pousse plusieurs tiges étalées, longues de 22 centimètres, très velues comme tout le reste de la plante ; les feuilles sont sessiles, oblongues ; les épis sont feuillus, tournés d'un seul côté ; les calices couverts de poils, à divisions linéaires un peu plus courtes que le tube de la corolle ; les étamines sont alternes avec les gibbosités du tube, 3 insérées entre elles, 2 insérées au dessous ; les anthères sont attachées par le milieu du dos ; les askoses sont tuberculeux.

Fig. 214.

La racine d'orcanette, telle que le commerce nous l'offre, est grosse comme le doigt, formée d'une écorce foliacée, ridée, d'un rouge violet très foncé ; sous cette écorce se trouve un corps ligneux composé de fibres cylindriques, ordinairement distinctes les unes des autres et seulement accolées ensemble ; elles sont rouges également à l'extérieur, mais blanches intérieurement. La racine entière est inodore et presque insipide. On l'emploie dans la teinture, et en pharmacie pour colorer quelques pommades.

La matière colorante de l'orcanette a été examinée par M. Pelletier. Elle est insoluble dans l'eau, soluble dans l'alcool, l'éther, les huiles et tous les corps gras, auxquels elle communique une belle couleur rouge. Elle forme, avec les alcalis, des combinaisons d'un bleu superbe, solubles ou insolubles; précipitée de sa dissolution alcoolique par des dissolutions métalliques, on en obtient des laques diversement colorées, que l'on pourrait utiliser. (*Bulletin de pharmacie*, 1814, p. 445.)

Plusieurs autres plantes de la famille des borraginées sont pourvues de racines rouges qui peuvent être substituées à celle d'orcanette. Telles sont, dans le midi de la France, l'*onosma echioides*, et, dans l'Orient, l'*arnebia tinctoria* Forsk. (*lithospermum tinctorium* Vahl) et les *arnebia perennis* et *tingens* d'Alph. De Candolle. Il ne faut confondre aucune de ces plantes avec celle qui porte dans l'Orient le nom de henné (1), qui a servi de tous temps, aux peuples de l'Asie, aux Égyptiens et aux Arabes, à se teindre les mains, les cheveux, la barbe, les ongles et différentes parties du corps en rouge jaunâtre. Le henné, qui est le *cyprus* des anciens Grecs, l'*alkanna* ou le *tamarhendi* d'Avicennes, est un arbrisseau de 2m,6 de hauteur, dont les feuilles sont opposées, courtement pétiolées, elliptiques, pointues aux extrémités et longues de 25 millimètres. Les fleurs répandent une odeur hircine; on en prépare une eau distillée dont les peuples de l'Orient se parfument dans les visites et dans les cérémonies religieuses, telles que celles de la circoncision et du mariage. C'est sans doute à cause de cette même odeur que les Hébreux répandaient des fleurs de henné dans les habits des nouveaux mariés et que les Égyptiens en conservent dans leurs appartements. Ce sont les feuilles qui servent à la teinture; on les ramasse avec soin, on les fait sécher et on les réduit en poudre grossière dans des moulins. Il suffit, pour s'en servir, d'en former une pâte avec de l'eau, et d'en recouvrir les parties du corps que l'on veut teindre. Après cinq ou six heures de contact, lorsque la pâte est desséchée, les parties couvertes se trouvent teintes d'une manière durable.

Grémil ou Herbe-aux-Perles.

Lithospermum officinale L. Car. gén. : calice à 5 divisions; corolle infundibuliforme ouverte, à gorge nue ou plus rarement offrant 5 gibbosités alternant avec les étamines; anthères oblongues, très courtement stipitées, incluses; stigmate en tête, sous-bilobé; askoses tronqués et imperforés à la base.

Le grémil vient dans les lieux incultes; sa tige est herbacée, haute de 60 centimètres, garnie de feuilles sessiles, lancéolées, couvertes de poils couchés, très courts. Les fleurs sont petites, blanchâtres, courte-

---

(1) *Lawsonia inermis*, famille des lythrariées.

ment pédonculées et solitaires dans l'aisselle des feuilles supérieures. Les askoses sont d'un gris de perle, arrondis, durs et lisses, réduits à 2 ou 1 dans chaque calice, par l'avortement des autres. On attribuait autrefois, bien gratuitement, à ces grains, la propriété de dissoudre ou de disgréger la pierre dans la vessie. Elles sont aujourd'hui complétement inusitées.

FAMILLE DES CONVOLVULACÉES.

Herbes ou arbrisseaux dont la tige est très souvent volubile, à feuilles alternes, cordiformes, entières ou palmati-lobées, privées de stipules ; fleurs complètes, régulières, dont les pédicelles portent très souvent deux bractéoles quelquefois rapprochées du calice et accrescentes après la fécondation ; calice à 5 sépales, sur une, deux ou trois séries, persistants, souvent accrescents également. Corolle insérée sur le réceptacle, gamopétale, campanulée, infundibuliforme ou hypocratériforme, à limbe presque entier, plane ou à 5 plis ; 5 étamines à anthères introrses, biloculaires ; ovaire quelquefois ceint à la base par un anneau charnu ; le plus souvent indivis (gamocarpe), à 2, 3 ou 4 loges ; quelquefois divisé ou *apocarpe*, formé de 2 carpidies uniloculaires, ou de 4 carpidies réunies par paires ; ovules solitaires ou géminées dans chaque loge. Style central et basilaire dans l'ovaire apocarpe (1), terminal dans l'ovaire gamocarpe, indivis, bifide ou bipartagé ; stigmate simple très souvent bilobé ; fruit capsulaire, à déhiscence valvaire, ou bacciforme et indéhiscent ; de 1 à 4 loges monospermes ou dispermes ; semences arrondies par le dos, glabres ou villeuses, insérées vers la base de l'angle interne des cloisons ; testa dur et noirâtre ; albumen mucilagineux ; cotylédons foliacés et plissés dans le plus grand nombre, épais et droits dans les *maripa*, nuls dans les cuscutes, qui sont de petites plantes parasites et privées de feuilles, comprises dans la famille des convolvulacées.

Les convolvulacées nous présentent un grand nombre de plantes pourvues d'un suc gommo-résineux purgatif, très abondant dans le jalap, la scammonée, le turbith, et que l'on retrouve également dans les liserons de notre pays ; mais toutes ne sont pas pourvues de ce principe purgatif, et deux, entre autres, font une exception bien grande à la loi des analogies : l'une est la patate (*batatas edulis*), dont les racines produisent des tubercules semblables à ceux de la pomme de terre, amylacés, sucrés et très nourrissants ; l'autre est le liseron à

(1) Ce caractère montre l'analogie des convolvulacées qui le présentent avec les borraginées, et d'une manière plus éloignée avec les labiées.

odeur'de rose des Canaries, dont la racine est gorgée d'une huile volatile analogue à celle de la rose.

La famille des convolvulacées ne comprenait guère au commencement que les genres *convolvulus* et *ipomœa*, déjà assez peu dis tincts, et cependant le nombre des espèces s'y est successivement multiplié à un tel point que les botanistes ont senti la nécessité de les diviser en un plus grand nombre de genres dont voici les principaux, avec l'indication des espèces les plus importantes qui s'y trouvent comprises. Je reviendrai ensuite sur celles qui sont véritablement officinales.

ARGYREIA : corolle campanulée ; stigmate en tête, bilobé ; ovaire biloculaire, tétrasperme ; fruit bacciforme souvent entouré par les sépales du calice indurés et rougis.

Espèce : *argyreia speciosa* Sweet (*convolvulus speciosus* L.).

QUAMOCLIT : corolle cylindrique ; étamines exsertes ; stigmate en tête, bilobé ; ovaire quadriloculaire à loges monospermes ; herbes volubiles.

Espèce : *quamoclit vulgaris* Chois. (*ipomœa quamoclit* L.), plante originaire des Ind s orientales, remarquable par ses feuilles pinnatifides, à divisions presque filiformes et par ses fleurs d'une belle couleur écarlate.

BATATAS : corolle campanulée ; étamines incluses ; stigmate en tête, bilobé ; ovaire quadriloculaire ou, par avortement, tri-biloculaire.

Espèces : *batatas jalapa* Chois. (*convolvulus jalapa* L.). Plante à laquelle on a faussement attribué pendant longtemps le jalap officinal.

Batatas edulis Chois. (*convolvulus batatas* L.), **patate comestible.** Plante originaire de l'Inde, à tiges herbacées, rampantes, longues de 2 à 3 mètres, prenant racine de distance en distance ; feuilles le plus souvent hastées, ou à 3 lobes ; fleurs disposées presqu'en ombelles sur des pédoncules axillaires plus longs que les feuilles ; racines fibreuses produisant des tubercules ovoïdes, blancs ou jaunes, amylacés et sucrés.

PHARBITIS : corolle campanulée ; stigmate arrondi granuleux ; ovaire à 3 loges, rarement à 4 ; loges dispermes.

Pharbitis hispida Chois. (*convolvulus purpureus* L.). Plante volubile, originaire de l'Amérique méridionale, très cultivée dans les jardins pour ses grandes fleurs d'un pourpre violet, quelquefois coupées de bandes blanches.

CALONYCTION : corolle infundibuliforme très grande, imitant celle

des *datura* ; étamines exsertes ; stigmate arrondi bilobé ; ovaire biloculaire ou sous-quadriloculaire et à 4 ovules ; pédicelles charnus.
Calonyction speciosum Chois. (*ipomœa bona-nox* L.).

EXOGONIUM : corolle tubuleuse ; étamines exsertes ; stigmate arrondi , bilobé ; ovaire à 2 loges biovulées.
Exogonium purga Benth. (*convolvulus officinalis* Pellet.). C'est
cette plante qui produit le **jalap tubéreux** ou vrai **jalap officinal.**

IPOMOEA : corolle campanulée ; étamines incluses ; stigmate en tête,
souvent bilobé ; ovaire biloculaire à loges dispermes ; capsule biloculaire.
Ipomœa turpethum Br. (*convolvulus turpethum* L.) ; racine purgative , **turbith des officines.**
Ipomœa operculata Mart. Racines purgatives usitées au Brésil.
Ipomœa orizabensis Ledanois ; **jalap mâle** ou **jalap fusiforme.**

CONVOLVULUS : corolle campanulée ; 2 stigmates linéaires - cylindriques ; ovaire biloculaire à loges biovulées ; capsule biloculaire. Plantes
volubiles et non volubiles.
Convolvulus scoparius L. Liseron des îles Canaries produisant le **bois
de Rhodes** des parfumeurs.
Convolvulus arvensis L., **liseron des champs** ; jolie plante volubile , à feuilles sagittées, à pédoncules unis ou biflores , à corolles roses
ou blanches , qui croît dans les blés et dans les jardins , où elle est très
difficile à détruire , à cause de ses racines fort longues, profondes et
très menues.
Convolvulus hirsutus Stev. ; tige striée allongée, toute couverte d'un
duvet blanc ; feuilles velues , cordées hastées ; pédoncules très longs
uni-triflores , munis de bractéoles linéaires et velues ; corolle velue au-
dehors, capsule très velue. Cette plante croît dans l'Asie-Mineure et
dans l'île de Samos où , suivant Tournefort , elle produit une sorte de
scammonée de qualité inférieure.
Convolvulus scammonia L. ; liseron produisant la **scammonée
d'Alep.**

CALYSTEGIA : deux bractées opposées entourant la fleur ; corolle
campanulée ; stigmate bilobé , à lobes linéaires ou oblongs ; ovaire
biloculaire , quadriloculaire au sommet, à cause d'une cloison incomplète.
Calystegia sepium Brown (*convolvulus sepium* L.) , **grand liseron
des haies.** Racines vivaces , longues , menues , blanchâtres ; tiges
grêles , volubiles , hautes de 2 à 3 mètres ; feuilles pétiolées, glabres ,
d'un vert foncé , sagittées , les deux lobes latéraux tronqués ; fleurs so-

litaires, longuement pédonculées, munies, à la base du calice, de deux grandes bractées ; corolle blanche, entière ; anthères sagittées ; stigmates ovales, grenus. Les chevaux mangent cette plante avec plaisir, mais non les vaches; la racine est purgative et peut fournir une résine purgative.

Calystegia soldanella Brown (*convolvulus soldanella* L.) ; **soldanelle** (1) ou **chou marin, liseron maritime.** Racines grêles, blanchâtres vivaces; tige couchée, ramifiée, garnie de feuilles réniformes, glabres, longuement pétiolées; les fleurs sont roses, longuement pédonculées, de couleur rose rayée de blanc; le calice est muni à sa base de deux grandes bractées. Cette plante est commune dans les sables, sur les bords de l'Océan et de la Méditerranée; sa racine pulvérisée purge bien à la dose de 3 à 4 grammes; la résine purge à la dose de 1 gramme à 1$^{gr.}$,5.

Racine de Jalap officinal ou tubéreux.

Le jalap tire son nom de *Xalapa*, ville du Mexique, auprès de laquelle la plante qui le produit paraît être fort commune ; mais cette plante a été le sujet de beaucoup de controverses : on l'a considérée successivement comme une *bryone*, une *rhubarbe*, un *liseron*, une *belle-de-nuit*, enfin, et avec raison, comme un *liseron;* mais pendant très longtemps elle a été confondue avec d'autres plantes du même genre, et l'on peut dire même qu'elle était véritablement inconnue.

D'après quelques auteurs, Monardès est le premier qui ait décrit le jalap, dans son *Histoire des médicaments du nouveau monde*, publiée en 1570 ; mais, dans cet ouvrage, Monardès traite seulement du *méchoacan*, apporté en Europe trente ans auparavant, c'est-à-dire en 1540 ; et il n'ajoute que peu de mots sur deux autres racines purgatives apportées de Nicaraga et de Quito, dont l'une peut bien être le jalap, mais qu'il se contente de nommer *méchoacan sauvage.*

Le premier auteur qui ait vraiment parlé du jalap est Gaspard Bauhin, qui, dans son *Prodromus theatri botanici*, publié en 1620, le décrit bien sous le nom de *Bryona mechoacana nigricans, ab Alexandrinis et Massiliensibus Jalapium dicta* (2). Il le nomme aussi *méchoa-*

_____

(1) Il ne faut pas confondre cette plante avec la **soldanelle des Alpes**, *soldanella alpina* L., de la famille des primulacées; il existe pareillement une autre plante du nom de **chou marin**, c'est le *crambe maritima*, de la famille des crucifères.

(2) Antoine Colin, apothicaire de Lyon, a décrit le jalap un peu avant Bauhin et d'une manière plus précise, dans sa traduction de l'ouvrage de Monardès, de laquelle j'ai une seconde édition publiée en 1619. Voici ce

can noir ou *mâle*, et en fait remonter l'arrivée en Europe onze ans auparavant, c'est-à-dire en 1609. Il ne paraît pas avoir eu connaissance de la plante qui le produit.

Les botanistes qui vinrent après lui (Ray Plukenet, Sloane) firent du jalap un *convolvulus;* Tournefort, sur le témoignage de Plumier et de Lignon, le mentionna sous le nom de *jalapa (mirabilis* L.), *officinarum fructu rugoso.* Linné l'attribua ensuite au *mirabilis longiflora,* et Bergius au *mirabilis dichotoma,* dont la racine lui avait offert une propriété purgative beaucoup plus marquée que celle des autres espèces. Cependant déjà Houston avait rapporté d'Amérique une plante à racine purgative et semblable au jalap, que Bernard de Jussieu reconnut être un liseron. Cette plante fut communiquée à Linné qui la nomma *convolvulus jalapa.*

Thierry de Ménonville, qui a visité le Mexique en 1777, a décrit une plante trouvée près de la Vera Cruz comme étant celle qui produit le jalap; une des racines qu'il en tira pesait 25 livres. Cette plante était la même que celle de Houston et de Linné, et ne différait pas non plus de celle que Michaux avait décrite sous le nom d'*ipomœa macrorhiza,* et dont il avait envoyé au Jardin des Plantes de Paris des semences, et une racine pesant plus de 50 livres. M. Desfontaines en fit une nouvelle description dans le IIe volume des *Annales du Muséum* sous le nom linnéen de *convolvulus jalapo.* Personne ne doutait que cette plante, qui est le *batatas jalapa* Chois., ne produisît en effet le jalap officinal ; c'était cependant une erreur.

En 1827, le docteur Redman Coxe, de l'université de Pensylvanie, reçut de Xalapa la vraie plante au Jalap et la cultiva dans son jardin. Il la décrivit dans l'*American journal of the medical sciences*, febr. 1830 ; mais il la crut encore semblable à l'*ipomœa macrorhiza* et il lui donna le nom d'*ipomœa jalapa* vel *macrorhiza.* C'est M. Daniel Smith qui, dans un Mémoire inséré dans le *Journal of the philad. pharm.* jan. 1831, a démontré la différence des deux plantes, et a émis l'opinion que la plante décrite par le docteur Coxe devait être la seule qui produisît le jalap officinal.

D'un autre côté, M. Ledanois, pharmacien français qui a demeuré au Mexique, n'avait rien négligé pour éclaircir ce point important qu'il en dit (page 131) : « La racine de méchoacan domestique et sauvage » me remet en mémoire une autre nouvellement apportée en France, laquelle » est de grand usage parmi nous, pour évacuer les eaux et sérosités. Nous » l'appelons *racine de jalap.* Elle ressemble fort au méchoacan, encore » qu'elle soit plus ronde, pas si grosse, et de la figure d'une poire de moyenne » grosseur ; elle est beaucoup plus compacte, plus grise-noirâtre, avec des » cornes autour de la racine. »

d'histoire naturelle médicale. Dans les premiers mois de l'année 1827, aussitôt après son arrivée à Orizaba, ville du Mexique, il s'était efforcé de se procurer la vraie plante au jalap; mais les indigènes avaient refusé toutes ses offres, dans la crainte de se voir enlever une des sources de leur fortune. Enfin l'un d'eux, qui avait l'habitude de lui vendre du jalap sec, étant pressé d'argent, lui apporta des racines dans un état imparfait de dessiccation ; M. Ledanois les mit en terre et eut le plaisir de leur voir produire plusieurs plantes complètes. Il en adressa une courte description à M. Chevallier, dans une lettre qui fut lue à l'Académie royale de médecine, le 8 août 1829 (*Journ. de pharm.*, t. XV, p. 478), et en envoya des échantillons à M. de Humboldt à Paris, joints à ceux d'une autre espèce désignée sous le nom de *jalap mâle*. Malheureusement la lettre d'envoi fut égarée, ou Desfontaines, chargé par l'Académie des sciences de faire un rapport sur ces plantes, était trop persuadé que la plante décrite par lui-même était le vrai jalap, pour faire beaucoup d'attention aux assertions de M. Ledanois (*Journ. de chim. méd.*, t. VII, p. 85, et t. IX, p. 520). Ce ne fut qu'après le retour en France de M. Ledanois que l'on put se convaincre, par les échantillons qu'il me remit, et qui furent décrits avec soin par M. Gabriel Pelletan sous le nom de *convolvulus officinalis* (*Journ. de chim. méd.*, t. X, p. 1), des droits de ce pharmacien à la découverte de la plante du jalap officinal.

Voici en quoi la plante au jalap ou le *convolvulus officinalis* (fig. 215), que je nomme aujourd'hui, avec M. Bentham, *exogonium purga* (1), diffère du *convolvulus jalapa* de Linné et de Desfontaines (*batatas jalapa* Chois.). Le *batatas jalapa* a la tige rugueuse, les feuilles cordées-ovées, rugueuses, velues en dessous, entières ou lobées ; les pédoncules sont uni- ou multiflores, les fleurs sont blanches, et les semences couvertes de

Fig. 215.

(1) M. Choisy comprend cette plante dans le genre *ipomœa*, sous le nom d'*ipomœa purga* (De Cand. *Prodrom.* IX, p. 374). Il est certain cependant qu'elle appartient aux *exogonium*.

poils soyeux. Enfin sa racine, très volumineuse, peut acquérir un poids de 25 à 30 kilogrammes; ce n'est pas la notre jalap officinal.

L'*exogonium purga* Benth., *tolonpatl* des Mexicains, a la racine tubéreuse-arrondie, remplie d'un suc lactescent et résineux; elle est noirâtre extérieurement et blanchâtre à l'intérieur; quelques radicules partent de sa partie inférieure; et du centre de sa partie supérieure, qui est un peu allongée en poire, s'élève une seule tige ordinairement, mais quelquefois aussi deux ou trois.

Les tiges sont rondes, herbacées, d'un *brun brillant*, volubiles, et, *comme toute la plante, parfaitement lisses*.

Les feuilles sont cordiformes, *entières*, *lisses*, *longuement acumi-nées*, profondément échancrées à la base, et un peu hastées (?).

Les pédoncules portent une fleur, rarement deux.

La corolle est *hypocratériforme*, d'un *rose tendre*; les étamines et le pistil sont très longs et *sortent du tube de la corolle*.

Les semences sont *lisses*.

La racine de jalap officinal a généralement la forme d'un navet qui serait allongé en poire par la partie supérieure. Ordinairement une seule tige, un seul tubercule et quelques radicules partant de la partie inférieure, paraissent avoir composé toute la plante; mais quelquefois on trouve plusieurs tubercules accolés, et d'autres fois encore les radicules sont remplacées par des tubercules qui naissent de la partie inférieure du tubercule principal, et qui se recourbent en forme de corne, par l'extrémité, pour chercher la surface du sol.

Le jalap du commerce (fig. 216) est souvent entier; alors même son poids dépasse rarement une livre, et très souvent il est beaucoup moindre. Presque toujours il est marqué de fortes incisions qu'on y a

Fig. 216.

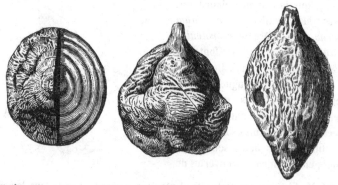

pratiquées pour en faciliter la dessiccation; d'autres fois il est entiè-rement coupé par quart ou par moitié. Il a une surface rugueuse, d'un gris veiné de noir; son intérieur est d'un gris sale, sa cassure est compacte, ondulée et à points brillants; il est généralement très pesant; il a une odeur nauséabonde, et une saveur âcre et strangulante. Il est dangereux à piler.

La racine de jalap est très sujette à être piquée des vers. Celle qui offre ce défaut ne doit pas être employée pour préparer la poudre, car les insectes n'attaquant que la partie amylacée et laissant la résine, dans laquelle réside la propriété purgative, la poudre en deviendrait trop active. Mais on peut sans inconvénient employer le jalap piqué à l'extraction de la résine.

Le jalap est un fort purgatif, assez constant dans ses effets, et précieux pour le peuple à cause de son prix peu élevé. On en prépare un extrait aqueux, une teinture alcoolique, et une résine beaucoup plus purgative que la racine elle-même.

M. F. Cadet a donné, ainsi qu'il suit, les résultats de l'analyse de la racine de jalap : eau 4,8; résine 10; extrait gommeux 44; fécule 2,5; albumine 2,5; ligneux 29; phosphate de chaux 0,8; chlorure de potassium 1,6; carbonate de potasse 0,4; carbonate de chaux 0,4; carbonate de fer 0,0; silice 0,5; perte 3,5 : total 100. (F. Cadet, *Dissertation sur le jalap*, Paris, 1817, in-4.) Je reviendrai plus loin sur ces résultats.

Racine de Jalap fusiforme.

J'ai dit précédemment que M. Ledanois avait envoyé à Paris, outre le vrai jalap officinal, la racine et la plante d'une autre espèce que l'on désigne au Mexique sous le nom de *jalap mâle*. Cette racine, dont M. Smith a signalé l'existence dans le commerce des États-Unis, se trouve aussi en grande quantité chez les droguistes de Paris, qui le nomment *jalap léger*. Je préfère à ces deux dénominations celle de *jalap fusiforme*.

Cette espèce de jalap, *ipomœa orizabensis* Ledanois, *convolvulus orizabensis* Pell. (*Journ. de chim. méd.*, t. X; p. 10, pl. II, fig. 1), présente une racine grosse, cylindrique, fusiforme, pouvant avoir jusqu'à 54 centimètres de long, ramifiée dans la partie inférieure. Elle est jaune extérieurement, d'un blanc sale à l'intérieur et lactescente.

La plante est légèrement velue de toutes parts. La tige est cylindrique, verte, assez ferme, peu volubile, et peut se passer de support; les feuilles sont très grandes, arrondies, profondément cordiformes, courtement acuminées, velues surtout sur les nervures inférieures; les pétioles sont aussi velus, de la même longueur que le limbe.

Les pédoncules sont grêles, uni- rarement biflores.

La corolle est campaniforme, d'un rouge pourpre, plus forte et plus épaisse que celle du vrai jalap, à limbe peu ouvert.

Les étamines et le pistil sont courts et inclus.

Le stigmate est à 2 lobes arrondis et tuberculeux.

La capsule est à 2 loges monospermes.

Les graines sont presque sphériques, d'un brun noirâtre, et un peu rugueuses.

Le jalap fusiforme (fig. 217) se trouve dans le commerce sous forme de rouelles larges de 55 à 80 millim., ou en tronçons d'un moindre diamètre et plus longs; il est profondément rugueux à l'extérieur, d'un gris plus uniforme dans les tronçons allongés que dans les rouelles, qui offrent souvent une couleur plus noire à la surface et plus blanchâtre à l'intérieur. Les uns et les autres présentent à l'intérieur un grand nombre

Fig. 217.

de fibres ligneuses, dont les extrémités dépassent leurs surfaces transversales, déprimées par la dessiccation L'odeur et la saveur sont semblables à celles du jalap officinal, mais plus faibles. M. Ledanois a retiré de 100 parties de jalap fusiforme : résine 8 ; extrait gommeux 25,6 ; amidon 3,2 ; albumine 2,4 ; ligneux 58 ; eau et perte 2,8. (*Journ. de chim. méd.*, t. V, p. 508.)

Racine de faux Jalap.

L'opinion longtemps accréditée que le *mirabilis jalapa* ou quelqu'une de ses congénères produisait le jalap officinal, a dû faire naître l'idée d'en récolter la racine. J'ai, en effet, vu une fois dans le commerce une partie assez considérable d'une racine que j'ai soupçonnée être celle du *mirabilis jalapa*, et que j'ai trouvée être identique avec la racine de cette plante cultivée à Paris. Cette racine était d'un gris livide, plus foncé à l'extérieur qu'à l'intérieur, et offrait dans sa coupe horizontale un grand nombre de cercles concentriques très serrés. Elle a été décrite précédemment (page 413).

Faux jalap rouge (fig. 218). On trouve quelquefois mêlée au jalap, dans le commerce, une substance que plusieurs personnes ont présumée être une excroissance venue sur le tronc de certains arbres, mais qui me paraît être la racine tubéreuse d'une convolvulacée. Cette substance provient évidemment d'un tubercule arrondi, coupé en plusieurs parties ; elle doit avoir perdu beaucoup d'eau de végétation, et ses morceaux sont plus ou moins contournés par la dessiccation. La surface extérieure est d'un gris brunâtre ou noirâtre, et profondément rugueuse comme celle du jalap. La surface intérieure présente des stries

Fig. 218.

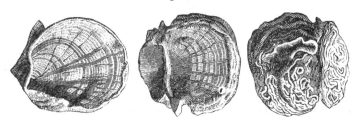

concentriques et radiaires d'une grande régularité et qui caractérisent tout à fait cette substance. L'intérieur est d'un rouge rosé ou couleur de chair, un peu spongieux sous la dent et insipide. Son décocté aqueux est d'une belle couleur rouge et précipite le fer en vert noirâtre ; il ne contient pas d'amidon et ne bleuit pas par l'iode.

Faux jalap à odeur de rose. En 1842, M. Brazil, droguiste à Paris, me remit une racine qu'il avait trouvée mélangée à des balles de jalap venant du Mexique ; elle ressemblait tellement au jalap, par son extérieur, qu'il était difficile de l'en distinguer ; elle en différait tant, cependant, sous le rapport de la composition et des propriétés médicinales, qu'il était très essentiel d'apprendre à la connaître et à la séparer.

Le vrai jalap est généralement d'un gris noirâtre extérieurement, lourd, compacte, à cassure brunâtre, à odeur forte et nauséeuse, à saveur âcre et strangulante ; la surface, à part les incisions qu'on y a pratiquées, est souvent assez unie ; lorsqu'on le scie transversalement, la coupe, après avoir été polie, est très compacte, d'une apparence de bois très foncé, avec quelques cercles concentriques plus foncés encore. Tel est le meilleur jalap officinal ; mais il arrive assez souvent que cette racine ayant été primitivement plus aqueuse, plus amylacée et moins résineuse, est légère, blanchâtre, et profondément sillonnée par la dessiccation ; alors le jalap présente la plus grande ressemblance avec

la nouvelle racine ; mais il s'en distingue toujours par son odeur caractéristique et par sa saveur âcre, quoique plus faible.

La nouvelle racine signalée par M. Brazil (fig. 219) est généralement
en tubercules ovoïdes, allongés et amincis en pointe aux deux extrémités ; la surface en
est toujours très pro-
fondément sillonnée,
noirâtre dans le fond
des sillons; mais pres-
que blanche sur les
parties proéminentes ;
l'intérieur est presque
blanc ; la coupe, faite
à la scie, n'est pas
polissable ; elle est po-
reuse, blanchâtre sur-
tout au centre, avec
des cercles bruns. En-
fin cette racine, respirée en masse ou pulvérisée, exhale une odeur de
rose assez marquée ; la saveur en est douceâtre, un peu sucrée, nullement âcre.

Fig. 219.

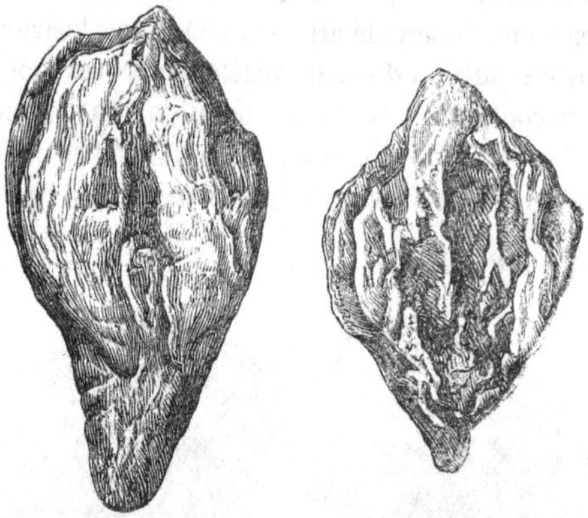

J'ai fait l'analyse de cette racine qui m'a présenté, entre autres principes, une quantité assez considérable de sucre. C'est alors que voulant
comparer mes résultats à ceux précédemment obtenus pour le jalap, je
trouvai tant de discordance entre ces derniers, que je crus devoir analyser le jalap lui-même, et je trouvai, à ma grande surprise, que le
jalap officinal contenait encore plus de sucre que celui à odeur de rose.
Voici les résultats comparés des deux analyses, dont on trouvera les
détails dans le *Journal de chimie médicale* de 1842, page 760.

	Jalap officinal.	Faux jalap à odeur de rose.
Résine	17,65	3,23
Mélasse obtenue par l'alcool. . .	19	16,47
Extrait sucré, obtenu par l'eau.	9,05	5,92
Gomme	10,12	3,88
Amidon	18,78	22,69
Ligneux	21,60	46
Perte	3,80	1,81
	100,00	100,00

La résine du faux jalap à odeur de rose est à peine purgative, de sorte que la racine qui la contient ne l'est pas du tout. Je n'ai pas connu, quant à moi, la plante qui produit ce faux jalap. Mais sur la description que j'en ai donnée, M. le docteur Grosourdy la reconnut pour être la racine d'une variété de patate jaune cultivée aux Antilles, de sorte que son vrai nom doit être *patate à odeur de rose* (*Journ. chim. méd.*, 1843, p. 175).

Racine de Méchoacan.

Il résulte de l'ouvrage de Monardès, sur les plantes médicinales du nouveau monde, publié en 1569 et 1580, qu'on apportait alors du Mexique en Europe, où elle était très usitée comme purgative, une racine dite *de méchoacan*, du nom de la province du Mexique qui la produisait. Personne ne doute non plus, d'après l'opinion unanime des auteurs, que cette racine ne fût produite par un *convolvulus;* mais la plante était du reste si peu connue que quelques auteurs lui donnaient un fruit semblable à un pépon, et d'autres des fruits en grappes de la grosseur de grains de coriandre. Depuis, aucune nouvelle lumière n'est venue sur ce végétal, et si, plus tard, quelques botanistes ont admis, comme espèce, un *convolvulus mechoacanna*, ce n'a été qu'en lui attribuant les caractères d'une plante du Brésil, beaucoup mieux décrite par Pison et Marcgraff sous le même nom de *mechoacan*, et sous ceux de *jeticucu* et *batata de purga* (il sera traité de cette plante ci-après). Quant aux caractères de la racine de méchoacan du Mexique, tout ce qu'on peut conclure des écrits du même temps, c'est que c'était une racine très volumineuse, qui était apportée coupée en rouelles ou en morceaux de différentes dimensions, blancs, légers, un peu jaunâtres au-dehors, peu sapides. La racine que l'on trouve encore aujourd'hui dans le commerce

Fig. 220.

, sous le nom de *méchoacan*, et que je n'ai jamais vu varier, se rapporte bien aux caractères précédents (fig. 220) : elle est coupée en rouelles assez grosses ou en morceaux de toute autre forme ; elle est mondée de son écorce, dont on aperçoit cependant quelques vestiges jaunâtres; elle est tout à fait blanche et farineuse à l'intérieur, inodore, d'une saveur presque nulle d'abord, suivie d'une légère âcreté. Enfin, et j'appuie sur ce caractère, on observe sur toutes les parties de la racine qui étaient à l'extérieur, des taches brunes et des pointes ligneuses provenant de radicules ligneuses. Or, ce caractère n'appartenant à aucun *convolvulus* tubéreux que je connaisse, il y a longtemps que j'ai pensé que notre racine de méchoacan, au lieu d'être produite par un *convolvulus*, pouvait l'être par un *tamus*, dont les racines présentent le même caractère de radicules ligneuses dispersées sur toute leur surface. J'en étais resté à cette idée, lorsque j'ai trouvé dans la traduction française de l'ouvrage de Monardès, publiée en 1619, par Colin, apothicaire de Lyon, que l'on vendait de son temps, au lieu de méchoacan, les racines de sceau de Notre-Dame (*tamus communis*), desséchées et coupées en rouelles. Je ne m'étais donc pas trompé dans l'assimilation que j'avais faite de la racine de méchoacan du commerce avec celle de *tamus;* seulement, n'en ayant jamais vu d'autre, j'en suis toujours à me demander si cette racine est véritablement le produit d'une substitution ou si elle ne vient pas d'Amérique, et si, seulement, on ne se serait pas trompé sur le genre de plante qui la produit.

La racine de méchoacan du commerce, qu'elle soit vraie ou fausse, est souvent mélangée d'une certaine quantité de racine d'arum serpentaire qui, mondée de sa pellicule et coupée par rouelles, lui ressemble beaucoup. On reconnaît cette dernière racine à ce que ses rouelles sont toujours rondes, d'une saveur âcre, et complétement privées des restes de radicules ligneuses qui distinguent le méchoacan.

Patate purgative ou Batata de purga.

On emploie sous ce nom, au Brésil, les racines de deux plantes que M. Martius avait confondues d'abord sous le nom d'*ipomœa operculata,* mais qu'il a distinguées ensuite sous ceux de *piptostegia Pisonis* et de *piptostegia Gomesii.*

La première de ces plantes, anciennement décrite par Pison et Marcgraff sous le nom de *jeticucu* et de *méchoacan,* devenue ensuite le *convolvulus mechoacanna* de Rœmer et Schultes, est donc nommée aujourd'hui, par M. Martius, *piptostegia Pisonis.* Elle pourra prendre le nom d'*ipomœa Pisonis* si le genre *piptostegia* n'est pas admis par les botanistes. Elle a les tiges volubiles, anguleuses, très longues, pourvues de feuilles cordiformes, souvent auriculées par le bas; les fleurs sont d'un blanc rosé au dehors, pourpres en dedans; les semences sont noirâtres, triangulaires, à peine de la grosseur d'un pois; la racine est longue de 15 à 30 centimètres, presque aussi épaisse et presque toujours double ou bifide. Elle est cendrée ou brunâtre au dehors, blanche en dedans; on la coupe en rouelles pour la faire sécher, ou bien on l'exprime récente pour en extraire le suc qui laisse déposer une fécule grise, employée également comme purgative.

La racine de jeticucu, telle qu'elle a été rapportée de Rio-Janeiro par M. V. Chatenay, pharmacien, et telle que M. Stanislas Martin l'a reçue de la même ville, est sous la forme de rouelles minces, dont les plus grandes ont seulement 5 centimètres de diamètre. L'épiderme de la tranche est très rugueux et noirâtre ; la surface des rouelles est d'un gris blanchâtre, marquée de 4 à 5 cercles concentriques proéminents et rendus rudes au toucher par l'extrémité des fibres ligneuses qui les forment. La substance même de la racine est dure et comme imprégnée d'un suc gommeux desséché. Elle a une saveur gommeuse suivie d'une assez grande âcreté.

La fécule purgative de la même racine porte au Brésil les noms de *tipioka de purga* ou de *gomma de batata*. 1000 parties contiennent, d'après Buchner, 947 parties d'amidon, 40 de résine drastique et 13 d'extrait soluble dans l'eau. Cette fécule, telle que M. le docteur Ambrosioni a bien voulu me l'envoyer de Fernambouc, est d'un gris cendré mélangé de blanc. Il est évident qu'elle consiste en un mélange variable d'amidon et de principe résineux ; ce doit donc être un médicament incertain auquel il conviendrait de substituer la résine purifiée.

La seconde plante, décrite par Gomez sous le nom de *convolvulus operculatus*, et par Martius, d'abord sous le nom d'*ipomœa operculata*, puis sous celui de *piptostegia operculata*, paraît avoir les feuilles à 5 lobes palmés, dont celui du milieu séparé des autres et comme un peu pétiolé. La racine, telle que je l'ai reçue du docteur Ambrosioni, est formée, soit d'un seul tubercule napiforme, d'un décimètre de diamètre, dont je n'ai pas l'extrémité inférieure ; soit de deux tubercules collatéraux, arrondis, de 5 à 6 centimètres de diamètre et terminés chacun, à la partie inférieure, par deux fortes radicules (cette configuration est la même que celle donnée par Pison au jeticucu). Ces deux racines sont d'un gris noirâtre à l'extérieur, d'un gris blanchâtre à l'intérieur ; elles ont souffert pendant la traversée et ont été fortement endommagées par les insectes.

Racine de Turbith.

Ipomœa turpethum Brown, *convolvulus turpethum* L. Cette plante vient dans l'Inde, à Ceylan et dans les îles Malaises. On lui donne ordinairement une tige quadrangulaire et ailée, sur l'autorité d'Hermann ; mais les tiges inférieures, jointes aux racines du commerce, sont cylindriques et ligneuses, et la planche 397 de Blackwell les montre cylindriques dans toute leur étendue ; les feuilles sont pétiolées, cordiformes, crénelées sur le bord, velues sur les deux faces ; les bractées sont caduques ; les sépales du calice fort grands ; les extérieurs velus, les intérieurs glabres; la corolle est blanche et semblable à celle du *calystegia sepium;* les étamines sont exsertes, comme dans les *exogonium.*

La racine de turbith, telle qu'on la trouve dans le commerce (fig. 221, *a*, *a*) est rompue en tronçons de 13 à 16 centimètres, tantot pleins à l'intérieur, tantôt consistant en une écorce épaisse dont on a retiré le cœur; le diamètre des morceaux varie de 14 à 27 millimètres; leur extérieur est d'un gris cendré et rougeâtre; l'intérieur

Fig. 221.

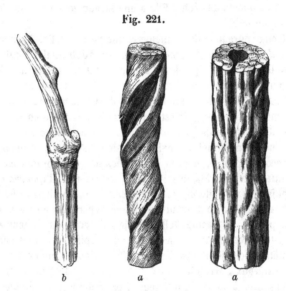

b   a   a

est blanchâtre; la partie corticale paraît formée de faisceaux de fibres, approchés les uns des autres, et figurant comme des côtes cordées à l'extérieur. Elle est compacte et gorgée d'une résine qui exsude souvent sous forme de petites larmes jaunâtres, par l'extrémité des morceaux rompus. La partie du centre, lorsqu'elle existe, et quelquefois aussi l'écorce elle-même, sont criblées aux extrémités de pores ronds, très apparents à la vue simple. Le turbith n'a pas d'odeur; sa saveur est peu sensible d'abord, mais elle laisse une impression nauséeuse assez forte. C'est un fort purgatif.

Dans le commerce, la racine de turbith est souvent mélangée d'une assez grande quantité de tronçons de tige (*b*) qui sont beaucoup moins résineux que la racine et moins actifs; aussi doit-on les rejeter. D'un autre côté, le turbith ressemble assez au costus arabique pour qu'on puisse les confondre à la première vue. Mais les différences d'odeur, de saveur et de texture, qu'on y remarque bientôt, les font facilement distin-

guer. Il faut également ne pas le confondre avec le jalap fusiforme, bien
que tous deux soient de genre et de propriété semblables. Ce dernier se
reconnaît à sa couleur grise-noirâtre et à son odeur de jalap.

Scammonée.

La scammonée est une gomme-résine produite par deux *convolvulus*
qui croissent en Syrie et dans l'Asie-Mineure ; depuis longtemps aussi
on en distingue deux sortes principales, dites *d'Alep* et *de Smyrne ;*
mais ces dénominations se rapportent peu à l'origine véritable des produits , par l'habitude qui a été prise de donner le nom de *scammonée
d'Alep* à la plus belle scammonée , et celui de *scammonée de Smyrne*
à toute scammonée impure ou de qualité inférieure, quel que soit le
lieu d'origine de l'une ou de l'autre. Quant à moi , il me paraît plus
utile de distinguer deux espèces de scammonées , véritablement différentes par la plante qui les produit et par leurs caractères physiques ;
chacune d'elles pouvant d'ailleurs se rencontrer pure, mais étant aussi
très souvent falsifiée. C'est ce que je vais essayer d'établir en m'appuyant sur l'autorité des auteurs auxquels on peut accorder le plus de
confiance.

Dioscoride , que je citerai d'abord , a parfaitement décrit l'une des
espèces de scammonée , ainsi que la plante qui la produit. Cette plante
pousse plusieurs tiges longues et flexibles, garnies de feuilles *relues* et
triangulaires. La fleur est blanche , creusée en forme de corbeille; la
racine est fort longue, grosse comme le bras, blanche , d'odeur désagréable, pleine de suc. Pour obtenir la scammonée, on coupe la tête
de la racine et on creuse celle-ci en forme de coupe, dans laquelle se
rassemble le suc, que l'on puise ensuite avec des coquilles. La meilleure
scammonée est légère, brillante, poreuse, *ayant la couleur de la colle
de taureau*, telle est celle que l'on apporte de Mysie (de Smyrne); elle
blanchit quand on la touche avec la langue, et ne doit pas brûler quand
on la goûte, ce qui indiquerait qu'elle est falsifiée avec du tithymale.
Les scammonées de Syrie et de Judée passent pour les plus mauvaises,
étant pesantes , massives et sophistiquées de tithymale et de farine
d'orobe. Voilà ce que dit Dioscoride.

D'après Tournefort, la scammonée de Samos n'est guère bonne : elle
est rousse , dure et très difficile à pulvériser ; elle purge avec violence.
La plante qui la produit est un liseron dont les feuilles ressemblent à
celles de notre petit liseron ; mais elles sont plus grandes, velues et
découpées moins proprement à la base que celles de la scammonée de
Syrie. La scammonée de Samos répond bien à la description qu'en a
faite Dioscoride ; elle naît dans les plaines de Mysie ; mais il est surpre-

nant que du temps de Dioscoride, on préférât le suc de cette espèce à
la scammonée de Judée et de Syrie, que l'usage nous a appris à reconnaître pour la meilleure. Celle de Samos et de Scala Nova se consomme dans l'Anatolie ; on n'en charge guère pour l'Occident.

Geoffroy distingue deux sortes de scammonées, celle d'Alep et celle
de Smyrne : la première est légère, friable, à cassure noirâtre et brillante, recouverte d'une poudre blanchâtre. Il ajoute, ce qui est inexact,
qu'elle a un goût amer, un peu âcre, et une odeur puante.

La scammonée de Smyrne est noire, plus compacte et plus pesante.
Elle est apportée à Smyrne de la Galatie, de la Lycaonie et de la Cappadoce, près du mont Taurus, où on en fait une grande récolte. On
préfère la scammonée d'Alep.

La plante qui produit la scammonée d'Alep est le *convolvulus syria-
cus* de Morisson (*convolvulus scammonia* L.). Il a les feuilles trian-

Fig. 222.

gulaires (fig. 222) hastées
par le bas, *lisses*. Il diffère
par conséquent de la plante
de Dioscoride, à feuilles velues, observée par Tournefort à Samos et dans les campagnes de la Natolie.

Geoffroy a donc demandé
à Shérard, botaniste anglais
qui a longtemps vécu à
Smyrne, si l'on tirait effecti-
vement de la scammonée de
la plante à feuilles velues.
Shérard lui répondit qu'il
avait aussi observé ce même
liseron auprès de Smyrne,
mais qu'on n'en tirait aucun

suc. Il a ajouté que le *convolvulus* à feuilles glabres y croît en si grande
quantité qu'il suffit pour préparer toute la scammonée dont on se sert.
Pour obtenir cette scammonée, on découvre la racine et on y fait des
incisions sous lesquelles on met des coquilles de moules pour recevoir
le suc laiteux qu'on y fait sécher. Cette *scammonée en coquilles* est ré-
servée pour les riches habitants du pays ; celle qu'on exporte de Smyrne
vient, comme il a été dit plus haut, de la Lycaonie et de la Cappadoce.
Plus loin, Geoffroy, revenant sur la scammonée en coquilles de Smyrne,
qui est la meilleure, dit qu'elle est transparente, blanchâtre ou jaunâtre, semblable à de la résine ou à de la colle forte.

Il me paraît difficile de ne pas conclure de ce qui précède qu'il existe véritablement deux espèces de scammonée : l'une *blonde* ou jaunâtre et translucide, produite par le liseron à feuilles velues de Dioscoride et de Tournefort (1) ; l'autre noirâtre et opaque produite par le *convolvulus scammonia* (2). Ces deux espèces présentent ensuite une grande variation dans leur qualité, suivant qu'elles ont été préparées avec le suc laiteux pur, provenant de l'incision des racines, ou avec le suc exprimé des racines, quelquefois avec le suc des feuilles ; suivant enfin qu'elles ont été falsifiées par une addition de sable, de terre, de carbonate ou de sulfate de chaux, d'amidon ; car toutes ces falsifications sont mises en usage, soit en Orient, soit ailleurs.

Voici maintenant la description des principales scammonées :

1. **Scammonée blonde de Smyrne, en coquilles; scammonée de Mysle de Dioscoride.** J'avais depuis longtemps cette sorte de scammonée, provenant du droguier de Henry père, mais j'étais incertain de son origine, lorsque je l'ai vue chez M. L. Marchand, ancien droguiste, contenue dans des coquilles où le suc découlé de la racine s'est évaporé spontanément. Cette scammonée est en petites masses souvent poreuses, d'autres fois unies, d'un gris rougeâtre ou d'un gris blanchâtre à l'extérieur ; elle est très fragile et présente une cassure brillante et vitreuse très inégale. Elle est jaunâtre et transparente dans les lames minces ; elle forme avec la salive une émulsion blanchâtre qui devient très poisseuse en se séchant ; elle possède une odeur forte et désagréable distincte de celle de la scammonée d'Alep ; elle fond à la flamme d'une bougie, s'enflamme et continue à brûler seule après l'éloignement de la bougie.

2. **Scammonée blonde de Trébizonde.** Cette scammonée répond, par ses propriétés, à la *scammonée de Samos* de Tournefort. Elle est en masses considérables, d'un gris rougeâtre terne à l'extérieur, tenaces et difficiles à rompre; la cassure est inégale, de couleur rougeâtre, d'apparence cireuse ; elle est translucide et même transparente, par places, dans ses lames minces. Elle possède l'odeur de brioche de la scammonée d'Alep; elle forme avec la salive une émulsion d'un gris

_____

(1) *Convolvulus hirsutus* Stev., *convolvulus sagittifolius* Sibth., *convolvulus sibthorpii* de Rœmer et Schultes.

(2) Il est vrai que Geoffroy a décrit sous le nom de *scammonée en coquille* une scammonée jaunâtre qu'on peut supposer être la même que Shérard a vu extraire du *C. scammonia;* mais on remarquera qu'il n'y a pas une liaison nécessaire entre les deux faits. Enfin, dans ces dernières années, il est arrivé dans le commerce une quantité assez considérable de scammonée blonde dont on ne peut expliquer la différence essentielle observée entre elle et la scammonée d'Alep, autrement que par une différence spécifique dans la plante.

sale, poisseuse, plus ou moins marquée; elle brûle avec flamme et en bouillonnant, lorsqu'on l'approche d'une bougie allumée; elle continue de brûler avec flamme lorsqu'elle en est éloignée.

3. **Scammonée noirâtre, d'Alep, supérieure.** *A.* Cette sorte est en fragments peu volumineux, rès irréguliers, recouverts d'une poussière blanchâtre; elle se brise très.facilement sous l'effort des doigts et offre une cassure noire et brillante, qui, vue à la loupe, présente çà et là de petites cavités, et dont les éclats sont demi transparents et d'un gris olivâtre. Elle blanchit sur le champ par le contact de l'eau ou de la salive; mise dans la bouche, elle offre un goût très marqué de beurre cuit ou de brioche, sans aucune amertume, et accompagné seulement d'une âcreté tardive; elle jouit d'une odeur semblable de brioche; sa poudre est d'un blanc grisâtre; approchée d'une bougie allumée, elle brûle avec flamme et en se boursouflant; mais elle s'éteint aussitôt qu'on l'éloigne de la bougie.

B. Il est rare de voir à Paris de la scammonée d'Alep aussi pure que la précédente; celle qui en approche le plus est eu morceaux plus volumineux, très irréguliers, caverneux, toujours gris à l'extérieur et d'une cassure noire et brillante; mais elle est moins fragile et blanchit moins lorsqu'on l'humecte; son odeur est semblable.

4. **Scammonée noire et compacte d'Alep.** Cette scammonée a dû être évaporée au feu jusqu'en consistance solide, et formée en pains orbiculaires qui se sont aplatis pendant leur refroidissement. Elle est compacte, pesante, sans aucune cavité dans son intérieur. Elle offre une cassure noire et vitreuse; elle est transparente dans ses lames minces, à la manière d'une résine; elle est assez friable sous le doigt et d'une odeur semblable à la précédente, mais plus faible. Elle fond à la flamme d'une bougie, s'enflamme et continue de brûler après en avoir été écartée.

5. **Scammonée plate** dite **d'Antioche**. Cette scammonée paraît être le résultat d'une falsification. Elle est sous forme de gâteaux aplatis, larges de 10 à 11 centimètres, épais de 2 centimètres environ, ou en morceaux qui en proviennent; elle est d'un gris cendré assez uniforme à l'extérieur, et présente une cassure terne, d'un gris foncé, sur laquelle on remarque un grand nombre de petites cavités, la plupart lenticulaires, et des taches blanchâtres dont la substance fait effervescence avec l'acide chlorhydrique, ce qui indique que ce sont des particules de pierre calcaire. Elle est peu friable, blanchit peu et devient un peu poisseuse par l'action de l'eau ou de la salive. Son odeur est semblable à celle de la scammonée d'Alep, mais un peu plus faible et un peu désagréable Elle ne se fond pas à la flamme d'une bougie; elle y bouillonne seulement par petites places,   brûle difficilement avec

flamme, et paraît s'éteindre aussitôt qu'elle en est éloignée. Cependant elle continue de brûler pendant quelque temps sous la cendre blanche qui se forme, en répandant une odeur fort désagréable.

6. Scammonées inférieures dites **de Smyrne.** J'ai dit en commençant qu'on donnait communément, dans le commerce, le nom de *scammonée de Smyrne* à celles de qualités inférieures et qui sont évidemment falsifiées. Il est difficile d'en indiquer les caractères, qui peuvent varier suivant l'adultération plus ou moins grande qu'elles ont subie. J'en ai depuis longtemps une sorte qui est d'un brun terne, très pesante, très dure, non friable, non caverneuse, à cassure terne et terreuse, d'une odeur faible et cependant désagréable, paraissant avoir été enveloppée d'une peau garnie de son poil. J'en ai vu depuis beaucoup d'autres auxquelles il est inutile de s'arrêter.

7. Scammonée de Montpellier ou **scammonée en galettes.** On fabrique cette prétendue scammonée, dans le midi de la France, avec le suc exprimé du *cynanchum monspeliacum* (asclépiadées), auquel on ajoute différentes résines ou autres substances purgatives. Elle peut donc varier beaucoup dans ses caractères physiques et sa nature ; celle que j'ai est tout à fait noire, très dure et très compacte, formée en galettes aplaties de 10 centimètres de diamètre sur 2,5 centimètres d'épaisseur. Elle présente une faible odeur de baume du Pérou et forme avec la salive un liquide d'un gris foncé, gras, onctueux et tenace. Cette prétendue scammonée et les sortes précédentes (n°⁵ 5 et 6) étant des produits falsifiés, doivent être rejetées de l'officine du pharmacien.

La scammonée est un purgatif violent qui doit être employé avec circonspection. Elle entre dans la poudre *de tribus*, les pilules mercurielles de Belloste et dans un grand nombre d'électuaires et d'alcoolés purgatifs. Autrefois, on lui faisait subir différentes préparations dans la vue de l'adoucir ; mais ces préparations, qui ne faisaient qu'en rendre les effets plus incertains, ne sont plus usitées. Aujourd'hui on l'emploie simplement pulvérisée ou réduite à l'état de pure résine par le moyen de l'alcool rectifié. Cette résine jouit de quelques propriétés particulières qui la rendent plus facile à administrer que celle de jalap (voir ma *Pharmacopée raisonnée*, Paris, 1847, p. 370).

La scammonée a été analysée anciennement par Bouillon-Lagrange et Vogel ; mais ces chimistes ayant opéré sur des sortes très inférieures, j'avais publié une autre analyse de la scammonée d'Alep que je ne rappellerai pas ici, préférant donner les résultats obtenus par M. Clamor Marquart sur huit scammonées du commerce (1).

_____

(1) *Pharmaceutisches central blatt*, 28 october 1837.

	I.	II.	III.	IV.	V.	VI.	VII.	VIII.
Résine............	81,25	78,5	77	50	32,5	18,5	16	8,5
Cire.............,	0,75	1,5	0,5	»	»	»	0,5	»
Matière extractive...	4,50	3,5	3	5	3	7	10	8
— avec sels......	»	2	1	3	4	6	5	12
Gomme avec sels...	3	2	1	1		2,5	3	8
Amidon..........	»	1,5	»	5	4,5	15,5	36	17
Téguments d'amidon, bassorine et gluten.	1,75	1,25	»	5	»	12,5	24	7
Albumine et fibrine.	1,50	3,5	3,5	4,5	2	6,5	12,5	16,5
Alumine, oxide de fer, carbonate de chaux et magnésie.......	3,75	2,75	12,5	22	6,75	12,5	1,5	1
Sulfate de chaux....	»	»	»	»	52	22,5	»	»
Sable............	3,50	3,50	2	4	»	2	3	4
	100.	100.	100.	100.	100.	100.	100.	100.

I. *Scammonée d'Alep supérieure*, répondant à mon n° 3, *A*. Pes. spéc. 1, 2.

II. *Scammonée d'Alep belle*, répondant à mon n° 3, *B*.

III. *Scammonée d'Alep, noire et compacte*, n° 4; pes. spéc. 1,403. Je ne crois pas cependant que la scammonée que j'ai décrite sous ce nom puisse contenir une aussi grande quantité de sel calcaire; et si elle en contient, la chaux ne doit pas y être à l'état de carbonate, tel qu'on l'obtient par l'incinération; elle y existe probablement à l'état de malate.

IV. Morceau plat et fort, couvert à la face inférieure d'une légère couche farineuse qui manque à la face supérieure. Cassure cireuse; à l'intérieur, mélange de poils menus; difficile à fondre, d'une pesanteur spéc. de 1,421. L'extrait contient des chlorures de calcium et de magnésium. Le carbonate de chaux des cendres pèse seul 21 pour 100.

V. Scammonée décrite par Nees d'Esenbeck et Ebermeyer comme *scammonée de Smyrne*, ce qui ne veut dire autre chose ici que scammonée falsifiée. Celle-ci est remarquable par l'énorme quantité de plâtre qu'elle contient.

VI. *Scammonée* dite *d'Antioche*. Pes. spéc. 1.174. Les caractères assignés par l'auteur à cette scammonée se rapportent à ceux de mon n° 6, sauf qu'il indique dans la science de grandes cavités dues à des passages d'insectes. Quelle que soit l'impureté de cette sorte de scammonée, je n'y ai jamais observé ce dernier caractère.

VII. *Scammonée d'Antioche* de M. Martius; d'un brun grisâtre, couverte d'une poussière blanche à l'extérieur, avec beaucoup de passages d'insectes; poudre d'un gris de cendre; pes. spéc. 1,12.

VIII. Morceaux d'un gris de cendre clair, plats, épais de 1/4 de pouce, farineux des deux côtés; consistance presque cornée; difficile à pulvériser, poudre d'un brun clair.

Il est évident que des huit scammonées dont l'analyse précède, les trois premières sont les seules que l'on doive employer; j'ai donné la composition des autres, afin de montrer jusqu'où peut aller le peu de valeur des sortes du commerce. Je ne pense pas cependant qu'il faille toujours en accuser nos négociants. Il est certain, par exemple, que les racines qui ont été épuisées de suc laiteux par des incisions, sont pilées et exprimées, et que le suc évaporé sert à produire une sorte inférieure de scammonée; or, un pareil suc, naturellement chargé d'une quantité variable de fécule, peut fort bien donner un produit analogue aux deux dernières sortes du tableau précédent, sans qu'il soit besoin de supposer qu'on y a introduit à dessein de l'amidon étranger.

Bois de rose des Canaries.

Vulgairement **bois de Rhodes** ou *lignum Rhodium*. On dit que le nom de bois de Rhodes a été donné à cette substance parce qu'elle venait autrefois de l'île de Rhodes; mais aucune recherche n'a pu me convaincre que ce que nous appelons *bois de Rhodes* soit jamais provenu de l'île de ce nom, ou de l'île de Chypre, qu'on a dit également le produire. Au contraire, aucun ancien auteur, Théophraste, Dioscoride ou Pline, ne fait mention du bois de Rhodes, dont on n'a véritablement parlé que depuis la découverte des îles Canaries. C'est alors qu'on a voulu le retrouver dans les livres anciens, et qu'on a pensé que c'était l'*aspalath* de Dioscoride. Mais il est beaucoup plus probable que des deux espèces d'aspalath dont parle cet auteur, l'une était le bois d'aloès, et l'autre le bois du *cytisus laburnum* (faux ébénier), du *cytisus spinosus*, ou de l'*ebenus cretica*, lesquels croissent en effet dans les îles du Levant.

Le nom de *lignum Rhodium*, donné au bois qui nous occupe, ne signifie donc rien autre chose que *bois à odeur de rose;* mais maintenant il faut dire que, presque de tout temps, on a confondu sous ce nom deux bois différents; l'un venant des Canaries, qui est proprement le *bois de Rhodes des parfumeurs;* l'autre, apporté en partie d'Amérique, est le *bois de rose des ébénistes;* il ne sera question ici que du premier.

Ce bois est produit par un liseron arborescent et non volubile qui a longtemps été pris pour un genêt, dont il a le port, à cause de ses rameaux nombreux, droits et munis, sur leur longueur, de feuilles très espacées, entières et très étroites, et, à l'extrémité, de fleurs jaunâtres, assez petites, mais convolvulacées. Cette plante est le *convol-vulus scoparius* L. Le bois du commerce se compose de racines ou de souches ligneuses, de 8 à 11 centimètres de diamètre, toutes contournées, tantôt couvertes d'une écorce grise, un peu fongueuse et très crevassée, tantôt dénudées; quelquefois le bois est à l'intérieur d'une seule teinte jaune uniforme; mais le plus ordinairement il est blanchâtre à la circonférence, jaune orangé et comme imprégné d'huile au centre. Ce bois doit en effet son odeur de rose très prononcée à une huile peu volatile et onctueuse qui est la cause du caractère indiqué. Les tiges, qui accompagnent presque toujours la souche ou la racine, sont cylindriques, grosses comme le pouce, couvertes d'une écorce grise; elles sont formées d'un bois blanchâtre, lorsqu'elles sont jeunes, devenant peu à peu jaune et huileux au centre à mesure qu'elles deviennent plus âgées; elles sont d'autant plus aromatiques qu'elles sont plus grosses et qu'elles se rapprochent davantage de la souche.

L'essence de bois de Rhodes est liquide, onctueuse, jaunâtre, d'une odeur de rose, d'une saveur amère comme le bois, un peu plus légère que l'eau.

FAMILLE DES BIGNONIACÉES.

Cette famille comprend des arbres ou arbrisseaux souvent volubiles, ou des herbes à feuilles opposées ou ternées, rarement alternes, et le plus souvent composées. Les fleurs ont un calice gamosépale, souvent persistant et à 5 lobes, se rompant quelquefois d'une manière irrégulière; corolle gamopétale, irrégulière, à 5 divisions; le plus souvent 4 étamines accompagnées d'un filet stérile; ovaire porté sur un disque hypogyne, à une ou deux loges pluri-ovulées; plus rarement à 2 ou 4 loges uni-ovulées; style simple terminé par un stigmate bilamellé. Le fruit est une capsule à une ou deux loges, s'ouvrant en deux valves parallèles ou transversales à la cloison; rarement il est charnu, ou dur et indéhiscent. Les graines, souvent bordées d'une membrane sur tout leur contour, renferment un embryon dressé, sans endosperme.

Les bignoniacées ont une grande affinité avec les scrofulariacées, dont elles diffèrent par leurs semences sans endosperme, souvent ailées; elles offrent peu d'espèces médicales, mais un certain nombre méritent d'être connues pour leur utilité dans les arts, dans l'économie domestique, ou comme plantes d'ornement dans les jardins.

Sésame de l'Inde, *sesamum indicum* DC., et le *sesamum orien-tale* L., qui en est une variété. Cette plante, originaire de l'Inde, s'est répandue dans toute l'Asie, en Égypte, en Italie et dans une partie de l'Amérique. Son fruit est une capsule à 4 loges qui renferment des semences blanches, un peu plus petites que la graine de lin, ovoïdes, pointues par un bout, un peu bombées d'un côté, aplaties de l'autre. On en extrait une huile qui remplace celle d'olives dans la plupart des contrées qui viennent d'être nommées ; et aujourd'hui même, on en consomme une grande quantité à Marseille pour la fabrication du savon. Cette plante et sa semence portent aussi, suivant les contrées, les noms de *jugeoline*, *gigéri*, *gengeli*. Celle des Antilles est noirâtre.

Calebassier, couis et **calebasse**, *crescentia cujete* L. Arbre de moyenne grandeur, croissant dans les Antilles et sur tout le littoral de l'Amérique qui les environne ; ses fruits sont très gros, couverts d'une écorce dure, verte, ligneuse, et remplis d'une pulpe blanche, aigrelette, contenant des semences comprimées, un peu cordiformes. La coque de ces fruits est employée en Amérique pour fabriquer des ustensiles de ménage, ou former des vases propres à contenir de l'eau, des huiles et des résines. La pulpe est regardée comme un remède infaillible contre un grand nombre de maladies, et on en fabrique un sirop, nommé *sirop de calebasse*, qui a eu, même en Europe, une grande célébrité contre plusieurs affections du poumon.

Caroba. Sous ce nom, on emploie au Brésil, comme antisyphilitiques, les feuilles des *jacaranda caroba*, *subrhombea*, et surtout celles du *jacaranda copaia* (*bignonia copaia* Aubl.). Ces feuilles sont très grandes, deux fois pinnées, la première fois avec impaire, la seconde fois sans impaire. Les folioles sont elliptiques, coriaces, très glabres, luisantes et d'un vert foncé, riches en un principe amer, âcre et astringent.

Jacaranda du Brésil, *jacaranda brasiliensis* Pers. Par une fausse interprétation de Marcgraff (*Hist. bras.*, p. 136), on a attribué à cet arbre le bois de palissandre du commerce. Marcgraff, en effet, mentionne deux espèces de *jacaranda*, l'un à bois blanc, c'est le *jacaranda brasiliensis*, l'autre à bois noir et odorant, dont il ne donne aucune description ; c'est celui-ci qui produit le bois de palissandre. Il appartient aux dalbergiées.

Catalpa, *catalpa bignonioides* Walt. (*bignonia catalpa* L.). Arbre de moyenne grandeur, originaire de la Caroline et de la Louisiane, aujourd'hui acclimaté dans nos jardins. Il est remarquable par l'ampleur de ses feuilles simples, cordiformes, d'un vert tendre, un peu pubescentes en dessous, et par ses fleurs blanches mêlées de pourpre, disposées en nombreuses panicules à l'extrémité des rameaux. Ces fleurs portent deux étamines fertiles et trois filaments stériles ; les fruits sont des capsules grises, très longues, cylindriques, pendantes, à 2 valves ; la cloison est opposée aux valves ; les semences sont bordées d'une membrane et munies au sommet d'une houppe de poils. Le bois de catalpa est blanchâtre, assez semblable à celui du frêne, peu susceptible de recevoir le poli.

Catalpa à feuilles de chêne, chêne noir d'Amérique, *catalpa longissima* Sims (*bignonia longissima* Jacq.). Arbre de 40 pieds, à feuilles glabres, ondulées sur le bord; les fleurs sont blanchâtres ou paniculées, disposées en belles grappes paniculées; les fruits sont longs de 60 centimètres et plus; le bois a la solidité du chêne et n'est jamais percé par les vers; aussi est-il très utile pour la construction des navires; il vient des Antilles.

Ébène verte de Cayenne, *tecoma leucoxylon* Mart., *bignonia leucoxylon* L. (*guirapariba*, *urupariba*, *pao d'arco*, Marcgr. *Bras.*, p. 118). Arbre du Brésil, de la Guyane et des Antilles, dont le tronc est formé d'un aubier blanc très épais et d'un cœur jaune verdâtre, peu dense, formé de fibres enchevêtrées les unes dans les autres. Ce bois exhale, lorsqu'on le râpe, une odeur aromatique faible non désagréable; il cède à l'eau un peu de matière colorante jaune qui rougit par les alcalis. On connaît à la Guyane, sous le nom d'*ébène verte* ou d'*ébène noire*, un autre bois auquel je donne, pour le distinguer, le nom d'*ébène verte-brune*. Il est beaucoup plus dense que le précédent, souvent plus lourd que l'eau; il est entouré d'un aubier blanchâtre peu épais, et d'une écorce fibreuse. Il a une couleur verte-olive qui brunit beaucoup et devient presque noire à l'air; il exhale, lorsqu'on le râpe, une odeur peu agréable, analogue à celle de la racine de bardane; il est d'une texture très fine et très serrée, et peut acquérir un beau poli; il cède facilement à l'eau une matière colorante verte qui rougit par les alcalis. Ce bois est, sans aucun doute, celui qui a été désigné par Marcgraff (page 108) sous le nom de *guirapariba*, donné également à l'ébène verte (page 118); mais les caractères des feuilles sont bien différents. Ces deux mêmes bois sont cités avec éloge, et comme incorruptibles, dans un Mémoire sur l'exploitation des bois de la Guyane, par Guisan (Cayenne, 1785); je les ai vus, au contraire, être facilement attaqués par les insectes.

Tecoma grimpant, *tecoma radicans* J., *bignonia radicans* L. Arbrisseau d'une grande beauté, nommé communément *jasmin de Virginie*, dont les tiges sarmenteuses s'accrochent aux murailles par de petites racines et s'élèvent jusqu'à 10 à 13 mètres de hauteur. Les feuilles sont opposées, ailées avec impaires, ovales-aiguës, dentées en scie, d'un vert foncé. Les fleurs sont grandes, d'un rouge éclatant, disposées en bouquets à l'extrémité des rameaux. Cette plante est originaire de la Virginie; on la cultive facilement dans les jardins.

Chica, *bignonia chica* H. B. Plante sarmenteuse s'élevant au sommet des plus grands arbres, à l'aide des vrilles qui prennent la place de

la foliole terminale de ses feuilles bipinnées; les fleurs sont violettes,
munies de 4 étamines fertiles et d'un filet stérile; le fruit est une
silique pendante, longue de 30 à 60 centimètres, très étroite, séparée
par une cloison parallèle aux valves; les semences sont ovales, ailées,
imbriquées sur la cloison au bord de laquelle elles sont fixées.

Cet arbrisseau croît en très grande abondance sur les bords de l'Orénoque et du Cassiquiare, en Amérique. On retire de ses feuilles, par
un procédé analogue à celui qui sert à l'extraction de l'indigo, une
matière rouge, pulvérulente, insoluble dans l'eau, un peu soluble
dans l'alcool et dans l'éther, dont les naturels se servent pour se peindre
la figure et quelquefois tout le corps. Cette substance est arrivée dernièrement dans le commerce, sous le nom de *krajuru*. Il résulte de
quelques essais anciennement tentés par M. Mérimée qu'elle pourrait
être appliquée à la teinture.

FAMILLE DES GENTIANACÉES.

Plantes herbacées, rarement frutescentes, portant des feuilles entières, presque toujours opposées, privées de stipules. Fleurs solitaires
terminales ou axillaires, ou réunies en épis simples; calice monosépale,
souvent persistant, presque toujours à 5 divisions; corolle hypogyne,
gamopétale, régulière, ordinairement à 5 lobes imbriqués et contournés
avant leur développement; étamines en nombre égal aux lobes de la
corolle et alternes; ovaire à une seule loge ou simulant deux loges par
le repliement des valves, très rarement à deux loges complètes; ovules
très nombreux fixés à deux trophospermes pariétaux et suturaux, bifides du côté interne; style simple ou profondément biparti; fruit capsulaire à une seule loge, à 2 valves contenant un grand nombre de
graines fort petites; embryon dressé et homotrope, renfermé dans l'axe
d'un endosperme charnu.

Les gentianacées sont remarquables par la forte amertume de toutes
les plantes qui en font partie, amertume qui a porté les peuples de tous
les pays à les employer comme fébrifuges et stomachiques. Je ne citerai
que les principales.

Gentiane jaune.

Gentiana lutea L. Car. gén. : calice à 5 ou 4 divisions, se fendant
quelquefois par moitié en forme de spathe; corolle infundibuliforme,
campanulée, ou rotacée, à gorge nue ou barbue, à limbe ordinairement quinquéfide, rarement à 4 ou à 10 divisions; étamines en nombre
égal aux divisions de la corolle, à filaments égaux par la base; anthères

dressées ou rapprochées, à déhiscence longitudinale ; ovaire uniloculaire, aminci au sommet, surmonté de deux stigmates arrondis. Capsule oblongue, fourchue ou bifide à sa partie supérieure, uniloculaire, bivalve ; semences nombreuses, entourées d'un rebord membraneux et portées sur le bord rentrant des valves.

La gentiane jaune (fig. 223) pousse de sa racine, qui est vivace, une tige haute de 1 mètre, garnie de feuilles opposées, sessiles, con-

Fig. 223.

nées à leur base, ovales, larges, lisses, plissées sur leur longueur, comme celles de l'ellébore blanc. Les fleurs sont jaunes, nombreuses, disposées par faisceaux opposés dans l'aisselle des feuilles supérieures, et comme verticillées ; la corolle en est profondément découpée et étalée en roue. Cette plante croît en France, dans les Alpes, les Pyrénées, le Puy-de-Dôme, la Côte-d'Or, les Vosges, d'où on nous apporte sa racine sèche. Cette racine peut être grosse comme le poignet, très longue et ramifiée. Elle est très rugueuse à l'extérieur, d'une texture spongieuse, jaune, d'une odeur forte et tenace, d'une saveur très amère. On doit choisir celle qui est médiocrement grosse et non cariée.

Henry père et M. Caventou, qui ont fait l'analyse de la racine de gentiane, en ont retiré de la glu, une huile odorante, une huile fixe, une matière très amère soluble dans l'eau et l'alcool (*gentianin*), de la gomme, du sucre incristallisable, quelques sels et pas d'amidon (*Journ. pharm.*, t. V, p. 97, et t. VII, p. 173). La quantité de sucre est assez considérable pour que les habitants des montagnes où croît la gentiane la fassent fermenter et en retirent de l'alcool par la distillation.

En 1837, M. Charles Leconte, dans sa Thèse inaugurale, a montré que la glu obtenue par l'éther était un composé de cire, de matière grasse verte et de caoutchouc. Il a vu pareillement que le *gentianin* ou extrait alcoolique jaune et très amer de la gentiane, étant traité par l'eau froide, laissait des flocons composés de matière grasse et d'un principe cristallisable qu'on pouvait obtenir en traitant la matière blanche par l'alcool bouillant et faisant cristalliser. Ce principe, qui a recu le nom de *gentisin*, forme environ 0,001 du poids de la racine : il est sous forme de longues aiguilles très légères et d'un jaune pâle ; il n'a pas de saveur et est sans action sur l'économie animale. Il est presque insoluble dans l'eau froide et n'est guère plus soluble dans l'eau bouillante. Les acides n'en augmentent pas la solubilité ; mais les alcalis le dissolvent en prenant une belle couleur jaune et en formant des composés cristallisables jaunes. Il est évident que ce corps ne constitue pas le principe amer jaune de la gentiane, mais il est probable que celui ci est dérivé du premier par oxigénation ou autrement.

La gentiane jaune n'est pas la seule espèce dont la racine puisse être employée comme tonique et fébrifuge. Les *gentiana purpurea* et *punctata* produisent des racines encore plus amères, et la première est principalement usitée en Allemagne et dans le nord de l'Europe.

Tachi de la Guiane. *Tachia Guianensis* Aubl. Arbrisseau de 2 mètres de hauteur, portant des branches quadrangulaires, noueuses, opposées en croix, et des feuilles opposées dans l'aisselle desquelles naissent des fleurs solitaires, de couleur jaune ; la capsule est entourée du calice qui a persisté. La racine de cette plante est ligneuse, couverte d'une écorce unie, mince et blanche, semblable à l'extérieur à celle du quassia ; le bois en est tendre, blanchâtre, à structure finement et uniformément rayonnée. Elle possède une amertume considérable ; elle est employée au Brésil comme fébrifuge, sous le nom de *quassia de Para* ou de *Tupurubo* et sous ceux de *Raiz de Jacaré-Aru* et de *Caferana*.

Faux colombo d'Amérique (*frasera carolinensis* Walt., *frasera Walteri* Mich.). La racine de cette plante, l'une des plus inertes de la famille, est substituée en Amérique au colombo. J'en donnerai les caractères distinctifs en parlant de ce dernier article (famille des ménispermées).

Petite Centaurée.

Erythrœa centaurium Pers., *chironia centaurium* W., *gentiana centaurium* L. Car. du genre *erythrœa* : calice à 5 ou 4 divisions ; corolle infundibuliforme, nue, à tube cylindrique, à limbe à 5 ou 4 lobes. Étamines 5 ou 4, insérées au tube de la corolle ; anthères dressées, exsertes, tordues en spirale ; ovaire uniloculaire ou demi-biloculaire par l'introflexion des valves ; style distinct, tombant ; stigmate à 2 lames ou indivis et en tête. Capsule uniloculaire ou semi-biloculaire ; semences sous-globuleuses, lisses, très menues.

La petite centaurée (fig. 224) s'élève à la hauteur de 30 à 35 centimètres ; elle pousse de sa racine. qui est fibreuse, une tige simple, anguleuse, entourée par le bas de feuilles radicales oblongues, disposées en rosette ; les feuilles de la tige sont sessiles et opposées, les supérieures très étroites et les bractées linéaires. La tige se divise et se

Fig. 224.

subdivise par le haut en plusieurs rameaux quelquefois dichotomes, portant de petites fleurs rouges, disposées en corymbe et d'un très joli effet. Ces fleurs, principalement, sont usitées, bien qu'elles soient moins amères que la tige et surtout que la racine ; mais leur aspect agréable les a fait préférer. Pour leur conserver leur belle couleur pendant la dessiccation, on les partage par petits paquets que l'on enveloppe de papier.

Cachan-lahuen, *erythræa chilensis* Pers., *chironia chilensis* W. Petite plante du Chili et du Pérou, à tiges très menues, hautes de 15 centimètres environ, munies de feuilles toutes opposées, presque linéaires ; la panicule supérieure est plusieurs fois dichotome ; les fleurs sont longuement pédonculées et éloignées des feuilles florales ; les capsules sont uniloculaires. Cette plante jouit d'une assez grande célébrité comme fébrifuge, emménagogue et résolutive, dans une grande partie de l'Amérique méridionale.

Petite centaurée de l'Amérique septentrionale, *sabbatia angularis* Pursh, *chironia angularis* L. Cette plante ressemble complétement à notre petite centaurée, seulement elle est beaucoup plus grande dans toutes ses parties, et ses tiges tétragones sont membraneuses sur les angles ; elle est employée aux mêmes usages.

Chirayta et Calamus aromaticus.

Ophelia chirata Griseb., *ayathotes chirayta* Don, *gentiana chirayta* Roxb. Plante très amère de l'Inde, qui est employée avec succès comme fébrifuge et pour remédier à l'atonie des voies digestives. Elle est à peu près inconnue en France, malgré l'analyse que MM. Lassaigne et Boissel en ont publiée en 1821 dans le *Journal de pharmacie*. Elle se compose d'une tige cylindrique, ramifiée à la partie supérieure, haute de 60 à

100 centimètres, portant des feuilles opposées, sessiles, lancéolées, à nervures longitudinales. Les fleurs forment à l'extrémité de la tige et des rameaux une cime lâche, ombelliforme ; le calice est à 4 divisions plus courtes que la corolle ; la corolle est jaune, à 4 segments profonds, rotacés, pourvus à la base de 2 fossettes glanduleuses ; les étamines sont au nombre de 4, à filets subulés, un peu soudés à la base ; ovaire uniloculaire, surmonté de 2 stigmates sessiles, roulés ; capsule uniloculaire, bivalve ; semences très nombreuses, non ailées. Ce sont les tiges surtout qui sont usitées ; elles sont grosses comme une forte plume, brunâtres, formées d'une substance demi-ligneuse, d'un blanc jaunâtre, très amère et offrant au centre un canal médullaire assez large, vide ou rempli d'une moelle moins amère que le bois. Enfin la partie inférieure de ces tiges présente un caractère constant et par conséquent remarquable ; c'est un collet renflé et toujours incliné par rapport à l'axe de la tige. La racine est fibreuse et n'offre rien de particulier.

On conçoit que cette substance d'une amertume forte, pure et privée de tout principe aromatique, soit très usitée dans l'Inde ; mais elle sera toujours probablement peu usitée en France, où nous possédons ses équivalents dans la grande gentiane et la petite centaurée. Elle nous offre cependant un autre genre d'intérêt, par sa grande ressemblance avec la substance qui était connue anciennement sous le nom de *calamus verus*, *aromaticus* ou *odoratus*.

Cette substance, assez célèbre dans l'antiquité, est devenue tellement rare dans les temps modernes qu'on s'est accordé, depuis très longtemps, à la remplacer par la souche de l'*acorus verus* (page 104). Voici cependant les caractères que lui donnent, Pomet, Lemery et Valmont de Bomare, d'après Prosper Alpin et quelques auteurs :

Fragments de tiges de la grosseur d'une plume, rougeâtres au dehors, parsemés de nœuds, remplis d'une moelle blanche, d'un goût fort amer, se divisant en éclats lorsqu'on les brise.

La plante croît à la hauteur de 3 pieds ; de chacun des nœuds poussent deux feuilles longues et pointues ; les fleurs naissent aux sommités de la tige et des rameaux et sont disposées par petits bouquets jaunes : il leur succède de petites capsules oblongues, pointues, noires, contenant des graines de la même couleur.

On a longtemps et généralement attribué le *calamus verus* à une plante graminée ; on ne remarquait pas alors que des feuilles et des rameaux opposés, et des graines contenues dans une capsule, ne convenaient pas à une plante de cette famille. Plus tard on a pensé que cette plante pouvait être une ombellifère ou une lysimachie ; je puis dire qu'on n'avait eu que des idées fausses sur le vrai *calamus* des anciens avant que je m'en fusse occupé.

En 1825, M. Boutron voulut bien me remettre plusieurs tiges d'une substance qui existait depúis longtemps dans sa maison , sous le nom de *calamus verus*. J'y reconnus facilement le véritable *calamus* décrit par Lemery, et je ne tardai pas non plus à trouver le genre de végétal qui le produit.

A part la faible odeur de mélilot que conservait cette substance, je fus d'abord frappé de sa grande amertume, de sa teinte générale jaunâtre , et de sa propriété de teindre l'eau en jaune foncé, même à froid. Je pensai aux gentianées, et trouvant en effet que tous les caractères de la plante concordaient avec cette supposition, je priai M. Boissel de me donner quelques tiges du chirayta de l'Inde qu'il avait analysées avec M. Lassaigne. Alors je trouvai une ressemblance tellement frappante entre les deux tiges, qu'il ne me fut plus possible de douter que le *calamus verus* ne fût la tige d'une gentiane de l'Inde.

Une chose remarquable, c'est que le chirayta possède tous les caractères de la plante du *calamus :* tige branchue à sa partie supérieure. feuilles simples opposées, fleurs jaunes terminales , hauteur de 60 à 100 centimètres ; bien plus, la disposition et la forme des racines sont telles qu'on dirait qu'elles ont servi de modèle aux figures de *calamus* données par Clusius, Chabræus et Pomet.

Je n'hésiterais donc pas à dire que le *calamus verus* des anciens et le chirayta sont une seule et même plante, si , indépendamment de quelques différences dans la couleur extérieure des deux tiges, dans leur consistance et dans la manière dont l'amertume se développe dans la bouche, le chirayta n'était entièrement dépourvu d'odeur, tandis que le *calamus verus* en offre une douce et agréable , qui a dû être plus marquée (bien que Pomet et Lemery n'en parlent pas), puisque son nom latin était *calamus aromaticus* ou *odoratus* et son nom arabe *cassab eldarira* ou *cassab el darrib* , qui signifie de même *canne aromatique*. Au moins faut-il admettre que ces deux végétaux appartiennent à deux espèces voisines ou deux variétés de la même espèce. (*Journ. chim. méd.*, 1825 , p. 229.)

Ményanthe ou Trèfle d'eau.

Menyanthes trifoliata L. (fig. 225). Cette plante , réunie à quelques autres , constitue une tribu particulière de la famille des gentianacées qui diffère des vraies gentianées par l'estivation induplicative de la corolle , par la consistance ligneuse du test de la semence, par son albumen plus petit que la cavité qui le renferme . enfin par la disposition alterne et engaînante de ses feuilles. La ményanthe en particulier croît dans les lieux marécageux ; il est pourvu d'un rhizome horizontal , noueux, vivace, qui donne naissance à un petit nombre de feuilles engaînantes longuement pétiolées et partagées par le haut en trois grandes folioles ovales, très glabres. Les fleurs forment une belle grappe simple à l'extrémité d'une hampe haute de 18 à 27 centimètres ; elles sont pédonculées et accompagnées d'une bractée à la base ; le calice est à 5 divisions, la corolle est infundibuliforme, à 5 divisions ouvertes, ciliées sur le bord, d'une couleur rosée à l'extérieur. Le style est filiforme, persistant, terminé par 2 stigmates ; la capsule est uniloculaire, bivalve. Les semences sont très nombreuses et brillantes.

Fig. 225.

Cette plante est très amère, tonique, fébrifuge et antiscorbutique. On l'administre sous forme de suc, d'extrait ou en sirop. Elle est employée, dans quelques contrées, en place de houblon, pour la fabrication de la bière.

FAMILLE DES LOGANIACÉES.

Cette petite famille a été établie d'abord par M. R. Brown pour y placer un certain nombre de genres rapprochés des rubiacées, mais qui en diffèrent par leur ovaire libre ; M. Endlicher y a réuni ensuite les *strychnées* séparées des apocynées, les *spigelia*, les *logania* et d'autres genres distraits des gentianées, et en a formé un groupe peu homogène, intermédiaire entre ces trois familles, qui diffère des rubiacées par un ovaire non soudé avec le calice, des apocynées et des gentianées par la présence de stipules. Ce sont donc des végétaux à feuilles entières, opposées et stipulées, pourvus de fleurs dont le calice est libre et à 5 ou 4 divisions ; la corolle est régulière, à 5 ou 4 lobes contournés ou valvaires ; les étamines sont ordinairement en nombre égal, tantôt alternes, tantôt opposées, quelquefois en partie alternes et en partie opposées aux divisions de la corolle ; l'ovaire est libre, ordinaire-

508 DICOTYLÉDONES COROLLIFLORES.

ment à 2 loges; le style est simple, pourvu d'un stigmate simple ou double. Le fruit est tantôt bacciforme, tantôt capsulaire, à 2 valves rentrantes portant les placentas; les semences sont souvent peltées, quelquefois ailées; l'albumen est charnu ou cartilagineux, l'embryon droit, les cotylédons foliacés.

Ce petit groupe, si peu nombreux qu'il soit, renferme des végétaux d'une grande puissance médicale et des poisons très énergiques principalement fournis par la tribu des strychnées.

Spigélie anthelmintique (fig. 226).

Spigelia anthelmia L. Plante annuelle du Brésil, de la Guyane et des Antilles; la racine en est fibreuse et menue; la tige simple ou peu rameuse, droite, haute de 40 à 50 centimètres, garnie de quelques feuilles opposées; les quatre feuilles supérieures sont en croix; les fleurs sont verdâtres, presque sessiles, munies de bractées et disposées

Fig. 226.

d'un même côté en épis grêles et filiformes, à l'extrémité de la tige et des rameaux. Les fruits sont des capsules didymes, dicoques, quadrivalves, entourées inférieurement par le calice persistant. Cette plante passe pour vénéneuse, et elle a été appelée *Brinvillière* du nom de la marquise de Brinvilliers, fameuse empoisonneuse du temps de Louis XIV; mais il faut que la dessiccation lui fasse perdre cette propriété, car on l'emploie sans inconvénient et, à ce qu'il paraît, avec succès contre les vers intestinaux. Desséchées, ses feuilles sont d'un vert foncé et d'une odeur du genre de celles des racines d'arnica ou de pyrèthre, c'est-à-dire forte, sans qu'on puisse dire cependant que la substance soit aromatique; leur saveur est un peu amère et un peu âcre. Cette plante est assez rare dans le commerce.

Spigélie du Maryland, *spigelia marylandica* L. Cette espèce croît dans la Caroline, la Virginie et le Maryland; elle diffère de la précédente par sa racine vivace, sa tige plus ferme et tétragone, ses feuilles toutes opposées deux à deux, ses fleurs beaucoup plus grandes et rouges au dehors. On trouve quelquefois cette plante dans le commerce, racine, tige et feuilles mêlées; la racine est très menue, fibreuse, presque semblable à celle de la serpentaire de Virginie, mais non aromatique; elle a une saveur amère, un peu nauséeuse, et paraît spongieuse sous la dent. Les tiges sont droites, fermes, tétragones à leur partie supérieure; les feuilles sont d'un vert pâle, sessiles, longues de 55 à 80 millimètres, sans odeur bien caractérisée et presque insipides; les fleurs manquent. Cette plante est employée comme anthelmintique, en place de la première, mais elle est bien moins active; il est probable que c'est elle dont M. Feneulle a publié l'analyse (*Journ. de pharm.*, t. IX, p. 197).

Noix igasur ou Fève de Saint-Ignace.

Ignatia amara L. f., *strychnos Ignatii* Berg. Cette semence et la plante qui la produit ont été décrites en 1699, par Ray et Petiver, sur la communication qui leur en avait été faite par le père Camelli, jésuite (*Transactions philosophiques*, 1699, n° 250). La plante est grimpante et monte en serpentant jusqu'au sommet des plus grands arbres; son tronc est ligneux, quelquefois de la grosseur du bras; ses feuilles sont opposées, ovales, entières, pourvues de 5 nervures longitudinales; sa fleur ressemble à celle du grenadier; le fruit est ovale, plus gros qu'un melon, lisse, d'un vert olive, présentant sous une peau fort mince, lisse et charnue, une seconde enveloppe ligneuse et fort dure. L'intérieur du fruit est rempli par une chair un peu amère, jaune et molle, dans laquelle sont renfermées 20 à 24 semences couvertes d'un duvet argenté, et de la grosseur d'une noix lorsqu'elles sont récentes, mais devenant anguleuses et se réduisant au volume d'une aveline par la dessiccation. On peut voir ce fruit figuré dans les *Transactions philosophiques* de 1699 et dans la *Flore médicale* de Chaumeton et Turpin.

Les caractères donnés par Linné fils sont plus précis et un peu différents : les fleurs sont disposées en petites ombelles axillaires pédonculées; les corolles en sont penchées, très longues, blanches, d'une odeur de jasmin; le fruit est couvert d'une écorce sèche, très glabre, de forme ovée, atténuée en col et de la grandeur d'une poire de bon chrétien. La description donnée par Loureiro est conforme à celle de Linné : baie grande, arrondie, atténuée en col, uniloculaire, sèche, polysperme, à écorce glabre, ligneuse, blanchâtre, semblable à celle du *cucurbita lagenaria*.

Les semences de Saint-Ignace, telles que le commerce les fournit, sont plus grosses que des olives, généralement arrondies et convexes du côté qui regardait l'extérieur du fruit, anguleuses et à 3 ou 4 facettes du côté opposé, ordinairement plus épaisses et plus larges vers une des extrémités, où se trouve une ouverture répondant à la base de l'embryon, qui est beaucoup plus petit que la cavité qui le renferme; mais cette plus grande largeur répond quelquefois à l'extrémité opposée. Tantôt les graines sont pourvues d'un reste d'épisperme blanchâtre, tantôt elles sont réduites à leur endosperme corné, demi-transparent, fort dur, d'une saveur très amère et inodore.

La fève de Saint-Ignace est purgative et a quelquefois guéri des fièvres quartes rebelles; mais on doit l'employer avec la plus grande précaution; car, prise à une dose même peu considérable, elle cause des vertiges, des vomissements et des convulsions. C'est un vrai poison du genre des narcotico-âcres.

On doit à Pelletier et à M. Caventou une belle analyse de la fève de Saint-Ignace. Ils l'ont d'abord râpée et traitée par l'éther, qui en a séparé une matière grasse. Ensuite l'alcool bouillant en a extrait, entre autres principes, un peu de matière cireuse qui s'est précipitée par le refroidissement du liquide. Celui-ci, évaporé, a produit un extrait qui, redissous dans l'eau, a formé avec les alcalis un précipité abondant, très facilement cristallisable lorsqu'il a été purifié, neutralisant complétement les acides, ramenant au bleu le tournesol rougi, enfin jouissant de toutes les propriétés d'un alcali végétal.

Cet alcali a été nommé *strychnine*, non seulement parce que beaucoup de botanistes regardent l'*ignatiça amara* comme un véritable *strychnos*; mais encore parce que la même base a été trouvée dans la *noix vomique* et dans la *racine de couleuvre*, qui appartiennent à ce même genre (1).

La liqueur d'où la potasse avait précipité la strychnine contenait une matière colorante jaune peu importante, et l'acide auquel le nouvel alcali végétal se trouvait combiné. Cet acide, dont la nature particulière n'a pas encore été bien constatée, a été nommé cependant *acide igasurique*, du nom malais *igasur* de la fève de Saint-Ignace.

La fève de Saint-Ignace, épuisée par l'éther et l'alcool, a été traitée par l'eau froide et lui a cédé une assez grande quantité de gomme. L'eau bouillante en a encore extrait un peu d'amidon; le résidu insoluble, gélatineux et très volumineux, a été jugé analogue à la basso-rine.

Noix vomique (fig. 227).

La noix vomique est la semence d'un arbre de l'Inde, nommé *strychnos nux-vomica*, qui a été décrit d'abord par Rheede sous le

(1) Dans ces différentes substances, la strychnine est accompagnée d'un autre alcali végétal nommé *brucine*, qui diffère du premier par une beaucoup plus grande solubilité dans l'alcool et par la propriété de prendre une couleur rouge écarlate par l'acide nitrique. (Voir, pour les autres propriétés de ces deux alcalis, ma *Pharmacopée raisonnée*, Paris, 1847, pages 697-700.)

nom de *caniram* (*Hort. malab.*, vol. I, 67, tab. 47), et postérieurement par Loureiro et par Roxburgh. Cet arbre a une racine épaisse,
couverte d'une écorce jaunâtre, et douée d'une très grande amertume.
Le tronc peut être embrassé par deux hommes et est recouvert d'une
écorce grise-noirâtre ; les rameaux sont volubiles, pourvus d'un épiderme tantôt d'un gris cendré, tantôt orangé, et munis de feuilles
opposées, ovales-arrondies,
à 5 nervures ; les fleurs sont
petites, disposées en om-
belles axillaires, d'une odeur
faible non désagréable ; la corolle est tubuleuse, à 5 divisions étalées ; l'ovaire est à
2 loges polyspermes. Le fruit
est une baie globuleuse, ayant
la forme d'une orange, mais
couverte d'une écorce rouge,
dure et lisse ; il est uniloculaire et ne présente d'autre
vestige de la seconde loge de
l'ovaire qu'une petite cavité
observée dans l'épaisseur de
la coque, près du pédoncule.
L'intérieur est rempli par une
pulpe visqueuse, au milieu
de laquelle sont logées un petit nombre de semences orbiculaires, aplaties, fixées

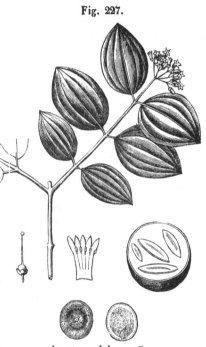

Fig. 227.

par leur centre, grises et d'un aspect velouté au dehors. Ces semences
sont formées à l'intérieur d'un endosperme corné, d'une très forte
amertume, soudé intimement avec l'épisperme ; elles présentent, sur
un point de leur circonférence, une légère proéminence répondant
à la chalaze et à la radicule de l'embryon (Gærtn., *De fructibus*,
tab. 179).

On trouve décrites dans l'ouvrage de Rheede trois autres espèces de
caniram : l'une est le *tsjeru-katu-valli-caniram* (t. VII, pl. 5), dont
les feuilles sont ovales-lancéolées, à 3 nervures ; le fruit est orangé,
du volume d'une grosse cerise, et contient au milieu d'une pulpe
amère 3 ou 4 semences semblables pour la forme à la noix vomique,
mais presque dépourvues d'amertume. Cet arbre, dont le tronc ne
dépasse pas 21 à 24 centimètres de diamètre, est le *strychnos minor*
de Blume, peu différent du *caju ullor* ou *lignum colubrinum* de

Rumphius, qui est le *strychnos ligustrina* Blume. Je mets au rang des
caniram le *wallia-pira-nitica* de Rheede (tom. VII, pl. 7) dont les
feuilles ressemblent à celles de la vigne ; mais une espèce plus importante est le *modira-caniram* (tom. VIII, pl. 24), *strychnos colubrina* L. (1), dont le fruit est aussi gros que celui du *strychnos nux-
vomica*, et contient des semences semblables qui font quelquefois partie
de celles du commerce (2) ; mais les fruits mûrs sont d'un châtain noirâtre ; les feuilles sont ovales, pointues, à 3 nervures, et se trouvent
quelquefois remplacées par une vrille ou crochet ; enfin la plante est
beaucoup plus volubile et présente un tronc de moindre dimension.

Bois de Couleuvre.

Les pays intertropicaux et ceux qui, soumis à une température moins
élevée, sont cependant encore peu habités par les hommes et sont couverts d'immenses forêts, ces pays sont infestés d'un grand nombre de
reptiles dont la morsure est souvent suivie de mort. Les habitants de
ces contrées ont donc cherché dans les productions naturelles qui les
entourent les moyens de se préserver de l'atteinte de ces animaux dangereux, et il est remarquable que le règne végétal leur en ait fourni
plusieurs dont l'efficacité paraît constante ; telles sont, en Amérique,
les semences de nhandirobe (*fevillea cordifolia*), les racines des *aristolochia anguicida*, *serpentaria*, *cymbifera*, etc., et celles de *polygala
seneya* ; telles sont encore en Asie les racines de différents *strychnos*,
celle de l'*ophioxylum serpentinum* (apocynées), et celle de l'*ophio-
rhiza mungos* L. (rubiacées). Ce sont ces racines asiatiques qui ont
reçu d'abord le nom générique de *bois de couleuvre*, lequel est ensuite
resté aux racines de *strychnos*.

Je dis donc que plusieurs racines de *strychnos* ont porté le nom de
bois de couleuvre ; car sans parler du *coju ullar* que Rumphius nomme
autrement *lignum colubrinum*, Commelin nous apprend que le bois
des deux *strychnos*, *nux-vomica* et *colubrina*, forme également le **bois
de couleuvre.** Cependant le second était plus spécialement nommé par

(1) Il faut remarquer, à l'égard de cette espèce linnéenne, que par suite
d'une fausse citation qui a rapporté le *modira caniram* au tome VII, pl. 5 de
Rheede, on a fait le *strychnos colubrina* synonyme du *tjeru-katu-valli-
caniram* de Rheede, et du *caju-ullar* de Rumphius. On a vu plus haut que
ces deux-ci constituent deux espèces assez voisines, mais très distinctes du
strychnos colubrina.

(2) Je rapporte à cette espèce des semences trouvées dans la noix vomique
du commerce, qui diffèrent des semences ordinaires par une couleur verte
bleuâtre foncée.

les Portugais *pao de cobra* ou *noga musadie* (1); mais comme il est beaucoup plus rare, on lui substitue souvent le premier (Roxburgh): de sorte que, faute de renseignements plus précis, il ne nous est guère possible de décider si le bois de couleuvre du commerce est produit par le *strychnos nux-vomica* ou par le *colubrina*.

Le bois de couleuvre le plus ordinaire du commerce provient d'une racine qui paraît avoir, dans son entier, 25 centimètres de diamètre; il ne présente pas d'aubier, et l'écorce n'a pas plus de 1 millimètre d'épaisseur. Elle est très compacte, dure, d'un brun foncé avec des taches superficielles d'une couche jaune orangée, qui a dû la recouvrir entièrement; elle possède une très grande amertume. Le bois a la couleur et presque l'apparence du bois de chêne; mais on l'en distingue facilement par des fibres blanches et soyeuses qui sont, en très grand nombre, mêlées aux fibres ligneuses; il est moins amer que l'écorce. Je possède d'ailleurs deux variétés de ce bois; l'une est plus compacte, plus amère, à fibres ondulées, et présente à l'extérieur de l'écorce des lignes circulaires proéminentes, très nombreuses et très rapprochées; l'autre est un peu plus légère, un peu moins amère, à écorce unie et à fibres droites; malgré ces différences, ces deux bois me paraissent provenir du même arbre.

Je pense qu'il peut encore en être de même d'un second bois de couleuvre dont j'ai deux morceaux provenant, l'un de la partie inférieure d'une racine, l'autre d'une ramification de 3 centimètres de diamètre. Ce bois est d'une texture très fine, d'une couleur jaune foncée, très amer, couvert d'une écorce très mince, d'un gris à la fois brunâtre et orangé; mais il n'en est pas de même d'un troisième bois de couleuvre provenant toujours d'une racine, qui est marbré de jaune et de vert, ce qui rend très apparentes les fibres blanches et soyeuses dont j'ai parlé. L'écorce est formée de deux couches: une intérieure brune noirâtre et très mince, répondant à l'écorce du premier bois de couleuvre; l'autre extérieure, plus épaisse, blanchâtre, recouverte d'un épiderme jaune orangé. Peut-être cette racine appartient-elle au même *strychnos* que la noix vomique d'un vert foncé dont il a été question plus haut. Enfin je possède un quatrième bois de couleuvre provenant d'une tige de 7 centimètres de diamètre, pourvu d'un canal médullaire excentrique, rempli d'une moelle cloisonnée, ayant la couleur et l'apparence du bois de chêne, mais grossier, peu compacte, privé de fibres blanches et lustrées. L'écorce est orangée, épaisse de 2 millimètres, fibreuse, peu serrée; couverte d'un épiderme gris noirâtre, et pourvue

____

(1) *Naga* est un des noms indiens du serpent à lunettes, *cobra de capella* Port., *coluber naja* L.

II.   33

d'un grand nombre de petits tubercules disposés par lignes horizontales. Ce bois est d'ailleurs très ancien, mangé aux vers, et il est possible que la vétusté en ait modifié les caractères physiques.

Le bois de couleuvre est employé dans l'Inde comme fébrifuge et comme antidote de la morsure des serpents venimeux; administré à dose trop élevée, il occasionne des vertiges, des secousses tétaniques et peut même donner la mort, ce qu'il faut attribuer à la strychnine et à la brucine qu'il contient.

Écorce de Vomiquier, dite Fausse Angusture.

En 1788, on apporta pour la première fois, de l'île de la Trinité en Angleterre, une écorce fébrifuge originaire des environs d'Angustura dans la Colombie; cette écorce, produite par un arbre du genre *galipea* (famille des diosmées), fut employée en Europe, pendant une vingtaine d'années, avec succès; comme fébrifuge; mais vers 1807 ou 1808, de graves symptômes d'empoisonnement s'étant présentés par suite de son usage, on reconnut que l'écorce d'angusture était mélangée d'une autre fort dangereuse qui fut, dès cette époque, désignée sous le nom de *fausse angusture*, mais sur l'origine de laquelle on eut pendant longtemps une opinion fort erronée, en l'attribuant au *brucea antidysenterica* ou *ferruginea* observé par Bruce en Abyssinie; cependant, dès l'année 1816, Virey, se fondant sur ce que l'action de la fausse angusture sur les animaux était semblable à celles de la noix vomique et du bois de couleuvre, avait pensé que cette écorce devait venir de l'Inde et qu'elle devait être produite par un *strychnos*. Cette opinion fut confirmée plus tard par M. Batka, droguiste à Prague, qui nous apprit que la fausse angusture, écorce du *strychnos nux-vomica*, avait été apportée de l'Inde en Angleterre, en 1806, dans la vue de l'employer comme fébrifuge, ainsi qu'elle l'était dans l'Inde; mais que n'ayant pu y être vendue, elle fut transportée en Hollande, où on ne trouva pas de meilleur moyen de l'utiliser que de la mêler à l'écorce d'angusture d'Amérique. En dernier lieu, un envoi d'écorce de *strychnos nux-vomica* fait directement par l'apothicaire général de Calcutta à M. Christison, est venu ôter tous les doutes qu'on aurait encore pu conserver à cet égard; cette écorce n'était autre chose que la fausse angusture du commerce.

L'écorce de vomiquier est ordinairement demi-roulée, épaisse de 3 à 5 millimètres, d'un gris blanchâtre, compacte, très dure et comme raccornie ou comme tourmentée par la dessiccation. Quelquefois, cependant, elle a pris une teinte noirâtre à l'intérieur. La surface extérieure est très variable: tantôt elle est grise avec un nombre infini de petits tubercules blancs; d'autres fois elle est couverte d'une substance épaisse, fongueuse, d'une couleur orangée-rouge, qui a été prise par tous les observateurs pour un lichen du genre *chiodecton* Ach.; mais une observation attentive, appuyée de l'examen de l'écorce du *strychnos pseudo-china*, dont il sera question ci-après, m'a démontré que cette matière orangée, très souvent recouverte de l'épiderme blanc grisâtre du végétal, faisait partie de l'écorce et était due à un développement extraordinaire du tissu subéreux. Cette même matière orangée se montre d'ailleurs presque constamment dans l'écorce de la racine des *strychnos*, où elle ne peut être attribuée à la présence d'un lichen.

C'est en faisant l'analyse de la fausse angusture que Pelletier et M. Caventou ont découvert l'alcali végétal auquel ils ont donné le nom de *brucine*, d'après l'opinion qui régnait alors que cette écorce était produite par un *brucea*. Mais, ce nom, qui consacre une hérésie en histoire naturelle médicale, devrait être changé en celui de *vomicine* ou de *caniramine*, maintenant qu'il est prouvé que la fausse angusture est l'écorce du *strychnos nux-vomica*. Les deux habiles chimistes ont retiré, en outre, de l'écorce, une matière grasse non vénéneuse, beaucoup de gomme, une matière jaune soluble dans l'eau et dans l'alcool, des traces de sucre et du ligneux (*Ann. de chim. et de phys.*, t. XII, p. 113).

Pelletier a également analysé la matière orangée qui recouvre souvent l'écorce de fausse angusture. Il en a obtenu une matière grasse, d'une saveur douce; une matière colorante jaune, insoluble dans l'eau, remarquable par la belle couleur verte qu'elle prend avec l'acide nitrique; une autre matière jaune soluble, un peu de gomme, pas d'amidon, de la fibre ligneuse (*Journal de pharm.*, t. V, p. 546).

Les caractères si tranchés de coloration que la vomicine et la matière orangée de l'écorce prennent avec l'acide nitrique peuvent servir à faire reconnaître la fausse angusture. Il suffit, en effet, de toucher avec une goutte d'acide nitrique la surface intérieure de l'écorce pour lui communiquer une couleur rouge de sang, et de toucher la couche orangée de l'extérieur pour lui faire prendre une couleur verte. Cependant j'ai montré que ces caractères n'avaient pas la valeur qu'on avait voulu leur attribuer, puisque l'écorce de *strychnos pseudo-china*, bien que ne contenant pas de brucine, les possède tous les deux; j'ai montré pareillement que beaucoup d'autres écorces, telles que le *casca d'anta* du Brésil, l'écorce de *vallesia* et surtout l'écorce de garou, prennent une couleur rouge très vive par l'acide nitrique (*Journ. pharm.*, t. XXV, p. 708-710).

Antérieurement à la découverte de la brucine dans la fausse angusture, j'avais cherché à distinguer cette écorce de l'angusture vraie par

des réactions chimiques que je rappellerai en décrivant cette dernière ;
puis ayant remarqué l'abondance et la densité du précipité formé par
teinture de noix de galle dans le macéré de fausse angusture et l'en-
ière décoloration de la liqueur, j'en conclus que la noix de galle pouvait être un contre-poison pour l'angusture, et j'en fis l'essai. Un chien
à qui je fis avaler 45 centigrammes de poudre de fausse angusture,
incorporés dans du miel, mourut en trois quarts d'heure, après de
violentes et nombreuses attaques de tétanos. Un autre chien, de même
force, a pris 120 centigrammes de fausse angusture et ensuite l'infusé
aqueux de 30 grammes de noix de galle ; il est mort trois heures trois
quarts après, sans convulsions, ayant les pupilles très dilatées, le ventre
très déprimé, devenant de plus en plus faible, et rendant par la bouche
une grande quantité de liquide sanguinolent. Nonobstant ce résultat
défavorable, la grande différence observée dans les symptômes, et le
temps beaucoup plus long pendant lequel l'animal avait vécu, malgré
une dose triple de poison, me firent penser que la noix de galle pouvait
être considérée comme un contre-poison de la fausse angusture. Je m'en
suis servi, en effet, avec un succès complet, plusieurs fois depuis,
pour guérir des chiens empoisonnés par les boulettes que la police fait
répandre dans les rues. L'emploi du tannin, adopté aujourd'hui pour
neutraliser généralement les effets des alcalis végétaux vénéneux, n'est
qu'une extension du fait que j'avais signalé d'abord.

Semences de Titan-Cotte.

Strychnos potatorum L. Arbre de l'Inde plus élevé que le vomiquier
et beaucoup plus rare. Ses fruits sont de la grosseur d'une cerise, d'un
rouge obscur, et ne contiennent qu'une seule semence orbiculaire,
beaucoup moins aplatie que la noix vomique, plus petite et d'une couleur jaune de paille. Cette semence offre une des nombreuses exceptions que l'on peut opposer à la loi que l'on a cru pouvoir établir, que
les végétaux de même famille, et à plus forte raison de même genre,
jouissent des mêmes propriétés chimiques et médicales. Loin que la
semence de titan-cotte soit amère et vénéneuse comme la noix vomique,
elle est privée d'amertume et sert dans l'Inde à éclaircir l'eau destinée
à la boisson des habitants. On a fait beaucoup de suppositions sur la
manière dont cette substance agit. Je pense qu'elle agit par son mucilage abondant (*pectine?*) qui s'unit aux substances terreuses tenues en
suspension dans l'eau, et les précipite.

Strychnos Tieute . Upas Tieute.

Les naturels des îles Moluques et des îles de la Sonde se servent,
pour empoisonner leurs flèches, de deux poisons connus sous les noms

d'*upas antiar* et d'*upas tieute*. Le premier est produit par l'*antiaris toxicaria* de Leschenault (*Ann. du Muséum*, t. XVI, p. 476), de la famille des artocarpées (p. 311) ; le second, encore plus dangereux, est retiré du *strychnos tieute*. Celui-ci est un végétal ligneux et grimpant qui croît uniquement dans les solitudes de Blanbangang, où même heureusement il est rare. J'en ai vu une tige, rapportée par M. Lesson, qui avait 4 centimètres de diamètre ; le bois en était poreux et d'un blanc jaunâtre ; l'écorce était blanche, rugueuse, couverte d'un enduit crétacé et offrait en grande abondance un petit cryptogame noir du genre *opegrapha*. La racine était couverte d'un épiderme fin, couleur de rouille, et le bois en était blanchâtre. C'est avec une décoction rapprochée de l'écorce que les Javanais préparent l'*upas tieute*, que Pelletier et M. Caventou ont décrit comme un extrait solide, brun-rougeâtre, un peu translucide, et que j'ai vu sous la forme d'une poudre d'un gris brunâtre. Cet upas, analysé par ces deux habiles chimistes, leur a donné une très forte proportion de strychnine sans brucine, mais accompagnée d'une matière brune qui jouit de la propriété de verdir par l'acide nitrique (*Ann. chim. et phys.*, t. XXVI, p. 45).

Curare. Les Indiens de l'Orénoque, du Cassiquiare, du Rio-Negro et du Iupura, en Amérique, empoisonnent également leurs flèches avec plusieurs poisons de nature analogue, connus sous les noms de *curare*, *urari*, *wurali*, *woorara*, *ticuna*, lesquels paraissent tirés de plusieurs strychnées qui sont le *strychnos toxifera* Benth., le *rouhamon guianense* d'Aublet et le *rouhamon ? curore* DC. Il paraît que le curare peut être ingéré sans inconvénient dans l'estomac et qu'il n'est vénéneux que lorsqu'il est introduit dans le sang. MM. Roulin et Boussingault et Pelletier, qui l'ont examiné successivement, n'ont pu en extraire aucun alcali cristallisable, et n'ont obtenu la matière vénéneuse que sous la forme d'un extrait coloré, très soluble dans l'eau et dans l'alcool, précipitable par la noix de galle (*Ann. chim. phys.*, t. XXXIX, p. 24, et t. XL, p. 213).

Quina do Campo.

Strychnos pseudo-quina A. Saint-Hilaire. L'écorce de cet arbre est un des médicaments toniques et fébrifuges les plus importants du Brésil. Bien qu'appartenant au même genre que la fausse angusture, la noix vomique et la fève de Saint-Ignace , elle n'exerce aucune action malfaisante sur l'économie animale , et Vauquelin a constaté, en effet, qu'elle ne contenait aucun des deux alcalis qui communiquent aux trois autres substances leurs propriétés médicales, mais aussi leurs qualités délétères Annales du Muséum, année 1823). Cette écorce, telle que

Guillemin l'a rapportée de Rio-Janeiro, en 1839, présente les caractères suivants :
Elle est en morceaux courts, très irréguliers, plats ou demi-roulés, formés de deux parties bien distinctes, le liber et les couches subéreuses.

Le liber est très mince ou très épais, presque sans intermédiaire, ce qui semblerait indiquer deux variétés d'écorce, l'une peut-être appartenant à la racine ou au tronc, l'autre aux branches. Généralement ce sont les écorces les plus larges qui offrent le liber le plus mince (1 millimètre); les écorces roulées l'ont au contraire épais de 5 à 7 millimètres.

Ce liber a pris à l'air une couleur grise plus ou moins foncée ; mais il est blanchâtre à l'intérieur ; il a une cassure grenue plutôt que fibreuse, surtout celui qui est épais ; il possède une très forte amertume.

Que le liber soit mince ou épais, les couches subéreuses sont semblables, appliquées en grand nombre les unes sur les autres, jusqu'à une épaisseur de 10 à 15 millimètres, et ordinairement crevassées jusqu'au liber. Ces couches subéreuses sont recouvertes d'un épiderme blanc et comme crétacé ; mais elles sont à l'intérieur d'une belle couleur rouge orangée ; elles possèdent une saveur amère aussi forte et aussi persistante que celle du liber.

J'ai dit précédemment que l'écorce de *strychnos pseudo-china*, quoique complétement privée de brucine, rougissait à l'intérieur par l'acide nitrique, tandis que les couches orangées prenaient, au moyen du même acide, une couleur verte noirâtre, et qu'elle se comportait en cela exactement comme la fausse angusture (voir également *Journal de pharmacie*, t. XXV, p. 706).

Dans ma précédente édition, j'ai donné une description inexacte de l'écorce de *strychnos pseudo-china*, par suite de la confusion qui s'était établie entre cette écorce et une autre précédemment analysée par M. Mercadieu, sous le nom de *copalchi*, et présentée ensuite par Virey comme étant celle du *strychnos pseudo-china* (voir précédemment, p. 342). Je reviens un instant sur cette dernière écorce. Elle est en morceaux courts, formés d'un liber dur et fibreux qui a dû être jaunâtre, mais qui est devenu presque complétement noir par la dessiccation ou par l'action prolongée de l'air. Ce liber est ordinairement recouvert d'une croûte subéreuse blanchâtre et profondément crevassée ; mais quelquefois aussi cette croûte fongueuse est remplacée par des tubercules blancs qui en sont comme le commencement ; le tout est d'une amertume excessive. Cette écorce présente donc, en effet, de grands rapports avec celles des *strychnos*, mais l'espèce en est inconnue. Elle n'est pas non plus sans analogie avec les écorces d'*exo-stemma.*

FAMILLE DES ASCLÉPIADÉES.

Plantes herbacées ou arbrisseaux volubiles, quelquefois charnus, et dont le suc est souvent lactescent. Les feuilles sont opposées, plus rare-ment verticillées ou alternes (abortives ou rudimentaires dans les es-pèces charnues), pétiolées, simples, très entières, privées de stipules ou quelquefois munies de poils interpétiolaires. Les fleurs sont com-plètes, régulières, ombellées ou fasciculées sur des pédoncules axillaires; le calice est libre, à 5 divisions imbriquées avant la floraison; la corolle est insérée sur le réceptacle, gamopétale, tombante, à divisions con-tournées, offrant à la gorge 5 appendices plus ou moins développés et de forme variée. Les étamines, au nombre de 5, sont insérées à la gorge de la corolle; leurs filets sont soudés et forment un tube dit *gynostegium* qui renferme le pistil et porte au dehors les 5 appendices pétaloïdes. Les anthères sont fixées longitudinalement à la partie supé-rieure du tube, sont à 2 loges et reçoivent dans chaque loge une masse de pollen qui lui est envoyée par un petit corps glandulaire placé sur le stigmate. L'ovaire est double et pourvu de 2 styles qui se terminent par 1 stigmate commun, pentagone, portant à chaque angle un des petits corps glandulaires, duquel pendent ou s'écartent en se redressant deux ou quatre masses polliniques qui sont renfermées, non dans les deux loges d'une même anthère, mais dans deux loges de deux anthères voi-sines. Le fruit est un *follicaire*, c'est-à-dire un fruit composé de deux follicules distincts, contenant un grand nombre de graines sou-vent aigrettées, dont l'embryon est homotrope au centre d'un endo-sperme charnu.

Cette famille a beaucoup de rapports avec celle des apocynées dont elle est un démembrement, et s'en rapproche également par la pro-priété toxique, émétique ou purgative d'un grand nombre d'espèces : tels sont principalement le *periploca græca* qui est un poison pour les chiens et les loups; l'*oxystelma Alpini* Decaisn. (*periploca seca-mone* L.), dont on peut retirer un suc laiteux et jaunâtre que l'on a cru produire une sorte de scammonée; le *secamone emetica* de l'Inde (*periploca emetica* Retz); le *tylophora asthmatica* Wight et Arn. (*asclepias asthmatica* Roxb., *cynanchum vomitorium* Lmk.), et l'*as-clepias curassavica* des Antilles, dont les racines sont usitées comme vomitives et comme succédanées de l'ipécacuanha dans les pays qui les produisent; tels sont enfin le *cynanchum monspeliacum* dont le suc sert à la préparation d'une mauvaise scammonée indigène, et le *sole-*

nostemma arghel Hayn. (*cinanchum argel* Del.), dont les feuilles sont toujours mêlées à celles du séné de la Palte. Je décrirai les feuilles d'arguel auprès de celles du séné, dont il est important de les distinguer; je parlerai de même de la plupart des racines employées comme vomitives, à la suite de l'ipécacuanha, de sorte qu'il ne me reste à mentionner ici que trois plantes que leurs propriétés spéciales recommandent à l'attention des médecins.

Racine d'Asclépiade ou Dompte-venin.

Vincetoxicum officinale Mœnch. (*asclepias vincetoxicum* L.). L'asclépiade (fig. 228) croît abondamment dans les bois, en France, dans d'autres contrées de l'Europe et en Asie. Elle pousse plusieurs tiges droites, à la hauteur de 60 centimèt., rondes, pliantes et flexibles, pubescentes sur deux côtés; les feuilles sont opposées, très entières, ovales-lancéolées, ciliées à la marge et sur la nervure médiane; les fleurs sont blanches, disposées en ombelles ou en cimes axillaires ou terminales; la couronne staminifère est en forme de bouclier, charnue, à 5 ou à 10 lobes ovales, surpassant un peu le gynostégium; les anthères sont terminées par une membrane; les masses de pollen sont ventrues et pendantes; les follicules sont ovales, amincis en pointe à l'extrémité et glabres; les semences sont surmontées d'une aigrette.

Fig. 228.

La racine d'asclépiade est composée d'un grand nombre de fibres longues, blanches et menues, qui sortent tantôt d'un seul corps ligneux irrégulier, tantôt de plusieurs points de la tige devenue souterraine. Elle jouit, lorsqu'elle est récente, d'une odeur forte et d'un goût âcre et désagréable; mais telle que le commerce la fournit, elle n'a plus qu'une odeur faible, toujours désagréable, et une saveur douce, à peine suivie d'un sentiment d'âcreté. Elle a conservé sa blancheur naturelle.

On attribuait autrefois à cette racine de grandes propriétés, et entre autres celle que les anciens prodiguaient tant, de *résister au venin.* Elle paraît être sudorifique et diurétique : c'est à ce titre qu'elle entre dans le vin diurétique amer de la Charité. On doit à M.ᵛ Feneulle une analyse de la racine de dompte-venin (*Journ. de pharm.*, t. XI, p. 305).

Racine de Mudar.

Calotropis gigantea Hamilt. (*asclepias gigantea* L.). La racine de cette plante, telle que je l'ai reçue d'André Duncan, est dure et ligneuse, épaisse de 27 à 40 millimètres, longue de 22 à 24 centimètres, fusiforme, donnant naissance, de distance en distance, à de fortes radicules cylindriques et flexueuses. L'écorce est mince et couverte d'un épiderme ocracé; tout le reste de la racine est d'une couleur blanche; la saveur en est amère et l'odeur nulle. Les tiges sont ligneuses, blanches et pourvues d'un canal médullaire très apparent. La racine est usitée dans l'Inde contre l'éléphantiasis et d'autres affections cutanées.

Racine de Nunnari.

Cette racine, employée dans l'Inde comme succédanée de la salsepareille, est produite par l'*hemidesmus indicus* R. Br. Elle a été décrite à la suite de la salsepareille, page 186.

FAMILLE DES APOCYNACÉES.

Végétaux à tige ligneuse, rarement herbacée, très souvent lactescente; feuilles simples, entières, opposées, très rarement alternes, privées de stipules, mais munies souvent de glandes qui en tiennent lieu; fleurs en cimes ou en grappes, régulières, souvent fort belles; calice à 5 sépales ordinairement libres, à estivation quinconciale; corolle gamopétale régulière, souvent munie à la gorge d'appendices ou de poils en forme de couronne. Les étamines au nombre de cinq (1), insérées au tube de la corolle, à filets très courts ou nuls, libres ou rarement un peu soudés, à anthères dressées, introrses, libres ou adhérentes au milieu du stigmate, sur lequel s'applique immédiatement le pollen qui est granuleux et ellipsoïde. Ovaire supère, double, quelquefois simple

(1) Très rarement la fleur ne présente que 4 sépales en calice, 4 lobes à la corolle et 4 étamines.

à une ou deux loges, porté sur un disque. Styles réunis en un seul terminé par un stigmate plus ou moins discoïde ; le fruit est composé de 2 follicules quelquefois charnus, ou d'un seul follicule bacciforme ou drupacé. Les graines, attachées à un trophosperme sutural, sont nues ou couronnées par une aigrette soyeuse ; elles contiennent un embryon droit dans un endosperme charnu ou corné.

Beaucoup d'apocynacées doivent au suc laiteux, souvent âcre et amer qu'elles renferment, une propriété émétique ou purgative (exemples : le *cerbera lactaria*, les *rauwolfia*, les *allamanda*, etc. Ce suc est plus ou moins abondant en caoutchouc, principalement dans l'*urceola elastica*, le *callophora utilis*, l'*hancornia speciosa*, le *vahea gummifera* et le *vahea madagascariensis ;* il est presque privé d'âcreté et même entièrement doux dans un petit nombre d'espèces, et peut alors servir à la nourriture de l'homme (ex. le suc laiteux si abondant du *tabernæmontana utilis*). Plusieurs fruits sont également recherchés comme comestibles (par exemple, en Asie, ceux du *carissa carandas*, du *carissa edulis*, du *melodinus monogynus*, du *willughbeia edulis*, et en Amérique ceux des *ambelania*, des *pacouria*, des *couma* et des *hancornia*). D'autres fruits sont au contraire éminemment vénéneux : telles sont principalement les semences du *tanghinia* et des *thevetia*. Enfin plusieurs racines, bois ou écorces amères, astringentes ou aromatiques, sont usitées en médecine ou dans la teinture.

Tanguin de Madagascar.

Tanghinia venenifera. Arbre de 10 mètres de hauteur, à feuilles très entières, alternes, rapprochées vers l'extrémité des rameaux ; les fleurs sont formées d'un calice longuement tubuleux, et d'une corolle tubuleuse également, dont le limbe est à 5 divisions contournées et étalées. Le fruit, quoique succédant à un ovaire à 2 loges, est un drupe uniloculaire et monosperme. Il présente à peu près la grosseur et la forme d'un œuf ; il est formé d'un sarcocarpe charnu-fibreux et d'un endocarpe ligneux, contenant une semence huileuse et très vénéneuse, qui est employée à Madagascar pour constater juridiquement, par l'épreuve du poison, la culpabilité ou l'innocence des accusés dont le crime ne peut être prouvé autrement. L'analyse chimique des semences de tanguin, faite par M. O. Henry, se trouve dans le *Journal de pharmacie*, t. X, p. 49.

Ahouai des Antilles, *thevetia neriifolia* J., et l'**ahouai du Brésil**, *thevetia ahouai* J. Arbres assez beaux à feuilles alternes, à suc laiteux fort dangereux ; le fruit est un drupe presque sec, contenant un noyau osseux à 4 loges monospermes, chaque loge primitive de l'ovaire se trouvant divisée en deux par une fausse cloison. L'amande de ces fruits est un poison mortel ; les noyaux vides servaient aux naturels de l'Amérique à faire des colliers dont le bruit leur était agréable en marchant et surtout en dansant.

Écorce de Pao Pereira.

Vallesia inedita. Arbre sylvestre du Brésil à feuilles alternes, pétiolées, lancéolées, atténuées en pointe des deux côtés, lisses et brillantes. Elles sont le plus souvent longues de 6 centimètres et larges de 2,2 ; les plus grandes sont longues de 7,5 centimètres et larges de 3,5. L'écorce de cet arbre est renommée au Brésil comme tonique et fébrifuge. Le commerce la présente en morceaux longs de 65 centimètres, souvent très larges et presque plats. La couche subéreuse est marquée de profondes crevasses longitudinales et couverte d'un épiderme gris-jaunâtre. La substance en est fauve, spongieuse, presque insipide. Le liber est formé de lames plates, appliquées les unes sur les autres, faciles à séparer, mais difficiles à rompre, d'un jaune foncé et d'une forte amertume. D'après plusieurs chimistes, cette écorce contient une matière alcaline éminemment fébrifuge nommée *péreirine*, laquelle forme avec les acides des sels neutres solubles dans l'eau et dans l'alcool ; elle est accompagnée dans l'écorce d'une matière amère extracto-résineuse dont il est difficile de la séparer. Cette matière est insoluble dans l'eau et dans l'éther, mais très soluble dans l'alcool.

Casca d'anta. Autre écorce très amère apportée du Brésil par Guillemin, et attribuée par lui à un *rauwolfia*. Elle est formée d'un liber épais, dur, compacte, d'un blanc jaunâtre ou verdâtre, ou d'un vert noirâtre, et comme gorgé d'un suc laiteux desséché. Ce liber est recouvert d'une couche subéreuse plus ou moins épaisse, d'une couleur de rouille de fer et quelquefois orangée à l'instar de la fausse angusture. Cette écorce et celle de *vallesia* prennent une couleur d'un rouge vif, par l'acide nitrique (1).

Écorces de Paratudo.

Au Brésil, le nom de *para-tudo*, qui signifie *propre à tout*, a été donné à plusieurs substances médicamenteuses, comme chez nous les noms de *toute-saine* et de *toute-bonne* ont été appliqués à des plantes fort différentes, auxquelles on attribuait autrefois de grandes propriétés médicales. Indépendamment de la racine du *gomphrena officinalis*, que

(1) Le même nom de *casca d'anta* (écorce de tapir) est donné au Brésil à une écorce bien différente produite par un *drymis*.

j'ai déjà citée pour avoir reçu ce nom de *paratudo* (page 411), et d'une
écorce aromatique analogue à celle de Winter qui le porte également, il
n'est donc pas étonnant que deux autres écorces aient été apportées du
Brésil sous la même dénomination. Ces deux écorces, arrivées mélangées et assez semblables entre elles, n'ont pas été séparées dans l'analyse qui en a été faite par Henry père (*Journ. de pharm.*, t. IX,
p. 410), ce qui rend les résultats de cette analyse peu utiles à rapporter. Il en est de même de l'indication fournie par M. Auguste Saint-
Hilaire que l'écorce analysée par Henry père appartient à un arbre de
la famille des apocynées, à moins qu'on n'admette que les deux écorces
appartiennent également à cette famille. Dans l'incertitude où je reste à
cet égard, je me borne à décrire ici ces deux écorces, sous le nom de
paratudo amer n° 1 et n° 2. L'écorce aromatique, analogue à celle de
Winter, sera décrite plus tard sous le nom de *paratudo aromatique*.

Paratudo amer n° 1. Écorce large, peu cintrée, épaisse de 5 millimètres, non compris la couche subéreuse ; elle est légère, à cassure
grenue, jaunâtre et marbrée ; la partie interne est recouverte d'une
pellicule mince et blanchâtre. La couche subéreuse est épaisse de 2 à
3 millimètres, profondément crevassée et facile à séparer du liber ; elle
est grise à l'extérieur, d'un vert jaunâtre à l'intérieur, et paraît formée
de couches concentriques nombreuses et très serrées. L'écorce se broie
facilement sous la dent et a une saveur très amère.

J'ai trouvé chez M. Pinart, droguiste, sous le nom d'*écorce de
coronille*, une écorce que je crois semblable à la précédente, malgré
son volume beaucoup plus considérable. Elle a fait partie d'un tronc
d'arbre ; elle est cintrée, large de 8 à 9 centimètres, épaisse de 11 millimètres, non compris la couche subéreuse qui en a 4 ou 5. Celle-ci
est d'un gris foncé et marquée de sillons longitudinaux qui la partagent
jusqu'au liber. Les autres caractères sont semblables.

Écorce de paratudo amer n° 2. Écorce large, plus compacte que
la précédente, épaisse de 7 millimètres au plus, à cassure un peu rougeâtre, marbrée et grenue, excepté à la partie interne qui est formée
de quelques lames minces, très fibreuses et d'un gris foncé. La couche
subéreuse est épaisse de 2 millimètres, adhérente au liber, rugueuse et
crevassée, d'une texture semblable à celle du liége, et ayant comme
lui les fibres perpendiculaires à celles du liber. Cette écorce, dont la
saveur est excessivement amère, diffère certainement de la précédente.
Cette conséquence devient encore plus évidente par la manière dont
leur macéré aqueux (8 grammes de poudre d'écorce pour 90 grammes
d'eau) se comporte avec les réactifs.

RÉACTIFS.	PARATUDO N° 1.	PARATUDO N° 2.
Tournesol.	rien.	rien.
Nitrate de baryte.	précipité.	rien.
— *d'argent.* . . .	trouble qui disparaît presque complétement par l'acide nitrique.	précipité de chlorure.
Sulfate de fer. . .	précipité blanchâtre.	liqueur verte-noirâtre, précipité vert.
Gélatine.	rien.	rien.
Noix de galle . .	précipité.	précipité.
Eau de chaux . .	rien.	rien.
Acide nitrique . .	trouble.	rien.
— *sulfurique.* . .	trouble.	rien.

Bois amer de Bourbon, *carissa xylopicron* Pet. Th. Petit arbre de l'île Bourbon dont le bois est très compacte, d'un jaune plus foncé que celui du buis, qu'il peut remplacer pour les ouvrages au tour. Il a une saveur amère qu'il communique à l'eau ; il est regardé comme très stomachique.

Bois jaune de l'île Maurice, *ochrosia borbonica* Gmel. Le bois de cet arbre est d'un jaune orangé avec un aubier blanc ; il est très dense, d'un grain très fin et susceptible d'un beau poli. Il est très amer et jouit des mêmes propriétés que le précédent.

Écorce d'alyxie aromatique, [*alyxia stellata* Rœm. et Sch. ; *alyxia aromatica* Reinw. ; *pulassari* Rumph. Cet arbrisseau croît dans les îles de la Malaisie et de l'Océanie. Son écorce mondée ressemble presque, pour la forme et la couleur, à la cannelle blanche ; elle est pourvue d'une odeur de mélilot très agréable et d'une saveur un peu amère et aromatique. Elle est employée contre les fièvres pernicieuses qui désolent les îles de la Sonde et surtout Batavia.

Écorce de codagapala, *wrightia antidysenterica* Brown, *nerium antidysentericum* L. Écorce du tronc ou des branches de l'arbre, brisée en fragments, épaisse seulement de 1 à 2 millimètres, assez compacte et cassant net sous les doigts ; la surface interne est unie, douce au toucher, blanchâtre, grise ou jaunâtre ; la surface extérieure est d'un brun rougeâtre, assez rugueuse et souvent tuberculeuse ; la coupe transversale est brunâtre avec des lignes blanches disposées en cercles réguliers et concentriques ; la saveur est très amère, l'odeur nulle.

Laurier-rose.

Nerium oleander L. Car. gén. : calice à 5 divisions ; corolle infundibuliforme à 5 divisions obliques ; tube terminé par une couronne ;

5 étamines; anthères hastées, terminées par un faisceau de soies; 1.style portant 1 stigmate cylindrique, tronqué; 2 ovaires; 2 follicules droits; semences plumeuses. — Car. spéc. : feuilles ternées, linéaires-lancéolées ; corolles couronnées.

Le laurier-rose est un très bel arbrisseau que l'on cultive dans des caisses pour l'ornement des jardins. Ses feuilles sont vertes, longues, épaisses, d'une texture sèche, persistantes; ses fleurs sont odorantes, fort belles, disposées en rose, rouges ou blanches; les feuilles passent pour vénéneuses.

Pervenches.

Vinca L. Genre de plantes de la famille des apocynées, qui offre pour caractères un calice persistant à 5 divisions, une corolle hypocratériforme à 5 lobes obtus et contournés; 5 étamines, 1 style, 1 stigmate aplati; fruit composé de 2 follicules cylindriques, polyspermes; semences nues.

On connaît deux espèces de pervenche indigènes, la *grande* et la *petite*. La grande pervenche, *vinca major* L., croît surtout dans le midi de la France ; ses tiges sont couchées, puis dressées, garnies de feuilles larges, un peu cordiformes, vertes, lisses, un peu ciliées sur les bords; ses fleurs sont grandes, d'un bleu d'azur, portées sur des pédoncules solitaires, plus courts que les feuilles. La petite pervenche, *vinca minor* L., croît dans nos bois, aux lieux montagneux ; ses tiges sont grêles, rampantes, munies de rameaux axillaires redressés; ses feuilles sont ovales-oblongues, pointues, vertes, lisses, fermes et coriaces; les pédoncules sont solitaires, plus longs que les feuilles ; les fleurs sont d'un bleu clair et fort jolies; les fruits avortent généralement, et la plante se propage surtout par ses tiges rampantes et radicantes.

Les feuilles de pervenche ont une saveur amère et astringente et jouissent d'une propriété astringente très marquée. Les femmes du peuple lui attribuent la propriété de supprimer le lait, et il est rare que celles qui sèvrent leurs enfants n'en prennent pas pendant quelque temps en infusion.

Racine de Chynien ou de Mangouste.

Il est peu de substances qui aient porté plus de noms que celle-ci ; car, si je ne me trompe, c'est elle dont les auteurs ont voulu parler sous les différentes dénominations de *chonlin*, *chouline*, *chuline*, *souline*, *racine d'or*, *racine jaune*, *racine amère de la Chine*, *racine de mungo* ou *de mangouste*. J'ai reçu, en effet, en 1829, de M. Idt, de Lyon, une racine nommée *foli des Chinois* ou *racine d'or*, qui s'est

trouvée être la même que la *chuline* ou *racine amère de la Chine*, que
j'obtenais dans le même moment de l'obligeance de M. Lodibert ; et
en comparant ces deux racines au *chynlen* de Bergius (*Materia medica*, t. II, p. 967) et au *raiz de mungo* décrit par Rumphius, il
m'a paru que ces substances n'offraient aucune différence essentielle ;
de sorte que l'origine bien connue de cette dernière peut être raison-
nablement appliquée à toutes les autres.

La racine de chynlen, telle que je l'ai reçue de M. Idt (fig. 229),
sous le nom de *racine d'or*, est de la grosseur d'une petite plume à

Fig. 229.

écrire, longue de 25 millimètres et plus, tortueuse, d'une teinte générale jaune-obscur, inodore et d'une forte amertume. Elle colore la
salive en jaune safrané, et forme avec l'eau un infusé jaune, très amer,
rougissant par le sulfate de fer.

Examinée plus en détail, cette racine est presque toujours formée
d'une souche un peu renflée, annelée ou ondulée, armée de courtes
pointes épineuses, rétrécie brusquement à sa partie inférieure, et terminée par un prolongement cylindrique et ligneux, qne l'on prendrait
pour la tige de la plante, si une petite touffe de pétioles radicaux, qui
reste souvent à l'autre extrémité, ne montrait où se trouve la partie supérieure de la racine. Ce prolongement ligneux est tellement gorgé de
matière extractive desséchée qu'il offre souvent une cassure vitreuse : la
souche présente la même cassure dans son écorce, tandis que le centre
est formé de fibres d'un beau jaune et rayonnées.

La *chuline* ou *racine amère*, que m'a remise M. Lodibert (fig. 230), ne diffère en rien, dans les plus petites racines, de la racine d'or; mais elle est généralement plus grosse, pouvant acquérir le volume du petit doigt, et une longueur de 55 millimètres. Elle paraît plus âgée ou mieux nourrie, et amylacée, car les larves d'insectes l'attaquent

Fig. 230.

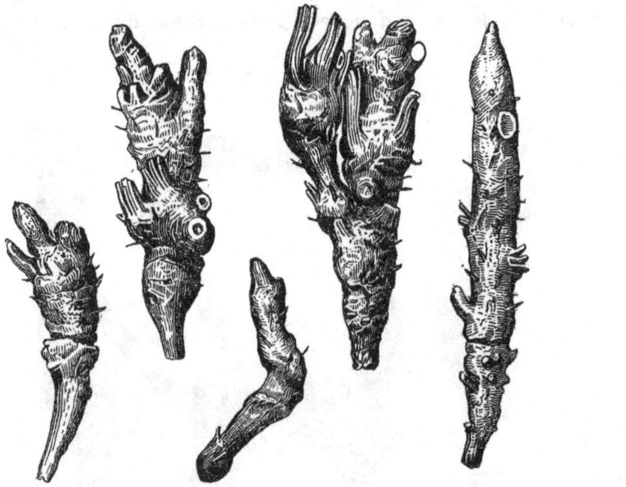

facilement, et sa couleur, étant affaiblie, est d'un jaune plus pur: sa cassure est plutôt ligneuse que vitreuse; elle offre un plus grand nombre de radicules piquantes, et son collet, qui est très rugueux, est souvent entouré de fibres dressées qui sont des débris de pétioles des feuilles radicales.

Occupons-nous maintenant de la plante qui fournit le chynlen ou la racine d'or. J'ai répété après un auteur moderne, dans une notice sur ce sujet (*Journ. de chim. médic.*, t. VI, p. 481), que Loureiro avait attribué la racine d'or au *thalictrum sinense* de sa Flore de Cochinchine. Dans cet ouvrage, Loureiro ne parle pas de la racine d'or, et donne au *thalictrum sinense* une racine *tubéreuse*, *arrondie*, *solide* et *très blanche*, ce qui ne convient aucunement au chynlen : l'erreur ne peut donc pas lui être reprochée. D'autres attribuent seulement la racine d'or à un *thalictrum*, sans désignation d'espèce; mais cette opinion sans preuve doit céder à celle que j'ai émise, fondée sur la conformité de caractères du chynlen ou de la racine d'or avec la *racine de mungouste* de Rumphius (*Herb. Amboin.*, t. VII, p. 29, tab. 16). Or, celle-ci est produite par l'*ophioxylum serpentinum* L., de la famille des apocynées; c'est donc à ce végétal qu'il convient également d'attribuer les autres (1).

La racine de mangouste tire son nom de ce que la mangouste, animal du genre des civettes, en mâche préalablement lorsqu'elle veut combattre les serpents, ou après en avoir été blessée. Ce fait, qui est attesté par Garcias, Kæmpfer et Rumphius, a conduit les habitants de l'Inde, de Ceylan, des îles de la Sonde et des îles Moluques, à adopter la racine de mangouste comme antidote de toute espèce de venin. A Batavia, on l'emploie contre l'anxiété, la fièvre, les coliques et les vomissements. En Chine, la racine de chynlen est usitée contre les mêmes affections, et Bergius l'a employée avec avantage, en observant qu'elle produit quelquefois un effet émétique, suivi cependant de soulagement.

La racine de mangouste est encore une de celles qui ont porté le nom si prodigué de *bois de couleuvre*, à cause de l'usage qu'on en faisait contre la morsure des serpents venimeux; c'est même, de toutes, celle qui était le plus estimée, puisque Garcias la décrit sous le nom de *lignum colubrinum primum seu laudatissimum*. On peut consulter sur ce sujet le Mémoire que j'ai publié dans le *Journal de chimie médicale*, t. VI, p. 481, année 1830.

Racine de Jean Lopez.

Cette racine tire son nom de *Juan Lopez Pineiro*, qui, d'après Redi, l'apporta le premier de la côte de Zanguebar, en Afrique; suivant d'autres, elle viendrait de Goa, ou plutôt de Malaca, d'où elle aurait été portée par le commerce dans les divers pays qui ont été censés la produire. La racine de Jean Lopez varie beaucoup en grosseur; elle est sous la forme de bâtons qui ont jusqu'à 22 à 27 centimètres de long et 3 à 5 centimètres de diamètre, ou sous celle d'un tronc ligneux de 14 à 16 centimètres de diamètre. Le bois en est blanc-jaunâtre, plus léger que l'eau, poreux et néanmoins susceptible d'être poli. Il a une saveur amère et une odeur nulle. L'écorce est brune, compacte, amère, recouverte elle-même d'un tissu subéreux jaune, spongieux, doux au toucher et comme velouté. Cette racine est quelquefois employée comme antidyssentérique; mais elle est très rare et fort chère.

On a fait plusieurs suppositions sur l'arbre qui fournit la racine de

(1) Il est possible d'ailleurs que *racine de chynlen* soit synonyme de *racine de mungo*; car *chulon* est le nom du chat-cervier dans la Tartarie chinoise, et le nom de cet animal, assez voisin des civettes, a pu être employé par les Chinois comme la traduction de *mungo*.

II.   34

Jean Lopez; les uns l'attribuent à un *zanthoxylum*, d'autres à un
menispermum. Je pense que cette racine, qui a été vantée d'abord
contre la morsure des serpents, les fièvres tierces et quartes et la dyssenterie, n'a été apportée en Europe que parce qu'elle jouissait de la
même réputation en Asie (autrement, pourquoi l'aurait-on apportée?),
et qu'elle appartient encore, par conséquent, à l'un des nombreux
végétaux qui ont porté le nom de *bois de couleuvre*, peut-être au *soulamoe* de Rumphius (*Amb.* II , p. 129), dont la description se rapporte
en effet au Jean Lopez (1). D'un autre côté, je possède une racine
ligneuse apportée de l'Inde et de l'île Bourbon, qui se rapproche beaucoup par ses caractères physiques de celle de Jean Lopez. Elle est produite par le *toddalia aculeata* ou par le *toddalia paniculata*, de la
famille des zanthoxylées; elle est formée d'un bois assez dense et jaunâtre, et d'une écorce brune et compacte, couverte d'une couche subéreuse jaune et spongieuse. Cette racine ressemble donc beaucoup à
celle de Jean Lopez; mais je ne l'ai jamais vue qu'en rameaux cylindriques ayant au plus 2 centimètres de diamètre; de plus elle possède
une odeur analogue à celle de la rhubarbe et une saveur nauséeuse pareille à celle de l'angusture vraie. Je ne puis donc pas dire que ces deux
racines soient identiques; et je laisse toujours dans le doute l'origine
de la racine de Jean Lopez.

FAMILLES DES JASMINÉES ET OLÉACÉES.

La famille des jasminées, telle qu'elle a été établie d'abord par
A.-L. de Jussieu, comprend des arbres ou arbustes à feuilles ordinairement opposées et à fleurs hermaphrodites, excepté dans le genre
fraxinus, qui les a polygames Le calice est très petit, rarement nul ;
la corolle est très petite, gamopétale ou divisée profondément en 4 ou
5 lobes qui la font paraître polypétale. Les étamines sont au nombre de
deux seulement; l'ovaire est à 2 loges contenant chacune 2 ovules ; le
style est terminé par un stigmate bilobé.

Pendant longtemps beaucoup de botanistes, ainsi que le fait encore
aujourd'hui M. Richard, se sont contentés de diviser cette famille en
deux sections, suivant que le péricarpe est sec (lilacées) ou charnu
(jasminées); mais aujourd'hui le plus grand nombre des botanistes la
partagent en deux familles distinctes :

I. Les JASMINÉES, dont les fleurs sont toujours complètes et régu-

(1) Le soulamoe de Rumphius (*soulamea amara* Lamk.) est un genre
anormal de la famille des polygalées.

lières, et dont la corolle hypocratériforme est ordinairement à 5 divisions contournées et imbriquées pendant l'estivation. Le fruit est succulent ; les semences sont droites, presque privées d'albumen, tandis que les cotylédons deviennent charnus. Cette famille ne comprend que les genres *jasminum* et *nyctanthes*.

II. Les OLÉACÉES, dont le calice et la corolle sont divisés par quatre parties, dont les semences sont pendantes et le plus souvent pourvues d'un albumen charnu. On partage cette famille en quatre tribus :

1° Les **fraxinées**, dont le fruit est sec, samaroïde, biloculaire, indéhiscent, et les semences endospermées ; exemple le genre *fraxinus*.

2° Les **syringées**, dont le fruit est capsulaire, biloculaire, a déhiscence loculicide, semences endospermées ; exemples les genres *syringa*, *fontanesia*.

3° Les **oléinées**, dont le fruit est charnu, drupacé ou bacciforme les semences endospermées ; exemples les genres *olea*, *phillyrea*, *ligustrum*.

4° Les **chionanthées** ; fruit drupacé, charnu ; semences privées d'endosperme ; exemple le genre *chionanthus*.

Les **jasmins** sont des arbrisseaux originaires des pays chauds, dont les rameaux nombreux sont disposés en buisson, ou sont grêles, volubiles et grimpants sur les corps qui sont dans leur voisinage ; leurs feuilles, opposées ou alternes, sont pinnées avec impaire, mais souvent réduites à 3 folioles ou à une seule, sur un pétiole articulé. Les fleurs sont jaunes ou blanches, souvent rosées extérieurement, ordinairement disposées en panicules peu garnies et d'une odeur très suave. Les espèces les plus usitées sont :

Le **jasmin d'Arabie**, *jasminum sambac* Ait., à feuilles opposées, unifoliolées, à fleurs très blanches d'une odeur très suave, surtout pendant la nuit. Cet arbrisseau est cultivé partout dans l'Inde et dans l'Arabie, à cause de l'arome de ses fleurs.

Le **jasmin jonquille**, *jasminum odoratissimum* L., dont les feuilles sont alternes, à 3 folioles, persistantes. Les fleurs sont jaunes et très odorantes. On le cultive en Europe depuis près de deux siècles ; on le rentre l'hiver dans l'orangerie.

Le **jasmin officinal**, *jasminum officinale* L. Arbrisseau originaire de l'Asie, haut de 6 mètres et plus, cultivé depuis très longtemps en Europe où il supporte bien le froid de nos hivers ; ses feuilles sont opposées, composées de 7 folioles dont la dernière est beaucoup plus grande que les autres ; les fleurs sont blanches et d'un parfum très agréable.

Le **jasmin grandiflore** ou **jasmin d'Espagne**, *jasminum gran-*

diflorum L. Cette espèce, originaire de l'Inde, s'élève moins que la précédente, supporte moins le froid et doit être rentrée dans l'orangerie pendant l'hiver. Ses fleurs sont plus grandes, blanches, nuancées de rouge en dehors, à divisions obtuses, d'une odeur très suave.

L'essence des jasmins est tellement volatile et difficile à coercer qu'on ne peut l'obtenir dissoute dans l'eau ou l'alcool ; par la distillation. Pour l'obtenir, il faut imbiber du coton cardé avec de l'huile de ben qui est inodore et peu susceptible de rancir, et disposer ce coton, couche par couche, entre des fleurs de jasmin, dans des tamis que l'on couvre bien ; vingt-quatre heures après, on sépare le coton qui s'est imprégné de l'odeur du jasmin et on le remet avec de nouvelles fleurs ; on répète cette opération jusqu'à ce que le coton sente le jasmin comme la fleur même; alors on le soumet à la presse pour en retirer l'huile que les parfumeurs conservent dans des flacons pleins et bien bouchés.

Les **lilas** (genre *syringa*) sont des arbrisseaux à feuilles opposées, simples et entières, dont les fleurs sont disposées en belles grappes pyramidales, purpurines ou blanches suivant les espèces ou les variétés, d'une odeur très suave. Le calice est très petit, à 4 dents peu sensibles et persistant. La corolle est infundibuliforme, à tube plus long que le calice, à limbe partagé en 4 lobes arrondis ; les étamines, presque sessiles, sont insérées à l'orifice du tube de la corolle et portent des anthères ovales ; l'ovaire est surmonté d'un style et d'un stigmate un peu épais et bifide. Le fruit est une capsule pointue, comprimée, à 2 valves opposées à la cloison, et à 2 loges contenant chacune une ou deux graines bordées d'une aile membraneuse.

Les lilas fleurissent au mois de mai et font à cette époque l'ornement des jardins par leur beau feuillage et par le nombre, l'élégance et la suavité de leurs fleurs. Les feuilles sont très amères et ne sont broutées par aucun quadrupède ; elles ne sont mangées par les cantharides qu'à défaut des feuilles de frêne. Le bois de lilas est dur, d'un grain fin, veiné de brun, susceptible de prendre un beau poli et pourrait faire de jolis ouvrages de tour. Les Turcs font des tuyaux de pipe avec les jeunes rameaux vidés de leur moelle ; c'est sans doute par allusion à cet usage que Linné a donné à ce genre le nom de *syringa*.

Les **frênes** sont des arbres élevés qui habitent les parties tempérées de l'Amérique septentrionale et de l'Europe. Leurs feuilles sont opposées, presque toujours ailées avec impaire ; leurs fleurs sont polygames ou dioïques par avortement ; pourvues d'un calice le plus souvent nul ou fort petit et à 4 divisions ; la corolle est ordinairement nulle, plus rarement composée de 4 pétales; le fruit est un carcérule à 2 loges dont une oblitérée et stérile et l'autre monosperme ; ce carcérule est prolongé en une aile membraneuse suivant l'axe du fruit.

L'espèce de frêne la plus commune en France est le **frêne élevé**, *fraxinus excelsior* L., arbre d'une grande hauteur qui croît spontanément dans nos forêts et que l'on plante avec avantage dans les parcs. Son bois est blanc, veiné longitudinalement, assez dur, liant et elastique, ce qui le rend utile pour faire des brancards et des timons de voitures, des échelles, des chaises, des manches d'outils, etc. On l'emploie peu pour la charpente, parce qu'il est sujet à la vermoulure après un certain temps.

Le frêne peut difficilement être planté dans les jardins d'agrément ou près des habitations, par l'inconvénient qu'il a d'attirer les cantharides, dont le voisinage peut être dangereux et qui, se nourrissant de ses feuilles, l'en dépouillent presque tous les ans, vers le milieu de juin. L'écorce de frêne est amère et était employée comme fébrifuge avant la découverte du quinquina.

Manne.

La manne est un suc sucré, concret, apporté de la Sicile et de la Calabre, où on la récolte sur deux espèces de frêne nommées *fraxinus rotundifolia* et *fraxinus ornus*, mais principalement sur la première. Plusieurs botanistes font de ces deux arbres un genre particulier sous le nom d'*ornus*, parce que leurs fleurs sont pourvues de corolle et presque toutes hermaphrodites, tandis que les fleurs des autres frênes sont privées de corolle et polygames; mais cette séparation n'est pas généralement admise.

Le frêne à feuilles rondes, quand il est cultivé, contient une si grande quantité de suc sucré que celui-ci en exsude souvent spontanément, ou par la piqûre d'une cigale nommée *cycada orni;* mais celle qui est livrée au commerce est le produit d'incisions que l'on commence ordinairement au mois de juillet, et que l'on continue de faire jusqu'au mois de septembre ou d'octobre. On obtient ainsi plusieurs produits qui varient en pureté, suivant l'époque de la récolte et suivant que la saison a été plus ou moins pluvieuse.

Ainsi, dans les mois de juillet et d'août, la saison étant en général chaude et sèche, le suc se concrète presqu'à sa sortie des incisions, sur l'écorce même des arbres, ou sur des fétus de paille que l'on a disposés à cet effet, et constitue la manne la plus sèche, la plus blanche et la plus pure, qui est nommée **manne en larmes.**

Pendant les mois de septembre et d'octobre, la saison étant moins chaude et souvent pluvieuse, la manne se dessèche moins vite et moins complétement. Elle coule le long de l'arbre et se salit. Elle contient cependant encore une grande quantité de petites larmes, et en outre des parties molles, noirâtres, agglutinées, formant ce qu'on nomme des *marrons*. Ce mélange constitue la **manne en sorte.**

La manne en larmes vient presque exclusivement de Sicile, et la manne en sorte se divise en **manne de Sicile** ou **manne geracy**, et **manne de Calabre** ou **manne capacy**. Celle-ci contient de plus belles larmes et en plus grande quantité que la manne geracy, par la raison qu'on ne les en retire pas pour en former une sorte particulière; aussi paraît-elle plus belle et plus blanche lorsqu'elle est récente; mais, comme elle est toujours très molle et visqueuse elle fermente et jaunit avec une grande facilité, et se convertit en *manne grasse* au bout de l'année. La manne de Sicile se conserve plus longtemps, mais cependant guère plus de deux ans : alors elle jaunit également, se ramollit et fermente. Il faut donc aussi la choisir nouvelle.

La manne a été analysée par M. Thénard, qui l'a trouvée composée de trois principes : de sucre, d'un principe doux et cristallisable, et d'une matière nauséeuse incristallisable. On n'en peut isoler le sucre qu'en le détruisant par une fermentation ménagée. On obtient le second principe en évaporant le liquide fermenté à siccité, et traitant le résidu par l'alcool chaud, qui le dissout complètement, mais qui laisse cristalliser le principe doux par le refroidissement. L'alcool évaporé donne le principe incristallisable.

Le sucre existe dans la manne pour un dixième de son poids. Le principe doux cristallisable constitue presque entièrement la manne en larmes, et lui donne toutes ses propriétés. Aussi l'a-t-on nommé *mannite ;* il est composé de $C^6 \underline{H}^7 O^6$. Le principe nauséeux incristallisable abonde dans la manne en sorte, et se trouve encore en plus grande quantité dans la manne grasse. Il y a tout lieu de croire que ce n'est que de la mannite altérée.

On connaissait autrefois, et seulement comme objets de curiosité, trois autres sortes de manne qui sont tout à fait oubliées. Ce sont la manne de Briançon, la manne d'Alhagi et le tréniabin.

La **manne de Briançon** exsudait spontanément, dans les environs de cette ville, des feuilles de mélèze, *larix europœa*. Elle était en petits grains arrondis, jaunâtres. Elle jouissait d'une faible propriété purgative.

La **manne d'Alhagi** était en petits grains comme la précédente et était fournie par une espèce de sainfoin de la Perse et de l'Asie-Mineure, nommée *alhagi* (*alhagi maurorum* Tourn.)

Enfin le **tréniabin** ou **tringibin** ou **manne liquide**, était une matière blanchâtre, gluante et douce, assez semblable à du miel que l'on récoltait sur les feuilles d'arbres ou arbrisseaux des mêmes pays.

Suivant plusieurs auteurs, cette manne était produite également par l'alhagi.

Manne tombée du ciel. En 1845, à la suite d'une pluie, on a trouvé sur le sol, en Anatolie, une substance grisâtre que les habitants ont regardée comme une *manne tombée du ciel* et dont ils se sont servis pour faire du pain. Cette substance présente une très grande ressemblance avec le *lichen esculentus* de Pallas, dont on a voulu faire depuis un *urceolaria*. Ce sont tantôt de petits corps arrondis ou un peu aplatis, de 1 centimètre de diamètre, et d'autres fois des masses plus considérables, mamelonnées, larges de 2 centimètres à 2,5, mais n'ayant toujours environ que 1 centimètre d'épaisseur. Ces petits corps ou ces masses ont d'ailleurs leur surface entièrement couverte par de petits tubercules gris, de formes très variées, dont les pédicules se réunissent à l'intérieur en une petite masse de forme irrégulière, ayant tout à fait la couleur, la consistance et l'apparence de l'agaric blanc. Ainsi, en reprenant maintenant la description par le centre, nous voyons une petite masse irrégulière, blanche et fongueuse, qui se ramifie tout autour en un grand nombre de tubercules pédiculés de nature semblable, mais cependant terminés par une enveloppe grise, de nature gélatineuse, analogue à celle des lichens. Ces corps tuberculeux ne présentent aucun prolongement ou aucune griffe qui pût les fixer au sol, dont ils étaient certainement isolés, chacun d'eux pouvant être comparé, dans son entier, à une petite truffe. Ils ont une saveur fade et terreuse; ils ne contiennent pas d'amidon, si ce n'est peut-être une très petite quantité, dans la couche gélatineuse externe. Cette substance, dont les séminules ont sans doute été transportées par les vents et développées par la pluie, est curieuse par l'analogie de forme, d'origine et d'application qu'elle présente avec la manne dont les Hébreux se sont nourris dans le désert.

Olivier, Olives, Huile d'Olives.

Olea europœa L. (fig. 231). Arbre originaire d'Asie, d'où il s'est propagé naturellement ou par la migration des anciens peuples, en Grèce, en Afrique, en Italie, en Provence et en Espagne. En Provence, sa tige acquiert par le bas de 1 à 2 mètres de circonférence, et se divise, à la hauteur de 3 ou 4 mètres, en branches qui s'élèvent à 7 ou 10 mètres; mais dans les pays plus chauds il devient beaucoup plus gros et s'élève jusqu'à la hauteur de 16 mètres. Il croît très lentement et peut vivre cinq ou six siècles et plus; son bois est jaunâtre, marbré de veines brunes, très dur, compacte et susceptible d'un beau poli; il est à regretter qu'il ne soit pas plus employé.

L'olivier est pourvu de feuilles opposées, persistantes, coriaces, entières, longues et étroites, vertes en dessus, blanchâtres en dessous ; les fleurs ont un calice à 4 dents, une corolle infundibuliforme, à 4 divisions planes ; 2 étamines insérées à la base de l'ovaire ; 1 ovaire arrondi surmonté de 1 style épais et de 1 stigmate en tête ou à 2 lobes peu marqués ; l'ovaire est à 2 loges dont chacune contient 2 ovules pendants ; le fruit est un drupe à noyau uniloculaire et monosperme, par avortement.

Fig. 231.

Les olives varient de forme, de grosseur et de couleur, suivant les variétés et les contrées où on les cultive. Celles de Provence, les plus ordinaires, sont ovales-oblongues, à peu près de la grosseur d'un gland, d'un vert noirâtre et possèdent une saveur âcre, amère et désagréable ; mais on parvient à adoucir cette saveur et même à la rendre agréable, en faisant macérer les fruits dans de la saumure. Ces fruits se distinguent de la plupart des autres drupes parce qu'ils contiennent de l'huile fixe dans leur péricarpe tout aussi bien que dans l'amande. C'est cette huile qui est le produit le plus important de l'olivier ; elle tient le premier rang entre toutes les huiles pour l'alimentation et pour la fabrication du savon. On l'extrait des olives mûres à l'aide des différents procédés qui influent beaucoup sur sa qualité et qui lui font donner les noms d'*huile vierge*, *huile ordinaire*, *huile fermentée*, *huile d'enfer*, etc.

Du côté de Montpellier, on appelle *huile vierge* celle qui surnage la pâte des olives écrasées au moulin, ou qui se rassemble dans des creux qu'on y a pratiqués. Cette huile, peu abondante, ne se trouve pas dans le commerce ; elle est toute consommée dans le pays, soit comme remède adoucissant, soit pour huiler les rouages d'horlogerie. Dans les environs d'Aix, on nomme *huile vierge* celle que l'on obtient en soumettant à une première pression modérée les olives écrasées. Cette huile, connue dans le commerce sous les noms d'*huile d'Aix* ou d'*huile vierge*, est très douce, un peu verdâtre, d'un goût de fruit, facilement solidifiable par le froid, très recherchée pour la table.

Huile ordinaire. Du côté de Montpellier, cette huile est préparée en soumettant à la pression les olives écrasées et mélangées d'eau bouillante ; du côté d'Aix, on l'obtient de la même manière avec les olives qui ont déjà servi à préparer l'huile vierge. Par cette seconde pression, plus forte que la première, on obtient une huile inférieure à l'huile vierge et un peu inférieure également à l'huile ordinaire de Montpellier. Cette huile est jaune, peut-être un peu moins solidifiable que la première, toujours douce au goût lorsqu'elle est récente, très usitée pour la table.

Huile fermentée. On obtient cette huile en abandonnant les olives fraîches, en tas considérables, pendant un temps plus ou moins long, avant de les écraser; on les mélange de même d'eau bouillante et on les exprime. Pendant la fermentation que les olives éprouvent, leur parenchyme se ramollit et se détruit en partie, ce qui permet d'en retirer l'huile plus facilement et en plus grande quantité; mais cette huile est moins agréable que les précédentes, un peu âcre et pourvue quelquefois d'un goût de moisi. Aussi le procédé de la fermentation, encore usité en Espagne, est-il presque abandonné en France.

Huile tournante, huile d'enfer. En délayant avec de l'eau, dans de grandes chaudières, les tourteaux des opérations précédentes, et en les soumettant à une dernière expression, on en extrait encore une certaine quantité d'une huile désagréable qui est employée dans les savonneries et pour l'éclairage. Enfin, l'eau qui a servi à toutes les opérations et dont on a séparé l'huile après quelques heures de repos, est conduite dans de grands réservoirs nommés *enfers*, où, après plusieurs jours de repos, elle laisse encore surnager une certaine quantité d'huile qui sert aux mêmes usages que la précédente.

L'huile d'olives est très souvent falsifiée dans le commerce, et elle l'est d'autant plus, maintenant, que la grande extension donnée à la fabrication des savons de Marseille a appelé, dans le midi de la France, l'importation d'une très grande variété d'huiles ou de semences huileuses étrangères. Cependant la substance avec laquelle on falsifie toujours, le plus habituellement, l'huile d'olives destinée à l'usage de la table et de la pharmacie, est l'huile de semences de pavots, connue dans le commerce sous les noms d'*huile blanche* et d'*huile d'œillette*. C'est donc principalement à découvrir cette falsification que nous allons nous attacher.

L'huile d'olives est toujours liquide dans l'été, mais elle se solidifie en partie dès que la température s'abaisse au-dessous de 11 degrés, et elle se présente alors sous la forme d'une masse grenue d'autant plus ferme qu'il fait plus froid; elle forme avec les alcalis des savons solides et avec l'oxide de plomb (litharge) un emplâtre blanc, solide et cassant. Elle n'est pas siccative à l'air et est si peu soluble dans l'alcool que 1000 gouttes de celui-ci n'en dissolvent que 3 gouttes (Planche)

L'huile de pavots est toujours liquide et ne forme un dépôt de mar-

garine que dans les temps de gelée. Elle est plus fluide que l'huile d'o-
lives liquide, d'une couleur plus pâle, d'une odeur et d'une saveur
presque nulles lorsqu'elle est récente; 100 gouttes d'alcool en dissolvent 8; elle est siccative à l'air et elle forme avec l'oxide de plomb
un emplâtre mou qui acquiert promptement une odeur rance, et qui
jaunit et se dessèche à sa surface.

Beaucoup de moyens ont été proposés pour reconnaître le mélange de
l'huile de pavots avec l'huile d'olives. Le plus simple, qui est bon pour
l'usage ordinaire, consiste à remplir à moitié une fiole à médecine de
l'huile suspectée et à l'agiter fortement. Si l'huile d'olives est pure,
après quelque temps de repos sa surface sera très unie; si elle est mélangée d'huile de pavots, il restera tout autour une file de bulles d'air,
ce qu'on exprime en disant qu'elle *forme le chapelet*. Ce procédé peut
faire reconnaître 0,1 d'huile de pavots dans l'huile d'olives.

Un deuxième moyen consiste à refroidir l'huile dans de la glace pilée :
l'huile d'olives s'y fige complétement (d'autant plus qu'elle est plus
récente) : celle qui est mélangée d'huile de pavots y reste en partie
liquide ; un mélange de deux parties d'huile d'olives sur une d'huile
blanche ne s'y fige pas du tout.

Troisième moyen, *diagomètre de Rousseau.* La pièce principale de
cet instrument est une pile électrique *sèche*, c'est-à-dire formée de
disques métalliques très minces, cuivre et zinc, alternés avec des
disques de papier. Ces piles ont une très faible tension, mais elles la
conservent très longtemps. Dans le diagomètre, cette pile agit sur une
aiguille faiblement aimantée, libre sur son pivot, et placée sous une
cloche, en regard d'un cercle gradué dont le zéro répond au plan du
méridien magnétique. Lorsque l'aiguille est en repos et à l'abri de toute
excitation étrangère, elle marque donc zéro.

Maintenant, si l'on soumet cette aiguille à l'influence de la pile sèche,
au moyen d'un disque de cuivre qui la touche à zéro, et qui communique avec la pile, on conçoit que l'aiguille et le disque se trouvant
chargés de la même électricité, l'aiguille, qui est mobile, s'éloignera
du disque d'une quantité proportionnelle à la force qui agit sur elle, et
si on interpose entre le disque et la pile un corps peu conducteur, on
obtiendra une déviation de l'aiguille d'autant moindre que le corps laisse
moins facilement passer le fluide électrique. Or, l'auteur de cet instrument a vu que l'huile d'olives conduit l'électricité 675 fois moins que
les autres huiles végétales, et qu'il suffit d'ajouter 2 gouttes d'huile de
faine ou d'œillette à 10 grammes d'huile pure pour quadrupler son pouvoir conducteur (voir *Journ. de pharm.*, t. IX, p. 587, et t. X,
p. 216). Ce moyen est donc très bon pour reconnaître la pureté de
l'huile d'olives, bien que la propriété sur laquelle il est fondé ne soit

pas exclusive à cette huile. Ainsi l'huile séparée de la graisse des animaux ruminants partage avec l'huile d'olives la faculté non conductrice de l'électricité; mais elle ne sert presque jamais à la falsifier.

Procédé de M. Poutet. Mettez dans une fiole 6 parties de mercure et 7 p. 1/2 d'acide azotique à 38 degrés; lorsque la dissolution est opérée, pesez dans une autre fiole 5 grammes de la liqueur (qui consiste en un mélange de proto-azotate et de deuto-azotate de mercure, d'acide hypo-azotique et d'acide azotique) et 60 grammes d'huile; agitez fortement le mélange de dix minutes en dix minutes, pendant deux heures, après lesquelles on le laisse en repos. Le lendemain toute la masse est solidifiée, si l'huile d'olive était pure. Un dixième d'huile blanche lui donne une consistance d'huile d'olives figée. Au-delà de cette proportion, une portion d'huile liquide surnage le mélange, et est d'autant plus abondante que l'huile d'olives contenait plus d'huile étrangère. On peut même juger, par approximation, de la quantité de celle-ci par la première, en opérant la solidification de l'huile falsifiée dans un tube cylindrique gradué.

Ce moyen de reconnaître la pureté de l'huile d'olives est très bon lorsque la dissolution mercurielle est récente (1); mais il cesse d'être exact lorsqu'elle est ancienne, et cela s'explique par les expériences de M. Félix Boudet, qui a vu que de tous les corps renfermés dans la liqueur mercurielle, ce n'est ni l'acide azotique ni les azotates de mercure qui agissent; mais seulement l'acide hypo-azotique. Aussi M. Félix Boudet a-t-il proposé un autre moyen d'essayer la pureté de l'huile. Ce moyen consiste dans l'emploi de l'acide hypo-azotique étendu de 3 parties d'acide azotique; 12 parties de ce mélange solidifient en cinq quarts d'heure 100 parties d'huile d'olives pure. Un centième d'huile de pavots retarde la solidification de 40 minutes; un vingtième la retarde de 90 minutes; un dixième la retarde infiniment plus; enfin l'huile de pavots pure reste toujours liquide (2).

Élaïomètre de M. Gobley. L'huile d'olives pèse, d'après Brisson,

---

(1) MM. Soubeiran et Blondeau, dans une note très intéressante sur les moyens de reconnaître la pureté de l'huile d'olives (*Journal de pharmacie*, t. XXVII, p. 72), reprochent au réactif Poutet de cristalliser peu de moments après la dissolution du mercure, ce qui oblige à le refaire, lorsque cet effet est arrivé. Il faut que ce résultat tienne à quelque circonstance particulière de la préparation, peut-être à un degré différent dans la force de l'acide, car en opérant exactement comme l'auteur, je n'ai jamais vu la liqueur cristalliser. Le seul défaut de ce réactif, c'est qu'il perd sa propriété en vieillissant.

(2) Les expériences de MM Soubeiran et Blondeau n'ont pas confirmé pleinement les résultats obtenus par M. Boudet. Ces deux chimistes pensent

0,9153 à la température de 12°,5, centigrades, et l'huile de pavots pèse
0,9288 Si donc, on plonge un aréomètre à tige très déliée, successivement dans ces deux liquides, il en résultera une différence considérable dans l'enfoncement de la tige, et cette différence, partagée en
centièmes ou en cinquantièmes, indiquera des quantités correspon-
dantes dans le mélange des deux huiles. Soit, par exemple, de l'huile
de pavots pesant 0,9284 à la température de 12°,5 et marquant zéro
au bas de l'échelle de l'élaïomètre, et de l'huile d'olives pesant 0,9216
à la même température, et marquant 50 degrés au haut de l'échelle ;
il est évident que ces deux degrés indiqueront toujours des huiles pures,
et que 25 degrés, par exemple, indiqueront 25/50ᵉˢ ou 0,50 d'huile
d'olives ; 40 degrés, 40/50ᵉˢ ou 0,80 d'huile pure, etc.; tel est l'é-
laïomètre de M. Gobley.

M. Gobley ayant gradué son instrument à la température de 12°,5
centigrades, qui est sensiblement celle des caves où l'on conserve les
huiles, il a calculé que la dilatation des deux huiles ou de leur mélange
était de 3ᵈ,6 pour 1 degré centigrade ; de sorte que, au-dessus de
de 12°,5 centigrades, il faut retrancher de l'indication de l'élaïomètre
autant de fois 3ᵈ,6 qu'il y a de degrés de température supérieure. Soit
par exemple une huile qui, à la température de 15 degrés centigrades,
marque 35 divisions à l'élaïomètre ; cette huile, ramenée à 12°,5 degrés, marquerait en moins 3,6 × 2,5 = 9 divisions ; c'est-à-dire
qu'elle ne doit compter que pour 26 divisions indiquant 26/50ᵉˢ ou
52 centièmes d'huile d'olives pure.

Je pense que l'élaïomètre de M. Gobley pourra rendre de grands
services au commerce et qu'il suffira, pour en étendre l'usage, d'en rendre
la construction plus facile. Je dirai donc qu'en comparant avec soin cet
instrument avec l'alcoomètre de M. Gay-Lussac, j'ai trouvé que

$$\begin{array}{lll}
\text{le } \quad 0 \text{ de l'élaïomètre} & = 53^{d},25 \text{ Gay-Lussac.} \\
\quad 50^{d} \qquad id. & = \,57 \,,40 \qquad id. \\
\quad 58^{d} \qquad id. & = \,58 \,,00 \qquad id.
\end{array}$$

de sorte qu'il suffit de diviser en 58 parties l'espace compris entre

d'ailleurs, et je crois que c'est avec raison, que la présence du sel mercuriel
n'est pas aussi étrangère à la reaction que l'a pensé M. Boudet. J'ajoute une
dernière observation, non utile pour la pratique, mais qui indique une
action bien différente des huiles d'olives et de pavots sur le sel mercuriel.
L'huile d'olives pure, solidifiée par le réactif Poutet, et conservée pendant
plusieurs années, reste parfaitement solide et jaune, sans aucune apparence de réduction du mercure. L'huile de pavots ou le mélange de cette
huile avec l'huile d'olives, se colore en brun foncé avec le temps, reste liquide
ou redevient en partie liquide, et le mercure se dépose réduit au fond de la
bouteille.

53^d,25 et 58^d de l'alcoomètre, pour construire l'élaïomètre de M. Gobley.

Gomme d'Olivier.

Cette substance était en grande réputation chez les anciens, et faisait partie d'un grand nombre de médicaments extérieurs, cicatrisants
et vulnéraires. Elle était complétement oubliée, lorsque les expériences
de M. Paoli et de Pelletier (*Journ. de pharm.*, t. II, p. 111 et 337)
ont appelé de nouveau sur elle l'attention ; Pelletier, surtout, en a retiré une matière particulière, nommée *olivile*, qui la constitue presque
en totalité ; qui est soluble dans 32 parties d'eau bouillante, bien plus
soluble dans l'alcool, et cristallisable par l'évaporation ou le refroidissement de ce dernier dissolvant. La gomme d'olivier n'est donc ni une
gomme ni une résine ; c'est une matière particulière qui n'a guère d'a-
nalogue que la *sarcocolle*, parmi les produits naturels des végétaux.

La gomme d'olivier venait autrefois d'Éthiopie ; mais elle est produite
aujourd'hui par les oliviers sauvages et cultivés qui croissent abondamment dans le royaume de Naples. Elle est sous forme de larmes arrondies, rougeâtres, souvent agglutinées ensemble, transparentes ou opaques ; souvent aussi opaques à l'intérieur et transparentes à la surface.
Elle se ramollit par une chaleur modérée, se fond et se réunit en une
masse qui simule le baume de Tolu ; elle se dissout complétement dans
l'alcool bouillant : ce liquide refroidi ou évaporé spontanément, laisse
cristalliser l'olivile sous la forme d'aiguilles aplaties. L'alcool retient en
dissolution une matière résineuse, colorée, soluble dans l'éther.

L'olivile pure est blanche, fusible à 70 degrés ; elle partage la propriété idio-électrique des substances résineuses ; elle se dissout dans les
alcalis ; elle ne produit pas d'ammoniaque par sa décomposition au feu.

Sarcocolle.

La sarcocolle est une substance connue des anciens Grecs et des
Arabes, que tous leurs auteurs font venir de Perse, de sorte qu'elle ne
peut être produite par le *penœa sarcocolla* de l'Afrique méridionale,
dont la place dans l'ordre des familles naturelles est également très in-
certaine.

On a rangé pendant longtemps la sarcocolle au nombre des gommes-
résines ; mais M. Thomson, dans son *Système de chimie*, l'a considérée comme tenant le milieu entre le sucre et la gomme, et l'a placée
en conséquence : depuis, M. Pelletier en a repris l'analyse, et l'a
trouvée composée de :

Sarcocolle pure   65,30
Gomme.   4,60
Matière gélatineuse.   3,30
Matières ligneuses, etc.   26,80
                        ――――
                        100,00

La matière gélatineuse a quelques propriétés communes avec la bassorine et d'autres qui l'en font différer. La gomme est de la gomme ordinaire. La sarcocolle pure, ou la *sarcocolline*, est un principe *sui generis*, d'une saveur sucrée-amère, d'une odeur faible, mais particulière, soluble dans 40 parties d'eau froide et dans 25 d'eau bouillante. Sa dissolution, saturée à chaud, laisse précipiter par le refroidissement une partie de la sarcocolle sous la forme d'un liquide sirupeux, qui n'est plus soluble dans l'eau (cette propriété semble indiquer une nature composée dans la sarcocolle). L'alcool dissout la sarcocolle presque en toutes proportions ; l'eau trouble cette dissolution, mais ne la précipite pas. (Voy. *Bull. de pharm.*, t. V, p. 5.)

FAMILLE DES SAPOTÉES.

Calice infère, non adhérent à l'ovaire, divisé supérieurement en 5, 4 ou 8 lobes imbriqués, persistants ; quelquefois accompagné d'écailles extérieures ; corolle hypogyne, gamopétale, régulière, divisée en autant de lobes que le calice. Étamines à filets distincts, insérées au tube de la corolle, tantôt en nombre double des lobes et alors toutes fertiles ; tantôt en nombre égal et opposées aux lobes, mais séparées par des languettes alternes qui représentent autant de filets d'étamines stériles. L'ovaire est supère, à plusieurs loges contenant chacune un ovule fixé à la partie supérieure ou inférieure de l'angle central. Le fruit est un drupe ou une baie à loges monospermes dont plusieurs avortent souvent. Les graines sont couvertes d'un tégument presque osseux, excepté à l'ombilic qui est infère ou latéral, souvent très grand. Le périsperme est charnu ou huileux, manquant quelquefois. Les sapotées sont des arbres ou des arbrisseaux à suc laiteux, dont les feuilles sont alternes, entières, coriaces, penninervées, courtement pétiolées, privées de stipules. On les rencontre et on les cultive dans les contrées intertropicales, soit pour leur bois qui est généralement très dur, soit pour leurs fruits succulents qui sont très estimés, ou pour leurs semences huileuses, ou pour leur suc laiteux qui fournit une sorte de caoutchouc.

Bois les plus usités.

Bois de natte à petites feuilles...	*Labourdonaisia calophylloïdes.*	
— — ...	— *glauca.*	
— — ...	— *revoluta.*	
— — ...	— *sarcophleia.*	
— — ...	*Imbricaria petiolaris.*	
— — ...	*Mimusops angustifolia.*	
— rouge......	— *erythroxylon.*	
Bois de natte ⎱		
— de balata ⎰	— *balata.*	
— de chair ⎰		
Bois de natte...........	— *dissecta.*	
—	— *nattarium.*	
Bois de fer de Cayenne......	*Sideroxylon inerme.*	
— de Bourbon......	— *cinereum.*	
Bois d'acouma :.........	— *acouma.*	
— bâtard......	— *pallidum.*	
— boucan......	*Bumelia nigra.*	
Bois d'argan...........	*Argania sideroxylon.*	

La plupart de ces bois se trouvent dans le commerce, et plusieurs sont tellement semblables qu'il est difficile de leur assigner une origine précise. Ceux qui portent les noms de *bois de natte*, de *bois de balata* et de *bois de chair*, spécialement, sont très durs, très compactes, d'un grain très fin, d'une couleur rougeâtre et susceptibles d'un poli parfait ; on les reconnaît en outre à leur coupe perpendiculaire à l'axe qui offre un nombre infini de lignes blanchâtres concentriques très fines et très serrées, plus des points blanchâtres, formant l'extrémité de tubes ligneux, rapprochés par 3 ou 4, de manière à former de très petites lignes interrompues, à peu près dirigées dans le sens des rayons.

Le *bois de fer de Cayenne* est d'une teinte rougeâtre moins prononcée ; il est moins fin, toujours très dur et très pesant cependant, mais facile à se gercer par la dessiccation, ce qui le rend très inférieur aux premiers.

Le *bois d'argan*, originaire du Maroc, est un très joli bois d'un gris jaunâtre, marqué d'un très grand nombre de cercles concentriques d'une couleur alternativement plus claire et plus foncée, et susceptible d'un beau poli; il en vient très peu dans le commerce, en raison du prix qu'on y attache dans le pays qui le produit.

Écorce de Buranhem ou de Guaranhem.

Cette écorce est arrivée du Brésil sous le nom de *mohica*, dont il est possible qu'on ait fait, par euphonie, le nom de *monesia*, sous lequel elle a été introduite en France dans la thérapeutique. L'arbre qui la produit, anciennement décrit par Pison, sous le nom de *ibiraee* (*Bras.*, p. 71), a été reconnu par M. Riedel pour un *chrysophyllum* et a été nommé par M. Casaretti *chrysophyllum glycyphlœum* (*Journ. pharm. et chim.*, VI, p. 64). L'écorce, telle que nous la recevons, est généralement très plate, épaisse de 4 à 6 millimètres, non fibreuse, sans couche subéreuse ou herbacée. Elle est formée d'une substance uniforme, brune, dure, compacte, pesante, toute gorgée d'un suc à la fois sucré, astringent et amer. Elle contient, d'après l'analyse de MM. Henry et Payen :

Matière grasse, cire et chlorophylle	1,2
Glycyrrhizine	1,4
Monésine (matière grasse, analogue à la saponine)	4,7
Tannin	7,5
Matière colorante rouge (acide rubinique)	9,2
Malate acide de chaux	1,3
Sels de potasse, de chaux ; silice, etc.	3
Pectine et ligneux	71,7
	100,0

On apporte également du Brésil l'extrait d'écorce de Buranhem tout préparé ; il est noir, sec, en masses plates, enfermées entre deux feuilles de papier ; il possède une saveur d'abord sucrée, puis successivement astringente, amère, très âcre et fort désagréable.

Semences de Sapotillier ou Sapotille.

Achras sapota L., *sapota achras* Mill. Arbre fort élégant des Antilles, dont le fruit est une grosse baie globuleuse et charnue, assez estimée pour la table ; présentant intérieurement 10 à 12 loges monospermes, dont un certain nombre avortent toujours. Les semences sont lenticulaires-elliptiques, longues de 18 à 25 millimètres, larges de 8 à 12, polies, brillantes, d'une couleur marron foncé, avec un long ombilic linéaire, blanchâtre du côté inférieur de la marge, qui regardait l'angle interne de la loge. Le test est dur et cassant ; l'amande est blanche, médiocrement huileuse, contenant un embryon droit presque de la longueur de l'endosperme. Telle que je l'ai, je lui trouve une saveur très amère. Je ne sais s'il en serait de même de l'amande récente. Cette semence passe pour-être diurétique.

Sapotille mammee, *lucuma mammosa* Gærtn. ꞏArbre très élevé des Antilles, de la Colombie et des missions de l'Orénoque, dont le fruit est une baie très volumineuse ne contenant ordinairement qu'une semence ovoïde, pointue, longue de 6 à 9 centimètres, offrant un angle arrondi du côté externe du fruit et un ombilic très large, occupant toute la longueur de la semence, du côté interne. Le test en est ligneux, très dur, poli, luisant, d'une couleur de marron claire et jaunâtre. L'ombilic est terne, rugueux et jaunâtre. L'endosperme est nul; les cotylédons sont charnus, très volumineux et composent toute l'amande; la radicule est infère, très petite. Cette belle semence est fréquemment apportée d'Amérique comme objet de curiosité. M. Candido Gaytan a annoncé en avoir extrait de l'amygdaline et une huile grasse fusible à 15 degrés, composée d'oléine et de stéarine, puisque l'acide solide qu'on en obtient par la saponification n'est fusible qu'à 70 degrés.

Huile d'Illipé. Le *bassia longifolia*, qui produit cette huile, est un des arbres les plus utiles de l'Inde, à cause de son bois qui est plus dur et aussi durable que le bois de tek; par les usages médicinaux de son écorce et de ses feuilles; par la qualité nutritive de ses fleurs, enfin par l'huile extraite de ses semences, qui sert à la fabrication du savon, pour l'éclairage, et même comme assaisonnement, bien qu'elle soit inférieure à cet égard au ghee (*ghi*) et au beurre de coco. On en a importé en France pour la fabrication du savon.

L'huile d'Illipé mériterait autant que d'autres de porter le nom de beurre, car elle est solide à la température de 22 ou 23 degrés centigrades et ne se liquéfie qu'à celle de 26 à 28 degrés. Elle est d'un blanc verdâtre à l'état solide et devient jaune par la fusion; elle est à peine soluble dans l'alcool bouillant; elle paraît être formée d'élaïne et de stéarine, comme l'huile de lucuma.

On extrait aussi dans l'Inde l'huile des semences du *bassia latifolia*, mais elle ne sert que pour l'éclairage. Les fleurs, qui ont un goût sucré et vineux, sont recherchées comme aliment par les hommes, par les chiens et par d'autres animaux. On en obtient par la fermentation et la distillation une liqueur très enivrante.

Enfin le *bassia butyracea* fournit un beurre solide, connu sous le nom de *ghee* ou *ghi*, plus estimé que les huiles précédentes et réservé pour les aliments et pour les usages de la médecine. Il est probablement fort analogue au suivant.

Beurre de Galam.

Nommé également *beurre de bambouc* et *beurre de shea (chi)*. Ce beurre est tiré des royaumes de Bambouc et de Bambara, situés dans l'intérieur de l'Afrique, à l'est du Sénégal ; il y est extrait des semences d'une espèce de *bassia* qui a été décrite par Mungo-Park et qui se nomme en conséquence *bassia Parkii* (De Cand., *Prodr.*, t. VIII, p. 199) ; il est parfaitement propre à la préparation des aliments et est l'objet d'un commerce assez considérable pour les contrées qui le produisent. Il est d'un blanc sale, quelquefois faiblement rougeâtre et a l'apparence du suif en pain ; mais il est plus onctueux que le suif et graisse les doigts à la manière de l'axonge, en y laissant quelques parties plus solides ; il a une légère odeur et une saveur douce privée de toute âcreté.

Ce beurre, fondu au bain-marie, laisse déposer des flocons rougeâtres d'une substance sucrée et des plus agréables, qui doit provenir de la pulpe du fruit ; le beurre, refroidi lentement, commence à se solidifier à 29 degrés, mais n'est complétement solide qu'à 21^d, 25. Il se dissout complétement à froid dans l'essence de térébenthine, incomplétement à froid dans l'éther, et la matière insoluble paraît être de la stéarine. Il est presque insoluble dans l'alcool. Les alcalis le saponifient avec une grande facilité (*Journ. chim. méd.*, 1825, p. 175). Il y a un certain nombre d'années qu'il est arrivé par les voies du commerce, à Paris, une assez grande quantité de beurre de Bambouc. Il avait une forme toute particulière qui l'a fait reconnaître aussitôt par M. Perrotet : il était en pains orbiculaires, plats sur la face inférieure, bombés supérieurement, ayant 25 à 26 centimètres de diamètre, complétement recouverts de grandes feuilles à nervures palmées et à lobes arrondis ; le tout était maintenu à l'aide d'un réseau lâche formé par des lanières d'une écorce fibreuse. Chaque pain pesait de 18 à 1900 grammes.

Gutta-Percha ou Gettania.

Cette substance, qui est appelée à rendre de grands services à l'industrie, a été apportée pour la première fois en Angleterre, en 1843, et en France, en 1846, par la commission du commerce envoyée en Chine. Elle découle en abondance, à Bornéo, dans les îles Malaises et dans les environs de Singapore, d'un arbre de la famille des sapotées qui appartient au genre *isonandra*, caractérisé par un seul rang d'étamines, toutes fertiles. Cet arbre, nommé par M. Hooker *isonandra gutta*, s'élève à la hauteur de 40 pieds ; ses feuilles sont alternes, obovées, très entières, courtement acuminées, atténuées en long pétiole à la base, vertes en dessus, dorées en dessous, comme dans les *chrysophyllum*; les fleurs sont axillaires, fasciculées, à 6 divisions, à 12 étamines; l'ovaire est à 6 loges; le fruit est une baie dure sous-globuleuse, à 2 loges fertiles, monospermes.

Le *gutta percha* apporté par la commission de Chine a la forme d'un pain rond, un peu aplati. Il est blanchâtre, solide à l'extérieur, encore un peu mou à l'intérieur et comme formé de couches superposées, fibro-membraneuses et un peu nacrées. Il a une odeur fort désagréable et un peu putride de fromage aigre. Lorsqu'il a acquis toute sa solidité et à froid, il a une consistance très ferme, très dure, très tenace ; il résiste au choc et au frottement, et est susceptible, par conséquent, d'un très long usage. Il se ramollit très facilement dans l'eau chaude, devient alors d'une extrême plasticité, prend toutes les formes qu'on veut lui donner et les conserve en se refroidissant. C'est cette propriété surtout qui rendra le *gutta percha* très utile pour remplacer le cuir dans un grand nombre de cas, et pour fabriquer des fouets et des manches d'outils.

Le *gutta percha* brut contient un certain nombre de substances différentes qui composaient le suc laiteux de l'arbre et qui se sont desséchées ensemble à l'air. Ainsi on y trouve un acide végétal que l'eau chaude lui enlève facilement, de la caséine, une résine soluble dans l'alcool et une autre soluble dans l'éther. Mais ces matières ne forment qu'une minime partie de la masse, et le reste peut être considéré comme une substance *sui generis* très analogue au caoutchouc, dont elle diffère cependant par sa consistance pâteuse, sa faible élasticité, son insolubilité dans l'éther, sa plus grande solubilité dans l'essence de térébenthine. Le *gutta percha* a été examiné surtout par M. Solli, pharmacien à Londres, et par M. Soubeiran (voir le *Pharmaceutic journal* de J. Bell et le *Journal de pharmacie et de chimie*, t. XI, p. 17).

FAMILLE DES ÉBÉNACÉES.

Arbres ou arbrisseaux non lactescents, à feuilles alternes, coriaces, très entières, privées de stipules. Les fleurs sont très souvent dioïques par avortement, formées d'un calice gamosépale à 3-6 lobes persistants, et d'une corolle insérée sur le réceptacle, gamopétale, à 3-6 lobes imbriqués et contournés, presque toujours velus à l'extérieur. Les étamines sont insérées à la base de la corolle ou sur le réceptacle, en nombre double des divisions de la corolle, rarement quadruple, très rarement égal et alors alternes et incluses.

L'ovaire est libre, à 3-12 loges contenant un ovule solitaire, ou deux ovules collatéraux et pendants. Styles distincts ou plus ou moins soudés, répondant au nombre des loges; baie globuleuse, à un petit nombre de loges contenant chacune une semence pendante, oblongue, comprimée, lisse, coriace, à endosperme cartilagineux.

Les ébénacées diffèrent des sapotées par leur suc non laiteux, leurs ovules pendants et leur style très souvent divisé; leur genre le plus important est le genre *diospyros* (Plaqueminier), dont plusieurs espèces, répandues sur la côte de Mozambique, dans l'île de Madagascar, dans les îles Maurice, dans l'Inde et dans la Cochinchine, fournissent des bois noirs connus sous le nom d'*ébène*. Ces espèces sont principalement :

Le *diospyros reticulata* Willd., croissant aux îles Maurice et probablement à Madagascar et à Mozambique.

Le *diospyros melanida* et le *diospyros leucomelas* Poir., des îles Maurice, à bois noir panaché de blanc.

Le *diospyros melanoxylon* Roxb., le *diospyros ebenum* et le *diospyros ebenaster* de Retz, croissant à Ceylan, dans l'Inde et aux îles Moluques, à bois parfaitement noir.

Le plus beau bois d'ébène vient des îles Maurice ; il est formé du cœur de l'arbre, l'aubier, qui est fort épais et blanchâtre, ayant été enlevé. Il est parfaitement noir, très pesant, d'un grain si fin qu'on n'y découvre, lorsqu'il est poli, aucune trace de couches ou de fibres ligneuses, et il est susceptible d'un poli si parfait qu'il ressemble à un miroir. Il a une saveur piquante et répand une odeur agréable sur les charbons allumés. On le connaît dans le commerce sous le nom d'*ébène maurice*.

On connaît à Londres, sous le nom de *bois de Coromandel* ou de *Calamander*, un bois de l'Inde généralement attribué à un *diospyros*. Il est volumineux, pourvu d'un aubier dur, compacte, nerveux, d'un gris rougeâtre, un peu satiné, et d'un cœur noirâtre nuancé de larges veines de la couleur de l'aubier. C'est un fort beau bois, mais dont le poli est altéré par une infinité de petites lignes creuses provenant de vaisseaux ligneux ouverts à la surface.

Dans le commerce français, on donne le nom d'*ébène* à un certain nombre de bois qui n'ont que des rapports éloignés avec le bois d'ébène. L'un d'eux, cependant, nommé *ébène rouge de Brésil*, me paraît dû à un *diospyros* : il est très dur, pesant, pourvu d'un aubier gris et d'un cœur noirâtre avec des veines rubanées d'une teinte rougeâtre assez prononcée. Ce bois, du reste, offre de si grands rapports avec celui de Coromandel, qu'il est évident qu'ils appartiennent tous deux au même genre d'arbres. Un autre bois, nommé *ébène noire de Portugal*, mais venant également du Brésil, paraît presque noir d'abord ; mais il est d'un brun très foncé avec des veines violacées. Il est très dur, très pesant, d'un tissu très fin, et prend un beau poli. Il est pourvu d'un aubier jaune, peu épais, également dur et serré. Il est privé de son écorce, qui a dû être fibreuse et qui a laissé sur le bois des stries longitudinales très marquées. Il présente en outre, de distance en distance, 2 ou 3 tubercules ligneux rapprochés sur une ligne horizontale, qui doivent avoir servi de base à des épines. Ce bois, très rapproché de certaines espèces de grenadille, me paraît appartenir à la famille des papilionacées ; il est possible qu'il soit produit par le *melanoxylon brauna* de Schott, arbre du Brésil à bois noir, exploité.

On donne le nom d'*ébène verte* ou de *bois d'evilasse* à deux bois verdâtres, dont l'un est produit par le *bignonia leucoxylon* mentionné précédemment (page 500)

FAMILLE DES STYRACINÉES.

Arbres ou arbrisseaux à feuilles alternes, privées de stipules, à fleurs complètes et régulières dont le calice libre, plus ou moins soudé avec l'ovaire, présente 4 ou 5 divisions imbriquées. Corolle insérée sur le calice, le plus souvent divisée en 5 parties; étamines insérées à la base de la corolle, en nombre double, triple ou quadruple des divisions ; filets soudés en tube sur toute leur longueur, ou monadelphes par la base ; ovaire libre ou soudé, à 2, 3 ou 5 loges; ovules au nombre de 4 ou plus dans chaque loge, bisériés, de directions différentes, les inférieurs étant horizontaux ou ascendants et les supérieurs pendants, tous anatropes. Style simple ; stigmate crénelé ou lobé ; drupe charnu ou desséché, quelquefois ailé par les nervures accrues du calice; noyau à 3 ou 5 loges, souvent réduites à une et devenues monospermes par avortement ; embryon orthotrope dans l'axe d'un endosperme charnu.

Cette famille, peu nombreuse, devrait faire partie des caliciflores, puisque la corolle est insérée sur le calice au lieu de l'être sur le réceptacle, comme dans les familles précédentes ; cependant elle présente tant de caractères communs avec la famille des ébénacées qu'elle ne peut en être séparée. Elle fournit à la pharmacie deux baumes d'un très grand prix, le *benjoin* et le *storax calamite*.

Benjoin.

Le benjoin est un baume à acide benzoïque, solide et d'une odeur très agréable, qui est apporté des îles de la Sonde et de Malaca. L'arbre qui le produit a été longtemps inconnu. D'abord on l'a attribué à un laurier de la Virginie, qui en a reçu le nom de *laurus benzoin*, puis à un badamier de l'île Maurice, qui a pris le nom de *terminalia benzoin;* enfin l'arbre qui le produit, ayant été observé par Dryander à Sumatra, a été reconnu pour un aliboufier et a été nommé *styrax benzoin*. Cet arbre croît abondamment dans la partie méridionale de Sumatra, à Java et dans le royaume de Siam. Le baume en découle par des incisions, sous la forme d'un suc blanc qui se solidifie et se colore par le contact de l'air. Chaque arbre peut en fournir trois livres et les incisions peuvent être continuées pendant dix ou douze années.

On trouve aujourd'hui dans le commerce deux espèces de benjoin qui diffèrent par leur lieu d'origine et sans doute aussi par la manière dont elles ont été produites. La première, nommée **benjoin de Siam**, est assez nouvellement connue, ou plutôt a reparu de nouveau après avoir été longtemps perdue. Elle est en larmes toutes détachées ou en masses formées de larmes agglutinées. Les larmes détachées sont grandes, plates, anguleuses, et paraissent s'être formées naturellement sous l'écorce de l'arbre. Elles sont blanches, opaques et d'une odeur très suave de vanille, ce qui a valu aussi à cette sorte le nom de **benjoin à odeur de vanille**. Je pense, malgré quelques opinions contraires, que ce baume est produit par le même arbre que le suivant ; au moins doit-ce être une espèce très voisine.

Lorsque ce benjoin est en larmes plus petites, réunies en masses, il faut remarquer que la matière qui agglutine les masses est d'un brun foncé, vitreuse et transparente.

La seconde espèce de benjoin, ou **benjoin de Sumatra**, qui, depuis très longtemps, était la seule connue dans le commerce, présente également deux qualités, le *benjoin amygdaloïde* et le *benjoin commun.*

Le premier est en masses considérables, formées de larmes blanches et opaques, en forme d'*amandes*, empâtées dans une masse rougeâtre; opaque, *à cassure inégale et écailleuse.* Ce benjoin a évidemment été obtenu par de larges incisions faites à l'arbre. Lorsqu'il est récent, il exhale une odeur manifeste d'amandes amères.

Le *benjoin commun* est en masses rougeâtres semblables, presque privées de larmes et contenant des débris d'écorces.

Le benjoin possède une saveur d'abord douce et balsamique, mais qui finit par irriter fortement la gorge. Il se fond au feu, et dégage une odeur forte et une fumée qui, condensée sur un corps froid, offre des cristaux d'acide benzoïque. Il excite fortement l'éternument lorsqu'on le pulvérise.

Le benjoin est entièrement soluble dans l'alcool, et en est précipité par l'eau et les acides. On en retire l'acide benzoïque par la sublima tion, ou à l'aide d'un alcali et ensuite par la précipitation au moyen de l'acide chlorhydrique ; mais ces deux produits ne sont pas puis le premier contient de l'huile et le second de la résine ; il faut les purifier par la sublimation, après les avoir mêlés avec du sable et du charbon. Le benjoin entre dans la composition du baume du Commandeur et dans celle des clous fumants. On en fait aussi une teinture simple, qui, étendue d'eau, forme ce qu'on nomme le *lait virginal*. L'acide benzoïque huileux obtenu par la sublimation, et non purifié, entre dans les pilules balsamiques de Morton.

Baume storax (1

Suivant Dioscoride, le styrax est une larme produite par un arbre qui ressemble au coignassier ; le meilleur est onctueux, jaune, résineux, mêlé de grumeaux blanchâtres ; il est très persistant dans son odeur, et donne par la fusion une liqueur qui ressemble à du miel ; tel est celui qui vient de Gabala (ville de Phœnicie), de Pisidie et de Cilicie. On en trouve une sorte qui est transparente comme une gomme, et semblable à la myrrhe ; on le sophistique avec la poudre de son propre bois, avec du miel, de la cire, etc.

Pline fait venir le styrax de différents lieux de la Syrie, de la Phœnicie, de la Séleucie, et cite aussi celui tiré de Cilicie, de Pisidie et de Pamphylie ; il dit que l'arbre ressemble au coignassier, qu'il est creux en dedans comme un roseau·, et tout rempli de suc. Il est évident que Pline prend pour le bois de l'arbre les roseaux dans lesquels on transportait son produit balsamique.

Galien ne dit rien autre chose du styrax, si ce n'est qu'on doit choisir pour la thériaque celui qui est apporté de Pamphilie dans des tiges de roseaux, et comme le roseau est nommé *calamus* en latin, ou καλαμος; en grec, il en est résulté que les pharmaciens ont donné le nom de *styrax* ou *storax calamite* à la meilleure sorte de storax, bien qu'on ne l'apporte plus du tout dans des roseaux.

Après des indications si précises de lieux tous voisins les uns des autres, il est bien difficile de ne pas croire que les anciens tirassent en effet leur styrax calamite de la Syrie et de l'Asie mineure Il a donc fallu chercher l'arbre ressemblant au coignassier, qui devait le produire, et on l'a trouvé dans l'*aliboufier* de Provence, qui croît aussi en Italie

---

(1) Quoique le mot *storax* ne soit qu'une corruption de *styrax*, cependant, dans la vue de mieux distinguer le baume dont il est ici question du *styrax liquide* précédemment décrit (page 293), je suivrai l'usage actuel de donner le nom de *storax* au *styrax calamite*, et celui de *styrax* au *styrax liquide*.

et dans tout le Levant ; dont toutes les parties sont imprégnées de l'o-
deur du storax , et qui en laisse sortir quelque peu lorsque son écorce
se trouve percée par des insectes , ou incisée artificiellement. En conséquence, cet arbre a été nommé par Linné *styrax officinale*. Il appartient à la décandrie monogynie , et donne son nom à la petite famille
des styracinées séparée de celle des ébénacées.

Rien ne paraît plus logique et plus certain que ce qui précède , et
cependant il m'a semblé que si le storax calamite découlait dans l'Asie
mineure d'un arbre qui paraît y être commun, ce ne serait pas une
chose plus rare et plus chère que l'opium , par exemple. Aussi ai-je
pensé , pendant un certain temps, que notre storax calamite pouvait
bien ne pas être une production du Levant. Déjà Amatus Lusitanus le
faisait venir d'une île *Zana*, située près des Indes , et je pense qu'il
s'agit ici de *Java*. De son côté, Garcias, le premier auteur qui nous
ait donné des notions exactes sur l'origine du benjoin (*Aromat. hist.*,
lib. I, c. 5), en distingue plusieurs espèces , savoir : le *benjoin amygdaloïde* venant surtout des provinces de Siam et de Martaban ; le *benjoin en sorte* tiré de Java et de Sumatra , et un troisième noir, décou-
lant , dans l'île de Sumatra , d'arbres nommés *novella*, et appelé *benjoin de boninas*, à cause de la suavité de son odeur. Celui-ci est dix fois
plus cher que le premier. Un fragment de ce baume , envoyé en don à
Garcias, laissait les mains imprégnées d'une odeur d'une fragrance
admirable.

Garcias avait pensé souvent que ce benjoin de *boninas* était un mélange de benjoin et de styrax liquide (que les Chinois nomment *roça
malha*) , parce que son odeur a quelque rapport avec celle du styrax.
Mais, ayant essayé plusieurs fois d'opérer ce mélange, il n'obtint qu'un
parfum bien inférieur au benjoin de *boninas*.

Il m'avait paru difficile que ce *benjoin de boninas*, d'un prix si élevé
et d'une odeur si excellente , qui offre cependant un peu de rapport
avec celle du styrax liquide , ne fût pas notre storax calamite actuel , et
pendant quelque temps , ainsi que je l'ai dit plus haut , j'ai regardé le
fait comme probable ; mais aujourd'hui que la description du benjoin
de boninas peut se rapporter au benjoin à odeur de vanille , cette opinion a perdu presque toute sa valeur, et je suis revenu à ne considérer
le storax calamite , que j'attribuais à un aliboufier de l'Inde , que
comme un produit très pur du *styrax officinale*. Voici d'ailleurs les
différentes sortes de storax que l'on trouve dans le commerce ou les
droguiers.

1. **Storax blanc.** Ce storax est composé de larmes blanches ,
opaques , assez volumineuses , molles et réunies en une seule masse
par leur adhérence réciproque. Il prend , par suite de la même mol-

lesse, la forme des vases qui le renferment, et ressemble alors au galbanum blanc en masses. Il a une odeur forte, et cependant suave, qui
tient à la fois du liquidambar et de la vanille, une saveur douce, parfumée, finissant par devenir amère. Cette sorte me paraît être celle que
Demeuve décrit comme storax calamite; je la crois naturelle. On la
distingue du liquidambar blanc d'Amérique par son odeur plus forte
et plus suave, et par les larmes blanches qu'elle renferme. Cette substance doit être le produit d'incisions faites à l'arbre.

2. **Storax amygdaloïde.** Ce storax est en masses sèches, cassantes,
formées cependant, comme le précédent, de larmes agglutinées, et
prenant encore à la longue la forme des vases qui le renferment. Sa
cassure offre, sur un fond brun, des larmes amygdaloïdes d'un blanc
jaunâtre, ce qui lui donne de la ressemblance avec du beau galbanum
vieilli; les portions brunes, qui, à la suite du temps, coulent et rem-
plissent les vides compris entre les parties inférieures de la masse et la
paroi du vase, forment une couche vitreuse, transparente et d'un
rouge clair. Son odeur est des plus suaves, analogue à celle de la vanille, plus douce que celle du précédent; sa saveur est douce et parfumée.

Je pense que ce storax, qui est celui nommé par Lemery *storax
calamite*, ne diffère du premier que par son âge dans les droguiers;
ses variations de consistance, de couleur, d'odeur et même de saveur,
s'expliquent facilement dans cette hypothèse.

L'un et l'autre de ces baumes, traités par l'alcool bouillant, laissent,
indépendamment des impuretés, un petit résidu blanc insoluble, et la
liqueur filtrée bouillante se trouble en refroidissant.

3. **Storax rouge-brun.** Ce storax diffère du précédent par un mélange de sciure de bois qui apparaît aux aspérités de sa surface. Il jouit
néanmoins d'une certaine ténacité, et se ramollit encore bien sous la
dent. Il a une couleur rouge brune, une saveur douce, une odeur
très agréable, moins forte que la première sorte; on y observe çà et là
quelques larmes rougeâtres.

4. **Storax liquide pur.** Je dois un échantillon de cette substance
à M. Pereira : j'ai supposé d'abord que ce pouvait être du liquidambar
d'Amérique épaissi à l'air ; mais son odeur, qui offre le parfum de vanille
particulier aux différents produits du *styrax officinale*, me fait séparer
cette substance du styrax liquide ordinaire et du liquidambar, pour le
joindre aux produits du *styrax officinale*. Cette opinion se trouve d'ailleurs conforme aux informations fournies à M. Pereira par M. Landener, l'un des éditeurs de la *Pharmacopée grecque*, « que le *storax liquide*
(nommé *buchuri-jag* ou *huile de storax*) est obtenu à Cos et à
Rhodes, du *styrax officinale* (nommé βουχούρι). Au moyen d'incisions

longitudinales , l'écorce de la tige est enlevée sous forme de lanières
étroites dont on forme des bottes de 2 livres environ, qui sont exprimées à chaud. Le storax en découle sous forme d'un liquide épais,
d'une couleur grise et d'une odeur analogue à celle de la vanille. »
Ce storax, qui, pour moi, est une chose différente du styrax liquide
du commerce, a l'aspect d'une térébenthine d'un jaune brunâtre et
nébuleuse. Il forme un sublimé blanc et acide, contre la paroi supérieure du vase qui le contient. Il ressemble considérablement au liquidambar mou d'Amérique, mais il s'en distingue par son odeur.

5. **Storax noir.** Ce storax forme une masse solide, d'un brun
noir, coulant un peu à la longue, à la manière de la poix, dans le
vase qui le renferme ; sa surface offre un éclat un peu gras, et se recouvre à la longue de petits cristaux très brillants; il possède une odeur
fort agréable, analogue à celle du vanillon ; il contient une assez grande
quantité de sciure de bois. Je ne serais pas étonné que ce baume fût
obtenu par décoction des rameaux de l'arbre, et solidifié ensuite par
l'addition de la sciure du bois. C'est avec cette sorte que l'on prépare à
Marseille le faux storax calamite, en y incorporant des larmes de gomme
ammoniaque ou de résine tacamaque, de l'acide benzoïque, du
sable, etc.

6. **Storax en pain** ou **en sarilles, sciure de storax.** Cette sorte
arrive en masses de 25 à 30 kilogrammes, recouvertes d'une toile ; il
est d'un brun rougeâtre, facile à diviser en une poudre grasse et grossière qui se remet en masse par la pression. Il a une odeur analogue à
celle du précédent, mais moins agréable. Peut-être est-il formé seulement de l'écorce de l'arbre broyée au moulin et pourvue de la quantité
de baume qu'elle contient naturellement.

7. **Écorce de storax, storax rouge du commerce.** D'après la
note de M. Landener, citée plus haut, il me paraît certain que cette
substance est formée de l'écorce du *styrax officinale* qui a été divisée
en lanières et soumise à la pression pour en retirer le baume. Elle est
en effet sous forme de lanières étroites, minces, rougeâtres, pressées
les unes contre les autres, sèches, mais conservant encore une forte
odeur balsamique; à la longue, il s'y forme par places une efflorescence
d'acide. Il paraît, d'après ce que dit Mathiole, que cette substance
portait autrefois dans les officines le nom de *tigname*, qu'il pense être
dérivé du grec ϑυμίαμα, *parfum;* il serait possible alors que ce fût
d'elle que parle Dioscoride, sous le nom de *narcaphthum.*

Storax de Bogota. On trouve en Amérique un grand nombre
d'espèces du genre *styrax*, dont on peut extraire un baume analogue
au benjoin ou au storax; tels sont, au Brésil, les *styrax reticulatum* et
ferrugineum ; à la Guyane, les *styrax guianense, pallidum ;* au Pérou,

le *styrax racemosum* ; dans la Colombie, le *styrax tomentosúm*, et beaucoup d'autres.

En 1830, M. Bonastre a décrit (1) un storax de Bogota nouvellement introduit dans le commerce, mais que je n'y ai pas vu depuis. Il était sous forme d'un pain orbiculaire un peu aplati, de 13 à 16 centimètres de diamètre, sur 2,5 à 4 centimètres d'épaisseur. La surface en était rouge-brune et comme vernissée ; à l'intérieur il était opaque, de couleur de brique, à cassure sèche, écailleuse et inégale, tout à fait semblable à celle du benjoin commun ; mais il présente l'odeur mixte de liquidambar et de vanille des storax. Il est moins aromatique que le benjoin et le storax, et pourra difficilement leur faire concurrence en Europe.

ADDITION à l'article **Manne tombée du ciel** (page 534).

Lorsque j'ai rédigé cet article, j'ignorais que la substance qui en fait le sujet eût été examinée par M. Ed. Eversmann, professeur à Casan, par M. Fr. L. Nees d'Esenbeck et par d'autres savants étrangers. M. Eversmann a décrit trois espèces de *lecanora* dont la dernière, nommée *lecanora esculenta*, est le *lichen esculentus* de Pallas ; la seconde, nommée *lecanora affinis*, est la *manne tombée du ciel*, et l'excellente figure qui accompagne le Mémoire représente très exactement notre substance. La première espèce, nommée *lecanora fruticulosa*, est assez différente des deux autres.

Dans une notice de M. Fr. Nees, jointe au Mémoire de M. Eversmann, se trouve la citation suivante dont je dois la traduction à l'obligeance de M. Nicklès.

(Journal de Schweigger, 1830, t. III, n° 4, p. 393 ; Recherches chimiques de M. Goebel à Dorpat, *sur une pluie tombée en Perse*).

« La substance qui constitue cette pluie est le *parmelia esculenta*. Elle m'a été remise par M. Parrot, qui ajouta ce qui suit : cette substance a été recueillie durant un voyage sur l'Ararat. Elle est tombée vers l'année 1828, dans quelques districts de la Perse, où elle a recouvert la terre d'une couche de 5 à 6 pouces de hauteur. Les habitants de la contrée l'ont employée comme aliment. Aussi paraît-elle être à M. Parrot d'origine organique.

» Les résultats analytiques m'ont donné la certitude que cette substance est un lichen arraché au sol par des vents électriques et transporté par eux dans des contrées éloignées ; ce qui expliquerait com-

---

(1) *Journal de pharmacie*, t. **XVI**, p. 88.

ment, d'après M. Parrot, elle a pu tomber sous forme de pluie. Pour
la mieux connaître, j'ai prié M. le professeur Ledebour d'en faire
l'examen botanique. M. Ledebour y a reconnu tous les caractères du
parmelia esculenta, et il a ajouté qu'il avait fréquemment rencontré
ce lichen dans les steppes des Kirgis, et qu'en général elle se trouve
abondamment dans l'Asie-Mineure, dans les terres argileuses, ainsi
que dans les fissures des rochers, où souvent elle apparaît subitement à
la suite de fortes pluies, de sorte que M. Ledebour ne croit pas que ce
cryptogame soit tombé comme pluie, mais plutôt qu'il s'est développé
subitement, pendant la nuit, à la suite d'une forte pluie.

» Quelle que soit la manière dont cette plante soit apparue en Perse,
elle est remarquable par la grande quantité d'oxalate de chaux qu'elle
renferme et par l'absence des autres substances minérales que l'on trouve
ordinairement dans les végétaux. Son abondance dans les contrées
nommées plus haut et sa richesse en oxalate de chaux font supposer à
M. Ledebour qu'elle pourrait servir avec avantage à la préparation de
l'acide oxalique et des oxalates.

» 100 parties de *parmelia esculenta* renferment :

Chlorophylle contenant une résine molle de saveur âcre 1,75
Résine molle inodore et insipide, insoluble dans l'alcool. 1,75
Substance amère soluble dans l'eau et l'alcool. 1
Inuline. 2,50
Gelée (pectine sans doute). 23
Pellicules de lichen 3,25
Oxalate de chaux 65,91

99,16 »

La seule observation que je me permettrai de faire sur cette note,
c'est que M. Ledebour assimile la plante dont il est ici question au
lichen esculentus, et qu'il est certain qu'elle se rapporte exactement au
lecanora affinis de M. Eversmann.

FIN DU TOME DEUXIÈME.

Printed in the United States
By Bookmasters